기초 탄소성역학

Fundamentals of Elastic-Plastic Mechanics

정남용 저

JINSAEM 진샘미디어

머리말

첨단기술의 급속한 발달과 진전에 따라 선진기술의 세계화와 무한경쟁 체제의 도래로 세계적으로 일류기술만이 생존하는 미래를 예측할 수 없는 제 4차 산업혁명이 도래하고 있다. 이러한 상황에서도 첨단기술의 우위를 확보하고, 국가경쟁력을 유지하기 위해서는 무엇보다 국내기술에 의한 독창적이고, 고부가가치를 창출할 수 있는 첨단제품의 창의적 고안 및 개발이 절실히 요구되고 있다.

디지털 정보기술(IT)에 의한 제 3차 산업혁명의 영향으로 서서히 다가오는 제 4차 산업혁명의 핵심은 인공지능(AI)을 이용한 산업발전일 것으로 기대된다. 교육, 공학, 건강 · 의료, 국방, 금융 및 우주개발 등의 모든 산업분야에 빅데이터, 사물인터넷(IoT), 인공지능을 이용한 드론 · 지능로봇, 정보통신기술(ICT)을 활용하고 있다. 이와 같은 지능정보기술에 의한 AI 제품의 개발, 자율자동차, 의료치료용 AI, 지능센서, 스마트공장(smart factory) 등의 개발 · 추진은 각 학문분야의 융합을 기본으로 한 첨단제품의 제조방법 및 직업의 대변화를 예고하고 있다.

최근 산업기술의 급속한 발전에 의해 기계 · 구조물의 고정밀화 및 고기능화에 따라 대학의 기계, 항공, 선박, 토목, 건축 및 재료 관련 거의 모든 학과의 학부 학생들은 기본적으로 재료역학을 배우고 있다. 재료역학의 지식만으로는 강도설계가 곤란하므로 이어서 고도의 고체역학분야의 하나인 탄성역학 및 소성역학을 학습하는 것이 일반적이다. 그러나 재료역학과 탄성역학 및 소성역학 사이에는 내용에 있어 상당한 차이가 있지만, 이들에 대한 기초지식을 학습할 수 있는 적절한 교재가 없는 것이 국내 현실이므로 이에 대한 교재의 개발이 절실하다.

응력함수를 이용하여 엄밀한 탄성해를 추구하는 전통적 탄성역학과 현재는 컴퓨터의 활용에 의한 수치탄성역학이 발전을 거듭하고 있다. 소성역학의 양상도 이와 같아서 오랜 역사를 가진 전통적 소성역학의 내용으로는 초등해법, 미끄럼선장법, 상 · 하계법이 있지만 현재는 수치소성역학이 주류를 이루고 있다. 수치 탄소성역학의 기초는 공통적인 내용이 많으므로 이들 내용을 동시에 포함하는 '기초 탄소성역학'이라는 본 교재가 탄생한 경위라 할 수 있다.

본 교재는 탄소성역학에 관한 저자의 다년간의 연구 및 강의 등의 경험을 바탕으로 탄소성역학의 기초를 배우려고 하는 관련 학과의 학부생 및 대학원생의 교과서 또는 참고서로 이용할 수 있도록 탄소성역학의 기초에서 응용에 이르기까지 이해하기 쉽게 기술하려고 노력하였다. 탄소성역학에 관한 주요 이론에 의한 공식을 도출한 후 이들 식을 텐서로 간략히 표기하여 컴퓨터를 활용하는 수치탄소성역학적 해석이 가능하도록 하였다.

학부과정의 재료역학을 기초로 대학원 과정에서 제한된 시간 안에 기본내용을 습득할 수 있도록 탄성역학, 소성역학, 소성가공, 파괴역학 및 수치해석법에 관한 내용을 간단 · 명료하게 해설하려고 노력하였다. 또한, 본 교재의 내용에 대한 이해도를 높이기 위해 예제와 연습문제를 엄선하여 상세한 풀이를 하고, 컴퓨터의 활용에 의한 기계 · 구조물에 대한 강도설계가 주류를 이루고 있는 점을 감안하여 수치해석법에 관한 내용을 요약 · 기술하였다. 본 교재의 탄소성역학에 관한 기본적인 기초내용의 이해를 기본으로 관련 내용의 심오한 학문탐구 및 연구가 가능할 것으로 기대된다.

머리말

본 교재의 특징은 다음과 같다.

(1) 탄성역학, 소성역학 및 파괴역학의 관계와 기초지식의 명료한 이해가 가능하도록 하였다.
(2) 기초개념에 관한 사고력 및 이해력의 증진에 초점을 두고, 모든 식은 텐서로 표시하였다.
(3) 이해력 및 문제해결 능력의 향상을 위해 엄선된 예제 및 연습문제를 상세히 풀이하였다.
(4) 탄소성 유한요소법(FEM) 및 탄성 경계요소법(BEM)의 기초내용을 간략히 소개하였다.
(5) 강도설계, 재료가공, 재료개발 및 이들의 응용에 도움이 되는 기본내용을 다루었다.

특히, 본 교재의 편찬을 위해 국·내외의 많은 관련 교재 및 자료를 유익하게 참고하였음을 알려드리고, 이에 깊은 감사를 드립니다. 끝으로 본 교재가 독자 여러분에게 유익하게 활용되기를 기대하며, 세심한 관심과 많은 조언을 부탁드리면서 미비한 부분은 지속적으로 수정 및 보완할 계획입니다. 본 교재를 출판하기 위해 많은 노력과 열정을 보여준 진샘미디어 관계자 여러분께 감사한 마음을 전합니다.

2019년 2월
저자 씀

목차

목차

목차

목차

목차

Chapter

1 서 론

변형하는 물체를 대상으로 하는 역학(力學; mechanics)은 응력, 변형률, 속도, 가속도 등을 기본개념으로 한 텐서로 나타내므로 벡터(vector)와 텐서(tensor)의 개념을 이해하는 것은 중요하다. 연속체의 물리적 법칙은 주로 미분방정식으로 표시하고, 물리량을 텐서로 표시하면 물리적 현상의 파악이 매우 편리하다. 이 장에서는 연속체역학, 탄성역학 및 소성역학의 관계, 벡터와 텐서의 표시, 좌표변환과 연속체의 평형이나 운동방정식 등의 전개를 위해 이용하는 텐서의 미분, 미분연산자 및 적분정리에 대한 기본사항을 설명한다.

1.1 연속체역학 및 탄소성역학

먼저 연속체역학의 개념과 탄성역학 및 소성역학이 연속체 전반에 관련된 서로의 위치 관계를 고려하여 보기로 한다. 물질은 수많은 원자와 분자의 집합체로 취급하려는 목적에 따라 필요한 만큼 미시적(微視的)으로 생각하여 그 범위까지는 물체가 연속적인 것으로 보는 가상적인 물체를 연속체(連續體; continuous body, 또는 continuum)라 하고, 이들의 역학적 성질을 다루는 학문을 연속체역학(連續體力學; continuum mechanics)이라고 한다.

연속체역학은 [표 1-1]과 같이 분류할 수 있다. 연속체에는 외력(外力; external force)이 작용하지 않으면 항상 평형을 유지하는 고체(固體; solid)와 그렇지 않은 유체(流體; fluid)가 있다. 이러한 의미에서 보면 이미 물리학에서 배운 강체역학(剛體力學; rigid mechanics)과 변형을 고려하는 재료역학(材料力學; mechanics of materials)은 물론, 여기에서 취급하려는 탄성역학(彈性力學; mechanics of elasticity), 이에 점성(粘性; viscosity)을 갖는 물체를 대상으로 하는 점탄성학(粘彈性學; theory of viscoelasticity), 소성변형을 해석하는 소성역학(塑性力學; mechanics of plasticity)과 점소성학(粘塑性學; theory of viscoplasticity) 등의 고체역학(固體力學; solid mechanics), 그리고 유체의 거동을 거시적으로 취급하는 유체역학(流體力學; fluid mechanics)도 연속체역학의 일부로 취급한다. 또한, 탄소성 및 점성을 통틀어 시간의 영향을 고려하여 재료의 변형과 소성흐름을 현상론적(現象論的)으로 취급하는 유변학(流變學; rheology) 등이 있다.

그러나 본 교재에서는 연속체 중에서 고체만을 취급하기로 한다. 고체는 형태를 유지하고, 고체를 구성하는 물질입자(物質粒子)의 전자(電子; electron)를 매개로 하는 양자역학(量子力學; quantum mechanics)적인 결합력에 의한다. 이 결합력은 물질 자체의 재료특성을 나타내며, 재료거동(材料擧動; behavior of materials)을 해명하는 데 중요한 사항이 되고 있다.

특히 연속체로서 고체에 외력이 작용할 때 나타나는 역학적 응답을 취급하는 것을 고체역학이라고 한다. 고체역학은 변형을 무시하고, 힘의 평형 관계만을 고려하는 강체역학과는 달리 변형을 고려한 변형체의 역학을 다룬다. 재료변형의 특성을 나타내는 형태로는 탄성, 소성 및 점탄성 거동 등이 있다.

[표 1-1] 연속체역학의 분류

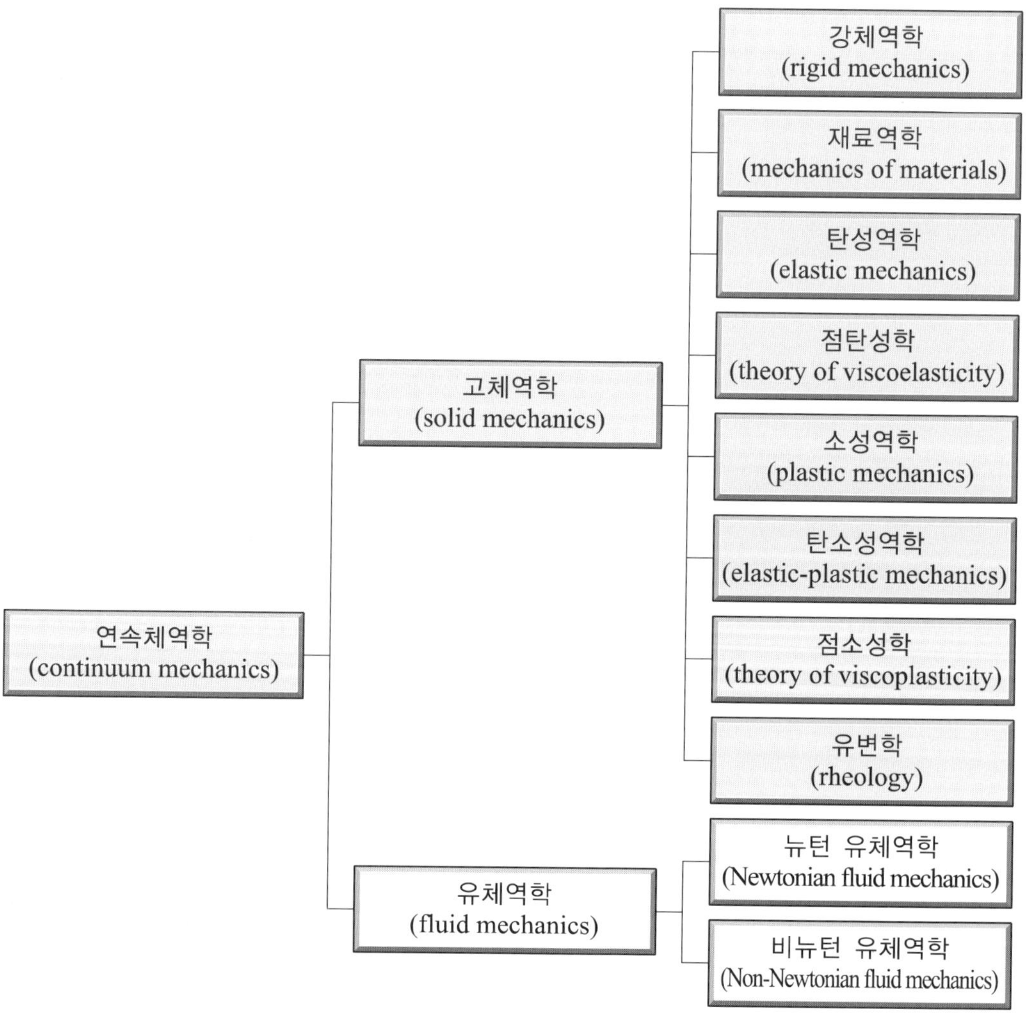

탄성거동(elastic behavior)은 하중과 변형률의 선형적인 비례관계를 나타내고, 외력을 제거하면 연구변형이 남지 않고 원래의 상태로 완전히 회복되는 물체를 탄성체(彈性體; elastic body)라 한다. 탄성역학(彈性力學; mechanics of elasticity)은 탄성체에 외력이 작용할 때 변형하고 있는 상태를 취급하는 학문을 말한다. 탄성역학의 구성은 외력의 작용에 의해 내부에 어떤 변형이 발생하는가를 역학적인 관점과 외부의 강제변위에 따른 내부 변형률의 발생에 대한 기하학적인 관점으로 이루어진다.

1.2 탄성역학과 소성역학

고체에 외력이 작용하여 생기는 변형은 외력을 제거하면 완전히 회복되는 성질을 탄성(彈性; elasticity)이라고 한다. 그러나 외력을 제거하더라도 변형의 일부 또는 전부가 남아 있는 비탄성적인 성질을 소성(塑性; plasticity)이라 한다. 비탄성 변형에는 하중의 변화에 따라 발생하는 소성변형과 시간에 따라 변화하는 점성변형(粘性變形; viscous deformation)이 있다.

일반적으로 외력이 어떤 값을 초과하여 처음으로 소성변형이 일어나는 것을 항복(降伏; yielding)이라 한다. 물체는 탄성과 소성이 함께 존재하는 경우가 많은 데, 이러한 물체를 탄소성체(elastic-plastic body)라고 한다. 때로는 외력을 가하여도 변형을 하지 않는 가상적인 물체를 고려할 수 있는데 이러한 물체를 강체(剛體; rigid body)라 하며, 물리학에서는 물체의 변형은 무시하고 운동만을 취급할 때 주로 다루고 있다.

또한, 큰 소성변형의 영역을 취급할 때 탄성변형은 무시하고, 변형의 초기부터 소성변형을 하는 물체를 근사적으로 해석할 수가 있는데, 이와 같은 물체를 강소성체(剛塑性體; rigid plastic body)라고 한다.

탄성역학은 탄성상태의 물체가 외력에 의해 발생하는 변형, 응력 및 변형률 등을 해석하는 학문이고, 소성역학(塑性力學; plastic mechanics)이란 소성상태의 물체에 대해서 이러한 현상을 연구하는 학문이다.

금속재료와 같은 탄소성체에 단순응력이 작용할 때 응력이 탄성한도를 초과하면 소성변형이 생기지만, 조합응력이 작용할 때 소성변형을 일으키는 조합응력이 어떤 조건을 만족시킬 필요가 있는데, 이와 같은 조건을 항복조건(降伏條件; yield criterion)이라 한다.

탄성영역에서는 응력-변형률 사이에 Hooke의 법칙이 성립하지만, 소성영역에서는 이러한 법칙이 성립하지 않으므로 별도의 응력과 변형률의 관계식을 사용하여야 한다. 이러한 소성영역의 응력-변형률 관계식, 또는 항복조건을 확립하는 것은 소성역학에 있어서 기본적인 중요한 과제로 취급된다.

실제의 금속재료에 대한 소성변형기구를 해명하기 위해서는 결정립(結晶粒; grain), 또는 결정격자(結晶格子) 수준의 미시적인 고찰이 필요하다. 이와 같이 소성기구(塑性機構; plastic mechanism)를 원자의 배열과 결정조직에 의해 규명하려고 하는 학문분야를 결정소성학(結晶塑性學; crystal plasticity)이라 한다. 소성변형기구를 이해하기 위해서는 금속의 소성변형에 대한 기초사항, 항복조건, 응력-변형률 관계식을 이용한 탄소성문제의 해석이 소성학의 중요한 과제로 되고 있다. 기계가공에 이용되고 있는 소성가공의 해석방법은 소성학의 중요한 응용분야라 할 수 있다. 이외에도 소성을 공업적으로 이용하는 분야로는 구조물의 설계, 절삭 및 연삭가공, 재료시험, 파괴, 마찰 및 마모 등이 있다. 또한, 강소성체의 2차원 문제, 특히 평면변형률(plane strain) 문제를 해석하는 미끄럼선장(slip line field) 이론이 있고, 이 해석방법은 소성영역이 탄성영역에 비해 큰 변형의 소성가공을 필요로 하는 물체에 적용된다.

트러스(truss) 등의 구조물에 대한 각 부재(部材)의 항복시기에는 차이가 있고, 일부의 부재가 항복을 일으키더라도 전체 구조물은 작용하중에 충분히 견딜 수 있다. 최근 구조물이 큰 소성변형을 발생하기 시작하는 한계하중, 또는 붕괴하중을 기준강도로 하는 극한설계(極限設計; limit design)가 널리 이용되고 있으므로 이에 대한 기초적인 설명도 하려고 한다.

따라서 소성학을 배우는 목적은 이상의 설명에서 알 수 있듯이 연성(延性)이 있는 금속의 다결정체(多結晶體)에 현저히 나타나는 비탄성거동을 현상론적인 입장에서 수학적으로 규명하고자 한다. 이러한 연구는 재료의 고유특성인 응력, 변형률 및 온도 등에 의한 구성방정식(構成方程式; constitutive equation) 또는 소성변형을 일으키는 물체 안의 응력이나 변형률 등의 분포를 해석하는 것이다.

본 교재에서는 탄성학 및 소성학을 주로 역학적으로 해석하려고 하는 탄소성역학에 대한 기본적이며, 기초적인 사항에 대해서 설명하기로 한다. 결국, 탄소성역학은 재료역학의 상급코스라 할 수 있고, 응력함수를 이용하여 엄밀한 탄성해를 추구하는 전통적 탄성역학과 현재는 컴퓨터의 활용에 의한 수치탄소성역학이 발전을 거듭하고 있다. 소성역학의 양상도 탄성역학과 유사하며, 오랜 역사를 가진 전통적 소성역학으로는 초등해법, 미끄럼선장법, 상·하계법이 있고, 현재는 수치소성역학이 주류를 이루고 있다. 그러므로 현재의 수치탄소성역학은 탄성역학 및 소성역학을 기초로 하고, 이들의 기초는 공통내용의 영역이 넓기 때문에 '기초탄소성역학'이라 부른다. 현재 주류를 이루는 수치탄소성역학의 해석을 위해 탄소성 유한요소법(有限要素法; finite element method: FEM), 탄성 경계요소법(境界要素法; boundary element method: BEM)에 관한 기초내용도 소개하기로 한다.

1.3 탄성역학의 발전과정

이탈리아의 Galileo Galilei(1564~1624년)는 처음으로 보(beam)의 파괴에 대한 저항을 재질 및 형상으로 분류하여 해석한 과학자이다. 이를 계기로 기계 및 구조물이 변형하거나 파괴하지 않도록 재료, 치수 및 형상 등을 결정하기 위한 목적에서 발달한 학문이 재료역학이다. 그 중에서도 탄성한도에서 응력과 변형에 대한 해석은 수학자들의 흥미를 불러일으켰고, 탄성이론은 당시의 프랑스 과학자들에 의해 더욱 발전되어 왔다.

그러나 1820년경의 재료역학은 부적절한 보의 이론, 잘못 해석된 봉의 비틀림 이론, 불명확한 탄성정수(彈性定數; elastic modulus) 등으로 이루어졌다. 그 때문에 이들의 불완전한 이론에서 벗어나 재료역학에 대한 일반론을 정립하려는 움직임이 싹트기 시작하였고, 이것이 탄성역학의 모체로 되었다.

탄성학의 초기에는 물질구조에 대한 새로운 개념인 분자론에 근거하여 탄성력을 분자의 배열변화에 의한 분자사이의 힘을 고려하여 1814년에 프랑스의 S. D. Poisson(1781~840년)이 평판의 굽힘에 대한 탄성력의 평형방정식(平衡方程式)을 유도하였다. 분자사이의 힘을 대신하여 현재의 응력 및 변형률의 개념을 도입한 것은 프랑스의 A. Cauchy(1789~1857년)이다. 그는 물체의 단면에 작용하는 응력과 합응력(合應力)을 구별하여 변형률의 일반론을 확립하였고, 1822년에 일반적인 Hooke의 법칙, 응력의 평형방정식 및 변위방정식 등에 관한 탄성기초식을 유도・발표하였다.

그 당시의 등방탄성체(等方彈性體)의 평형방정식에는 단 1개의 탄성정수만이 필요하였고, 이것은 전체 과학자들에게 인정되었음에도 불구하고 Cauchy의 기초식에는 2개의 탄성정수를 포함하고 있었기 때문에 이에 대한 많은 논쟁을 불러 일으켰다. 그 후 영국의 G. Green(1793~1841년)에 의한 탄성정수에 관한 연구와 많은 물리학자들의 실험에 의해 Cauchy의 이론이 지배적으로 되었다. 이렇게 하여 탄성기초방정식이 확립되어 19세기 후반부터 이 방정식을 근거로 실제문제를 해석하기 위한 각종 이론이 검토되어 왔다.

탄성역학의 발전과 함께 비교적 해석이 용이한 1차적으로 변화하는 응력상태는 재료역학에서도 다루어졌고, 탄성변형의 해석은 탄성역학에 포함되었지만 재료역학에서는 해석의 간략화를 위해 각종 가정(假定)을 도입하고 있다.

예를 들면, 보의 굽힘과 봉의 비틀림 이론에 대한 가로단면이 평면유지를 가정한다. 이것에 대해서 탄성역학에서는 응력과 변형상태를 가정하지 않고, 탄성 기초방정식이라고 불리는 미분방정식의 해를 구하는 것에 중점을 두고 있다.

최근 컴퓨터의 눈부신 발달과 효율적인 이용에 의해 구조물의 해석을 적은 비용으로 손쉬운 해석이 가능한 시대를 맞이하여 탄성역학에 관한 기초이론의 확립은 해석 시뮬레이션(CAE)의 입장에서 매우 유익하다.

1.4 소성역학의 발전과정

앞 절에서는 탄성역학의 발전과정을 개괄적으로 간략히 기술하였지만, 여기서는 소성역학에 관한 주요 발전과정을 연도별로 살펴보면 [표 1-2]와 같이 요약할 수 있다. [표 1-2]에는 연구자의 이름, 주요 내용 및 연도가 기재되어 있고, 이들에 관한 구체적인 이론은 각 관련되는 장에서 설명하기로 한다.

[표 1-2] 소성이론의 발전과정

순번	연도	이름	주요 내용
1	1864	Tresca	펀칭과 압출에 관한 실험의 예비보고로서 항복기준의 공식화
2	1870	Saint Venant	Tresca의 항복기준을 관의 압력결정에 적용
		Levy	응력과 소성변형 사이의 3차원 관계를 정립
3	1909	Haar, von Karman	소성방정식의 제안
4	1913	von Mises	항복조건식의 제안
5	1920	Prandtl	평면 소성변형은 쌍곡선 문제라는 내용을 발표
6	1923	Hencky	평면변형에 대한 미끄럼선장(slip line field)의 기하학적 성질의 정의
7	1925	von Karman	소성이론을 가공공정에 적용
8	1926	Lode	인장과 내압을 받는 금속 파이프의 항복조건 실험
9	1927	Sachs	슬랩방법(slab method)의 제안
10	1930	Geiringer	미끄럼선의 유동에 대한 속도 적합방정식의 유도
		Reuss	소성구성 방정식의 제안
11	1931	Taylor, Quinney	실험에 의한 항복조건의 검증 및 모순점의 지적
12	1932	Schmidt	Levy-von Mises 방정식의 변형경화를 고려한 수정계수의 제안
	1933	Odquist	
13	1950	Hill Green	'The mathematical theory of plasticity' 출판 미끄럼선장의 해석
14	1951	Drucker, Prager Greenberg	3가지 한계정리의 발표
15	1953	Prager	속도선도(hodograph)의 소개, 미끄럼선장에 관한 해석의 간략화
16	1954	Alexander	미끄럼선장의 해석 및 연구
	1956	Johnson	
17	1958	Kudo	평면변형 문제에 관한 상계해는 단위 직사각형의 영역으로 되는 개념의 유도
18	1963	Kobayashi	축대칭 문제에 대한 Kudo의 상계해의 이용 변형영역의 속도장에 대한 불연속면은 평면대신에 곡면을 가정

1.5 벡터와 텐서

1.5.1 벡터

탄성역학에 대한 기본적인 양(量)은 거의 모두가 벡터(vector)와 텐서(tensor)의 성질로 구성되어 있다. 텐서는 벡터의 개념을 확장한 것으로서 공학에서 취급하는 넓은 의미에서의 텐서는 스칼라(scalar), 벡터 및 텐서로 구분된다. 스칼라는 단순히 크기만으로 정의되는 것으로서 온도, 시간, 질량, 길이, 면적, 체적 등이 있고, 벡터는 크기와 방향으로 정의되는 힘, 속도, 가속도, 응력 및 변형률 등이 여기에 속한다.

(1) 벡터의 내적

[그림 1-1]과 같이 2개의 벡터 $\boldsymbol{a}$, $\boldsymbol{b}$가 이루는 각을 θ라 할 때 벡터 내적(內積; inner product, 또는 dot product)은 다음 식과 같이 표시한다.

$$\boldsymbol{a} \cdot \boldsymbol{b} = \boldsymbol{b} \cdot \boldsymbol{a} = |\boldsymbol{a}||\boldsymbol{b}| \cos\theta \quad (0 \le \theta \le \pi) \tag{1·1}$$

여기서 '·'는 닷(dot)이라 읽고, 스칼라 곱(scalar product)을 의미한다.

2개의 벡터 $\boldsymbol{a}$, $\boldsymbol{b}$가 직교하는 조건은 다음 식과 같다.

$$\boldsymbol{a} \cdot \boldsymbol{b} = 0 \tag{1·2}$$

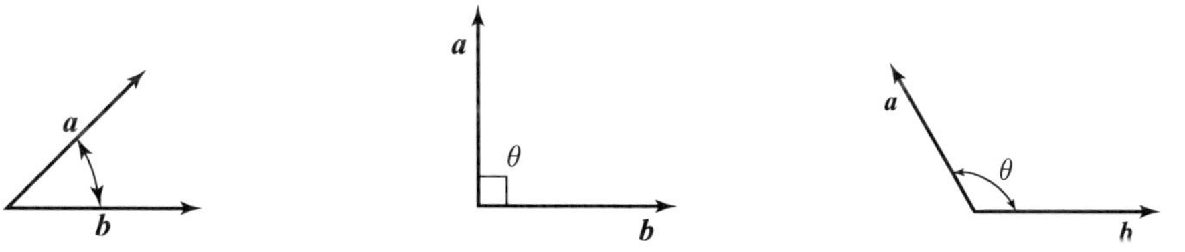

(a) $\boldsymbol{a} \cdot \boldsymbol{b} > 0$ (b) $\boldsymbol{a} \cdot \boldsymbol{b} = 0$ (c) $\boldsymbol{a} \cdot \boldsymbol{b} < 0$

[그림 1-1] 벡터의 내적

식 (1·1)에서 $|\boldsymbol{a}|$는 벡터 $\boldsymbol{a}$의 크기(magnitude) 또는 놈(norm)이라 하고, 벡터 $\boldsymbol{a}$의 크기 $|\boldsymbol{a}|$는 다음 식으로 나타낸다.

$$|\boldsymbol{a}| = \sqrt{\boldsymbol{a} \cdot \boldsymbol{a}} \ge 0 \tag{1·3}$$

단위벡터(unit vector) $\boldsymbol{n}$은 크기가 1인 벡터를 말하고, 다음 식과 같이 된다.

$$\boldsymbol{n} = \frac{\boldsymbol{a}}{|\boldsymbol{a}|} \tag{1·4}$$

또한, 단위벡터 $\boldsymbol{n}$과 임의의 벡터 $\boldsymbol{u}$의 내적은 [그림 1-2]에서와 같이 $\boldsymbol{u}$의 $\boldsymbol{n}$방향에 대한 투영길이로 되고, 다음 식과 같이 표시한다.

$$\boldsymbol{u}\cdot\boldsymbol{n} = |\boldsymbol{u}||\boldsymbol{n}|\cos\theta = |\boldsymbol{u}|\cos\theta \tag{1・5}$$

여기서 $0 \leq \theta \leq \pi$이면, 투영길이는 양(+)으로 된다.

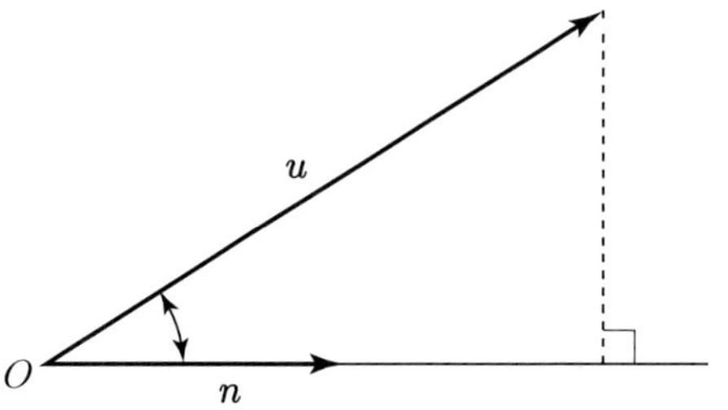

[그림 1-2] 단위벡터의 내적

내적에 대해서는 다음의 관계식이 성립한다.

$$\begin{aligned} &\boldsymbol{a}\cdot\boldsymbol{b} = \boldsymbol{b}\cdot\boldsymbol{a} \\ &\boldsymbol{a}\cdot(\boldsymbol{b}+\boldsymbol{c}) = \boldsymbol{a}\cdot\boldsymbol{b}+\boldsymbol{a}\cdot\boldsymbol{c} \\ &(\kappa\boldsymbol{a})\cdot\boldsymbol{b} = \boldsymbol{a}\cdot(\kappa\boldsymbol{b}) = \kappa(\boldsymbol{a}\cdot\boldsymbol{b}) \end{aligned} \tag{1・6}$$

(2) 벡터의 외적

2개의 벡터 $\boldsymbol{a}$, $\boldsymbol{b}$가 주어질 때 벡터 외적(外積; outer product), 또는 벡터 곱(vector product)은 다음 식과 같이 나타낸다.

$$\boldsymbol{a}\times\boldsymbol{b} = |\boldsymbol{a}||\boldsymbol{b}|\sin\theta \ \ (0 \leq \theta \leq \pi) \tag{1・7}$$

여기서 $\boldsymbol{a}\times\boldsymbol{b}$는 'a cross b'라 읽는다.

이때 벡터 외적의 크기는 [그림 1-3]과 같이 $\boldsymbol{a}$, $\boldsymbol{b}$를 두 변으로 하는 평형사변형의 면적과 같고, 그 방향은 평면에 수직이며, $\boldsymbol{a}$에서 $\boldsymbol{b}$방향으로 오른나사를 회전시킬 때 나사가 진행하는 방향의 벡터로 정의된다.

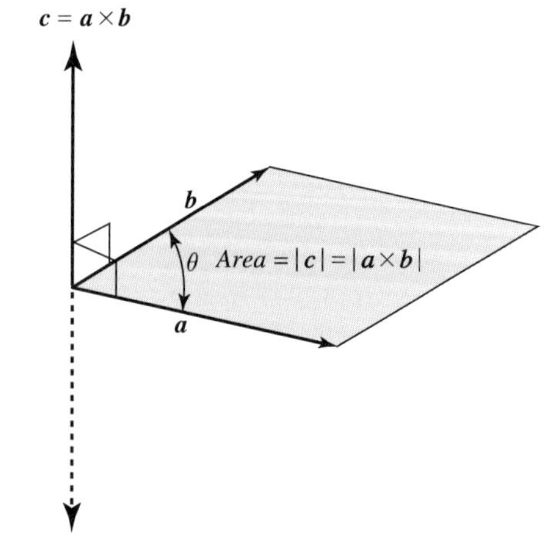

[그림 1-3] 벡터의 외적 및 방향

벡터의 외적에 대해서는 다음 식이 성립한다.

$$\begin{aligned} \boldsymbol{a}\times\boldsymbol{b} &= -\boldsymbol{b}\times\boldsymbol{a} \\ \boldsymbol{a}\times(\boldsymbol{b}+\boldsymbol{c}) &= \boldsymbol{a}\times\boldsymbol{b}+\boldsymbol{a}\times\boldsymbol{c} \\ (\kappa\boldsymbol{a})\times\boldsymbol{b} &= \kappa(\boldsymbol{a}\times\boldsymbol{b}) \end{aligned} \tag{1·8}$$

또한, [그림 1-4]와 같이 3개의 변이 벡터 $\boldsymbol{a}$, $\boldsymbol{b}$, $\boldsymbol{c}$로 표시되는 다음 식을 고려한다.

$$(\boldsymbol{a}\times\boldsymbol{b})\cdot\boldsymbol{c} = \boldsymbol{d}\cdot\boldsymbol{c} = |\boldsymbol{a}||\boldsymbol{b}||\boldsymbol{c}|\sin\theta\cos\alpha \tag{1·8'}$$

여기서 $(\boldsymbol{a}\times\boldsymbol{b})\cdot\boldsymbol{c}$는 스칼라 삼중곱(triple scalar product), 또는 박스 프로닥트(box product)라 한다.

식 (1·8′)은 벡터 $\boldsymbol{a}$, $\boldsymbol{b}$, $\boldsymbol{c}$로 나타내는 직육면체의 체적으로 된다. 부호는 벡터 $\boldsymbol{a}$를 $\boldsymbol{b}$의 방향으로 회전하였을 때 오른나사가 진행하는 방향 $\boldsymbol{d}$ 쪽으로 $\boldsymbol{c}$가 있으면 양(+)으로 하고, 그렇지 않으면 음(−)으로 된다. 그 이유는 $\boldsymbol{a}\times\boldsymbol{b}$는 2개의 벡터가 만드는 평행사변형의 면적에 $\boldsymbol{a}$를 $\boldsymbol{b}$의 방향으로 회전하였을 때 오른나사가 진행하는 방향의 단위벡터를 곱한 것으로서 벡터 $\boldsymbol{c}$의 내적이 되기 때문이다.

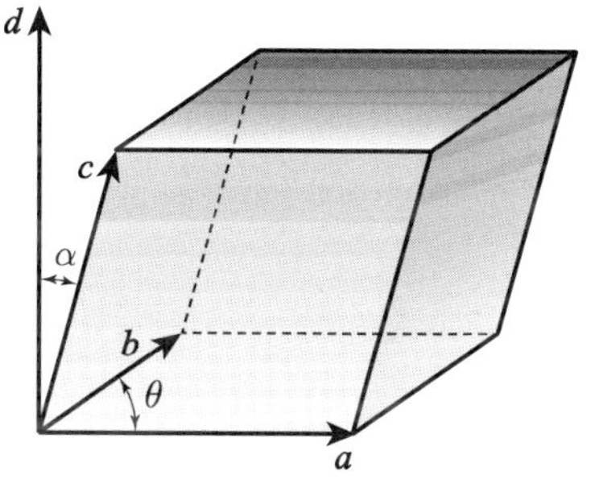

[그림 1-4] 스칼라 삼중적

1.5.2 텐서

텐서(tensor)는 그 어원(語源)이 tension(인상; 引張)에서 파생되어 탄성학에서 사용하기 시작한 것으로 유래되고 있다. '어떤 좌표계에서 정의된 양(量)이 변환된 다른 좌표계에서도 그 형태가 변하지 않을 때 그 양을 텐서'라 한다. 텐서의 표기는 수식을 쉽고 간결하게 표시할 수 있는 이점이 있다. 텐서의 차수(次數), 또는 계수(階數)는 방향의 수를 나타내며, n차 텐서는 3^n개의 성분을 갖는다.

벡터를 설명하기 위해서는 3개 성분이 필요하므로 벡터는 1차 텐서이고, 스칼라의 설명은 1개의 성분만으로 가능하기 때문에 스칼라는 0차 텐서라 한다. 또한, 응력과 변형률을 설명하기 위해서는 9개의 성분이 필요하므로 응력 및 변형률은 각각 2차 텐서이다.

텐서는 일반적으로 좌표계에 대한 불변상태의 성질을 설명하는 행렬(行列; matrix)로서 좌표계를 고려하지 않을 때 벡터는 하나의 텐서이며, 불변상태로 남는다. 그러므로 변환행렬을 알면 텐서는 별 어려움이 없이 좌표계를 임의의 방향으로 변환할 수 있다. 즉, 공액응력(共軛應力; complementary stress)을 계산할 때 자유물체도에 작용하는 힘과 그 평형방정식(平衡方程式; equilibrium equation)을 고려할 필요가 없이 텐서의 변환만으로 공액응력의 계산이 가능하다.

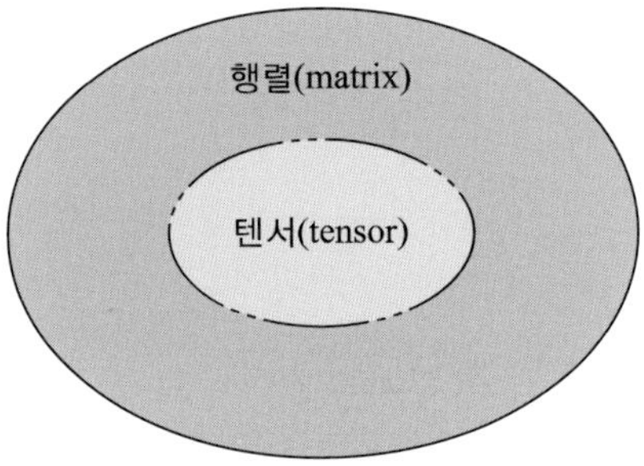

[그림 1–5] 텐서와 행렬의 관계

이와 같이 텐서를 이용하면 수식을 쉽고 간결하게 표시할 수 있을 뿐 아니라, 좌표의 취급방법이 변하더라도 식의 형태는 바뀌지 않고, 물리적 현상의 해석이 매우 편리하다. 또한 텐서는 좌표계의 변환이 쉽고, 규칙성이 매우 중요하며, 배열을 풍부하게 한다. 따라서 실제로 컴퓨터를 사용할 때는 배열의 크기를 가능한 작게 할 수 있고, 실제의 제약에 따라 수치적(數値的)으로 규칙성을 어느 정도 희생시켜 단순화 할 수 있다.

[그림 1-5]는 텐서와 행렬의 관계를 나타낸 것으로서 텐서는 행렬에 포함된다.

1.5.3 총합규약

반복되는 첨자는 총합을 의미하고, 총합규약(總合規約; summation convection)에 의한 표시에는 다음과 같은 것이 있다.

(1) $a_i b_i = a_1 b_1 + a_2 b_2 + a_3 b_3 \left(= \sum_{i=1}^{3} a_i b_i \right)$ (1・9)

(2) $\sigma_{ji,j} = \sigma_{1i,1} + \sigma_{2i,2} + \sigma_{3i,3} \left(= \sum_{j=1}^{3} \dfrac{\partial \sigma_{ji}}{\partial x_j} \right)$ (1・10)

(3) $a_{ij} b_{ij} = a_{11} b_{11} + a_{12} b_{12} + a_{13} b_{13} + a_{21} b_{21} + a_{22} b_{22} + a_{23} b_{23} + a_{31} b_{31} + a_{32} b_{32} + a_{33} b_{33} \left(= \sum_{i=1}^{3} \sum_{j=1}^{3} a_{ij} b_{ij} \right)$ (1・11)

(4) $a_{ii} = a_{11} + a_{22} + a_{33} \left(= \sum_{i=1}^{3} a_{ii} \right)$ (1 · 12)

직교좌표계 (x, y, z)를 (x_1, x_2, x_3) 또는 $x_i\,(i=1, 2, 3)$로 표시하고, i를 지표(指標; index) 또는 첨자(suffix)라고도 한다.

다음과 같은 텐서의 식을 생각하여 보자.

$$x_j = l_{ji}\, x_i \tag{1 · 13}$$

여기서 i는 한 항에서 두 번 반복하여 나타나는데 이와 같이 한 항에서 두 번 이상 반복 표시되는 첨자를 더미 인덱스(dummy index)라 하며, 이 때 $i=1, 2, 3$의 범위에서 i에 관한 합(summation)을 나타낸다. 그러나, j는 한 항에서 한 번만 나타나므로 반복되지 않는 첨자로서 합을 하지 않는 첨자를 프리 인덱스(free index)라 한다.

또한, 더미 인덱스는 단순히 합을 의미하므로 첨자의 기호 i는 프리 인덱스와 다른 임의의 문자로 나타내어도 무방하므로 식 (1 · 13)에서 $l_{ji}\, x_i$를 $l_{jl}\, x_l$로 표시하여도 지장이 없다.

1.5.4 Kronecker 델타

벡터량은 [그림 1-6]과 같이 특정 좌표계를 기준으로 그 성분의 크기를 나타낼 수 있다. 이렇게 하기 위해서는 선택한 좌표계를 설명할 수 있는 기본벡터(base vector)를 정의하고, 임의의 벡터를 이 기본벡터로 분해한 성분으로 표시할 수 있다.

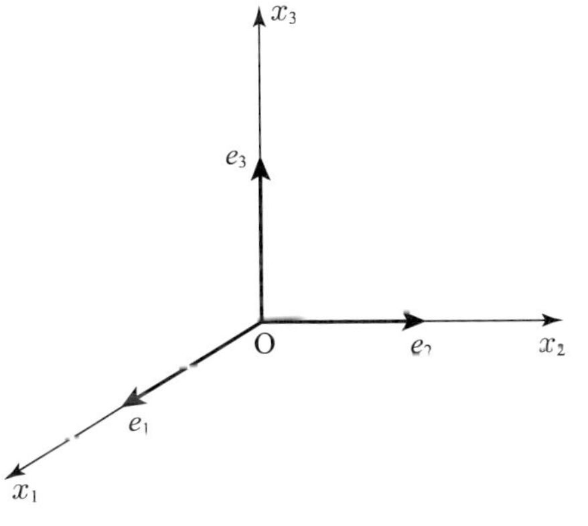

[그림 1-6] 직교좌표계

만일, 직교좌표계(x, y, z) 또는 (x_1, x_2, x_3)를 선택할 때 크기가 1로서 서로 직교하는 단위기본벡터(unit base vector) $\boldsymbol{e}_1$, $\boldsymbol{e}_2$, $\boldsymbol{e}_3$를 이용하여 임의의 벡터 $\boldsymbol{u}$를 다음과 같이 나타낼 수 있다.

$$\boldsymbol{u} = u_1\boldsymbol{e}_1 + u_2\boldsymbol{e}_2 + u_3\boldsymbol{e}_3 = \sum_{i=1}^{3} u_i\boldsymbol{e}_i \tag{1·14}$$

총합규약에 따라 식 (1·14)를 표시하면 다음 식과 같다.

$$\boldsymbol{u} = u_i\boldsymbol{e}_i = u_j\boldsymbol{e}_j \tag{1·15}$$

직교좌표계에서 단위기본벡터를 $\boldsymbol{e}_i$ 라 하면, 이 벡터의 특성은 다음 식과 같이 표시된다.

$$\boldsymbol{e}_i \cdot \boldsymbol{e}_j = \delta_{ij} \tag{1·16}$$

여기서 '·'은 내적을 나타내고, δ_{ij} 는 Kronecker 델타(delta)라고 한다.

Kronecker 델타 δ_{ij} 는 행렬(matrix)을 계산할 때 단위행렬(unit matrix)에 해당하는 것으로서 다음과 같이 정의된다.

$$\delta_{ij} = \begin{cases} 1 : i = j \\ 0 : i \neq j \end{cases} \tag{1·17}$$

Kronecker 델타 δ_{ij} 는 식 (1·17)에 의해 다음과 같은 관계가 성립한다.

$$\delta_{11} = \delta_{22} = \delta_{33} = 1$$
$$\delta_{12} = \delta_{21} = \delta_{13} = \delta_{31} = \delta_{23} = \delta_{32} = 0$$
$$\delta_{ii} = \delta_{11} + \delta_{22} + \delta_{33} = 3,\ \delta_{ij}\delta_{ij} = 3,\ \delta_{ij}\delta_{ik} = \delta_{ik}$$

따라서 식 (1·1)은 다음 식과 같이 표시할 수 있다.

$$\boldsymbol{a} \cdot \boldsymbol{b} = a_i b_i \tag{1·18}$$

또한, 특수 항에서 x_i 를 x_k 로 표기하고 싶을 때 Kronecker 델타를 사용하여 다음 식과 같이 나타낼 수 있다.

$$x_i = \delta_{ik}\, x_k \tag{1·19}$$

여기서 $i \neq k$ 이면 그 항은 전부 0 이고, $i = k$ 이면 1이 되므로 $x_i = x_i$ 가 성립한다.

1.5.5 순환텐서

순환텐서(permutation tensor) 또는 교환텐서(alternating tensor)는 식 (1·7)을 기하학적으로 정의하는 대신에 순환기호(permutation symbol) ϵ_{ik} 를 사용하면, 두 벡터의 성분으로 외적 $\boldsymbol{a} \times \boldsymbol{b}$ 를 쉽게 표현할 수 있다. 이것을 Edington의 ϵ 이라고도 하며, 이것은 행렬의 절대값에 관계되며 다음과 같이 정의한다.

$$
\epsilon_{ijk} = \begin{cases} 0 : i,\ j,\ k \text{ 중에서 서로 같은 첨자가 있을 때} \\ \quad (\epsilon_{112} = \epsilon_{323} = \epsilon_{221} = 0) \\ 1 : i,\ j,\ k\text{가 서로 다르고 시계방향으로 순번을 가질 때} \\ \quad (\epsilon_{123} = \epsilon_{231} = \epsilon_{312} = 1)\ \text{[그림 1-5(a)]} \\ -1 : i,\ j,\ k\text{가 서로 다르고 반시계방향으로 순빈을 가질 때} \\ \quad (\epsilon_{132} = \epsilon_{213} = \epsilon_{321} = -1)\ \text{[그림 1-5(b)]} \end{cases} \tag{1・20}
$$

식 (1・20)을 더욱 알기 쉽게 나타내면 [그림 1-7]과 같이 된다.

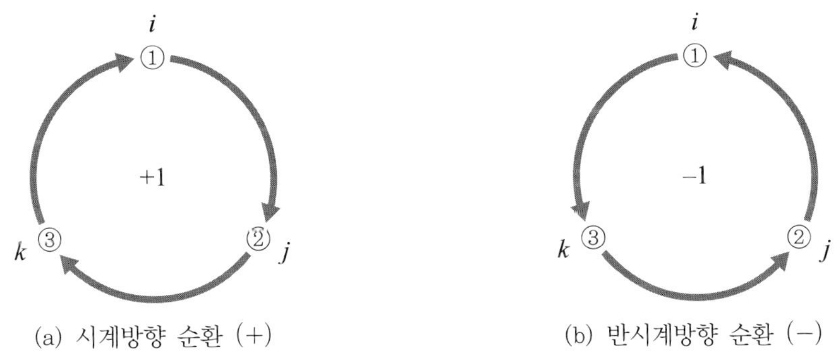

[그림 1-7] 순환기호의 부호

순환기호 ϵ_{ik} 를 이용하면 직교좌표계의 기본벡터에 대한 외적은 다음과 같이 표시된다.

$$e_i \times e_j = \epsilon_{ijk}\, e_k \tag{1・21}$$

또한,

$$e_i \times e_j \cdot e_k = \epsilon_{ijk}\, e_k \cdot e_k = \epsilon_{ijk} \tag{1・21'}$$

식 (1・21)을 이용하면 베터의 외적과 심중곱(tripple product, box product)은 다음 식과 같이 표시된다.

$$a \times b = \epsilon_{ijk} a_i b_j e_k = \begin{vmatrix} e_1 & e_2 & e_3 \\ a_1 & a_2 & a_3 \\ b_1 & b_2 & b_3 \end{vmatrix} \tag{1・22}$$

$$(a \times b) \cdot c = \epsilon_{ijk} a_i b_{jk} c_k = \begin{vmatrix} a_1 & a_2 & a_3 \\ b_1 & b_2 & b_3 \\ c_1 & c_2 & c_3 \end{vmatrix} \tag{1・23}$$

위의 식에서 | |는 행렬식(行列式; determinant)을 의미하고, 식 (1・23)은 벡터의 삼중곱을 나타낸다.

또한, 식 (1・20)에서 다음의 관계식이 성립하는 것을 알아 두면 편리하다.

$$\epsilon_{ijk}\epsilon_{jki} = 6,\ \delta_{ij}\delta_{jk} = \delta_{ik},\ \delta_{ij}\epsilon_{ijk} = 0,\ \epsilon_{ijk}A_i A_j = 0,$$
$$\epsilon_{ijk}\epsilon_{ist} = \delta_{js}\delta_{kt} - \delta_{jt}\delta_{ks},\ \delta_{im}\delta_{mj}\delta_{jk} = \delta_{ik}$$

예제 1-1

다음의 관계가 성립하는 것을 설명하시오.

(1) $\delta_{ij}\delta_{ij} = \delta_{ii} = 3$

(2) $\epsilon_{ijk}\epsilon_{jki} = \epsilon_{ijk}\epsilon_{ijk} = 6$

(3) $\delta_{ij}\delta_{jk} = \delta_{ik}$

(4) $\delta_{ij}\epsilon_{ijk} = \epsilon_{iik} = 0$

(5) $\epsilon_{ijk}\epsilon_{ist} = 1$

풀이

(1) $\delta_{ii} = \delta_{11} + \delta_{22} + \delta_{33} = 1 + 1 + 1 = 3$ 이 되므로 $\delta_{ij}\delta_{ij} = \delta_{ii} = 3$ 으로 된다.

(2) $\epsilon_{ijk}\epsilon_{jki} = \epsilon_{ijk}\epsilon_{ijk}$

$= (\epsilon_{123})^2 + (\epsilon_{132})^2 + (\epsilon_{231})^2 + (\epsilon_{213})^2 + (\epsilon_{312})^2 + (\epsilon_{321})^2 = 6$ 이 된다.

(3) $\delta_{ij}\delta_{jk} = \delta_{i1}\delta_{1k} + \delta_{i2}\delta_{2k} + \delta_{i3}\delta_{3k} = \delta_{ik}$ 로 된다.

(4) $\epsilon_{ijk}A_i A_j = \epsilon_{123}A_1 A_2 + \epsilon_{213}A_2 A_1 = 0(k = 3$일 때), 그 외에도 같으므로

$\delta_{ij}\epsilon_{ijk} = \epsilon_{iik} = 0$ 으로 된다.

(5) $\epsilon_{ijk}\epsilon_{ist} = \epsilon_{1jk}\epsilon_{1st} + \epsilon_{2jk}\epsilon_{2st} + \epsilon_{3jk}\epsilon_{3st} = \epsilon_{123}\epsilon_{123} = 1$ 이 되므로

$\delta_{js}\delta_{kt} - \delta_{jt}\delta_{ks} = \delta_{11}\delta_{33} - \delta_{13}\delta_{31} = 1(j = s = 1,\ k = t = 3$일 때)

그 외에도 같다.

1.5.6 텐서의 차수(次數)

좌표변환에 의해 다음의 관계식이 성립하면 텐서라 한다.

(1) 0차 텐서

좌표계 x_i 에서 단 1개의 성분 A, 다른 좌표계 $x_{i'}$ 에서 단 1개의 성분 A' 이 다음 식과 같은 좌표변환이 성립할 때 0차 텐서라 한다. 여기에 속하는 것으로는 크기는 있지만 방향이 없는 스칼라(scalar)가 있다.

$$A(x_1,\ x_2,\ x_3) = A'(x_{1'},\ x_{2'},\ x_{3'}) \qquad (1 \cdot 24)$$

(2) 1차 텐서

좌표계 x_i 에서 3개의 성분 A_i, 다른 좌표계 $x_{i'}$ 에서 3개의 성분 $A_{i'}$ 이 다음 식과 같은

좌표변환이 성립할 때 1차 텐서라고 한다. 여기에 속하는 것으로는 크기와 방향을 갖는 벡터(vector)가 있다.

$$A_i(x_1, x_2, x_3) = \ell_{j'i} A_{j'}(x_{1'}, x_{2'}, x_{3'})$$
$$A_{i'}(x_{1'}, x_{2'}, x_{3'}) = \ell_{i'j} A_j(x_1, x_2, x_3) \qquad (1 \cdot 25)$$

(3) 2차 텐서

좌표계 x_i 에서 9개의 성분 A_{ij}, 다른 좌표계 $x_{i'}$ 에서 9개의 성분 $A_{i'j'}$ 으로서 다음 식과 같이 좌표변환이 될 때 2차 텐서라 한다.

$$A_{ij}(x_1, x_2, x_3) = \ell_{m'i} \ell_{n'j} A_{m'n'}(x_{1'}, x_{2'}, x_{3'})$$
$$A_{i'j'}(x_{1'}, x_{2'}, x_{3'}) = \ell_{i'm} \ell_{j'n} \ell_{mn}(x_1, x_2, x_3) \qquad (1 \cdot 26)$$

(4) n차 텐서

좌표계 x_i 에서 3^n 개의 성분 $A_{i1i2\cdots in}$, 다른 좌표계 $x_{i'}$ 에서 3^n 개의 성분 $A_{i1'i2'\ldots in'}$ 으로서 다음 식과 같은 좌표변환이 성립할 때 n차 텐서라 한다.

$$A_{i1\,i2\ldots\ldots in}(x_1, x_2, x_3) = \ell_{j1'i1'} \ell_{j2'i2} \cdots \ell_{jn'in} A_{j1'j2'\ldots\ldots jn'}(x_{1'}, x_{2'}, x_{3'})$$
$$A_{i1'i2'\ldots\ldots in'}(x_{1'}, x_{2'}, x_{3'}) = \ell_{i1'j1} \ell_{i2'j2} \cdots \ell_{in'jn} A_{j1\,j2\ldots\ldots jn}(x_1, x_2, x_3) \qquad (1 \cdot 27)$$

예제 1-2

2계의 텐서 $\boldsymbol{T}$에 내안 나음의 관계가 성립하는 것을 설명하시오.

(1) $\boldsymbol{T}_i \cdot \boldsymbol{e}_j - T_{ij}\boldsymbol{e}_i$ (2) $\boldsymbol{e}_i \cdot \boldsymbol{T} = T_{ij}\boldsymbol{e}_j$

풀이

(1) $\boldsymbol{T}_i B \cdot \boldsymbol{e}_j = (T_{ik}\boldsymbol{e}_i \times \boldsymbol{e}_k) \cdot \boldsymbol{e}_j = T_{ik}(\boldsymbol{e}_i \times \boldsymbol{e}_k) = T_{ik}(\boldsymbol{e}_k \cdot \boldsymbol{e}_j)\boldsymbol{e}_i$

$$= T_{ik}\delta_{ik}\boldsymbol{e}_i = T_{ij}\boldsymbol{e}_i = \begin{bmatrix} T_{1j} \\ T_{2j} \\ T_{3j} \end{bmatrix}$$

(2) $\boldsymbol{e}_i \cdot \boldsymbol{T} = \boldsymbol{e}_i \cdot (T_{kj}\boldsymbol{e}_k \times \boldsymbol{e}_j) = T_{kj}\boldsymbol{e}_i \cdot (\boldsymbol{e}_k \times \boldsymbol{e}_j) = T_{kj}(\boldsymbol{e}_i \cdot \boldsymbol{e}_k)\boldsymbol{e}_j$

$$= T_{kj}\delta_{kj}\boldsymbol{e}_j = T_{ij}\boldsymbol{e}_j = \begin{bmatrix} T_{i1} \\ T_{i2} \\ T_{i3} \end{bmatrix}$$

1.6 좌표변환

[그림 1-8]과 같이 2개의 직교좌표계(Cartesian coordinates) x_i 및 $x_{i'}$에 대한 각각의 단위기본벡터(unit base vector)를 $\boldsymbol{e}_i$ 및 $\boldsymbol{e}_{i'}$이라 하면, 1개의 좌표계에 대한 기본벡터는 직교하므로 다음 관계식이 성립한다.

$$\boldsymbol{e}_i \cdot \boldsymbol{e}_j = \delta_{ij}, \quad \boldsymbol{e}_{i'} \cdot \boldsymbol{e}_{j'} = \delta_{ij} \tag{1・28}$$

이들 좌표계에 대한 위치벡터 x는 각각의 성분 x_i 및 $x_{i'}$에 의해

$$x = x_i \boldsymbol{e}_i = x_{i'} \boldsymbol{e}_{i'} \tag{1・29}$$

로 표시된다. 식 (1・29)의 양변에 $\boldsymbol{e}_j$의 스칼라적으로 나타내면 다음 식과 같이 된다.

$$x_i(\boldsymbol{e}_i \cdot \boldsymbol{e}_j) = x_{i'}(\boldsymbol{e}_{i'} \cdot \boldsymbol{e}_{j'}) \tag{1・30}$$

여기서

$$\boldsymbol{e}_{i'} \cdot \boldsymbol{e}_j = \cos(x_{i'}, x_j) = l_{i'j} \tag{1・31}$$

로 놓고, 식 (1・28)을 고려하면 좌표변환에 의한 $x_{i'}$과 x_j의 관계는 다음 식과 같이 된다.

$$x_{i'} = \ell_{i'j} x_j, \quad x_i = \ell_{j'i} x_{j'} \tag{1・32}$$

또한, 식 (1・31)에서 $\ell_{i'j}$는 $x_{i'}$과 x_j축이 이루는 각의 방향코사인(direction cosine)은 다음 식과 같이 된다.

$$\ell_{i'j} = \frac{\partial x_{i'}}{\partial x_j} = \frac{\partial x_j}{\partial x_{i'}} \tag{1・33}$$

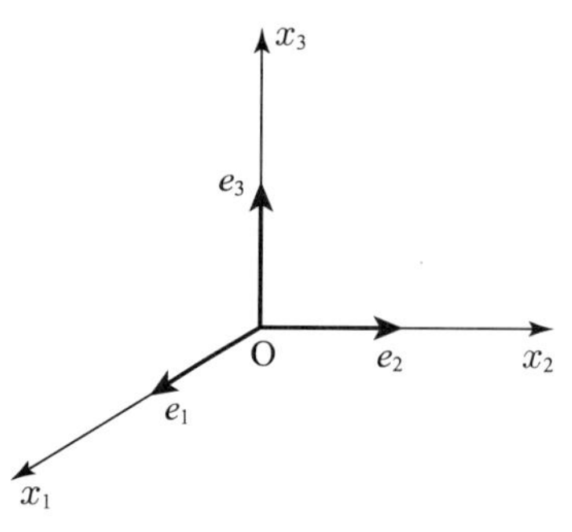

(a) 변환 전 좌표계

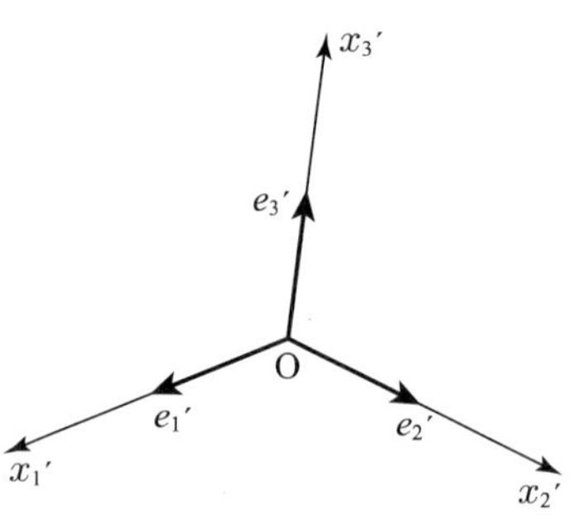

(b) 변환 후 좌표계

[그림 1-8] 좌표계의 변환

일반적으로 벡터 $\boldsymbol{V}$는

$$\boldsymbol{V} = V_i \boldsymbol{e_i} = \boldsymbol{V}_{i'} \boldsymbol{e}_{i'} \tag{1・34}$$

와 같이 표시되고, 다음과 같이 좌표변환을 할 수 있다.

$$\boldsymbol{V}_{i'} = l_{i'j} \boldsymbol{V}_j, \quad \boldsymbol{V}_i = l_{j'i} \boldsymbol{V}_{j'} \tag{1・35}$$

좌표변환을 할 때 2개의 좌표계가 주어지면 방향코사인 $\ell_{i'j}$의 값은 식 (1・33)으로부터 쉽게 계산되고, 다음과 같이 설명된다.

1.6.1 x_3축 주위에 각도 θ 만큼 회전한 직교좌표계

[그림 1-9]의 직교좌표계(Cartesian coordinates)에서 알 수 있듯이

$$\begin{aligned} x_{1'} &= x_1 \cos\theta + x_2 \sin\theta \\ x_{2'} &= -x_1 \sin\theta + x_2 \cos\theta \\ x_{3'} &= x_3 \end{aligned} \tag{a}$$

이므로 식 (1・33)에서 $l_{i'j}$는 다음 식으로 표시된다.

$$[l_{i'j}] = \begin{bmatrix} \cos\theta & \sin\theta & 0 \\ -\sin\theta & \cos\theta & 0 \\ 0 & 0 & 1 \end{bmatrix} \tag{1・36}$$

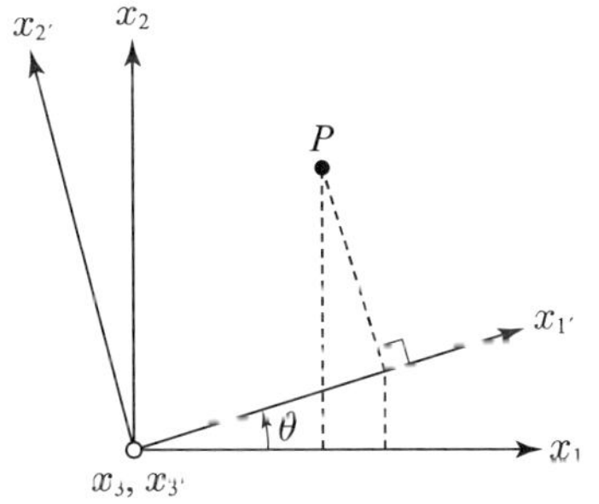

[그림 1-9] 직교좌표계의 변환

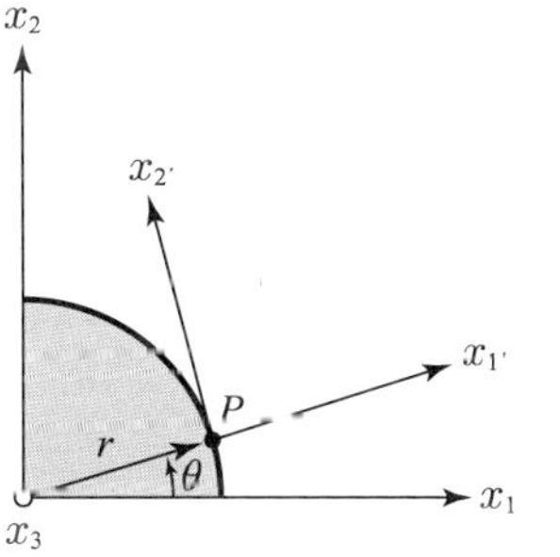

[그림 1-10] 원기둥 좌표계

1.6.2 원기둥 좌표계

[그림 1-10]에서와 같이 원기둥 좌표계(cylindrical coordinates) r, θ, z를 그대로 $x_{1'}, x_{2'}, x_{3'}$으로 하면 식 (1・31)이 성립하지 않지만, 점 $P(r, \theta, z)$에서 국소 직교좌표계 $x_{1'}, x_{2'}, x_{3'}$을 잡으면 다음 식과 같이 표시할 수 있다.

$$x_1 = r\cos\theta,\quad x_2 = r\sin\theta,\quad x_3 = z$$
$$r = \sqrt{x_1^2 + x_2^2},\quad \theta = \tan^{-1}\left(\frac{x_2}{x_1}\right),\quad z = x_3 \tag{b}$$

또한, 식 (1·33)으로부터 다음의 관계가 성립한다.

$$\begin{aligned} l_{1'1} &= \frac{\partial x_{1'}}{\partial x_1} = \frac{\partial r}{\partial x_1} = \frac{x_1}{r} = \cos\theta \\ l_{1'2} &= \frac{\partial x_{1'}}{\partial x_2} = \frac{\partial r}{\partial x_2} = \frac{x_2}{r} = \sin\theta \\ l_{2'1} &= \frac{\partial x_{2'}}{\partial x_1} = r\frac{\partial \theta}{\partial x_1} = -\frac{x_2}{r} = -\sin\theta \\ l_{2'2} &= \frac{\partial x_{2'}}{\partial x_2} = r\left(\frac{\partial \theta}{\partial x_2}\right) = \frac{x_1}{r} = \cos\theta \\ l_{3'3} &= \frac{\partial x_{3'}}{\partial x_3} = \frac{\partial z}{\partial x_3} = \frac{z}{z} = 1 \\ &\text{그 외의 } l_{i'j} = 0 \end{aligned} \tag{1·37}$$

따라서 원기둥 좌표계의 x_i 축과 $x_{i'}$ 축의 방향코사인은 다음 식과 같이 된다.

$$[l_{i'j}] = \begin{bmatrix} \cos\theta & \sin\theta & 0 \\ -\sin\theta & \cos\theta & 0 \\ 0 & 0 & 1 \end{bmatrix} \tag{1·38}$$

1.6.3 구좌표계

[그림 1-11]과 같은 구좌표계(球座標系; spherical polar coordinates) r, θ, ϕ에 대해서도 원기둥 좌표계와 동일하게 국소 직교좌표계를 $x_{1'}$, $x_{2'}$, $x_{3'}$으로 잡는다.

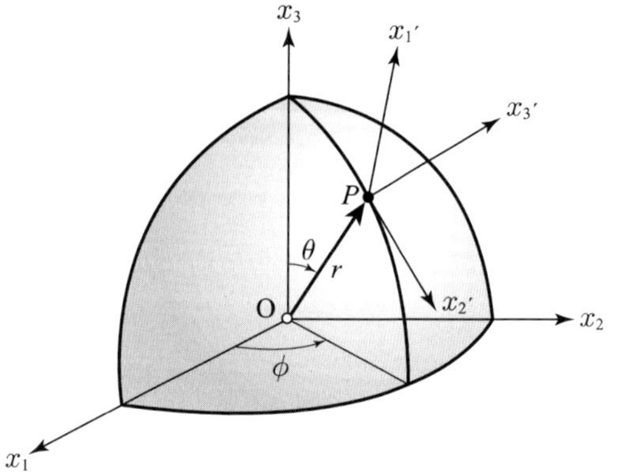

[그림 1-11] 구좌표계

식 (1・37)을 참고하면, 식 (1・33)으로부터 구좌표계의 x_i 축과 $x_{i'}$ 축의 방향코사인은 다음과 같이 표시된다.

$$[l_{i'j}] = \begin{bmatrix} \sin\theta\cos\theta & \sin\theta\sin\phi & \cos\theta \\ \cos\theta\cos\phi & \cos\theta\sin\phi & -\sin\theta \\ -\sin\phi & \cos\phi & 0 \end{bmatrix} \tag{1・39}$$

1.7 텐서의 미분 및 적분

연속체에 대한 물리적 법칙은 주로 미분방정식으로 표시되고, 많은 물리량을 텐서로 표시하면 편리하다는 것은 이미 설명하였다. 연속체의 평형이나 운동방정식 등을 전개하기 위해 자주 이용하는 텐서의 미분, 미분연산자 및 적분정리에 대해서 간단히 설명하기로 한다.

1.7.1 미분 규약

직교좌표계 x_i 에 대한 편미분함수를 다음 식과 같이 컴마 ‘, ’로 표시한다.

$$\frac{\partial(\ )}{\partial x_i} = (\ )_{,i}\ ,\quad \frac{\partial^2(\ )}{\partial x_i \partial x_j} = (\ )_{,ij} \tag{1・40}$$

1.7.2 텐서의 미분

(1) 기울기 연산자

[그림 1-12]와 같이 곡면 S에 의한 체적을 V 라 하고, S에 대한 외향 법선단위(外向法線單位; outward normal unit) 벡터를 $\boldsymbol{n}$ 이라 한다. 공간의 어떤 영역에서 정의된 스칼라장(scalar field) ϕ 는 다음 식으로 나타낸다.

$$grad\,\phi \equiv \nabla\phi = \lim_{V\to 0}\frac{1}{V}\int_S \phi\boldsymbol{n}\,dS = \boldsymbol{e}_i\frac{\partial\phi}{\partial x_i}$$
$$= \boldsymbol{e}_x\frac{\partial\phi}{\partial x} + \boldsymbol{e}_y\frac{\partial\phi}{\partial y} + \boldsymbol{e}_z\frac{\partial\phi}{\partial z} = \phi_{,i} \tag{1・41}$$

여기서 정의된 벡터장(vector field) $grad\phi$, 또는 $\nabla\phi$ 를 스칼라장 ϕ 의 기울기(勾配; gradient)라 한다. ∇ 은 해밀턴의 연산자(Hamiltonian operator)라 부르고 ‘나블라(nabla)’, 또는 ‘델’, 아드렛(atled) 이라고도 읽는다.

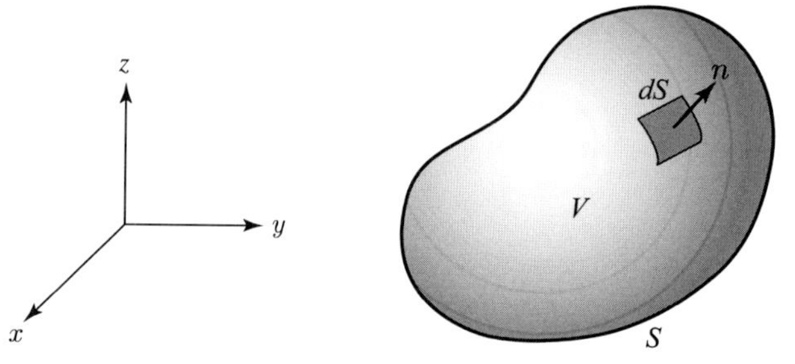

[그림 1-12] 폐곡선 S와 체적 V

기울기는 어떤 점에서 스칼라장 ϕ의 증가율이 최대가 되는 방향이며, 곡면 S에 대한 법선(法線)이다. $grad\,\phi$의 방향은 $\phi = C$(일정)에 직각이 되고, $|grad\,\phi|$는 최대기울기로서 등고선의 조밀도(稠密度)를 나타낸다. 따라서 곡면 S의 법선단위벡터(normal unit vector) $\boldsymbol{n}$은 다음 식으로 표시된다.

$$\boldsymbol{n} = \frac{grad\,\phi}{|grad\,\phi|} \tag{1・42}$$

결국, $grad$는 탄젠트(tan)를 다차원화(多次元化) 한 것으로서 강물의 흐름을 고려하면 강물은 $grad\,\phi$의 방향을 따라 흐르고, 유속(流速)은 $|grad\,\phi|$로 주어진다.

(2) 벡터장의 발산

공간의 어떤 영역에서 정의된 벡터장(vector field) $\boldsymbol{F}$가 주어질 때

$$\begin{aligned}\text{div}\ \boldsymbol{F} \equiv \nabla \cdot \boldsymbol{F} &= \lim_{V \to 0} \frac{1}{V} \int_S \boldsymbol{F} \cdot \boldsymbol{n} dS = \frac{\partial \boldsymbol{F}_i}{\partial x_i} \\ &= \frac{\partial \boldsymbol{F}_x}{\partial x} + \frac{\partial \boldsymbol{F}_y}{\partial y} + \frac{\partial \boldsymbol{F}_z}{\partial z} = \boldsymbol{F}_{i,\,i}\end{aligned} \tag{1・43}$$

이와 같이 정의되는 스칼라장 div $\boldsymbol{F}$를 $\boldsymbol{F}$의 발산(發散; divergence)이라 한다. 발산연산자(發散演算子; divergence operator) div는 기울기 연산자와 내적관계를 나타내는 $\nabla \cdot \boldsymbol{F}$로도 표시한다. 또한 스카라장 ϕ에 대한 기울기의 발산을 구하면 다음 식과 같이 된다.

$$\text{div}\,(grad\,\phi) = \nabla \cdot \nabla\phi = \nabla^2\phi = \frac{\partial^2\phi}{\partial x^2} + \frac{\partial^2\phi}{\partial y^2} + \frac{\partial^2\phi}{\partial z^2} = \frac{\partial^2\phi}{\partial x_i \partial x_i} \tag{1・44}$$

여기서 우변을 ϕ의 라플라시언(Laplacian)이라 하고, $\nabla^2\phi$ 또는 $\Delta\phi$로 표시한다. 따라서 라플라시언 연산자(Laplacian operator)는 다음 식과 같이 나타낸다.

$$\nabla^2 = \Delta = \frac{\partial^2}{\partial x^2} + \frac{\partial^2}{\partial y^2} + \frac{\partial^2}{\partial z^2} \tag{1・45}$$

발산, 또는 증발이 없는 유체의 흐름이라면 식 (1・43)으로부터 다음 식이 얻어진다.

$$\int_S \boldsymbol{F} \cdot \boldsymbol{n} dS = 0 \tag{1・46}$$

식 (1・46)은 유체역학에서는 연속의 식이라 한다.

(3) 벡터장의 회전

벡터장 $\boldsymbol{F}$의 회전(回轉; rotation 또는 curl)은 회전연산자(curl operator) curl $\boldsymbol{F}$ 또는 rot $\boldsymbol{F}$로 표시하고, $\nabla \times \boldsymbol{F}$로 나타내며 다음 식으로 정의한다.

$$\text{curl } \boldsymbol{F} = \text{rot } \boldsymbol{F} = \nabla \times \boldsymbol{F} = \lim_{V \to 0} \frac{1}{V} \int_S \boldsymbol{n} \times \boldsymbol{F} dS = \boldsymbol{e}_i \times \frac{\partial \boldsymbol{F}}{\partial x_i}$$

$$= \begin{vmatrix} \boldsymbol{e}_x & \boldsymbol{e}_y & \boldsymbol{e}_z \\ \dfrac{\partial}{\partial x} & \dfrac{\partial}{\partial y} & \dfrac{\partial}{\partial z} \\ \boldsymbol{F}_x & \boldsymbol{F}_y & \boldsymbol{F}_z \end{vmatrix} = \epsilon_{ijk} \boldsymbol{e}_i \frac{\partial \boldsymbol{F}_k}{\partial x_i} = \epsilon_{ijk} \boldsymbol{F}_{k,i} \tag{1・47}$$

1.7.3 텐서의 적분

(1) Gauss의 발산정리

[그림 1-12]에서 공간영역 V의 체적적분(體積積分)과 V의 경계를 이루는 매끈한 폐곡선 S에 대한 면적적분(面積積分)의 관계를 알아보기로 한다. 영역 V의 경계 S에 대한 외향 법선단위벡터를 $\boldsymbol{n}$이라 하고, 영역 V의 폐곡면 S에 대한 벡터장 $\boldsymbol{F}$가 연속인 1차 편미분함수로 되어 있다면 다음의 관계식이 성립한다.

$$\int_V \text{div } \boldsymbol{F} dV = \int_V \nabla \cdot \boldsymbol{F} = \int_V \boldsymbol{F}_{,i} dV = \int_S \boldsymbol{F} \cdot \boldsymbol{n} dS \tag{1・48}$$

따라서 Gauss(1777~1855년)의 발산정리(發散定理; Gauss' divergence theorem)는 체적적분을 면적적분으로 변환하는 공식이고, 그 반대의 관계식도 성립한다.

(2) Green의 정리

[그림 1-13]과 같이 곡선 S로 둘러싸인 영역 Ω 안에서 2계의 미분함수가 연속인 2개의 함수 $\phi(x, y)$와 $\psi(x, y)$일 때 $\phi(x, y)$가 다음의 Laplace 방정식을 만족하는 경우를 고려하여 보기로 한다.

$$\frac{\partial^2 \phi}{\partial x^2} + \frac{\partial^2 \phi}{\partial y^2} = \nabla^2 \phi = 0 \tag{1・49}$$

함수 ϕ와 ψ는 연속이므로 식 (1・49)를 만족하므로 영역적분은 다음 식과 같이 나타낸다.

$$\int_{\Omega} (\nabla^2 \phi) \psi \, d\Omega = 0 \tag{1・50}$$

여기서 $\psi(x, y)$는 중조화함수이다.

식 (1・49)와 식 (1・50)은 등가(等價)이므로 식 (1・50)에 Gauss의 공식을 2번 적용하면 다음 식과 같이 된다.

$$\begin{aligned}\int_{\Omega} (\nabla^2 \phi) \psi \, d\Omega &= \int_S \frac{\partial \phi}{\partial n} \psi \, dS - \int_{\Omega} (\nabla \phi) \nabla \psi \, d\Omega \\ &= \int_S \left(\psi \frac{\partial \phi}{\partial n} - \phi \frac{\partial \psi}{\partial n} \right) dS + \int_{\Omega} \phi (\nabla^2 \psi) \, d\Omega \end{aligned} \tag{1・51}$$

결국, 식 (1・51)로부터 다음 식이 얻어진다.

$$\int_{\Omega} (\phi \nabla^2 \psi - \psi \nabla^2 \phi) \, d\Omega = \int_S \left(\phi \frac{\partial \psi}{\partial n} - \psi \frac{\partial \phi}{\partial n} \right) dS \tag{1・52}$$

식 (1・52)는 Green(1793~1841년)의 공식이라 부르고, 포텐셜 문제(potential problem)를 해석하기 위한 기본원리가 되고 있다.

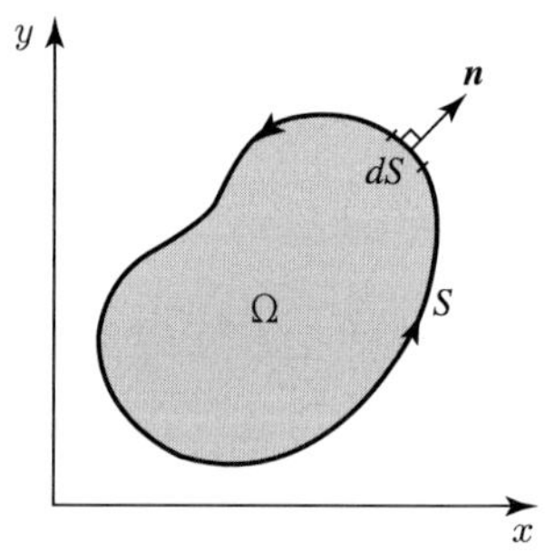

[그림 1-13] 평면에 대한 Gauss의 정리

또한, [그림 1-13]과 같이 벡터장 $\boldsymbol{F}(x, y)$이 경계 S에 의한 평면의 폐영역(閉領域) Ω 안에서 x, y가 연속함수라면, 2차원 평면에 대한 Green의 공식 (1・52)는 간략히 다음 식으로 표시한다.

$$\int_{\Omega} \frac{\partial \boldsymbol{F}_i}{\partial x_i} d\Omega = \int \boldsymbol{F}_{i,i} n_i \, d\Omega = \oint_S \boldsymbol{F}_i n_i \, dS \tag{1・53}$$

여기서 n_i는 외향 법선단위벡터이다.

따라서 Green의 공식은 면적적분을 선적분(線積分)으로 변환하는 것을 알 수 있고, 2차원 Green의 정리는 결국 Gauss의 발산정리로 된다.

(3) Stokes의 정리

2차원의 Gauss 정리는 Green의 정리와 밀접한 관계가 있고, 거의 동일한 순서로 유도되는 것을 확인하였다. 또한, 3차원의 Green의 정리는 Stokes의 정리라고도 불리고, 그 유도는 3차원의 Gauss 정리와 다르지만 2차원의 Green 정리를 이용하여 유도할 수 있다.

[그림 1-13]에서 방향이 주어진 곡면 S에 대한 면적적분과 S의 경계곡선에 대한 선적분의 관계를 고려하여 보기로 한다. 벡터장 $\boldsymbol{F}$가 연속적인 편미분함수라면, Stokes 정리는 다음 식과 같이 나타낸다.

$$\int_S (\text{curl } \boldsymbol{F}) \cdot \boldsymbol{n} dS = \int_S (\nabla \cdot \boldsymbol{F}) \cdot \boldsymbol{n} dS = \oint_C \boldsymbol{F} \cdot \boldsymbol{t} dS \qquad (1 \cdot 54)$$

여기서 $\boldsymbol{n}$은 표면에 대한 법선단위벡터, $\boldsymbol{t}$는 곡선 C의 접선단위벡터를 나타낸다.

벡터 $\boldsymbol{t}$와 $\boldsymbol{n}$에 대한 양(+)의 방향은 임의로 선택한 법선벡터 $\boldsymbol{n}$에 대해 접선벡터 $\boldsymbol{t}$의 방향은 오른손 나사법칙에 따라 결정한다.

따라서 Stokes의 정리는 면적적분을 선적분으로 변환하는 공식이며, 그 반대의 관계도 역시 성립한다.

1.8 트레이스

일반적으로 n차의 정방행렬(正方行列) A에 대한 대각성분의 합을 트레이스(trace) A라 읽고, trA로 표시하며 다음 식과 같이 나타낸다.

$$trA = (A)_{11} + \cdots + (A)_{mn} = \sum_{i-1}^{n} (A)_{ii} \qquad (1 \cdot 55)$$

또 하나의 정방행렬을 B라고 하면 정방행렬 A와 B는 다음의 관계가 성립한다.

$$tr(A^T B) = tr(BA^T) \qquad (1 \cdot 56)$$

1.9 고유방정식과 고유값

텐서 $\boldsymbol{T}$ 의 성분을 나타내는 행렬을 $A=(a_{ij})$ 라 하면, 정수 λ 와 0 으로 되지 않는 벡터 $\boldsymbol{u}$ 에 대하여 다음 식이 성립한다.

$$A\boldsymbol{u}=\lambda\boldsymbol{u} \tag{1・57}$$

여기서 λ 는 A 의 고유값(eigenvalue) 또는 특성근(特性根; characteristic root)이라 하고, $\boldsymbol{u}$ 는 고유값 λ 에 대한 고유벡터(eigenvector)가 되며, λ 와 $\boldsymbol{u}$ 를 구하는 문제를 고유값 문제라고 한다.

단위행렬을 I라 하면, 식 (1・57)은 다음 식과 같이 나타낼 수 있다.

$$(\lambda I-A)=0 \tag{1・58}$$

식 (1・58)은 동차연립 1차 방정식이므로 이 식을 만족하는 $\boldsymbol{u}(\neq 0)$ 가 존재하기 위한 필요충분조건은 다음 식과 같이 된다.

$$|\lambda I-A|=0 \tag{1・59}$$

식 (1・59)를 A 의 고유방정식 또는 특성방정식(characteristic equation)이라 한다. 연속체역학에서 나타나는 텐서의 성분은 실수(實數)로서 대칭행렬이기 때문에 고유방정식 (1・59)는 3개의 실근(實根)을 갖는다. 따라서 A 의 3개의 고유값은 모두 실근이고, A 에 대한 직교행렬(直交行列) Q가 존재하여 Q^TAQ 의 대칭행렬로 되며, 대각성분은 A 의 고유값이 된다.

CHAPTER 01 연습문제

[문제 1-1] 다음을 전개하시오.

(1) δ_{ii} (2) $\delta_{ik}v_k$ (3) $\delta_{ik}T_{kj}$

[문제 1-2] 다음의 관계식이 성립하는 것을 설명하시오.

(1) $\delta_{ij}a_j = a_i$ (2) $\delta_{ij}a_{jk} = a_{ik}$

(3) $\delta_{ij}a_{kj} = a_{ki}$ (4) $\delta_{ij}a_{ij} = a_{ii}$

(5) $\delta_{ij}\delta_{jk}a_{km} = a_{im}$

[문제 1-3] 첨자기호를 이용하여 다음의 관계를 증명하시오. 단, $\boldsymbol{u}$, $\boldsymbol{v}$, $\cdots$ 등은 벡터를 나타낸다.

(1) $\boldsymbol{u}\times\boldsymbol{v} = -\boldsymbol{v}\times\boldsymbol{u}$

(2) $(\boldsymbol{s}\times\boldsymbol{t})\cdot(\boldsymbol{u}\times\boldsymbol{v}) = (\boldsymbol{s}\cdot\boldsymbol{u})(\boldsymbol{t}\cdot\boldsymbol{v}) - (\boldsymbol{s}\cdot\boldsymbol{v})(\boldsymbol{t}\cdot\boldsymbol{u})$

(3) $\mathrm{rot}\ (\mathrm{rot}\ \boldsymbol{v}) = \mathrm{grad\ div}\ \boldsymbol{v} - \triangle\boldsymbol{v}$

[문제 1-4] 2차원의 극좌표계에 대한 Q_{ij} 를 나타내시오.

[문제 1-5] T_{ij} 가 2계의 텐서일 때 T_{kk} 는 스칼라로 되는 것을 설명하시오.

[문제 1-6] 스칼라 3중적을 나타내시오.

[문제 1-7] 벡터 3중적을 설명하시오.

[문제 1-8] 다음을 증명하시오.

$\epsilon_{ijk}\epsilon_{lmk} = \delta_{il}\delta_{jl}$, $\epsilon_{ijk}\epsilon_{lik} = 2\delta_{il}$, $\epsilon_{ijk}\epsilon_{ijk} = 6$

[문제 1-9] 다음 $\boldsymbol{e}_i\cdot\boldsymbol{T}(\boldsymbol{e}_j) = T_{ij}$ 인 것을 설명하시오. 단, $i=1$, $j=2$ 로 한다.

[문제 1-10] 텐서 $\boldsymbol{T}$의 성분이 다음과 같이 주어질 때 각 물음에 답하시오.

$$\boldsymbol{T}=\begin{bmatrix}1 & 2 & 3\\ 4 & 2 & 1\\ 1 & 1 & 1\end{bmatrix}$$

(1) 텐서 $\boldsymbol{T}$를 대칭부분 $\boldsymbol{S}$와 교대부분 $\boldsymbol{A}$로 구분하시오.

(2) 교대부분 $\boldsymbol{A}$에 의한 벡터 $\boldsymbol{a}$를 구하시오.

(3) $\boldsymbol{V}=\boldsymbol{e}_1+\boldsymbol{e}_3$ 로 하고, $\boldsymbol{A}\cdot\boldsymbol{V}=\boldsymbol{a}\times\boldsymbol{V}$를 확인하시오.

[문제 1-11] 행렬(matrix) 연산의 기본공식을 설명하시오.

(1) 기본연산공식

(a) 결합법칙	(b) 분배법칙	(c) 교환불가능
(d) 전치(轉置)	(e) 열 행렬	(f) 단위행렬

(2) 연립 1차방정식

(3) 고유값 및 고유벡터

[문제 1-12] P가 정칙행렬(正則行列)일 때 3차의 대칭행렬 A는 직교행렬(直交行列) P에 의해 $P^{-1}AP$와 A의 고유값은 같음을 설명하시오.

[문제 1-13] $A=\begin{bmatrix}1 & 2\\ 3 & 4\end{bmatrix}$, $A^T=\begin{bmatrix}1 & 3\\ 2 & 4\end{bmatrix}$, $B=\begin{bmatrix}5 & 6\\ 7 & 8\end{bmatrix}$일 때 2개의 행렬 $tr[A^TB]$, $tr[BA^T]$를 구하시오.

[문제 1-14] 스칼라량 ϕ를 속도 포텐셜이라 할 때 속도 $v_i=\dfrac{\partial\phi}{\partial x_i}$인 것을 증명하시오.

[문제 1-15] 변수가 연속분포일 때 $\displaystyle\int_V\frac{\partial\sigma_{ij}}{\partial x_j}dV$에 대하여 발산정리를 이용하여 나타내시오.

[문제 1-16] 식 $\displaystyle\int_V \mathrm{div}\ \boldsymbol{V}dV$의 발산정리를 면에 대한 식으로 나타내시오.

[문제 1-17] 식 $\displaystyle\int_V \mathrm{rot}\ \boldsymbol{V}dV$를 발산정리를 이용하여 면에 대한 식으로 나타내시오.

[문제 1-18] 벡터 $\boldsymbol{F}$가 연속인 편미분일 때 식 $\displaystyle\iint_S \mathrm{rot}\ \boldsymbol{F}\cdot\boldsymbol{n}dS$의 면적적분을 Stokes의 정리를 이용하여 선적분으로 나타내시오.

Chapter

2 응력 및 변형률 해석

물체에 외력이 작용할 때 그 힘이 물체 안에 전달되는 현상을 파악하는 것은 물체의 거동을 이해하는데 매우 중요하다. 이 장에서는 응력에 대한 텐서의 정의, 평형방정식, 응력의 적합조건식, Cauchy의 공식과 상관관계, 주응력, 응력 불변량, 응력의 좌표변환 및 편차응력 등에 관한 내용을 고찰하고자 한다. 또한, 물체에 외력이 작용하여 변형하였을 때 물체 안의 각 점에 대한 변위(變位; displacement)와 변형률(變形率; strain)을 해석한다. 물체의 변형을 설명하는 양으로써 변형률의 개념, 변형률 텐서의 정의, 적합조건식을 유도하고 주변형률, 변형률의 불변량, 변형률의 좌표변환 및 변형률 에너지 등을 다루고자 한다.

2.1 표면력과 물체력

[그림 2-1]과 같이 연속체, 또는 그 일부를 차지하는 영역을 Ω라 하고, 이 Ω의 경계를 이루는 표면을 S라고 한다. 이 영역을 차지하는 연속체에 작용하는 힘은 표면 S의 바깥쪽에서 작용하는 단위면적에 대한 표면력(表面力; surface force, 또는 traction) $\boldsymbol{T}$와 영역 Ω 안에 분포하고 있는 물체에 직접 작용하는 단위체적에 대한 물체력(物體力; body force) $\boldsymbol{B}$의 2개의 힘이 있다. 표면력에는 물체의 표면에 직접 접촉하여 작용하는 외력(外力; external force), 정수압(靜水壓; hydrostatic pressure), 또는 양력(揚力; lift) 등이 있다. 또한 물체력에는 물체의 표면에 직접 접촉하지 않고도 물체의 질량, 또는 체적에 비례하여 작용하는 중력(重力), 관성력(慣性力), 원심력(遠心力), 전자기력(電磁氣力) 등과 같이 물체의 질량에 비례하여 작용하므로 체적력(體積力)이라고도 한다.

표면력 $\boldsymbol{T}$와 물체력 $\boldsymbol{B}$는 크기와 방향을 갖는 벡터량이기 때문에 좌표 x, y, z(또는 x_1, x_2, x_3)와 시간 t의 함수이다. 또한, 영역 Ω 안의 미소 체적요소 dV에 작용하는 체적력은 $\boldsymbol{B}dV$, 경계의 미소 면적요소 dS에 작용하는 표면력은 $\boldsymbol{T}dS$로 주어진다. 이때 기호 $\boldsymbol{n}$은 외향(外向) 단위법선벡터를 나타낸다. 벡터량 $\boldsymbol{T}$에 대한 좌표축의 방향성분은 그 방향을 나타내는 첨자를 붙여 T_x, T_y, T_z(또는 T_1, T_2, T_3)로 표기한다.

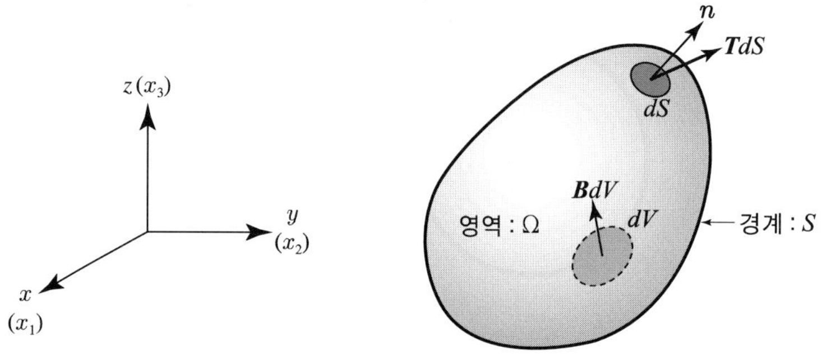

[그림 2-1] 표면력과 물체력의 관계

2.2 응력

물체에 외력이 작용하면 물체 안의 임의의 면에는 외력에 저항하는 내부의 힘, 즉 내력(內力; internal force)이 발생한다. [그림 2-2]와 같이 물체 안의 임의의 미소 면적요소 ΔA를 고려하면, 이 면에 대한 단위법선(單位法線) 벡터 $\boldsymbol{n}$, ΔA에 작용하는 내력벡터를 $\Delta\boldsymbol{P}$라 하고, 다음 식과 같이 극한값을 고려한다.

$$\boldsymbol{T}_n = \lim_{\Delta S \to 0}\left(\frac{\Delta \boldsymbol{P}}{\Delta A}\right) = \frac{d\boldsymbol{P}}{dA} \tag{2・1}$$

$\boldsymbol{T}_n$은 단위면적에 대한 내력벡터의 크기를 나타내고, 이것을 응력벡터(stress vector)라 한다. 응력벡터는 그 위치에 따라 변화할 뿐만 아니라, 미소 면적요소 ΔA의 방향에 따라 변화하므로 법선방향을 나타내는 기호 $\boldsymbol{n}$을 붙여 $\boldsymbol{T}_n$으로 표시한다. 또한, 일반적으로 내력벡터 $\Delta\boldsymbol{P}$는 면에 경사지어 발생하므로 이것을 이 면에 수직한 방향 및 접선방향으로 분해한 것을 각각 $\Delta\boldsymbol{N}$, $\Delta\boldsymbol{Q}$라 하고, 그 극한값을 구하면 다음 식과 같이 표시된다.

$$\sigma_n = \lim_{\Delta A \to 0}\left(\frac{\Delta \boldsymbol{N}}{\Delta A}\right), \quad \tau_n = \lim_{\Delta A \to 0}\left(\frac{\Delta \boldsymbol{Q}}{\Delta A}\right) \tag{2・2}$$

식 (2・2)에서 σ_n, τ_n은 각각 점 O에 대한 외향법선벡터 $\boldsymbol{n}$을 갖는 면에 발생하는 수직응력(垂直應力; normal stress)과 전단응력(剪斷應力; shear stress)을 나타낸다.
물체 안의 응력상태는 일반적으로 3차원적으로 분포하기 때문에 식 (2・1)과 같이 한 평면

위의 응력벡터만으로 한점의 응력상태를 완전히 표현할 수 없다. 따라서 [그림 2-3]과 같이 미소 직육면체에 대하여 서로 직교하는 3개의 면에 작용하는 응력벡터($\boldsymbol{T}_x$, $\boldsymbol{T}_y$, $\boldsymbol{T}_z$)를 사용하거나, 이들의 각 좌표축 방향에 대한 응력성분(σ_{xx}, σ_{xy}, $\cdots$, σ_{zz})을 이용한다.

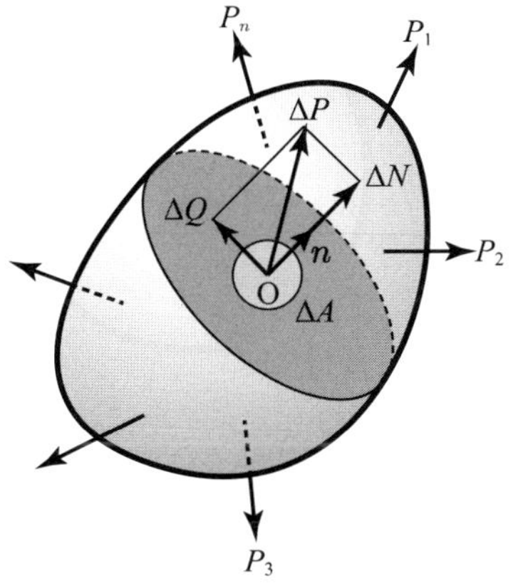

[그림 2-2] 미소 면적요소와 내력벡터

여기서, 각 좌표축 방향의 단위기본벡터를 $\boldsymbol{e}_x$, $\boldsymbol{e}_y$, $\boldsymbol{e}_z$ 라 하면 각 응력벡터와 응력성분 사이에는 다음의 관계식이 성립한다.

$$\begin{aligned} \boldsymbol{T}_x &= \sigma_{xx}\boldsymbol{e}_x + \sigma_{xy}\boldsymbol{e}_y + \sigma_{xz}\boldsymbol{e}_z \\ \boldsymbol{T}_y &= \sigma_{yx}\boldsymbol{e}_x + \sigma_{yy}\boldsymbol{e}_y + \sigma_{yz}\boldsymbol{e}_z \\ \boldsymbol{T}_z &= \sigma_{zx}\boldsymbol{e}_x + \sigma_{zy}\boldsymbol{e}_y + \sigma_{zz}\boldsymbol{e}_z \end{aligned} \tag{2・3}$$

또는, 식 (2・3)을 간략히 표시하면 다음 식과 같이 된다.

$$\boldsymbol{T}_i = \sigma_{ij}\boldsymbol{e}_j \ (i,\ j = x,\ y,\ z) \tag{2・3′}$$

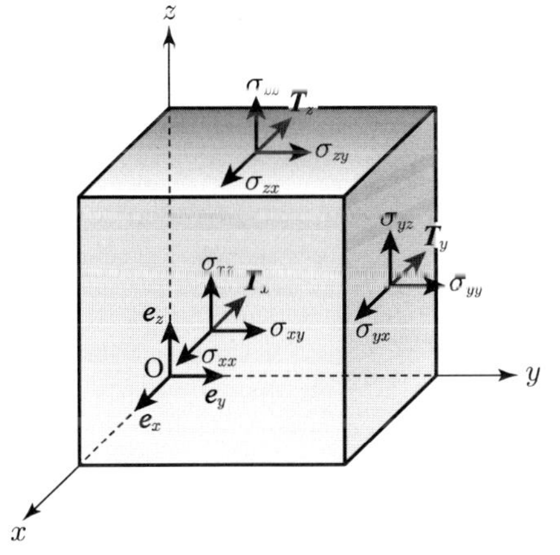

[그림 2-3] 응력벡터 및 텐서

[그림 2-3]과 같은 미소 직육면체의 수직응력 및 전단응력에 대한 9개의 응력성분을 [그림 2-4]와 같이 점 0에 대한 응력상태로 나타낼 수 있다.

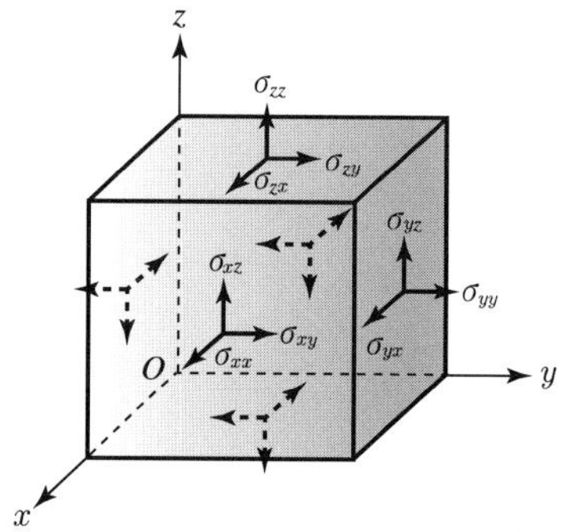

[그림 2-4] 응력성분의 표시

이들을 응력텐서(stress tensor)라 하며, 응력텐서 σ_{ij}는 3행 3열의 행렬로 표시된다.

$$\begin{bmatrix} \sigma_{xx} & \sigma_{xy} & \sigma_{xz} \\ \sigma_{yx} & \sigma_{yy} & \sigma_{yz} \\ \sigma_{zx} & \sigma_{zy} & \sigma_{zz} \end{bmatrix} = \begin{bmatrix} \sigma_{x} & \tau_{xy} & \tau_{xz} \\ \tau_{yx} & \sigma_{y} & \tau_{yz} \\ \tau_{zx} & \tau_{zy} & \sigma_{z} \end{bmatrix} = \begin{bmatrix} \sigma_{11} & \sigma_{12} & \sigma_{13} \\ \sigma_{21} & \sigma_{22} & \sigma_{23} \\ \sigma_{31} & \sigma_{32} & \sigma_{33} \end{bmatrix} = \left[\sigma_{ij} \right] \qquad (2 \cdot 4)$$

여기서, σ_{ij}는 i 면에 작용하는 표면력의 j 축 방향성분이 되고 이것을 응력성분(stress component), 또는 단순히 응력(應力; stress)이라 한다. 즉, 응력성분의 제 1첨자 i는 응력이 작용하는 면, 제 2첨자 j는 응력이 작용하는 방향을 나타낸다. 이때 응력성분의 부호는 [그림 2-4]와 같은 방향으로 작용하는 응력성분을 양(+)의 방향으로 표시한다. 같은 첨자를 갖는 주대각 성분인 3개의 응력성분(σ_{xx}, σ_{yy}, σ_{zz})은 각 면에 수직으로 작용하기 때문에 수직응력(垂直應力; normal stress) 또는 법선응력(法線應力)이라 한다. 또한, 첨자가 서로 비대각 성분인 6개의 응력성분(τ_{xy}, τ_{xz}, τ_{yx}, τ_{yz}, τ_{zx}, τ_{zy})은 각 면에 평행하게 작용하므로 전단응력(剪斷應力; shear stress)이라 한다.

2.3 응력의 평형방정식

연속체 안의 임의의 점에 대한 9개의 응력성분 $\sigma_{ij} = \sigma_{ij}(x, y, z)$는 서로 독립된 것이 아니며, 표면력과 물체력에 대한 힘 및 모멘트의 평형을 만족시켜야 한다. 이때 응력성분으로 표시된 평형방정식(平衡方程式; equilibrium equation)을 유도하여 보기로 한다.

물체의 평형조건에는 표면력과 물체력의 대수적 합이 0이 되어야 하는 조건과 이들에 대한 모멘트의 대수적 합이 0이 되는 조건을 적용한다.

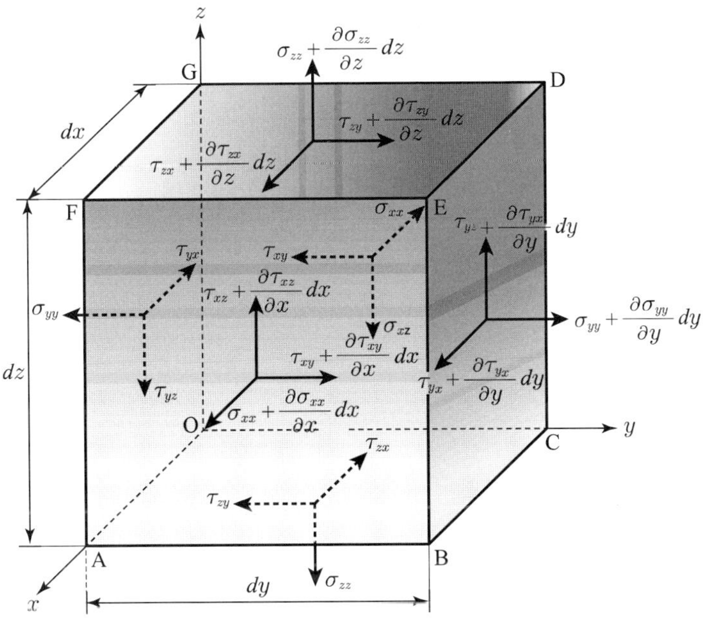

[그림 2-5] 미소 직육면체에 작용하는 응력성분

[그림 2-5]와 같이 각 변의 길이가 dx, dy, dz인 미소 직육면체에 대한 힘의 평형조건을 고려한다. 물체 안의 응력은 위치에 따라 변화하므로 원점 O를 포함하는 x축에 수직한 면 $OCDG$에 작용하는 응력을 σ_{xx}, τ_{xy}, τ_{xz}라 하면, 면 $OCDG$로부터 거리 dx만큼 떨어진 곳의 면 $ABEF$에 작용하는 응력은 각각 다음 식과 같이 표시된다.

$$\sigma_{xx} + \frac{\partial \sigma_{xx}}{\partial x}, \quad \tau_{xy} + \frac{\partial \tau_{xy}}{\partial x} dx, \quad \tau_{xz} + \frac{\partial \tau_{xz}}{\partial x} dx$$

다른 면에 작용하는 응력에 대해서도 이와 같은 동일한 방법으로 얻을 수 있다.

축 x, y, z의 단위체적에 대한 물체력의 각 방향성분을 B_x, B_y, B_z라 하고, x축에 대한 힘의 평형방정식을 고려하면 다음 식과 같이 된다.

$$\left(\sigma_{xx} + \frac{\partial \sigma_{xx}}{\partial x} dx - \sigma_{xx}\right) dy\, dx + \left(\tau_{yx} + \frac{\partial \tau_{yx}}{\partial y} dy - \tau_{yx}\right) dz\, dx$$
$$+ \left(\tau_{zx} + \frac{\partial \tau_{zx}}{\partial z} dz - \tau_{zx}\right) dx\, dy + B\, dx\, dy\, dz = 0$$

같은 방법으로 y, z축 방향에 대한 힘의 평형을 구하면, 외력에 의한 물체 안의 임의의 점에 대한 힘의 평형방정식은 다음 식으로 표시된다.

$$\begin{aligned}
&\frac{\partial \sigma_{xx}}{\partial x}+\frac{\partial \tau_{xy}}{\partial y}+\frac{\partial \tau_{xz}}{\partial z}+B_x=0\\
&\frac{\partial \tau_{yx}}{\partial x}+\frac{\partial \sigma_{yy}}{\partial y}+\frac{\partial \tau_{yz}}{\partial z}+B_y=0\\
&\frac{\partial \tau_{xx}}{\partial x}+\frac{\partial \tau_{yz}}{\partial y}+\frac{\partial \tau_{zz}}{\partial z}+B_z=0
\end{aligned} \qquad (2\cdot 5)$$

식 (2・5)를 응력의 평형방정식이라 한다.

또는, 식 (2・5)를 응력텐서와 물체력을 이용하여 간략히 표시하면 다음 식과 같다.

$$\sigma_{ji,j}+B_i=0 \ \ (i, j=x, y, z) \qquad (2\cdot 5')$$

식 (2・5′)에서 '$, j$'는 편미분을 의미하고, 첨자에 관해서는 제 1장에서 설명한 Einstein 총합규약(總合規約)을 적용한다.

다음에 이 미소 직육면체에 대한 모멘트의 평형조건을 고려하여 본다. 직육면체의 중심(重心)을 지나는 z 축에 평행한 축에 대한 모멘트의 평형을 고려하면 다음 식과 같이 된다.

$$\left(\tau_{xy}+\frac{\partial \tau_{xy}}{\partial x}dx+\tau_{xy}\right)dy\,dz\,\frac{dx}{2}-\left(\tau_{yx}+\frac{\partial \tau_{yx}}{\partial y}dy+\tau_{yx}\right)dz\,dx\,\frac{dy}{2}=0$$

같은 방법으로 중심을 지나는 또 다른 x, y 축과 평행한 축에 대한 모멘트의 평형을 고려한 후, 이들 식에서 고차(高次)의 미소항을 생략하면 다음 식을 만족하여야 한다.

$$\tau_{xy}=\tau_{yx}, \quad \tau_{yz}=\tau_{xy}, \quad \tau_{zx}=\tau_{xz} \qquad (2\cdot 6)$$

또는, 간단히 다음 식과 같이 텐서로 표시한다.

$$\sigma_{ij}=\sigma_{ji} \qquad (2\cdot 6')$$

식 (2・6)은 서로 직교하는 2개의 면에 작용하는 전단응력의 크기가 같고 방향이 반대인 것을 의미하고, 이것을 공액전단응력(共軛剪斷應力; complementary shear stress)이라 하며, 전단응력의 대칭성(symmetry) 또는 공액성을 나타낸다. 따라서 물체 안의 어떤 점에 대한 응력상태를 나타내는 9개의 응력성분 중에서 독립된 성분은 6개로 되고, 식 (2・4)로부터 응력텐서는 대칭행렬(symmetric matrix)인 것을 알 수 있다.

이상의 힘 및 모멘트의 평형방정식을 한데 묶어 응력평형방정식(應力平衡方程式; stress equilibrium equation)이라 부르고, 이것을 다시 정리하면 다음 식과 같이 된다.

$$\sigma_{ij,j}+B_i=0, \quad \sigma_{ij}=\sigma_{ji} \qquad (2\cdot 7)$$

식 (2・7)은 정적상태(靜的狀態)의 힘과 모멘트의 평형방정식이지만 x, y, z의 물체 좌표를 갖는 점의 변위 $\boldsymbol{u} = u(x, y, z, t)$가 시간 t에 따라 운동할 때 이 점을 포함하는 미소 체적요소 dV에는 가속도 $\partial^2\boldsymbol{u}/\partial t^2$과 질량 ρdV의 곱에 비례하는 관성력 $-\rho(\partial^2\boldsymbol{u}/\partial t^2)dV$가 원래의 체적 $\boldsymbol{B}dV$에 작용한다. 따라서 $\boldsymbol{u}$의 x, y, z성분을 $\boldsymbol{u}_i$로 표시하면 운동하는 연속체의 평형방정식, 또는 운동방정식은 다음 식과 같이 나타낸다.

$$\sigma_{ij,j} + B_i = \rho(\partial^2\boldsymbol{u}/\partial t^2) = \rho\ddot{u}_i, \quad \sigma_{ij} = \sigma_{ji} \tag{2・8}$$

2.4 Cauchy의 식과 경계조건

물체 안의 임의의 점 O에 대한 각 좌표축 방향의 응력성분이 주어질 때 점 O를 포함하는 어떤 면에 작용하는 응력을 고려하여 보기로 한다.

[그림 2-6]과 같은 미소 사면체의 경사진 면 ABC의 면적을 $\triangle A$, 그 법선벡터 $\boldsymbol{n}$의 방향코사인을 n_x, n_y, n_z라 하면, 면 OBC, OAC, OAB의 면적은 각각 $n_x\triangle A_x$, $n_y\triangle A_y$, $n_z\triangle A_z$로 표시된다. 경사면 ABC에 작용하는 응력벡터 $\boldsymbol{T}_n$의 x, y, z축 방향 성분을 각각 T_{nx}, T_{ny}, T_{nz}라 하고, x축 방향에 대한 힘의 평형을 고려하면 다음 식으로 표시된다.

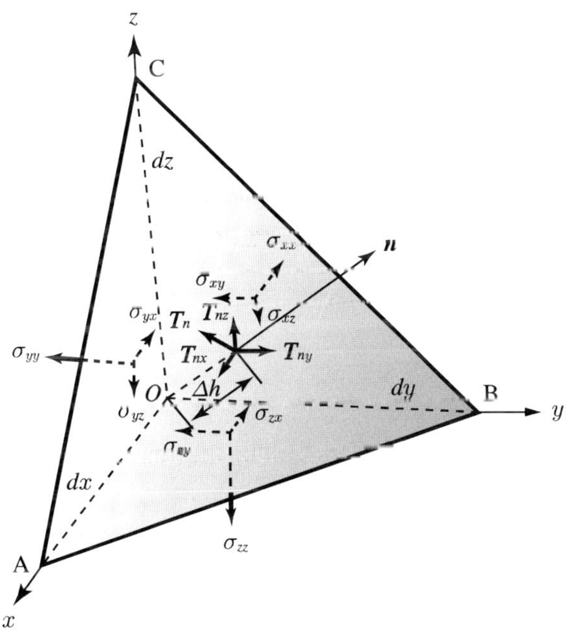

[그림 2-6] 미소 사면체에 작용하는 응력성분

$$T_{nx}\Delta A-(\sigma_{xx}n_x\Delta A_x+\sigma_{xx}n_y\Delta A_y+\sigma_{xx}n_z\Delta A_z)+\frac{1}{3}B_x\Delta A\Delta h=0 \qquad \text{(a)}$$

여기서, Δh는 점 O로부터 면 ABC에 세운 수직선의 길이를 나타낸다.

같은 방법으로 x, y축 방향에 대한 힘의 평형을 고려하여 $\Delta h\to 0$로 한 후 이들에 관한 식을 정리하면 다음 식과 같이 된다.

$$\begin{aligned}T_{nx}&=\sigma_{xx}n_x+\tau_{yx}n_y+\tau_{zx}n_z\\T_{ny}&=\tau_{xy}n_x+\sigma_{yy}n_y+\tau_{zy}n_z\\T_{nz}&=\tau_{xz}n_x+\tau_{yz}n_y+\sigma_{zz}n_z\end{aligned} \qquad (2\cdot 9)$$

식 (2・9)를 간략히 표시하면

$$T_{ni}=\sigma_{ij}n_j\ \ (i=x,\ y,\ z) \qquad (2\cdot 9')$$

이 되고, 이것을 Cauchy(1789–1857년)의 공식(Cauchy's formula)이라 한다.

식 (2・9′)으로부터 임의의 점에 대한 응력이 주어지면 그 점을 지나는 임의의 면에 작용하는 표면력(traction)이 구해진다. 또한, 연속체의 경계에 작용하는 표면력과 그 근방에서의 응력 관계를 나타내는 식으로도 이용된다.

[그림 2–6]의 경사면 ABC에 작용하는 수직응력 σ_n과 전단응력 τ_n은 각각 다음 식으로 나타낸다.

$$\begin{aligned}\sigma_n&=T_{nx}n_x+T_{ny}n_y+T_{nz}n_z\\&=\sigma_x n_x^2+\sigma_y n_y^2+\sigma_z n_z^2+2(\tau_{xy}n_xn_y+\tau_{yz}n_yn_z+\tau_{zx}n_zn_z)\end{aligned} \qquad (2\cdot 10)$$

$$\tau_n^2=T_n^2-\sigma_n^2 \qquad (2\cdot 11)$$

2.5 응력의 좌표변환

동일한 응력상태라 하더라도 좌표계의 선택방법에 따라 응력성분이 다르다. [그림 2–7]과 같이 직교좌표계 x_1, x_2, x_3를 임의의 각도만큼 회전시킨 새로운 직교좌표계 $x_{1'}$, $x_{2'}$, $x_{3'}$을 고려하기로 한다.

원래의 좌표계에서 x_1, x_2, x_3의 성분을 갖는 벡터 $\overrightarrow{OP}$를 새로운 좌표계로 변환하면 다음 식과 같이 된다.

$$x_{i'} = l_{i'j} x_j \quad (i,\ j = 1,\ 2,\ 3) \tag{2・12}$$

여기서, $l_{i'j}$ 는 $x_{i'}$ 축과 x_j 축 사이의 방향코사인으로서 다음 식과 같이 정의된다.

$$l_{i'j} = \cos(x_{i'},\ x_j) \tag{2・13}$$

또한, 새로운 좌표계로부터 원래의 좌표계로 변환하면 다음 식으로 주어진다.

$$x_i = l_{ji} x_{j'} \quad (i,\ j = 1,\ 2,\ 3) \tag{2・14}$$

식 (2・14)를 식 (2・12)에 대입하면

$$x_{j'} = l_{ij}\, l_{kj}\, l_{k'} \tag{2・15}$$

식 (2・15)로부터 l_{ij} 에 관한 다음 식이 얻어진다.

$$l_{ij}\, l_{kj} = \delta_{ik} \tag{2・16}$$

여기서 δ_{ij} 는 Kronecker 델타라고 하며, 다음 식으로 정의된다.

$$\delta_{ik} = \begin{cases} 0 & (i \neq k) \\ 1 & (i = k) \end{cases} \tag{2・17}$$

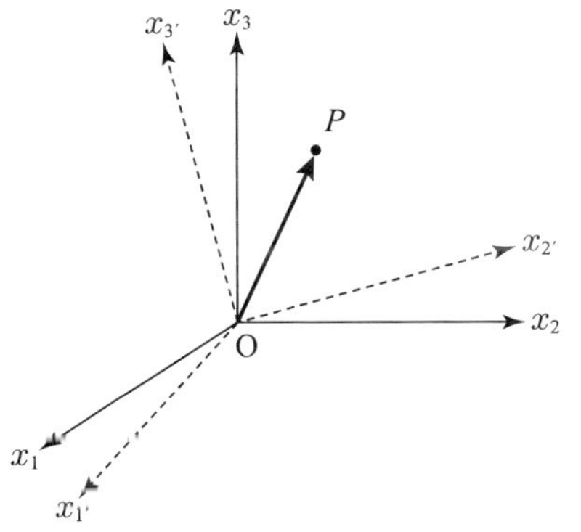

[그림 2-7] 직교좌표계의 변환

이상을 고려하여 응력에 대한 좌표변환을 하여 보기로 한다. [그림 2-8]에 나타낸 새로운 좌표계에 대한 직육면체의 각 면에 작용하는 표면력 벡터를 $T_{i1'}$, $T_{i2'}$, $T_{i3'}$ 라고 하자. $x_{i'}$ 축과 수직인 면의 외향법선벡터의 방향코사인은 $l_{i'j}$ 로 표시하므로 Cauchy의 공식으로부터 표면력 벡터와 응력성분 사이에는 다음의 관계식이 성립한다.

$$T_{i1'} = l_{1j}\sigma_{ij}, \quad T_{i2'} = l_{2j}\sigma_{ij}, \quad T_{i3'} = l_{3j}\sigma_{ij} \tag{2・18}$$

이들의 표면력 벡터를 식 (2·12)의 변환식에 따라 새로운 좌표계 $x_{1'}$ 면에 작용하는 표면력을 나타내면 다음 식과 같이 된다.

$$T_{i'1'} = l_{ij} T_{j1'} = l_{ij} l_{1k} \sigma_{ik} \tag{2·19}$$

새로운 좌표계에 대한 응력성분을 $\sigma_{i'j'}$ 라 하면 $T_{i'1'}$ 은 $\sigma_{1'i'}$ 이 된다. 따라서, $\sigma_{1'i'}$ 는 다음 식으로 표시된다.

$$\sigma_{1'i'} = l_{ij} l_{1k} \sigma_{ik} \tag{2·20}$$

같은 방법으로 $x_{2'}$ 면과 $x_{3'}$ 면에 대해서도 고려한 후 정리하면, 응력에 관한 다음과 같은 좌표변환식이 성립한다.

$$\sigma_{i'j'} = l_{ik} l_{jl} \sigma_{kl} \tag{2·21}$$

또한, 그 역변환도 성립하며 다음 식과 같이 된다.

$$\sigma_{ij} = l_{ik} l_{jl} \sigma_{k'l'} \tag{2·22}$$

따라서 각종 좌표에 대한 응력의 좌표변환은 변환 매트릭스를 나타내는 방향코사인을 이용하면, 다음 식과 같이 간단히 구할 수 있다.

$$[\sigma_{i'j'}] = [l_{i'j}][\sigma_{ij}][l_{i'j}]^T \tag{2·23}$$

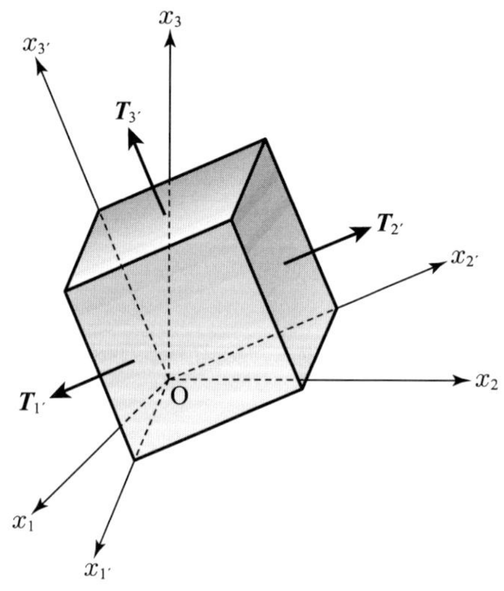

[그림 2-8] 새로운 좌표계의 표면력 벡터

[그림 2-9(a)]와 같이 직육면체의 각 면에 주어진 응력을 좌표변환 매트릭스의 식 (2·23)을 이용하여 변환한 후 새로운 좌표계로 나타내면 [그림 2-9(b)]와 같이 된다.

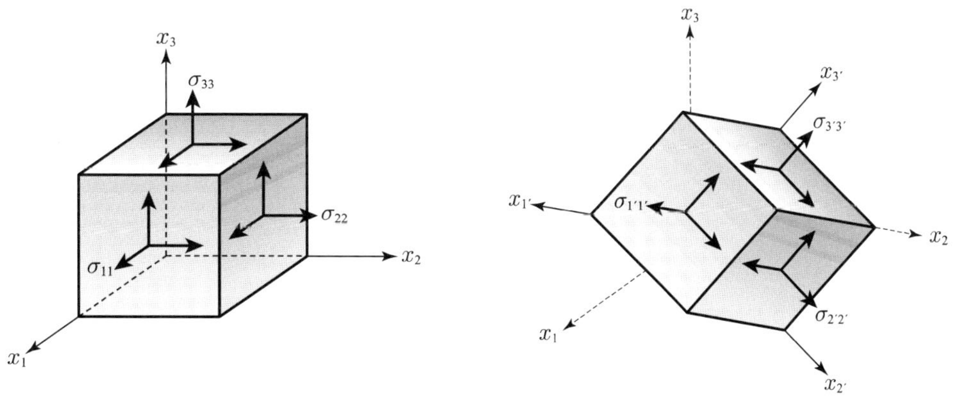

(a) 주어진 응력 (b) 변환된 응력

[그림 2-9] 응력의 변환

예제 2-1

직교좌표계(x_1, x_2, x_3)의 한 점에 대한 응력성분이 다음과 같이 주어졌을 때 x_3 축에 대하여 반시계방향으로 60°회전한 새로운 좌표계$(x_{1'}, x_{2'}, x_{3'})$에 대한 응력성분을 구하시오.

$$[\sigma_{ij}] = \begin{bmatrix} 200 & 100 & 0 \\ 100 & 0 & 0 \\ 0 & 0 & 500 \end{bmatrix} \ [\text{MPa}]$$

풀이

식 (1·36)으로부터 변환 행렬인 방향코사인 $l_{i'j}$는 다음 식과 같이 된다.

$$[l_{i'j}] = \begin{bmatrix} \cos 60° & \sin 60° & 0 \\ -\sin 60° & \cos 60° & 0 \\ 0 & 0 & 1 \end{bmatrix} = \begin{bmatrix} \frac{1}{2} & \frac{\sqrt{3}}{2} & 0 \\ -\frac{\sqrt{3}}{2} & \frac{1}{2} & 0 \\ 0 & 0 & 1 \end{bmatrix}$$

따라서 응력의 좌표변환은 식 (2·23)과 같이 변환 행렬을 나타내는 방향코사인을 이용하면, 다음 식과 같이 된다.

$$[\sigma_{i'j'}] = [l_{i'j}][\sigma_{ij}][l_{i'j}]^T = \begin{bmatrix} 137 & -137 & 0 \\ -137 & 63 & 0 \\ 0 & 0 & 500 \end{bmatrix} \ [\text{MPa}]$$

2.6 주응력과 응력의 불변량

Cauchy의 공식으로부터 알 수 있듯이 어떤 면에 작용하는 응력벡터는 그 법선 $\boldsymbol{n}$ 의 방향에 의해 결정된다. 따라서 어떤 면을 적절히 선택하면 응력벡터가 그 면에 수직이고 전단응력은 작용하지 않으며, 수직응력만이 작용하는 면이 존재한다. 이와 같이 주응력이 작용하는 면을 주응력면(主應力面; principal stress plane) 또는 주면(主面; principal plane))이라 하고, 그 때의 축을 주축(主軸; principal axis)이라고 한다.

이 주면에 작용하는 방향코사인이 n_i 로 되는 어떤 면에 작용하는 주응력을 σ 라 하면, 이 주면에 작용하는 응력벡터의 x_i 축 방향성분은 식 (2・9′)으로부터 다음 식과 같이 수직응력만이 존재한다.

$$T_{ni} = \sigma n_i = \sigma \delta_{ij} n_j \quad (i = x,\, y,\, z) \tag{2・24}$$

식 (2・9′)과 식 (2・24)를 같게 놓으면 n_i 에 관한 3원 연립 1차방정식이 얻어진다.

$$(\sigma_{ij} - \sigma \delta_{ij}) n_j = 0 \quad (i = x,\, y,\, z) \tag{2・25}$$

식 (2・23)를 구체적으로 풀어 쓰면 다음 식과 같이 된다.

$$\begin{aligned} (\sigma_{xx} - \sigma) n_x + \sigma_{xy} n_y + \sigma_{xz} n_z &= 0 \\ \sigma_{yx} n_x + (\sigma_{yy} - \sigma) n_y + \sigma_{yz} n_z &= 0 \\ \sigma_{zx} n_x + \sigma_{zy} n_y + (\sigma_{zz} - \sigma) n_z &= 0 \end{aligned} \tag{2・26}$$

또한 $\boldsymbol{n}$ 은 단위법선벡터이며, 그 성분인 방향코사인 사이에는 다음의 관계식이 성립한다.

$$n_i n_i = 1 \quad \text{또는} \quad n_x^2 + n_y^2 + n_z^2 = 1 \tag{2・27}$$

식 (2・25)가 해를 갖기 위해서는 그 계수행렬식이 0 이 되어야 하므로 다음 조건을 만족시켜야 한다.

$$|\sigma_{ij} - \sigma \delta_{ij}| = 0 \tag{2・28}$$

위 식을 구체적인 행렬식으로 나타내면 다음과 같이 표시된다.

$$\begin{vmatrix} \sigma_{xx} - \sigma & \sigma_{xy} & \sigma_{xz} \\ \sigma_{yx} & \sigma_{yy} - \sigma & \sigma_{yz} \\ \sigma_{zx} & \sigma_{zy} & \sigma_{zz} - \sigma \end{vmatrix} = 0 \tag{2・28′}$$

이것을 풀이하면 3개의 주응력 값이 구해지고, 이 행렬식을 전개하면

$$\sigma^3 - I_1 \sigma^2 + I_2 \sigma - I_3 = 0 \tag{2・29}$$

여기서 I_1, I_2, I_3 는 다음 식과 같이 된다.

$$
\begin{aligned}
I_1 &= \sigma_{ii} = \sigma_{xx} + \sigma_{yy} + \sigma_{zz} \equiv \sigma_x + \sigma_y + \sigma_z \\
I_2 &= \begin{vmatrix} \sigma_{11} & \sigma_{12} \\ \sigma_{21} & \sigma_{22} \end{vmatrix} + \begin{vmatrix} \sigma_{22} & \sigma_{23} \\ \sigma_{32} & \sigma_{33} \end{vmatrix} + \begin{vmatrix} \sigma_{33} & \sigma_{31} \\ \sigma_{13} & \sigma_{11} \end{vmatrix} = \frac{1}{2}\left(\sigma_{ii}\sigma_{jj} - \sigma_{ij}\sigma_{ij}\right) \\
&= \frac{1}{2}\left(I_1^2 - \sigma_{ij}\sigma_{ij}\right) = \left(\sigma_x\sigma_y + \sigma_y\sigma_z + \sigma_z\sigma_x\right) - \left(\sigma_{xy}^2 + \sigma_{yz}^2 + \sigma_{zx}^2\right) \\
I_3 &= |\sigma_{ij}| = \begin{vmatrix} \sigma_{xx} & \sigma_{xy} & \sigma_{xz} \\ \sigma_{yx} & \sigma_{yy} & \sigma_{yz} \\ \sigma_{zx} & \sigma_{zy} & \sigma_{zz} \end{vmatrix} = \frac{1}{3}\left(3 I_1 I_2 - I_1^3 + \sigma_{ij}\sigma_{jk}\sigma_{ki}\right) \\
&= \sigma_{xx}\sigma_{yy}\sigma_{zz} + 2\sigma_{xy}\sigma_{yz}\sigma_{zx} - \left(\sigma_{xx}\sigma_{yz}^2 + \sigma_{yy}\sigma_{zx}^2 + \sigma_{zz}\sigma_{xy}^2\right)
\end{aligned} \qquad (2 \cdot 30)
$$

주응력은 전단응력이 0 일 때 수직응력을 말하므로 식 (2 · 28′)에서 응력을 좌표변환하여 행렬(matrix)로 표시하면 대각텐서(symmetric tensor)가 고유값으로 되고, 이것은 주응력을 나타낸다.

$$
[\sigma_{i'j'}] = \begin{bmatrix} \sigma_1 & 0 & 0 \\ 0 & \sigma_2 & 0 \\ 0 & 0 & \sigma_3 \end{bmatrix} \qquad \text{(b)}
$$

식 (2 · 30)은 반드시 3개의 실근을 가지며, 이 식으로부터 3개의 주응력 σ_1, σ_2, σ_3 가 구해지고, 식 (2 · 29)는 다음 식과 같이 된다.

$$
(\sigma - \sigma_1)(\sigma - \sigma_2)(\sigma - \sigma_3) = 0 \qquad \text{(c)}
$$

위 식을 전개하면 근과 계수의 관계로부터 다음 식이 얻어진다.

$$
\begin{aligned}
I_3 &= \sigma_1\sigma_2\sigma_3 \\
I_1 &= \sigma_1 + \sigma_2 + \sigma_3 \\
I_2 &= \sigma_1\sigma_2 + \sigma_2\sigma_3 + \sigma_3\sigma_1
\end{aligned} \qquad (2 \cdot 31)
$$

주응력 σ_1, σ_2, σ_3 는 좌표축을 잡는 방법에 의존하지 않으므로 식 (2 · 30)과 식 (2 · 31)의 I_1, I_2, I_3 는 좌표변환에 무관하게 일정한 값을 가지므로 I_1, I_2, I_3 를 각각 제1차, 제2차, 제3차 응력의 불변량(stress invariant)이라 부른다.

또한, 식 (2 · 6)에 나타낸 것과 같이 전단응력은 공액응력이고, 전단응력이 0 으로 되는 주응력면은 서로 직교하는 것을 알 수 있다.

예제 2-2

직교좌표계$(x_1,\ x_2,\ x_3)$ 대한 응력성분이 다음 식과 같이 주어질 때 x_1, x_2 축이 x_3 축에 관하여 반시계방향으로 45° 회전한 새로운 좌표계$(x_{1'},\ x_{2'},\ x_{3'})$에 대한 응력성분과 응력의 불변량을 구하시오.

$$[\sigma_{ij}] = \begin{bmatrix} 500 & 100 & 0 \\ 100 & 200 & 400 \\ 0 & 400 & 300 \end{bmatrix} \ [\text{MPa}]$$

풀이

식 (1・36)으로부터 변환 행렬인 방향코사인 $l_{i'j}$는 다음 식으로 표시된다.

$$[l_{i'j}] = \begin{bmatrix} \cos 45° & \sin 45° & 0 \\ -\sin 45° & \cos 45° & 0 \\ 0 & 0 & 1 \end{bmatrix} = \begin{bmatrix} \dfrac{\sqrt{2}}{2} & \dfrac{\sqrt{2}}{2} & 0 \\ -\dfrac{\sqrt{2}}{2} & \dfrac{\sqrt{2}}{2} & 0 \\ 0 & 0 & 1 \end{bmatrix}$$

따라서 응력의 좌표변환은 식 (2・23)과 같이 변환 행렬을 나타내는 방향코사인을 이용하면, 다음 식과 같이 된다.

$$[\sigma_{i'j'}] = [l_{i'j}][\sigma_{ij}][l_{i'j}]^T = \begin{bmatrix} 450 & -150 & 200\sqrt{2} \\ -150 & 250 & 200\sqrt{2} \\ 0 & 0 & 300 \end{bmatrix} \ [\text{MPa}]$$

응력의 불변량 I_1, I_2, I_3는 식 (2・30)으로부터 다음과 같은 값이 얻어진다.

$$I_1 = 1000\,[\text{MPa}],\quad I_2 = 1.4 \times 10^5\,[\text{MPa}]^2,\quad I_3 = -5.3 \times 10^7\,[\text{MPa}]^3$$

예제 2-3

직교좌표계에서 다음과 같이 응력텐서가 주어졌을 때 응력의 불변량과 주응력을 결정한 후 주응력 상태에서 구하여도 불변인 것을 확인하시오.

$$[\sigma_{ij}] = \begin{bmatrix} -1000 & 1000 & 0 \\ 1000 & 1000 & 0 \\ 0 & 0 & 0 \end{bmatrix} \ [\text{MPa}]$$

풀이

문제에서 주어진 응력텐서로부터 식 (2・30)에 의해 응력의 불변량을 구하면 다음 식과 같이 된다.

$$I_1 = \sigma_{ii} = 0\,,\quad I_2 = |\sigma_{ij}| = 0$$

$$I_3 = \begin{vmatrix} -1000 & 1000 \\ 1000 & 1000 \end{vmatrix} + |0| + |0| = -2 \times 10^6\ [\text{MPa}]^2$$

주응력은 식 (2・29)에 의해

$$\sigma^3 - I_1\sigma^2 + I_2\sigma - I_3 = \sigma^3 - 2 \times 10^6 \sigma = 0$$

위 식으로부터 근을 구하면 $\sigma=0$, $\sigma=\pm(2\times10^3)$ [MPa]

$$\therefore\ \sigma_1=\sqrt{2}\times10^3\,[\text{MPa}],\ \sigma_2=0,\ \sigma_3=-\sqrt{2}\times10^3\,[\text{MPa}]$$

응력의 불변량을 주응력으로부터 구하기 위해 주응력 성분을 행렬로 표시하면

$$\sigma_{ij}=\begin{bmatrix}\sqrt{2}\times10^3 & 0 & 0\\ 0 & 0 & 0\\ 0 & 0 & -\sqrt{2}\times10^3\end{bmatrix}$$

위의 행렬로부터 불변량을 계산하면

$$I_1=I_3=0$$
$$I_2=\begin{vmatrix}\sqrt{2}\times10^3 & 0\\ 0 & 0\end{vmatrix}+\begin{vmatrix}\sqrt{2}\times10^3 & 0\\ 0 & \sqrt{2}\times10^3\end{vmatrix}+\begin{vmatrix}0 & 0\\ 0 & -\sqrt{2}\times10^3\end{vmatrix}$$
$$=-2\times10^6\,[\text{MPa}]$$

이와 같이 서로 다른 2가지 방법에 의한 응력의 불변량이 일치하는 것을 확인할 수 있다.

2.7 편차응력

평균응력(mean stress) σ_m 은 다음 식과 같이 나타낸다.

$$\sigma_m=\frac{1}{3}\sigma_{ii}=\frac{1}{3}(\sigma_1+\sigma_2+\sigma_3)=\frac{1}{3}I_1 \qquad (2\cdot32)$$

여기서 σ_m 은 좌표축을 잡는 방법에 무관한 불변량이 된다. 또한, σ_m 은 모든 방향으로 작용하는 응력을 나타내기 때문에 정수응력(靜水應力; hydrostatic stress)이라 한다.

편차응력(偏差應力; deviatoric stress) S_{ij} 는 수직응력으로부터 평균응력을 뺀 값이고, 전단응력은 그대로의 값을 사용하면 다음 식으로 표시된다.

$$\begin{aligned}&S_{xx}=\sigma_{xx}-\sigma_m,\quad S_{yy}=\sigma_{yy}-\sigma_m,\quad S_{zz}=\sigma_{zz}-\sigma_m\\&S_{xy}=\sigma_{xy},\quad S_{yz}=\sigma_{yz},\quad S_{zx}=\sigma_{zx}\end{aligned} \qquad (2\cdot33)$$

식 (2 · 33)을 텐서로 표시하면 다음 식과 같이 된다.

$$S_{ij}=\sigma_{ij}-\delta_{ij}\sigma_m \qquad (2\cdot33')$$

일반적으로 재료의 항복(降伏; yielding)은 σ_m 에 무관하므로 응력텐서는 다음과 같은 행렬로 나타낼 수 있다.

$$\begin{bmatrix} \sigma_{xx} & \tau_{xy} & \tau_{xz} \\ \tau_{yx} & \sigma_{yy} & \tau_{yz} \\ \tau_{zx} & \tau_{zy} & \sigma_{zz} \end{bmatrix} = \begin{bmatrix} S_x & \tau_{xy} & \tau_{xz} \\ \tau_{yx} & S_y & \tau_{yz} \\ \tau_{zx} & \tau_{zy} & S_z \end{bmatrix} + \begin{bmatrix} \sigma_m & 0 & 0 \\ 0 & \sigma_m & 0 \\ 0 & \tau_{zy} & \sigma_m \end{bmatrix} \qquad (2 \cdot 34)$$

[응력] [편차응력] [정수응력]

식 (2・34)에서 알 수 있듯이 수직응력은 평균응력과 편차응력의 합으로 주어진다. 물체의 체적변화는 평균응력 σ_m 만에 의해 지배되므로 재료에 응력이 작용하여 변형한다면, 편차응력은 그 형상 변화에 기여한다. 따라서 편차응력은 소성변형의 체적 일정법칙을 전제(前提)로 하는 소성역학에서 매우 중요한 역할을 한다.

또한, 편차응력의 불변량도 존재한다. 편차응력의 제1차, 제2차, 제3차 불변량을 각각 I_1', I_2', I_3' 이라 하면 다음 식과 같이 나타낸다.

$$\begin{aligned} I_1' &= S_{ii} = S_x + S_y + S_z \\ I_2' &= -(S_x S_y + S_y S_z + S_z S_x) + \tau_{yz}^2 + \tau_{zx}^2 + \tau_{xy}^2 \\ &= \frac{1}{2}\left\{\left(S_x^2 + S_y^2 + S_z^2\right) + 2\left(\tau_{yz}^2 + \tau_{zx}^2 + \tau_{xy}^2\right)\right\} \\ &= \frac{1}{6}\left\{(\sigma_x - \sigma_y)^2 + (\sigma_y - \sigma_z)^2 + (\sigma_z - \sigma_x)^2 + 6\left(\tau_{yz}^2 + \tau_{zz}^2 + \tau_{xy}^2\right)\right\} \\ I_3' &= S_x S_y S_z + 2\tau_{yz}\tau_{zx}\tau_{xy} - S_x\tau_{yz}^2 - S_y\tau_{zx}^2 - S_z\tau_{xy}^2 \end{aligned} \qquad (2 \cdot 35)$$

식 (2・35)를 주편차응력(principal deviatoric stress)으로 나타내면 다음 식과 같이 된다.

$$\begin{aligned} I_1' &= S_{ii} = S_1 + S_2 + S_3 = 0 \\ I_2' &= -(S_1 S_2 + S_2 S_3 + S_3 S_1) = \frac{1}{2}(S_1^2 + S_2^2 + S_3^2) = \frac{1}{3}(I_1^2 + 3I_2) \\ &= \frac{1}{6}\left\{(\sigma_1 - \sigma_2)^2 + (\sigma_2 - \sigma_3)^2 + (\sigma_3 - \sigma_1)^2\right\} \\ I_3' &= \frac{1}{3} S_{ij} S_{jk} S_{ki} = S_1 S_2 S_3 = \frac{1}{3}(S_1^2 + S_2^2 + S_3^2) \\ &= \frac{1}{27}(2I_1^3 + 9I_1 I_2 + 27I_3) \end{aligned} \qquad (2 \cdot 36)$$

2.8 8면체 응력

[그림 2-10]과 같이 점 $P(x_1)$을 원점, 주응력 σ_1, σ_2, σ_3가 작용하는 주축을 좌표축으로 하는 국소좌표계 $x_{i'}$를 도입한다. 법선벡터 $\boldsymbol{n}$을 갖는 면에 작용하는 응력벡터 $\boldsymbol{T}_n$, 그 국소좌표계 $x_{i'}$에 대한 방향코사인을 $\boldsymbol{n}_i(i = 1, 2, 3)$라 한다. 응력벡터 $\boldsymbol{T}_n$의 수직성분 σ_n과 전단성분 τ_n은 식 (2・9)~식 (2・11)의 관계를 이용하면 다음 식과 같이 주어진다.

$$\sigma_n = \sigma_1 n_1^2 + \sigma_2 n_2^2 + \sigma_3 n_3^2 \tag{2・37}$$

$$\begin{aligned}\tau_n^2 = T_n^2 - \sigma_n^2 &= T_{n1}^2 + T_{n2}^2 + T_{n3}^2 \\ &= \sigma_1^2 n_1^2 + \sigma_2^2 n_2^2 + \sigma_3^2 n_3^2 - \left(\sigma_1 n_1^2 + \sigma_2 n_2^2 + \sigma_3 n_3^2\right)^2\end{aligned} \tag{2・38}$$

이러한 면은 정8면체(正八面體)의 한 면이 되고 $n_i n_i = n_1^2 + n_2^2 + n_3^2 = 1$인 것을 고려하면, $n_1 = n_2 = n_3 = \dfrac{1}{\sqrt{3}}$이므로 이 면에 작용하는 수직응력과 전단응력은 다음 식과 같이 된다.

$$\sigma_n = \frac{1}{3}(\sigma_1 + \sigma_2 + \sigma_3) = \sigma_{oct} \tag{2・39}$$

$$\tau_n = \frac{1}{3}\left\{(\sigma_1 - \sigma_2)^2 + (\sigma_2 - \sigma_3)^2 + (\sigma_3 - \sigma_1)^2\right\}^{\frac{1}{2}} = \tau_{oct} \tag{2・40}$$

식 (2・39)와 식 (2・40)에서 σ_{oct}, τ_{oct}를 각각 8면체 수직응력(octahedral normal stress) 및 8면체 전단응력(octahedral shear stress)이라 부른다. 위에서 설명한 면 8개를 조합하면 [그림 2-11]과 같은 정8면체가 형성되는 것을 알 수 있다.

또한,

$$\tau_{oct} = \frac{1}{\sqrt{3}}(S_1^2 + S_2^2 + S_3^2)^{\frac{1}{2}} \tag{2・41}$$

$$I_2' = \frac{3}{2}\tau_{oct}^2 \tag{2・42}$$

위 식에서와 같이 편차응력의 제2차 불변량은 8면체 전단응력에 관계되고, 이것은 Mises의 항복조건과 밀접한 관련이 있으므로 소성이론에서는 중요한 응력으로 취급된다.

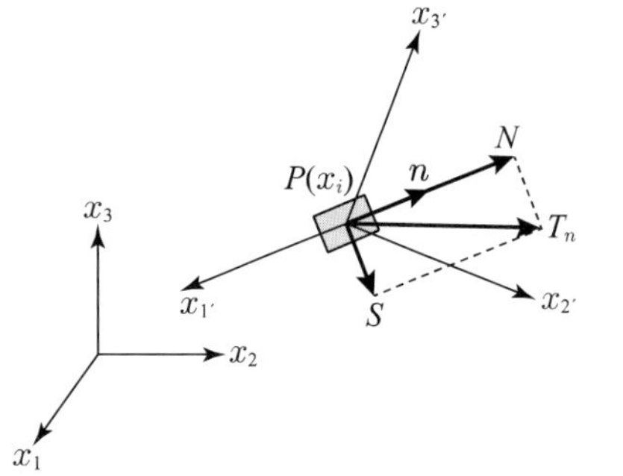

[그림 2-10] 국소좌표계

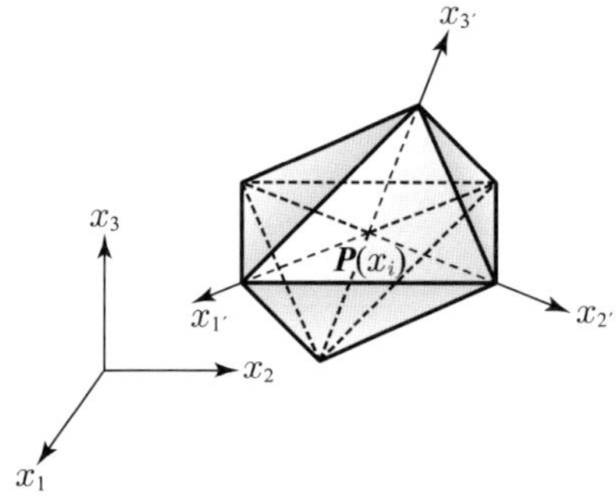

[그림 2-11] 정8면체 응력

다음에 최대전단응력을 구하기 위해 식 (2・38)으로부터 τ_n^2 의 극치(極値)를 구하면 $\frac{1}{4}(\sigma_2-\sigma_3)^2$, $\frac{1}{4}(\sigma_3-\sigma_1)^2$, $\frac{1}{4}(\sigma_1-\sigma_2)^2$ 로 된다. 전단응력의 극치를 각각 τ_1, τ_2, τ_3 라 하면 다음 식과 같이 된다.

$$\tau_1 = \frac{1}{2}(\sigma_2-\sigma_3),\ \tau_2 = \frac{1}{2}(\sigma_3-\sigma_1),\ \tau_3 = \frac{1}{2}(\sigma_1-\sigma_2) \qquad (2・43)$$

식 (2・43)에서 τ_1, τ_2, τ_3 를 주전단응력(主剪斷應力; principal shear stress)이라 하고, 이 중에서 가장 큰 응력은 최대전단응력(maximum shear stress)이 된다.

예제 2-4

임의의 점 P에 대한 주응력이 각각 $\sigma_1 = 4\,[\mathrm{MPa}]$, $\sigma_2 = 5\,[\mathrm{MPa}]$, $\sigma_3 = 6\ [\mathrm{MPa}]$일 때 다음 물음에 답하시오.

(a) 수직응력 $\sigma = 5\,[\mathrm{MPa}]$, 전단응력 $\tau = 0.5\,[\mathrm{MPa}]$인 면의 기울기

(b) 점 P에 대한 8면체 전단응력 τ_{oct}

(c) 점 P에 대한 편차응력 S_{ij}

풀이

(a) 응력의 주축방향으로 잡은 직교좌표계의 축을 x_i, 구하려는 면에 대한 법선의 방향코사인을 n_i 라 하면 식 (2・39)와 식 (2・40)에 의해 응력 벡터 T_n, 수직응력 성분 σ_n, 전단응력 성분 τ_n 은 다음 식과 같이 된다.

$$\sigma_n = \sigma_1 n_1^2 + \sigma_2 n_2^2 + \sigma_3 n_3^2$$

$$\sigma_n^2 + \tau_n^2 = T_{ni} T_{ni} = \sigma_1 n_1^2 + \sigma_2 n_2^2 + \sigma_3 n_3^2$$

또한, $n_i n_i = 1$ 이 되므로 이것을 풀면 다음과 같이 된다.

$$n_1 = \pm\frac{1}{2\sqrt{2}},\quad n_2 = \pm\frac{\sqrt{3}}{2},\quad n_3 = \pm\frac{1}{2\sqrt{2}}$$

(b) $n_1^2 + n_2^2 + n_3^2 = 1$ 이 되므로 식 (2・39)와 식 (2・40)에 의해

$$\sigma_n = \frac{1}{3}(\sigma_1 + \sigma_2 + \sigma_3) = \sigma_m$$

$$\tau_n = \frac{1}{3}\left\{(\sigma_1 - \sigma_2)^2 + (\sigma_2 - \sigma_3)^2 + (\sigma_3 - \sigma_1)^2\right\}^{1/2} = \tau_{oct}$$

그러므로 8면체 전단응력 τ_{oct} 는 위 식으로부터 다음과 같이 된다.

$$\tau_{oct} = \sqrt{\frac{2}{3}} \text{ [MPa]}$$

(c) 식 (2・33′)으로부터 편차응력은

$$S_{ij} = \sigma_{ij} - \delta_{ij}\sigma_m$$

이 되고, 각 편차응력은 식 (2・33)에 의해 다음과 같은 값이 구해진다.

$S_{11} = -1$ [MPa], $S_{33} = 1$ [MPa], 그 외 $S_{ij} = 0$ [MPa]

2.9 원기둥 및 구좌표계의 평형방정식

[그림 2-12]와 같은 원기둥 좌표계(cylindrical coordinates) r, θ, z 의 응력평형방정식은 단위체적에 대한 물체력의 r, θ, z 축 방향 성분을 B_r, B_θ, B_z 라 하면, r 방향에 대한 힘의 평형방정식은

$$\begin{aligned}(\sigma_{rr} + d\sigma_{rr})(r + dr)\,d\theta\,dz - \sigma_{rr}\,r d\theta\,dz - \sigma_{\theta\theta}\,d\theta\,dr\,dz + d\sigma_{r\theta}\,dr\,dz \\ + \sigma_{zr}\,r d\theta\,dr + B_r\,r d\theta\,dr\,dz = 0\end{aligned} \qquad \text{(d)}$$

식 (d)에서 고차(高次)의 미소량을 제거하고 $r d\theta\,dr\,dz$ 로 나눈 후 같은 방법으로 θ, z 축 방향에 대해서도 힘의 평형을 고려하면 r, θ, z 축 방향에 대한 힘의 평형방정식은 다음 식과 같이 된다.

$$\begin{aligned}&\frac{\partial\sigma_{rr}}{\partial r} + \frac{\sigma_{rr} - \sigma_{\theta\theta}}{r} + \frac{1}{r}\frac{\partial\sigma_{r\theta}}{\partial\theta} + \frac{\partial\sigma_{zr}}{\partial z} + B_r = 0 \\ &\frac{\partial\sigma_{r\theta}}{\partial r} + \frac{1}{r}\frac{\partial\sigma_{\theta\theta}}{\partial\theta} + \frac{\partial\sigma_{z\theta}}{\partial z} + \frac{2\sigma_{r\theta}}{r} + B_\theta = 0 \\ &\frac{\partial\sigma_{zr}}{\partial r} + \frac{1}{r}\frac{\partial\sigma_{\theta z}}{\partial\theta} + \frac{\partial\sigma_{zz}}{\partial z} + \frac{\sigma_{rz}}{r} + B_z = 0\end{aligned} \qquad (2\cdot 44)$$

또한, [그림 2-13]과 같은 구좌표계(球座標系; spherical polar coordinates)) r, θ, ϕ 에서 응력의 평형방정식은 단위체적에 대한 물체력 r, θ, ϕ 축 방향성분을 B_r, B_θ, B_ϕ 라 하면 다음 식이 얻어진다.

$$\frac{\partial \sigma_{rr}}{\partial r} + \frac{1}{r}\frac{\partial \sigma_{r\phi}}{\partial \phi} + \frac{1}{r\sin\phi}\frac{\partial \sigma_{r\theta}}{\partial \theta} + \frac{1}{r}\{2\sigma_{rr} + (\sigma_{\phi\phi} - \sigma_{\theta\theta}) + \sigma_{r\phi}\cot\phi\} + B_r = 0$$

$$\frac{\partial \sigma_{r\theta}}{\partial r} + \frac{1}{r\sin\phi}\frac{\partial \sigma_{\theta\theta}}{\partial \theta} + \frac{1}{r}\frac{\partial \sigma_{\theta\phi}}{\partial \phi} + \frac{1}{r}(3\sigma_{r\theta} + 2\sigma_{\theta\phi}\cot\theta) + B_\theta = 0 \qquad (2 \cdot 45)$$

$$\frac{\partial \sigma_{r\phi}}{\partial r} + \frac{1}{r\sin\phi}\frac{\partial \sigma_{\theta\phi}}{\partial \theta} + \frac{1}{r}\frac{\partial \sigma_{\phi\phi}}{\partial \phi} + \frac{1}{r}\{3\sigma_{r\phi} + (\sigma_{\phi\phi} - \sigma_{\theta\theta})\cot\phi\} + B_\phi = 0$$

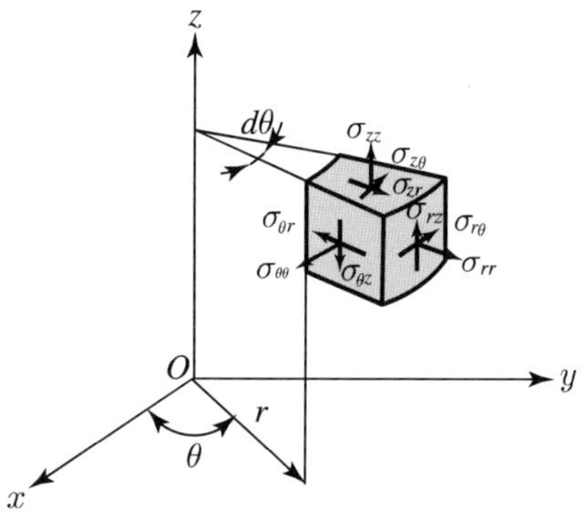

[그림 2-12] 원기둥 좌표계

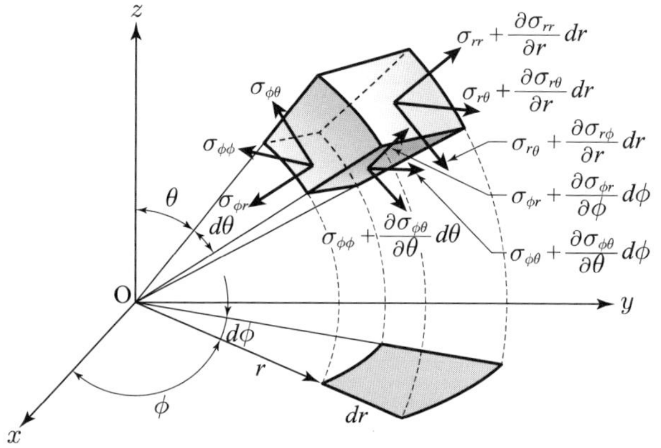

[그림 2-13] 구좌표계

2.10 변위

물체에 외력이 작용하면 그 물체는 위치를 이동하기도 하고 회전하기도 하며, 그 형태가 변하기도 한다. [그림 2-14]와 같이 물체에 외력이 작용하기 전 임의의 점 P의 좌표를 $P(x_1, x_2, x_3)$로 하고, 이것이 외력을 받아서 점 $P'(x_{1'}, x_{2'}, x_{3'})$으로 이동하였다고 하자. 이 때 점 P로부터 점 P'으로 이동한 변위벡터(displacement vector)를 $\boldsymbol{u}$라 하면 다음 식과 같이 표시한다.

$$\boldsymbol{u} = x_{i'} - x_i \ \ (i = 1, 2, 3) \qquad (2 \cdot 46)$$

이와 같이 물체 안의 점에 대한 변형 전・후의 위치변화를 변위(變位; displacement)라 한다.

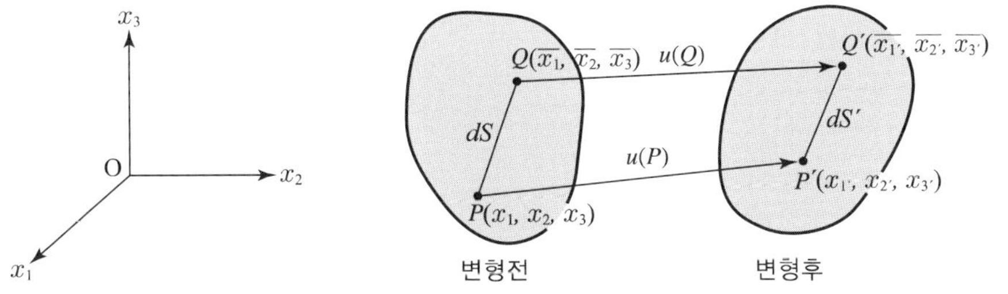

[그림 2-14] 변위

또한, 점 P와 다른 임의의 점 $Q(\overline{x_1}, \overline{x_2}, \overline{x_3})$를 고려하고, 이것이 $Q'(\overline{x_{1'}}, \overline{x_{2'}}, \overline{x_{3'}})$으로 이동한 것이다. 만일, 두 점 P와 Q의 거리가 P'과 Q'의 거리와 차이가 있다면 어떤 변형을 한 것으로 고려한다. 또한, Q의 P에 대한 방향은 Q'이 P'의 방향과 다르기 때문에 이 물체는 변형을 하면서 강체회전(剛體回轉; rigid rotation)과 이동(移動; translation)을 한 것으로 본다.

2.11 변형률

[그림 2-14]에서 점 $P(x_1, x_2, x_3)$로부터 미소거리 떨어진 점 $Q(x_1+dx_1, x_2+dx_2, x_3+dx_3)$에 대한 두 점사이의 거리 $\overline{PQ}$를 dS라 하면 다음 식과 같이 된다.

$$(\overline{PQ})^2 = dS^2 = dx_i dx_i \tag{2·47}$$

변형후의 단위벡터는 다음과 같이 나타낸다.

$$\begin{aligned} \boldsymbol{u}_i(P) &= \boldsymbol{u}_i(x_1, x_2, x_3) = \boldsymbol{u}_i(x_i + dx_i) \\ \boldsymbol{u}_i(Q) &= \boldsymbol{u}_i(x_1 + dx_1, x_2 + dx_2, x_3 + dx_3) = \boldsymbol{u}_i(x_i + dx_i) \end{aligned} \tag{2·48}$$

u_i는 미분가능하고 dx_i가 미소하다면, 다음 식의 관계가 성립한다.

$$u_i(x_i + dx_i) = u_i(x_i) = du_i(x_i), \quad du_i = \frac{\partial u_i}{\partial x_j} dx_j \tag{2·49}$$

위의 관계식을 이용하여 $\overline{P'Q'}$의 길이 dS'을 구하면

$$(\overline{P'Q'})^2 = (dS')^2 = (dx_i + du_i)(dx_i + du_i) \tag{2·50}$$

변형 전·후의 길이 변화량을 구하면 다음 식을 얻을 수 있다.

$$
\begin{aligned}
(dS')^2 - (dS)^2 &= (dx_i + du_i)(dx_i + du_i) - dx_i dx_i \\
&= 2\,du_i dx_i + du_i du_i = du_i dx + du_j dx_j + du_k dx_k \\
&= \left(\frac{\partial u_i}{\partial x_j} + \frac{\partial u_j}{\partial x_i} + \frac{\partial u_k}{\partial x_i}\frac{\partial u_k}{\partial x_j} \right) dx_i dx_j \\
&= (u_{i,j} + u_{j,i} + u_{k,i} u_{k,j})\, dx_i dx_j \\
&= 2\,\epsilon_{ij} dx_i dx_j
\end{aligned}
\tag{2・51}
$$

여기서 ϵ_{ij}는 다음 식으로 정의된다.

$$
\begin{aligned}
\epsilon_{ij} &= \frac{1}{2}\left(\frac{\partial u_i}{\partial x_j} + \frac{\partial u_j}{\partial x_i} \right) + \frac{1}{2}\frac{\partial u_k}{\partial x_i}\frac{\partial u_k}{\partial x_j} \\
&= \frac{1}{2}(u_{i,j} + u_{j,i}) + \frac{1}{2} u_{k,i} + u_{k,j}
\end{aligned}
\tag{2・52}
$$

이 ϵ_{ij}를 Green의 변형률이라 부른다. 일반적으로 미소변형을 가정하면, 식 (2・52)의 우변의 제2항은 무시할 수 있으므로 ϵ_{ij}는 다음 식으로 표시한다.

$$
\epsilon_{ij} = \frac{1}{2}\left(\frac{\partial u_i}{\partial x_j} + \frac{\partial u_j}{\partial x_i} \right) = \frac{1}{2}(u_{i,j} + u_{j,i}) \tag{2・53}
$$

식 (2・53)을 Cauchy의 변형률, 또는 간단히 변형률(strain)이라고 한다. 식 (2・53)에서 u_{ij}, ϵ_{ij}는 2계의 텐서이고 변형률 성분을 구체적으로 표시하면 다음 식과 같이 된다.

$$
\begin{bmatrix} \epsilon_{xx} & \epsilon_{xy} & \epsilon_{xz} \\ \epsilon_{yx} & \epsilon_{yy} & \epsilon_{yz} \\ \epsilon_{zx} & \epsilon_{zy} & \epsilon_{zz} \end{bmatrix} =
\begin{bmatrix}
\frac{\partial u_x}{\partial x} & \frac{1}{2}\left(\frac{\partial u_x}{\partial y} + \frac{\partial u_y}{\partial x} \right) & \frac{1}{2}\left(\frac{\partial u_x}{\partial z} + \frac{\partial u_z}{\partial x} \right) \\
\frac{1}{2}\left(\frac{\partial u_y}{\partial x} + \frac{\partial u_x}{\partial y} \right) & \frac{\partial u_y}{\partial y} & \frac{1}{2}\left(\frac{\partial u_y}{\partial z} + \frac{\partial u_z}{\partial y} \right) \\
\frac{1}{2}\left(\frac{\partial u_z}{\partial x} + \frac{\partial u_x}{\partial z} \right) & \frac{1}{2}\left(\frac{\partial u_z}{\partial y} + \frac{\partial u_y}{\partial z} \right) & \frac{\partial u_z}{\partial z}
\end{bmatrix} \tag{2・53$'$}
$$

식 (2・53′)에서 변형률은 대칭텐서(symmetric tensor)인 것을 알 수 있고, 다음 식과 같이 표시된다.

$$
\epsilon_{ij} = \epsilon_{ji} \tag{2・54}
$$

식 (2・53′)에서 대각성분을 수직변형률(normal strain), 비대각성분을 전단변형률(shearing strain)이라 한다. 수직변형률 ϵ_{ii}는 x_i축에 평행한 방향의 변형률을 나타낸다. 또한, 전단변형률 $\epsilon_{ij}(i \neq j)$는 x_i축과 x_j축에 평행한 2개의 선이 이루는 각도 $\frac{\pi}{2}$가 변형에 의해 $\left(\frac{\pi}{2} - 2\,\epsilon_{ij} \right)$로 변화되는 것을 의미한다. 재료역학에서 사용되고 있는 공학전단변형률(engineering shearing strain) γ_{ij}는 이 각도의 감소량을 나타내고, 이들 사이에는 다음의 관계식이 성립한다.

$$\epsilon_{ij} = \frac{1}{2}\gamma_{ij} \tag{2·55}$$

또한 dx_i만큼 떨어진 두 점 P, Q의 상대변위 du_i는

$$du_i = \frac{\partial u_i}{\partial x_j}dx_j = u_{i,j}dx_j \tag{2·56}$$

로 되고, $u_{i,j}$에 의해 결정된다. 이것을 다시 바꾸어 나타내면

$$u_{i,j} = \frac{1}{2}(u_{i,j} + u_{j,i}) + \frac{1}{2}(u_{i,j} - u_{j,i}) = \epsilon_{ij} + \omega_{ij} \tag{2·57}$$

여기서 ω_{ij}는 회전텐서라 부르고, 다음 식으로 표시한다.

$$\omega_{ij} = \frac{1}{2}(u_{i,j} - u_{j,i}) \tag{2·58}$$

따라서 $u_{i,j}$는 대칭텐서 ϵ_{ij}와 회전텐서 ω_{ij}로부터 얻어지는 것을 알 수 있다. 회전텐서 ω_{ij}는 다음 식과 같이 표시된다.

$$\omega_{ij} = -\omega_{ji} \tag{2·59}$$

2.12 변형률의 좌표변환

변형률의 좌표변환도 2.5절의 응력에 대한 좌표변환에서와 같은 방법으로 한다. [그림 2-9]에서와 같이 좌표계 및 변위성분 사이에는 다음의 관계식이 성립한다.

$$\begin{aligned} x_{k'} = l_{k'l}x_l, \quad x_k = l_{i'k}x_{l'} \\ u_{k'} = l_{k'l}u_l, \quad u_k = l_{i'k}u_{l'} \end{aligned} \tag{2·60}$$

식 (2·53)과 식 (2·60)에서 변위와 변형률의 관계를 이용하면 변형률의 좌표변환은 다음 식과 같이 된다.

$$\begin{aligned} \epsilon_{i'j'} &= \frac{1}{2}(u_{i',j'} + u_{j',i'}) = \frac{1}{2}\left(\frac{\partial x_k}{\partial x_{j'}}\frac{\partial u_{i'}}{\partial x_k} + \frac{\partial x_k}{\partial x_{i'}}\frac{\partial u_{j'}}{\partial x_k}\right) \\ &= \frac{1}{2}(l_{j'k}l_{i'l}u_{l'k} + l_{i'k}l_{j'l}u_{l,k}) = \frac{1}{2}l_{i'k}l_{j'l}(u_{k,i} + u_{l,k}) \\ &= l_{i'k}l_{j'l}\epsilon_{kl} \end{aligned} \tag{2·61}$$

[그림 2-12]와 같은 원기둥 좌표계에 대한 변위성분 u_r, u_θ, u_z를 이용하여 변위와 변형률의 관계를 나타내면 다음 식과 같이 표시된다.

$$\begin{aligned}
\epsilon_{rr} &= \frac{\partial u_r}{\partial r}, \quad \epsilon_{\theta\theta} = \frac{u_r}{r} + \frac{1}{r}\frac{\partial u_\theta}{\partial \theta}, \quad \epsilon_{zz} = \frac{\partial u_z}{\partial z} \\
\epsilon_{r\theta} &= \frac{1}{2}\left(\frac{1}{r}\frac{\partial u_r}{\partial \theta} + \frac{\partial u_\theta}{\partial r} - \frac{u_\theta}{r}\right) \\
\epsilon_{\theta z} &= \frac{1}{2}\left(\frac{\partial u_\theta}{\partial z} + \frac{1}{r}\frac{\partial u_z}{\partial \theta}\right) \\
\epsilon_{zr} &= \frac{1}{2}\left(\frac{\partial u_r}{\partial z} + \frac{\partial u_z}{\partial r}\right)
\end{aligned} \tag{2・62}$$

또한, [그림 2-13]과 같은 구좌표계에 대한 변위성분 u_r, u_θ, u_ϕ를 이용하면 변위와 변형률의 관계는 다음 식과 같이 된다.

$$\begin{aligned}
\epsilon_{rr} &= \frac{\partial u_r}{\partial r} \\
\epsilon_{\theta\theta} &= \frac{u_r}{r} + \frac{1}{r}\frac{\partial u_\theta}{\partial \theta} \\
\epsilon_{\phi\phi} &= \frac{u_r}{r} + \frac{1}{r\sin\theta}\frac{\partial u_\phi}{\partial \phi} + \cot\theta\frac{u_r}{r} \\
\epsilon_{r\theta} &= \frac{1}{2}\left(\frac{1}{r}\frac{\partial u_r}{\partial \theta} + \frac{\partial u_\theta}{\partial r} - \frac{u_\theta}{r}\right) \\
\epsilon_{\theta\phi} &= \frac{1}{2}\left(\frac{1}{r}\frac{\partial u_r}{\partial \theta} - \cot\theta\frac{u_\phi}{r} + \frac{1}{r\sin\theta}\frac{\partial u_\phi}{\partial \phi}\right) \\
\epsilon_{\phi r} &= \frac{1}{2}\left(\frac{1}{r\sin\theta}\frac{\partial u_r}{\partial \phi} + \frac{\partial u_\phi}{\partial r} - \frac{u_\phi}{r}\right)
\end{aligned} \tag{2・63}$$

2.13 적합조건식

변형률성분 $\epsilon_{ij}(=\epsilon_{ji})$가 주어졌을 때 식 (2・53)의 변형률 및 변위관계를 고려하여 3개의 변위 u_i를 구하여 보기로 하자. 식 (2・53)은 3개의 미지수에 대하여 6개의 방정식을 나타낸다. 즉, 6개의 변형률 성분으로부터 3개의 변위성분을 구하고, 3개의 변위가 1가(一價) 연속성을 유지하기 위해서는 이 미분방정식의 적분가능 조건을 나타내는 구속조건이 필요한데, 이 구속조건을 나타내는 식을 적합조건식(適合條件式; compatibility equation)이라 한다.

변형률의 적합조건식을 유도하기 위해 식 (2・53)의 양변을 x_k 와 x_l 로 미분하면 다음 식과 같이 된다.

$$\epsilon_{ij,kl} = \frac{1}{2}(u_{i,jkl} + u_{j,ikl}) \tag{2・64a}$$

$$\epsilon_{kl,ij} = \frac{1}{2}(u_{k,lij} + u_{l,kij}) \tag{2・64b}$$

$$\epsilon_{lk,ki} = \frac{1}{2}(u_{j,lik} + u_{l,jik}) \tag{2・64c}$$

$$\epsilon_{ki,lj} = \frac{1}{2}(u_{k,ijl} + u_{i,kjl}) \tag{2・64d}$$

식 (2・64a) + (2・64b) − (2・64c) − (2・64d)로부터 변형률에 대한 적합조건식은 다음과 같이 표시된다.

$$\epsilon_{ij,kl} + \epsilon_{kl,ij} - \epsilon_{lj,ki} - \epsilon_{ki,lj} = 0 \ (i,\ j,\ k,\ l = 1,\ 2,\ 3) \tag{2・65}$$

위 식은 $3^4 = 81$개의 식으로 되어 있지만 식 (2・54)의 관계로부터 변형률은 대칭이므로 독립된 것은 6 개뿐이고, 이것을 구체적으로 나타내면 다음 식과 같다.

$$\left.\begin{aligned}
\frac{\partial^2 \epsilon_{xx}}{\partial y^2} + \frac{\partial^2 \epsilon_{yy}}{\partial x^2} &= 2\frac{\partial^2 \epsilon_{xy}}{\partial x\,\partial y} \\
\frac{\partial^2 \epsilon_{yy}}{\partial z^2} + \frac{\partial^2 \epsilon_{zz}}{\partial y^2} &= 2\frac{\partial^2 \epsilon_{yz}}{\partial y\,\partial z} \\
\frac{\partial^2 \epsilon_{zz}}{\partial x^2} + \frac{\partial^2 \epsilon_{xx}}{\partial z^2} &= 2\frac{\partial^2 \epsilon_{zx}}{\partial z\,\partial x}
\end{aligned}\right\} \tag{2・66a}$$

$$\left.\begin{aligned}
\frac{\partial^2 \epsilon_{xx}}{\partial y\,\partial z} &= \frac{\partial}{\partial x}\left(-\frac{\partial \epsilon_{yz}}{\partial x} + \frac{\partial \epsilon_{zx}}{\partial y} + \frac{\partial \epsilon_{xy}}{\partial z}\right) \\
\frac{\partial^2 \epsilon_{yy}}{\partial y\,\partial z} &- \frac{\partial}{\partial y}\left(\frac{\partial \epsilon_{yz}}{\partial x} - \frac{\partial \epsilon_{zx}}{\partial y} + \frac{\partial \epsilon_{xy}}{\partial z}\right) \\
\frac{\partial^2 \epsilon_{zz}}{\partial x\,\partial y} &= \frac{\partial}{\partial z}\left(\frac{\partial \epsilon_{yz}}{\partial x} + \frac{\partial \epsilon_{zx}}{\partial y} - \frac{\partial \epsilon_{xy}}{\partial z}\right)
\end{aligned}\right\} \tag{2・66b}$$

여기서 $\epsilon_{ij} = \frac{1}{2}\gamma_{ij}$ 의 관계가 성립한다.

2.14 주변형률과 그 불변량

변형률이 대칭텐서인 것을 이용하면 응력의 경우와 똑 같은 방법으로 전단변형률이 0 으로 되는 주축(主軸; principal axes)과 그곳에 작용하는 주변형률(主變形率; principal strain) ϵ_1, ϵ_2, ϵ_3 를 구할 수 있다. 따라서 주변형률의 고유방정식은 다음 식과 같다.

$$|\epsilon_{ij} - \epsilon\,\delta_{ij}| = 0 \tag{2・67}$$

식 (2・67)로부터 ϵ 에 대한 3 개의 근이 구해지며, 이 식을 전개하면 다음과 같은 3 차 방정식이 얻어진다.

$$\epsilon^3 - J_1\epsilon^2 + J_2\epsilon - J_3 = 0 \tag{2・67′}$$

여기서 계수 J_1, J_2, J_3 는 다음 식과 같이 된다.

$$\begin{aligned}
J_1 &= \epsilon_{ii} = \epsilon_{xx} + \epsilon_{yy} + \epsilon_{zz} = \epsilon_x + \epsilon_y + \epsilon_z \\
J_2 &= \frac{1}{2}\left(\epsilon_{ii}\epsilon_{jj} - \epsilon_{ij}\epsilon_{ij}\right) = \begin{vmatrix} \epsilon_{yy} & \epsilon_{yz} \\ \epsilon_{zy} & \epsilon_{zz} \end{vmatrix} + \begin{vmatrix} \epsilon_{zz} & \epsilon_{zx} \\ \epsilon_{xz} & \epsilon_{xx} \end{vmatrix} + \begin{vmatrix} \epsilon_{xx} & \epsilon_{xy} \\ \epsilon_{yx} & \epsilon_{yy} \end{vmatrix} \\
&= \epsilon_{xx}\epsilon_{yy} + \epsilon_{yy}\epsilon_{zz} + \epsilon_{zz}\epsilon_{xx} = \epsilon_x\epsilon_y + \epsilon_y\epsilon_z + \epsilon_z\epsilon_x \\
J_3 &= |\epsilon_{ij}| = \begin{vmatrix} \epsilon_{xx} & \epsilon_{xy} & \epsilon_{xz} \\ \epsilon_{yx} & \epsilon_{yy} & \epsilon_{yz} \\ \epsilon_{zx} & \epsilon_{zy} & \epsilon_{zz} \end{vmatrix} = \epsilon_{xx}\epsilon_{yy}\epsilon_{zz} = \epsilon_x\epsilon_y\epsilon_z
\end{aligned} \tag{2・68}$$

계수 J_1, J_2, J_3 는 응력에서와 같이 좌표축을 잡는 방법에 의존하지 않고 불변이므로 각각 제1차, 제2차, 제3차 변형률의 불변량(strain invariants)이라 한다.

2.15 편차변형률

수직변형률의 평균값 ϵ_m 은

$$\epsilon_m = \frac{1}{3}\epsilon_{ii} = \frac{1}{3}\left(\epsilon_x + \epsilon_y + \epsilon_z\right) = \frac{1}{3}J_1 \tag{2・69}$$

편차변형률(偏差變形率; deviatoric strain) e_{ij} 는 다음 식과 같이 정의된다.

$$e_{ij} = \epsilon_{ij} - \epsilon_m\delta_{ij} \tag{2・70}$$

여기서

$$e_x = \epsilon_x - \epsilon_m, \quad e_y = \epsilon_y - \epsilon_m, \quad e_z = \epsilon_z - \epsilon_m$$
$$e_{xy} = \frac{1}{2}\gamma_{xy}, \quad e_{yz} = \frac{1}{2}\gamma_{yz}, \quad e_{zx} = \frac{1}{2}\gamma_{zx} \tag{2・70'}$$

또한, 주편차변형률(principal deviatoric strain)

$$e_1 = \epsilon_1 - \epsilon_m, \quad e_2 = \epsilon_2 - \epsilon_m, \quad e_3 = \epsilon_3 - \epsilon_m \tag{2.71}$$

을 사용하면 편차변형률의 제1차, 제2차, 제3차 불변량은 각각 다음 식으로 표시된다.

$$J_1' = \epsilon_{ii} = \epsilon_1 + \epsilon_2 + \epsilon_3$$
$$J_2' = \frac{1}{2}e_{ij}e_{ij} = e_1e_2 + e_2e_3 + e_3e_1 \tag{2・72}$$
$$J_3' = \frac{1}{3}e_{ij}e_{jk}e_{ki} = e_1e_2e_3$$

2.16 변형률 에너지와 상보변형률 에너지

정적평형 상태를 유지하면서 물체에 외력이 작용하여 변형하면 외력에 의한 일을 하고, 외력과 변위에 의한 내부에너지로써 탄성체에 축적된다. 이 내부에너지를 변형률 에너지(strain energy)라 부른다. 미소체적 dV의 변형률 에너지 dU는 다음 식과 같이 된다.

$$dU = U_0 dV \tag{2・73}$$

여기서 U_0는

$$U_0 = \int_0^{\epsilon_{ij}} \sigma_{ij}\, d\epsilon_{ij} \tag{2・74}$$

$$U_0 = \int_0^{\epsilon_x} \sigma_x\, d\epsilon_x + \int_0^{\epsilon_y} \sigma_y\, d\epsilon_y + \cdots + \int_0^{\epsilon_y} \tau_{xy}\, d\gamma_{xy} + \cdots \tag{2・74'}$$

으로 되고, U_0는 단위체적에 대한 변형률에너지 밀도함수(strain energy density function)라 한다. U_0가 위치함수(potential function)로 되기 위해서는 적분경루에 독립되어야 하므로 다음 식들이 성립하여야 한다.

$$dU_0 = \sigma_{ij} d\epsilon_{ij} \tag{2・75}$$

$$\sigma_{ij} = \frac{\partial U_0}{\partial \epsilon_{ij}} \tag{2・76}$$

탄성체의 경우 물체 전체에 대한 변형률에너지 U는 식 (2・73)을 적분하면

$$U = \int_V U_0 \, dV \tag{2.77}$$

이 되고, U 또는 U_0는 탄성체에서 그 전부가 역학적으로 유효탄성에너지로 보존된다. 변형률에너지 밀도함수를 1축 응력상태로 나타내면 [그림 2-15]의 $\triangle OAC$와 같이 된다.

탄소성변형에 있어서 그 대부분이 소성변형에 의해 소비되고 열 등으로 방출되며, 보존되는 탄성변형률 에너지는 극히 일부분이므로 [그림 2-15]와 같이 U_0는 비선형적으로 변화한다.

[그림 2-15]에서 윗부분의 면적 $\triangle OBC$에 관한 에너지 U_0를 구하여 보기로 한다.

$$U_c = \int_0^{\sigma_{ij}} \epsilon_{ij} \, d\sigma_{ij} \tag{2・78}$$

$$U_c = \int_0^{\sigma_x} \epsilon_x \, d\sigma_x + \int_0^{\sigma_y} \epsilon_y \, d\sigma_y + \cdots + \int_0^{\gamma_{xy}} \gamma_{xy} \, d\tau_{xy} + \cdots \tag{2・78′}$$

$$dU_c = \epsilon_{ij} \, d\sigma_{ij} \tag{2・79}$$

$$\epsilon_{ij} = \frac{\partial U_0}{\partial \sigma_{ij}} \tag{2・80}$$

U_c는 U_0와 서로 보완(補完)적인 관계에 있으므로 상보(相補)변형률 에너지 밀도함수(complementary strain energy density function)라 부른다. 이와 같이 선형탄성체에서는 [그림 2-15]에서와 같이 $U_0 = U_c$이고, 비선형 탄성체에서는 $\widehat{OC}$에 의한 비선형 거동으로 상・하부분의 면적 $U_0 \neq U_c$로 된다.

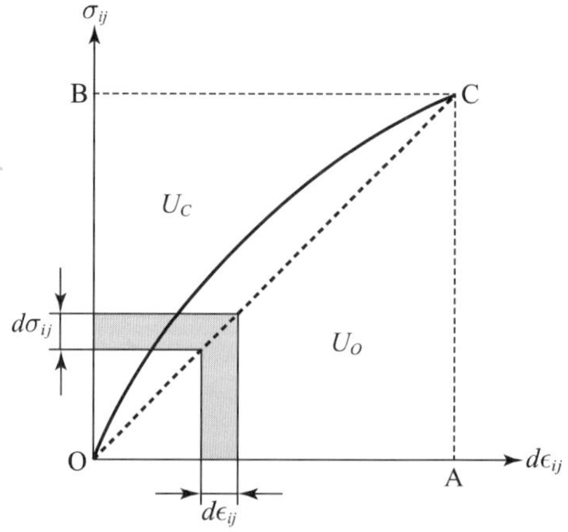

[그림 2-15] 선형 변형률 에너지

또한, 식 (2・74′)의 변형률에너지 U_0는 전단변형률 에너지(shearing strain energy) U_S와 체적변형률 에너지(volumetric strain energy) U_V의 합으로 나타낸다.

$$U_0 = \frac{1}{4G}\left\{\left(\sigma_x^2 + \sigma_y^2 + \sigma_z^2\right) + 2\left(\tau_{xy}^2 + \tau_{yz}^2 + \tau_{zx}^2\right)\right\} - \frac{\nu}{2E}\left(\sigma_x + \sigma_y + \sigma_z\right)^2$$

$$= \frac{1}{12G}\left\{(\sigma_x - \sigma_y)^2 + (\sigma_y - \sigma_z)^2 + (\sigma_z - \sigma_x)^2 + 6\left(\tau_{xy}^2 + \tau_{yz}^2 + \tau_{zx}^2\right\}\right.$$

$$+ \frac{1-2\nu}{6E}(\sigma_x + \sigma_y + \sigma_z)^2 = U_S + U_V \qquad (2\cdot 81)$$

여기서 ν는 푸아송비, G는 전단탄성계수이고, 단위체적에 대한 전단변형률 에너지 U_S와 단위체적에 대한 체적변형률 에너지 U_V는 다음 식으로 주어진다.

$$U_S = \frac{1}{12G}\left\{(\sigma_x - \sigma_y)^2 + (\sigma_y - \sigma_z)^2 + (\sigma_z - \sigma_x)^2 + 6\left(\tau_{xy}^2 + \tau_{yz}^2 + \tau_{zx}^2\right\}\right.$$

$$= \frac{1}{12G}\left\{(\sigma_1 - \sigma_2)^2 + (\sigma_2 - \sigma_3)^2 + (\sigma_3 - \sigma_1)^2\right\}$$

$$= \frac{1}{2}\left(S_1 e_1 + S_2 e_2 + S_3 e_3\right) \qquad (2\cdot 82)$$

$$U_V = \frac{1-2\nu}{6E}\left(\sigma_x + \sigma_y + \sigma_z\right)^2 = \frac{1}{2}\sigma_m \epsilon_v \qquad (2\cdot 83)$$

재료의 단위체적에 대한 전단변형률 에너지 U_S는 식 (2・40)에 의해 8면체 전단응력 τ_{oct}와 식 (2・36)에서 편차응력의 제2차 불변량 I_2'과 다음의 관계식이 성립한다.

$$U_S = \frac{3}{4G}\tau_{oct}^2 = \frac{1}{2G}I_2' \qquad (2\cdot 84)$$

CHAPTER 02 연습문제

[문제 2-1] [그림 2-16(a)]와 같이 단면적 A 인 봉의 축방향으로 인장하중 P가 작용할 때 축방향과 각도 θ로 경사진 단면 bb'에 대한 다음을 구하시오.

(1) 응력벡터 (2) 응력텐서

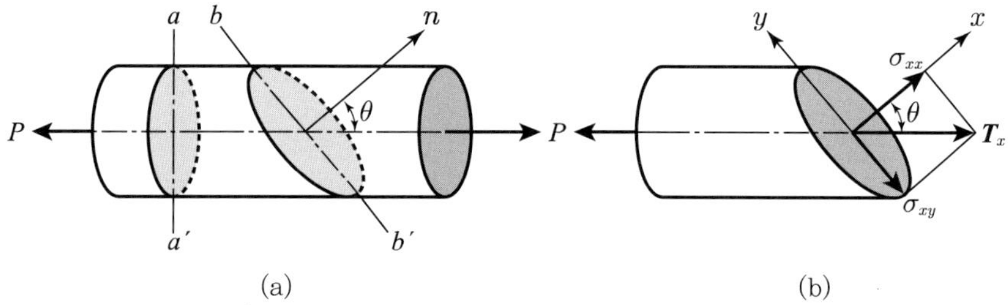

[그림 2-16]

[문제 2-2] 편차응력의 제 1불변량 I_1' 은 항상 0 으로 되는 것을 증명하시오.

[문제 2-3] 3개의 주응력(σ_1, σ_2, σ_3) 방향은 서로 직교하는 것을 증명하시오.

[문제 2-4] 2차원 직각좌표계와 극좌표계에 대한 응력의 변환식을 유도하시오.

[문제 2-5] 2차원 축대칭 문제에 대한 평형방정식을 나타내시오.

[문제 2-6] 점 P에 대한 응력 텐서가 다음과 같이 주어진다.

$$[\sigma_{ij}] = \begin{bmatrix} 7 & 0 & -2 \\ 0 & 5 & 0 \\ -2 & 0 & 4 \end{bmatrix} \text{ [MPa]}$$

또한 점 P에 대한 단위법선벡터 $\boldsymbol{n} = \left(\frac{2}{3} \; -\frac{2}{3} \; \frac{1}{3}\right)$을 갖는 면에 대한 응력벡터를 구하시오.

[문제 2-7] 응력텐서가 다음과 같이 주어진다.

$$[\sigma_{ij}] = \begin{bmatrix} 6 & -3 & 0 \\ -3 & 6 & 0 \\ 0 & 0 & 8 \end{bmatrix} \text{ [MPa]}$$

응력의 불변량 I_1, I_2, I_3 및 주응력 σ_1, σ_2, σ_3를 구하시오.

[문제 2-8] 응력텐서가 다음과 같은 상태일 때 각 물음에 답하시오.

$$[\sigma_{ij}] = \begin{bmatrix} 3\sqrt{3} & 1 & 0 \\ 1 & \sqrt{3} & 0 \\ 0 & 0 & 0 \end{bmatrix} \text{ [MPa]}$$

(1) 고유값을 고려하여 주응력을 구하시오.

(2) 응력의 불변량을 구하시오.

(3) 편차응력을 구하시오.

[문제 2-9] [그림 2-17]과 같이 1축 압축 응력 σ_1이 작용할 때 변형률이 편차응력에 비례하는 것을 나타내시오.

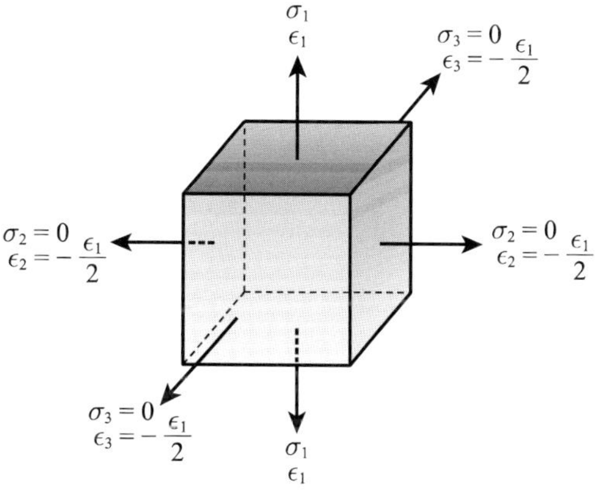

[그림 2-17]

[문제 2-10] 체적변화를 변형률을 이용하여 나타내고, 변형률의 제1 불변량 J_1은 체적변화를 의미하는 것을 나타내시오.

[문제 2-11] 편차응력 S_{ij}, 편차변형률 e_{ij}, 평균응력을 σ_m, 체적변형률을 ϵ_v 라고 하면 다음의 관계식이 성립하는 것을 나타내시오.

(1) $\sigma_m = \dfrac{2G(1+\nu)}{3(1-2\nu)}\epsilon_v$ (2) $S_{ij} = 2e_{ij}G$

[문제 2-12] 응력 σ_{ij} 및 ϵ_{ij}가 다음 식과 같을 때 응력과 변형률의 주축이 일치하는 것을 확인하시오

$$\sigma_{ij} = \lambda\epsilon_{kk}\delta_{ij} + 2\mu\epsilon_{ij} \text{ (여기서 } \lambda,\ \mu\text{ : 정수)}$$

[문제 2-13] 8면체 응력에 대한 다음 물음에 답하시오.

(1) 8면체 수직응력 σ_{oct}를 정수응력으로 나타내시오.

(2) 8면체 전단응력 τ_{oct}를 편차응력의 불변량으로 나타내시오.

Chapter

3 탄성역학의 기초정리

제 2장까지 탄성체에 대한 응력상태는 응력텐서, 그리고 변형률 상태는 변형률 텐서로 표시하고, 평형방정식은 응력텐서이며 적합조건식은 변형률 텐서로 표시하였다. 그러나 탄성역학 문제의 해석을 위해서는 평형방정식, 적합조건식 외에도 탄성체의 성질을 나타내는 Hooke의 법칙에 의한 구성법칙이 필요하다. 이 구성법칙은 응력텐서 σ_{ij} 와 변형률 텐서 ϵ_{ij} 를 서로 관련지어주는 역할을 한다. 여기에서는 탄성체의 구성방정식과 변위로 표시된 평형방정식인 Navier의 식, 적합조건식을 응력으로 표시한 Beltrami−Michell의 식 및 경계조건에 대해서 설명하기로 한다.

또한 탄성방정식을 해석하기 위해 탄성이론의 기초가 되는 가상(假想)일의 정리, 가상 상보충일의 원리, 최소포텐셜 원리 및 최소상보에너지의 원리 등에 관한 정리는 탄성체의 문제를 고찰하는데 매우 유익하며, 유한요소법(有限要素法; finite element method: FEM), 경계요소법(境界要素法; boundary element method: BEM) 및 그 외의 직접법에 의한 근사해법의 지배원리(支配原理)로 되고 있다.

3.1 구성방정식

선형탄성체(線形彈性體; linear elastic body)에 대한 응력성분과 변형률성분의 관계를 나타내는 것을 구성법칙(構成法則; constitutive law)이라 한다. 이것은 응력과 변형률에 비례하고, 일반적으로 다음의 관계식이 성립한다.

$$\sigma_{ij} = C_{ijkl}\epsilon_{kl} \tag{3 · 1}$$

식 (3 · 1)을 일반화된 Hooke의 법칙(generalized Hooke's law)이라 한다. 식 (3 · 1)에서 탄성계수 C_{ijkl} 은 4차 텐서로서 $3^4=81$개의 성분을 갖지만 $\sigma_{ij} = \sigma_{ji}$, $\epsilon_{kl} = \epsilon_{lk}$ 의 응력

및 변형률에 대한 대칭성을 고려하면, 다음 식과 같이 되어 6×6=36개로 줄어든다.

$$C_{ijkl} = C_{ijlk} = C_{jikl} \tag{3・2}$$

앞의 2.16절에서 이미 설명한 식 (2・74)로부터 변형률 에너지 밀도함수 U_0는 선형탄성체일 때 다음 식과 같이 표시한다.

$$U_0 = \frac{1}{2} C_{ijkl} \epsilon_{ij} \epsilon_{kl} \tag{3・3}$$

식 (3・3)과 식 (2・76)을 고려하면 다음 식과 같은 대칭성이 성립한다.

$$C_{ijkl} = C_{klij} \tag{3・4}$$

이상의 대칭성으로부터 일반적인 이방성(異方性; anisotropy) 선형탄성체의 구성방정식에 나타나는 독립된 성분은 21개로 되고, 응력과 변형률의 관계가 규정되어진다.

따라서, 응력과 변형률에 대해서 각각 6개의 독립된 성분으로 이루어진 일반화된 Hooke의 법칙은 다음 식과 같이 표시된다.

$$\begin{Bmatrix} \sigma_{xx} \\ \sigma_{yy} \\ \sigma_{zz} \\ \sigma_{xy} \\ \sigma_{yz} \\ \sigma_{zx} \end{Bmatrix} = \begin{bmatrix} E_{11} & E_{12} & E_{13} & E_{14} & E_{15} & E_{16} \\ & E_{22} & E_{23} & E_{24} & E_{25} & E_{26} \\ & & E_{33} & E_{34} & E_{35} & E_{36} \\ & & & E_{44} & E_{45} & E_{46} \\ & SYM. & & & E_{55} & E_{56} \\ & & & & & E_{66} \end{bmatrix} = \begin{Bmatrix} \epsilon_{xx} \\ \epsilon_{yy} \\ \epsilon_{zz} \\ \epsilon_{xy} \\ \epsilon_{yz} \\ \epsilon_{zx} \end{Bmatrix} \tag{3・5}$$

3개의 좌표면에 대해서 성질이 서로 대칭인 재료를 직교이방성(直交異性方性; orthotropy)이라 한다. 결국 직교이방성 재료의 응력과 변형률은 독립된 탄성계수가 9개로 되고, 다음과 같이 표시된다.

$$\begin{Bmatrix} \sigma_{xx} \\ \sigma_{yy} \\ \sigma_{zz} \\ \sigma_{xy} \\ \sigma_{yz} \\ \sigma_{zw} \end{Bmatrix} = \begin{bmatrix} E_{11} & E_{12} & E_{13} & 0 & 0 & 0 \\ E_{12} & E_{22} & E_{23} & 0 & 0 & 0 \\ E_{13} & E_{23} & E_{33} & 0 & 0 & 0 \\ 0 & 0 & 0 & E_{44} & 0 & 0 \\ 0 & 0 & 0 & 0 & E_{55} & 0 \\ 0 & 0 & 0 & 0 & 0 & E_{66} \end{bmatrix} \tag{3・6}$$

3.2 등방 선형탄성체의 구성방정식

물체가 역학적으로 등방성(等方性; isotropy)이고, [그림 3-1]과 같이 3축 인장이 작용하는 직육면체에 대한 수직응력과 변형률의 관계를 나타내는 구성방정식은 다음과 같다.

$$\begin{aligned}\epsilon_{xx} &= \frac{1}{E}\{\sigma_{xx} - \nu(\sigma_{yy} + \sigma_{zz})\} \\ \epsilon_{yy} &= \frac{1}{E}\{\sigma_{yy} - \nu(\sigma_{zz} + \sigma_{xx})\} \\ \epsilon_{zz} &= \frac{1}{E}\{\sigma_{zz} - \nu(\sigma_{xx} + \sigma_{yy})\}\end{aligned} \qquad (3 \cdot 7)$$

3축 응력이 작용할 때 각 축방향의 변형률은 식 (3・7)에서 알 수 있듯이 그 축방향의 응력에 의해 늘어나고, 그 외 축방향 응력의 합에 푸아송비의 곱에 비례하여 줄어든다. 또한 직육면체에 전단응력 τ_{xy}, τ_{yz}, τ_{zx} 가 작용하고, 전단변형률 ϵ_{xy}, ϵ_{yz}, ϵ_{zx} 가 발생하는 것으로 한다. 이때 전단응력과 전단변형률의 관계를 나타내는 구성방정식은 다음과 같이 표시된다.

$$\epsilon_{xy} = \frac{1}{2G}\tau_{xy}, \quad \epsilon_{yz} = \frac{1}{2G}\tau_{yz}, \quad \epsilon_{zx} = \frac{1}{2G}\tau_{zx} \qquad (3 \cdot 8)$$

식 (3・7)과 식 (3・8)을 정리하면 응력텐서와 변형률 텐서의 관계는 다음 식과 같이 된다.

$$\epsilon_{ij} = \frac{1}{2G}\left(\sigma_{ij} - \frac{\nu}{1+\nu}\delta_{ij}\sigma_{kk}\right) = \frac{1}{2G}\left(\sigma_{ij} - \frac{\nu}{1+\nu}\delta_{ij}\Theta\right) \qquad (3 \cdot 9)$$

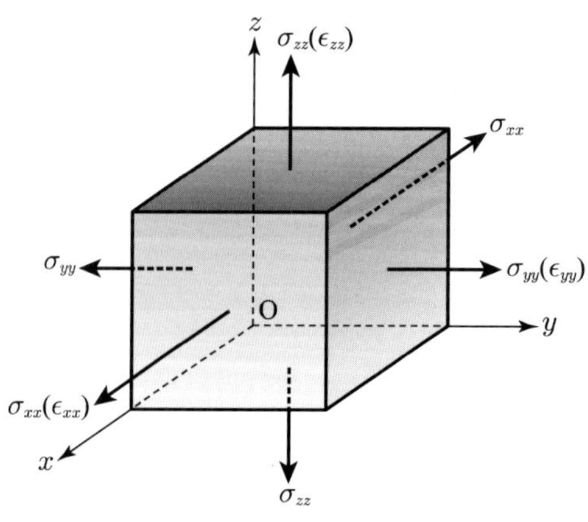

[그림 3-1] 직육면체 요소에 대한 3축 인장응력

여기서

$$\Theta = \sigma_{kk} = \sigma_{xx} + \sigma_{yy} + \sigma_{zz} \tag{3・10}$$

식 (3・9)를 응력 σ_{ij} 에 대한 식으로 나타내면

$$\begin{aligned}
&\sigma_{xx} = 2\mu\epsilon_{xx} + \lambda(\epsilon_{xx} + \epsilon_{yy} + \epsilon_{zz}) = 2\mu\epsilon_{xx} + \lambda\epsilon_v, \quad \sigma_{xy} = 2\mu\epsilon_{xy} = \mu\gamma_{xy} \\
&\sigma_{yy} = 2\mu\epsilon_{yy} + \lambda(\epsilon_{xx} + \epsilon_{yy} + \epsilon_{yy}) = 2\mu\epsilon_{yy} + \lambda\epsilon_v, \quad \sigma_{yz} = 2\mu\epsilon_{yz} = \mu\gamma_{yz} \\
&\sigma_{zz} = 2\mu\epsilon_{zz} + \lambda(\epsilon_{xx} + \epsilon_{xx} + \epsilon_{xx}) = 2\mu\epsilon_{zz} + \lambda\epsilon_v, \quad \sigma_{zx} = 2\mu\epsilon_{zx} = \mu\gamma_{zx}
\end{aligned} \tag{3・11}$$

또한, 식 (3・11)을 간략히 표시하면

$$\sigma_{ij} = 2\mu\epsilon_{ij} + \lambda\delta_{ij}\epsilon_{kk} = 2\mu\epsilon_{ij} + \lambda\epsilon_v\delta_{ij} \tag{3・12}$$

여기서

$$\epsilon_v = \epsilon_{kk} = \epsilon_{xx} + \epsilon_{yy} + \epsilon_{zz} \tag{3・13}$$

식 (3・13)에서 ϵ_v 를 체적변형률(volumetric strain, 또는 bulk strain)이라 한다. 또한, 식 (3・12)를 등방(等方) 및 등질 선형탄성체(等質線形彈性體)에 대한 Hooke의 법칙이라 한다. 정수(定數) λ 와 μ 를 Lame′의 정수라 하고, 정수 μ 와 전단탄성계수 G 의 관계는 $\mu = G$ 로 된다.

식 (3・12)를 변형률로 나타내면 다음 식과 같이 되고, 이것은 식 (3・9)와 같이 되는 것을 알 수 있다.

$$\epsilon_{ij} = \frac{1}{2\mu}\left(\sigma_{ij} - \frac{\lambda}{(3\lambda + 2\nu)}\delta_{ij}\sigma_{kk}\right) = \frac{1}{2G}\left(\sigma_{ij} - \frac{\nu}{1+\nu}\delta_{ij}\Theta\right) \tag{3・14}$$

원기둥 좌표계 (r, θ, z) 에 대한 Hooke의 법칙은

$$\begin{aligned}
&\epsilon_{rr} = \frac{1}{E}\{\sigma_{rr} - \nu(\sigma_{\theta\theta} + \sigma_{zz})\}, \quad \epsilon_{r\theta} = \frac{1}{2G}\sigma_{r\theta} \\
&\epsilon_{\theta\theta} = \frac{1}{E}\{\sigma_{\theta\theta} - \nu(\sigma_{rr} + \sigma_{zz})\}, \quad \epsilon_{\theta z} = \frac{1}{2G}\sigma_{\theta z} \\
&\epsilon_{zz} = \frac{1}{E}\{\sigma_{zz} - \nu(\sigma_{rr} + \sigma_{\theta\theta})\}, \quad \epsilon_{zr} = \frac{1}{2G}\sigma_{zr}
\end{aligned} \tag{3・15}$$

또한, 구좌표계 (r, θ, ϕ) 에 대한 Hooke의 법칙은 다음 식과 같이 된다.

$$\begin{aligned} \epsilon_{rr} &= \frac{1}{E}\left\{\sigma_{rr} - \nu\left(\sigma_{\theta\theta} + \sigma_{\phi\phi}\right)\right\}, \quad \epsilon_{r\theta} = \frac{1}{2G}\sigma_{r\theta} \\ \epsilon_{\theta\theta} &= \frac{1}{E}\left\{\sigma_{\theta\theta} - \nu\left(\sigma_{rr} + \sigma_{\phi\phi}\right)\right\}, \quad \epsilon_{\theta\phi} = \frac{1}{2G}\sigma_{\theta\phi} \\ \epsilon_{\phi\phi} &= \frac{1}{E}\left\{\sigma_{\phi\phi} - \nu\left(\sigma_{rr} + \sigma_{\theta\theta}\right)\right\}, \quad \epsilon_{\phi r} = \frac{1}{2G}\sigma_{\phi r} \end{aligned} \tag{3・16}$$

3.3 탄성계수 사이의 관계

재료역학에서 이미 배운 바와 같이 세로탄성계수(Young's modulus) E, 전단탄성계수(shear modulus) G, 푸아송비(Poisson's ratio) ν 등이 등방 선형탄성체의 탄성계수로써 사용되고 있다. 공학전단변형률의 관계 $\gamma_{xy} = 2\epsilon_{xy}$ 를 고려한 λ, μ와 E, G, ν 사이의 관계에 의해 식 (3・7)~식 (3・9)로부터 다음의 관계식이 얻어진다.

$$E = \frac{\mu(3\lambda + 2\mu)}{(\lambda + \mu)}, \quad \nu = \frac{\lambda}{2(\lambda + \mu)}, \quad G = \mu \tag{3・17}$$

식 (3・17)을 Lame'의 정수 λ, μ로 나타내면 다음 식과 같이 된다.

$$\lambda = \frac{\nu E}{(1+\nu)(1-2\nu)} = \frac{2\nu G}{1-2\nu}, \quad \mu = \frac{E}{2(1+\nu)} = G \tag{3・18}$$

식 (3・18)로부터 푸아송비 ν는

$$\nu = \frac{E - 2G}{2G} \tag{3・19}$$

또한, 체적탄성계수(volumetric modulus)를 K라 하면

$$K = \frac{E}{3(1-2\nu)} \tag{3・20}$$

식 (3・18)을 식 (3・14)에 대입하면 다음 식이 얻어진다.

$$\epsilon_{ij} = \frac{1+\nu}{E}\left\{\sigma_{ij} - \frac{\nu}{(1+\nu)}\delta_{ij}\sigma_{kk}\right\} \tag{3・21}$$

예제 3-1

2차원 평면응력의 직교이방성 재료(orthotropic material)에 대한 일반적인 구성법칙은 다음 식과 같이 주어질 때 변형률 에너지 밀도함수를 구하고, 일반성을 잃지 않고 $C_{12} = C_{21}$으로 표시되는 것을 확인하시오. 또한 응력 σ_{xx}, σ_{yy}, σ_{xy}를 구한 후 구성방정식을 검토하시오.

$$\sigma_{xx} = C_{11}\epsilon_{xx} + C_{12}\epsilon_{yy}$$
$$\sigma_{yy} = C_{21}\epsilon_{xx} + C_{22}\epsilon_{yy}$$
$$\sigma_{xy} = G_{12}\epsilon_{xy}$$

풀이

응력-변형률 관계는 선형적이고, $\sigma_{ij} = C_{ijkl}$의 형태를 가지므로 다음 식과 같이 표시할 수 있다.

$$U_0 = \frac{1}{2}\sigma_{ij}\epsilon_{ij} = \frac{1}{2}(\sigma_{xx}\epsilon_{xx} + 2\sigma_{xy}\epsilon_{xy} + \sigma_{yy}\epsilon_{yy})$$

$$\therefore\ U_0 = \frac{1}{2}\{C_{11}\epsilon_{xx}^2 + (C_{12} + C_{21})\epsilon_{xx}\epsilon_{yy} + C_{22}\epsilon_{yy}^2 + G_{12}\gamma_{xy}^2\}$$

여기서 $\gamma_{xy} = 2\epsilon_{xy}$이고, U_0의 2차 형식에 대해서 실수항을 $C_{ij} = \frac{1}{2}(C_{ij} + C_{ji})$로 표시하여도 일반성을 잃지 않는 것을 알 수 있다.

따라서 위 식은 다음과 같이 표시된다.

$$U_0 = \frac{1}{2}(C_{11}\epsilon_{xx}^2 + 2C_{12}\epsilon_{xx}\epsilon_{yy} + C_{22}\epsilon_{yy}^2 + C_{12}\gamma_{xy}^2)$$

여기서 $C_{12} = C_{21}$이므로 다음 식과 같이 표시할 수 있다.

$$\frac{\partial U_0}{\partial \epsilon_{xx}} = C_{11}\epsilon_{xx} + C_{12}\epsilon_{yy} \equiv \sigma_{xx}$$

$$\frac{\partial U_0}{\partial \epsilon_{yy}} = C_{12}\epsilon_{xx} + C_{22}\epsilon_{yy} \equiv \sigma_{yy}$$

$$\frac{\partial U_0}{\partial \gamma_{xy}} = G_{12}\gamma_{xy} = 2G_{12}\epsilon_{xy} \equiv \tau_{xy}$$

3.4 원기둥 및 구좌표계의 응력과 변형률

원기둥 좌표계, 구좌표계 또는 극좌표계에 대한 응력의 평형방정식, 적합조건식, 구성방정식 및 축대칭 문제에 대한 응력 및 변형률 해석은 직교좌표계의 탄성해석을 기초로 한다. 축대칭 문제는 2차원 평면응력 및 평면변형률 문제로 귀착되므로 축대칭 문제의 해석은 이들 문제를 해석하는 것으로 된다.

3.4.1 원기둥 좌표계의 경우

[그림 2-12]와 같은 원기둥 좌표계 $(r,\ \theta,\ z)$에 대한 응력의 평형방정식은 식 (2・44)와 같이 표시되고, 변위와 변형률의 관계를 나타내는 변형률의 적합조건은 식 (2・62)와 같이 된다. 또한, 극좌표계에 대한 구성방정식도 직교좌표계에 대한 식 (3・7)을 고려하면 식 (3・15)와 같이 되는 것을 쉽게 알 수 있다.

응력은 θ, z 방향으로 일정하게 작용하고, 전단응력 성분이 0 일 때 기초식은 다음 식과 같이 나타낸다.

$$\frac{\partial \sigma_{ij}}{\partial \theta} = 0, \quad \frac{\partial \sigma_{ij}}{\partial z} = 0, \quad \tau_{ij} = 0 \tag{3・22}$$

여기서 응력 및 변형률은 반지름 r 만의 함수로 되고, 이 때의 탄성기초방정식은 다음과 같이 된다.

(1) 응력의 평형방정식

[그림 3-2(a)]에 나타낸 미소요소에 작용하는 r 방향에 대한 응력의 평형방정식을 고려하면 다음 식과 같이 표시된다.

$$(\sigma_r + d\sigma_r)(r + dr)\,d\theta\,dz - \sigma_r r d\theta\,dz - 2\sigma_\theta r dr\,dz \sin\frac{d\theta}{2} + B_r r dr\,d\theta\,dz = 0$$

$$\therefore \ \frac{d\sigma_r}{dr} + \frac{1}{r}\left(\sigma_r - \sigma_\theta\right) + B_r = 0 \tag{3・23}$$

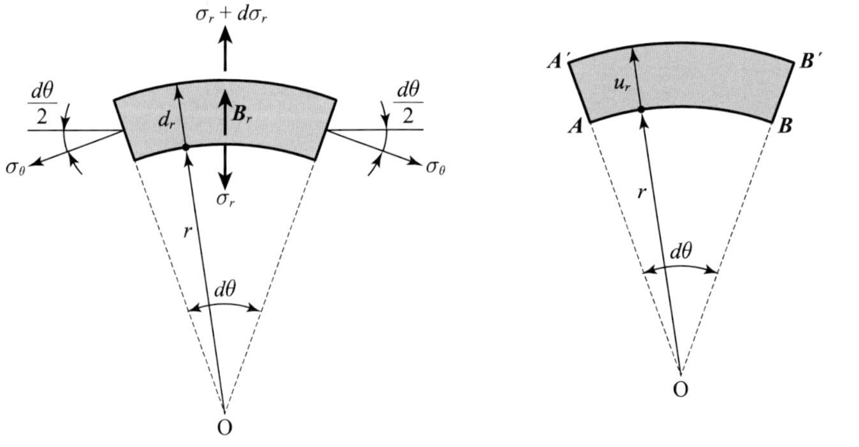

(a) 반지름 방향에 대한 힘의 평형 (b) 변형 및 변형률

[그림 3-2] 원기둥 좌표계의 응력 및 변형률

(2) 변형률 및 변위의 관계식

[그림 3-2(b)]에서 변위성분 u_r, u_θ, u_z 를 이용한 변형률-변위의 관계는 다음 식과 같이 나타낸다.

$$\epsilon_r = \frac{du_r}{r}, \quad \epsilon_\theta = \frac{\widehat{A'B'} - \widehat{AB}}{\widehat{AB}} = \frac{u_r}{r}, \quad \epsilon_z = \frac{du_z}{dz} = \text{일정} \tag{3・24}$$

식 (3・24)로부터 변위성분 u_r 를 소거하면 변형률의 적합조건식은 다음과 같이 된다.

$$\frac{d\epsilon_\theta}{dr} - \frac{1}{r}(\epsilon_r - \epsilon_\theta) = 0 \tag{3・25}$$

(3) 축대칭 문제

축대칭은 다음 2개의 조건을 만족하는 [그림 3-3(a)]와 같은 상태를 말한다.

(a) 해석하려는 물체가 z 축 주위를 회전하는 대칭 물체

(b) 경계조건(외력 또는 변위조건)이 z 축 주위를 회전하는 대칭 물체

2개의 대칭조건 중에서 조건 (b)는 매우 중요하다. [그림 3-3(a)]와 같이 물체가 회전대칭이고, 하중의 작용조건도 원주방향으로 균일분포하중이 대칭인 경우를 축대칭 문제라 한다. 그러나 [그림 3-3(b)]와 같이 물체는 회전대칭이지만 서로 마주보는 집중하중이 작용할 때는 축대칭이라고 하지 않는다. 따라서 축대칭 문제의 경우 응력 σ_{ij}, 변형률 ϵ_{ij} 의 값은 좌표의 위치 θ 에 무관하므로 다음 식과 같이 된다.

$$\frac{\partial \sigma_{ij}}{\partial \theta} = 0, \quad \frac{\partial \sigma_{ij}}{\partial \theta} = 0, \quad \tau_{r\theta} = \tau_{\theta z} = 0, \quad \gamma_{r\theta} = \gamma_{\theta z} = 0 \tag{3・26}$$

원기둥 좌표계의 축대칭 문제에 대한 기초식 (3・26)을 고려하면 응력의 평형방정식은 다음과 같이 표시된다.

$$\begin{aligned} &\frac{\partial \sigma_r}{\partial r} + \frac{1}{r}(\sigma_r - \sigma_\theta) + \frac{\partial \tau_{zr}}{\partial z} + B_r = 0 \\ &\frac{\partial \sigma_z}{\partial z} + \frac{\partial \tau_{zr}}{\partial r} + \frac{1}{r}\tau_{zr} + B_r = 0 \end{aligned} \tag{3・27}$$

또한, 변형률-변위의 관계식은 다음과 같이 나타낸다.

$$\epsilon_r = \frac{\partial u_r}{\partial r}, \quad \epsilon_\theta = \frac{u_r}{r}, \quad \epsilon_z = \frac{\partial u_z}{\partial z}, \quad \gamma_{zr} = \frac{\partial u_z}{\partial r} + \frac{\partial u_r}{\partial z} \tag{3・28}$$

원기둥 좌표계의 축대칭 문제에 대한 구성방정식은 식 (3・15)와 같이 된다.

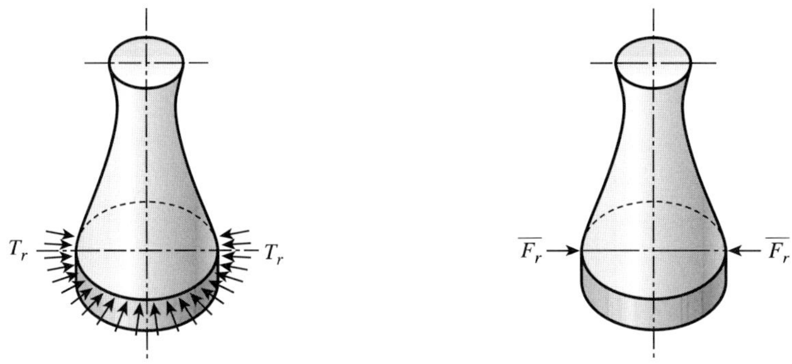

(a) 축대칭 문제 (b) 비축대칭 문제

[그림 3-3] 축대칭 및 비축대칭 문제

3.4.2 구좌표계의 경우

[그림 2-13]에 나타낸 것과 같이 구좌표계 $(r,\ \theta,\ \phi)$ 에 대해서 응력, 변위 및 변형률이 θ 방향으로 균일한 경우를 구대칭(球對稱) 문제라 한다. 구대칭일 때 탄성문제의 기초방정식은 다음과 같이 나타낸다.

(1) 응력의 평형방정식

[그림 2-13]에서 미소요소에 작용하는 r 방향에 대한 응력의 평형방정식은 식 (2・45)를 고려하면 다음 식과 같다.

$$\frac{d\sigma_r}{dr} + \frac{2}{r}(\sigma_r - \sigma_\theta) + B_r = 0 \tag{3・29}$$

(2) 변형률 및 변위의 관계식

[그림 2-12]에서 변위성분 u_r, u_θ, u_ϕ 를 이용한 변형률-변위의 관계는 다음 식과 같이 표시한다.

$$\epsilon_r = \frac{du_r}{dr}, \quad \epsilon_\theta = \epsilon_\phi = \frac{u_r}{r}, \quad \gamma_{ij} = 0 \tag{3・30}$$

식 (3・30)으로부터 변위성분 u_r 를 소거하면 변형률의 적합조건식은 다음과 같이 된다.

$$\frac{d\epsilon_\theta}{dr} - \frac{1}{r}(\epsilon_r - \epsilon_\theta) = 0 \tag{3・31}$$

(2) 변형률 및 변위의 관계식

구대칭 문제에 대한 구성방정식은 식 (3・16)을 참조하면, 다음 식과 같이 표시된다.

$$\epsilon_r = \frac{1}{E}(\sigma_r - 2\nu\sigma_\theta),\quad \epsilon_\theta = \epsilon_\phi = \frac{1}{E}\{(1-\nu)\sigma_\theta - \nu\sigma_r\},\quad \sigma_\theta = \sigma_\phi \tag{3・32}$$

3.5 Navier의 평형방정식

변위로 표시된 평형방정식에 대한 선형탄성체의 경계값 문제를 풀기 위해서는 6개의 응력, 6개의 변형률, 3개의 변위성분이 미지수로 주어지고 3개의 평형방정식, 6개의 적합조건식과 6개의 Hooke의 법칙이 방정식으로 주어진다. 이때 미지수의 수와 방정식의 수가 같으므로 경계조건을 고려하여 이들 방정식을 풀 수 있다. 그러나 15개의 방정식을 풀이하는 대신에 Hooke의 법칙을 이용하여 3개의 평형방정식을 변위성분으로 표시하고, 3개의 성분을 미지수로 해석하는 것이 편리한 경우가 많다. 이와 같이 평형방정식을 변위성분으로 표시한 식을 Navier(1785～1836년)의 평형방정식이라 한다.

변위와 변형률의 관계식 (2・53′)을 응력과 변형률 관계식 (3・11)과 평형방정식 (2・5)에 대입하면 다음과 같은 변위의 방정식이 얻어진다.

$$\mu\nabla^2 u_i + (\lambda+\mu)u_{k,ki} + B_i = 0 \tag{3・33}$$

식 (3・33)을 Navier의 평형방정식이라 하고, 이것을 풀어 쓰면 다음 식과 같이 된다.

$$\begin{aligned}
&\mu\nabla^2 u_x + (\lambda+\mu)\frac{\partial\epsilon_v}{\partial x} + B_x = 0\\
&\mu\nabla^2 u_y + (\lambda+\mu)\frac{\partial\epsilon_v}{\partial y} + B_y = 0\\
&\mu\nabla^2 u_z + (\lambda+\mu)\frac{\partial\epsilon_v}{\partial z} + B_z = 0
\end{aligned} \tag{3・33′}$$

여기서

$$\nabla^2 = \frac{\partial^2}{\partial x^2} + \frac{\partial^2}{\partial y^2} + \frac{\partial^2}{\partial z^2} \tag{3・34}$$

3.6 Beltrami-Michell의 적합조건식

탄성역학에서는 탄성체에 발생하는 응력을 해석하는 것이 중요하고, 응력을 해석하기 위해서는 직접 응력텐서를 구하는 것이 편리한 경우가 많다. 이와 같이 하려면 변형률 텐서로 표시되어 있는 변형률의 적합조건식 (2・66)을 응력텐서로 표시할 필요가 있고, 이때 응력성분으로 표시된 적합조건식을 Beltrami-Michell의 적합조건식이라 한다.

변형률의 적합조건식 (2・66a)의 첫 번째 식으로부터 세 번째 식을 응력성분으로 표시하기 위해 식 (2・66a)의 두 번째 식에 Hooke 법칙의 식 (3・9)를 대입하면

$$\frac{1}{2G}\left\{\frac{\partial^2\sigma_{yy}}{\partial z^2}+\frac{\partial^2\sigma_{zz}}{\partial y^2}-\frac{\nu}{1+\nu}\left(\frac{\partial^2}{\partial y^2}+\frac{\partial^2}{\partial z^2}\right)\Theta\right\}=\frac{1}{2G}\frac{\partial^2\tau_{yz}}{\partial y\partial z} \tag{a}$$

여기서 $\Theta=\sigma_{kk}=\sigma_{xx}+\sigma_{yy}+\sigma_{zz}$ 이다.

평형방정식 (2・5)의 두 번째 식 및 세 번째 식을 각각 y, z로 편미분하여 더한 후 식 (2・5)의 첫 번째 식을 이용하면 식 (a)는 다음과 같이 된다.

$$\left(\frac{\partial^2}{\partial y^2}+\frac{\partial^2}{\partial z^2}\right)\left\{(\sigma_{yy}+\sigma_{zz})-\frac{\nu}{1+\nu}\Theta\right\}-\frac{\partial^2\sigma_{xx}}{\partial x^2}=\frac{\partial B_x}{\partial x}-\frac{\partial B_y}{\partial y}-\frac{\partial B_z}{\partial z} \tag{b}$$

식 (b)에 $\sigma_{yy}+\sigma_{zz}=\Theta-\sigma_{xx}$ 의 관계를 대입하면 다음 식으로 표시된다.

$$\nabla^2\sigma_{xx}-\frac{1}{1+\nu}\left(\nabla^2-\frac{\partial^2}{\partial x^2}\right)\Theta=-\frac{\partial B_x}{\partial x}+\frac{\partial B_y}{\partial y}-\frac{\partial B_z}{\partial z} \tag{c}$$

같은 방법으로

$$\nabla^2\sigma_{yy}-\frac{1}{1+\nu}\left(\nabla^2-\frac{\partial^2}{\partial y^2}\right)\Theta=-\frac{\partial B_y}{\partial y}+\frac{\partial B_z}{\partial z}+\frac{\partial B_x}{\partial x} \tag{d}$$

$$\nabla^2\sigma_{zz}-\frac{1}{1+\nu}\left(\nabla^2-\frac{\partial^2}{\partial z^2}\right)\Theta=-\frac{\partial B_z}{\partial z}+\frac{\partial B_x}{\partial x}+\frac{\partial B_y}{\partial y} \tag{e}$$

식 (c)~식 (e)를 더하면 다음 식이 얻어진다.

$$\nabla^2\Theta=-\frac{1+\nu}{1-\nu}\left(\frac{\partial B_x}{\partial x}+\frac{\partial B_y}{\partial y}+\frac{\partial B_z}{\partial z}\right) \tag{3・35}$$

또한, 식 (3・35)를 식 (c)~식 (e)에 대입하면 다음 식과 같이 된다.

$$\begin{aligned}
\nabla^2\sigma_{xx} + \frac{1}{1+\nu}\frac{\partial^2\Theta}{\partial x^2} &= -\frac{\nu}{1-\nu}\left(\frac{\partial B_x}{\partial x}+\frac{\partial B_y}{\partial y}+\frac{\partial B_z}{\partial z}\right) - 2\frac{\partial B_x}{\partial x} \\
\nabla^2\sigma_{yy} + \frac{1}{1+\nu}\frac{\partial^2\Theta}{\partial y^2} &= -\frac{\nu}{1-\nu}\left(\frac{\partial B_x}{\partial x}+\frac{\partial B_y}{\partial y}+\frac{\partial B_z}{\partial z}\right) - 2\frac{\partial B_y}{\partial y} \\
\nabla^2\sigma_{zz} + \frac{1}{1+\nu}\frac{\partial^2\Theta}{\partial z^2} &= -\frac{\nu}{1-\nu}\left(\frac{\partial B_x}{\partial x}+\frac{\partial B_y}{\partial y}+\frac{\partial B_z}{\partial z}\right) - 2\frac{\partial B_z}{\partial z}
\end{aligned} \tag{3・36}$$

같은 방법으로 변형률의 적합조건식 (2・66a)의 네 번째 식에서 식 (2・66b)의 두 번째 식을 응력성분으로 표시하면 다음 식과 같이 된다.

$$\begin{aligned}
\nabla^2\sigma_{yz} + \frac{1}{1+\nu}\frac{\partial^2\Theta}{\partial y\,\partial z} &= -\left(\frac{\partial B_y}{\partial y}+\frac{\partial B_z}{\partial z}\right) \\
\nabla^2\sigma_{zx} + \frac{1}{1+\nu}\frac{\partial^2\Theta}{\partial z\,\partial x} &= -\left(\frac{\partial B_x}{\partial z}+\frac{\partial B_z}{\partial x}\right) \\
\nabla^2\sigma_{xy} + \frac{1}{1+\nu}\frac{\partial^2\Theta}{\partial x\,\partial y} &= -\left(\frac{\partial B_y}{\partial x}+\frac{\partial B_x}{\partial y}\right)
\end{aligned} \tag{3・37}$$

또한, 식 (3・36)과 식 (3・37)을 고려하여 정리하면 다음 식이 얻어진다.

$$\nabla^2\sigma_{ij} + \frac{1}{1+\nu}\Theta_{,ij} = -\frac{\nu}{1-\nu}\delta_{ij}B_{k,k} - \left(B_{i,j}+B_{j,i}\right) \tag{3・38}$$

위에 나타낸 식 (3・36)과 식 (3・37), 또는 식 (3・38)은 응력의 적합조건으로서 BeltramiMichell의 적합조건식이라 한다.

3.7 경계조건

물체 안에 발생하는 응력 및 변형률을 구하기 위해서는 탄성역학의 기초방정식 외에 경계에 대한 변위와 응력을 만족시켜야 하는 경계조건(境界條件; boundary condition)이 필요하고, 이러한 경계조건에는 다음과 같은 3종류가 있다.

(1) 전경계(全境界)에서 표면력(traction)이 주어지는 경우 : 응력(역학적) 경계조건
(2) 전경계에서 변위가 주어지는 경우 : 변위(기하학적) 경계조건
(3) 일부경계에서는 표면력, 그 외의 경계에서는 변위가 주어지는 경우 : 혼합 경계조건

(1) 응력 경계조건

식 (2・9)로부터 법선 $\boldsymbol{n}$을 갖는 면의 x, y, z축 방향의 응력성분 T_{nx}, T_{ny}, T_{nz}를 경계표면에 대하여 $\overline{T_x}$, $\overline{T_y}$, $\overline{T_z}$를 나타내면, [그림 3-4(a)]와 같이 탄성체의 전경계표면(全

境界表面) S에 표면력 $\overline{T_i}$ 가 주어지는 경계조건일 때 다음 식과 같이 된다.

$$\begin{aligned}\sigma_{xx}n_x + \sigma_{yx}n_y + \sigma_{zx}n_z &= \overline{T_x} \\ \sigma_{xy}n_x + \sigma_{yy}n_y + \sigma_{zy}n_z &= \overline{T_y} \\ \sigma_{xz}n_x + \sigma_{yz}n_y + \sigma_{zz}n_z &= \overline{T_z}\end{aligned} \tag{3・39}$$

또는, 다음과 같이 간단히 표시할 수 있다.

$$\sigma_{ij}n_j = \overline{T_i} \tag{3・39′}$$

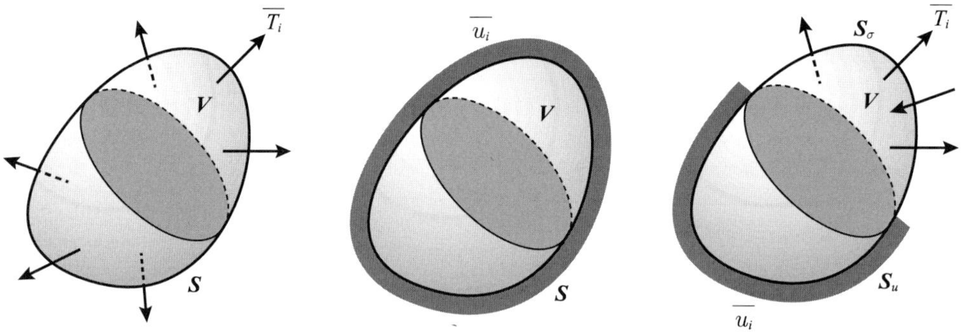

(a) 응력조건 (b) 변위조건 (c) 혼합조건

[그림 3-4] 경계조건

(2) 변위 경계조건

[그림 3-4(b)]와 같이 탄성체의 전경계표면 S에 변위성분 $\overline{u_i}$ 가 주어지는 경계조건일 때

$$u_x = \overline{u_x}, \quad u_y = \overline{u_y}, \quad u_z = \overline{u_z} \tag{3・40}$$

위식은 다음과 같이 간단히 표시한다.

$$u_i = \overline{u_i} \tag{3・40′}$$

(3) 혼합 경계조건

[그림 3-4(c)]와 같이 응력 및 변위가 혼합된 경계값 문제로서 탄성체의 경계표면의 일부 S_σ 에 표면력 $\overline{T_i}$ 가 주어지고, 나머지 경계표면 S_u 에 변위성분 $\overline{u_i}$ 가 주어지는 경계조건일 때 다음 식과 같다.

$$\sigma_{ij}n_j = \overline{T_i} \ : S_\sigma$$
$$u_i = \overline{u_i} \ : S_u \tag{3・41}$$

3.8 변분원리

에너지 원리는 탄성문제에 대한 근사해를 얻는 방법으로서 유효하고, 그 해석 과정에서 변분법(變分法; variational method)을 적용한다. 변분법을 이용하는 중요한 이유는 공학문제에 대한 근사해를 얻을 수 있는 유효한 해법이기 때문이다.

변분법은 미분방정식의 경계값 문제를 해석하는 방법으로서 그 원리는 범함수(汎函數; functional) I의 정류점(停留點; stationary point)을 구하기 위해 편미분, 또는 변분이 0이 되는 조건($\delta I = 0$)의 극한값에 의한 경계값 문제의 해를 구하는 방법이며, 유한요소법(有限要素法; finite element method: FEM)의 기초가 되고 있다. 범함수 I에는 여러 종류가 있지만, 지배방정식의 유형과 원하는 해의 종류에 따라 적용방법이 다르다.

또한, 미분방정식의 근사해를 얻기 위해서는 그 미분방정식이 Euler-Lagrange 방정식으로 표현되는 범함수를 구할 필요가 있다. 범함수가 극한값(최대값 또는 최소값)으로 되는 함수로 되기 위해서는 최대 및 최소정리가 중요하고, Euler-Lagrange 방정식과 경계조건을 고려하여 탄성역학에서 중요한 경계값 문제를 해석할 수 있다. 따라서 경계값 문제를 해석하기 위해서는 범함수 및 Euler-Lagrange 방정식을 이용하여 미분방정식의 근사해를 구한다.

극한값 함수에 대한 상미분 또는 편미분방정식으로 이루어진 Euler-Lagrange 방정식과 변위 경계조건 및 응력 경계조건을 고려한다. 응력 경계조건은 변분법을 적용하지 않으면 쉽게 유도할 수 없으므로 변분법에서는 중요한 경계조건으로 취급한다.

독립변수가 1개인 Euler-Lagrange 방정식은 상미분방정식으로 표시되고, 경계조건은 곡선의 양 끝에서 결정한다. 또한, 2개의 독립변수로 이루어진 Euler-Lagrange 방정식은 편미분 방정식으로 나타낼 수 있고, 선적분 또는 면적분의 경계조건을 고려하면 $\delta I = 0$ 또는 $(\partial \tilde{I} / \partial \epsilon)_{\epsilon=0} = 0$으로 된다. 이와 같이 Euler-Lagrange 방정식은 탄성역학에서 중요하게 취급하는 범함수로 된다.

변분법에 대한 기본개념을 간략히 설명하기 위해 변수를 x라 하면, 함수는 다음 식과 같이 나타낸다.

$$y = y(x), \quad y' = \frac{dy(x)}{dx}, \quad y'' = \frac{d^2y(x)}{dx^2} \tag{3・42}$$

식 (3・42)에서 $y=y(x)$는 지배방정식으로 되고, 2차원에 대한 범함수(汎函數; functional) I의 형태는 [그림 3-5]에서와 같이 2개의 양끝 점 (x_1, y_1)과 (x_2, y_2) 사이의 변수 $F(x, y, y', y'')$에 대한 적분으로서 다음 식과 같이 나타낸다.

$$I=\int_{x_1}^{x_2} F(x,\ y,\ y',\ y'')\,dx \tag{3・43}$$

여기서 I는 함수의 함수로 표시되는 범함수(汎函數; functional)라 부르고, 이것은 계(系; system)의 포텐셜에너지(potential energy)에 해당한다. 또한 범함수 I는 다수의 독립변수로 표현되고, 함수 $y(x)$의 경로에 의존하거나, 또는 특정한 값을 나타내는 식으로 주어진다.

[그림 3-5]와 같이 경계조건 $y(x_1)=y_1$, $y(x_2)=y_2$가 정해지면 범함수 I의 변수 y에 대한 그 엄밀해를 $y(x)$라 한다. 이때 엄밀해에 가까운 근사해를 $\tilde{y}(x)$라 하고, x를 고정하였을 때 $y(x)$에 대한 미소한 변화를 변분 $\delta y(x)$라 하면 다음의 관계식이 성립한다.

$$\tilde{y}(x)=y(x)+\delta y(x) \tag{3・44}$$

엄밀해 y에 대한 범함수 I는 당연히 엄밀해가 되지만, 만일 근사해 $\tilde{y}$가 엄밀해로 된다면 범함수 I는 변분 δy에 대한 정류(停留)값으로 된다. 따라서 범함수 I를 극한값으로 하는 $\tilde{y}$는 엄밀해를 나타낸다.

연산자 δ에 의한 변분 δy는 다음 식과 같이 표시한다.

$$\delta[y(x)]=\tilde{y}(x)-y(x) \tag{3・45}$$

식 (3・45)는 독립변수 x에 대한 종속변수 y의 미소한 임의의 변화를 나타내고, 이것은 [그림 3-5]와 같이 표시된다. 또한, 탄성문제에서 범함수 I는 계의 포텐셜에너지가 되고, 함수 F는 탄성 지배방정식에 해당하는 Euler-Lagrange 미분방정식으로 표시되므로 이들의 미분방정식을 유도하여 보기로 한다.

함수 F에 대한 변분을 전미분(全微分)과 동일한 방법으로 전개하면 다음 식과 같이 나타낼 수 있다.

$$\delta F=\frac{\partial F}{\partial y}\delta y+\frac{\partial F}{\partial y'}\delta y'+\frac{\partial F}{\partial y''}\delta y'' \tag{3・46}$$

식 (3・46)에서 δ 연산자는 독립변수를 고정할 때 어떤 함수의 미소변화를 나타내므로 함수 dy/dx의 변분을 고려할 수 있다. 엄밀해 y와 근사해 $\tilde{y}$에 대한 미분 $d\tilde{y}/dx$의 사이에는 다음 식과 같은 교환 관계가 성립한다.

$$\delta\left[\frac{dy}{dx}\right]=\left(\frac{d\tilde{y}}{dx}\right)-\left(\frac{dy}{dx}\right)=\frac{d}{dx}(\tilde{y}-y)=\frac{d(\delta y)}{dx} \tag{3・47}$$

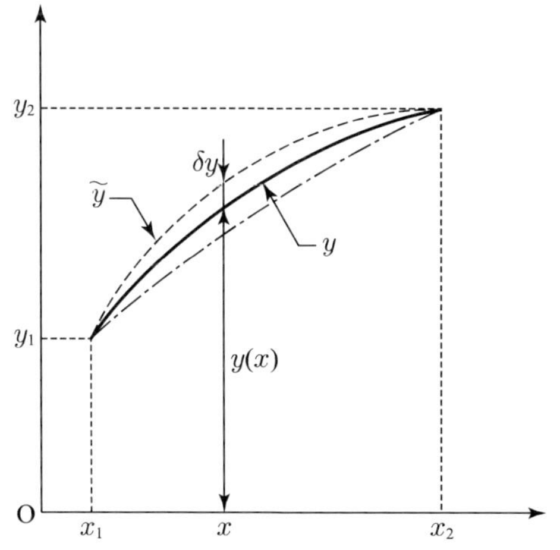

[그림 3-5] 변분원리에 의한 엄밀해와 변분

식 (3・47)에 의해 δ 연산자와 미분연산자의 교환이 가능하고, 또한 적분 $\int y(x)\,dx$ 에 대해서도 동일한 관계가 성립하므로 δ 연산자와 적분연산자를 교환할 수 있다. 이와 같은 관계에 의해 다음 식과 같이 나타낼 수 있다.

$$\delta\left(\int F\,dx\right)=\int(\delta F)\,dx,\ \ \delta\left(\frac{dy}{dx}\right)=\frac{d(\delta y)}{dx},\ \ \delta\left(\frac{dy}{dx}\right)=\frac{d(\delta y)}{dx} \tag{3・48}$$

또한, 범함수 I의 극한값을 구하면 다음 식과 같이 된다.

$$\begin{aligned}\delta I &= \delta\int_{x_1}^{x_2} F\,dx = \int_{x_1}^{x_2}\delta F\,dx \\ &= \int_{x_1}^{x_2}\left(\frac{\partial F}{\partial y}\delta y+\frac{\partial F}{\partial y'}\delta y'+\frac{\partial F}{\partial y''}\delta y''\right)dx=0\end{aligned} \tag{3・49}$$

식 (3・49)에서 제2항 및 제3항은 부부적분을 한 후 정리하면 다음 식과 같이 된다.

$$\begin{aligned}\delta I &= \int_{x_1}^{x_2}\left\{\frac{\partial F}{\partial y}-\frac{d}{dx}\left(\frac{\partial F}{\partial y'}\right)+\frac{d^2}{dx^2}\left(\frac{\partial F}{\partial y''}\right)\right\}\delta y\,dx \\ &+\left[\left\{\frac{\partial F}{\partial y'}-\frac{d}{dx}\left(\frac{\partial F}{\partial y''}\right)\right\}\delta y\right]_{x_1}^{x_2}+\left[\left(\frac{\partial F}{\partial y''}\right)\delta y'\right]_{x_1}^{x_2}=0\end{aligned} \tag{3・50}$$

변분연산자 δ는 독립적인 임의의 값을 선택하여 식 (3・50)이 성립되기 위해서는 각 항이 0이 되어야 한다. 특히, 제1항은 Euler-Lagrange 미분방정식이라 하고, 이것은 다음 식과 같이 나타낸다.

$$\frac{\partial F}{\partial y}-\frac{d}{dx}\left(\frac{\partial F}{\partial y'}\right)+\frac{d^2}{dx^2}\left(\frac{\partial F}{\partial y''}\right)=0 \tag{3・51}$$

미지함수 $y(x)$에 대한 극한값의 조건은 식 (3・51)에서와 같이 Euler–Lagrange 미분방정식에 의해 주어진다. 극한값 함수 $y(x)$를 구하기 위해서는 식 (3・43)을 식 (3・51)에 대입하는 변분조작에 의해 2계 상미분방정식을 얻을 수 있다. 이와 같이 범함수 I의 극한값 $y(x)$에 의해 지배미분방정식이 얻어지지만, 그 외의 항도 당연히 0이 되도록 하는 경계조건을 고려하여야 한다.

주요한 변분원리에는 가상일의 원리(principle of virtual work)와 정류원리(停留原理; stationary principle)가 있다. 정류원리는 Reissner(1950년대)가 주어진 범함수에 대한 극한값을 구하기 위해 적용하였다. Reissner가 제시한 정류원리는 극한값의 성질은 정확히 알려져 있지 않지만, 근사해법으로써 응력과 변위 양쪽에 대한 임의의 변분을 선택하여 좋은 해석결과를 얻을 수 있다는 원리이다. 이 원리도 탄성역학에서는 유익한 주요 원리로 고려되고 있다.

탄성역학에서 적용하는 변분원리에는 가상일의 원리, 가상상보일의 원리, 최소에너지 원리, Reissner의 원리 및 Castigliano의 원리 등이 있다. 최소에너지 원리에는 전포텐셜 에너지의 원리와 전상보에너지의 원리가 있다. 또한, 근사해법은 Ritz의 방법과 Galerkin의 방법으로 분류하고, 다음과 같은 특징이 있다.

(1) Ritz의 방법은 전포텐셜 에너지의 원리를 이용하여 범함수를 구한 후 전상보에너지의 원리를 적용하여 근사해를 구하는 방법을 말한다. 이 방법은 변분원리에 기초한 근사해법 중에서 가장 유효한 방법 중의 하나로서 전포텐셜 에너지를 근사 변위장(變位場; displacement field)으로 변환한다. Ritz의 방법은 전포텐셜 에너지가 최소로 되는 계수를 결정하는데, 이것을 Ritz의 계수(Ritz's coefficient)라 한다.

(2) Galerkin의 방법은 미분방정식의 근사해를 얻는 방법으로서 미분방정식을 직접 이용하는 방법이다. Ritz의 방법에서는 범함수를 필요로 하지만, Galerkin의 방법은 변분과정이 없으므로 범함수가 필요하지 않다. 이 방법은 Ritz의 방법보다 적용범위가 넓고, 선형 탄성문제의 해석에서 직접계수를 구하는 것은 Ritz의 방법보다 유리하다.

열전달, 유체유동 및 전자기 등과 같은 장문제(場問題; field problem)에서는 탄소성체의 문제에서와 같이 포텐셜에너지의 개념을 적용할 수 없기 때문에 주어진 문제의 지배방정식에 변분법을 적용하여 유한요소법에 대한 정식화(定式化)가 가능하다.

예제 3-2

범함수 $I = \int_{x_1}^{x_2} \{4x^2 + 3x(y')^2 + 7xy\} dx$ 가 주어질 때 Euler-Lagrange 미분방정식을 구하시오.

풀이

주어진 범함수에 대해서 함수 F는 다음 식과 같이 된다.

$$F = (x,\ y,\ y') = 4x^2 + 3x(y')^2 + 7xy$$

$$\frac{d}{dx}\left(\frac{\partial F}{\partial y'}\right) - \frac{\partial F}{\partial y} = 0$$

따라서

$$\frac{d}{dx}(6xy') - 7x = 0$$

$$6xy'' + 6y' - 7x = 0$$

그러므로 Euler-Lagrange 미분방정식은 다음과 같다.

$$6x\frac{d^2y}{dx^2} + 6\frac{dy}{dx} - 7x = 0$$

예제 3-3

[예제 3-2]에서 함수 F 및 범함수 I에 대한 변분을 구하시오.

풀이

함수 F에 대한 변분 δF는 식 (3・46)으로부터 다음 식과 같이 된다.

$$\delta F = 7x\,\delta y + 6xy'\,\delta y'$$

범함수 I에 대한 변분 δI는 식 (3・49)에 의해 다음 식과 같이 된다.

$$\delta I = \int_{x_1}^{x_2} (7x\,\delta y + 6xy'\,\delta y')\,dx$$

위 식의 제2항을 부분적분하면

$$\delta I = 6xy'\delta y\Big|_{x_1}^{x_2} - \int_{x_1}^{x_2} (7x + 6y' + 6xy'')\,\delta y\,dx$$

구간의 양 끝에서 $\delta y = 0$로 하면 다음 식이 얻어진다.

$$\delta I = -\int_{x_1}^{x_2} (7x + 6y' + 6xy'')\,\delta y\,dx$$

3.9 가상일의 원리

정적평형상태에 있는 탄성체에 외력이 작용하여 생기는 변위를 실제변위(實際變位)라고 하면, 이것은 변위에 관한 경계조건을 만족시키지만 응력에 관한 경계조건을 반드시는 만족시키지 않는 가상적인 변위 δu_i 를 가상변위(假想變位; virtual displacement)라고 한다. 이때 외력과 가상변위가 하는 외부가상일(external virtual work)은 응력에 의한 내부가상일(internal virtual work)로 나타나는 변형률 에너지의 변화를 알 수 있는데, 이것을 가상일의 원리(principle of virtual work)라 한다.

[그림 3-6]은 체적 V인 탄성체에 물체력 B_i와 그 경계 S_σ에 표면력 $\overline{T_i}$, 그리고 경계 S_u에는 변위 $\overline{u_i}$가 주어진 경계조건을 나타낸다. 이때 경계조건은 다음과 같이 표시한다.

$$
\begin{aligned}
T_i &= \overline{T_i} \ : \ S_\sigma(\text{응력 경계조건}) \\
u_i &= \overline{u_i} \ : \ S_u(\text{변위 경계조건})
\end{aligned}
\tag{3・52}
$$

그런데, 가상변위 δu_i는 변위에 관한 경계조건을 만족하므로

$$\delta u_i = 0 \ : \ \sigma_u \tag{f}$$

그러나 물체력 B_i, 표면력 T_i가 작용하여 평형상태에 있는 탄성체에 다시 가상변위 δu_i가 주어지면 외력과 δu_i에 의한 외부가상일 δW는 다음 식과 같이 된다.

$$\delta W = \int_V (B_i \delta u_i) dV + \int_{S_\sigma} (T_i \delta u_i) dS \tag{3・53}$$

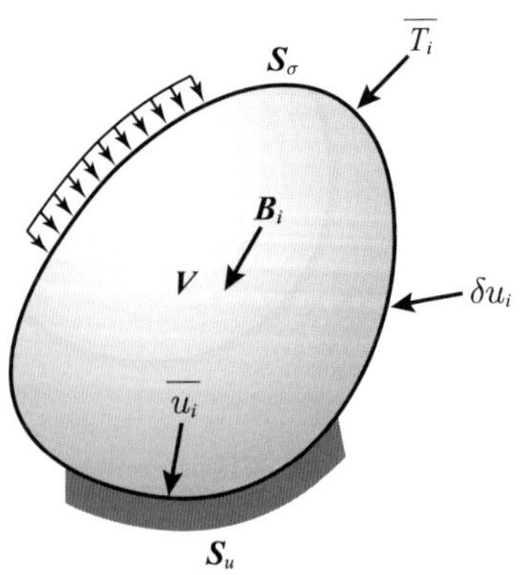

[그림 3-6] 가상일의 원리

표면력 T_i는 Cauchy의 식 (2・9′)을 만족시키므로 식 (3・53)은 다음 식과 같이 된다.

$$\delta W = \int_V (B_i\,\delta u_i)\,dV + \int_{S_\sigma} \sigma_{ij}\,n_j\,\delta u_i\,dS \tag{3・54}$$

전체표면 S중에서 S_u 에 대한 $\delta u_i = 0$ 이므로 식 (3・53)에 의해 다음의 관계식이 얻어진다.

$$\begin{aligned}\delta W &= \int_V (B_i\,\delta u_i)\,dV + \int_{S_\sigma} \sigma_{ij}\,n_j\,\delta u_i\,dS + \int_{S_u} \sigma_{ij}\,n_j\,\delta u_i\,dS \\ &= \int_V (B_i\,\delta u_i)\,dV + \int_{S = S_\sigma + S_u} \sigma_{ij}\,n_j\,\delta u_i\,dS \end{aligned} \tag{3・55}$$

Gauss의 발산정리(發散定理; divergence theorem)을 나타내는 식 (1・48)을 이용하여 식 (3・55)에서 면적적분을 체적적분으로 나타내고 정리하면, 다음의 관계식이 성립한다.

$$\begin{aligned}\delta W &= \int_V (B_i\,\delta u_i)\,dV + \int_V (\sigma_{ij}\,\delta u_i)_{,\,j}\,dV \\ &= \int_V (B_i\,\delta u_i)\,dV + \int_V (\sigma_{ij,\,j}\,\delta u_i + \sigma_{ij}\,\delta u_{i,\,j})\,dV \\ &= \int_V (B_i + \sigma_{ij,\,j})\delta u_i\,dV + \frac{1}{2}\int_V \sigma_{ij}(\delta u_{i,\,j} + \delta u_{j,\,i})\,dV \end{aligned} \tag{3・56}$$

응력의 평형방정식 (2・5′)에 의해 식 (3・56)의 첫 번째 식은 0 이 되고, 두 번째 항에 변위와 변형률의 관계식 (2・53)을 적용하면 외부가상일 δW는 다음 식으로 주어진다.

$$\delta W = \int_V (\sigma_{ij}\,\delta u_{i,\,j})\,dV = \int_V \sigma_{ij}\,\delta\epsilon_{ij}\,dV \tag{3・57}$$

이것은 물체의 내부응력 σ_{ij}와 가상변형률 $\delta\epsilon_{ij}$가 수행하는 내부가상일 δU에 해당하므로 다음 식과 같이 표시된다.

$$\delta W = \delta U \tag{3・57′}$$

여기서

$$\delta U = \int_V \sigma_{ij}\,\delta\epsilon_{ij}\,dV \tag{3・58}$$

따라서

$$\delta W = \int_V (B_i\,\delta u_i)\,dV + \int_{S_\sigma} (T_i\,\delta u_i)\,dS = \int_V \sigma_{ij}\,\delta\epsilon_{ij}\,dV \tag{3・59}$$

또는

$$\int_V (B_x \delta u_x + \cdots)dV + \int_{S_\sigma} (T_{nx} \delta u_x + \cdots)dS$$
$$= \int_V (\sigma_x \delta \epsilon_x + \cdots + \gamma_{xy} \delta \gamma_{xy} + \cdots)dV \qquad (3 \cdot 59,)$$

즉, 외부가상일 δW는 가상변형률 $\delta\epsilon_{ij}$와 응력성분 σ_{ij}가 이루는 내부가상일인 변형률 에너지의 증가량 δU와 같게 되므로 가상일의 원리가 설명된다.

3.10 최소 포텐셜에너지의 원리

탄성체가 Hooke의 법칙을 만족하고 정적 평형상태를 유지할 때 경계조건을 만족하는 실제변위는 탄성체의 포텐셜에너지가 최소로 될 때 안정된다. 이와 같이 안정된 정적 평형 상태를 유지하기 위해서는 반드시 에너지가 최소가 되어야 하는데, 이것을 최소 포텐셜에너지의 원리(principle of minimum potential energy)라 하며, 이것을 앞에서 설명한 가상일의 원리를 이용하여 증명하여 보기로 한다.

식 (2 • 75)로부터 가상변위 δu_i에 의한 변형률 에너지 증가량 δU는 다음 식과 같이 된다.

$$\delta U = \int_V \sigma_{ij} \delta\epsilon_{ij}\, dV = \int_V \frac{\partial U_0}{\partial \epsilon_{ij}} \delta\epsilon_{ij}\, dV = \int_V (\delta U_0)dV = \delta \int_V U_0\, dV \qquad (3 \cdot 60)$$

식 (3 • 60)을 이용하여 가상일의 원리로 되는 식 (3 • 59)를 바꿔 표시하면

$$\int_V (\delta U_0)dV - \int_V B_i \delta u_i\, dV - \int_{S_\sigma} T_i \delta u_i\, dS = 0 \qquad (3 \cdot 61)$$

미소 가상변위 δu_i가 주어질 때 물체력 및 표면력은 변하지 않는 것으로 가정하면, 식 (3 • 61)에서 δ 연산자를 적분기호 밖으로 나타내면 다음 식과 같이 된다.

$$\delta\left(\int_V U_0\, dV - \int_V B_i u_i\, dV - \int_{S_\sigma} T_i u_i\, dS\right) = 0 \qquad (3 \cdot 62)$$

여기서

$$\Pi = \int_V U_0\, dV - \int_V B_i u_i\, dV - \int_{S_\sigma} T_i u_i\, dS \qquad (3 \cdot 63)$$

로 놓으면, 식 (3 • 62)는 다음 식과 같이 된다.

$$\delta \Pi = 0 \qquad (3 \cdot 64)$$

식 (3・64)로부터 Π 는 탄성체의 변형률 에너지 U_0, 물체력 B_i 및 표면력 T_i 에 의한 포텐셜에너지의 합으로 표시할 수 있기 때문에 Π 를 탄성체의 전포텐셜에너지(total potential energy)라 한다.

따라서, 식 (3・64)에서 탄성체가 평형상태에 있을 때 포텐셜에니지 Π 는 정류(停留)값을 나타내는 것을 알 수 있고, 이것을 정류 포텐셜에너지(stationary potential energy)라 한다. 다음에 평형상태에 있는 탄성체의 포텐셜에너지 Π 는 최소값으로 되는 것을 증명하여 보기로 한다. 평형상태에서 실제변위 u_i 에 대한 포텐셜에너지 Π 와 가상변위 δu_i 가 주어질 때 변위 $u_i + \delta u_i$ 에 의한 포텐셜에너지 Π' 의 차는 식 (3・63)으로부터 다음 식이 얻어진다.

$$\Pi' - \Pi = \int_V \{ U_0(\epsilon_{ij} + \delta\epsilon_{ij}) - U_0(\epsilon_{ij}) \} dV - \int_V \{ B_i(u_i + \delta u_i) - B_i u_i \} dV - \int_{S_\sigma} \{ T_i(u_i + \delta u_i) - T_i u_i \} dS \tag{a}$$

여기서, $U_0(\epsilon_{ij} + \delta\epsilon_{ij})$ 를 $U_0(\epsilon_{ij})$ 에 대해서 Taylor 전개하면

$$U_0(\epsilon_{ij} + \delta\epsilon_{ij}) = U_0(\epsilon_{ij}) + \frac{\partial U_0}{\partial \epsilon_{ij}} \delta\epsilon_{ij} + \frac{1}{2} \frac{\partial^2 U_0}{\partial \epsilon_{ij} \partial \epsilon_{kl}} \delta\epsilon_{ij} \delta_{kl} + \cdots \tag{b}$$

식 (b)를 식 (a)에 대입하면 다음 식과 같이 된다.

$$\Pi' - \Pi = \int_V \frac{\partial U_0}{\partial \epsilon_{ij}} \delta\epsilon_{ij} \, dV - \int_V B_i \delta u_i \, dV - \int_{S_\sigma} T_i \delta u_i \, dS + \frac{1}{2} \int_V \left(\frac{\partial^2 U_0}{\partial \epsilon_{ij} \partial \epsilon_{kl}} \delta\epsilon_{ij} \delta\epsilon_{kl} \right) dV \tag{c}$$

식 (c)에 가상일의 원리를 적용하면 식 (3・55)와 식 (3・59)로부터

$$\Pi' - \Pi = \frac{1}{2} \int_V \left(\frac{\partial^2 U_0}{\partial \epsilon_{ij} \partial \epsilon_{kl}} \delta\epsilon_{ij} \delta\epsilon_{kl} \right) dV \tag{d}$$

다음에 $\epsilon_{ij} = 0$ 인 외력이 작용하기 전의 상태에 대한 변형률 에너지를 고려하여보자. 우선 $U_0 = \frac{1}{2} \sigma_{ij} \epsilon_{ij}$ 에서 $U_0(\epsilon_{ij}) = 0$ 이고, $\epsilon_{ij} = 0$ 일 때 $\sigma_{ij} = 0$ 이므로 식 (2・76)으로부터 $\frac{\partial U_0}{\partial \epsilon_{ij}} = 0$ 으로 된다. 따라서 식 (b)는 변형률 에너지 $\epsilon_{ij} = 0$ 일 때

$$U_0(\epsilon_{ij}) = U_0(\epsilon_{ij} + \delta\epsilon_{ij})|_{\epsilon_{ij} = 0} = \frac{1}{2} \frac{\partial^2 U_0}{\partial \epsilon_{ij} \partial \epsilon_{kl}} \delta\epsilon_{ij} \delta\epsilon_{kl} \tag{e}$$

식 (e)를 식 (d)에 대입하면 다음 식이 얻어진다.

$$\Pi' - \Pi = \int_V U_0(\delta\epsilon_{ij})\,dV \tag{3・65}$$

여기서 U_0는 양(+)의 부호이므로

$$\Pi' - \Pi > 0 \tag{3・66}$$

즉, $\delta\Pi = 0$일 때 Π는 극소값으로 되고, 이것을 최소 포텐셜에너지의 원리라 하며, 탄성체가 평형상태를 유지할 때 최소 포텐셜에너지 Π는 극소값을 나타낸다. 또한 경계조건을 만족시키는 미지함수를 가정하고, 최소 포텐셜에너지의 원리를 이용하여 미정계수(未定係數)를 구하는 방법을 Rayleigh–Ritz의 방법이라 하며, 이것은 유한요소법(有限要素法; finite element method: FEM)의 기초가 된다.

예제 3-4

[그림 3-7(a)]와 같이 단면적 A, 길이 l인 둥근 봉이 축방향으로 인장하중 P가 작용할 때 최소 포텐셜에너지 원리를 이용하여 봉의 지배방정식을 구하시오.

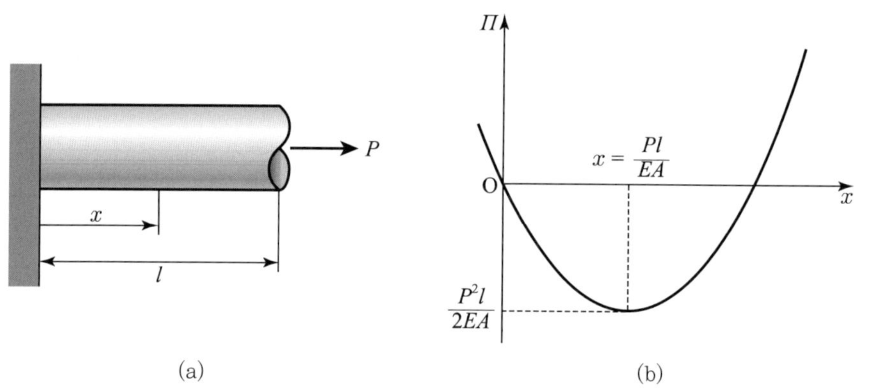

[그림 3-7]

풀이

봉의 포텐셜에너지 Π는 식 (3・65)에 의해 다음 식과 같이 된다.

$$\Pi = \frac{EA}{2l}x^2 - Px \tag{a}$$

이때 변분 $\delta\Pi$는

$$\delta\Pi = \left(\frac{EA}{l}\right)x\,\delta x - P\delta x \tag{b}$$

$\delta\Pi = 0$일 때 Π는 극소값으로 되고, 이것을 최소 포텐셜에너지 원리라 한다.
따라서 식 (b)를 0으로 놓고 변형률 ϵ을 구하면 다음 식과 같이 된다.

$$\epsilon = \frac{x}{l} = \frac{P}{EA} = \frac{\sigma}{E} \tag{c}$$

식 (b)로부터 다음 식이 얻어진다.

$$P\delta x = \left(\frac{EA}{l}\right) x\,\delta x \tag{d}$$

또한, 식 (d)는 가상일의 원리를 나타낸다.

포텐셜에너지 Π의 변화를 나타내는 식 (a)를 나타내면 [그림 3-7(b)]와 같이 되고, 최소 포텐셜에너지의 원리를 쉽게 이해할 수 있다.

3.11 가상상보일의 원리

물체가 평형상태에 있을 때 응력은 평형방정식 (2・5′)과 경계조건식 (3・52)를 만족한다. 그러나 이것은 응력 경계조건 S_σ 와 평형방정식은 만족하지만 변위 경계조건 S_u 를 반드시는 만족하지 않는 가상적인 응력 $\sigma_{ij} + \delta\sigma_{ij}$ 를 고려하는데, 이와 같은 응력을 가상응력(假想應力; virtual stress)이라 한다.

가상응력이 발생하기 위해서는 물체 내부의 물체력은 B_i 에서 $B_i + \delta B_i$ 로 변화하고, S_u 에서의 표면력은 T_i 로부터 $T_i + \delta T_i$ 로 변화하는 것으로 고려되어진다.

이때 식 (3・53)에서와 같이 외부 가상상보일(external complementary virtual work)은 다음 식과 같이 된다.

$$\delta W_c = \int_V u_i\,\delta B_i\,dV + \int_{S_u} u_i\,\delta T_i\,dS \tag{3・67}$$

S_u 에서는 $\delta T_i = 0$ 인 것을 고려하면, 식 (3・67)의 우변 두 번째 항의 적분영역은 S_u 에서 S로 변화하더라도 상관이 없다. 따라서 Cauchy의 관계식으로부터

$$\delta T_i = \delta\sigma_{ij}\,n_j \tag{a}$$

또한, 평형방정식으로부터 다음과 같이 된다.

$$\delta\sigma_{ij,j} + \delta B_i = 0 \tag{b}$$

를 이용하고, Gauss의 정리를 적용하면 식 (3・67)은 다음 식과 같이 된다.

$$\begin{aligned}\delta W_c &= \int_V (u_i \delta B_i) dV + \int_{S_u} u_i \delta T_i dS = \int_V (u_i \delta B_i) dV + \int_{S_u} u_i \delta\sigma_{ij} n_j dS \\ &= \int_V (u_i \delta B_i) dV + \int_{S_u} (u_i \delta\sigma_{ij})_{,j} dV \\ &= \int_V (u_i \delta B_i) dV + \int_{S_u} (u_i \delta\sigma_{ij,j} + u_{i,j} \delta\sigma_{ij}) dV \\ &= \int_V (\delta B_i + \delta\sigma_{ij,j}) u_i dV + \int_V (u_{i,j} \delta\sigma_{ij}) dV \\ &= \frac{1}{2}\int_V \delta\sigma_{ij}(u_{i,j} + u_{j,i}) dV = \int_V \epsilon_{ij} \delta\sigma_{ij} dV\end{aligned} \tag{3 . 68}$$

식 (3・68)을 내부 가상상보일 δU_c로 나타내고 있으므로

$$\delta W_c = \delta U_c \tag{3・69}$$

따라서, 식 (3・67)과 식 (3・68)로부터 다음 식이 얻어진다.

$$\int_V (u_i \delta B_i) dV + \int_{S_u} u_i \delta T_i dS = \int_V \epsilon_{ij} \delta\sigma_{ij} dV \tag{3・70}$$

식 (3・70)을 가상상보(假想相補)일의 원리라고 한다.

3.12 Castigliano의 정리

가상일의 원리는 변위 경계조건을 만족하는 가상변위에 의한 가상일과 변형률 에너지의 증가에 관련이 있으므로, 여기에서는 경계조건의 변화에 따른 변형률 에너지의 변화를 고려하여 보기로 한다.

평형상태에서 변위가 du_i 만큼 변화하면 변형률 에너지의 증가 dU는 식 (3・58)과 식 (3・59)에서와 동일한 방법으로 다음 식이 얻어진다.

$$dU = \int_V (\sigma_{ij} d\epsilon_{ij}) dV = \int_S T_i du_i dS + \int_V B_i du_i dV \tag{a}$$

식 (a)로부터 변형률 에너지의 증가는 표면력과 물체력이 하는 일의 증가량과 같다는 것을 알 수 있다.

[그림 3-8(a)]와 같이 표면력 $\overline{T_i}$ 가 규정된 S_σ 의 경계조건이 변하지 않고, 변위가 규정된 경계 S_u 에 대한 변위성분이 $\overline{u_i}$ 에서 $\overline{u_i} + \overline{du_i}$ 로 변화할 때 변형률 에너지의 증가량

dU는 식 (a)로부터 다음 식과 같이 된다.

$$dU = \int_{S_u} T_i \overline{du_i}\, dS + \int_{S_\sigma} \overline{T_i}\, du_i\, dS + \int_V B_i\, du_i\, dS \qquad (3 \cdot 71)$$

또한, [그림 3-8(b)]에서와 같이 변위가 규정된 S_u의 경계조건이 변하지 않고, 표면력 성분이 규정된 S_σ에 대한 표면력 $\overline{T_i}$가 $\overline{T_i} + \overline{dT_i}$, 물체력 성분 B_i가 $B_i + dB_i$로 변화할 때 상보변형률(相補變形栗) 에너지의 증가량 dU'은

$$dU' = \int_V (dU_0)\, dV = \int_V (\epsilon_{ij} + d\sigma_{ij})\, dV \qquad (b)$$

변형률 에너지의 증가량 dU와 같은 방법으로 식 (b)를 변형하면

$$dU' = \int_V (u_i\, dB_i)\, dV + \int_{S_\sigma} u_i \overline{dT_i}\, dS + \int_{S_u} \overline{u_i}\, dT_i\, dS \qquad (3 \cdot 72)$$

식 (3・72)는 상보변형률 에너지의 증가량이 물체력 B_i와 표면력 T_i의 증가에 따른 상보일과 같고, S_σ에 발생하는 상당변위(相當變位) δ_i를 구하는 식이 되는 것을 알 수 있다.

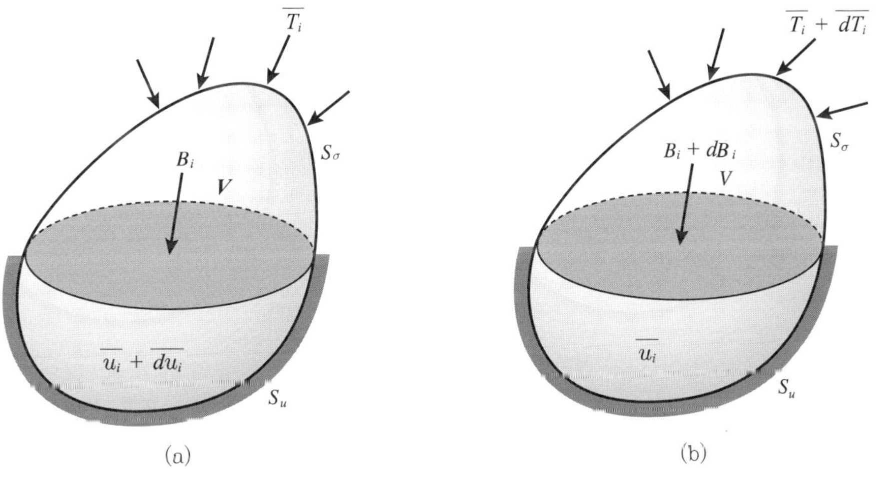

[그림 3-8] 표면력 및 물체력이 작용하는 탄성체

또한, 식 (3・71)로부터 S_u에 작용하고 있는 표면력 T_i를 결정하는 식은 다음과 같이 구한다. 우선 [그림 3-9(a)]와 같이 S_σ에 대한 표면력 $\overline{T_i}$ 및 체적력 B_i가 0 이고, 탄성체에 n 개의 미지집중하중 P_i가 작용한다면 식 (3・71)로부터 다음 식과 같이 된다.

$$dU = \sum_{i=1}^{n} P_i\, d\delta_i \qquad (c)$$

여기서 δ_i는 P_i가 작용하는 점에 대한 작용방향의 상당변위를 의미한다.

한편, 변형률 에너지 U는 상당변위 δ_i만으로 표시할 수 있으므로 그 전미분(全微分)방정식은 다음과 같이 표시된다.

$$dU = \sum_{i=1}^{n} \frac{\partial U}{\partial \delta_i} d\delta_i \tag{d}$$

식 (c)와 식 (d)에 의한 집중하중 P_i는 다음 식으로 주어진다.

$$P_i = \frac{\partial U}{\partial \delta_i} \tag{3・73}$$

식 (3・73)을 Castigliano의 제 1정리(Castigliano's first theorem)라 하고, 변형률 에너지 U가 하중의 작용점에 대한 상당변위 δ_i를 나타낼 때 그 점에 작용하는 집중하중의 크기 P_i를 구하는 식이다.

또한, 집중하중 P_i를 굽힘모멘트 M_i, 상당변위 δ_i를 상당각변위(相當角變位) θ_i로 바꾸면 식 (3・73)이 성립하고, 이때의 Castigliano의 제 1정리는 다음 식과 같이 된다.

$$M_i = \frac{\partial U}{\partial \theta_i} \tag{3・74}$$

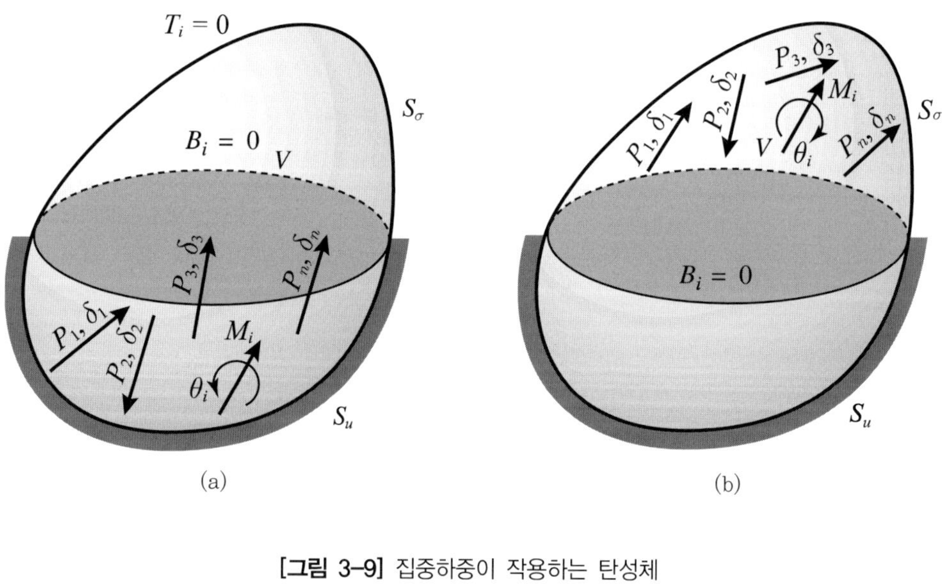

[그림 3-9] 집중하중이 작용하는 탄성체

[그림 3-9(b)]와 같이 S_u에 대한 변위 $\overline{u_i}$ 및 물체력 B_i는 0이고, n개의 집중하중 P_i가 작용하면 식 (3・73)로부터 다음 식이 얻어진다.

$$dU' = \sum_{i=1}^{n} \delta_i dP_i \tag{e}$$

한편, 상보변형률 에너지 U'이 집중하중 P_i의 함수로 표시될 때

$$dU' = \sum_{i=1}^{n} \frac{\partial U'}{\partial P_i} dP_i \tag{f}$$

따라서, 식 (e)와 식 (f)로부터

$$\delta_i = \frac{\partial U'}{\partial P_i} \tag{3・75}$$

선형탄성체에 대해서는 $U = U'$이므로 다음 식과 같이 된다.

$$\delta_i = \frac{\partial U}{\partial P_i} \tag{3・76}$$

식 (3・75)을 Castigliano의 제 2정리(Castigliano's second theorem)라고 한다.

또한, 상당각변위 θ_i와 굽힘모멘트 M_i의 관계는

$$\theta_i = \frac{\partial U}{\partial M_i} \tag{3・73}$$

식 (3・77)도 Castigliano의 제 2정리(Castigliano's second theorem)라 불린다.

식 (3・76)과 식 (3・77)은 변형률 에너지 U가 집중하중 P_i와 굽힘모멘트 M_i의 함수로 주어질 때, 그 작용점에 발생하는 하중방향에 대한 상당변위 δ_i 및 상당각변위 θ_i의 크기를 구하는 식이 된다.

예제 3-5

[그림 3-10]과 같이 길이 l, 단면적 A, 세로탄성계수 E가 같은 2개의 봉으로 이루어진 구조물의 C점에 하중 P가 작용한다. Castigliano의 정리를 이용하여 하중점 C에 대한 수직변위를 구하시오.

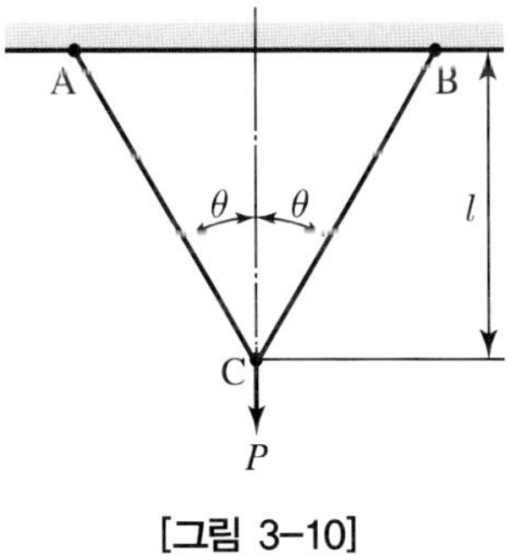

[그림 3-10]

풀이

[그림 3-10]에서 봉의 축방향 반력을 R이라 하면

$$P = 2R\cos\theta \quad \therefore \ R = \frac{P}{2\cos\theta}$$

2개의 봉에 축적되는 탄성변형 에너지 U

$$U = 2\times\frac{R^2 l}{2AE} = 2\times\frac{l}{2AE}\left(\frac{P}{2\cos\theta}\right)^2 = \frac{P^2 l}{4AE\cos^2\theta}$$

따라서 C점의 변위 δ는

$$\delta = \frac{\partial U}{\partial P} = \frac{\partial}{\partial P}\left(\frac{P^2 l}{4AE\cos^2\theta}\right) = \frac{Pl}{2AE\cos^2\theta}$$

예제 3-6

[그림 3-11]과 같이 단순보의 중앙에 집중하중 P가 작용할 때 Castigliano의 제 2정리를 이용하여 작용점 C의 처짐량을 구하시오. 단, 보의 세로탄성계수 E, 단면 2차모멘트 I로 한다.

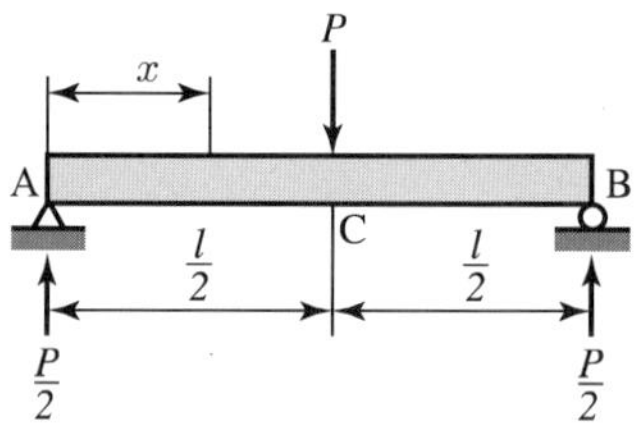

[그림 3-11]

풀이

[그림 3-11]로부터 보의 탄성변형 에너지 :

$$U = \int_0^l \frac{M_x^2}{2EI}dx = 2\int_0^{\frac{l}{2}} \frac{M_x^2}{2EI}dx = 2\int_0^{\frac{l}{2}} \frac{(Px/2)^2}{2EI}dx = \frac{P^2 l^2}{96EI}$$

Castigliano의 제 2정리에 의해 보의 중앙점에 대한 처짐량 :

$$\delta = \frac{\partial U}{\partial P} = \frac{\partial}{\partial P}\left(\frac{P^2 l^3}{96EI}\right) = \frac{Pl^3}{48EI}$$

[별해] 다음과 같은 방법으로도 구할 수 있다.

$$\delta = \frac{\partial U}{\partial P} = \int_0^l \frac{M}{EI}\frac{\partial M}{\partial P}dx = 2\int_0^{\frac{l}{2}} \frac{Px^2}{4EI}dx = \frac{Pl^3}{48EI}$$

여기서 $M = \dfrac{P}{2}x, \quad \dfrac{\partial M}{\partial P} = \dfrac{P}{2}$

3.13 상반정리

[그림 3-12]와 같이 2개의 탄성체에 대해 서로 다른 평형상태를 고려하여 보기로 한다. [그림 3-12(a)]와 같이 제 1의 상태에서 작용하는 표면력과 물체력을 각각 $T_i^{(1)}$, $B_i^{(1)}$이라 하고, 이때 생기는 변위, 응력 및 변형률 성분을 각각 $u_i^{(1)}$, $\sigma_{ij}^{(1)}$, $\epsilon_{ij}^{(1)}$이라 한다.

같은 방법으로 [그림 3-12(b)]에서와 같이 제 2의 평형상태에 대한 것을 $T_i^{(2)}$, $B_i^{(2)}$, $u_i^{(2)}$, $\sigma_{ij}^{(2)}$, $\epsilon_{ij}^{(2)}$라 한다. 우선 제 1의 상태에서 표면력 $T_i^{(1)}$과 물체력 $B_i^{(1)}$이 제 2의 평형상태에서 변위 $u_i^{(2)}$에 대해서 하는 일 W_1은 다음 식과 같이 된다.

$$\begin{aligned} W_1 &= \int_V \left(B_i^{(1)} u_i^{(2)}\right) dV + \int_S T_i^{(1)} u_i^{(2)} dS \\ &= \int_V \left(B_i^{(1)} u_i^{(2)}\right) dV + \int_S \sigma_{ij}^{(1)} n_j u_i^{(2)} dS \\ &= \int_V \left(B_i^{(1)} u_i^{(2)}\right) dV + \int_V \left(\sigma_{ij,j}^{(1)} u_i^{(2)}\right) dV + \int_V \left(\sigma_{ij}^{(1)} u_{i,j}^{(2)}\right) dV \\ &= \int_V \sigma_{ij}^{(1)} \epsilon_{ij}^{(2)} dV \end{aligned} \tag{3・78}$$

또한, 제 2의 평형상태에서 표면력 $T_i^{(2)}$와 물체력 $B_i^{(2)}$가 제 1의 평형상태에서 변위 $u_i^{(1)}$에 의해 하는 일 W_2는 다음 식으로 표시된다.

$$W_2 = \int_V \left(B_i^{(2)} u_i^{(1)}\right) dV + \int_S T_i^{(2)} u_i^{(1)} dS = \int_V \sigma_{ij}^{(2)} \epsilon_{ij}^{(1)} dV \tag{3・79}$$

선형탄성체일 때 Hooke의 법칙과 $C_{ijkl} = C_{klij}$인 것을 고려하면

$$\sigma_{ij}^{(1)} \epsilon_{ij}^{(2)} = C_{ijkl} \epsilon_{kl}^{(1)} \epsilon_{ij}^{(2)} = C_{ijkl} \epsilon_{kl}^{(2)} \epsilon_{ij}^{(1)} = \sigma_{ij}^{(2)} \epsilon_{ij}^{(1)}$$

이 성립하고, 식 (3・78)과 식 (3・79)로부터 다음 식과 같이 된다.

$$W_1 = \int_V \sigma_{ij}^{(1)} \epsilon_{ij}^{(2)} dV = W_2 = \int_V \sigma_{ij}^{(2)} \epsilon_{ij}^{(1)} dV \tag{3・80}$$

또는

$$\int_V \left(B_i^{(1)} u_i^{(2)}\right) dV + \int_S T_i^{(1)} u_i^{(2)} dS = \int_V \left(B_i^{(2)} u_i^{(1)}\right) dV + \int_S T_i^{(2)} u_i^{(1)} dS \tag{3・80'}$$

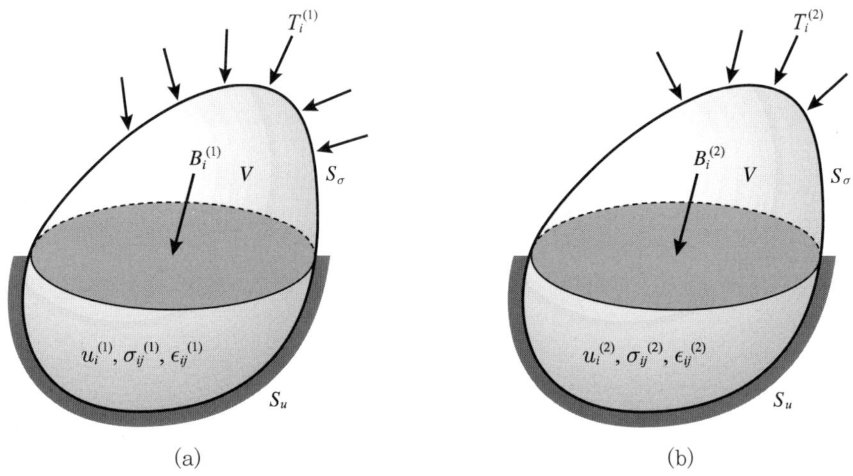

[그림 3-12] 탄성체에 작용하는 서로 다른 2개의 평형상태

즉, '제 1의 평형상태에 대한 외력이 제 2의 평형상태의 변위에 대해서 하는 일은 제 2의 평형상태에 대한 외력이 제 1의 변위에 대해서 한 일과 같다'는 것을 상반정리(相反定理; reciprocal theorem)라 한다. 상반정리는 경계요소법에 의한 탄성해석의 기본원리가 되고, Somigliana의 경계적분 방정식의 기본으로 된다.

[그림 3-13]과 같이 탄성체에 대한 임의의 두 점 1과 2에 작용하는 외력을 각각 P_1, P_2라 한다. P_1만이 작용하여 점 2에 발생하는 P_2의 작용방향에 대한 변위를 δ_{21}이라 하고, P_2만의 작용으로 점 1에 발생하는 P_1의 작용방향에 대한 변위를 δ_{12}라 한다.

물체력은 작용하지 않는 것으로 하고 $B_i^{(1)} = B_i^{(2)}$라 놓으면, 식 (3・80′)으로부터 다음 식이 얻어진다.

$$P_1\delta_{12} = P_2\delta_{21} \tag{3・81}$$

식 (3・81)은 P_2의 작용으로 P_1의 작용점 1에 발생하는 변위 δ_{12}와 외력 P_1이 하는 일량은 P_2의 작용점 2에 생기는 변위 δ_{21}과 외력 P_2가 하는 일량과 같다는 것을 의미하고, 이것을 Betti의 상반정리(Betti's reciprocal theorem)라 한다.

또한, $P_1 = P_2$인 경우 식 (3・81)은 간단히 다음 식과 같이 된다.

$$\delta_{12} = \delta_{21} \tag{3・82}$$

식 (3・81)은 P_1과 P_2가 같을 때 P_1의 작용으로 P_2의 작용점에 생기는 변위 δ_{21}과 P_2의 작용으로 P_1의 작용점에 생기는 변위 δ_{12}가 같다는 것을 의미하고, 이것을 Maxwell의 상반정리(Maxwell's reciprocal theorem)라 한다.

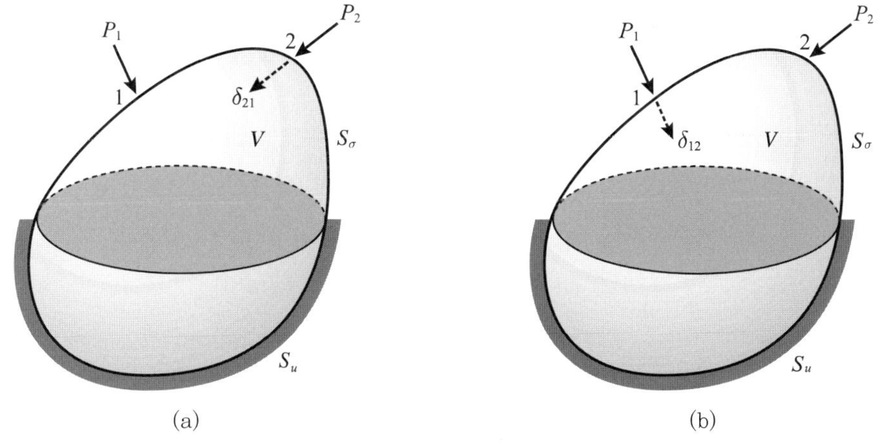

[그림 3-13] Betti의 상반정리

3.14 해의 유일성

응력의 평형방정식 또는 변위의 방정식 및 적합조건을 만족하는 해(解)를 탄성문제의 엄밀해(嚴密解; exact solution)라 하고, 이와 같이 미소변형에서 주어진 경계조건을 만족하는 해는 유일하게 1개만이 존재하는 것을 Kirchhoff의 유일성정리(惟一性定理; uniqueness theorem), 또는 일의성정리(一意性定理)라 한다.

주어진 경계조건을 만족하는 2개의 서로 다른 해를 가정하면 1개의 해를 $u_i^{(1)}$, $\sigma_{ij}^{(1)}$, $\epsilon_{ij}^{(1)}$이라 하고, 또 다른 1개의 해를 $u_i^{(2)}$, $\sigma_{ij}^{(2)}$, $\epsilon_{ij}^{(2)}$라 한다. 이때 이들 해는 평형방정식 (2・7) 및 경계조건식 (3・41)을 만족시켜야 한다.
이때, 두 해의 차를 각각

$$u_i^* = u_i^{(1)} - u_i^{(2)}, \quad \sigma_i^* = \sigma_{ij}^{(1)} - \sigma_{ij}^{(2)}, \quad \epsilon_{ij}^* = \epsilon_{ij}^{(1)} - \epsilon_{ij}^{(2)} \tag{3・83}$$

라 놓으면, 이들은 다음의 경계조건을 만족시켜야 한다.

$$\left(\frac{\partial U_0^*}{\partial \epsilon_{ij}^*}\right)_{,j} = 0 \tag{a}$$

$$u_i^* = 0 \; : \; S_u \tag{b}$$

$$\frac{\partial U_0^*}{\partial \epsilon_{ij}^*} n_j = 0 \; : \; S_\sigma \tag{c}$$

여기서 U_0^* 는 식 (3・83)의 u_i^* 에 대한 변형률 에너지 밀도함수이다. 식 (a)의 양변에 u_i^* 를 곱하여 영역적분을 하고, Gauss의 발산정리와 응력 및 변형률 성분의 대칭성을 이용하여 식을 변형하면 다음 식과 같이 된다.

$$\int_V u_i^* \left(\frac{\partial U_0^*}{\partial \epsilon_{ij}^*} \right)_{,j} dV = \int_S u_i^* \frac{\partial U_0^*}{\partial \epsilon_{ij}^*} n_j dS - \int_V \frac{\partial U_0^*}{\partial \epsilon_{ij}^*} \epsilon_{ij}^* dV \tag{d}$$

그러나, 식 (d)에서 우변의 첫 번째 항은 식 (b)와 (c)에 의해 0 이 되고, 변형률 에너지 밀도함수 $U_0 = \dfrac{1}{2}\sigma_{ij}\epsilon_{ij}$ 를 식 (d)에 대입하면 다음 식이 얻어진다.

$$\int_V \frac{\partial U_0^*}{\partial \epsilon_{ij}^*} \epsilon_{ij}^* dV = \int_V \sigma_{ij}^* \epsilon_{ij}^* dV = 2\int_V U_0^* dV \tag{e}$$

식 (e)가 성립하기 위해서는

$$\int_V U_0^* dV = U^* = 0 \tag{f}$$

이상은 변형률 에너지 U^* 가 0 인 것을 나타내고, U^* 가 0 이 되기 위해서는 식 (3・83)을 만족시켜야 하며, 다음 식과 같이 표시된다.

$$u_i^{(1)} = u_i^{(2)}, \quad \sigma_{ij}^{(1)} = \sigma_{ij}^{(2)}, \quad \epsilon_{ij}^{(1)} = \epsilon_{ij}^{(2)} \tag{g}$$

따라서, 가정한 2개의 해는 같다는 해의 유일성이 증명되어진다. 단, 해의 유일성은 Hooke의 법칙이 적용되는 미소변형의 경우에만 성립하고, 좌굴 등의 대형문제 또는 응력 및 변형률이 비선형 거동을 하는 비탄성 재료에 대해서는 성립하지 않는다.

또한, 해의 유일성에 따라 미소변형 이론에 대해서는 중첩원리(重疊原理; principle of superposition), 또는 겹침원리라 불리는 관계가 성립한다.

3.15 Saint-Venant의 원리

[그림 3-14]와 같이 하중의 작용방법이 서로 다르더라도 정역학적으로 등가인 합력이 작용한다면 하중점에서 충분히 떨어진 중앙부에서의 응력과 변형률은 같고, 이 하중계에 대한 영향의 차이는 없다. 이것을 Saint-Venant(1797~1886년)의 원리라 한다.

이때 정역학적으로 등가(等價)라는 것은 두 힘의 분포가 같은 합력과 합 모멘트가 작용하는 것을 의미한다. 이와 같은 Saint-Venant의 원리는 실험을 할 때 시험편의 응력을 원하는 값으로 하기 위해서는 정적으로 등가인 하중계가 요구되므로 그 중에서 가장 적합한 것을 선택하는 것이 좋다. 또한, 응력을 계산할 경우때도 이와 같은 방법을 적용한다.

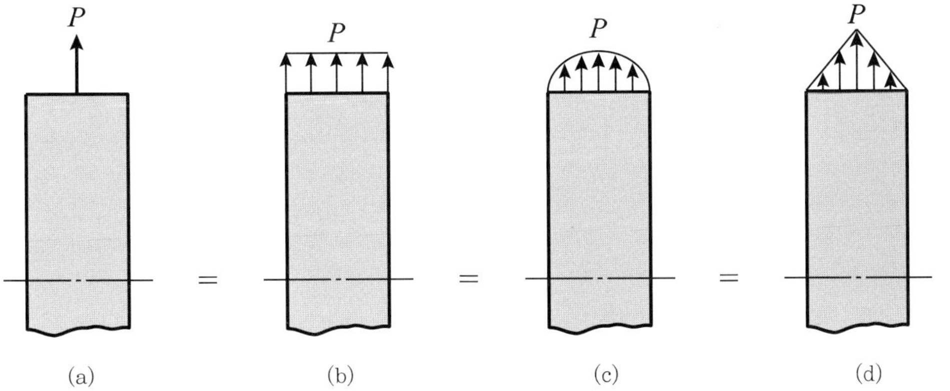

[그림 3-14] Saint-Venant의 원리

CHAPTER 03 연습문제

[문제 3-1] 원기둥 좌표계에 대한 응력-변형률 관계식을 유도하시오.

[문제 3-2] 구(球)좌표계에 대한 응력-변형률 관계식을 유도하시오.

[문제 3-3] Kronecker 델타 δ_{ij}에 대한 등방텐서(isotropic tensor)를 설명하고, 다음 식이 등방텐서인 것을 증명하시오.

$$\delta_{ij}, \quad \delta_{ik}\delta_{jl} + \delta_{il}\delta_{jk}$$

$$\delta_{ik}\delta_{jl} - \delta_{il}\delta_{jk}(= \epsilon_{sij}\epsilon_{skl})$$

[문제 3-4] 식 (3·20)이 성립하는 것을 증명하시오.

[문제 3-5] 응력-변형률 관계는 편차응력 S_{ij}와 편차변형률 e_{ij}에 의해 다음 식이 성립하는 것을 증명하시오.

$$\sigma_{kk} = 3K\epsilon_{kk}, \quad S_{ij} = 2Ge_{ij}$$

[문제 3-6] [그림 3-15]와 같이 길이 l, 단면적 A, 세로탄성계수 E가 같은 3개의 봉으로 구조물의 C점에 하중 P가 작용하고 있다. 이 구조물의 탄성변형 에너지와 Castigliano 정리를 이용하여 하중점 C의 수직변위를 구하시오.

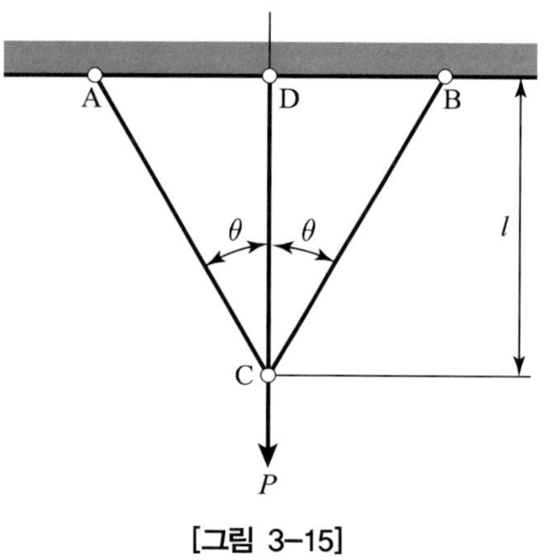

[그림 3-15]

[문제 3-7] [그림 3-16(a)]와 같이 길이 l, 폭 b, 단면적 A, 세로탄성계수 E, 푸아송비 ν인 판재에 집중하중 P가 작용할 때 상반정리를 이용하여 길이방향의 변위를 구하시오. 단, [그림 3-16(b)]와 같이 동일한 판재에 하중 Q가 작용하는 경우를 고려한다.

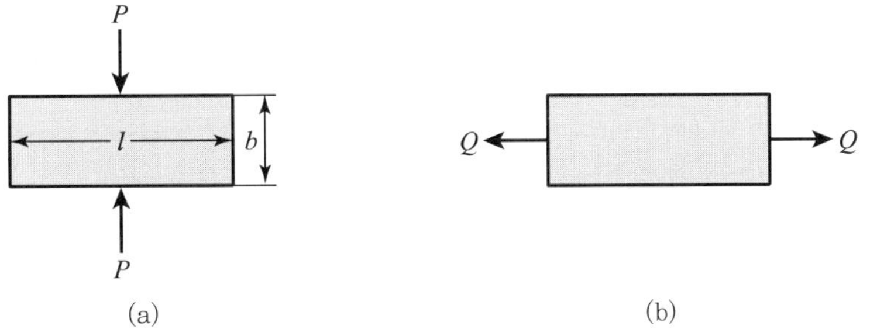

[그림 3-16]

[문제 3-8] [그림 3-17]과 같은 L자형 보의 A점에 집중하중 P가 작용할 때 봉에 발생하는 탄성변형 에너지를 구하시오. 단, 봉의 단면적은 A, 세로탄성계수는 E, 전단탄성계수는 G, 그리고 단면 2차모멘트는 I로 한다.

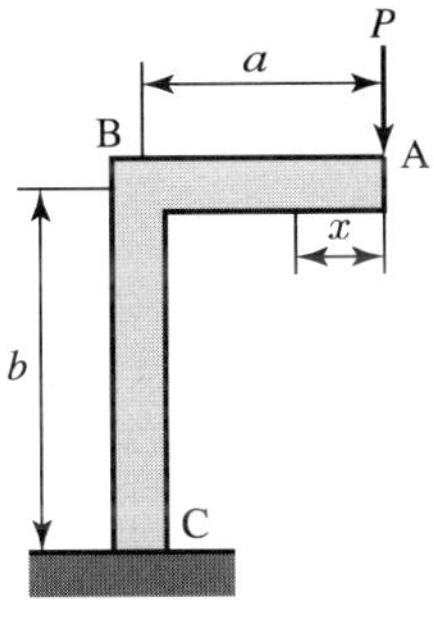

[그림 3-17]

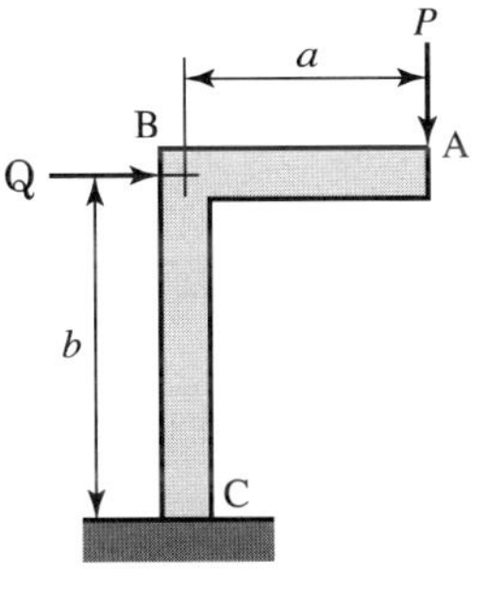

[그림 3-18]

[문제 3-9] [그림 3-18]과 같은 L자형 보의 A, B에 각각 집중하중 P, Q가 작용할 때 작용점 A와 B의 변형량을 구하시오. 단, 봉의 단면적 A, 세로탄성계수 E, 전단탄성계수 G, 그리고 단면 2차모멘트 I로 한다.

[문제 3-10] [그림 3-19]와 같이 2개의 봉으로 구성된 트러스의 연결점 C에 수직하중 P가 작용할 때 Castigliano의 제 2정리를 이용하여 작용점의 수직변위와 수평변위를 구하시오. 단, 봉의 길이는 l, 단면적은 A, 세로탄성계수는 E로 하고, $\theta = 60°$이다.

[문제 3-11] 둥근 봉의 외팔보(cantilever beam) 끝에 비틀림 모멘트 T가 작용할 때 Castigliano의 정리를 이용하여 비틀림각을 구하시오. 단, 보의 길이는 l, 전 단탄성계수는 G, 극단면 2차모멘트는 I_p로 한다.

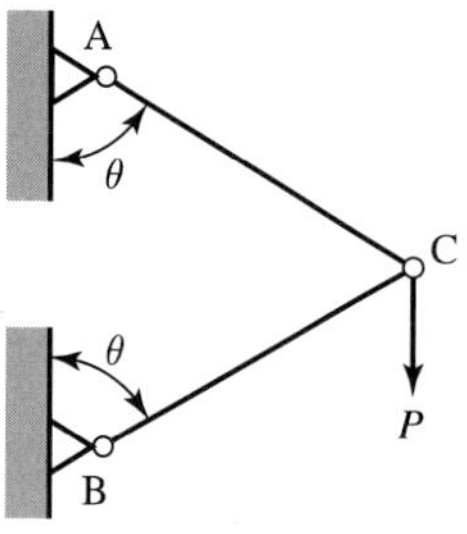

[그림 3-19]

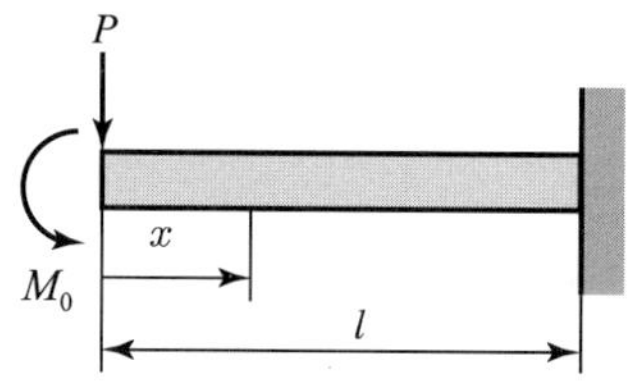

[그림 3-20]

[문제 3-12] [그림 3-20]과 같은 외팔보(cantilever beam)의 자유단에 집중하중 P와 짝힘모멘트 M_0가 작용할 때 Castigliano의 정리를 이용하여 자유단의 수직변위 δ와 처짐각 θ를 구하시오. 단, 보의 길이는 l, 세로탄성계수는 E, 단면 2차모멘트는 I로 한다.

[문제 3-13] [그림 3-21]과 같은 반원형 아치(arch)의 중앙점 C에 수직하중 P가 작용할 때 아치에 대한 굽힘변형 에너지를 구한 후 작용점 C에 대한 수직처짐량을 구하시오. 단, 아치의 반지름은 r, 단면 2차모멘트는 I, 세로탄성계수는 E로 한다.

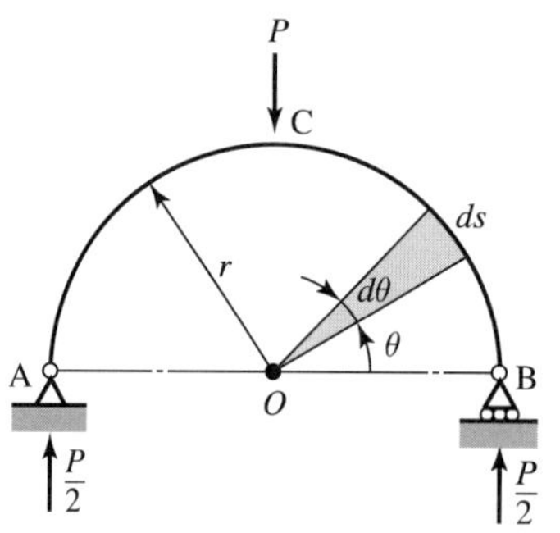

[그림 3-21]

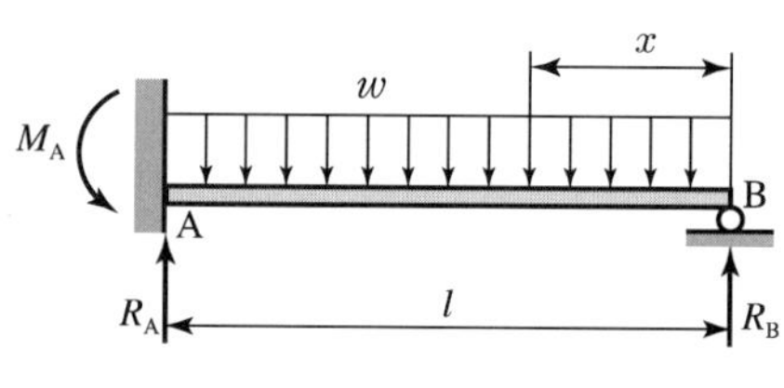

[그림 3-22]

[문제 3-14] [그림 3-22]와 같은 일단고정, 타단이 지지된 부정정보에 균일분포하중 w가 작용하고 있다. 최소포텐셜 원리를 적용하여 지지점의 반력 R_B와 고정단 A점의 굽힘모멘트 M_A를 구하시오. 단, 보의 길이는 l, 세로탄성계수는 E, 단면 2차모멘트는 I로 한다.

[문제 3-15] [그림 3-23]과 같이 길이 l 인 양단고정보에 균일분포하중 w가 작용한다. 최소포텐셜 원리를 적용하여 지지점의 반력 R_B와 고정단 B점의 굽힘모멘트 M_B를 구하시오. 단, 보의 세로탄성계수는 E, 단면 2차모멘트는 I로 한다.

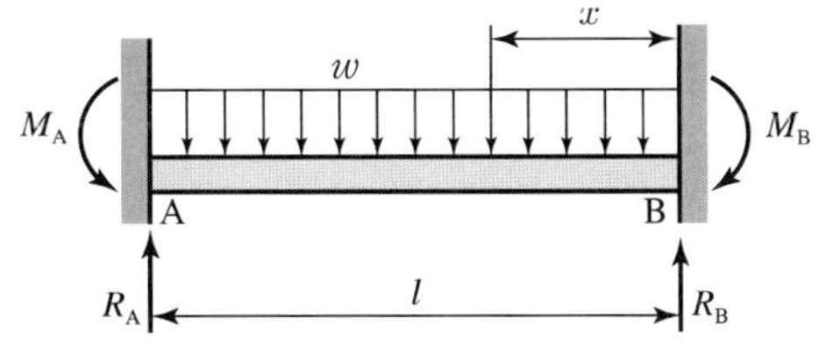

[그림 3-23]

[문제 3-16] [그림 3-24(a)]와 같이 2개의 봉으로 구성된 트러스에 대한 자유물체도를 나타내는 [그림 3-24(b)]를 참조한 후 C점에 대한 수직 및 수평방향의 변위를 Castigliano의 정리를 이용하여 구하시오. 단, 봉의 단면적은 A, 세로탄성계수는 E로 하고, $\overline{AB}=4$ [m], $\overline{BC}=3$ [m]이다.

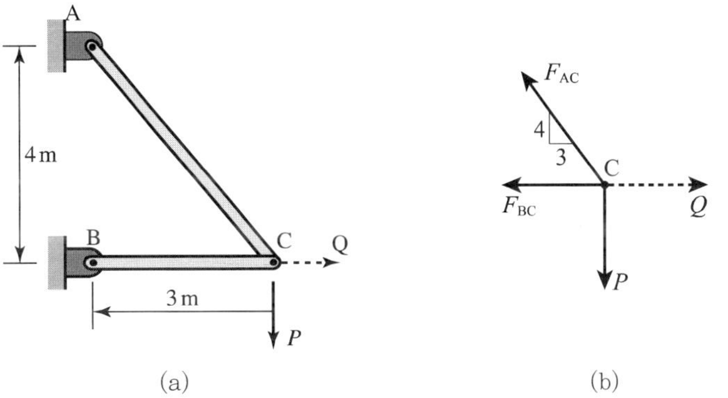

[그림 3-24]

[문제 3-17] [그림 3-25]와 같이 반쪽 링을 한쪽 끝은 고정하고, 다른 자유단에 하중 P가 작용한다. 전단하중 및 수직하중에 의한 변형은 무시하고, 자유단 B의 수평방향 변위를 Castigliano의 정리를 이용하여 구하시오. 단, 링의 반지름은 r, 단면 2차모멘트는 I, 세로탄성계수는 E로 한다.

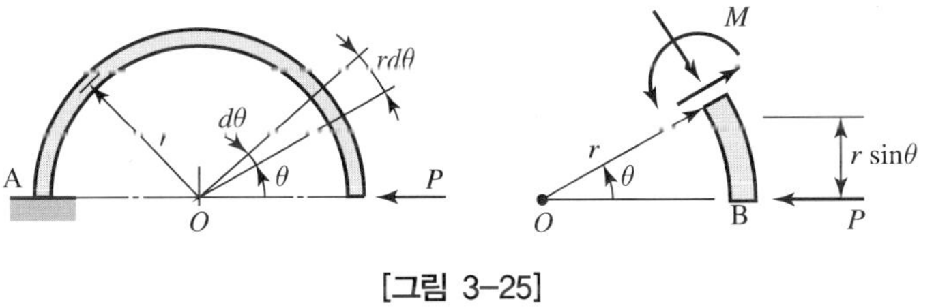

[그림 3-25]

[문제 3-18] 물체력이 작용하지 않는 2차원 문제에 대한 Beltrami-Michell의 방정식을 유도하시오.

Chapter

4 2차원 탄성문제

2차원 탄성문제는 3차원 문제에 비하여 그 해를 구하기가 쉽고, 실용적으로도 응용범위가 넓다. 이 장에서는 지금까지 배운 탄성역학의 기초식을 이용하여 구체적인 경계값 문제를 평면응력 및 평면변형률 상태의 2차원 문제에 적용하는 방법을 설명하고자 한다. 특히, 여기서는 Airy의 응력함수와 복소응력함수를 적용하여 2차원 탄성문제를 구체적으로 해석하는 방법을 파악한다. 또한 무한평판의 응력집중과 균열의 해석방법 및 접촉문제에 대한 응력분포를 해석하고자 한다.

4.1 평면응력 문제

[그림 4-1]과 같이 매우 얇은 판의 옆면에 수평으로 z 축 방향에 일정한 하중이 작용하고, 판재의 상·하면에는 하중이 작용하지 않을 때 물체 안의 응력성분 $\sigma_{zi}=0$ 으로 볼 수 있다. 이와 같은 응력을 평면응력(平面應力; plane stress) 상태라 한다.

즉, 3차원 응력성분 σ_{ij} 는 6개의 응력성분 σ_{xx}, σ_{yy}, σ_{zz}, σ_{xy}, σ_{yz}, σ_{zx} 중에서 z 방향의 응력성분은 모두 0 이 되고, 그 외의 응력성분은 판의 두께가 매우 얇기 때문에 다음 식과 같이 x, y 의 함수로 고려하여도 무방하다.

$$\begin{aligned} &\sigma_{zz}=\sigma_{zx}=\sigma_{zy}=0 \ (\sigma_{zi}=0) \\ &\sigma_{xy}=\sigma_{xy}(x,\ y), \quad \sigma_{xx}=\sigma_{xx}(x,\ y), \quad \sigma_{yy}=\sigma_{yy}(x,\ y) \end{aligned} \tag{4·1}$$

또한, 변위성분은 다음과 같이 된다.

$$u=u(x,\ y), \quad v=v(x,\ y), \quad w=w(x,\ y) \tag{4·2}$$

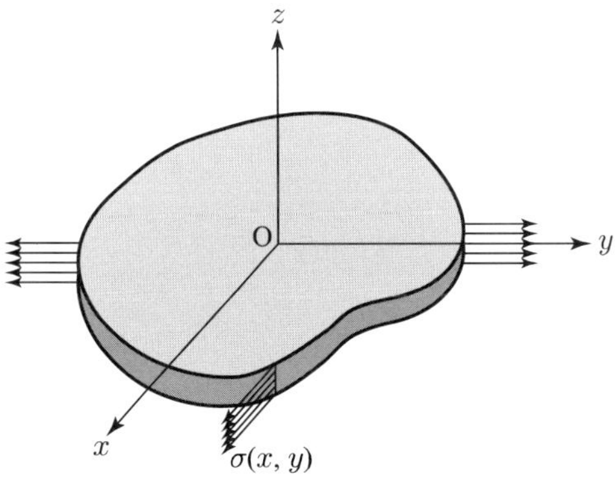

[그림 4-1] 평면응력 상태

응력 및 변위 성분을 식 (3・7)과 식 (3・8)에 대입하면 평면응력 상태일 때 Hooke의 법칙은 다음 식과 같이 된다.

$$\begin{aligned} &\epsilon_{xx}=\frac{1}{E}(\sigma_{xx}-\nu\sigma_{yy}),\quad \epsilon_{yy}=\frac{1}{E}(\sigma_{yy}-\nu\sigma_{xx}) \\ &\epsilon_{xy}=\frac{1}{2G}\sigma_{xx},\quad \epsilon_{zz}=-\frac{\nu}{E}(\sigma_{xx}+\sigma_{yy}),\quad \epsilon_{zx}=\epsilon_{zy}=0 \end{aligned} \tag{4・3}$$

식 (4・3)을 간략히 나타내면 다음 식으로 주어진다.

$$\begin{aligned} &\begin{Bmatrix}\epsilon_{xx}\\ \epsilon_{yy}\\ \gamma_{xy}\end{Bmatrix}=\frac{1}{E}\begin{bmatrix}1 & -\nu & 0\\ -\nu & 1 & 0\\ 0 & 0 & 2(1+\nu)\end{bmatrix}\begin{Bmatrix}\sigma_{xx}\\ \sigma_{yy}\\ \tau_{xy}\end{Bmatrix} \\ &\epsilon_{zz}=-\frac{\nu}{E}(\sigma_{xx}+\sigma_{yy}) \end{aligned} \tag{4・3′}$$

또는, 응력의 식으로 표시하면

$$\begin{aligned} &\sigma_{xx}=2G\epsilon_{xx}+\lambda'(\epsilon_{xx}+\epsilon_{yy}),\quad \sigma_{yy}=2G\epsilon_{xx}+\lambda'(\epsilon_{xx}+\epsilon_{yy}) \\ &\tau_{xy}=G\gamma_{xy},\quad \sigma_{zz}=0,\quad \tau_{zx}=0,\quad \tau_{zy}=0 \end{aligned} \tag{4・4}$$

여기서

$$\lambda'=\frac{2\lambda G}{\lambda+2G}$$

식 (4・4)을 간략히 나타내면 다음 식과 같이 된다.

$$\begin{Bmatrix}\sigma_{xx}\\ \sigma_{yy}\\ \tau_{xy}\end{Bmatrix}=\frac{E}{1-\nu^2}\begin{bmatrix}1 & \nu & 0\\ \nu & 1 & 0\\ 0 & 0 & (1-\nu)/2\end{bmatrix}\begin{Bmatrix}\epsilon_{xx}\\ \epsilon_{yy}\\ \gamma_{xy}\end{Bmatrix} \tag{4・4′}$$

또한, 식 (4・3)과 식 (4・4)로부터 다음 식이 얻어진다.

$$\sigma_{xx}+\sigma_{yy}=\frac{E}{1-\nu}(\epsilon_{xx}+\epsilon_{yy}), \quad \epsilon_{zz}=\frac{E}{1-\nu}(\epsilon_{xx}+\epsilon_{yy}) \tag{4・5}$$

따라서 평면응력 상태에서는 축방향 응력 $\sigma_{zx}=0$ 이지만, 수직변형률 $\epsilon_{zx}\neq 0$ 이다. 평면응력 상태에 대한 평형방정식 (2・5)로부터 다음 식이 얻어진다.

$$\begin{aligned}\frac{\partial\sigma_{xx}}{\partial x}+\frac{\partial\tau_{yx}}{\partial y}+B_x=0\\ \frac{\partial\tau_{xy}}{\partial x}+\frac{\partial\sigma_{yy}}{\partial y}+B_y=0\end{aligned} \tag{4・6}$$

여기서 $B_x=B_x(x,\ y)$, $B_y=B_y(x,\ y)$, $B_z=0$ 이 된다.
위 식은 다음과 같은 2차원 응력상태로 된다.

$$[\sigma_{ij}]=\begin{bmatrix}\sigma_{xx} & \tau_{xy} & 0\\ \tau_{yx} & \sigma_{yy} & 0\\ 0 & 0 & 0\end{bmatrix} \tag{4・6'}$$

평면응력 상태의 적합조건은 식 (2・66a) 및 식 (2・66b)으로부터 다음 식과 같이 된다.

$$\frac{\partial^2\epsilon_{yy}}{\partial x^2}+\frac{\partial^2\epsilon_{xx}}{\partial y^2}=2\frac{\partial^2\epsilon_{xy}}{\partial x\,\partial y}=\frac{\partial^2\gamma_{xy}}{\partial x\,\partial y} \tag{4・7}$$

또한, Navier의 방정식 (3・33′)으로부터 다음 식이 얻어진다.

$$\begin{aligned}\mu\nabla_1^2u_x+(\lambda'+\mu)\frac{\partial\epsilon_{v1}}{\partial x}+B_x=0\\ \mu\nabla_1^2u_x+(\lambda'+\mu)\frac{\partial\epsilon_{v1}}{\partial y}+B_y=0\end{aligned} \tag{4・8}$$

여기서

$$\nabla_1^{\,2}=\frac{\partial^2}{\partial x^2}+\frac{\partial^2}{\partial y^2}$$

경계조건은 식 (3・39)~(3・41)로부터 다음 식과 같이 나타낸다.

(1) 응력 경계조건

$$\begin{aligned}\sigma_{xx}n_x+\tau_{xy}n_y&=\overline{T_x}\\ \tau_{xy}n_x+\sigma_{yy}n_y&=\overline{T_y}\end{aligned} \tag{4・9a}$$

(2) 변위 경계조건

$$u = \overline{u}, \quad v = \overline{v} \tag{4·9b}$$

(3) 혼합 경계조건

$$\begin{aligned} \sigma_{xx} n_x + \tau_{xy} n_y &= \overline{T_x} \\ \tau_{xy} n_x + \sigma_{yy} n_y &= \overline{T_y} \ ; \ S_\sigma \\ u = \overline{u}, \quad v &= \overline{v} \ ; \ S_u \end{aligned} \tag{4·9c}$$

여기서 n_x, n_y 는 방향코사인을 나타낸다.

또한, 판 두께 h 가 매우 얇은 평판의 중앙면에 평행한 대칭의 외력이 작용할 때 판 두께 방향의 평균값으로 σ_{zz}, τ_{zx}, τ_{zy} 는 근사적으로 0이라고 할 수 있다.

따라서 응력, 변형률 및 변위 성분을 판 두께에 걸쳐 적분한 후 그 평균값을 구하면 다음 식과 같이 표시된다.

$$\begin{aligned} \sigma_{ij}(x, y) &= \frac{1}{h}\int_{-\frac{h}{2}}^{\frac{h}{2}} \sigma_{ij}(x, y, z)\,dz \\ \epsilon_{ij}(x, y) &= \frac{1}{h}\int_{-\frac{h}{2}}^{\frac{h}{2}} \epsilon_{ij}(x, y, z)\,dz \quad (i, j = x, y) \\ u_{ij}(x, y) &= \frac{1}{h}\int_{-\frac{h}{2}}^{\frac{h}{2}} u_{ij}(x, y, z)\,dz \end{aligned} \tag{4·10}$$

응력, 변형률 및 변위 성분은 x, y 만의 함수로 되고, 식 (4·10)을 일반화 평면응력(generalized plane stress) 상태라 한다.

4.2 평면변형률 문제

[그림 4-1]과 같이 얇은 평판이 z 축 방향으로 두께가 점점 증가하여 [그림 4-2]에서와 같이 길이가 매우 긴 기둥으로 될 때, z 축 방향으로 일정한 외력이 작용하면 z 축에 수직한 평면은 외력이 작용하더라도 평면을 유지한다. 이때 x, y 축 방향의 변위성분 u, v 는 좌표 x, y 만의 함수이고, z 축 방향의 변위성분 $w = 0$ 이 된다. 이와 같은 경우를 평면변형률(plane strain) 상태라 한다.

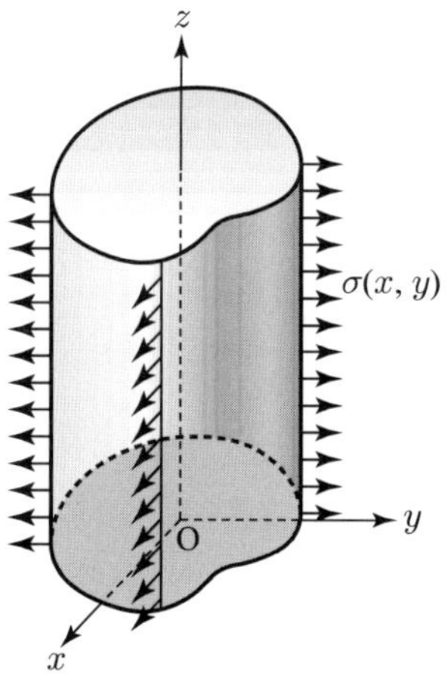

[그림 4-2] 평면변형률 상태

즉, 변위성분은

$$u = u(x,\ y),\quad v = v(x,\ y),\quad w = 0 \tag{4・11}$$

식 (4・11)을 변위와 변형률의 관계식 (2・53′)에 대입하면

$$\begin{aligned} &\epsilon_{zx} = \epsilon_{zy} = \epsilon_{zz} = 0\ (\epsilon_{zi} = 0) \\ &\epsilon_{xx} = \frac{\partial u}{\partial x},\quad \epsilon_{yy} = \frac{\partial v}{\partial y},\quad \epsilon_{xy} = \frac{1}{2}\left(\frac{\partial v}{\partial x} + \frac{\partial u}{\partial y}\right) = \frac{\gamma_{xy}}{2} \end{aligned} \tag{4・12}$$

따라서 z 면에 발생하는 변형률 성분 $\epsilon_{zi} = 0$ 이 되고, 3차원 변형률 성분 ϵ_{ij} 은 다음 식과 같이 2차원 변형률 상태로 된다.

$$[\epsilon_{ij}] = \begin{bmatrix} \epsilon_{xx} & \gamma_{xy}/2 & 0 \\ \gamma_{yx} & \epsilon_{yy} & 0 \\ 0 & 0 & 0 \end{bmatrix} \tag{4・12′}$$

또한, 식 (4・12)를 식 (3・11)에 대입하면 평면변형률 상태에서 응력-변형률 관계는 다음 식과 같이 된다.

$$\begin{aligned} &\sigma_{xx} = 2G\epsilon_{xx} + \lambda(\epsilon_{xx} + \epsilon_{yy}),\quad \sigma_{yy} = 2G\epsilon_{yy} + \lambda(\epsilon_{xx} + \epsilon_{yy}) \\ &\sigma_{xy} = 2G\epsilon_{xy},\quad \sigma_{zz} = \lambda(\epsilon_{xx} + \epsilon_{yy}),\quad \sigma_{zx} = 0,\quad \sigma_{zy} = 0 \end{aligned} \tag{4・13}$$

식 (4・13)은 다음 식과 같이 나타낸다.

$$\begin{Bmatrix} \sigma_{xx} \\ \sigma_{yy} \\ \tau_{xy} \end{Bmatrix} = \frac{E(1-\nu)}{(1+\nu)(1-2\nu)} \begin{bmatrix} 1 & \nu/(1-\nu) & 0 \\ \nu/(1-\nu) & 1 & 0 \\ 0 & 0 & (1-2\nu)/2(1-\nu) \end{bmatrix} \begin{Bmatrix} \epsilon_{xx} \\ \epsilon_{yy} \\ \gamma_{xy} \end{Bmatrix} \tag{4・13′}$$

$$\sigma_{zz} = \nu(\sigma_{xx} + \sigma_{yy})$$

또는, 변형률의 식으로 표시하면

$$\epsilon_{xx} = \frac{1}{E^*}\left(\sigma_{xx} - \nu^* \sigma_{yy}\right), \quad \epsilon_{yy} = \frac{1}{E^*}\left(\sigma_{yy} - \nu^* \sigma_{xx}\right), \quad \gamma_{xy} = \frac{1}{G}\sigma_{xy} \tag{4・14}$$

여기서

$$E^* = \begin{cases} E & : \text{평면응력} \\ E/(1-\nu^2) & : \text{평면변형률} \end{cases}, \quad \nu^* = \begin{cases} \nu & : \text{평면응력} \\ \nu/(1-\nu) & : \text{평면변형률} \end{cases}$$

식 (4・13′)은 다음 식과 같이 주어진다.

$$\begin{Bmatrix} \epsilon_{xx} \\ \epsilon_{yy} \\ \gamma_{xy} \end{Bmatrix} = \frac{1-\nu^2}{E} \begin{bmatrix} 1 & -\nu/(1-\nu) & 0 \\ -\nu/(1-\nu) & 1 & 0 \\ 0 & 0 & 2/(1-\nu) \end{bmatrix} \begin{Bmatrix} \sigma_{xx} \\ \sigma_{yy} \\ \tau_{xy} \end{Bmatrix} \tag{4・14′}$$

평면문제에 대한 체적변형률과 수직응력의 합을 각각 $\epsilon_{v1} = \epsilon_{xx} + \epsilon_{yy}$, $\Theta_1 = \sigma_{xx} + \sigma_{yy}$ 라 하면 식 (4・13)으로부터 다음 식이 얻어진다.

$$\epsilon_{v1} = \epsilon_{xx} + \epsilon_{yy} = \frac{(1+\nu)(1-2\nu)}{E}\Theta_1 \tag{4・15}$$

따라서

$$\sigma_{zz} = \nu(\epsilon_{xx} + \epsilon_{yy}) = \nu\Theta_1 = \lambda\epsilon_{v1} \tag{4・16}$$

이상과 같이 평면변형률 상태에서 응력, 변형률 및 변위 성분은 x, y 만의 함수로 된다. z 축 방향의 변위성분 $w = 0$, $\epsilon_{zz} = 0$ 이지만 수직응력 $\sigma_{zz} \neq 0$ 이고, 물체가 평면변형률 상태로 되기 위해서는 식 (4・16)에 주어지는 축방향 응력 σ_{zz} 는 발생하여야 한다.

평면변형률 상태에 대한 평형방정식은 식 (2・5)에 의해 식 (4・6)과 같이 된다. 또한, 평면변형률 상태에 대한 적합조건식도 식 (2・66a)와 식 (2・66b)으로부터 식 (4・7)과 같은 다음 식이 얻어진다.

$$\frac{\partial^2 \epsilon_{xx}}{\partial y^2} + \frac{\partial^2 \epsilon_{yy}}{\partial x^2} = 2\frac{\partial^2 \epsilon_{xy}}{\partial x \partial y} = \frac{\partial^2 \gamma_{xy}}{\partial x \partial y}$$

이와 같이 응력의 평형방정식과 변형률의 적합방정식은 평면응력 문제와 평면변형률 문제에서 완전히 일치하는 것을 알 수 있다.

또한, Navier 방정식은 식 (3・33′)으로부터 다음 식과 같이 된다.

$$
\begin{aligned}
\mu \nabla_1^2 u + (\lambda + \mu) \frac{\partial e_1}{\partial x} + B_x = 0 \\
\mu \nabla_1^2 u + (\lambda + \mu) \frac{\partial e_1}{\partial y} + B_y = 0
\end{aligned}
\qquad (4 \cdot 17)
$$

평면변형률 상태의 경계조건도 평면응력 상태에서와 같이 식 (3・39)~(3・41)로부터 식 (4・9)와 같이 고려한다.

평면변형률 상태에서 응력의 평형방정식은 다음 식과 같이 주어진다.

$$
\nabla^2 (\sigma_{xx} + \sigma_{yy}) = -\frac{1}{1-\nu}\left(\frac{\partial B_x}{\partial x} + \frac{\partial B_y}{\partial y}\right) \qquad (4 \cdot 18)
$$

여기서

$$
\frac{1}{1-\nu} = \frac{2(\lambda + G)}{\lambda + 2G}
$$

4.3 Airy의 응력함수

앞에서 설명한 바와 같이 평면응력 및 평면변형률 상태에 대한 2차원 문제에서는 응력, 변형률 또는 변위 등의 미지량(未知量)에 대한 연립 미분방정식을 주어진 경계조건을 고려하여 풀이하면 각각의 해를 구할 수 있다. 그러나 복잡한 경계조건에서는 해를 구할 수 있는 경우가 극히 제한되어지므로 각종 응력함수를 적용하는 방법이 이용되고 있다. 그 대표적인 예가 Airy(1801~1892년) 의 응력함수를 이용하는 방법이라 할 수 있다.

평면응력 문제를 해석할 때 Airy의 응력함수는 응력 σ_{xx}, σ_{yy}, σ_{xy} 를 미지수로 하고, 평형방정식 (4・6)과 변형률의 적합조건식 (4・7)을 해석하는 방법을 말한다.

물체력이 작용할 때 포텐셜에너지 V를 사용하면 다음 식과 같이 표시된다.

$$
B_x = -\frac{\partial V}{\partial x}, \quad B_y = -\frac{\partial V}{\partial y} \qquad (4 \cdot 19)
$$

식 (4・19)를 식 (4・6), 또는 식 (4・7)에 대입하면 다음 식이 얻어진다.

$$
\frac{\partial}{\partial x}(\sigma_{xx} - V) + \frac{\partial \sigma_{xy}}{\partial y} = 0, \quad \frac{\partial \sigma_{xy}}{\partial x} + \frac{\partial}{\partial y}(\sigma_{yy} - V) = 0 \qquad (4 \cdot 20)
$$

여기서

$$\sigma_{xx} = \frac{\partial^2 \Phi}{\partial y^2} + V, \quad \sigma_{yy} = \frac{\partial^2 \Phi}{\partial x^2} + V, \quad \sigma_{xy} = -\frac{\partial^2 \Phi}{\partial x \partial y} \tag{4・21}$$

로 놓으면 평형방정식 (4・20)을 만족한다.

식 (4・21)에서 함수 Φ를 Airy의 응력함수(Airy's stress function)라 한다. 특히, 물체력이 작용하지 않을 때 Airy의 응력함수는 다음 식과 같이 주어진다.

$$\sigma_{xx} = \frac{\partial^2 \Phi}{\partial y^2}, \quad \sigma_{yy} = \frac{\partial^2 \Phi}{\partial x^2}, \quad \sigma_{xy} = -\frac{\partial^2 \Phi}{\partial x \partial y} \tag{4・22}$$

식 (4・22)는 평형조건을 만족하는 함수이지만 경계조건을 만족하는 Φ를 결정하기 전에 적합조건을 만족시키는 일반식을 유도한다. 평면응력 상태에서 Hooke의 법칙 (4・14)를 Airy의 응력함수 Φ로 표시하고, 이것을 적합조건식 (4・7)에 대입하면 다음 식과 같이 된다.

$$\begin{aligned}\frac{1}{E^*}\frac{\partial^2}{\partial y^2}\left\{\frac{\partial^2 \Phi}{\partial y^2} - \nu^* \frac{\partial^2 \Phi}{\partial y^2}\right\} + \frac{1}{E^*}\frac{\partial^2}{\partial x^2}\left\{\frac{\partial^2 \Phi}{\partial x^2} - \nu^* \frac{\partial^2 \Phi}{\partial y^2}\right\} \\ = \frac{2(1+\nu)}{E}\frac{\partial^4 \Phi}{\partial x^2 \partial y^2} = \frac{1}{G}\frac{\partial^4 \Phi}{\partial x^2 \partial y^2}\end{aligned} \tag{4・23}$$

식 (4・23)에 식 (4・22)를 대입하면 적합조건식은 다음과 같이 얻어진다.

$$\begin{aligned}\frac{\partial^4 \Phi}{\partial x^4} + 2\frac{\partial^4 \Phi}{\partial x^2 \partial y^2} + \frac{\partial^4 \Phi}{\partial y^4} = \left(\frac{\partial^2}{\partial x^2} + \frac{\partial^2}{\partial y^2}\right)\left(\frac{\partial^2 \Phi}{\partial x^2} + \frac{\partial^2 \Phi}{\partial y^2}\right) \\ = \nabla^2 \cdot \nabla^2 \Phi = \nabla^4 \Phi = 0\end{aligned} \tag{4・24}$$

식 (4・24)는 물체력이 작용하지 않을 때 Airy의 응력함수 Φ가 만족해야할 방정식은 평면변형률 또는 평면응력 상태를 만족하는 식으로 된다. 이와 같이 Airy의 응력함수 Φ는 평면에 대한 중조화함수(重調和函數; bi-harmonic function)인 것을 알 수 있고, 이것은 변형률의 적합조건식을 만족하는 필요충분 조건인 것을 나타낸다. 결국, 평면문제의 해석은 주어진 경계조건에서 식 (4・24)를 만족시키는 Airy의 응력함수 Φ를 구하는 문제로 귀착(歸着)된다.

4.3.1 Airy의 응력함수에 의한 변위성분의 표시

물체력이 작용하지 않을 때 변위성분 u, v를 Airy의 응력함수 Φ로 나타내면 Hooke의 법칙 (4・14)로부터 다음 식이 얻어진다.

$$
\begin{aligned}
\frac{\partial u}{\partial x} &= \epsilon_{xx} = \frac{1+\nu^*}{E^*}\left\{-\sigma_{yy} + \frac{1}{1+\nu^*}(\sigma_{xx}+\sigma_{yy})\right\} \\
&= \frac{1}{2G}\left\{-\sigma_{yy} + \frac{1}{1+\nu^*}(\sigma_{xx}+\sigma_{yy})\right\} \\
\frac{\partial v}{\partial y} &= \epsilon_{yy} = \frac{1+\nu^*}{E^*}\left\{-\sigma_{xx} + \frac{1}{1+\nu^*}(\sigma_{xx}+\sigma_{yy})\right\} \\
&= \frac{1}{2G}\left\{-\sigma_{xx} + \frac{1}{1+\nu^*}(\sigma_{xx}+\sigma_{yy})\right\} \\
\frac{1}{2}\left(\frac{\partial u}{\partial y}+\frac{\partial v}{\partial x}\right) &= \epsilon_{xy} = \frac{\gamma_{xy}}{2} = \frac{1}{2G}\sigma_{xy} = -\frac{1}{2G}\frac{\partial^2 \Phi}{\partial x\,\partial y}
\end{aligned} \tag{a}
$$

식 (4・22)에 의해 $\sigma_{xx}+\sigma_{yy} = \nabla^2\Phi$가 되고, 식 (4・24)로부터 다음 식으로 된다.

$$\nabla^2(\sigma_{xx}+\sigma_{yy}) = 0 \tag{4・25}$$

식 (4・25)에서 $\sigma_{xx}+\sigma_{yy}$는 평면조화함수이고, 임의의 평면조화함수를 Ψ라 하면 다음 식과 같이 표시할 수 있다.

$$\nabla^2\Psi = 0 \tag{4・26}$$

평면조화함수의 x, y에 관한 미분은 평면조화함수가 되므로 다음 식과 같이 된다.

$$\sigma_{xx}+\sigma_{yy} = \nabla^2\Phi = \frac{\partial^2\Psi}{\partial x\,\partial y} \tag{4・27}$$

여기서 Airy의 응력함수 Φ와 식 (4・27)를 식 (a)의 첫 번째 식과 두 번째 식에 대입한 후 각각 x와 y로 적분하면 다음 식이 얻어진다.

$$
\begin{aligned}
u &= \frac{1}{2G}\left(-\frac{\partial\Phi}{\partial x} + \frac{1}{1+\nu^*}\frac{\partial\Psi}{\partial y}\right) + f_1(y) \\
v &= \frac{1}{2G}\left(-\frac{\partial\Phi}{\partial x} + \frac{1}{1+\nu^*}\frac{\partial\Psi}{\partial x}\right) + f_2(x)
\end{aligned} \tag{b}
$$

따라서 $f_1(x)$, $f_2(y)$는 각각 x, y에 관한 임의의 함수이다. 이들 함수 $f_1(x)$, $f_2(y)$를 결정하기 위해 식 (b)를 식 (a)의 세 번째 식에 대입하면 다음 식과 같이 된다.

$$\frac{df_1(y)}{dy} + \frac{df_2(x)}{dx} = 0 \tag{c}$$

여기서 함수 $f_1(y)$, $f_2(x)$의 일반해는 다음 식과 같다.

$$f_1(y) = -w_0 y + u_0, \quad f_2(x) = w_0 x + v_0 \tag{d}$$

단, 여기서 w_0, u_0, v_0는 임의의 정수(定數)이고, 식 (d)에 표시된 변위는 강체 평행이동 u_0, v_0와 강체회전 w_0를 나타낸다. 탄성체의 변형을 취급하는 탄성역학에서는 $f_1(y) = 0$, $f_2(x) = 0$로 하여 강체운동은 제외하고 취급하여도 좋다. 이때 변위는 Airy의 응력함수 Φ와 평면조화함수 Ψ를 사용하여 다음 식으로 나타낸다.

$$u = \frac{1}{2G}\left(-\frac{\partial \Phi}{\partial x} + \frac{1}{1+\nu^*}\frac{\partial \Psi}{\partial y}\right)$$
$$v = \frac{1}{2G}\left(-\frac{\partial \Phi}{\partial x} + \frac{1}{1+\nu^*}\frac{\partial \Psi}{\partial x}\right) \qquad (4 \cdot 28)$$

4.3.2 Airy의 응력함수에 의한 경계조건의 표시

Airy의 응력함수에 의해 S_σ에 대한 응력 경계조건을 나타내는 방법을 살펴보기로 한다. [그림 4-3]과 같이 경계에 대한 기준점으로부터 경계를 따라 측정한 길이를 S라 하면 식 (2・9)의 Cauchy 관계로부터 다음 식이 얻어진다.

$$\overline{T_x} = \sigma_x n_x + \tau_{xy} n_y$$
$$\overline{T_y} = \sigma_y n_y + \tau_{xy} n_x \qquad \text{(e)}$$

식 (e)에 식 (4・21)의 Airy의 응력함수를 대입하면 다음 식이 얻어진다.

$$\overline{T_x} = \left(\frac{\partial^2 \Phi}{\partial y^2} + V\right) n_x - \frac{\partial^2 \Phi}{\partial x \partial y} n_y$$
$$\overline{T_y} = -\frac{\partial^2 \Phi}{\partial x \partial y} n_x + \left(\frac{\partial^2 \Phi}{\partial y^2} + V\right) n_y \qquad \text{(f)}$$

여기서 표면의 외향법선 방향코사인 n_x, n_y를 구하기 위해 [그림 4-3]에서 표면을 포함하는 미소요소 ΔABC를 고려하면, 그 주변의 응력 σ_x, σ_y, τ_{xy}와 표면력의 평형방정식은 다음 식과 같이 주어진다.

$$\overline{AB} \cdot T_x = \overline{BC} \cdot \sigma_x + \overline{AC} \cdot \tau_{xy}$$
$$\overline{AB} \cdot T_y = \overline{BC} \cdot \tau_{xy} + \overline{AC} \cdot \sigma_y \qquad \text{(g)}$$

따라서 식 (g)로부터 응력, 표면력 및 방향코사인은 다음 식의 관계가 성립한다.

$$T_x = \sigma_x n_x + \tau_{xy} n_y$$
$$T_y = \tau_{xy} n_x + \sigma_y n_y \qquad \text{(h)}$$

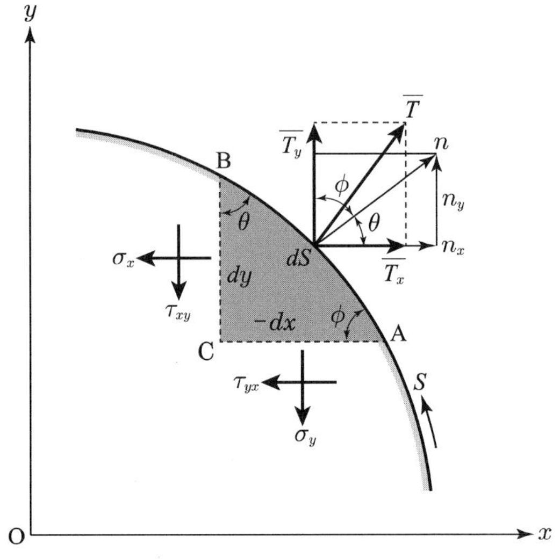

[그림 4-3] Airy의 응력함수에 의한 경계조건의 표시

[그림 4-3]의 $\triangle ABC$로부터 식 (g)를 고려하면 방향코사인 n_x, n_y는 다음 식과 같다.

$$n_x = \cos\theta = \frac{dy}{dS}$$
$$n_y = \cos\phi = \sin\theta = \cos\left(\frac{\pi}{2} - \theta\right) = -\frac{dx}{dS} \tag{4·29}$$

식 (4 · 29)를 식 (f)에 대입한 후 정리하면

$$\overline{T_x} = \frac{d}{dS}\left(\frac{\partial \Phi}{\partial y}\right) + V\frac{dy}{dS}, \quad \overline{T_y} = -\frac{d}{dS}\left(\frac{\partial \Phi}{\partial x}\right) - V\frac{dx}{dS} \tag{i}$$

따라서

$$d\left(\frac{\partial \Phi}{\partial y}\right) = \overline{T_x}\,dS - V dy, \quad d\left(\frac{\partial \Phi}{\partial x}\right) = -\overline{T_y}\,dS - V dx \tag{j}$$

또는 경계조건을 따라 고정점 A로부터 이동점 B까지 적분하면

$$\left[\frac{\partial \Phi}{\partial x}\right]_A^B = -\int_A^B \overline{T_y}\,dS - \int_A^B V dx$$
$$\left[\frac{\partial \Phi}{\partial y}\right]_A^B = \int_A^B \overline{T_x}\,dS - \int_A^B V dy \tag{4·30}$$

물체력이 작용하지 않을 때 식 (4 · 30)은 다음 식과 같이 된다.

$$\left[\frac{\partial \Phi}{\partial x}\right]_A^B = -\int_A^B \overline{T_y}\, dS, \quad \left[\frac{\partial \Phi}{\partial y}\right]_A^B = \int_A^B \overline{T_x}\, dS \qquad (4 \cdot 31)$$

식 (4・30), 또는 식 (4・31)은 Airy 응력함수에 의한 응력 경계조건의 표시를 보여준다.

따라서 평면문제에 대한 응력 경계조건의 문제는 식 (4・24)의 기초방정식을 만족시키는 Airy 응력함수 Φ는 식 (4・30)이나 식 (4・31)의 경계조건으로부터 결정한다.

4.4 직교좌표계에 대한 Airy의 응력함수

물체의 형상 및 경계조건이 간단한 문제에서는 Airy의 응력함수를 다항식만으로 표시하여 응력해석이 가능한 경우가 있다. 여기서는 Airy의 응력함수를 다항식으로 표시할 수 있는 몇 개의 단순한 평면문제에 대한 응력을 해석하여 보기로 한다.

4.4.1 평판의 인장 및 전단

[그림 4-4]와 같은 평판의 단순인장 문제에 대한 경계조건은 다음 식과 같이 된다.

$$\begin{aligned} \sigma_{xx} = \sigma_0, \quad \sigma_{xy} = 0 \ &: \ x = \pm \frac{l}{2} \\ \sigma_{yy} = 0, \quad \sigma_{yx} = 0 \ &: \ y = \pm \frac{h}{2} \end{aligned} \qquad (4 \cdot 32)$$

식 (3・39)에서 $n_x = 1$, $n_y = 0$, $\overline{T_x} = \sigma_0$, $\overline{T_y} = 0$로 놓으면 식 (4・32)의 첫 번째 식이 되고, $n_x = 0$, $n_y = 1$, $\overline{T_x} = \overline{T_y} = 0$로 놓으면 두 번째 식이 얻어진다. 따라서 Airy의 응력함수는 다음 식과 같이 놓을 수 있다.

$$\Phi = A y^2 \qquad (4 \cdot 33)$$

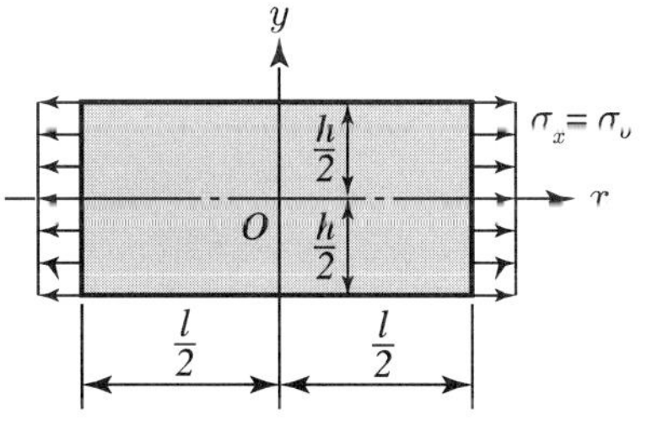

[그림 4-4] 1축 단순인장

식 (4・33)은 식 (4・24)의 조건을 만족하는 평면 중조화함수로 되어 있다. 식 (4・33)을 식 (4・22)에 대입하면 응력성분은 다음 식과 같이 된다.

$$\sigma_x = 2A, \quad \sigma_y = 0, \quad \sigma_{xy} = 0 \tag{a}$$

여기서 식 (a)를 경계조건식 (4・32)에 대입하면

$$A = \frac{1}{2}\sigma_0 \tag{b}$$

그러므로 응력성분은 식 (a)로부터 다음 식과 같이 된다.

$$\sigma_x = \sigma_0, \quad \sigma_y = 0, \quad \sigma_{xy} = 0 \qquad (4 \cdot 34)$$

식 (4・34)는 이미 우리가 잘 알고 있는 단순인장 상태의 응력과 일치한다. 또한, [그림 4−5(a)]에서와 같이 y 방향으로 p_0 의 응력이 작용할 때 앞에서와 같은 방법으로 Airy의 응력함수를 구하면

$$\Phi = \frac{1}{2}p_0 x^2 \qquad (4 \cdot 35)$$

로 되고, $\sigma_x = p_0$, $\sigma_x = \tau_{xy} = 0$ 이 된다.

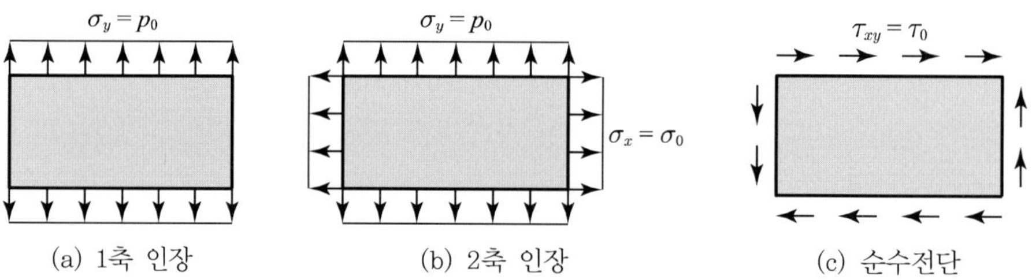

[그림 4−5] 1축과 2축의 인장 및 순수전단

또한, [그림 4−5(b)]와 같이 σ_x, σ_y의 2축 인장응력이 작용할 때 이러한 상태는 x와 y 방향의 응력을 조합한 것이므로 Airy의 응력함수는 다음 식으로 주어진다.

$$\Phi = \frac{1}{2}\sigma_0 y^2 + \frac{1}{2}p_0 x^2 \qquad (4 \cdot 36)$$

여기서 $\sigma_x = \sigma_0$, $\sigma_y = p_0$, $\tau_{xy} = 0$이 된다.

[그림 4−5(c)]와 같이 순수전단이 작용하는 경우 Airy의 응력함수는

$$\Phi = -\tau_0 xy \qquad (4 \cdot 37)$$

이 되고, $\sigma_x = \sigma_y = 0$, $\tau_{xy} = \tau_0$로 된다.

4.4.2 보의 굽힘

[그림 4-6]에서와 같이 보의 양 끝에 수직응력 $\sigma_x = \sigma_0 y$가 작용하는 경우 경계조건은 다음 식과 같이 된다.

$$\begin{aligned} &\sigma_x = \sigma_0 y, \quad \sigma_{xy} = 0 \ : \ x = \pm \frac{l}{2} \\ &\sigma_y = 0, \quad \sigma_{yx} = 0, \quad y = \pm \frac{h}{2} \ : \ y = \pm \frac{h}{2} \end{aligned} \tag{4 · 38}$$

여기서 식 (4 · 24)를 만족하는 Airy의 응력함수 Φ를 다음 식과 같이 놓는다.

$$\Phi = A y^2 \tag{4 · 39}$$

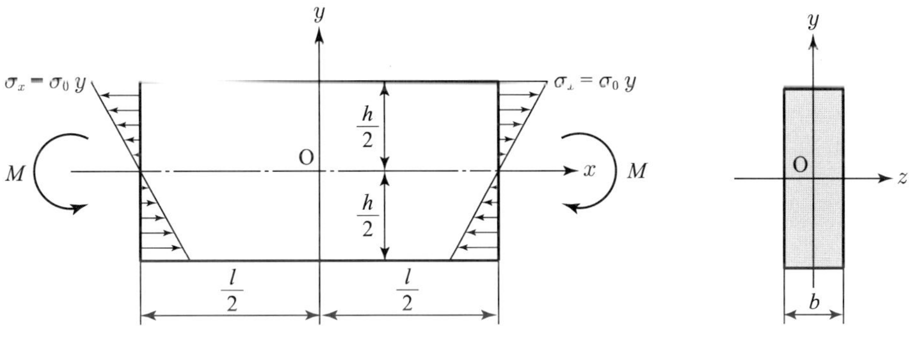

[그림 4-6] 보의 굽힘

또한, 응력성분은 다음 식과 같이 된다.

$$\sigma_x = 6Ay, \quad \sigma_y = 0, \quad \sigma_{xy} = 0 \tag{c}$$

식 (c)를 경계조건 (4 · 38)에 대입하면

$$A = \frac{1}{6}\sigma_0 \tag{d}$$

따라서 식 (c)로부터 응력성분은 다음 식과 같다.

$$\sigma_x = \sigma_0 y, \quad \sigma_y = 0, \quad \sigma_{xy} = 0 \tag{4 · 40}$$

이때 보에 발생하는 축방향 하중 P와 굽힘모멘트 M을 구하면 다음 식과 같이 된다.

$$P = \int_{-\frac{h}{2}}^{\frac{h}{2}} \sigma_0 y b dy = 0 \tag{e}$$

$$M = \int_{-\frac{h}{2}}^{\frac{h}{2}} \sigma_0 y^2 b dy = \frac{bh^3}{12}\sigma_0 = \sigma_0 I \tag{f}$$

여기서 $I = \dfrac{bh^3}{12}$ 는 보의 단면 2차모멘트이다.

따라서 응력성분은 다음 식과 같이 된다.

$$\sigma_x = \frac{12}{bh^3} M y = \frac{M}{I} y, \quad \sigma_y = \sigma_{xy} = 0 \tag{4・40'}$$

식 (4・40′)은 보의 굽힘 이론해와 일치하는 것을 알 수 있다.

예제 4-1

[그림 4-7]과 같은 2차원 평면응력 상태의 직교좌표계$(x,\ y)$에서 다음 식으로 응력함수가 주어질 때 물음에 답하시오.

$$\Phi = C_1 x y + \frac{C_2}{6}(x y^3), \ (C_1,\ C_2: \text{상수})$$

(a) Φ가 응력함수인 것을 나타내시오.

(b) 그림에서와 같이 외팔보의 자유단에 집중하중 P가 작용할 때 상수 C_1, C_2를 결정하시오.

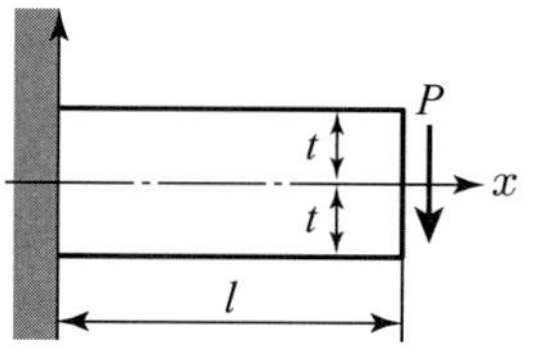

[그림 4-7]

풀이

(a) $\nabla^4 \Phi = 0$ 이므로 Φ는 Airy의 응력함수가 된다.

(b) 경계조건을 고려하면

$$\int_{-t}^{t} \tau_{xy}\big|_{x=0} dy = -P, \quad \tau_{xy} = 0 \ (y = \pm t) \tag{a}$$

또한, 식 (4・22)로부터

$$\tau_{xy} = -\frac{\partial^2 \Phi}{\partial x \partial y} = -C_1 - \frac{C_2}{2} y^2 \tag{b}$$

경계조건식 (a)를 식 (b)에 대입하면 상수는 다음과 같이 구해진다.

$$C_1 = \frac{3}{4t} P, \quad C_2 = -\frac{3}{2t^2} P$$

4.5 극좌표계에 대한 Airy의 응력함수

원기둥 모양에 대한 탄성학적 문제는 원통좌표계(r, θ, z)를 이용하는 것이 편리하고, 원판(圓板; disc)이나 부채꼴 평판에 대한 평면응력 또는 평면변형률 문제에서는 z 방향의 응력 및 변형률은 0이 되므로 원기둥 좌표계는 2차원 극좌표계(r, θ)로 표시된다.

2차원 극좌표계에 대한 응력함수와 중조화방정식을 구하기 위해 좌표변환을 한 후 Airy의 응력함수에 관한 식 (4·22)와 적합조건식 (4·24)를 극좌표계로 변환하는 방법을 이용한다.

[그림 4-8]과 같은 극좌표계와 직각좌표계 사이에는 다음의 관계식이 성립한다.

$$x = r\cos\theta, \quad y = r\sin\theta$$
$$r^2 = x^2 + y^2, \quad \theta = \tan^{-1}\left(\frac{y}{x}\right) \tag{a}$$

또한, 식 (a)로부터 다음 식이 유도된다.

$$\frac{\partial r}{\partial x} = \cos\theta, \quad \frac{\partial r}{\partial y} = \sin\theta$$
$$\frac{\partial r}{\partial x} = -\frac{1}{r}\sin\theta, \quad \frac{\partial \theta}{\partial y} = \frac{1}{r}\cos\theta \tag{b}$$

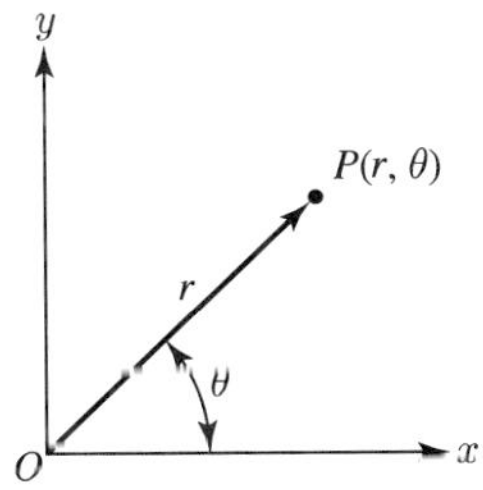

[그림 4-8] 극좌표계

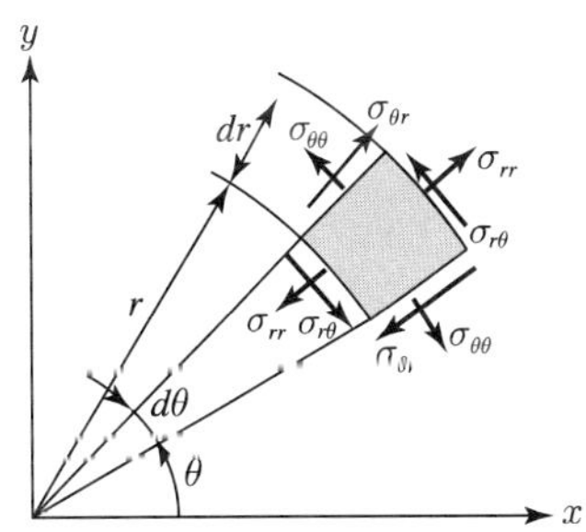

[그림 4-9] 극좌표계에 대한 응력성분

[그림 4-9]와 같은 극좌표계에 대한 응력의 평형방정식은 식 (2·44)의 원기둥 좌표계에서 z 방향의 응력을 0으로 놓으면, 다음 식과 같이 표시된다.

$$\frac{\partial \sigma_{rr}}{\partial r} + \frac{1}{r}\frac{\partial \sigma_{\theta r}}{\partial \theta} + \frac{\sigma_{rr} - \sigma_{\theta\theta}}{r} + B_r = 0$$
$$\frac{\partial \sigma_{r\theta}}{\partial r} + \frac{1}{r}\frac{\partial \sigma_{\theta\theta}}{\partial \theta} + \frac{2\sigma_{r\theta}}{r} + B_\theta = 0 \tag{c}$$

그러나 식 (c)를 만족하도록 응력을 어떤 함수의 미분형으로 나타내는 것은 쉽지 않으므로 직교좌표계의 응력을 좌표변환에 의해 극좌표계의 응력으로 유도한 후 이용하면 편리하다.

[그림 4-9]와 같은 극좌표계에 대한 응력성분 σ_{rr}, $\sigma_{\theta\theta}$, $\sigma_{r\theta}$ 와 응력함수 $\Phi(r,\ \theta)$ 의 관계는 직교좌표계에서 응력성분 σ_{xx}, σ_{yy}, σ_{xy} 와 극좌표계의 응력성분 σ_{rr}, $\sigma_{\theta\theta}$, $\sigma_{r\theta}$ 사이에는 다음의 관계식이 성립한다.

$$\begin{aligned}\sigma_{rr} &= \sigma_{xx}\cos^2\theta + \sigma_{yy}\sin^2\theta + \sigma_{xy}\sin 2\theta \\ \sigma_{\theta\theta} &= \sigma_{xx}\sin^2\theta + \sigma_{yy}\cos^2\theta - \sigma_{xy}\sin 2\theta \\ \sigma_{r\theta} &= \frac{1}{2}(\sigma_{yy} - \sigma_{xx})\sin 2\theta + \sigma_{xy}\cos 2\theta\end{aligned} \tag{4・41}$$

식 (4・41)에 식 (4・22)를 대입하면 극좌표계에 대한 응력성분과 응력함수 Φ 의 관계는 다음 식으로 주어진다.

$$\begin{aligned}\sigma_{rr} &= \cos^2\theta\frac{\partial^2\Phi}{\partial y^2} + \sin^2\theta\frac{\partial^2\Phi}{\partial x^2} - \sin 2\theta\frac{\partial^2\Phi}{\partial x\,\partial y} \\ \sigma_{\theta\theta} &= \sin^2\theta\frac{\partial^2\Phi}{\partial y^2} + \cos^2\theta\frac{\partial^2\Phi}{\partial x^2} + \sin 2\theta\frac{\partial^2\Phi}{\partial x\,\partial y} \\ \sigma_{r\theta} &= \frac{1}{2}\sin 2\theta\left(\frac{\partial^2\Phi}{\partial x^2} - \frac{\partial^2\Phi}{\partial y^2}\right) - \cos 2\theta\frac{\partial^2\Phi}{\partial x\,\partial y}\end{aligned} \tag{4・41′}$$

따라서 극좌표계 $\Phi = \Phi(r,\ \theta)$일 때 식 (b)를 이용하면 다음 식과 같이 직교좌표계로 변환된다.

$$\left.\begin{aligned}\frac{\partial\Phi}{\partial x} &= \frac{\partial\Phi}{\partial r}\frac{\partial r}{\partial x} + \frac{\partial\Phi}{\partial\theta}\frac{\partial\theta}{\partial x} = \cos\theta\frac{\partial\Phi}{\partial r} - \frac{1}{r}\sin\theta\frac{\partial\Phi}{\partial\theta} \\ \frac{\partial^2\Phi}{\partial x^2} &= \frac{\partial}{\partial x}\left(\frac{\partial\Phi}{\partial x}\right) = \left(\cos\theta\frac{\partial\Phi}{\partial r} - \frac{1}{r}\sin\theta\right)\left(\cos\theta\frac{\partial\Phi}{\partial r} - \frac{1}{r}\sin\theta\right) \\ &= \cos^2\theta\frac{\partial^2\Phi}{\partial r^2} + \frac{1}{r^2}\sin^2\theta\frac{\partial^2\Phi}{\partial\theta^2} - \frac{1}{r}\sin 2\theta\frac{\partial^2\Phi}{\partial r\,\partial\theta} \\ &\quad + \frac{1}{r}\sin^2\theta\frac{\partial^2\Phi}{\partial r^2} + \frac{1}{r^2}\sin 2\theta\frac{\partial\Phi}{\partial\theta} \\ \frac{\partial\Phi}{\partial y} &= \frac{\partial\Phi}{\partial r}\frac{\partial r}{\partial y} + \frac{\partial\Phi}{\partial\theta}\frac{\partial\theta}{\partial y} = \sin\theta\frac{\partial\Phi}{\partial r} + \frac{1}{r}\cos\theta\frac{\partial\Phi}{\partial\theta}\end{aligned}\right\} \tag{4・42a}$$

$$\left.\begin{aligned}
\frac{\partial^2 \Phi}{\partial y^2} &= \left(\sin\theta \frac{\partial \Phi}{\partial r} + \frac{1}{r}\cos\theta \frac{\partial \Phi}{\partial \theta}\right)\left(\sin\theta \frac{\partial \Phi}{\partial r} + \frac{1}{r}\cos\theta \frac{\partial \Phi}{\partial \theta}\right) \\
&= \sin^2\theta \frac{\partial^2 \Phi}{\partial r^2} + \frac{1}{r^2}\cos^2\theta \frac{\partial^2 \Phi}{\partial \theta^2} + \frac{1}{r}\sin 2\theta \frac{\partial^2 \Phi}{\partial r\,\partial \theta} \\
&\quad + \frac{1}{r}\cos^2\theta \frac{\partial \Phi}{\partial r} - \frac{1}{r^2}\sin 2\theta \frac{\partial \Phi}{\partial \theta} \\
\frac{\partial^2 \Phi}{\partial x\,\partial y} &= \frac{\sin 2\theta}{2}\left(\frac{\partial^2 \Phi}{\partial r^2} - \frac{1}{r}\frac{\partial \Phi}{\partial r} - \frac{1}{r^2}\frac{\partial^2 \Phi}{\partial \theta^2}\right) \\
&\quad + \cos 2\theta\left(\frac{1}{r}\frac{\partial^2 \Phi}{\partial r\,\partial \theta} - \frac{1}{r^2}\frac{\partial \Phi}{\partial \theta}\right)
\end{aligned}\right\} \qquad (4 \cdot 42\text{b})$$

또한, 식 (4・42a)와 식 (4・42b)로부터

$$\nabla^4 \Phi = \left(\frac{\partial^2}{\partial x^2} + \frac{\partial^2}{\partial y^2}\right)^2 \Phi(x,\, y) = \left(\frac{\partial^2}{\partial r^2} + \frac{1}{r}\frac{\partial}{\partial r} + \frac{1}{r^2}\frac{\partial^2}{\partial \theta^2}\right)\Phi(r,\, \theta) \qquad (4 \cdot 43)$$

여기서 극좌표계의 Laplace 연산자(演算子) $\Delta = \nabla^2$ 은 다음 식으로 표시된다.

$$\nabla^2 = \frac{\partial^2}{\partial r^2} + \frac{1}{r}\frac{\partial}{\partial r} + \frac{1}{r^2}\frac{\partial^2}{\partial \theta^2} \qquad (4 \cdot 44)$$

식 (4・44)을 식 (4・24)에 대입하면 극좌표계에 대한 Airy 응력함수 Φ 의 기초방정식은 다음과 같이 나타낸다.

$$\nabla^4 \Phi(r,\, \theta) = \left(\frac{\partial^2}{\partial r^2} + \frac{1}{r}\frac{\partial}{\partial r} + \frac{1}{r^2}\frac{\partial^2}{\partial \theta^2}\right)^2 \Phi(r,\, \theta) = 0 \qquad (4 \cdot 45)$$

또는

$$\nabla^2 \nabla^2 \Phi(r,\, \theta) = 0 \qquad (4 \cdot 45')$$

식 (4・42a), 식 (4・42b) 및 식 (4・43)을 식 (4・41)에 대입하면 극좌표계에서 응력성분과 Airy의 응력함수 Φ 의 관계는 다음 식과 같이 된다.

$$\left.\begin{aligned}
\sigma_{rr} &= \frac{1}{r}\frac{\partial \Phi}{\partial r} + \frac{1}{r^2}\frac{\partial^2 \Phi}{\partial \theta^2}, \quad \sigma_{\theta\theta} = \frac{\partial^2 \Phi}{\partial r^2} \\
\sigma_{r\theta} &= -\frac{\partial}{\partial r}\left(\frac{1}{r}\frac{\partial \Phi}{\partial \theta}\right) = \frac{1}{r^2}\frac{\partial \Phi}{\partial \theta} - \frac{1}{r}\frac{\partial^2 \Phi}{\partial r\,\partial \theta}
\end{aligned}\right. \qquad (4 \cdot 46)$$

특히, 축대칭 문제에서 θ 에 관한 편미분함수는 0 이 되므로 응력은

$$\sigma_{rr} = \frac{1}{r}\frac{\partial \Phi}{\partial r}, \quad \sigma_{\theta\theta} = \frac{\partial^2 \Phi}{\partial r^2}, \quad \sigma_{r\theta} = 0 \tag{4・47}$$

이 되고, 중조화방정식은 다음과 같이 표시된다.

$$\frac{\partial^4 \Phi}{\partial r^4} + \frac{2}{r}\frac{\partial^3 \Phi}{\partial r^3} - \frac{1}{r^2}\frac{\partial^2 \Phi}{\partial r^2} + \frac{1}{r^3}\frac{\partial \Phi}{\partial r} = 0 \tag{4・48}$$

이것은 동차방정식(同次方程式)이므로 $r = e^t$ 와 같은 변수 t 를 도입하면

$$\frac{\partial^4 \Phi}{\partial t^4} - 4\frac{\partial^3 \Phi}{\partial t^3} + 4\frac{\partial^2 \Phi}{\partial t^2} = 0 \tag{e}$$

와 같은 미정계수(定數係數)의 선형미분방정식이 되고, 일반해는 C_1, C_2, C_3, D_4 를 적분상수로 하면 다음 식으로 표시된다.

$$\Phi = C_1 t + C_2 t e^{2t} + C_3 e^{2t} + C_4 \tag{f}$$

그러므로 식 (f)는 다음 식과 같이 된다.

$$\Phi = C_1 \ln r + C_2 r^2 \ln r + C_3 r^2 + C_4 \tag{4・49}$$

식 (4・49)에 의해 식 (4・47)의 응력은 다음 식으로 표시되는 것을 알 수 있다.

$$\begin{aligned} \sigma_{rr} &= \frac{1}{r^2}C_1 + C_2(1 + 2\ln r) + 2C_3 \\ \sigma_{\theta\theta} &= -\frac{1}{r^2}C_1 + C_2(3 + 2\ln r) + 2C_3 \\ \sigma_{r\theta} &= 0 \end{aligned} \tag{4・50}$$

또한, 극좌표계에 대한 Airy 응력함수의 예를 들어 보기로 한다.

4.5.1 내・외압이 작용하는 두꺼운 원통

[그림 4-10]과 같이 내압 p_1, 외압 p_2가 작용하는 두꺼운 원통(圓筒; cylindrical shell)에 발생하는 응력 σ_{rr}, $\sigma_{\theta\theta}$를 Airy의 응력함수 Φ를 이용하여 구해 보기로 한다.

축대칭 문제이므로 응력함수는 식 (4・49)와 같이 되고, 경계조건은 다음 식으로 주어진다.

$$\begin{aligned} r = r_1 \text{일 때} &: \sigma_{rr} = -p_1, \quad \sigma_{r\theta} = 0 \\ r = r_2 \text{일 때} &: \sigma_{rr} = -p_2, \quad \sigma_{r\theta} = 0 \end{aligned} \tag{a}$$

Airy의 응력함수 Φ는 r만의 함수로 표시되고, 식 (4・46)으로부터 응력함수 Φ와 응력성분의 관계는 다음 식과 같이 된다.

$$\sigma_{rr} = \frac{1}{r}\frac{d\Phi}{dr}, \quad \sigma_{\theta\theta} = \frac{d^2\Phi}{dr^2}, \quad \sigma_{r\theta} = 0 \tag{b}$$

축대칭 변형일 때 원둘레 방향의 변위 $u_\theta = 0$ 이므로 식 (2・62)로부터 변형률 성분은

$$\epsilon_{rr} = \frac{du_r}{dr}, \quad \epsilon_{\theta\theta} = \frac{u_r}{r}, \quad \epsilon_{r\theta} = \epsilon_{\theta z} = \epsilon_{zr} = 0 \tag{c}$$

식 (c)로부터 변형률의 적합조건식은 다음과 같이 된다.

$$\epsilon_{rr} = \frac{d}{dr}(r\epsilon_{\theta\theta}) \tag{d}$$

두꺼운 원통에 대한 평면변형률 상태($\epsilon_{zz} = 0$)의 적합조건식은

$$\sigma_{zz} = \nu(\sigma_{rr} + \sigma_{\theta\theta}) \tag{e}$$

따라서 변형률 성분 $\sigma_{rr}, \sigma_{\theta\theta}$는 식 (3・15)와 식 (e)에 의해 다음 식이 얻어진다.

$$\begin{aligned} \epsilon_{rr} &= \frac{(1+\nu)}{E}\{(1-\nu)\sigma_{rr} - \nu\sigma_{\theta\theta}\} \\ \epsilon_{\theta\theta} &= \frac{(1+\nu)}{E}\{(1-\nu)\sigma_{\theta\theta} - \nu\sigma_{rr}\} \end{aligned} \tag{f}$$

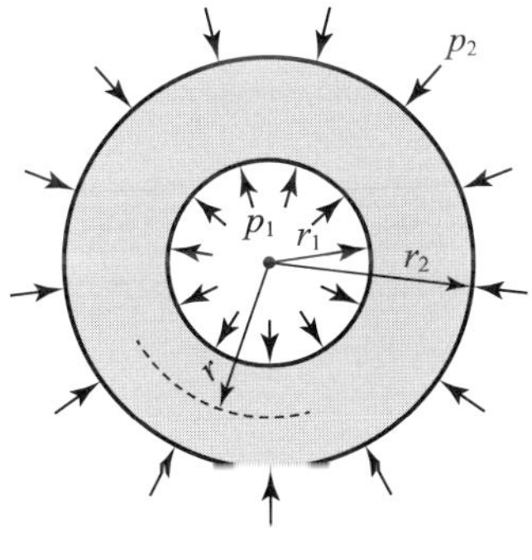

[그림 4-10] 내・외압이 작용하는 두꺼운 원통

식 (f)를 식 (e)에 대입하면

$$\sigma_{rr} - \sigma_{\theta\theta} = r\frac{d}{dr}\{(1-\nu)\sigma_{\theta\theta} - \nu\sigma_{rr}\} \tag{g}$$

식 (g)를 식 (b)에 대입하면 다음 식과 같이 된다.

$$\frac{d^3\Phi}{dr^3} + \frac{1}{r}\frac{d^2\Phi}{dr^2} - \frac{1}{r^2}\frac{d\Phi}{dr} = 0$$

그러므로

$$\frac{d}{dr}\left\{\frac{1}{r}\frac{d}{dr}\left(r\frac{d\Phi}{dr}\right)\right\}=0 \tag{4・51}$$

식 (4・51)은 축대칭 문제에 대한 Airy 응력함수 Φ의 기초방정식이 되고, 이것을 순차 적분하면 응력함수 Φ의 기본해는 다음 식으로 된다.

$$\Phi(r)=C_1\ln r+C_2r^2+C_3 \tag{4・52}$$

식 (4・52)를 식 (b)에 대입하면 응력성분은 다음 식과 같이 된다.

$$\sigma_{rr}=C_1r^{-2}+2C_2,\quad \sigma_{\theta\theta}=-C_1r^{-2}+2C_2,\quad \sigma_{r\theta}=0 \tag{h}$$

여기서 경계조건식 (a)에 의해 미정계수(未定係數) C_1, C_2를 구하면

$$C_1=\frac{r_1^2r_2^2(p_2-p_1)}{(r_2^2-r_1^2)},\quad C_2=-\frac{p_2r_2^2-p_1r_1^2}{2(r_2^2-r_1^2)} \tag{i}$$

따라서 응력성분 σ_{rr}, $\sigma_{\theta\theta}$는 다음 식으로 주어진다.

$$\begin{aligned}\sigma_{rr}&=\frac{p_1r_1^2-p_2r_2^2}{(r_2^2-r_1^2)}+\frac{r_1^2r_2^2(p_2-p_1)}{(r_2^2-r_1^2)r^2}\\ \sigma_{\theta\theta}&=\frac{p_1r_1^2-p_2r_2^2}{(r_2^2-r_1^2)}-\frac{r_1^2r_2^2(p_2-p_1)}{(r_2^2-r_1^2)r^2}\end{aligned} \tag{4・53}$$

다음에 변위성분 u를 구해보기로 하자. 식 (c)와 식 (f)로부터

$$u_r=\frac{(1+\nu)}{E}\{(1-\nu)\sigma_{\theta\theta}-\nu\sigma_{rr}\} \tag{j}$$

식 (j)에 식 (h)를 대입하면

$$u_r=\frac{(1+\nu)}{E}\left\{-C_1\frac{1}{r}+2(1-\nu)C_2r\right\} \tag{k}$$

그러므로 다음 식과 같이 표시된다.

$$u_r=\frac{(1+\nu)}{E(r_2^2-r_1^2)}\left\{r_1^2r_2^2(p_1-p_2)\frac{1}{r}+(1-2\nu)(p_1r_1^2-p_2r_2^2)r\right\} \tag{4・54}$$

또는 식 (3・16)으로부터 탄성계수의 관계를 이용하면 식 (4・54)는 다음 식과 같다.

$$u_r=\frac{1}{2G(r_2^2-r_1^2)}\left\{r_1^2r_2^2(p_1-p_2)\frac{1}{r}+(1-2\nu)(p_1r_1^2-p_2r_2^2)r\right\} \tag{4・54'}$$

4.5.2 내 · 외압이 작용하는 구

구(球; spherical shell)에 내 · 외압이 작용하면 구의 중심 단면에 대한 응력의 작용은 [그림 4-10]과 같이 나타낸다. 4.5.1절의 두꺼운 원통에 내 · 외압이 작용하는 경우를 참조한 후 식 (2 · 45)의 구좌표계에 대한 응력의 평형방정식은 다음 식과 같이 된다.

$$\frac{d\sigma_{rr}}{dr} + \frac{1}{r}\left(2\sigma_{rr} - \sigma_{\theta\theta} - \sigma_{\phi\phi}\right) = 0 \tag{4 · 55}$$

구에 대한 변형률-변위 관계식 (2 · 63)은 다음 식과 같이 된다.

$$\begin{aligned} &\epsilon_{rr} = \frac{du}{dr}, \quad \epsilon_{\theta\theta} = \epsilon_{\phi\phi} = \frac{u}{r} \\ &\epsilon_{r\theta} = \epsilon_{\theta\phi} = \epsilon_{\phi r} \end{aligned} \tag{4 · 56}$$

응력에 대한 Hooke의 식 (3 · 12)로부터 다음 식을 얻을 수 있다.

$$\begin{aligned} \sigma_{rr} &= (\lambda + 2G)\epsilon_{rr} + \lambda\left(\epsilon_{\theta\theta} + \epsilon_{\phi\phi}\right) \\ \sigma_{\theta\theta} &= (\lambda + 2G)\epsilon_{\theta\theta} + \lambda\left(\epsilon_{\phi\phi} + \epsilon_{rr}\right) \\ \sigma_{\phi\phi} &= (\lambda + 2G)\epsilon_{\phi\phi} + \lambda\left(\epsilon_{rr} + \epsilon_{\theta\theta}\right) \end{aligned} \tag{4 · 57}$$

식 (4 · 55) ~ 식 (4 · 57)을 조합하고 정리한 후 변위 $u = u(r)$을 대입하면, 다음과 같은 미분방정식을 얻을 수 있다.

$$\frac{d^2u}{dr^2} + \frac{2}{r}\frac{du}{dr} - \frac{2}{r^2}u = 0 \tag{4 · 58}$$

식 (4 · 58)에 대한 일반해는

$$u(r) = C_1 r + C_2 r^{-2} \tag{4 · 59}$$

여기서 C_1, C_2는 적분상수이다.

또한, [그림 4-10]과 같은 구에 대한 경계조건은 다음 식과 같다.

$$\sigma_{rr}(r_1) = p_1, \quad \sigma_{rr}(r_2) = p_2 \tag{4 · 60}$$

식 (4 · 56), 식 (4 · 57) 및 식 (4 · 59)를 고려하면 식 (4 · 60)은 다음 식과 같다.

$$p_1 = (3\lambda + 2G)C_1 - 4GC_2 r_1^{-2}, \quad p_2 = (3\lambda + 2G)C_1 - 4GC_2(r_2)^{-2} \tag{l}$$

식 (*l*)로부터 상수 C_1, C_2를 구하면

$$(3\lambda + 2G)C_1 = \frac{p_1 r_1^3 - p_2 r_2^3}{\left(r_1^3 - r_2^3\right)}, \quad 4GC_2 = \frac{(p_1 - p_2) r_1^3 r_2^3}{\left(r_1^3 - r_2^3\right)} \tag{4 · 61}$$

식 (4・59)와 식 (4・61)에 의해 변위는 다음 식으로 표시된다.

$$u = \frac{\left(p_1 r_1^3 - p_2 r_2^3\right) r}{3(3\lambda + 2G)\left(r_1^3 - r_2^3\right)} + \frac{\left(p_1 - p_2\right) r_1^3 r_2^3}{4G\left(r_1^3 - r_2^3\right) r^2} \quad (4・62)$$

식 (4・62), 식 (4・56)과 식 (4・57)로부터 구의 응력은 다음 식으로 표시된다.

$$\sigma_{rr} = \frac{p_1 r_1^3 - p_2 r_2^3}{\left(r_1^3 - r_2^3\right)} - \frac{\left(p_1 - p_2\right) r_1^3 r_2^3}{\left(r_1^3 - r_2^3\right) r^3}$$
$$\sigma_{\theta\theta} = \sigma_{\phi\phi} = \frac{p_1 r_1^3 - p_2 r_2^3}{\left(r_1^3 - r_2^3\right)} + \frac{\left(p_1 - p_2\right) r_1^3 r_2^3}{2\left(r_1^3 - r_2^3\right) r^3} \quad (4・63)$$

따라서 위의 결과를 정리하면 구에 대한 응력 및 변형률은 다음 식과 같이 된다.

$$\sigma_{rr} + \sigma_{\theta\theta} + \sigma_{\phi\phi} = \frac{3\left(p_1 r_1^3 - p_2 r_2^3\right)}{\left(r_1^3 - r_2^3\right)}$$
$$\epsilon_{rr} + \epsilon\sigma_{\theta\theta} + \epsilon_{\phi\phi} = 3C_1 = \frac{3\left(p_1 r_1^3 - p_2 r_2^3\right)}{\left(\lambda + \frac{2}{3}G\right)\left(r_1^3 - r_2^3\right)} \quad (4・64)$$

구에서 $p_1 > 0$, $p_2 = 0$, $r_1/r_2 = 1/2$일 때 식 (4・63)을 반지름 r에 대하여 응력을 표시하면 다음 식과 같이 나타낸다.

$$\frac{7}{p_1}\tau_{\theta\theta} = \frac{7}{p_1}\tau_{\phi\phi} = 1 + \frac{1}{2}\left(\frac{r_2}{r}\right)^3 \quad (4・65)$$

구에 대한 응력분포의 식 (4・65)를 나타내면 [그림 4-11]과 같이 된다.

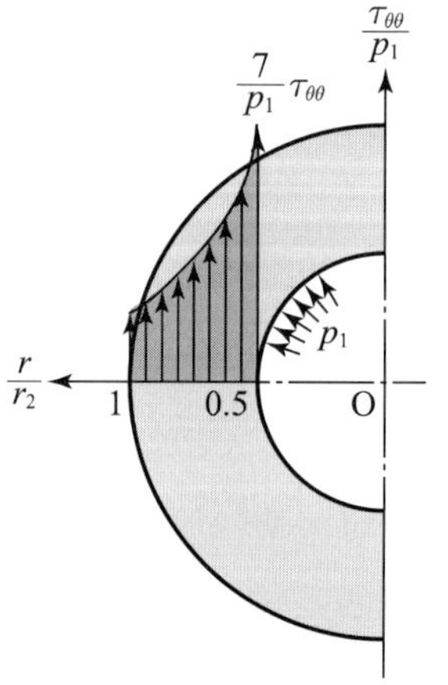

[그림 4-11] 구에 대한 응력분포

4.5.3 무한평판의 원공에 작용하는 인장응력

[그림 4-12(a)]와 같이 반지름 r_0 의 원공(圓孔; circular hole)을 갖는 평판이 원공으로부터 충분히 멀리 떨어진 거리에서 인장응력 $\sigma_{xx} = \sigma_0$ 가 작용할 때 원공 주위의 응력분포를 구하여 보기로 한다. 이때 평판에 대한 경계조건은 다음과 같이 주어진다.

$$\begin{aligned} & r \to \infty \ : \ \sigma_{xx} = \sigma_0, \quad \sigma_{yy} = \sigma_{xy} = 0 \ \text{(직교좌표계)} \\ & r \to r_0 \ : \ \sigma_{rr} = \sigma_{r\theta} = 0 \ \text{(극좌표계)} \end{aligned} \tag{4・66}$$

식 (4・66)에서 $r \to \infty$ 인 경계조건은 식 (4・41)의 관계를 이용하여 극좌표로 표시하면, 그 경계조건은 다음 식과 같이 된다.

$$\begin{aligned} r \to \infty \ : \ & \sigma_{rr} = \sigma_0 \cos^2\theta = \frac{\sigma_0}{2}(1 + \cos 2\theta) \\ & \sigma_{\theta\theta} = \sigma_0 \sin^2\theta = \frac{\sigma_0}{2}(1 - \cos 2\theta) \\ & \sigma_{r\theta} = -\frac{\sigma_0}{2}\sin 2\theta \end{aligned} \tag{a}$$

따라서 [그림 4-12(a)]와 같이 원공을 갖는 무한평판(無限平板)에 대한 인장문제는 [그림 4-12(b)]와 [그림 4-12(c)]와 같이 겹침의 원리(principle of superposition)를 이용한다. 이때의 경계조건을 고려하면 [그림 4-12(b)]와 [그림 4-12(c)]에서 각 원공의 안쪽 면은 응력의 자유표면이기 때문에 식 (4・66)과 같고, $r \to \infty$ 에 대한 경계조건은 각각 다음과 같이 주어진다.

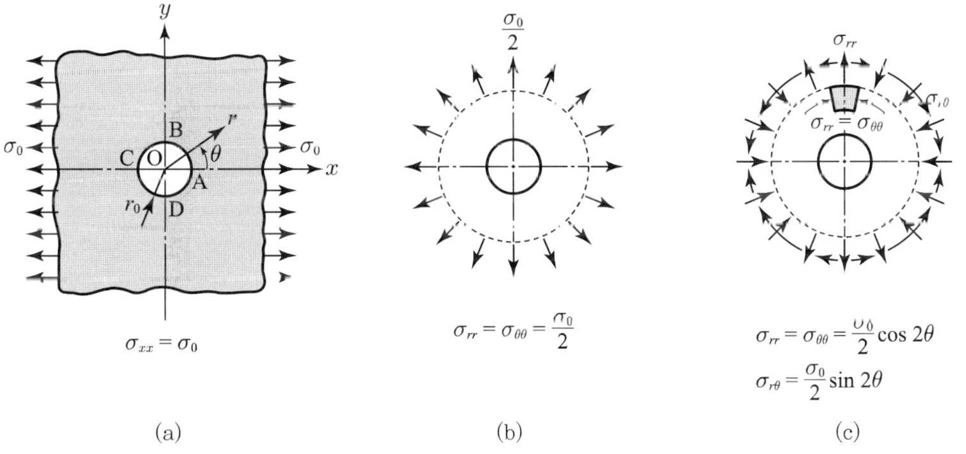

[그림 4-12] 원공을 갖는 무한평판의 인장

$r \to \infty$ 일 때 :

$$
\begin{aligned}
&[\text{그림 4-12(b)}]\text{의 경우 } \sigma_{rr} = \sigma_{\theta\theta} = \frac{\sigma_0}{2}, \quad \sigma_{r\theta} = 0 \\
&[\text{그림 4-12(c)}]\text{의 경우 } \sigma_{rr} = -\sigma_{\theta\theta} = \frac{\sigma_0}{2}\cos 2\theta, \quad \sigma_{r\theta} = -\frac{\sigma_0}{2}\sin 2\theta
\end{aligned} \tag{b}
$$

식 (a)로부터 수직응력 성분은 정수항(定數項)과 $\cos 2\theta$ 를 포함하는 항에 의해 전단응력 성분은 $\sin 2\theta$ 를 포함하는 항으로 표시되므로 응력함수 $\Phi(r, \theta)$ 를 다음 식으로 놓는다.

$$\Phi(r, \theta) = f_1(r) + f_2(r)\cos 2\theta \tag{c}$$

식 (c)에서 $f_1(r)$ 은 축대칭 문제이므로 $f_1(r)$ 이 만족해야 할 방정식 및 그 일반해는 식 (4・51)과 식 (4・52)로부터 다음 식이 얻어진다.

$$\frac{d}{dr}\left\{\frac{1}{r}\frac{d}{dr}\left(r\frac{df_1}{dr}\right)\right\} = 0 \tag{d}$$

$$f_1(r) = A_1 \ln r + A_2 r^2 + A_3 \tag{e}$$

또한 식 (c)에서 $f_2(r)$ 항은 r 만의 함수로 되고, 이것을 식 (4・45)에 대입하면 다음 식이 얻어진다.

$$\left(\frac{d^2}{dr^2} + \frac{1}{r}\frac{d}{dr} - \frac{4}{r^2}\right)^2 f_2(r)\cos 2\theta = 0 \tag{f}$$

여기서 $r = e^t$, 즉 $t = \ln r$ 로 놓고, 미분연산자 $D = \dfrac{d}{dt}$ 를 이용하면 식 (f)를 만족하기 위해서는 다음 식이 성립한다.

$$D(D-2)(D-4)(D+2)f_2 = 0 \tag{g}$$

식 (g)의 일반해는 다음 식과 같이 된다.

$$
\begin{aligned}
f_2(r) &= C_1 e^{2t} + C_2 e^{4t} + C_3 e^{-2t} + C_4 \\
&= C_1 r^2 + C_2 r^4 + C_3 r^{-2} + C_4
\end{aligned} \tag{h}
$$

따라서 Airy의 응력함수 Φ 는 다음 식으로 표시된다.

$$\Phi(r, \theta) = A_1 \ln r + A_2 r^2 + A_3 + \left(C_1 r^2 + C_2 r^4 + C_3 r^{-2} + C_4\right)\cos 2\theta \tag{i}$$

여기서 $A_1 \sim A_3$, $C_1 \sim C_4$ 는 경계조건으로부터 결정되는 미정계수(未定係數)이다. 식 (i)를 식 (4・46)에 대입하면 응력성분은 다음 식과 같다.

$$\begin{aligned}
\sigma_{rr} &= A_1 r^{-2} + 2A_2 - 2\left(C_1 + 3C_3 r^{-4} + 2C_4 r^{-2}\right)\cos 2\theta \\
\sigma_{\theta\theta} &= -A_1 r^{-2} + 2A_2 + 2\left(C_1 + 6C_2 r^2 + 3C_3 r^{-4}\right)\cos 2\theta \\
\sigma_{r\theta} &= 2\left(C_1 + 3C_2 r^2 - 3C_3 r^{-4} - C_4 r^{-2}\right)\sin 2\theta
\end{aligned} \tag{j}$$

$r \to \infty$ 에 대한 경계조건을 이용하여 식 (a)로부터 미정계수를 구하면

$$A_2 = \frac{\sigma_0}{4}, \quad C_1 = -\frac{\sigma_0}{4}, \quad C_2 = 0$$

또한, $r = r_0$ 에서 경계조건은 식 (4・66)으로부터 다음 식이 얻어진다.

$$A_1 = -\frac{\sigma_0}{2} r_0^2, \quad C_3 = -\frac{\sigma_0}{4} r_0^4, \quad C_4 = \frac{\sigma_0}{2} r_0^2$$

결국, 원공을 갖는 무한평판의 인장문제에 관한 응력해석은 [그림 4-12]와 같이 겹침의 원리를 이용하면, 응력성분은 다음 식과 같이 표시된다.

$$\begin{aligned}
\sigma_{rr} &= \frac{\sigma_0}{2}\left[1 - \left(\frac{r_0}{r}\right)^2 + \left\{1 - 4\left(\frac{r_0}{r}\right)^2 + 3\left(\frac{r_0}{r}\right)^4\right\}\cos 2\theta\right] \\
\sigma_{\theta\theta} &= \frac{\sigma_0}{2}\left[1 + \left(\frac{r_0}{r}\right)^2 - \left\{1 + 3\left(\frac{r_0}{r}\right)^4\right\}\cos 2\theta\right] \\
\sigma_{r\theta} &= -\frac{\sigma_0}{2}\left\{1 + 2\left(\frac{r_0}{r}\right)^2 - 3\left(\frac{r_0}{r}\right)^4\right\}\sin 2\theta
\end{aligned} \tag{4・67}$$

원호에 대한 반지름방향 응력 σ_{rr} 및 전단응력 $\sigma_{r\theta}$ 는 경계조건식 (4・66)에서 0 이 되고, 원둘레방향 응력 $\sigma_{\theta\theta}$ 는 식 (4・66)으로부터 다음 식이 얻어진다.

$$(\sigma_{\theta\theta})_{r=a} = \sigma_0(1 - 2\cos 2\theta) \tag{4・68}$$

따라서 원호 주위의 $\sigma_{\theta\theta}$ 는 [그림 4-12(a)]의 점 B와 D에서 최대값 $(\sigma_{\theta\theta})_{\max}$, 점 A와 C에서 최소값인 $(\sigma_{\theta\theta})_{\min}$ 으로 되며, 다음 식과 같이 된다.

$$\begin{aligned}
(\sigma_{\theta\theta})_{\max} &= (\sigma_{\theta\theta})_{\theta=\pm\pi/2} = 3\sigma_0 \\
(\sigma_{\theta\theta})_{\min} &= (\sigma_{\theta\theta})_{\theta=0,\pi} = -\sigma_0
\end{aligned} \tag{4・69}$$

즉, 원공의 언저리인 점 B와 D에서 최대응력집중이 발생하고, 응력집중계수(應力集中係數; stress concentration factor) $\alpha_k = \sigma_{\max}/\sigma_0 = 3$ 이 되는 것을 알 수 있다.

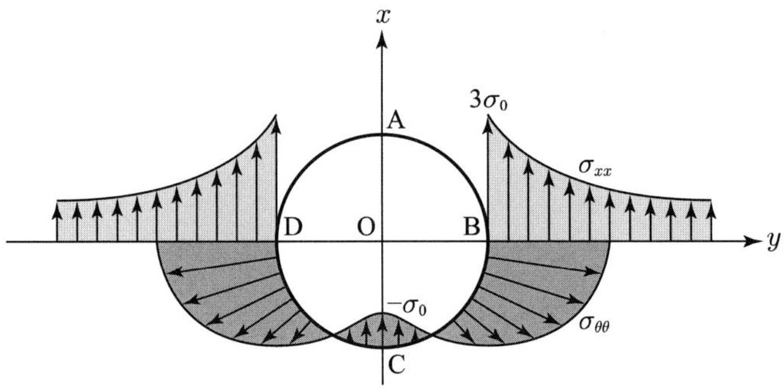

[그림 4-13] 원공을 갖는 무한평판의 인장에 의한 응력분포

다음에 y 축에 대한 응력 σ_{xx} 를 식 (4・67)에서 구하면 다음 식과 같이 된다.

$$(\sigma_{xx})_{x=0} = (\sigma_{\theta\theta})_{\theta=\pi/2} = \sigma_0\left(1 + \frac{r_0^2}{2r^2} + \frac{3r_0^4}{2r^4}\right) \tag{4・70}$$

따라서 식 (4・68)과 식 (4・70)에서 주어지는 원호에 대한 응력 $\sigma_{\theta\theta}$ 의 분포 및 y 축에 대한 σ_{xx} 의 분포는 [그림 4-13]과 같이 된다.

4.6 복소응력함수

지금까지 실변수(實變數)의 중조화함수로 이루어진 Airy의 응력함수를 이용하여 직교좌표계와 극좌표계에 대한 평면문제를 해석하였다. 그러나 Airy의 응력함수를 함수론에 의한 2개의 복소변수(複素變數)로 나타내는 해석함수(解析函數; analytical function)를 이용하면 더욱 많은 경계값 문제를 해석할 수 있다. 여기서는 복소함수, 복소응력함수, 복소함수에 의한 변위의 식, 합력 및 합 모멘트의 표시를 다루어 보기로 한다.

4.6.1 복소함수

[그림 4-14]에서와 같이 복소함수(複素函數; complex function)를 $f(z)$ 라 하면 복소수(複素數; complex number) z 는 다음 식으로 표시된다.

$$z = x + iy \tag{a}$$

여기서 i 는 허수(虛數; imaginary number)를 나타내고, $i = \sqrt{-1}$ 이다.

식 (a)를 극좌표로 나타내면 다음 식과 같이 된다.

$$z = r(\cos\theta + i\sin\theta) = re^{i\theta} \tag{b}$$

z 의 공액복소수(共軛複素數; complex conjugate)를 $\bar{z}$ 라 하면

$$\bar{z} = x - iy = re^{-i\theta} \tag{c}$$

식 (b)와 식 (c)에서

$$r^2 = z\bar{z} \tag{d}$$

또한, 식 (a)와 식 (c)로부터 다음 식을 얻을 수 있다.

$$z\bar{z} = |z|^2 = |\bar{z}|^2 \tag{e}$$

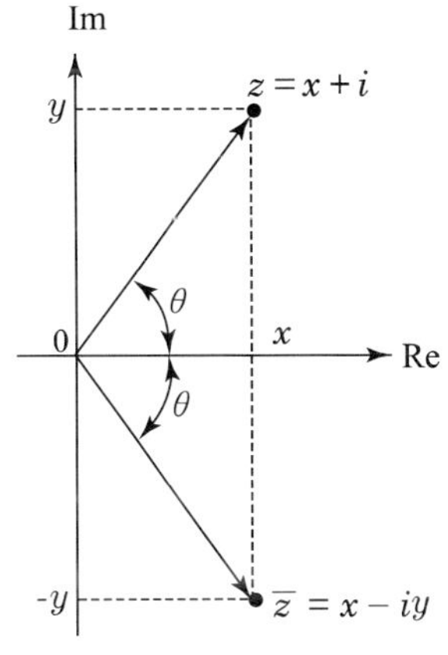

[그림 4-14] 복소좌표계

복소함수 $f(z)$ 가 영역 Ω 의 모든 점에서 미분가능하다면 해석적(解析的; analytic)이라 하고, 정칙(正則; regular 또는 holomorphic)이라 하며, 함수가 정칙이 아닌 점을 특이점(特異點; singular point)이라 한다.

복소함수 $f(z)$ 를 미분하면 다음 식과 같이 된다.

$$w(z) = \frac{df(z)}{dz} \lim_{\Delta z \to 0} \frac{f(z + dz) - f(z)}{\Delta z}$$

여기서 $f(z) = u + iv$ 라 하면

$$w(z) = \lim_{\Delta x, \Delta y \to 0} \frac{u + \Delta u + i(v + \Delta v) - u - iv}{\Delta x + i\Delta y}$$

$\Delta y \to 0$ 를 따라 극한을 취하면

$$w(z) = \lim_{\Delta x \to 0} \left(\frac{\Delta u}{\Delta x} + i\frac{\Delta v}{\Delta x} \right) = \frac{\partial u}{\partial x} + i\frac{\partial v}{\partial x} \tag{f}$$

$\triangle x \to 0$ 를 따라 극한을 취하면 다음 식으로 표시된다.

$$w(z) = \lim_{\triangle y \to 0}\left(-i\frac{\triangle u}{\triangle y} + i\frac{\triangle v}{\triangle y}\right) = \frac{\partial u}{\partial y} - i\frac{\partial v}{\partial y} \tag{g}$$

식 (f)와 식 (g)로부터

$$\frac{\partial u}{\partial x} = \frac{\partial v}{\partial y}, \quad \frac{\partial u}{\partial y} = -\frac{\partial v}{\partial x} \tag{4・71}$$

식 (4・71)의 관계식을 Cauchy–Riemann의 식이라 하고, 이 식으로부터 복소함수가 해석적으로 되는 것을 판별할 수 있다.

4.6.2 복소응력함수 표시

Airy의 응력함수 Φ 는 평면 중조화함수이므로

$$\nabla_1^2 \Phi = P(x, y) \tag{a}$$

로 놓으면, $P(x, y)$ 는 평면조화함수가 된다. $P(x, y)$ 의 공액 평면조화함수는 $Q(x, y)$ 로서 다음 식과 같이 나타낼 수 있다.

$$f(z) = P(x, y) + iQ(x, y) \tag{b}$$

여기서 $f(z)$ 는 복소변수 $z = x + iy$ 의 해석함수이다.

다음에 이 함수를 z 로 적분한 후

$$\phi(z) = \frac{1}{4}\int f(z)dz = p(x, y) + iq(x, y) \tag{c}$$

로 놓으면 $\phi(z)$ 도 역시 z 의 해석함수이고, $p(x, y)$ 및 $q(x, y)$ 는 식 (4・71)에 나타낸 Cauchy–Riemann의 관계를 만족하면 다음 식이 얻어진다.

$$\frac{\partial p}{\partial x} = \frac{\partial q}{\partial y} = \frac{1}{4}P, \quad \frac{\partial p}{\partial y} = -\frac{\partial q}{\partial x} = -\frac{1}{4}Q \tag{d}$$

이때 식 (a), 식 (d), 그리고 함수 p, q 가 평면조화함수이면 $\nabla_1^2 p = 0$, $\nabla_1^2 q = 0$ 인 것을 고려하면 다음 식과 같이 표시할 수 있다.

$$\nabla_1^2(\Phi - px - qy) = \nabla_1^2\Phi - 2\left(\frac{\partial p}{\partial x} + \frac{\partial q}{\partial y}\right) \tag{e}$$

식 (d)를 식 (e)에 대입하고 $P = \nabla_1^2\Phi$ 를 이용하면 다음 식이 얻어진다.

$$\nabla_1^2(\Phi - px - qy) = 0 \tag{f}$$

따라서 $\Phi - px - qy$ 는 조화함수이고, 식 (f)의 일반해 $p_1(x, y)$ 을 조화함수로 나타내면

$$\Phi = px + qy + p_1(x, y) \tag{g}$$

p_1 에 대한 공액을 q_1 으로 하고, 다음과 같은 해석함수를 도입한다.

$$\psi(z) = p_1(x, y) + i q_1(x, y) \tag{h}$$

식 (h)의 우변은 $\bar{z}(z) + \psi(z) = (x - iy)(p + iq) + p_1 + iq_1$ 의 실수부분이고, 식 (g)는

$$\Phi = Re\{(x - iy)(p + iq) + p_1 + iq_1\} \tag{i}$$

식 (c), 식 (h)를 식 (i)에 대입하면 Airy의 응력함수 Φ 는 다음 식과 같이 표시된다.

$$\Phi = Re\{\bar{z}\phi(z) + \psi(z)\} = \frac{1}{2}\{\bar{z}\,\phi(z) + z\,\overline{\phi(z)} + \psi(z) + \overline{\psi(z)}\} \tag{4・72}$$

여기서 Re는 { } 안의 함수에 대한 실수부(實數部)를 의미하고, $\psi(z) = \int^z \psi(z)\,dz$ 를 나타낸 것이다.

식 (4・72)에 대한 z 의 해석함수 $\phi(z)$, $\psi(z)$ 를 복소응력함수(complex stress function)라 하고, 이것을 Goursat의 응력함수라 부르며, 식 (4・72)를 Goursat의 표시라고 한다.

(1) 응력의 표시

Goursat의 응력함수를 이용하여 응력을 표시하려면, Airy 응력함수의 식 (4・22)로부터 다음 식을 얻을 수 있다.

$$\begin{aligned}
\sigma_{xx} + i\tau_{xy} &= \frac{\partial^2 \Phi}{\partial y^2} - i\frac{\partial^2 \Phi}{\partial x\,\partial y} = -i\frac{\partial}{\partial y}\left(\frac{\partial \Phi}{\partial x} + i\frac{\partial \Phi}{\partial y}\right) \\
\sigma_{yy} - i\tau_{xy} &= \frac{\partial^2 \Phi}{\partial x^2} + i\frac{\partial^2 \Phi}{\partial x\,\partial y} = \frac{\partial}{\partial x}\left(\frac{\partial \Phi}{\partial x} + i\frac{\partial \Phi}{\partial y}\right)
\end{aligned} \tag{j}$$

여기서 응력함수 Φ 를 z 와 $\bar{z}$ 이 함수라 하면 다음 식과 같이 표시할 수 있다.

$$\begin{aligned}
\frac{\partial \Phi(z, z)}{\partial x} &= \frac{\partial \Phi}{\partial z}\frac{\partial z}{\partial x} + \frac{\partial \Phi}{\partial \bar{z}}\frac{\partial \bar{z}}{\partial x} = \frac{\partial \Phi}{\partial z} + \frac{\partial \Phi}{\partial \bar{z}} \\
\frac{\partial \Phi(z, \bar{z})}{\partial y} &= \frac{\partial \Phi}{\partial z}\frac{\partial z}{\partial y} + \frac{\partial \Phi}{\partial \bar{z}}\frac{\partial z}{\partial y} = i\left(\frac{\partial \Phi}{\partial z} + \frac{\partial \Phi}{\partial \bar{z}}\right)
\end{aligned} \tag{k}$$

식 (k)와 식 (4・72)로부터 다음 식이 얻어진다.

$$\frac{\partial \Phi}{\partial x} + i\frac{\partial \Phi}{\partial y} = 2\frac{\partial \Phi}{\partial \bar{z}} = \phi(z) + z\,\overline{\phi'(z)} + \overline{\psi(z)} \tag{4・73}$$

식 (4・73)을 x 에 관해서 편미분하면

$$\frac{\partial^2 \Phi}{\partial x^2} + i\frac{\partial^2 \Phi}{\partial x \partial y} = \phi(z) + z\overline{\phi''(z)} + \overline{\phi'(z)} + \overline{\psi'(z)} \tag{l}$$

또한, 식 (4・73)을 y 에 관해서 편미분하고 i 를 곱하면

$$i\frac{\partial^2 \Phi}{\partial x^2} - i\frac{\partial^2 \Phi}{\partial y^2} = -\phi'(z) + z\overline{\phi''(z)} - \overline{\phi'(z)} + \overline{\psi'(z)} \tag{m}$$

식 (4・73)을 식 (j)에 대입하면

$$\begin{aligned} \sigma_{xx} + i\sigma_{yy} &= \phi'(z) + \overline{\phi'(z)} - z\overline{\phi''(z)} - \overline{\psi'(z)} \\ \sigma_{yy} - i\sigma_{yy} &= \phi'(z) + \overline{\phi'(z)} + z\overline{\phi''(z)} + \overline{\psi'(z)} \end{aligned} \tag{4・74}$$

식 (4・74)를 변형하면 다음 식과 같이 된다.

$$\begin{aligned} \sigma_{xx} + \sigma_{yy} &= 2\{\phi'(z) + \overline{\phi'(z)}\} = 4Re\{\phi'(z)\} \\ \sigma_{yy} - \sigma_{xx} + 2i\sigma_{xy} &= 2\{\bar{z}\phi''(z) + \psi'(z)\} \end{aligned} \tag{4・75}$$

식 (4・75)를 Kolosoff-Muskhelishivili의 표시라 하고, 이 식에 의해 응력성분은 다음과 같이 나타낸다.

$$\begin{aligned} \sigma_{xx} &= Re\{2\phi'(z) - \bar{z}\phi''(z) - \psi'(z)\} \\ \sigma_{yy} &= Re\{2\phi'(z) + \bar{z}\phi''(z) + \psi'(z)\} \\ \sigma_{xy} &= Im\{\bar{z}\phi''(z) + \psi'(z)\} \end{aligned} \tag{4・76}$$

여기서 Im 은 허수부를 나타낸다.

(2) 변위의 표시

변위의 식을 복소함수로 표시하면 4.3.1항의 식 (a)로부터 물체력이 작용하지 않을 때 평면문제에 대해서 다음의 관계식이 성립한다.

$$\begin{aligned} \frac{\partial u}{\partial x} &= \frac{1}{2G}\left\{-\sigma_{yy} + \frac{1}{1+\nu^*}(\sigma_{xx} + \sigma_{yy})\right\} = \frac{1}{2G}\left\{-\frac{\partial^2 \Phi}{\partial x^2} + \frac{1}{1+\nu^*}\left(\frac{\partial^2 \Phi}{\partial x^2} + \frac{\partial^2 \Phi}{\partial y^2}\right)\right\} \\ \frac{\partial v}{\partial y} &= \frac{1}{2G}\left\{-\sigma_{xx} + \frac{1}{1+\nu^*}(\sigma_{xx} + \sigma_{yy})\right\} = \frac{1}{2G}\left\{-\frac{\partial^2 \Phi}{\partial y^2} + \frac{1}{1+\nu^*}\left(\frac{\partial^2 \Phi}{\partial x^2} + \frac{\partial^2 \Phi}{\partial y^2}\right)\right\} \\ \frac{\partial u}{\partial y} + \frac{\partial v}{\partial x} &= \frac{1}{G}\sigma_{xy} = \frac{1}{G}\frac{\partial^2 \Phi}{\partial x \partial y} \end{aligned} \tag{n}$$

여기서

$$\nu^* = \begin{cases} \nu & : \text{평면응력 상태} \\ \nu/(1-\nu) & : \text{평면변형률 상태} \end{cases} \qquad E^* = \begin{cases} E & : \text{평면응력 상태} \\ E/(1-\nu^2) & : \text{평면변형률 상태} \end{cases}$$

$$\frac{E^*}{2(1+\nu^*)} = \frac{E}{2(1+\nu)} = G$$

식 (a)와 식 (d)를 고려하면 식 (n)의 첫 번째 및 두 번째 식은 다음과 같이 된다.

$$\begin{aligned} \frac{\partial u}{\partial x} &= \frac{1}{2G}\left(\frac{4}{1+\nu^*}\frac{\partial p}{\partial x} - \frac{\partial^2 \Phi}{\partial x^2}\right) \\ \frac{\partial v}{\partial y} &= \frac{1}{2G}\left(\frac{4}{1+\nu^*}\frac{\partial q}{\partial y} - \frac{\partial^2 \Phi}{\partial y^2}\right) \end{aligned} \tag{o}$$

식 (o)를 각각 x, y로 적분하면 변위에 관한 다음 식이 얻어진다.

$$\begin{aligned} u &= \frac{1}{2G}\left(\frac{4p}{1+\nu^*} - \frac{\partial \Phi}{\partial y}\right) + f_1(y) \\ v &= \frac{1}{2G}\left(\frac{4q}{1+\nu^*} - \frac{\partial \Phi}{\partial y}\right) + f_2(x) \end{aligned} \tag{p}$$

여기서 $f_1(y)$, $f_2(x)$는 4.3.1항에서 강체변위를 나타내므로 $f_1(y) = 0$, $f_2(x) = 0$로 하여도 무방하다. 따라서 식 (p)를 복소수로 표시하고, 식 (c)와 식 (4・73)에 대입하면 2차원 탄성문제에 대한 변위성분은 다음 식과 같이 된다.

$$2G(u + iv) = \{\kappa\phi(z) - z\overline{\phi'(z)} - \overline{\psi(z)}\} \tag{4・77}$$

여기서

$$\kappa = \frac{3-\nu^*}{1+\nu^*} = \begin{cases} (3-\nu)/(1+\nu) & : \text{평면응력 상태} \\ 3-4\nu & : \text{평면변형률 상태} \end{cases} \tag{4・78}$$

(3) 합력 및 합 모멘트의 표시

합력 및 합 모멘트의 복소응력함수에 의한 표시를 고려하면, 물체력이 작용하지 않을 때 Airy의 응력함수는 [그림 4-15]의 경계선에서 식 (4・31)을 만족하여야 한다.

[그림 4-15]에서 미소경계선 dS에 작용하는 표면력 T_x, T_y는

$$\begin{bmatrix} T_x \\ T_y \end{bmatrix} = \begin{bmatrix} \sigma_{xx} & \sigma_{xy} \\ \sigma_{xy} & \sigma_{yy} \end{bmatrix} = \begin{bmatrix} n_x \\ n_y \end{bmatrix} \tag{q}$$

여기서 n_x, n_y는 방향코사인로서 다음 식과 같이 표시된다.

$$n_x = \cos\theta = \frac{dy}{dS}, \quad n_y = \sin\theta = -\frac{dx}{dS} \tag{r}$$

식 (q)의 응력을 Airy의 응력함수로 표시하고, 식 (r)을 대입하면

$$\begin{aligned} T_x &= \frac{\partial^2 \Phi}{\partial y^2}\frac{dy}{dS} + \frac{\partial^2 \Phi}{\partial x \partial y}\frac{dx}{dS} = \frac{d}{dS}\left(\frac{\partial \Phi}{\partial y}\right) \\ T_y &= -\frac{d}{dS}\left(\frac{\partial \Phi}{\partial x}\right) \end{aligned} \tag{s}$$

$\widehat{AB}$ 에 대한 합력성분 P_x, P_y는

$$\begin{aligned} P_x &= \int_A^B T_x\, dS = \int_A^B \frac{d}{dS}\left(\frac{\partial \Phi}{\partial y}\right) dS = \left[\frac{\partial \Phi}{\partial y}\right]_A^B \\ P_y &= \int_A^B T_y\, dS = -\int_A^B \frac{d}{dS}\left(\frac{\partial \Phi}{\partial x}\right) dS = -\left[\frac{\partial \Phi}{\partial x}\right]_A^B \end{aligned} \tag{t}$$

식 (t)를 복소함수로 표시하면 합력은 다음 식과 같이 된다.

$$(P_x + iP_y) = -i\left[\frac{\partial \Phi}{\partial x} + i\frac{\partial \Phi}{\partial y}\right]_A^B = -i\left[\phi(z) + z\overline{\phi'(z)} + \overline{\psi(z)}\right]_A^B \tag{4・79}$$

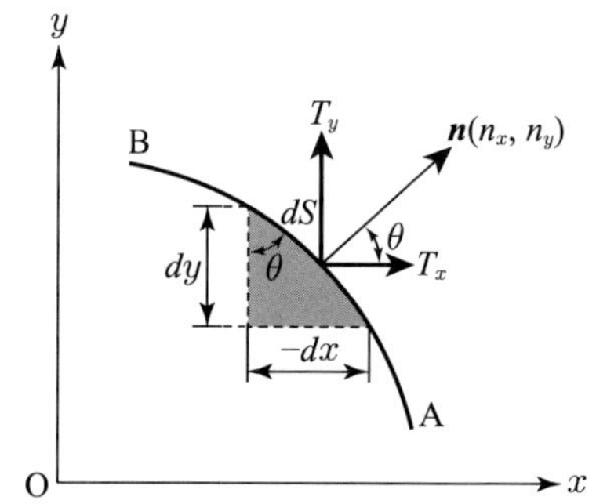

[그림 4-15] 미소 경계선에 작용하는 힘

또한, 원점 O에 관한 반시계방향의 합모멘트 M_o는

$$\begin{aligned} M_o &= \int_A^B (xT_x - yT_x)\, dS - \int_A^B \left\{x\, d\left(\frac{\partial \Phi}{\partial x}\right) + y\, d\left(\frac{\partial \Phi}{\partial y}\right)\right\} \\ &= -\left[x\left(\frac{\partial \Phi}{\partial x}\right) + y\left(\frac{\partial \Phi}{\partial y}\right)\right]_A^B + [\Phi]_A^B \end{aligned} \tag{u}$$

여기서, 우변 첫 번째 항의 [ ] 안은

$$x\frac{\partial \Phi}{\partial x}+y\frac{\partial \Phi}{\partial y}=Re\left\{z\left(\overline{\frac{\partial \Phi}{\partial x}+i\frac{\partial \Phi}{\partial y}}\right)\right\}=Re\{z\overline{\phi(z)}+z\bar{z}\phi'(z)+z\psi'(z)\}$$

이고, Φ는 식 (4・72)와 같이 표시되므로 합모멘트 M_o는은 다음 식과 같이 된다.

$$M_o=Re\left[\psi(z)-z\psi(z)-z\bar{z}\phi'(z)\right]_A^B \tag{4・80}$$

경계조건이 응력성분으로 주어질 때 식 (4・75), 변위성분으로 주어질 경우는 식 (4・77), 그리고 합력 및 합 모멘트로 주어질 때는 식 (4・79)와 식 (4・80)으로부터 복소응력함수 $\phi(z)$, $\psi(z)$를 구하면 된다.

또한, 극좌표계에 대한 응력 및 변위성분을 복소응력함수로 나타내면, 극좌표계 및 직교좌표계에 대한 응력성분의 관계는 식 (4・41′)과 같이 주어지므로 이것을 복소수로 표시하면

$$\begin{aligned}&\sigma_{rr}+\sigma_{\theta\theta}=\sigma_{xx}+\sigma_{yy}\\&\sigma_{\theta\theta}-\sigma_{rr}+2i\sigma_{r\theta}=(\sigma_{yy}-\sigma_{xx}+2i\sigma_{xy})e^{2i\theta}\end{aligned} \tag{4・81}$$

극좌표계에 대한 변위성분 u_r, u_θ와 직교좌표계에 대한 변위성분 u, v의 관계를 복소수로 나타내면 다음 식과 같이 된다.

$$u_r+iu_\theta=(u+iv)e^{-i\theta} \tag{4・82}$$

따라서 직교좌표계에 대한 응력 및 변위성분은 복소응력함수에 의해 각각 식 (4・75)와 식 (4・77)과 같으므로 이들을 식 (4・81)과 식 (4・82)에 대입하면 극좌표계에 대한 응력 및 변위성분은 다음 식으로 나타낸다.

$$\begin{aligned}&\sigma_{rr}+\sigma_{\theta\theta}=4Re\{\psi'(z)\}\\&\sigma_{\theta\theta}-\sigma_{rr}+2i\sigma_{r\theta}=2\{\bar{z}\phi''(z)+\psi'(z)\}e^{2i\theta}\end{aligned} \tag{4・83}$$

$$2G(u_r+iu_\theta)=\{\kappa\phi(z)-z\overline{\phi'(z)}-\overline{\psi(z)}\}e^{-i\theta} \tag{4・84}$$

4.7 집중하중이 작용하는 무한탄성체의 응력 및 변위

[그림 4-16]과 같이 무한탄성체(無限彈性體)의 한 점 O에 집중하중 P가 작용할 때 평면변형률 상태의 응력 및 변위를 구하여 보기로 한다. 그림에서 집중하중이 작용하는 점 O를 원점으로 하는 직교좌표계를 잡고, P에 대한 x, y축 방향성분을 각각 P_x, P_y라 하자. 하중 P는 원점 O를 중심으로 무한히 작은 원공에 분포 작용하는 응력의 합으로 고려할 수 있으므로 식 (4・79)를 참조하면 이 문제의 복소응력함수는 원점에 특이점을 갖는 다가함수(多價函數)로 된다. 따라서 다음 식과 같은 복소응력함수를 가정한다.

$$\phi(z) = L\log z, \quad \psi(z) = N\log z \tag{a}$$

여기서 L, N은 복소계수이다.

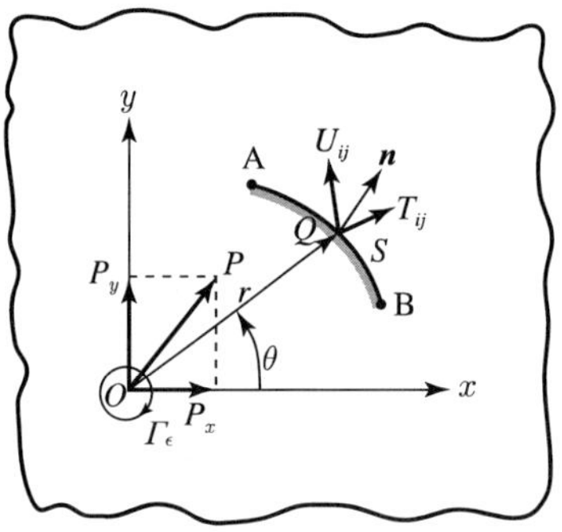

[그림 4-16] 집중하중이 작용하는 무한탄성체

식 (a)는 $z=0$인 원점을 제외한 정칙함수(正則函數; holomorphic function)이고, 원점은 특이점(特異點; singular point)이 되므로 그 주위에 반경 ϵ의 원공(圓孔; circular hole)을 고려하여 그 경계 Γ_ϵ을 따라 합력을 구하여 본다. 식 (a)를 식 (4・79)에 대입하고, 원점을 중심으로 시계방향으로 적분하면

$$(P_x + iP_y) = -i\left[\phi(z) + z\overline{\phi'(z)} + \overline{\psi(z)}\right]_{\Gamma_\epsilon} = -2\pi(L - \overline{N}) \tag{b}$$

식 (b)는 Γ_ϵ의 바깥쪽에서 작용하는 합력을 나타내고, $\epsilon \to 0$로 될 때 식 (b)와 평형을 이루는 합력이 원점에 작용하는 것을 의미한다. 따라서 [그림 4-16]에서와 같이 원점에 집중하중 P_x, P_y가 작용할 때 응력함수는 다음 식과 같이 된다.

$$\phi(z) = -\frac{P_x + iP_y}{2\pi(1+\kappa)}\log(z - z_0) \tag{4・85}$$

$$\psi(z) = \frac{\kappa(P_x - iP_y)}{2\pi(1+\kappa)}\log(z - z_0) + \frac{\overline{z_0}(P_x + iP_y)}{2\pi(1+\kappa)}\left(\frac{1}{z - z_0}\right) \tag{4・86}$$

이와 같이 응력함수가 얻어지면 Q점$(z - z_0)$에 대한 변위를 구할 수 있고, 위의 응력함수를 식 (4・77)에 대입하면 다음과 같은 식이 얻어진다.

$$2G\{u(z) + iv(z)\} = -\frac{\kappa(P_x + iP_y)}{2\pi(1+\kappa)}\log(z - z_0)(\overline{z} - \overline{z_0}) + \frac{P_x - iP_y}{2\pi(1+\kappa)}\left(\frac{z - z_0}{\overline{z} - \overline{z_0}}\right) \tag{4・87}$$

이때 다음 식과 같은 극좌표계를 이용하면 식을 간단히 표시할 수 있다.

$$z - z_0 = re^{i\theta}, \quad (z - z_0)(\overline{z} - \overline{z_0}) = r^2, \quad (z - z_0)/(\overline{z} - \overline{z_0}) = e^{2i\theta} \tag{c}$$

또한, 식 (4・87)를 실수부와 허수부로 분리하면

$$\begin{aligned} u(z) &= \frac{\kappa P_x}{2\pi G(1+\kappa)}\log\left(\frac{1}{r}\right) + \frac{P_x\cos 2\theta + P_y\sin 2\theta}{4\pi G(1+\kappa)} \\ v(z) &= \frac{\kappa P_y}{2\pi G(1+\kappa)}\log\left(\frac{1}{r}\right) + \frac{P_x\sin 2\theta - P_y\cos 2\theta}{4\pi G(1+\kappa)} \end{aligned} \tag{4・88}$$

한편, 변위는 1가(價)이므로 식 (4・77)로부터 평면변형률 상태에 대해서는 다음 식과 같이 주어진다.

$$2G[u + iv]_{\theta=0}^{\theta=-2\pi} = -2i\pi\{(3 - 4\nu)L + \overline{N}\} = 0 \tag{d}$$

그러므로 식 (b)와 식 (d)로부터 복소계수 L, N은

$$L = -\frac{1}{8\pi(1-\nu)}(P_x - iP_y), \qquad N = \frac{3 - 4\nu}{8\pi(1-\nu)}(P_x - iP_y) \tag{e}$$

식 (a)와 식 (e)를 식 (4・77)에 대입하고 강체변위에 관한 항을 제거하면 집중하중 P_x, P_y에 의한 변위성분은 다음 식으로 주어진다.

$$\begin{aligned} u &= \frac{1}{8\pi G(1-\nu)}\left[P_x\left\{(3 - 4\nu)\log\frac{1}{r} + \cos^2\theta\right\} + P_y\sin\theta\cos\theta\right] \\ v &= \frac{1}{8\pi G(1-\nu)}\left[P_y\left\{(3 - 4\nu)\log\frac{1}{r} + \sin^2\theta\right\} + P_x\sin\theta\cos\theta\right] \end{aligned} \tag{4・89}$$

식 (4・89)는 다음과 같이 표시할 수 있다.

$$u = U_{xx}P_x + U_{yx}P_y, \quad v = U_{xy}P_x + U_{yy}P_y \tag{4・90}$$

또는

$$u_i = U_{ij}P_j = U_{ji}P_j \quad (i = 1,\ 2) \qquad (4 \cdot 90')$$

2차원 등방·등질 탄성체에 대한 변위는 다음 식과 같이 된다.

$$\begin{aligned} U_{ij} &= \frac{1}{8\pi G(1-\nu)}\left\{(3-4\nu)\delta_{ij}\log\frac{1}{r} + r_{,i}\,r_{,j}\right\} \ : \text{평면변형률} \\ &= \frac{1}{8\pi G}\left\{(3-\nu)\delta_{ij}\log\frac{1}{r} + (1+\nu)r_{,i}\,r_{,j}\right\} \ : \text{평면응력} \end{aligned} \qquad (4 \cdot 91)$$

따라서, U_{ij}는 원점에서 i 방향의 단위집중하중에 의한 임의의 점에 대한 j 방향의 변위를 나타낸다.

또한 식 (a)와 식 (e)를 식 (4·75)에 대입하고 $z = re^{i\theta}$로 놓으면, 원점에서 x, y축 방향으로 작용하는 집중하중 P_x, P_y에 의한 응력성분은 다음 식과 같이 된다.

$$\begin{aligned} \sigma_{xx} &= -\frac{\cos\theta}{4\pi r(1-\nu)}(1-2\nu+2\cos^2\theta)P_x + \frac{\sin\theta}{4\pi r(1-\nu)}(1-2\nu-2\cos^2\theta)P_y \\ \sigma_{yy} &= -\frac{\cos\theta}{4\pi r(1-\nu)}(1-2\nu-2\sin^2\theta)P_x - \frac{\sin\theta}{4\pi r(1-\nu)}(1-2\nu+2\sin^2\theta)P_y \\ \tau_{xy} &= -\frac{\sin\theta}{4\pi r(1-\nu)}(1-2\nu+2\cos^2\theta)P_x - \frac{\cos\theta}{4\pi r(1-\nu)}(1-2\nu+2\sin^2\theta)P_y \end{aligned} \qquad (4 \cdot 92)$$

법선 $\boldsymbol{n}$, 방향코사인 n_x, n_y를 갖는 임의의 점 Q에 대한 표면력을 구하면, Cauchy의 관계식 (2.9′)으로부터 다음 식으로 표시된다.

$$T_x = \sigma_{xx}n_x + \sigma_{yx}n_y, \quad T_y = \sigma_{xy}n_x + \sigma_{yy}n_y \qquad \text{(f)}$$

또한, [그림 4-16]으로부터 다음의 관계식이 얻어진다.

$$\begin{aligned} &\cos\theta = \frac{\partial r}{\partial x} = r_{,1}, \quad \sin\theta = \frac{\partial r}{\partial y} = r_{,2} \\ &\frac{\partial r}{\partial n} = \frac{\partial r}{\partial x}\frac{\partial x}{\partial n} + \frac{\partial r}{\partial y}\frac{\partial y}{\partial n} = \cos\theta\, n_x + \sin\theta\, n_y \end{aligned} \qquad \text{(g)}$$

식 (4·79)를 식 (f)에 대입하고 식 (g)를 이용하면, 원점에 집중하중 P_x, P_y가 작용할 때 표면력은 다음 식과 같이 된다.

$$T_x = T_{xx}P_x + T_{yx}P_y, \quad T_y = T_{xy}P_x + T_{yy}P_y \qquad (4 \cdot 93)$$

또는

$$T_i = T_{ij}P_j = T_{ji}P_j \quad (i = 1,\ 2) \qquad (4 \cdot 93')$$

여기서 2차원 등방·등질 탄성체의 평면변형률 상태에 대한 표면력은 다음 식과 같다.

$$T_{ij} = -\frac{1}{4\pi r(1-\nu)}\left[\{(1-2\nu)\delta_{ij} + 2r_{,i}r_{,j}\}\frac{\partial r}{\partial n} - (1-2\nu)(r_{,i}n_j - r_{,j}n_i)\right] : \text{평면변형률}$$
$$= -\frac{1}{4\pi r}\left[\{(1-\nu)\delta_{ij} + 2(1+\nu)r_{,i}r_{,j}\}\frac{\partial r}{\partial n} - (1-\nu)(r_{,i}n_j - r_{,j}n_i)\right] \quad : \text{평면응력}$$
$$(4 \cdot 94)$$

즉, T_{ij}는 원점에서 i 방향의 단위집중하중에 의한 임의의 점에 대한 j 방향의 표면력을 나타낸다. 따라서 식 (4・91)과 식 (4・94)는 경계요소법(境界要素法; boundary element method : BEM)의 정식화(定式化)로 이용되고 있는 Kelvin의 해(Kelvin's solution)를 의미한다.

4.8 무한평판의 균열에 작용하는 응력

재료에 내재(內在)되어 있는 균열(龜裂; crack)의 진전, 또는 새로운 균열의 발생은 파괴의 원인이 되므로 균열선단(龜裂先端; crack-tip) 근방에 대한 응력상태를 파악하는 것은 재료의 파괴를 예측하는데 매우 중요한 역할을 한다.

[그림 4-17]과 같이 무한대(無限大)에서 균일 인장응력 $\sigma_x = \sigma_y = \sigma_0$가 작용하는 무한평판(無限平板)에 길이 $2a$의 균열이 존재할 때 균열에 대한 응력을 구하여 보기로 한다. 이때 식 (4・75)의 함수 $\phi(z)$, $\psi(z)$는 다음 식과 같이 표시된다.

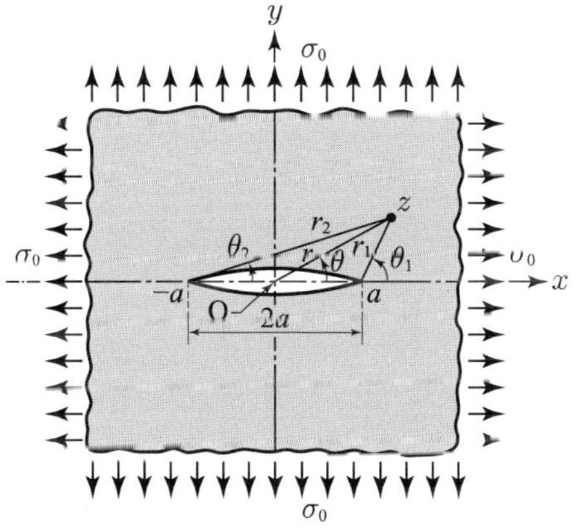

[그림 4-17] 무한평판의 균열재에 작용하는 2축 인장응력

$$\phi(z)=\frac{\sigma_0}{2}\sqrt{z^2-a^2}, \quad \psi(z)=-\frac{\sigma_0}{2}\frac{a^2}{\sqrt{z^2-a^2}} \qquad (4\cdot 95)$$

식 (4・95)를 식 (4・75)에 대입하면 응력은 다음 식과 같이 된다.

$$\begin{aligned}
\sigma_x &= \sigma_0 Re\left\{\frac{z}{\sqrt{z^2-a^2}}+\frac{a^2}{2}\frac{\bar{z}-z}{\left(\sqrt{z^2-a^2}\right)^3}\right\}\\
\sigma_y &= \sigma_0 Re\left\{\frac{z}{\sqrt{z^2-a^2}}-\frac{a^2}{2}\frac{\bar{z}-z}{\left(\sqrt{z^2-a^2}\right)^3}\right\} \qquad (4\cdot 96)\\
\tau_{xy} &= -\sigma_0 Im\left\{\frac{a^2}{2}\frac{\bar{z}-z}{\left(\sqrt{z^2-a^2}\right)^3}\right\}
\end{aligned}$$

극좌표 $(r,\ \theta)$, $(r_1,\ \theta_1)$, $(r_2,\ \theta_2)$는 [그림 4-17]에서와 같이 균열중심 O 및 균열선단의 좌표 a, $-a$를 원점으로 극좌표계를 고려하면 z와 다음과 같은 관계식이 성립한다.

$$\begin{aligned}
&z=re^{i\theta}, \quad z+a=r_2e^{i\theta_2}, \quad z-a=r_1e^{i\theta_1}\\
&\sqrt{z^2-a^2}\cong\sqrt{2are^{i\theta/2}}, \quad \sqrt{(\bar{z})^2-a^2}\cong\sqrt{2are^{-i\theta/2}}
\end{aligned} \qquad (4\cdot 97)$$

식 (4・96)에 식 (4・97)의 관계를 고려하면 다음 식이 얻어진다.

$$\begin{aligned}
\sigma_x &= \frac{\sigma_0 r}{\sqrt{r_1r_2}}\left\{\cos\left(\theta-\frac{\theta_1+\theta_2}{2}\right)-\frac{a^2}{r_1r_2}\sin\theta\sin\frac{3}{2}(\theta_1+\theta_2)\right\}\\
\sigma_y &= \frac{\sigma_0 r}{\sqrt{r_1r_2}}\left\{\cos\left(-\frac{\theta_1+\theta_2}{2}\right)+\frac{a^2}{r_1r_2}\sin\theta\sin\frac{3}{2}(\theta_1+\theta_2)\right\} \qquad (4\cdot 98)\\
\tau_{xy} &= \frac{\sigma_0 r}{\sqrt{r_1r_2}}\left\{\frac{a^2}{r_1r_2}\sin\theta\cos\frac{3}{2}(\theta_1+\theta_2)\right\}
\end{aligned}$$

식 (4・98)에서 $r\to\infty$로 하면 $\theta=\theta_1=\theta_2$, $r=r_1=r_2$이므로 $\sigma_x=\sigma_y=\sigma_0$, $\tau_{xy}=0$이고, $\theta_1=\pi$, $\theta_2=0$, $\theta=0,\ \pi$로 하면 $\sigma_y=0$, $\tau_{xy}=0$이 되기 때문에 식 (4・95)의 함수는 무한대로 되고, 균열표면에 대한 경계조건을 만족하는 것을 알 수 있다.

또한, 식 (4・95)를 식 (4・87)에 대입하면 변위는 다음 식과 같이 된다.

$$2G(u+iv)=\frac{\sigma_0}{2}\left\{\kappa\sqrt{z^2-a^2}-\frac{z\bar{z}}{\sqrt{(\bar{z})^2-a^2}}+\frac{a^2}{\sqrt{(\bar{z})^2-a^2}}\right\} \qquad (4\cdot 99)$$

[그림 4-17]로부터 식 (4・99)의 변위는 다음과 같이 표시된다.

$$2Gu = \sigma_0 \sqrt{r_1 r_2} \left\{ \frac{(\kappa - 1)}{2} \cos \frac{\theta_1 + \theta_2}{2} - \frac{r^2}{r_1 r_2} \sin\theta \sin\left(\theta - \frac{\theta_1 + \theta_2}{2}\right) \right\}$$
$$2Gv = \sigma_0 \sqrt{r_1 r_2} \left\{ \frac{(\kappa + 1)}{2} \cos \frac{\theta_1 + \theta_2}{2} - \frac{r^2}{r_1 r_2} \sin\theta \cos\left(\theta - \frac{\theta_1 + \theta_2}{2}\right) \right\} \qquad (4 \cdot 100)$$

4.8.1 1축 인장응력이 작용하는 균열재의 무한평판

[그림 4-18]과 같이 길이 $2a$ 인 균열을 갖는 무한평판에 무한대로부터 일정한 인장응력 σ_0 가 작용할 때 응력분포를 고려하여 보기로 한다. 균열의 오른쪽 선단 A 을 중심으로 하는 극좌표 (r, θ) 로 표시한다. 균열선단의 응력장(stress field)은 $r \ll a$, $\theta = 0$ 로 놓고 미소항을 생략하면, 식 (4・98)의 응력장은 다음 식과 같다.

$$\sigma_x = \frac{K_I}{\sqrt{2\pi r}} \cos\frac{\theta}{2}\left(1 - \sin\frac{\theta}{2}\sin\frac{3\theta}{2}\right)$$
$$\sigma_y = \frac{K_I}{\sqrt{2\pi r}} \cos\frac{\theta}{2}\left(1 + \sin\frac{\theta}{2}\sin\frac{3\theta}{2}\right) \qquad (4 \cdot 101)$$
$$\tau_{xy} = \frac{K_I}{\sqrt{2\pi r}} \cos\frac{\theta}{2}\sin\frac{\theta}{2}\cos\frac{3\theta}{2}$$

여기서

$$K_I = \sigma_0 \sqrt{\pi a} \qquad (4 \cdot 102)$$

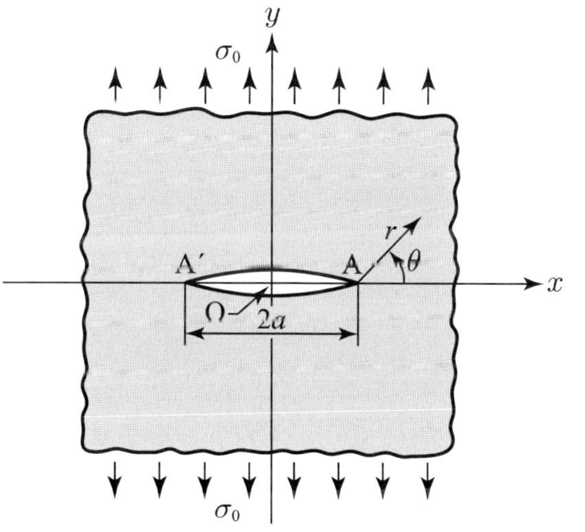

[그림 4-18] 1축 균일 인장응력이 작용하는 균열재의 무한평판

식 (4・101)에서 응력세기계수(stress intensity factor) K_I은 균열 주위의 응력분포를 나타내는 유효한 파라미터로 이용된다. 균열선단의 응력분포는 $1/\sqrt{r}$ 의 특이성을 갖고, 응력세기계수는 하중조건, 시험편의 형상 및 균열길이의 함수로 표현되며 θ 와 균열선단으로부터의 거리 r 에는 무관하다.

따라서, 응력 σ_0 와 균열길이 a 가 서로 다르더라도 K_I 의 값이 같다면 균열선단 근방의 응력상태는 같다. 또한, 균열근방에 대한 응력은 σ_0 에 비하여 충분히 크기 때문에 [그림 4-17]에서 x 방향의 응력 σ_0 는 그 응력분포에 영향을 주지 못하고, 식 (4・101)의 응력분포는 y 방향 응력 σ_0 만이 작용할 때 균열 주위의 응력분포를 나타낸다. 이러한 의미에서 식 (4・102)의 K_I을 모드 I (opening mode; 열림형) 균열의 응력세기계수(stress intensity factor)라 하고, 파괴인성(破壞靭性; fracture toughness)의 평가에 중요한 인자(因子; parameter)로 된다. 또한, 응력장의 경우와 같은 방법으로 식 (4・100)에서 변위장(displacement field)을 구하면 다음 식과 같이 표시한다.

$$
\begin{aligned}
u &= \frac{K_I}{2G}\sqrt{\frac{r}{2\pi}}\cos\frac{\theta}{2}\left(\kappa - 1 + 2\sin^2\frac{\theta}{2}\right) \\
v &= \frac{K_I}{2G}\sqrt{\frac{r}{2\pi}}\sin\frac{\theta}{2}\left(\kappa + 1 - 2\cos^2\frac{\theta}{2}\right)
\end{aligned}
\tag{4・103}
$$

여기서

$$
\kappa = \begin{cases} (3-\nu)/(1+\nu) & : \text{평면응력 상태} \\ 3-4\nu & : \text{평면변형률 상태} \end{cases}
$$

4.8.2 전단응력이 작용하는 균열재의 무한평판

[그림 4-19]에서 길이 $2a$ 인 균열을 갖는 무한평판에 무한대로부터 일정한 전단응력 τ_0 가 작용할 때 응력분포를 고려하여 보기로 한다. 이러한 상태에서 복소응력함수는 다음 식과 같이 주어진다.

$$
\begin{aligned}
\phi(z) &= -i\frac{\tau_0}{2}\sqrt{z^2-a^2} \\
\psi(z) &= i\frac{\tau_0}{2}\frac{2z^2-a^2}{\sqrt{z^2-a^2}}
\end{aligned}
\tag{a}
$$

식 (a)를 식(4・75)에 대입하고, 식 (4・97)의 관계를 사용하면 응력분포는 다음 식과 같이 표시된다.

$$\sigma_{xx} = \frac{\tau_0 r}{\sqrt{r_1 r_2}}\left\{2\sin\left(\theta - \frac{\theta_1+\theta_2}{2}\right) - \frac{a^2}{r_1 r_2}\sin\theta\cos\frac{3}{2}(\theta_1+\theta_2)\right\}$$

$$\sigma_{yy} = \frac{\tau_0 r}{\sqrt{r_1 r_2}}\left\{\frac{a^2}{r_1 r_2}\sin\theta\cos\frac{3}{2}(\theta_1+\theta_2)\right\} \tag{b}$$

$$\tau_{xy} = \frac{\tau_0 r}{\sqrt{r_1 r_2}}\left\{\cos\left(\theta - \frac{\theta_1+\theta_2}{2}\right) - \frac{a^2}{r_1 r_2}\sin\theta\sin\frac{3}{2}(\theta_1+\theta_2)\right\}$$

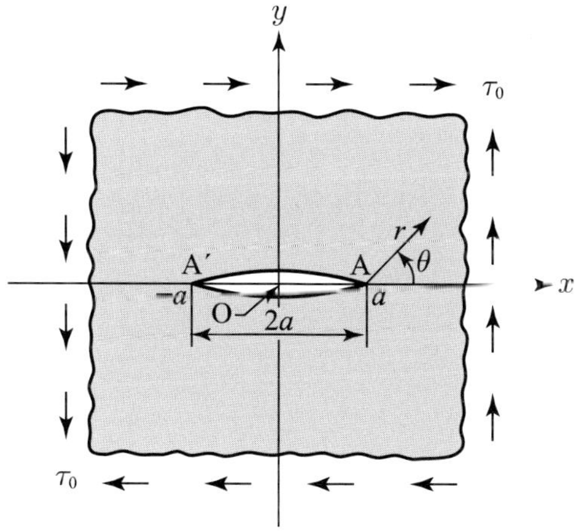

[그림 4-19] 균일 전단응력이 작용하는 균열재의 무한평판

또한 $r_1 = r$, $\theta_1 = \theta$로 놓으면 균열선단 A 근방에 대한 응력분포는 다음 식과 같이 된다.

$$\sigma_{xx} = -\frac{K_{II}}{\sqrt{2\pi r}}\sin\frac{\theta}{2}\left(2+\cos\frac{\theta}{2}\cos\frac{3\theta}{2}\right)$$

$$\sigma_{yy} = \frac{K_{II}}{\sqrt{2\pi r}}\sin\frac{\theta}{2}\cos\frac{\theta}{2}\cos\frac{3\theta}{2} \tag{4·104}$$

$$\tau_{xy} = \frac{K_{II}}{\sqrt{2\pi r}}\cos\frac{\theta}{2}\left(1-\sin\frac{\theta}{2}\sin\frac{3\theta}{2}\right)$$

여기서

$$K_{II} = \tau_0\sqrt{\pi a} \tag{4·105}$$

따라서 식 (4·104)에서 K_{II}를 모드 Ⅱ (sliding mode, 또는 in-plane mode; 面內剪斷型) 응력세기계수라 한다. 균열 모드 Ⅱ에 대한 변위를 구하면 다음 식과 같이 된다.

$$u = \frac{K_{II}}{2G}\sqrt{\frac{r}{2\pi}}\sin\frac{\theta}{2}\left(\kappa + 1 + 2\cos^2\frac{\theta}{2}\right)$$
$$v = \frac{K_{II}}{2G}\sqrt{\frac{r}{2\pi}}\sin\frac{\theta}{2}\left(\kappa - 1 - 2\sin^2\frac{\theta}{2}\right) \qquad (4 \cdot 106)$$

같은 방법으로 모드 Ⅲ (tearing mode, 또는 out-plane mode; 面外剪斷型)에 대한 응력세기계수 K_{III}를 구하면 다음 식으로 표시된다.

$$\tau_{xz} = -\frac{K_{III}}{\sqrt{2\pi r}}\sin\frac{\theta}{2}$$
$$\tau_{yz} = \frac{K_{III}}{\sqrt{2\pi r}}\cos\frac{\theta}{2} \qquad (4 \cdot 107)$$

또한, 균열 모드 Ⅲ에 대한 변위 w를 구하면 다음 식과 같이 된다.

$$w = \frac{2K_{III}}{G}\sqrt{\frac{r}{2\pi}}\sin\frac{\theta}{2} \qquad (4 \cdot 108)$$

4.9 반무한판의 자유면에 작용하는 집중하중에 의한 응력

[그림 4-20]과 같이 넓은 판의 자유면(自由面; free surface)에 작용하는 집중하중에 의한 응력의 해석은 겹침의 원리(principle of superposition)를 적용하여 여러 가지의 자유면에 작용하는 하중 및 접촉문제의 해에 응용할 수 있으므로 중요하고, 이러한 문제의 응력함수는 다음과 같이 결정할 수 있다. 이때 응력함수는 미분방정식 (4・24)로부터 $\nabla^4\Phi = 0$을 각각의 경계조건을 기본으로 해석이 가능하고, [그림 4-20(a)]와 같은 문제의 경계조건은 다음과 같이 주어진다.

(1) $\theta = \pm\pi/2$에서 $\sigma_\theta = 0$, $\tau_{r\theta} = 0$

(2) 원점을 중심으로 반지름 r인 원에 작용하는 하중의 합 P_x, P_y는 r에 무관하며, $P_x = 0$, $P_y = -P$로 된다.

경계조건과 식 (4・46)를 고려하면 응력함수 Φ는 다음 식을 만족하여야 한다.

$$\theta = \pm\frac{\pi}{2}\text{에서}\quad \frac{\partial\Phi}{\partial r} = \text{일정}, \quad \frac{1}{r}\frac{\partial\Phi}{\partial\theta} = \text{일정} \qquad (4 \cdot 109)$$

이 조건을 만족하기 위해서는 응력함수 Φ는 다음과 같이 놓을 수 있다.

$$\Phi = f(\theta)r \qquad (4 \cdot 110)$$

식 (4 · 110)의 Φ를 극좌표로 표시하고 $\nabla^4\Phi$에 대입하면

$$\left(\frac{\partial^2}{\partial r^2}+\frac{1}{r}\frac{\partial}{\partial r}+\frac{1}{r^2}\frac{\partial^2}{\partial\theta^2}\right)\left(\frac{\partial^2\Phi}{\partial r^2}+\frac{1}{r}\frac{\partial\Phi}{\partial r}+\frac{1}{r^2}\frac{\partial^2\Phi}{\partial\theta^2}\right)$$
$$=\frac{1}{r^3}\left(\frac{d^4f}{d\theta^4}+2\frac{d^2f}{d\theta^2}+f\right)=0$$

그러므로

$$\frac{d^4f}{d\theta^4}+2\frac{d^2f}{d\theta^2}+f=0 \qquad (4\cdot 111)$$

식 (4 · 111)의 해를 미정계수 $A\sim D$로 나타내면 다음 식과 같이 된다.

$$f=A\cos\theta+B\sin\theta+C\theta\cos\theta+D\theta\sin\theta \qquad (4\cdot 112)$$

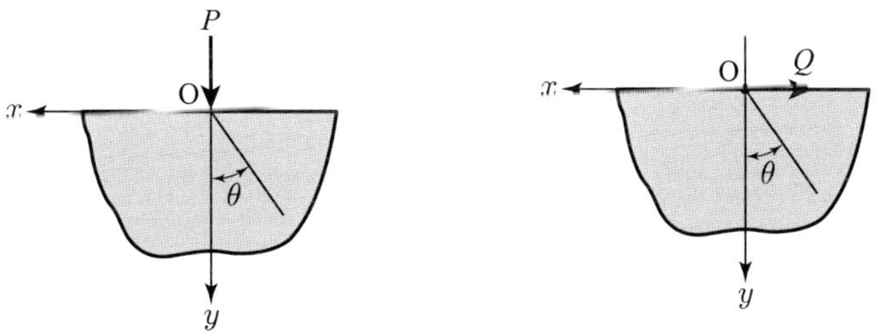

(a) y축 집중하중 (b) x축 집중하중

[그림 4-20] 반무한판의 자유면에 작용하는 집중하중

식 (4 · 110)과 식 (4 · 112)에 의해

$$\Phi=r(A\cos\theta+B\sin\theta+C\theta\cos\theta+D\theta\sin\theta) \qquad (4\cdot 113)$$

식 (4 · 113)의 Φ를 식 (4 · 46)에 대입하면 다음 식으로 주어진다.

$$\sigma_r=\frac{1}{r}(-2C\sin\theta+2D\cos\theta)$$
$$\sigma_\theta=0,\ \tau_{r\theta}=0 \qquad (4\cdot 114)$$

[그림 4-20(a)]에서는 σ_r은 θ의 우함수(右函數)이므로 $C=0$로 되어야 하기 때문에 다음 식과 같이 된다.

$$\sigma_r=\frac{2D}{r}\cos\theta \qquad (4\cdot 115)$$

또한, 경계조건을 고려하면

$$\int_{-\pi/2}^{\pi/2} \sigma_r \cos\theta\, r d\theta = -P \qquad (4 \cdot 116)$$

$$\int_{-\pi/2}^{\pi/2} \sigma_r \sin\theta\, r d\theta = 0 \qquad (4 \cdot 117)$$

식 (4・11)와 식 (4・116)에 의해 다음 식과 같이 된다.

$$D = -\frac{P}{\pi} \qquad (4 \cdot 118)$$

따라서 식 (4・115)는 식 (4・117)을 만족하므로 [그림 4-20(a)]에 대한 응력은 다음식과 같은 응력함수로부터 구할 수 있다.

$$\Phi = -\frac{2P}{\pi} r\theta \sin\theta \qquad (4 \cdot 119)$$

$$\sigma_r = -\frac{2P}{\pi}\frac{\cos\theta}{r}, \quad \sigma_\theta = 0, \quad \tau_{r\theta} = 0 \qquad (4 \cdot 120)$$

이때 식 (4・120)로부터 반지름 방향의 응력 σ_r 만이 존재하는 것을 알 수 있다. [그림 4-20(a)]의 경우 직교좌표계의 σ_x, σ_y, τ_{xy} 를 구하면 다음 식과 같이 된다.

$$\sigma_x = -\frac{2P}{\pi}\frac{\cos\theta \sin^2\theta}{r}, \quad \sigma_y = -\frac{2P}{\pi}\frac{\cos^3\theta}{r}, \quad \tau_{xy} = -\frac{2P}{\pi}\frac{\cos^2\theta \sin\theta}{r} \qquad (4 \cdot 121)$$

또는

$$\sigma_x = -\frac{2P}{\pi}\frac{x^2 y}{r^4}, \quad \sigma_y = -\frac{2P}{\pi}\frac{y^3}{r^4}, \quad \tau_{xy} = -\frac{2P}{\pi}\frac{xy^2}{r^4} \qquad (4 \cdot 122)$$

[그림 4-20(b)]의 응력도 [그림 4-20(a)]와 같은 방법으로 구하면 다음 식과 같이 된다.

$$\Phi = \frac{Q}{\pi} r\theta \cos\theta \qquad (4 \cdot 123)$$

$$\sigma_r = -\frac{2Q}{\pi}\frac{\sin\theta}{r}, \quad \sigma_\theta = 0, \quad \tau_{r\theta} = 0 \qquad (4 \cdot 124)$$

[그림 4-20(a)]와 [그림 4-20(b)]의 하중 P, Q 가 동시에 작용할 때 식 (4・120)과 식 (4・124)의 중첩에 의해 응력을 구하면 반지름 방향의 응력 σ_r 만이 작용하는 것을 알 수 있다.

4.10 접촉응력

2개의 물체가 접촉하면 접촉면에서의 변위는 서로 영향을 미치고, 이때 접촉면에 작용하는 하중에 의한 응력을 접촉응력(contact stress)이라 한다. 접촉응력은 압연롤러, 차바퀴, 레일(rail), 기어(gear) 베어링(bearing) 등의 문제에는 중요하게 취급한다.

접촉응력을 해석하기 위해 기본으로 되는 2차원 문제에서는 [그림 4-21(a)]와 같이 반무한판(半無限板)의 자유면에 집중하중이 작용하는 경우가 있고, 3차원 문제에서는 [그림 4-21(b)]와 같이 반무한물체(半無限物體)의 중심부분에 집중하중이 작용하는 경우가 있다.

일반적으로 접촉응력은 2개의 물체가 접촉하고 있는 접촉면의 면적은 물체의 표면적에 비하여 매우 작기 때문에 [그림 4-21]과 같은 해(解; solution)를 기본으로 해석하면, 실용적으로 충분히 정밀도가 높은 해가 얻어지는 것으로 Hertz의 접촉이론이 알려져 있다.

접촉면의 압력을 알 수 있으면 접촉응력은 [그림 4-21]의 해를 접촉면 전체에 대한 적분으로 구할 수 있다. 또한, 접촉면에 마찰력이 작용할 때 자유면에 평행하게 작용하는 집중하중에 대한 해를 기본해로 이용하여야 하지만, 여기서는 접촉면에 수직한 하중이 작용하는 문제만을 다루기로 한다. 따라서 이러한 문제의 해석은 접촉면의 압력분포를 어떻게 결정할 것인가의 문제로 귀착된다. 접촉압력을 결정하는 하나의 방법으로는 압력분포가 실제로 작용하는 형상을 가정하는 것이고, 더욱 정확한 방법으로는 접촉하는 두 물체의 형상을 포함하는 기본해를 사용한 후 접촉면의 변형을 고려하는 것이다.

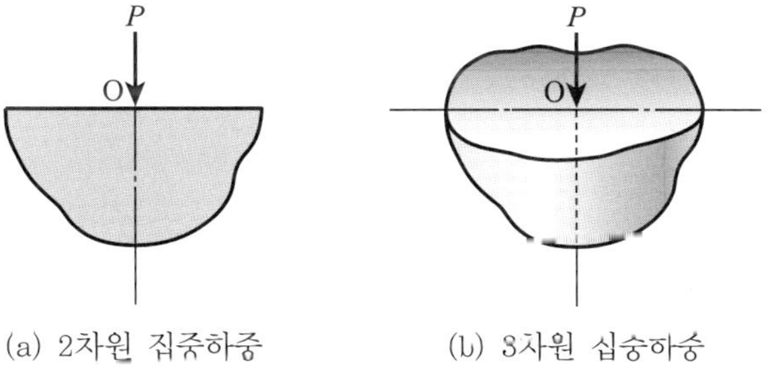

(a) 2차원 집중하중 (b) 3차원 집중하중

[그림 4-21] 반무한판의 자유면에 작용하는 집중하중

4.10.1 균일분포하중에 의한 응력 및 변위

[그림 4-22]와 같이 반무한판의 자유면에 작용하는 균일분포하중에 의한 응력과 변위는 접촉문제를 해석하는 경우 기본해로 된다. 자유면에 집중하중이 작용할 때 응력의 식 (4・122)를 기초로 하면, [그림 4-22]와 같은 분포하중 $p(\xi) = p_0(\xi_1 \le \xi \le \xi_2)$에 의한 응력은 다음 식과 같이 된다.

$$\sigma_x = -\frac{2p_0}{\pi}\int_{\xi_1}^{\xi_2}\frac{(x-\xi)^2 y}{\{(x-\xi)^2+y^2\}^2}d\xi$$

$$\sigma_y = -\frac{2p_0}{\pi}\int_{\xi_1}^{\xi_2}\frac{y^2}{\{(x-\xi)^2+y^2\}^2}d\xi \tag{4・125}$$

$$\tau_{xy} = -\frac{2p_0}{\pi}\int_{\xi_1}^{\xi_2}\frac{(x-\xi)^2 y^2}{\{(x-\xi)^2+y^2\}^2}d\xi$$

$t = x-\xi$로 놓고 적분을 하면

$$\sigma_x = \frac{p_0}{\pi}\left[-\frac{ty}{(t^2+y^2)}+\tan^{-1}\left(\frac{t}{y}\right)\right]_{t_1}^{t_2}$$

$$\sigma_y = \frac{p_0}{\pi}\left[\frac{ty}{(t^2+y^2)}+\tan^{-1}\left(\frac{t}{y}\right)\right]_{t_1}^{t_2} \tag{4・126}$$

$$\tau_{xy} = -\frac{p_0}{\pi}\left[\frac{y^2}{(t^2+y^2)}\right]_{t_1}^{t_2}$$

여기서 $t_1 = x-\xi_1$, $t_2 = x-\xi_2$ 이다.

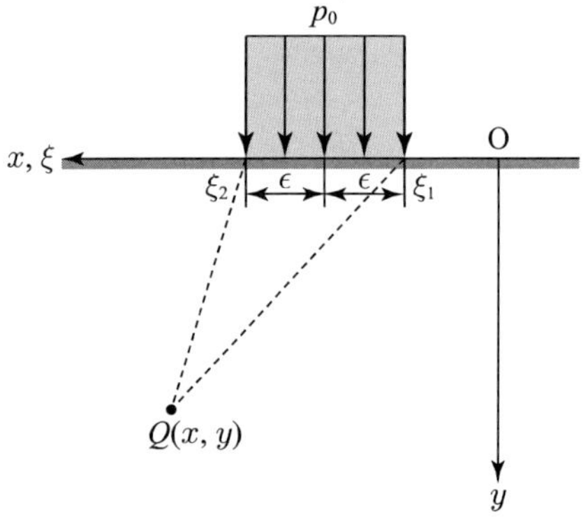

[그림 4-22] 균일분포하중에 의한 응력 및 변위

따라서 표면에 대한 응력은 다음과 같이 된다.

(1) $y=0$, $x < \xi_1$, $x > \xi_1$ 에서 $\sigma_x = \sigma_y = 0$

(2) $y=0$, $\xi_1 < x < \xi_2$ 에서 $\sigma_x = \sigma_y = -p_0$

위에서 (2)의 결과는 접촉응력이 되고, 다음 식과 같이 된다.

$$\frac{\partial u}{\partial x} = \epsilon_x = \frac{1}{E}(\sigma_x - \nu\sigma_y) \tag{4・127}$$

식 (4·126)의 σ_x, σ_y를 식 (4·127)에 대입한 후 적분하면 다음 식이 얻어진다.

$$u = \frac{p_0}{\pi E}\left[-y\log\left(t^2+y^2\right)+t(1-\nu)\tan^{-1}\left(\frac{t}{y}\right)\right]_{t_1}^{t_2}+f(y) \qquad (4\cdot 128)$$

여기서 $f(y)$는 y만의 함수이다.

같은 방법으로

$$\frac{\partial u}{\partial y} = \epsilon_y = \frac{1}{E}\left(\sigma_y - \nu\sigma_x\right) \qquad (4\cdot 129)$$

$$v = \frac{p_0}{\pi E}\left[t\log\left(t^2+y^2\right)-(1-\nu)t\log|t|+(1-\nu)y\tan^{-1}\left(\frac{t}{y}\right)\right]_{t_1}^{t_2}+g(y) \qquad (4\cdot 130)$$

여기서 $g(x)$는 x만의 함수이고, $g(x)$를 구한 후 강체변위를 무시하면 $d\xi$에 작용하는 분포하중 $p(\xi)$에 의한 반무한판 표면의 변위는 다음 식과 같이 된다.

$$dv = -\frac{2}{\pi E}p(\xi)\log|x-\xi|d\xi \qquad (4\cdot 131)$$

따라서 $\xi = a$로부터 $\xi = b$까지 $p(\xi)$가 분포되어 있을 때

$$v = -\frac{2}{\pi E}\int_a p(\xi)\log|x-\xi|d\xi \qquad (4\cdot 132)$$

또한, [그림 4-22]와 같은 미소 분포하중의 폭 2ϵ의 중간점 x에 대한 표면의 수직변위 v를 구하면 다음 식과 같다.

$$v = -\frac{4p_0}{\pi E}\lim_{\epsilon\to 0}\epsilon(\log\epsilon) = 0 \qquad (4\cdot 133)$$

식 (4·132)로부터 분포하중 $p(\xi)$가 ξ의 어느 범위까지 작용할 때 분포하중의 바로 아래 변위 $v=0$로 되기 때문에 무시하여도 좋다.

4.10.2 강체 펀치의 압입에 의한 접촉응력

[그림 4-23]과 같이 탄성 자유면을 강체(剛體; rigid body) 펀치(punch)로 압입(壓入)하면 접촉면에 일정한 변위가 생긴다. 이때 펀치 접촉면의 수직변위 및 압력분포는 다음과 같은 방법으로 구한다.

펀치의 압입범위 $\xi = -b \sim b$에 대한 분포하중을 $p(\xi)$라 하면, 수직탄성변위 v는 식 (4·132)로부터 다음 식이 얻어진다.

$$v = -\frac{2}{\pi E}\int_{-b}^{b} p(\xi)\log|x-\xi|\,d\xi \tag{4・134}$$

따라서 $|x| < a$ 에서 x 의 값에 무관하게 $v = v_0$(일정)가 되도록 $p(\xi)$ 를 결정하는 것으로 된다. 그러므로 $v = v_0$ 일 때 식 (4・134)는 잘 알려진 적분방정식으로 되고, 그 해는 다음 식과 같이 된다.

$$p(\xi) = \frac{P}{\pi\sqrt{a^2-\xi^2}} \tag{4・135}$$

여기서 P는 펀치의 압입하중을 나타낸다.

만일, [그림 4-23]에서 반지름 r 인 원형펀치(circular punch)라고 가정하면, 접촉면에 발생하는 압력분포 $p(r)$ 과 수직탄성변위 v 는 다음 식과 같이 된다.

$$p(r) = \frac{P}{2\pi b\sqrt{b^2-r^2}} \tag{4・136}$$

$$v = \frac{P(1-\nu^2)}{2bE} \tag{4・137}$$

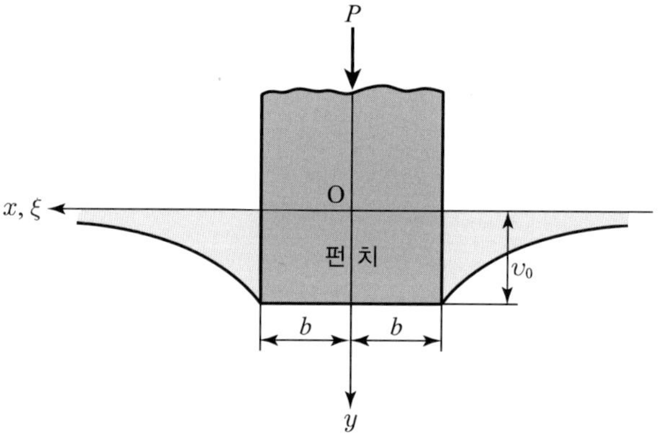

[그림 4-23] 강체 펀치의 압입에 의한 접촉응력

4.10.3 2개 구면의 접촉

[그림 4-24]와 같이 두 탄성체의 구면(球面)이 서로 접촉할 때 양 표면의 상대거리와 접촉면에 작용하는 분포하중으로 생기는 표면변위의 조건식에 의한 하중분포의 영역과 강도를 결정하여 보기로 한다. 이때 접촉면을 y 방향으로 투영하면 원형(圓形)으로 되지만 반지름 a 는 미정(未定)으로 하고, 하중분포 $p(r)$ 은 단면 $r-y$ 에서 볼 때 타원형으로 가정한다.

서로 접촉하는 구의 반지름을 각각 R_1, R_2 라 하고, 축 y_1, y_2 로부터의 미소거리를 r 이라 하면 다음의 관계식이 성립한다.

$$y_1 + y_2 = \frac{r^2}{2}\left(\frac{1}{R_1 + R_2}\right) = \frac{r^2(R_1 + R_2)}{2R_1R_2} \tag{4・138}$$

따라서 접촉면 근방을 반무한체(半無限體)의 표면으로 대체하면 접촉면에서 성립하는 기초식은 다음과 같이 된다.

$$w_1 + w_2 = \delta - (y_1 + y_2) \tag{4・139}$$

$$w_1 = \frac{(1 - \nu_1^2)}{\pi E_1}\iint p(r)\,ds\,d\phi \tag{4・140}$$

$$w_2 = \frac{(1 - \nu_2^2)}{\pi E_2}\iint p(r)\,ds\,d\phi \tag{4・141}$$

여기서 w_1, w_2 는 각각 y_1, y_2 방향에 대한 변위이고, δ 는 2개 구의 내부 접촉면에서 구의 중심 쪽으로의 변위를 의미한다. 또한 E_i 는 세로탄성계수, ν_i 는 푸아송의 비이고, 첨자 1, 2는 각각 구 1과 구 2를 나타낸다. 반지름 R_1 과 R_2 인 2개의 구가 서로 접촉할 때 Hertz의 계산결과는 다음 식으로 나타낸다.

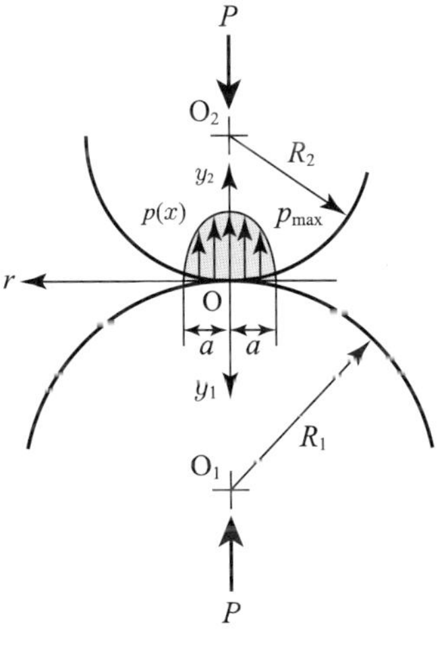

[그림 4-24] 2개 구면의 접촉

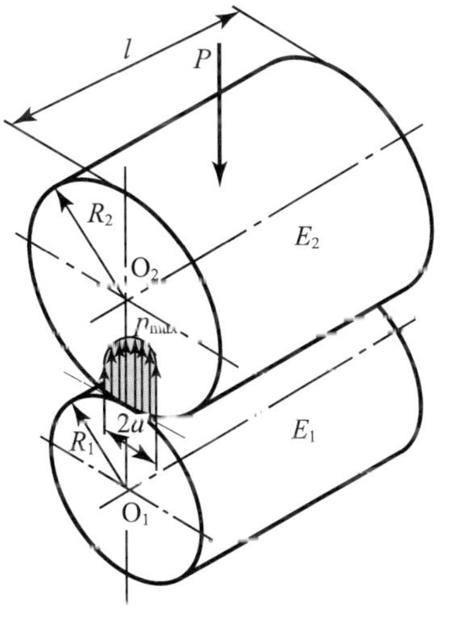

[그림 4-25] 2개 원통의 접촉

(1) 접촉원의 반지름

접촉원의 반지름은 다음 식과 같다.

$$a = \sqrt[3]{\frac{3P\left\{\left(1-\nu_1^2\right)/E_1 + \left(1-\nu_2^2\right)/E_2\right\}R_1R_2}{4(R_1+R_2)}} \tag{4・142}$$

(2) 최대접촉압력

최대접촉압력은 다음 식과 같이 표시된다.

$$p_{\max} = \frac{3P}{2\pi a^2} \tag{4・143}$$

4.10.4 원통과 원통의 접촉

[그림 4-25]와 같이 반지름은 R_1, R_2이고, 길이 l인 2개의 원통이 평행으로 접촉할 때 Hertz의 계산결과는 다음 식과 같다.

(1) 접촉원의 반지름

접촉원의 반지름은 다음 식으로 나타낸다.

$$a = \sqrt{\frac{4P\left\{\left(1-\nu_1^2\right)/E_1 + \left(1-\nu_2^2\right)/E_2\right\}R_1R_2}{\pi(R_1+R_2)l}} \tag{4・144}$$

(2) 최대접촉압력

최대접촉압력은 다음 식과 같이 된다.

$$p_{\max} = \frac{2P}{\pi a l} = \sqrt{\frac{P(R_1+R_2)}{\pi R_1R_2 l\left\{\left(1-\nu_1^2\right)/E_1 + \left(1-\nu_2^2\right)/E_2\right\}}} \tag{4・145}$$

CHAPTER 04 연습문제

[문제 4-1] [그림 4-10]과 같이 내압 p_a, 외압 p_b가 작용하는 두꺼운 원통에 발생하는 응력 σ_{rr}, $\sigma_{\theta\theta}$를 복소응력함수를 이용하여 해석하시오.

[문제 4-2] Airy의 응력함수가 다음과 같을 때 각 계수 A, B 사이의 관계를 구하시오.

$$\Phi = Ax^4 + By^4$$

[문제 4-3] [그림 4-26]과 같이 반지름 r인 무한원기둥에 정수압 p_0가 작용할 때 Airy의 응력함수를 이용하여 응력분포를 구하시오.

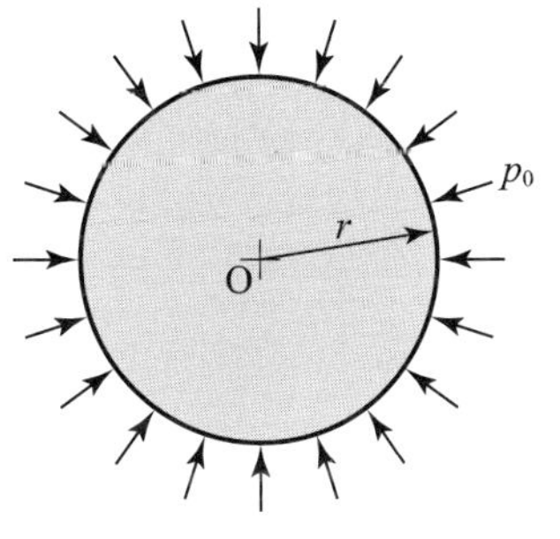

[그림 4-26]

[문제 4-4] [그림 4-27]과 같이 두께가 얇은 판재의 양 끝에 굽힘모멘트 M이 작용하여 휘어질 때 판에 발생하는 응력성분을 구하시오.

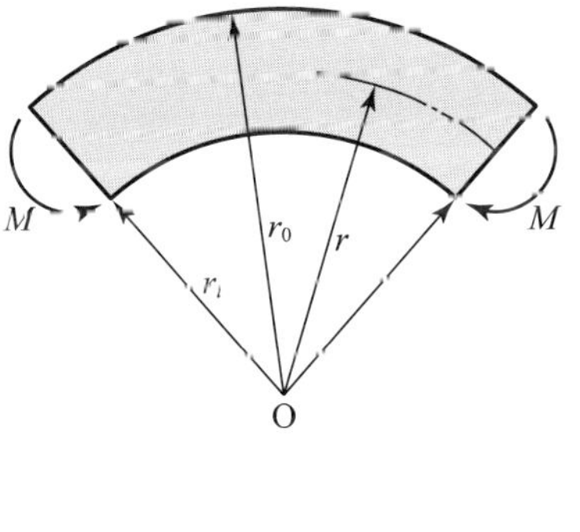

[그림 4-27]

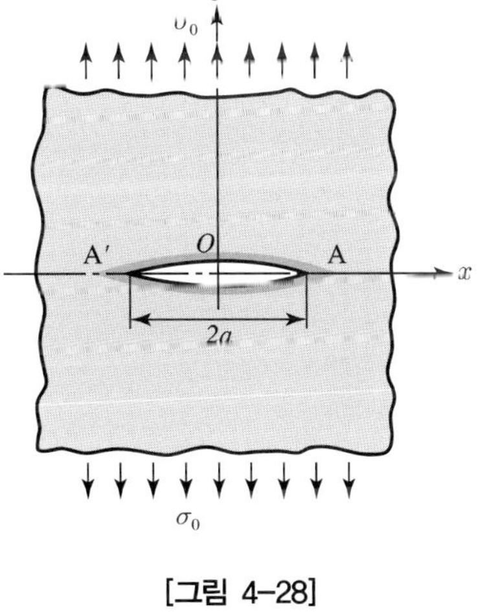

[그림 4-28]

[문제 4-5] [그림 4-28]과 같이 균열을 갖는 무한평판에 y 방향으로 일정 인장응력 $\sigma_y = \sigma_0$ 가 작용할 때 Goursat의 응력함수를 이용하여 응력분포를 구하시오.

[문제 4-6] [그림 4-29]와 같이 균열면에 내압 p_0 가 작용할 때 응력함수 및 응력세기계수를 구하시오.

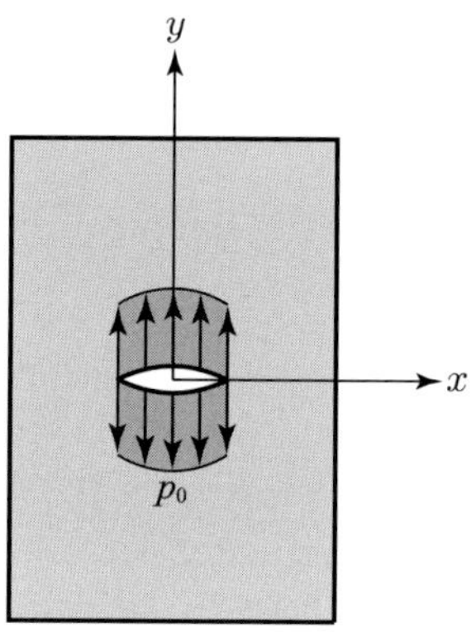

[그림 4-29]

Chapter

5 비틀림 문제

일정한 단면을 갖는 봉의 비틀림은 동력전달 축, 또는 각종 구조부재에 많이 이용되고 있다. 이 장에서는 단면이 일정한 2차원 봉에 비틀림이 작용하는 Saint-Venant의 비틀림 문제를 고려하여 보기로 한다. 비틀림에 의해 발생하는 각종 봉 및 축에 대한 비틀림 함수, 비틀림 응력함수, 비틀림 모멘트, 응력분포 및 변위의 해석방법을 고찰한다. 또한, 압력이 작용하는 얇은 막의 변형과 비틀림에 대한 상사성(相似性)을 검토하여 보기로 한다.

5.1 비틀림 응력함수

[그림 5-1(a)]와 같이 일정한 단면을 갖는 긴 봉의 양끝에 비틀림 모멘트 T가 작용할 때 양끝에서 충분히 떨어진 봉의 중앙부에 대한 응력은 어느 단면에서나 동일하게 작용한다. 따라서 z축에 수직인 단면은 변형 후에도 항상 수직하므로 수직방향의 뒤틀림 변위(warping displacement)는 발생하지 않는다. 이와 같이 비틀림 문제는 1개의 단면만을 고려하여도 2차원 경계값 문제를 해석할 수 있는데, 이러한 비틀림 문제를 Saint-Venant(1797~1886년)의 비틀림 문제라 한다.

[그림 5-1(a)]와 같이 봉의 한쪽 끝 단면에 좌표원점 O을 잡고 봉의 길이방향을 z축으로 하면, 단면의 회전각은 z축의 거리에 비례한다. 이때 축방향의 단위길이에 대한 비틀림각의 비 θ를 비틀림률(twist rate)이라 한다.

또한, [그림 5-1(b)]에서와 같이 z축 방향으로 원점에서 z만큼 떨어진 O'단면 안에 있는 점 P가 점 Q로 이동하면 점 P의 변위에 대한 x, y축 방향성분은 다음 식과 같다.

$$\begin{aligned} u_x(P) &= -rz\theta\sin\beta = -yz\theta \\ u_y(P) &= rz\theta\sin\beta = xz\theta \end{aligned} \qquad (5 \cdot 1)$$

여기서 $\theta = \phi z$ 이다.

z 축 방향의 변위성분 u_z 는 z 에 무관하고 x, y 만의 함수이므로 미지함수 $f(x, y)$ 를 이용하면 다음 식과 같이 표시할 수 있다.

$$u_z(P) = f(x, y)\theta \qquad (5 \cdot 2)$$

이와 같이 봉의 단면에 비틀림 모멘트가 작용하여 미지함수 $f(x, y)$ 로 표시할 수 있는 완만한 곡선으로 비틀림 변형(warping deformation)이 생기므로 함수 $f(x, y)$ 를 비틀림 함수(warping function)라 한다.

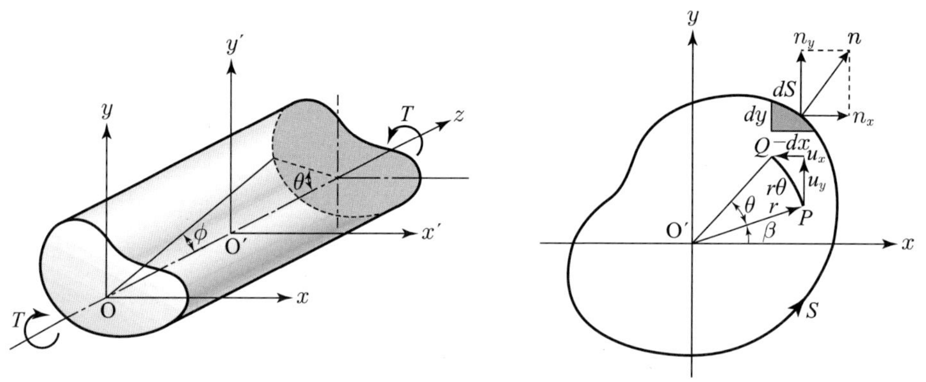

(a) 봉의 비틀림 (b) 단면의 변형

[그림 5-1] 봉의 비틀림과 단면의 변형

식 (5・1)과 식 (5・2)를 식 (2・53′)에 대입하면 변형률 성분이 얻어지고, 식 (3・11)로부터 응력성분은 비틀림 함수 f 를 이용하면 다음 식과 같이 표시된다.

$$\begin{aligned} &\sigma_x = \sigma_y = \sigma_z = \tau_{xy} = 0 \\ &\tau_{zx} = G\theta\left(\frac{\partial f}{\partial x} - y\right), \qquad \tau_{zy} = G\theta\left(\frac{\partial f}{\partial y} + x\right) \end{aligned} \qquad (5 \cdot 3)$$

여기서 비틀림 함수 f 를 만족하여야 할 조건을 고려하여 보기로 한다. 식 (5・1)과 식 (5・2)를 Navier(1785~1836년)의 방정식 (3・33′)에 대입하면, 비틀림 함수 f 는 다음의 미분방정식을 만족시키는 평면조화함수인 것을 알 수 있다.

$$\frac{\partial^2 f}{\partial x^2} + \frac{\partial^2 f}{\partial y^2} = 0 \qquad (5 \cdot 4)$$

경계조건을 고려하면 봉의 옆면에는 외력이 작용하지 않으므로 식 (3・39)로부터 $\overline{T_x} = \overline{T_y} = \overline{T_z} = 0$ 로 되는 옆면에 대한 경계조건이 얻어진다. 이때 [그림 5-2(b)]에 나타낸 것 같이 단면의 경계에 대한 좌표를 S 라 하면

$$n_x = \frac{dy}{dS}, \quad n_y = -\frac{dx}{dS}, \quad n_z = 0 \tag{5・5}$$

이므로 식 (3・39)에 식 (5・3)을 대입하고 식 (5・5)를 이용하면, 봉의 옆면에 대한 경계조건은 다음 식과 같이 된다.

$$\left(\frac{\partial f}{\partial x} - y\right)\frac{dy}{dS} - \left(\frac{\partial f}{\partial y} + x\right)\frac{dx}{dS} = 0 \ : \ 경계 \tag{5・6}$$

따라서 비틀림 함수 $f(x, y)$는 경계에서 식 (5・6)을 만족하는 평면조화함수로 된다. 또한, 식 (5・3)과 평형방정식 (2・5)을 고려하면 다음의 관계식이 성립한다.

$$\frac{\partial \tau_{zx}}{\partial z} = 0, \quad \frac{\partial \tau_{zy}}{\partial z} = 0, \quad \frac{\partial \tau_{zx}}{\partial x} + \frac{\partial \tau_{zy}}{\partial y} = 0 \tag{5・7}$$

식 (5・3)과 식 (5・7)로부터 다음과 같은 식을 얻을 수 있다.

$$\tau_{zx} = \frac{\partial \Psi}{\partial y}, \quad \tau_{zy} = -\frac{\partial \Psi}{\partial x} \tag{5・8}$$

여기서 Ψ를 비틀림 응력함수(torsional stress function)라 한다.
식 (5・8)에 식 (5・3)을 대입하면

$$\frac{\partial \Psi}{\partial y} = G\theta\left(\frac{\partial f}{\partial x} - y\right), \quad \frac{\partial \Psi}{\partial x} = -G\theta\left(\frac{\partial f}{\partial y} + x\right) \tag{5・9}$$

식 (5・3)과 식 (5・9)에서 f를 소거하면 다음 식과 같이 된다.

$$\frac{\partial^2 \Psi}{\partial x^2} + \frac{\partial^2 \Psi}{\partial x^2} = \nabla^2 \Psi = -2G\theta \tag{5・10}$$

또한, 비틀림 함수 f를 만족하는 경계조건식 (5・6)을 바꿔 표시하면 다음 식과 같다.

$$\left(\frac{\partial f}{\partial x}\frac{dy}{dS} - \frac{\partial f}{\partial y}\frac{dx}{dS}\right) - \frac{1}{2}\frac{d}{dS}\left(x^2 + y^2\right) = 0 \ : \ 경계 \tag{5・11}$$

Cauchy-Riemann의 관계를 만족하는 평면조화함수 f와 f의 공액 평면조화함수 ψ를 사용하면 다음의 관계식이 성립한다.

$$\frac{\partial f}{\partial x} = \frac{\partial \psi}{\partial y}, \quad \frac{\partial f}{\partial y} = -\frac{\partial \psi}{\partial x} \tag{5・12}$$

여기서 ψ는 다음 식의 관계를 만족한다.

$$\frac{\partial^2 \psi}{\partial x^2} + \frac{\partial^2 \psi}{\partial y^2} = 0 \tag{5・13}$$

경계조건식 (5・11)은 조화함수 ψ를 사용하여 다음 식으로 나타낼 수 있다.

$$\frac{d\psi}{dS} - \frac{1}{2}\frac{d}{dS}(x^2 + y^2) = 0 \ : \text{경계} \tag{5・14}$$

식 (5・14)를 S로 적분하면 다음 식과 같이 된다.

$$\psi - \frac{1}{2}(x^2 + y^2) = C \ (\text{정수}) \ : \text{경계} \tag{5・15}$$

여기서 단면이 1개의 폐곡선으로 이루어지는 것을 단연결영역(單連結領域)이라 하고, 정수는 0 으로 놓아도 좋다.

5.2 비틀림 모멘트

[그림 5-2]에서와 같이 단면에 작용하는 비틀림 모멘트 T는 다음 식으로 나타낸다.

$$T = \iint (x\tau_{zy} - y\tau_{zx})\,dx\,dy = G\theta\left\{\iint\left(x\frac{\partial f}{\partial y} - y\frac{\partial f}{\partial x}\right)dx\,dy + I_p\right\} \tag{5・16}$$

여기서 I_p는 극단면 2차모멘트로서 다음 식과 같다.

$$I_p = \iint (x^2 + y^2)\,dx\,dy = \int y^2\,dA + \int x^2\,dA = I_x + I_y \tag{5・17}$$

따라서 비틀림 모멘트 T가 주어졌을 때 봉의 비틀림률 θ는 식 (5・16)에서 결정된다. 특히, 비틀림 변형(warping)이 발생하지 않으면 비틀림 함수 $f = 0$이 되므로

$$T = G\theta I_p \tag{5・18}$$

로 되고 중실(中實), 또는 중공(中空)의 원형봉(圓形棒)에 대한 비틀림 문제의 해와 일치하는 것을 알 수 있다.

비틀림 모멘트 T는 식 (5・8)을 식 (5・16)에 적용하면 다음 식과 같이 된다.

$$\begin{aligned} T &= \iint (x\tau_{zy} - y\tau_{zx})\,dx\,dy = -G\theta\iint\left(x\frac{\partial\Psi}{\partial y} + y\frac{\partial\Psi}{\partial x}\right)dx\,dy \\ &= -G\theta\left\{\int\left([x\Psi]_A^B - \int_A^B \Psi\,dx\right)dy + \int\left([y\Psi]_C^D - \int_C^D \Psi\,dy\right)dx\right\} \\ &= 2G\theta\iint \Psi(x,\ y)\,dx\,dy \end{aligned} \tag{5・19}$$

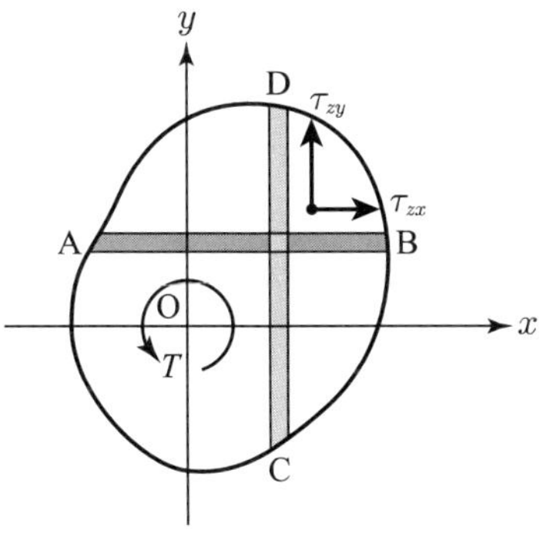

[그림 5-2] 단면에 작용하는 비틀림 모멘트

결국, Saint-Venant의 비틀림 문제는 식 (5・10)을 만족하는 응력함수 Ψ를 단면의 경계에 대해서 0이 되도록 결정하는 문제로 귀착된다. 따라서 비틀림률 θ는 식 (5・19)에서 비틀림 모멘트 T에 의해 구해지고, 응력성분은 식 (5・8)로부터 결정된다.

5.3 각종 단면 형상에 따른 봉의 비틀림

5.3.1 타원 단면봉의 비틀림

[그림 5-3]과 같은 타원 단면봉의 비틀림 문제에 대한 단면의 경계형상을 나타내는 식은 다음과 같이 된다.

$$\frac{x^2}{a^2} + \frac{y^2}{b^2} = 1 \tag{a}$$

임의의 정수 C를 사용하여 비틀림 응력함수 Ψ를

$$\Psi = C\left(1 - \frac{x^2}{a^2} - \frac{y^2}{b^2}\right) \tag{b}$$

로 놓으면, 봉의 측면에 대한 경계조건식 (5・15)를 만족한다. 이때 Ψ는 식 (5・10)을 만족하여야 하므로 임의의 정수 C는 다음 식과 같다.

$$C = \frac{a^2 b^2}{a^2 + b^2} \tag{c}$$

따라서 비틀림 응력함수 Ψ는 식 (b)에 식 (c)를 대입하면

$$\Psi = \frac{a^2 b^2}{a^2 + b^2}\left\{1 - \left(\frac{x}{a}\right)^2 - \left(\frac{y}{b}\right)^2\right\} \tag{d}$$

식 (d)를 식 (5・19)에 대입하면 비틀림 모멘트 T는 다음 식과 같이 된다.

$$T = 2G\theta \frac{a^2 b^2}{a^2+b^2} \iint \left\{1 - \left(\frac{x}{a}\right)^2 - \left(\frac{y}{b}\right)\right\} dx\,dy = 2G\theta \frac{a^2 b^2}{a^2+b^2} \tag{5・20}$$

여기서 타원의 면적을 A라 하고 x, y축에 관한 단면 2차모멘트를 I_x, I_y라 하면

$$\iint dx\,dy = A = \pi ab, \quad \iint y^2\,dx\,dy = \int_A y^2\,dA = I_x = \frac{\pi ab^3}{4}$$
$$\iint x^2\,dxdy = \int x^2\,dA = I_y = \frac{\pi a^3 b}{4} \tag{e}$$

비틀림 응력성분은 식 (5・8)로부터

$$\tau_{zx} = -\frac{2T}{\pi ab^3} y, \quad \tau_{zy} = \frac{2T}{\pi a^3 b} x \tag{5・21}$$

식 (5・21)을 식 (5・3)에 대입한 후 적분하면 비틀림 함수 f는 다음 식으로 주어진다.

$$f = -\frac{a^2 - b^2}{a^2 + b^2} xy \tag{5・22}$$

이와 같이 식 (5・22)에서 비틀림 함수 f는 [그림 5-3]과 같이 뒤틀림이 일정한 $f(x, y) = C$인 선을 연결한 포물선의 등고선이 얻어진다. 그림에서 실선과 점선은 비틀림 모멘트에 의해 z축 단면을 기준으로 바깥쪽으로 튀어나오고, 안쪽으로는 들어가는 비틀림 변형을 나타낸다.

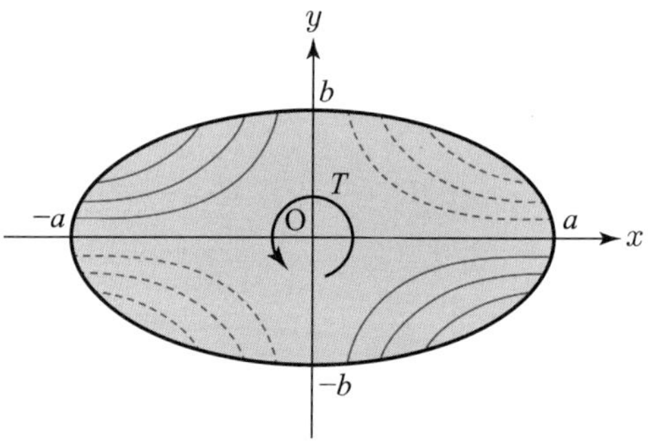

[그림 5-3] 타원 단면봉의 뒤틀림 변형

식 (5・1)과 식 (5・2)에 의해 변위성분은 다음 식과 같이 된다.

$$u_x = -\frac{T(a^2+b^2)}{\pi G a^3 b^3} yz$$
$$u_y = \frac{T(a^2+b^2)}{\pi G a^3 b^3} xz \tag{5・23}$$
$$u_z = -\frac{T(a^2-b^2)}{\pi G a^3 b^3} xy$$

5.3.2 직사각형 단면봉의 비틀림

[그림 5-4(a)]와 같이 일정한 단면을 갖는 직사각형 단면봉에 비틀림 모멘트 T를 작용시키면 [그림 5-4(b)]와 같이 비틀림 변형이 발생한다.

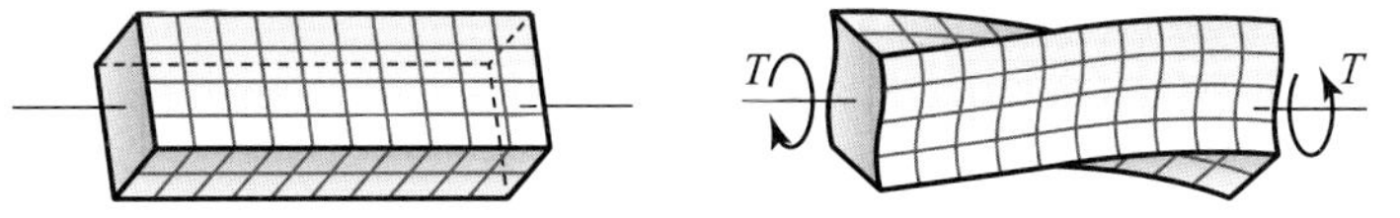

(a) 봉의 비틀림　　　(b) 단면의 변형

[그림 5-4] 봉의 비틀림과 단면의 변형

[그림 5-5]와 같은 직사각형 단면봉의 비틀림 문제를 고려하면 Ψ는 x, y의 우함수(偶函數)이므로 $(\Psi)_{y=\pm b}=0$이 되도록 다음 식과 같이 놓는다.

$$\Psi=\left\{b^2+\frac{x^2-y^2}{2}+\sum_{n=1}^{\infty}A_n\cosh\frac{(2n-1)\pi x}{2b}\cos\frac{(2n-1)\pi y}{2b}\right\}-\frac{1}{2}(x^2+y^2) \tag{a}$$

식 (a)에서 A_n은 미정계수이고, ( ) 안은 조화함수이므로 식 (a)로 표시되는 Ψ는 비틀림 기초방정식 (5・10)을 만족한다. 미정계수 A_n은 $x=\pm a$인 경계조건으로부터 다음 식과 같이 주어진다.

$$(\Psi)_{x=\pm a}=b^2-y^2+\sum_{n=1}^{\infty}A_n\cosh\frac{(2n-1)\pi a}{2b}\cos\frac{(2n-1)\pi y}{2b}=0 \tag{b}$$

Fourier 급수의 직교성(直交性)을 이용하여 식 (b)의 양변에 $\cos\{(2n-1)\pi y/2b\}$를 곱한 후 $y=-b\sim b$의 범위에서 적분하면, 미지계수 A_n은 다음과 같이 구해진다.

$$A_n=(-1)^n\frac{32b^2}{\pi^3(2n-1)^3}\,\mathrm{sech}\frac{(2n-1)\pi a}{2b} \tag{c}$$

직사각형 단면봉의 비틀림에 의한 응력성분 및 모멘트는 식 (5・8)과 식 (5・19)로부터 다음의 관계식이 성립한다.

$$\begin{aligned}
\frac{\tau_{zx}}{G\theta b}&=-2\frac{y}{b}-\frac{\pi}{2b^2}\sum_{n=1}^{\infty}(2n-1)A_n\cosh\frac{(2n-1)\pi x}{2b}\sin\frac{(2n-1)\pi y}{2b}\\
\frac{\tau_{zy}}{G\theta b}&=-\frac{\pi}{2b^2}\sum_{n=1}^{\infty}(2n-1)A_n\sinh\frac{(2n-1)\pi x}{2b}\cos\frac{(2n-1)\pi y}{2b}\\
\frac{T}{G\theta ab^3}&=\frac{16}{3}-\left(\frac{1024}{\pi^5}\right)\frac{b}{a}\sum_{n=1}^{\infty}\frac{1}{(2n-1)^5}\tanh\frac{(2n-1)\pi a}{2b}
\end{aligned} \tag{5・24}$$

[표 5-1]은 식 (5・24)로부터 구한 직사각형 단면에 대한 최대전단응력 및 비틀림각을 나타낸 것으로서 이들은 근사적으로 다음 식과 같이 주어진다.

$$(\tau_{zx})_{\substack{x=0\\ y=-b}} = k_1 \frac{T}{8ab^2}, \quad k_1 = \left(3 + 1.8\frac{b}{a}\right) \tag{5・25}$$

$$\theta = \frac{1}{k_2} \cdot \frac{1}{16ab^3} \cdot \frac{T}{G}, \quad k_2 = \frac{1}{3} - 0.21\left(\frac{b}{a} - \frac{b^5}{12a^5}\right) \tag{5・26}$$

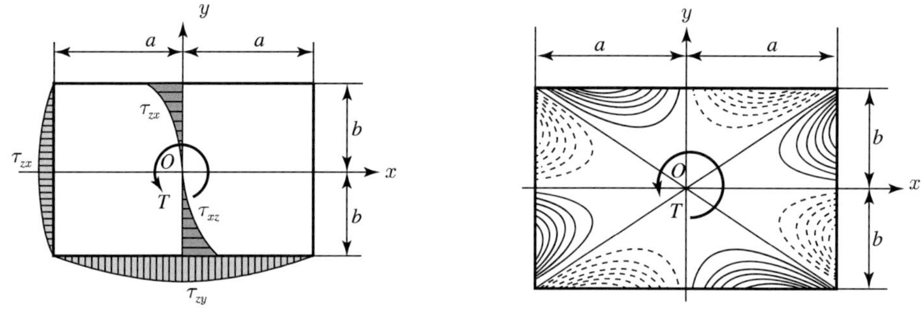

(a) 비틀림 응력의 분포　　(b) 단면의 비틀림 변형

[그림 5-5] 직사각형 단면 봉의 비틀림

[표 5-1] 직사각형 단면봉의 비틀림계수 [식 (5・24) 참조]

b/a	$T/\theta ab^3$	$-(ab^2/T)(\tau_{zx})_{x=0,\, y=b}$
0.0	5.333	0.375
0.2	4.661	0.429
0.4	3.990	0.485
0.6	3.338	0.528
0.8	2.748	0.565
1.0	2.249	0.601

또한, [그림 5-5]는 직사각형 단면 봉에 비틀림 모멘트가 작용할 때 식 (5・24)에서 구한 전단응력의 분포상태와 비틀림 함수 f에 의한 단면의 비틀림을 나타낸 것이다.

[그림 5-5(a)]에서와 같이 단면의 길이 $a > b$일 때 최대전단응력은 식 (5・24)에서 단면 경계의 중간지점인 $y = \pm\frac{b}{2}$, $x = 0$인 곳에서 발생한다. 또한, [그림 5-5(b)]는 단면의 비틀림 함수 $f(x, y) = C$인 선을 연결한 등고선을 도시한 것이다. 그림에서 실선의 대각선은 비틀림이 생기지 않는 곳이며, 실선의 곡선부분은 비틀림에 의해 z축의 단면이 바깥쪽으로 튀어나오고, 점선은 안쪽으로는 들어가는 비틀림 변형을 나타낸 것이다.

5.3.3 정삼각형 단면봉의 비틀림

[그림 5-6(a)]와 같이 도심(圖心; centroid)) O을 원점으로 하는 직교축을 잡으면, 정삼각형의 3변에 대한 좌표는 각각 다음 식으로 표시된다.

$$y - \frac{2h}{3} - \frac{2h}{a}x = 0, \quad y - \frac{2h}{3} + \frac{2h}{a}x = 0, \quad y + \frac{h}{3} = 0 \tag{a}$$

따라서 3변의 좌표는 다음 식을 만족한다.

$$\begin{aligned}&\left(y - \frac{2h}{3} - \frac{2h}{a}x\right)\left(y - \frac{2h}{3} + \frac{2h}{a}x\right)\left(y + \frac{h}{3}\right)\\&= (y^3 - 3x^2y) - h(x^2 + y^2) + \frac{4}{27}h^3 = 0\end{aligned} \tag{b}$$

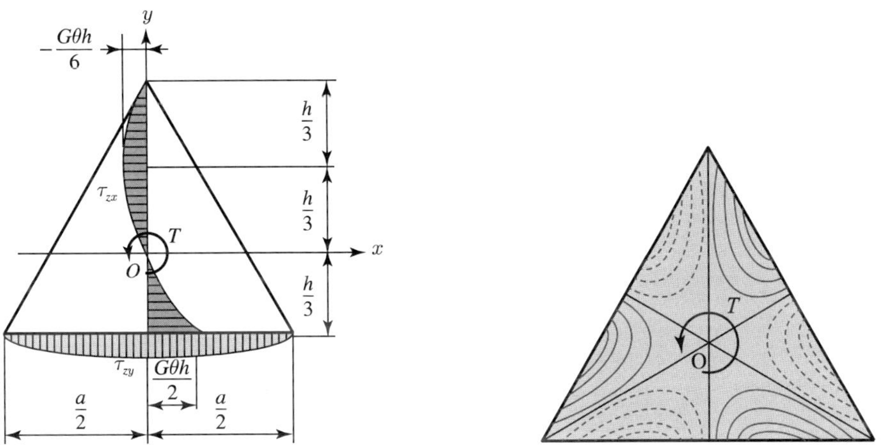

(a) 비틀림 응력의 분포　　　(b) 단면의 뒤틀림

[그림 5-6] 정삼각형 단면 봉의 비틀림

정삼각형일 때 식 (b)는 정수 $(x^2 + y^2)$와 조화함수 $(y^3 - 3x^2y)$가 포함되어 있으므로 공액조화함수 $\psi = C_1 + C_2(y^3 - 3x^2y)$로 놓으면, 비틀림 응력함수 Ψ는 다음 식과 같이 된다.

$$\Psi = C_1 + C_2(y^3 - 3x^2y) - \frac{x^2 + y^2}{2} \tag{c}$$

정삼각형의 3변에서 $\Psi = 0$으로 되기 위해서는 식 (b)와 식 (c)가 비례관계가 되면 좋으므로 식 (c)에서 상수 C_1, C_2는

$$C_1 = \frac{2h^2}{27}, \quad C_2 = \frac{1}{2h} \tag{d}$$

로 결정되기 때문에 비틀림 응력함수 Ψ는 다음 식으로 주어진다.

$$\Psi = \frac{1}{2h}\left(y^3 - 3x^2y - hx^2 - hy^2 + \frac{4}{27}h^3\right) \tag{5・27}$$

식 (5・27)을 식 (5・8)과 식 (5・19)에 대입하면 다음 식이 얻어진다.

$$\begin{aligned} \tau_{zx} &= \frac{G\theta}{2h}(3y^2 - 3x^2 - 2hy) \\ \tau_{zy} &= \frac{G\theta}{h}(3+h)x \end{aligned} \tag{5・28}$$

$$T = \frac{\sqrt{3}}{80}G\theta a^4 \tag{5・29}$$

[그림 5-6(a)]는 정삼각형의 단면 봉에 비틀림 모멘트가 작용할 때 식 (5・28)로부터 최대전단응력 $\tau_{\max}$는 정삼각형의 각 변의 중앙에서 다음 식으로 주어진다.

$$\tau_{\max} = (\tau_{zx})_{x=0,\, y=-\frac{h}{3}} = \frac{20T}{a^3} \tag{5・30}$$

또한, [그림 5-6(b)]는 단면의 뒤틀림 함수 $f(x,\, y) = C$인 선을 연결한 등고선을 도시한 것으로서 꼭짓점에서 내린 실선의 수직선은 뒤틀림이 생기지 않는 곳을 나타낸다. 이때 실선에 의한 곡선부분은 비틀림에 의해 z축의 단면이 바깥쪽으로 튀어나오고, 점선부분은 안쪽으로 들어가는 뒤틀림 변형을 의미한다.

5.3.4 중공 단면봉의 비틀림

중공단면(中空斷面)이 2개 이상의 폐곡선 S_0, S_1, S_2, ⋯ 로 이루어진 복연결영역(複連結領域)일 때 식 (5・15)로부터 폐곡선의 수만큼 정수 C_0, C_1, C_2, ⋯ 가 필요하다. 이때 축방향 변위 u_z는 폐곡선 S_0를 따라 1가 연속이므로 경계에 대한 Ψ의 값은 0이 되어도 무방하므로 정수 $C_0 = 0$로 놓을 수 있다. 다른 정수 C_1, C_2, C_3, ⋯ 는 그 외의 경계에 대한 Ψ로부터 결정한다.

[그림 5-7]과 같이 1개의 구멍을 갖는 중공단면 봉을 고려하면 이때 경계조건은 다음과 같이 된다.

$$\begin{aligned} \Psi &= 0 \ : \ S_0\text{에서} \\ \Psi &= C_1 \ : \ S_1\text{에서} \end{aligned} \tag{5・31}$$

정수 C_1 은 변위 u_z 가 폐곡선 S_1 을 따라 1 가 연속이므로 구멍의 주위를 한 바퀴 돌아도 변위가 서로 어긋남이 생기지 않는 조건은 다음 식으로 된다.

$$\oint_{S_1} du_z = 0 \tag{5・32}$$

식 (5・2), 식 (5・12) 및 식 (5・15)를 이용하면 식 (5・32)는 다음 식과 같이 유도된다.

$$\begin{aligned}
\oint_{S_1} du_z &= \theta \oint_{S_1} \left(\frac{\partial f}{\partial x} dx + \frac{\partial f}{\partial y} dy \right) \\
&= -\theta \oint_{S_1} \left(-\frac{\partial \Psi}{\partial y} dx + \frac{\partial \Psi}{\partial y} dy - y dx + x dy \right) \\
&= -\theta \oint_{S_1} \left(\frac{\partial \Psi}{\partial x} \frac{dy}{dS} - \frac{\partial \Psi}{\partial y} \frac{dx}{dS} \right) dS - 2\alpha A_1 \\
&= -\theta \oint_{S_1} \left(\frac{\partial \Psi}{\partial x} \frac{dx}{dn} + \frac{\partial \Psi}{\partial y} \frac{dy}{dn} \right) dS - 2\theta A_1 \\
&= -\theta \oint_{S_1} \frac{\partial \Psi}{\partial n} dS - 2\theta A_1
\end{aligned} \tag{5.33}$$

여기서 A_1 은 구멍의 면적이다.

그러므로 식 (5・32)와 식 (5・33)에 의해 다음 식이 얻어진다.

$$\oint_{S_1} \frac{\partial \Psi}{\partial n} dS = -2A_1 \tag{5・34}$$

또한, 비틀림 모멘트 T는 식 (5・16)으로부터 다음 식과 같이 된다.

$$T = 2G\theta \left(\iint \Psi \, dx \, dy + C_1 A_1 \right) \tag{5・35}$$

이와 같이 중공 단면봉에 비틀림 모멘트가 작용할 때 시 (5・10)을 만족하는 비틀림 응력함수 Ψ 는 식 (5・31)과 식 (5・34)의 조건을 고려하여 설정한다. 또한, 비틀림률 θ 는 식 (5・35)에서 구하고, 응력성분을 구하기 위해서는 식 (5・8)을 이용하면 된다.

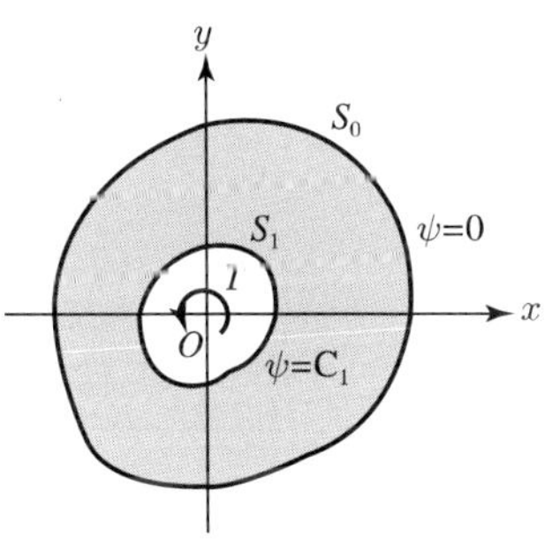

[그림 5-7] 중공 단면봉의 비틀림

5.4 비틀림과 얇은 막의 상사성

비틀림 문제와 얇은 막에 관한 문제의 상사성(相似性; analogy)을 알아보기로 한다. [그림 5-8(a)]와 같이 얇은 막(薄膜: membrane)에 일정한 압력 p 가 작용하여 z 방향으로 u_z 만큼 부풀어 올랐을 때 미소 얇은 막 요소 $dx \cdot dy$ 에 대한 평형은 [그림 5-8(b)]를 참조하면 다음 식과 같이 된다.

$$\frac{1}{\rho_x} = -\frac{\partial^2 u_z}{\partial x^2}, \quad \frac{1}{\rho_y} = -\frac{\partial^2 u_z}{\partial y^2} \tag{5・36}$$

또한

$$d\theta_x = \frac{dx}{\rho_x}, \quad d\theta_y = \frac{dy}{\rho_y} \tag{5・37}$$

이 되므로 Q을 표면장력이라 하면 다음의 관계식이 성립한다.

$$\frac{dx}{\rho_x} Qdy = \frac{dy}{\rho_y} Qdx - p\,dxdy = 0 \tag{5・38}$$

식 (5・36)과 식 (5・38)에 의해 얇은 막에 작용하는 z 방향의 평형방정식은 다음 식으로 주어진다.

$$\frac{\partial^2 u_z}{\partial x^2} + \frac{\partial^2 u_z}{\partial y^2} = -\frac{p}{Q} \tag{5・39}$$

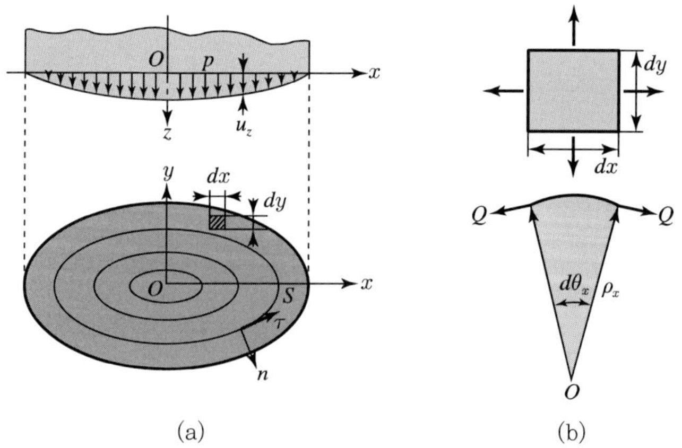

[그림 5-8] 얇은 막 문제의 상사성

식 (5・39)는 응력함수 Ψ가 만족해야하는 비틀림의 기초방정식 (5・10)과 동일한 형태로 되어 있는 것을 알 수 있다. [표 5-2]의 비틀림과 박막문제에 대한 상사성의 대응 관계로부터 다음 식이 얻어진다.

$$\frac{\Psi}{2G\theta} = \frac{u_z}{p/Q} \tag{5・40}$$

$$\frac{\partial\Psi/\partial n}{2G\theta} = \frac{\partial u_z/\partial n}{p/Q} \tag{5・41}$$

$$-\frac{\partial u_z}{\partial n} = \frac{\tau}{2G\theta}\frac{p}{Q} \tag{5・42}$$

1 개의 등고선에 둘러싸인 폐곡선에 대해서

$$-\oint \frac{\partial z}{\partial n} Q\,dS = pA, \quad A\text{ : 등고선에 둘러싸인 면적} \tag{5・43}$$

식 (5・42)와 식 (5・43)에 의해 다음 식이 얻어진다.

$$\oint \tau dS = 2G\theta A \tag{5・44}$$

[표 5-2] 비틀림 문제와 얇은 막 문제의 상사성

비틀림 문제	얇은 막 문제
Ψ	u_z
$\Psi = 0$ (경계에서)	$u_z = 0$ (동일면에서 주위를 고정)
$-2G\theta$	$-\frac{p}{Q}$
$T = 2\iint \Psi dx\,dy$	$2\iint z\,dx\,dy$ (얇은 막 체적의 2배)
$-\frac{\partial\Psi}{\partial n}$(등고선 방향의 응력)	$-\frac{\partial u_z}{\partial n}$ (등고선 직각방향의 경사) [등고선 u_z=일정, 등고선에서 $\frac{\partial u_z}{\partial S}=0$]

CHAPTER 05 연습문제

[문제 5-1] 식 (5・15) ~ 식 (5・19)를 이용하여 원기둥좌표계로 표시하면 다음 식이 얻어지는 것을 나타내시오.

$$\Psi = \psi - \frac{r^2}{2}, \quad \Psi = 0 \ : \ \text{경계}$$

$$\sigma_{z\theta} = -G\phi \frac{\partial \Psi}{\partial r}, \quad \sigma_{zr} = G\phi \frac{1}{r} \frac{\partial \Psi}{\partial \theta}$$

$$\frac{\partial^2 \Psi}{\partial r^2} + \frac{1}{r}\frac{\partial \Psi}{\partial r} + \frac{1}{r^2}\frac{\partial^2 \Psi}{\partial^2 \theta} = -2G\theta$$

$$T = 2G\theta \iint \Psi(r, \theta) r \, d\theta \, dr$$

단, 여기서 θ는 단위길이에 대한 비틀림각으로 표시하는 비틀림률(twist rate)을 나타낸다.

[문제 5-2] [문제 5-1]에서 제시한 식을 이용하여 반지름 a인 중실축의 비틀림 모멘트를 구하시오.

[문제 5-3] 안쪽 반지름 r_i, 바깥쪽 반지름 r_o인 중공축에 비틀림 모멘트 T가 작용할 때 이 비틀림 모멘트를 구하시오.

Chapter

6 평판의 굽힘

이 장에서는 두께가 얇은 평판의 미소변형에 대한 Kirchhoff-Love의 가정을 이용하여 각종 평판의 굽힘이론을 다루고자 한다. 얇은 평판의 굽힘에 대한 기초식을 유도하고, 이에 대한 경계조건의 정식화(定式化)에 의한 직사각형 평판의 굽힘문제와 원판의 축대칭 문제를 해석하여 보기로 한다.

6.1 평판의 변형

얇은 판(薄板; thin plate)이란 판 두께가 판 폭에 비하여 충분히 작은 것으로서 면내(面內) 및 면외(面外) 변형을 일으키는 굽힘 작용이 중요하다. [그림 6-1]과 같이 충분히 얇은 평판의 중앙점 O를 중심으로 x, y, z 축을 잡은 후 평판 안의 임의의 점(x, y, z)의 변위는 u_x, u_y, u_z 이고, 중앙면의 변위는 u, v, w 라 한다. 이때 u, v, w 는 x, y 만의 함수로 되고 이들 사이에는 다음의 관계식이 성립한다.

$$\begin{aligned} u_x &= u(x, y) + z\alpha \\ u_y &= v(x, y) + z\beta \\ u_z &= w(x, y) + z\gamma \end{aligned} \qquad (6 \cdot 1)$$

여기서 α, β, γ 는 x, y 만의 함수이다.

또한, 변위-변형률 관계는 식 (2・53′)에 의해 다음 식과 같이 된다.

$$\begin{aligned} &\epsilon_x = \frac{\partial u_x}{\partial x}, \quad \epsilon_y = \frac{\partial u_y}{\partial y}, \quad \epsilon_z = \frac{\partial u_z}{\partial z} \\ &\gamma_{xy} = \frac{\partial u_x}{\partial y} + \frac{\partial u_y}{\partial x}, \quad \gamma_{yz} = \frac{\partial u_y}{\partial z} + \frac{\partial u_z}{\partial y}, \quad \gamma_{zx} = \frac{\partial u_z}{\partial x} + \frac{\partial u_x}{\partial z} \end{aligned} \qquad (6 \cdot 2)$$

식 (6・1)을 식 (6・2)에 대입하면 다음의 관계식이 성립한다.

$$\epsilon_x = \frac{\partial u}{\partial x} + z\frac{\partial \alpha}{\partial x}, \quad \epsilon_y = \frac{\partial v}{\partial y} + z\frac{\partial \beta}{\partial y}, \quad \epsilon_z = \gamma$$
$$\gamma_{xy} = \frac{\partial v}{\partial x} + \frac{\partial u}{\partial y} + z\left(\frac{\partial \beta}{\partial x} + \frac{\partial \alpha}{\partial y}\right), \quad \gamma_{yz} = \frac{\partial w}{\partial y} + z\frac{\partial \gamma}{\partial y} + \beta \tag{6・3}$$
$$\gamma_{zx} = \frac{\partial w}{\partial x} + z\frac{\partial \gamma}{\partial x} + \alpha$$

여기서 다음과 같은 가정(假定)을 한다.

(1) 변형전 판의 중앙면(中央面; middle plane)에 수직한 평면은 변형 후에도 수직이다.

(2) 판의 중앙면에 대한 가로방향 전단변형은 다음과 같이 없는 것으로 한다.

$$\gamma_{zx} = \gamma_{zy} = 0 \tag{6・4}$$

(3) 판 두께 방향의 변형률은 무시할 수 있을 정도로 충분히 적다.

$$\epsilon_z \approx 0 \tag{6・5}$$

이러한 가정을 Kirchhoff-Love의 가정(假定; hypothesis)이라 하고, 이러한 가정으로부터 다음 식이 얻어진다.

$$\alpha = -\frac{\partial w}{\partial x}, \quad \beta = -\frac{\partial w}{\partial y}, \quad \gamma = 0 \tag{6・6}$$

식 (6・1)에서 판 내부의 임의의 점$(x,\ y,\ z)$에 대한 변위는 중앙면의 변위 u, v, w와 z의 함수로서 다음 식과 같이 표시한다.

$$u_x = u - z\frac{\partial w}{\partial x}, \quad u_y = v - z\frac{\partial w}{\partial y}, \quad u_z = w \tag{6・7}$$

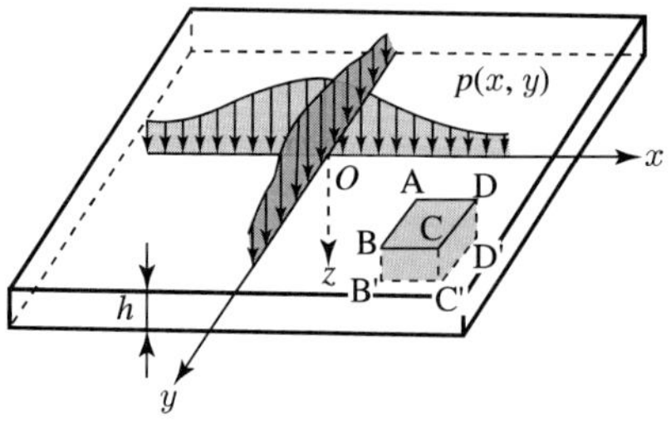

(a) 평판의 분포하중

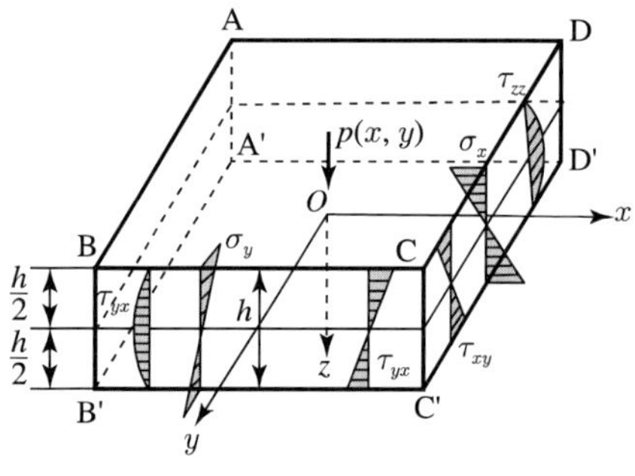

(b) 미소요소의 응력성분

[그림 6-1] 평판에 작용하는 응력

식 (6・7)로부터 '변형전 판의 중앙면에 수직한 평면은 변형 후에도 그 중앙면에 수직이다.'는 Kirchhoff-Love의 가정이 성립한다.

따라서 0 으로 되지 않는 변형률은 다음 식과 같이 표시된다.

$$\begin{aligned} \epsilon_x &= \overline{\epsilon_x} - z k_z \\ \epsilon_y &= \overline{\epsilon_y} - z k_y \\ \gamma_{xy} &= \overline{\gamma_{xy}} - 2z\, k_{xy} \end{aligned} \qquad (6 \cdot 8)$$

여기서 $\overline{\epsilon_x}$, $\overline{\epsilon_y}$, $\overline{\gamma_{xy}}$ 는 중앙면에 대한 변형률이다.

또한 k_x, k_y 는 굽힘에 대한 곡률(曲率; curvature)이고, k_{xy} 를 면에 대한 비틀림(twist)이라 하면 이들 사이에는 다음의 관계식이 성립한다.

$$k_x = \frac{\partial^2 w}{\partial x^2}, \quad k_y = \frac{\partial^2 w}{\partial y^2}, \quad k_{xy} = \frac{\partial^2 w}{\partial x\, \partial y} \qquad (6 \cdot 9)$$

여기서 z 방향에 대한 변위 w 를 처짐(deflection)이라 한다.

따라서 중앙면에 대한 변형률 $\overline{\epsilon_x}$, $\overline{\epsilon_y}$, $\overline{\gamma_{xy}}$ 는 다음 식과 같이 된다.

$$\overline{\epsilon_x} = \frac{\partial u}{\partial x}, \quad \overline{\epsilon_y} = \frac{\partial v}{\partial y}, \quad \overline{\gamma_{xy}} = \frac{\partial v}{\partial x} + \frac{\partial u}{\partial y} \qquad (6 \cdot 10)$$

6.2 평판 굽힘의 기초식

[그림 6-1(a)]와 같이 얇은 판의 두께 h 인 직사각형 평판에 분포하중 $p(x, y)$ 가 작용할 때 x, y 축에 평행한 2 변을 갖는 미소요소 $ABCD$ 를 고려한다. 이것은 [그림 6-1(b)]에서와 같이 하중 $p(x, y)$ 의 굽힘에 의해 x, y 면에는 수직응력 σ_x, σ_y 와 전단응력 τ_{zx}, τ_{yz} 가 발생한다. 또한 x, y 축 주위에는 비틀림에 의한 전단응력 τ_{xy}, τ_{yx} 가 작용한다.

이들 응력은 평판의 면에 작용하는 p 와 힘의 평형을 유지해야 하므로 판의 단위 폭에 대한 굽힘모멘트 및 전단응력은 다음 식의 관계가 성립한다.

$$\begin{bmatrix} M_x \\ M_y \\ M_{xy} \end{bmatrix} = \int_{-\frac{h}{2}}^{\frac{h}{2}} \begin{bmatrix} \sigma_x \\ \sigma_y \\ \tau_{xy} \end{bmatrix} z\, dz$$

$$\begin{bmatrix} Q_x \\ Q_y \end{bmatrix} = \int_{-\frac{h}{2}}^{\frac{h}{2}} \begin{bmatrix} \tau_{zx} \\ \tau_{yz} \end{bmatrix} dz \qquad (6 \cdot 11)$$

식 (6・11)에서 M_x, M_y는 x, y축 주위의 굽힘모멘트(bending moment)이고, Q_x, Q_y는 x, y면의 전단력, M_{xy}, M_{yx}는 x, y 주위의 비틀림 모멘트(twisting moment)를 의미하고, 굽힘모멘트, 비틀림 모멘트 및 전단력은 단위 폭에 대한 크기를 나타낸다.

이때 공액전단응력 성분 $\tau_{xy} = \tau_{yx}$ 이므로 다음 식이 성립한다.

$$M_{yx} = -M_{xy} \tag{6・12}$$

미소요소 $ABCD$의 주변에 작용하는 굽힘모멘트, 전단력 및 비틀림 모멘트를 나타내면 [그림 6-2]와 같이 되고, 이 요소에 작용하는 z축의 판 두께 방향에 대한 힘의 평형을 고려하면 다음 식과 같이 된다.

$$\left\{\left(Q_x + \frac{\partial Q_x}{\partial x} dx\right) - Q_x\right\} dy + \left\{\left(Q_y + \frac{\partial Q_y}{\partial x} dy\right) - Q_y\right\} dx + p\,dx\,dy = 0 \tag{a}$$

양변을 $dx\,dy$로 나누면 다음 식으로 표시된다.

$$\frac{\partial Q_x}{\partial x} + \frac{\partial Q_y}{\partial y} + p = 0 \tag{6・13}$$

또한, [그림 6-2]에서 y축에 대한 모멘트의 평형을 고려하면

$$\begin{aligned}\left\{\left(M_x + \frac{\partial M_x}{\partial x} dx\right) - M_x\right\} dy + \left\{\left(M_{yx} + \frac{\partial M_{yx}}{\partial y} dy\right) - M_{yx}\right\} dx \\ - \left(Q_x + Q_y + \frac{\partial Q_x}{\partial x} dx\right) dy \frac{1}{2} dx = 0\end{aligned} \tag{b}$$

식 (b)에서 미소의 고차항을 생략하면

$$\frac{\partial M_x}{\partial x} + \frac{\partial M_{yx}}{\partial y} = Q_x \tag{6・14}$$

같은 방법으로 x축에 대한 모멘트의 평형으로부터 다음 식을 얻을 수 있다.

$$\frac{\partial M_y}{\partial y} - \frac{\partial M_{xy}}{\partial x} = Q_y \tag{6・15}$$

식 (6・13) ~ 식 (6・15)는 평판에 대한 평형방정식이다. 식 (6・14)와 식 (6・15)를 식 (6・13)에 대입하고, 식 (6・12)를 고려한 후 Q_x, Q_y를 소거하면 단위 폭에 대한 굽힘모멘트, 비틀림 모멘트 및 분포하중 사이에는 다음의 관계식이 성립한다.

$$\frac{\partial^2 M_x}{\partial x^2} + 2\frac{\partial^2 M_{yx}}{\partial x\,\partial y} + \frac{\partial^2 M_y}{\partial y^2} = -p \tag{6・16}$$

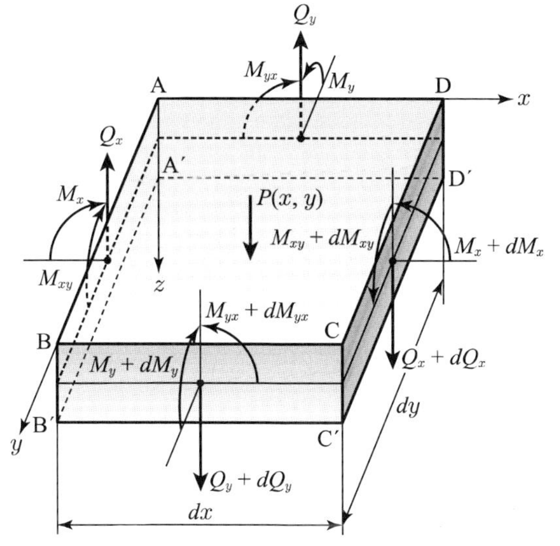

[그림 6-2] 평판에 대한 힘과 모멘트의 평형

식 (6・16)을 판재의 굽힘에 평형미분방정식이라 하고, 이 식만으로는 굽힘모멘트와 비틀림 모멘트 M_x, M_y, M_{xy}, M_{yx} 가 결정되지 않으므로 이 식을 처짐량 u_z 로 표시한다.

[그림 6-2]에서 앞면의 미소요소 $BCB'C'$ 에 대한 미소굽힘을 고려하면 [그림 6-3]과 같이 미소 굽힘변형에서는 신축(伸縮)이 없는 중립면 mn 을 기준으로 안쪽 면은 압축에 의해 수축되고, 중립면의 바깥 면은 곡률반지름 ρ_x 로 인장되는 것을 알 수 있다.

따라서 중립면 mn 으로부터 거리 z 인 평면 pq 의 x 축 방향에 대한 변형률 ϵ_x 사이에는 다음의 관계식이 성립한다.

$$\epsilon_x = \frac{\overline{pq} - \overline{pq'}}{\overline{mn}} = \frac{\overline{pq} - \overline{pq'}}{\overline{pq'}} = \frac{(\rho_x + z)\,d\theta - \rho_x\,d\theta}{\rho_x\,d\theta} = \frac{z}{\rho_x} \tag{c}$$

같은 방법으로 y 축 방향의 곡률반지름을 ρ_y 라 하고, y 축 방향의 변형률 ϵ_y 를 구하면

$$\epsilon_y = \frac{z}{\rho_y} \tag{d}$$

식 (c)와 식 (d)의 곡률반지름 ρ_x, ρ_y 와 처짐 w 의 관계는 보의 굽힘 문제에서와 같이 다음 식과 같이 된다.

$$\frac{1}{\rho_x} = -\frac{\partial^2 w}{\partial x^2}, \quad \frac{1}{\rho_y} = -\frac{\partial^2 w}{\partial y^2} \tag{6・17}$$

여기서 곡률 $\frac{1}{\rho_x} = \pm\frac{(\partial^2 w/\partial x^2)}{\{1 + (\partial w/\partial x)^2\}^{3/2}}$ 이 되고, 미소처짐일 때 $1 \gg \partial w/\partial x$ 이 되므

로 곡률은 식 (6・17)과 같이 된다.

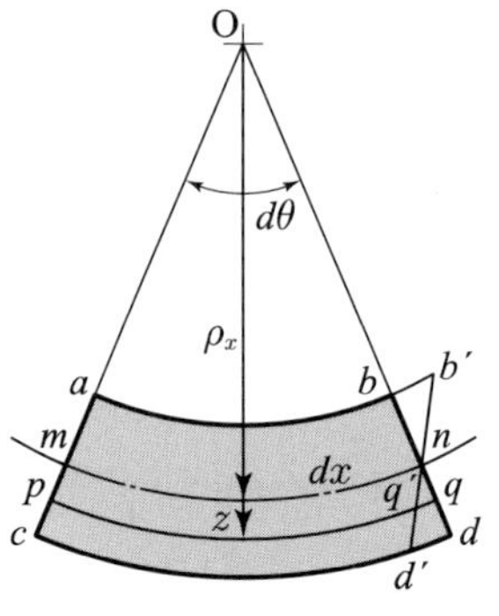

[그림 6-3] 평판의 굽힘변형

또한 평판의 중립면으로부터 z 만큼 떨어진 x, y 축 방향의 변위를 각각 u, v 라 하면, xz 면 및 yz 면에 대한 처짐각은 각각 $\dfrac{\partial u}{\partial x}$, $\dfrac{\partial v}{\partial y}$ 가 되므로 xz 면에서는 [그림 6-4]와 같이 변형된다.

이때 처짐량이 작을 때는 두께의 중앙면인 중립면(中立面; neutral plane)은 늘어나거나 줄어들지 않으므로 x 축 방향의 변위 u 와 처짐 w 의 관계는 다음 식과 같이 된다.

$$u = -z\theta = -z\frac{\partial w}{\partial x} \tag{e}$$

같은 방법으로 y 축 방향의 변위 v 와 처짐 w 의 관계는

$$v = -z\frac{\partial w}{\partial y} \tag{f}$$

식 (e)와 식 (f)를 변위와 변형률의 관계식에 대입한 후 정리하면 다음 식을 얻는다.

$$\epsilon_x = -z\frac{\partial^2 w}{\partial x^2}, \quad \epsilon_y = -z\frac{\partial^2 w}{\partial y^2}, \quad \gamma_{xy} = -2z\frac{\partial^2 w}{\partial x\,\partial y} \tag{6・18}$$

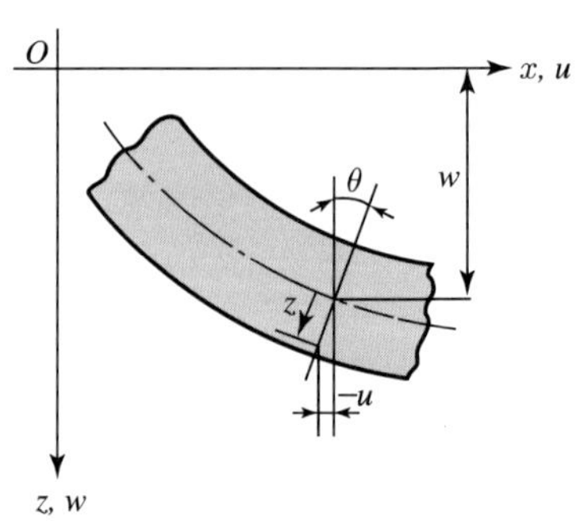

[그림 6-4] 평판의 처짐

평판에 대한 응력-변형률 관계식을 고려하면 판 두께 h 는 평판의 x, y 축 방향의 길이에 비하여 매우 작으므로 판 두께 방향의 수직응력 $\sigma_z \approx 0$ 으로 된다.

따라서 평판의 굽힘에 대한 응력-변형률 관계식은 식 (3・7)로부터 다음 식을 얻는다.

$$\epsilon_x = \frac{1}{E}(\sigma_x - \nu\sigma_y), \quad \epsilon_y = \frac{1}{E}(\sigma_y - \nu\sigma_x) \tag{g}$$

식 (g)를 응력성분으로 표시하면

$$\sigma_x = \frac{E}{1-\nu^2}(\epsilon_x + \nu\epsilon_y), \quad \sigma_y = \frac{E}{1-\nu^2}(\epsilon_y + \nu\epsilon_x) \tag{h}$$

식 (c), 식 (d), 식 (6・18)을 식 (h)에 대입하면 평판의 굽힘응력 σ_x, σ_y 와 처짐 w 사이에는 다음의 관계식이 성립한다.

$$\sigma_x = -\frac{Ez}{1-\nu^2}\left(\frac{\partial^2 w}{\partial x^2} + \nu\frac{\partial^2 w}{\partial y^2}\right), \quad \sigma_y = -\frac{Ez}{1-\nu^2}\left(\frac{\partial^2 w}{\partial y^2} + \nu\frac{\partial^2 w}{\partial x^2}\right) \tag{6・19}$$

한편, 전단응력 τ_{xy} 와 전단변형률 γ_{xy} 의 관계는 식 (3・8)로부터

$$\tau_{xy} = G\gamma_{xy} = \frac{E}{2(1+\nu)}\left(\frac{\partial w}{\partial y} + \frac{\partial w}{\partial x}\right) \tag{6・20}$$

식 (6・18)의 γ_{xy} 를 식 (6・20)에 대입하고, 전단응력 τ_{xy} 의 대칭성을 고려하면 τ_{xy} 와 처짐 w 의 관계는 다음 식과 같이 된다.

$$\tau_{yx} = \tau_{xy} = -2Gz\frac{\partial^2 w}{\partial x\,\partial y} = -\frac{Ez}{(1+\nu)}\frac{\partial^2 w}{\partial x\,\partial y} \tag{6・21}$$

식 (6・19)와 식 (6・20)을 식 (6・11)에 대입한 후 판의 두께 방향 z 에 관하여 적분하면 굽힘모멘트 M_x, M_y 와 비틀림 모멘트 M_{xy}, M_{yx} 가 구해진다. 이때 처짐 w 는 x, y 만의 함수인 것을 고려한 후 적분하면 다음 식이 얻어진다.

$$\begin{aligned} M_x &= \int_{-\frac{h}{2}}^{\frac{h}{2}}\left\{-\frac{Ez}{1-\nu^2}\left(\frac{\partial^2 w}{\partial x^2} + \nu\frac{\partial^2 w}{\partial y^2}\right)\right\}z\,dz \\ &- \quad \frac{E}{1-\nu^2}\left(\frac{\partial^2 w}{\partial x^2} + \nu\frac{\partial^2 w}{\partial y^2}\right)\int_{-\frac{h}{2}}^{\frac{h}{2}} z^2\,dz \\ &= -\frac{Eh^3}{12(1-\nu^2)}\left(\frac{\partial^2 w}{\partial x^2} + \nu\frac{\partial^2 w}{\partial y^2}\right) \end{aligned}$$

같은 방법으로 M_y, M_{xy}, M_{yx} 를 구한 후 이들을 정리하면 다음 식과 같이 된다.

$$M_x = -D(k_x + \nu k_y) = -D\left(\frac{\partial^2 w}{\partial x^2} + \nu \frac{\partial^2 w}{\partial y^2}\right)$$
$$M_y = -D(k_y + \nu k_x) = -D\left(\frac{\partial^2 w}{\partial y^2} + \nu \frac{\partial^2 w}{\partial x^2}\right) \qquad (6 \cdot 22)$$
$$M_{yx} = -M_{xy} = -D(1-\nu)k_{xy} = -(1-\nu)D\frac{\partial^2 w}{\partial x \partial y}$$

여기서

$$D = \frac{Eh^3}{12(1-\nu^2)} \qquad (6 \cdot 23)$$

또한, D는 판의 굽힘강성(flexural rigidity of plate)이라 하고, 보의 굽힘강성 EI에 상당한다. 이때 E는 보의 재료에 대한 세로탄성계수이고, I는 단면 2차모멘트이다.

Mohr의 응력원을 참조하면 모멘트에 관한 주축의 방향(orientation of principal axes)은 다음 식으로 주어진다.

$$\tan 2\theta_p = \frac{2M_{xy}}{M_x - M_y} \qquad (6 \cdot 24)$$

최대주모멘트(maximum principal moment) M_1, 최소주모멘트 M_2 및 최대비틀림 모멘트(maximum twisting moment)$(M_{xy})_{\max}$는 다음 식과 같이 나타낸다.

$$M_{1,2} = \frac{M_x + M_y}{2} \pm \sqrt{\left(\frac{M_x - M_y}{2}\right)^2 + M_{xy}^2} \qquad (6 \cdot 25)$$

$$(M_{xy})_{\max} = \sqrt{\left(\frac{M_x - M_y}{2}\right)^2 + M_{xy}^2} \qquad (6 \cdot 26)$$

굽힘모멘트와 처짐의 관계식 (6・22)를 평형방정식 (6・16)에 대입하면, 평판의 굽힘 문제에 대한 다음 식과 같은 처짐의 기초방정식이 얻어진다.

$$\frac{\partial^2}{\partial x^2}\left\{D\left(\frac{\partial^2 w}{\partial x^2} + \nu\frac{\partial^2 w}{\partial y^2}\right)\right\} + \frac{\partial^2}{\partial y^2}\left\{D\left(\frac{\partial^2 w}{\partial y^2} + \nu\frac{\partial^2 w}{\partial x^2}\right)\right\}$$
$$+ 2\frac{\partial^2}{\partial x \partial y}\left\{(1-\nu)D\frac{\partial^2 w}{\partial x \partial y}\right\} = p \qquad (6 \cdot 27)$$

특히, 판 두께가 일정하면 다음 식과 같은 처짐 w에 대한 4계의 미분방정식이 얻어진다.

$$\frac{\partial^4 w}{\partial x^4} + 2\frac{\partial^4 w}{\partial x^2 \partial y^2} + \frac{\partial^4 w}{\partial y^4} = \frac{p}{D} \qquad (6 \cdot 28)$$

또는

$$\nabla_1^2 \nabla_1^2 w = \left(\nabla_1^2\right)^2 w = \left(\frac{\partial^2}{\partial x^2} + \frac{\partial^2}{\partial y^2}\right)^2 w \equiv \frac{p}{D} \qquad (6 \cdot 28')$$

식 (6・28)과 식 (6・28′)을 처짐에 대한 순수굽힘의 기초방정식(fundamental equation of pure bending)이라 하고, 이것은 변위 w로 나타내는 평형방정식이다.

또한, 극좌표계에서는 다음 식과 같이 된다.

$$\nabla_1^4 = \left(\frac{\partial^2}{\partial r^2} + \frac{1}{r}\frac{\partial}{\partial r} + \frac{1}{r^2}\frac{\partial^2}{\partial \theta^2}\right)^2 \qquad (6 \cdot 29)$$

평형방정식 (6・14)와 식 (6・15)에 식 (6・22)를 대입하면 전단력 Q_x, Q_y와 처짐 w의 관계로부터 다음 식과 같이 주어진다.

$$\begin{aligned} Q_x &= -D\frac{\partial}{\partial x}\left(\nabla_1^2 w\right) = -D\frac{\partial}{\partial x}\left(\frac{\partial^2 w}{\partial x^2} + \frac{\partial^2 w}{\partial y^2}\right) \\ Q_x &= -D\frac{\partial}{\partial y}\left(\nabla_1^2 w\right) = -D\frac{\partial}{\partial y}\left(\frac{\partial^2 w}{\partial x^2} + \frac{\partial^2 w}{\partial y^2}\right) \end{aligned} \qquad (6 \cdot 30)$$

또한 굽힘응력 σ_x, σ_y와 굽힘모멘트 M_x, M_y의 관계는 식 (6・19)와 식 (6・22)에 의해 다음 식이 얻어진다.

$$\sigma_x = \frac{12z}{h^3}M_x, \quad \sigma_y = \frac{12z}{h^3}M_y \qquad (6 \cdot 31)$$

식 (6・31)로부터 재료의 굽힘응력 $\sigma = M\left(\frac{z}{I}\right) = M/(I/z) = \frac{M}{Z}$ 이 되는 것을 알 수 있다. I는 직사각형 단면의 평판에 대한 단면 2차모멘트이고, $Z = I/z$는 단면계수이다.

이때 σ_x, σ_y는 판의 중립면에서 0으로 되고, 판의 두께 방향으로는 직선적인 변화를 하며, 판의 상・하면에서 발생하는 그 최대값은 다음 식과 같이 된다.

$$(\sigma_x)_{z=\pm h/2} = \pm\frac{6}{h^2}M_x, \quad (\sigma_y)_{z=\pm h/2} = \pm\frac{6}{h^2}M_y \qquad (6 \cdot 32)$$

식 (6・32)로부터 재료의 굽힘응력 $\sigma = \frac{M}{Z}$이 되는 것을 알 수 있다.

6.3 경계조건

평판의 굽힘문제는 처짐 w 에 대한 경계조건을 고려하여 처짐의 기초방정식 (6・28)을 해석하는 문제로 귀착된다. 식 (6・28)을 해석하기 위한 경계조건은 주로 다음과 같은 고정, 단순지지 및 자유의 3가지 경계조건이 고려되어진다.

6.3.1 고정단의 경계조건

평판의 위치 $x=a$ 인 곳에서 판 끝이 고정(fixed edge)되어 있으면, 고정점에서의 처짐 및 처짐각은 0이 되므로 경계조건은 다음 식으로 주어진다.

$$(w)_{x=a}=0,\quad \left(\frac{\partial w}{\partial x}\right)_{x=a}=0 \tag{6・33}$$

6.3.2 단순지지단의 경계조건

평판의 위치 $x=a$ 인 곳에서 판 끝이 단순지지(simple supported edge)되어 있으면, 지지점에 대한 처짐 w 및 굽힘모멘트 $M_x=0$이 되므로 경계조건은

$$(w)_{x=a}=0,\quad (M_x)_{x=a}=\left(\frac{\partial^2 w}{\partial x^2}+\nu\frac{\partial^2 w}{\partial y^2}\right)_{x=a}=0 \tag{6・34}$$

여기서 $\left(\frac{\partial w}{\partial y}\right)_{x=a}=0$ 이므로 식 (6・34)의 두 번째 식은 다음과 같이 된다.

$$\left(\frac{\partial^2 w}{\partial x^2}\right)_{x=a}=0,\quad \text{또는}\quad (\nabla_1^2 w)_{x=a}=0 \tag{6・35}$$

6.3.3 자유단 경계조건

평판의 위치 $x=a$ 인 곳에서 판 끝이 자유(free edge)라면, 이것은 자유경계(自由境界; free boundary)로 되어 굽힘모멘트 $M_x=0$이 되고, 전단력 Q_x 와 비틀림 모멘트 M_{xy} 사이에는 다음의 관계식이 성립한다.

$$(M_x)_{x=a}=0,\quad \left(Q_x-\frac{\partial M_{xy}}{\partial y}\right)_{x=a}=0 \tag{6・36}$$

푸아송(Poisson)은 평판을 해석할 때 자유단에 대한 모멘트와 전단력은 $(M_x)_{x=a}=0$, $(Q_x)_{x=a}=0$, $(M_{xy})_{x=a}=0$ 이 되어야 한다고 하였지만, 그 후 Kirchhoff는 이 경계조건

은 너무 많기 때문에 식 (6・36)의 경계조건만으로도 충분하다고 하였다.

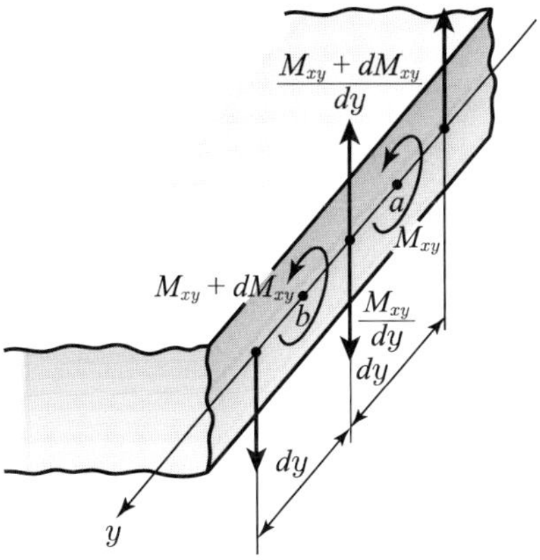

[그림 6-5] 평판에 작용하는 비틀림 모멘트와 전단응력

[그림 6-5]의 a 점에 작용하는 비틀림 모멘트를 M_{xy} 라 하면, 이것은 a 점으로부터 dy 만큼 떨어진 점에 작용하는 우력 M_{xy}/dy 에 의한 모멘트와 같다. 또한 b 점에 작용하는 비틀림 모멘트를 $(M_{xy}+dM_{xy})$ 라 하면, 이것은 b 점에서 dy 만큼 떨어진 점에 작용하는 우력 $(M_{xy}+dM_{xy})/dy$ 에 의한 비틀림 모멘트와 같으므로 a, b 사이에는 다음 식과 같은 전단력이 작용한다.

$$Q_x{}' = -\frac{M_{xy}+dM_{xy}}{dy} + \frac{M_{xy}}{dy} = -\frac{\partial M_{xy}}{\partial y} \tag{j}$$

따라서 식 (j)에서 비틀림 모멘트 M_{xy} 의 분포는 전단력 $Q_x{}'$ 의 분포로 변환할 수 있으므로 식 (6・36)의 두 번째 식이 성립하는 것을 알 수 있다.

6.4 각종 평판의 굽힘

6.4.1 분포하중에 의한 직사각형 판의 굽힘

[그림 6-6]과 같은 직사각형 평판에서 $x=0$, a 인 2변이 단순지지로 되어 있고, 나머지 2변은 $y=\pm b/2$ 가 고정된 직사각형 평판에 대한 굽힘을 고려하여 보기로 한다.

경계조건은 식 (6・34)로부터 $x=0$, a 에서

$$x=0,\ a\ :\ w=0,\quad M_x=-D\left(\frac{\partial^2 w}{\partial x^2}+\nu\frac{\partial^2 w}{\partial y^2}\right)=0 \tag{a}$$

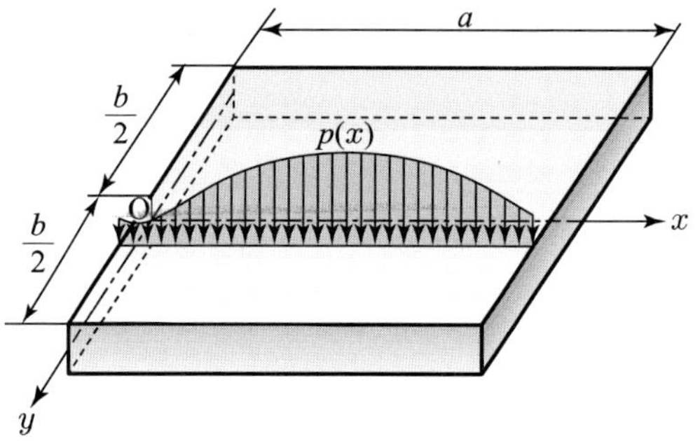

[그림 6–6] 분포하중에 의한 직사각형 판의 굽힘

그러나 지지단 $x=0$, a 에서 $w=0$ 이므로 이들은 경계에서 y 축 방향의 곡률이 0 이 되기 때문에 $(\partial^2 w/\partial y^2)_{x=0,\,a}=0$ 으로 된다. 따라서 $x=0$, a 에 대한 경계조건은 다음 식으로 주어진다.

$$x=0,\ a\ :\ w=0,\quad \frac{\partial^2 w}{\partial x^2}=0 \tag{b}$$

또한, $y=\pm b/2$ 에 대한 경계조건은 식 (6・33)에 의해 다음 식과 같이 된다.

$$y=\pm\frac{b}{2}\ :\ w=0,\quad \frac{\partial w}{\partial y}=0 \tag{c}$$

기초방정식 (6・28)을 만족시키는 처짐 w 를 일반해 w_c 와 특이해 w_p 로 분리하면

$$w=w_c+w_p \tag{d}$$

여기서 일반해 w_c 의 함수가 $x=0$, a 에서 단순지지된 경계조건식 (b)를 만족하도록 다음 식과 같이 놓는다.

$$w_c=\sum_{n=1}^{\infty} f_n(y)\sin\alpha_n x \tag{e}$$

여기서 $\alpha_n=n\pi/a$ 가 된다.

이때 w_c 를 만족하여야 하는 방정식은 식 (6・28′)으로부터

$$\nabla_1^2\nabla_1^2 w_c=0 \tag{f}$$

이 되므로 식 (e)를 식 (f)에 대입하면, 미지함수 $f_n(y)$ 에 관한 방정식은 다음 식과 같다.

$$\frac{\partial^4 f_n}{\partial y^4}-2\alpha_n^2\frac{\partial^2 f_n}{\partial y^2}+\alpha_n^4 f_n=0 \tag{g}$$

식 (g)를 풀면 $f_n(y)$ 의 기본해는 다음 식으로 주어진다.

$$f_n(y) = A_n \sinh\alpha_n y + B_n y \cosh\alpha_n y + C_n \cosh\alpha_n y + D_n y \sinh\alpha_n y \tag{h}$$

따라서 식 (e)와 식 (h)로부터 일반해 w_c는 다음 식과 같이 된다.

$$w_c = \sum_{n=1}^{\infty} (A_n \sinh\alpha_n y + B_n y \cosh\alpha_n y + C_n \cosh\alpha_n y + D_n y \sinh\alpha_n y) \sin\alpha_n x \tag{6・37}$$

또한, 특이해 w_p를 만족해야 할 방정식은 식 (6・28′)으로부터

$$\nabla_1^2 \nabla_1^2 w_p = \frac{p}{D} \tag{i}$$

여기서 분포하중 p가 x만의 함수로서 $p = p(x)$일 때 특이해 w_p에 관한 방정식 (i)는 x만의 함수인 상미분방정식으로 되고, 다음 식과 같이 주어진다.

$$\frac{d^4 w_p}{dx^4} = \frac{p}{D} \tag{j}$$

분포하중 $p(x)$를 Fourier 급수로 전개하면 다음 식과 같이 된다.

$$p(x) = \sum_{n=1}^{\infty} E_n \sin\alpha_n x \tag{k}$$

여기서

$$E_n = \frac{2}{a} \int_0^a p(x) \sin\alpha_n x$$

또한, 식 (k)를 식 (j)에 대입한 후 특이해 w_p를 구하면 다음 식과 같이 표시된다.

$$w_p = \frac{1}{D} \sum_{n=1}^{\infty} \frac{E_n}{\alpha_n^4} \sin\alpha_n x \, dx \tag{6・38}$$

식 (6・38)은 단순지지단 $x = 0$, a에 대한 경계조건을 만족하고, 처짐 w의 기본해는 식 (6・37)과 식 (6・38)로부터 다음 식이 얻어진다.

$$w = \sum_{n=1}^{\infty} \left(A_n \sinh\alpha_n y + B_n y \cosh\alpha_n y + C_n \cosh\alpha_n y + D_n y \sinh\alpha_n y + \frac{E_n}{D\alpha_n^4} \right) \sin\alpha_n x \tag{6・39}$$

여기서 미정계수(未定係數) A_n, B_n, C_n, D_n은 나머지 2변 $y = \pm b/2$에 대한 경계조건식 (c)에서 결정할 수 있다.

예제 6-1

엘리베이터(elevator)의 사각바닥 판이 [그림 6-7]과 같이 가장자리를 따라 균일분포 굽힘 모멘트 $M_x = M_a$ 와 $M_y = M_b$ 가 작용하고 있을 때, 다음 조건에 대한 표면의 처짐 w 를 나타내는 식을 유도하시오.

(1) $M_a \neq M_b$ 일 때

(2) $M_a = -M_b$ 일 때

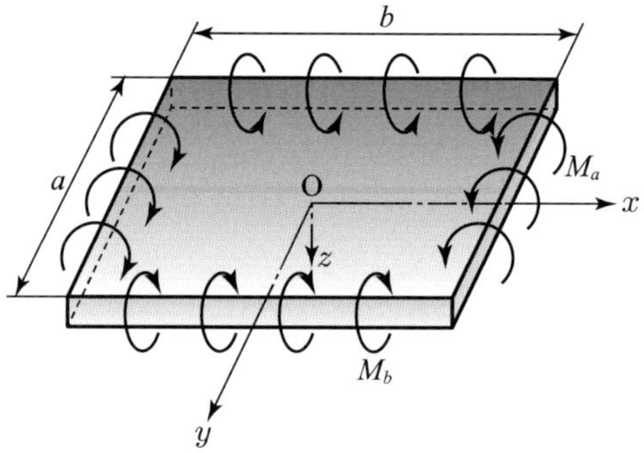

[그림 6-7]

풀이

(1) $M_x = M_a$ 와 $M_y = M_b$ 를 식 (6 · 22)에 대입하면 다음 식을 얻을 수 있다.

$$\frac{\partial^2 w}{\partial x^2} = -\frac{M_a - \nu M_b}{D(1-\nu^2)}, \quad \frac{d^2 w}{dy^2} = -\frac{M_b - \nu M_a}{D(1-\nu^2)}, \quad \frac{\partial^2 w}{\partial x \, \partial y} = 0 \tag{a}$$

식 (a)를 적분하면

$$w = -\frac{M_a - \nu M_b}{2D(1-\nu^2)}x^2 - \frac{M_b - \nu M_a}{2D(1-\nu^2)}y^2 + C_1 x + C_2 y + C_3 \tag{b}$$

경계조건으로서 x, y, z 축의 중심 및 중간표면의 좌표를 대입하면 적분상수가 소거되어 다음 식과 같이 표시된다.

$$w = -\frac{M_a - \nu M_b}{2D(1-\nu^2)}x^2 - \frac{M_b - \nu M_a}{2D(1-\nu^2)}y^2 \tag{c}$$

(2) $M_b = -M_a$ 로 놓으면 식 (a)는 다음 식과 같이 된다.

$$k_x = -k_y = \frac{\partial^2 w}{\partial^2 x} = -\frac{M_a}{D(1-\nu)} \tag{d}$$

식 (d)는 판의 중심에 대한 것이고, 식 (d)를 x, y, z 축의 원점에 대하여 적분하면 처짐은 다음 식과 같이 표시된다.

$$w = -\frac{M_a}{2D(1-\nu)}(x^2 - y^2) \tag{e}$$

6.4.2 원판의 축대칭 굽힘

[그림 6-8(a)]와 같은 원판에 축대칭인 분포하중 $p(r,\ \theta)$가 작용할 때 굽힘문제를 해석하기 위해서는 [그림 6-8(b)]와 같은 원판의 미소요소에 대한 극좌표계를 고려한다. 그림에서 미소요소의 지름 r이 일정한 안쪽 곡면과 바깥쪽 곡면에 굽힘모멘트 M_r, 비틀림모멘트 $M_{r\theta}$, 전단력 Q_r이 발생한다. 또한 θ가 일정한 양 측면에는 M_θ, $M_{\theta r}$, Q_θ가 작용하는 것으로 한다.

원판은 표면에 작용하는 하중에 의해 축대칭 변형을 할 때 응력과 변위를 구하여 보기로 한다. 축대칭 변형은 θ 방향으로는 변위가 생기지 않고, 변위 및 응력은 반지름 방향의 좌표 r만에 의한 함수로 된다.

이때 직교좌표계에서 처짐의 기초방정식 (6・28′)을 극좌표계에 대한 식으로 변환하면, 다음 식과 같이 표시된다.

$$\nabla_1^2 \nabla_1^2 w = \frac{p(r,\ \theta)}{D} \tag{6・40}$$

또는

$$w\left\{\frac{1}{r}\frac{\partial}{\partial r}\left(r\frac{\partial}{\partial r}\right)+\frac{1}{r^2}\frac{\partial^2}{\partial \theta^2}\right\}^2 = \frac{p(r,\ \theta)}{D} \tag{6・40′}$$

여기서, 극좌표계에 대해서는 식 (6・29)로부터 다음 식이 얻어진다.

$$\nabla_1^2 = \frac{\partial^2}{\partial r^2}+\frac{1}{r}\frac{\partial}{\partial r}+\frac{1}{r^2}\frac{\partial^2}{\partial \theta^2} = \frac{1}{r}\frac{\partial}{\partial r}\left(r\frac{\partial}{\partial r}\right)+\frac{1}{r^2}\frac{\partial^2}{\partial \theta^2}$$

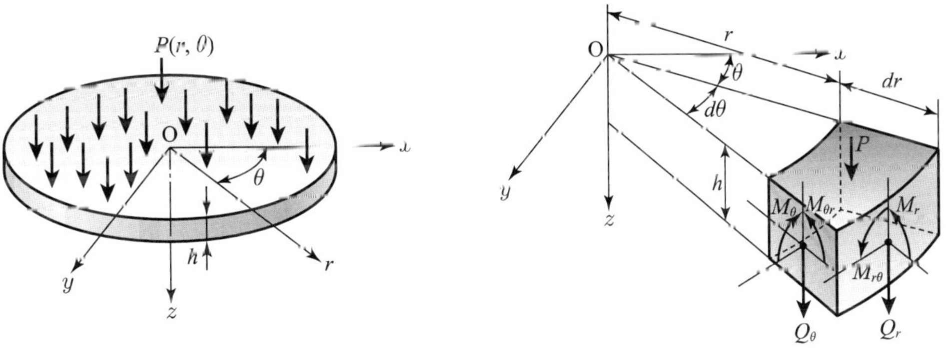

(a) 분포하중이 작용하는 원판　　　　(b) 미소요소의 모멘트와 전단력

[그림 6-8] 원판의 축대칭 굽힘

전체의 축 둘레를 동일하게 지지할 때 축대칭 분포하중 $p = p(r)$ 이 작용하고, 원판은 축대칭 변형을 한다. 축대칭일 때의 변형은 각도 θ 에는 무관하므로 처짐의 기초방정식 (6・40)은 다음 식과 같이 된다.

$$\frac{1}{r}\frac{d}{dr}\left[r\frac{d}{dr}\left\{\frac{1}{r}\frac{d}{dr}\left(r\frac{dw}{dr}\right)\right\}\right] = \frac{p(r)}{D} \tag{6・41}$$

분포하중 p 가 일정할 때 식 (6・41)을 적분하면 일반해는 다음 식과 주어진다.

$$w = w_c + w_p = C_1 + C_2 \ln r + C_3 r^2 + C_4 r^2 \ln r + w_p \tag{6・42}$$

여기서 w_p 는 특수해로서 다음 식과 같이 된다.

$$w_p = \frac{p r^4}{64D} \tag{6・43}$$

또한, 상수 $C_1 \sim C_4$ 는 경계조건에 의해 결정되는 미정계수이다. 경계는 r 이 일정한 곡면이 되므로 경계조건식 (6・33)~(6・36)으로부터 지지단 $r = a$ 에 대한 경계조건은 다음과 같다.

(1) 고정단(fixed edge) : $r = a$ 일 때

$$(w)_{r=a} = 0, \quad \left(\frac{\partial w}{\partial r}\right)_{r=a} = 0 \tag{6・44}$$

(2) 단순지지단(simple supported edge) : $r = a$ 일 때

$$(M_r)_{r=a} = 0 \tag{6・45}$$

(3) 자유단(free edge) : $r = a$ 일 때

$$(M_r)_{r=a} = 0, \quad Q' = \left(Q_r - \frac{\partial M_{r\theta}}{r\partial\theta}\right)_{r=a} = 0 \tag{6・46}$$

따라서 극좌표계에 대한 모멘트 및 전단력 성분을 구한 후 정리하면 다음 식과 같이 주어진다.

$$M_r = -D\left\{\frac{\partial^2 w}{\partial r^2} + \nu\left(\frac{1}{r}\frac{\partial w}{\partial r} + \frac{1}{r^2}\frac{\partial^2 w}{\partial \theta^2}\right)\right\}$$

$$M_\theta = -D\left(\nu\frac{\partial^2 w}{\partial r^2} + \frac{1}{r}\frac{\partial w}{\partial r} + \frac{1}{r^2}\frac{\partial^2 w}{\partial \theta^2}\right)$$

$$M_{r\theta} = -M_{r\theta} = D(1-\nu)\frac{\partial}{\partial r}\left(\frac{1}{r}\frac{\partial w}{\partial \theta}\right)$$

$$Q_r = -D\frac{\partial}{\partial r}\left(\nabla_1^2 w\right) = -D\frac{\partial}{\partial r}\left(\frac{\partial^2 w}{\partial r^2} + \frac{1}{r}\frac{\partial w}{\partial r}\right)$$

$$Q_\theta = -D\frac{1}{r}\frac{\partial}{\partial \theta}\left(\nabla_1^2 w\right) = -D\frac{1}{r}\frac{\partial}{\partial \theta}\left(\frac{1}{r^2}\frac{\partial^2 w}{\partial \theta^2}\right) \qquad (6 \cdot 47)$$

균일포하중 p_0 가 작용하는 원판의 원둘레 전체가 [그림 6-9(a)]와 같이 고정된 경우와 [그림 6-9(b)]와 같이 원둘레 전체가 지지될 때 굽힘문제를 해석한다.

(1) 원둘레 전체가 고정된 경우 : [그림 6-9(a)]

[그림 6-9(a)]와 같이 균일포하중 p_0 가 작용하는 원판의 원둘레 전체가 고정되었을 때 굽힘은 식 (6・42)에 $p(r) = p_0$ 를 대입하면, 처짐 w 의 일반해는 다음 식으로 표시된다.

$$w = \frac{p_0 r^4}{64D} + C_1 + C_2 \ln r + C_3 r^2 + C_4 r^2 \ln r$$

(a) $r = 0$ 인 중심에서 w 는 유한하고, $C_2 = 0$ 이 되므로

$$w' = \frac{p_0 r^3}{16D} + 2C_3 r + C_4(2r\ln r + r)$$

$$w'' = \frac{3p_0 r^2}{16D} + 2C_3 + C_4(2\ln r + 3)$$

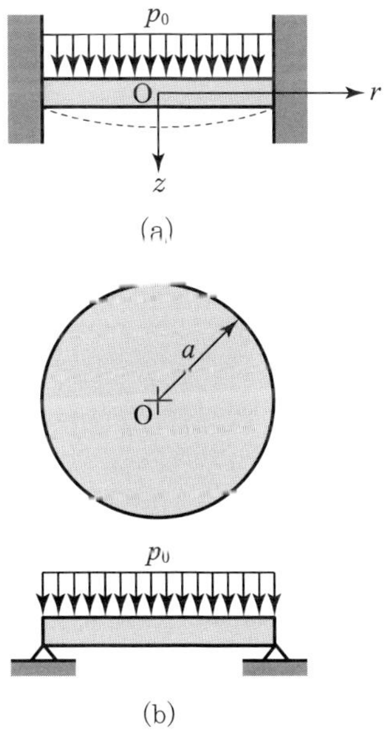

[그림 6-9] 균일 분포하중이 작용하는 원판의 굽힘

(b) $r=0$ 에서 M_r 은 유한하고, $C_4=0$ 또는 $Q_r \propto r$ 이므로 $C_4=0$ 이 된다.

$r=a$ 에서 $w'=0$ 이므로 $C_3=-\dfrac{p_0a^2}{32D}$, 또한 $w=0$ 에 의해 $C_1=\dfrac{p_0a^4}{64D}$ 이 된다.

$$\therefore \quad w=\frac{p_0}{64D}(a^2-r^2)^2$$

(c) 식 (6・47)로부터 Q_r, M_r 및 M_θ 를 구하면 다음 식과 같이 된다.

$$\begin{aligned} w &= \frac{p_0}{64D}(a^2-r^2)^2, \quad Q_r=-\frac{1}{2}p_0r \\ M_r &= \frac{p_0}{16}\{(1+\nu)a^2-(3+\nu)r^2\} \\ M_\theta &= \frac{p_0}{16}\{(1+\nu)a^2-(1+3\nu)r^2\} \end{aligned} \tag{6・48}$$

(2) 원둘레 전체가 단순지지된 경우 : [그림 6-9(b)]

[그림 6-9(b)]와 같이 균일포하중 p_0 가 작용하는 원판의 원둘레 전체가 단순지지된 경우 굽힘문제를 고려하여 보기로 한다.

(a) 처짐 w 의 일반해는

$$w=\frac{p_0r^4}{64D}+C_1+C_2\ln r+C_3r^2+C_4r^2\ln r$$

(b) 미정계수 $C_1 \sim C_4$ 를 결정하기 위한 조건은 다음과 같다.

(i) $r=0$ 에서 $w'=0$, $M_r=M_\theta$: 유한

$r=0$ 에서 $C_2=0$ 이고, $w'=0$ 도 만족한다.

(ii) $r=a$ 에서 $w=0$, $M_r=0$ 이 된다.

그 외의 미정계수 C_1, C_3, C_4 를 결정하면 다음 식과 같이 주어진다.

$$C_1=\frac{(5+\nu)}{64D(1+\nu)}p_0a^4, \quad C_3=\frac{(3+\nu)}{32D(1+\nu)}p_0a^2, \quad C_4=0$$

(c) w, Q_r, M_r 및 M_θ 를 구하면 다음 식과 같이 된다.

$$\begin{aligned} w &= \frac{p_0(a^2-r^2)}{64D}\left\{\left(\frac{5+\nu}{1+\nu}\right)a^2-r^2\right\}, \quad Q_r=-\frac{1}{2}p_0r \\ M_r &= \frac{p_0}{16}(3+\nu)(a^2-r^2) \\ M_\theta &= \frac{p_0}{16}\{(3+\nu)a^2-(1+3\nu)r^2\} \end{aligned} \tag{6・49}$$

또한, 집중하중 P가 작용하는 원판의 원둘레 전체가 [그림 6-10(a)]와 같이 고정된 경우와 [그림 6-10(b)]와 같이 원둘레 전체가 단순지지될 때 굽힘문제를 해석하여 본다.

(3) 원둘레 전체가 고정된 경우 : [그림 6-10(a)]

[그림 6-10(a)]와 같이 원판의 원둘레 전체가 고정된 경우 집중하중 P가 작용할 때 굽힘은 다음과 같은 방법으로 구한다.

(a) 처짐 w의 일반해는 다음 식과 같이 된다.

$$w = C_1 + C_2 \ln r + C_3 r^2 + C_4 r^2 \ln r$$

(b) 미정계수 $C_1 \sim C_4$를 결정하기 위한 조건은

(i) $r \to 0$에서 $w' \to 0$

(ii) $r = a$에서 $w = 0$

(iii) $r = a$에서 $w' = 0$

(iv) r에 무관하므로 $2\pi r Q_r + P = 0$

(c) 이상의 조건으로부터

$$C_1 = \frac{Pa^2}{16\pi D}, \quad C_2 = 0,$$

$$C_3 = \frac{P}{16\pi D}(2\ln a + 1),$$

$$C_4 = \frac{P}{8\pi D}$$

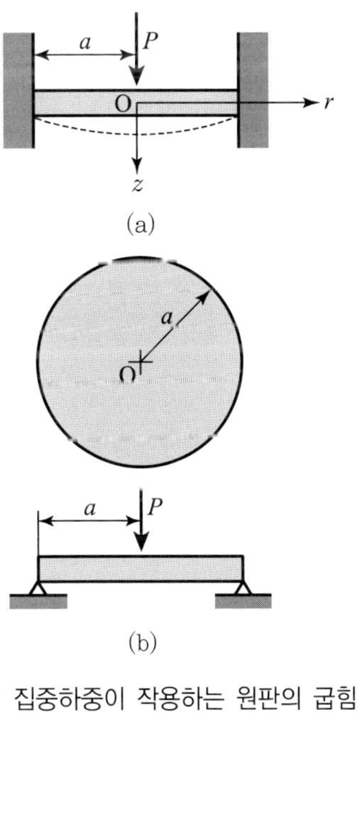

[그림 6-10] 집중하중이 작용하는 원판의 굽힘

(d) 앞에서와 같은 방법으로 w, Q_r, M_r 및 M_θ 를 구하면

$$
\begin{aligned}
w &= \frac{P}{16\pi D}\left\{a^2 - r^2 - 2r^2 \ln\left(\frac{a}{r}\right)\right\} \\
Q_r &= -\frac{P}{2\pi r} \\
M_r &= -\frac{P}{4\pi}\left\{1 - (1+\nu)\ln\left(\frac{a}{r}\right)\right\} \\
M_\theta &= -\frac{P}{4\pi}\left\{\nu - (1+\nu)\ln\left(\frac{a}{r}\right)\right\}
\end{aligned}
\tag{6・50}
$$

(4) 원둘레 전체가 단순지지된 경우 : [그림 6-10(b)]

[그림 6-10(b)]와 같이 원판의 원둘레 전체가 단순지지된 경우 집중하중 P가 작용할 때도 앞에서와 같은 방법으로 w, Q_r, M_r 및 M_θ 를 구하면 다음 식과 같이 된다.

$$
\begin{aligned}
w &= \frac{P}{16\pi D(1+\nu)}\left\{(3+\nu)(a^2 - r^2) - 2(1+\nu)r^2 \ln\left(\frac{a}{r}\right)\right\} \\
Q_r &= -\frac{P}{2\pi r} \\
M_r &= \frac{P}{4\pi}(1+\nu)\ln\left(\frac{a}{r}\right) \\
M_\theta &= \frac{P}{4\pi}\left\{(1-\nu) + (1+\nu)\ln\left(\frac{a}{r}\right)\right\}
\end{aligned}
\tag{6・51}
$$

CHAPTER 06 연습문제

[문제 6-1] [그림 6-11]과 같이 x 축으로부터 θ 만큼 경사진 n 방향에 대한 굽힘 곡률을 구하시오.

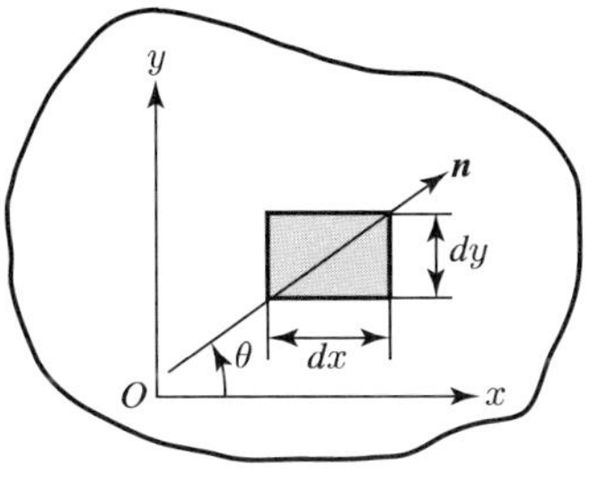

[그림 6-11]

[문제 6-2] [그림 6-12]와 같은 직사각형 평판의 4변에 작용하는 굽힘모멘트 M_x, M_y와 이 평판의 변형관계를 다음과 같을 경우에 구하시오.

(1) $M_x = M_0$, $M_y = M_0$ 의 경우

(2) $M_x = M_y = M_0$ 의 경우

(3) 곡률반지름 ρ_x 를 일정한 원통으로 만들기 위한 M_x 와 M_y 의 관계

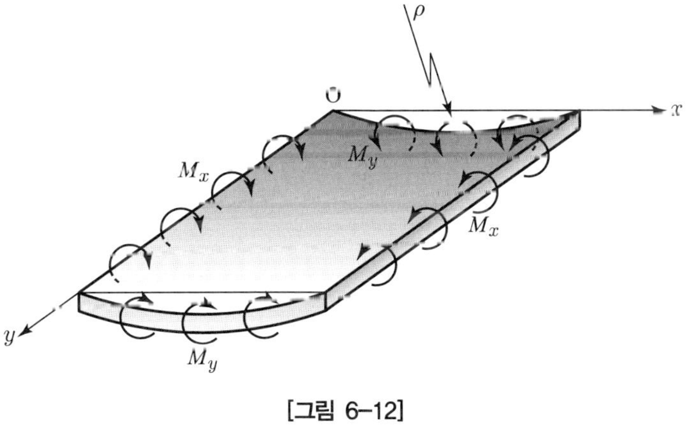

[그림 6-12]

[문제 6-3] 평판의 굽힘에 의해 굽힘모멘트 M_x, M_y와 비틀림 모멘트 M_{xy}, M_{yx}가 발생하는 판의 단위면적에 대한 탄성변형률 에너지를 구하시오.

[문제 6-4] 다음 식이 성립하는 것을 증명하시오.

$$M_{xy} = D(1-\nu)\frac{\partial^2 w}{\partial x\,\partial y}$$

[문제 6-5] [그림 6-13]과 같이 폭 b, 길이 l인 긴 평판에 균일분포하중 p가 작용할 때 변위를 구하시오.

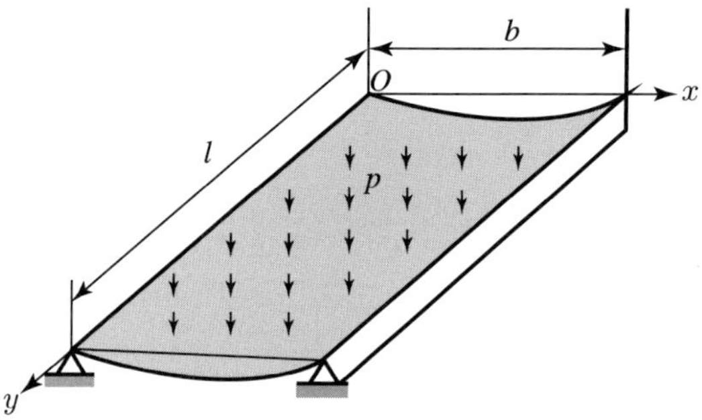

[그림 6-13]

[문제 6-6] 앞의 [문제 6-5]에 도시한 것과 같이 폭 b와 길이 l의 값이 유한(有限)하고, $p = p_0 \sin\left(\frac{\pi x}{b}\right)\sin\left(\frac{\pi y}{b}\right)$일 때 평판의 변위를 구하시오.

[문제 6-7] [그림 6-14]와 같이 단순지지된 원판의 중앙에 반지름 b인 구멍 주위에 균일분포하중 p_0가 작용할 때 처짐 w를 구하시오.

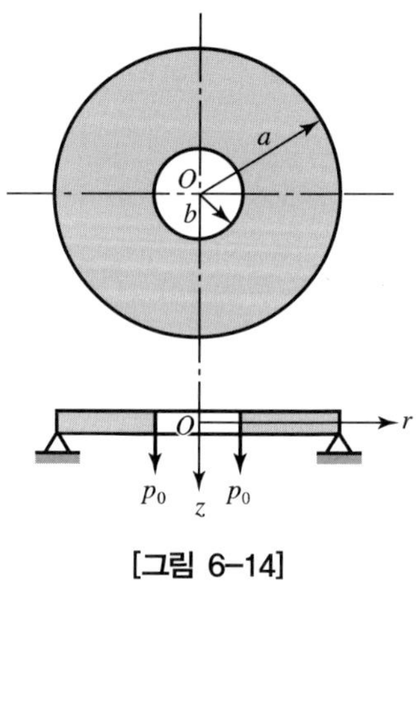

[그림 6-14]

Chapter

7 열응력

물체에 외력이 작용하면 변형이 생기는 동시에 온도변화에 따른 물체의 팽창과 수축에 의한 변형과 동시에 구속조건에 의해 물체 안에서는 열응력이 발생한다. 이 열응력은 물체 안에 잔류응력으로 존재하고, 물체의 변형을 더욱 가중시키는 원인이 되므로 열응력 및 잔류응력의 해석은 중요하다. 이 장에서는 각종 구속조건에 따른 열응력의 기초방정식, 열전도 방정식, Duhamel의 상사정리, 2차원 열응력에 대한 Airy의 응력함수 및 각종 열응력 문제를 해석하는 방법을 고찰하고자 한다.

7.1 열응력에 대한 기초식

7.1.1 열응력의 발생

[그림 7-1]과 같이 강체(剛體; rigid body) 벽에 고정된 길이가 l 이고, 단면적이 A 인 직사각형 봉이 처음온도 T_0 에서 나중온도 T 까지 변화하여 온도가 일정하게 $\Delta T = T - T_0$ 만큼 상승하였을 때 이 봉에 발생하는 열응력을 해석하여 보기로 한다.

봉의 열팽창계수(熱膨脹係數; coefficient of thermal expansion), 또는 선팽창계수(線膨脹係數; coefficient of linear expansion)를 α 라 하고, 봉이 강체에 고정되어 있지 않으면 봉에는 δ_h 의 자유 열팽창이 생긴다. 이들과 열변형률 ϵ_h 사이에는 다음의 관계식이 성립한다.

$$\delta_h = \alpha(T - T_0)l = \alpha \Delta T l \qquad (7 \cdot 1)$$

$$\epsilon_h = \frac{\delta_h}{l} = \alpha \Delta T \qquad (7 \cdot 2)$$

자유 열팽창을 구속시키기 위해서 축방향의 양끝을 강체 벽에 고정하면, 고정된 벽에는 압축 열응력이 발생한다. 이와 같이 온도변화에 따른 열팽창, 또는 열수축이 구속되어질 때 물체 안에 발생하는 열응력(thermal stress) σ_h 는 다음 식으로 주어진다.

$$\sigma_h = E\epsilon_h = \alpha E \Delta T \tag{7・3}$$

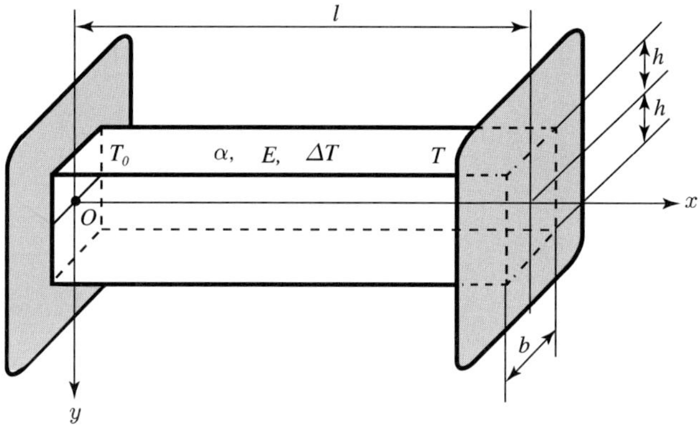

[그림 7-1] 강체 벽에 작용하는 열응력

또한, [그림 7-1]과 같이 강체의 벽에 고정된 봉의 길이 l, 높이 $2h$, 폭 b 인 직사각형 단면의 봉에 대한 아래면 및 윗면의 온도차가 ΔT 만큼 일정하게 상승하거나, 일정하게 감소할 때 봉의 열응력을 구하여 보기로 한다. 봉이 강체의 벽에 고정되어 있지 않으면 봉은 [그림 7-2]와 같이 원호상태로 변화하고, 그 곡률반지름(radius of curvature) ρ 는 다음 식과 같이 된다.

$$\frac{\rho + h}{\rho} = \frac{l + \alpha \Delta T l}{l}$$

$$\therefore \quad \frac{1}{\rho} = \frac{\alpha \Delta T}{h} \tag{a}$$

이때 변형을 제거하기 위한 가상 굽힘모멘트 M을 보의 양끝에 작용시키면 봉은 강체 벽에 고정된 경우와 같다. 굽힘모멘트 M에 의해 발생하는 봉의 곡률 $\frac{1}{\rho} = \frac{M}{EI}$ 이 되므로 다음 식이 얻어진다.

$$\frac{\alpha \Delta T}{h} + \frac{M}{EI} = 0 \tag{b}$$

여기서 E는 세로탄성계수, I는 단면 2차모멘트이다.

또한, 봉에 발생하는 열응력 σ_h 는 다음 식과 같이 된다.

$$\sigma_h = \frac{My}{I} = -\alpha E \Delta T\left(\frac{y}{h}\right) \tag{7·4}$$

따라서 봉의 중립면을 중심으로 위쪽 단면에는 압축열응력 $\sigma_h = -\alpha E \Delta T$ 가 되고, 아래쪽 단면에는 인장열응력 $\sigma_h = \alpha E \Delta T$ 가 발생한다.

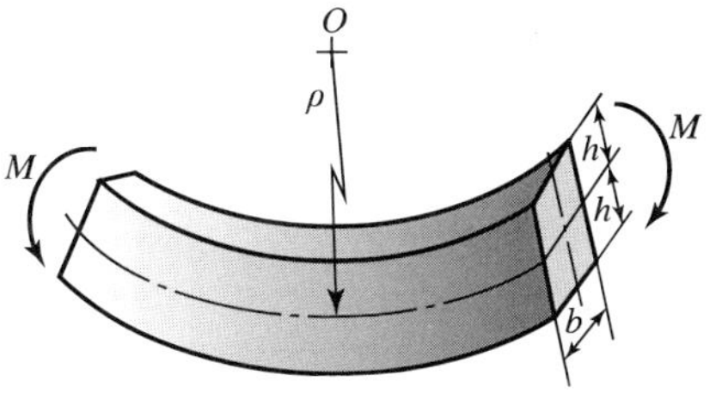

[그림 7-2] 직사각형 단면 보의 열응력과 곡률반지름

7.1.2 열응력의 기초식

3차원 열응력 상태에 대한 기초방정식은 외력이 작용하지 않더라도 온도변화에 따른 열응력이 발생하므로 온도변화 ΔT를 고려한 Hooke의 식 (3·7)과 식 (3·8)에 의해 직교좌표계로부터 다음 식이 얻어진다.

$$\begin{aligned}
\epsilon_x &= \frac{1}{E}\{\sigma_x - \nu(\sigma_y + \sigma_z)\} + \alpha \Delta T \\
\epsilon_y &= \frac{1}{E}\{\sigma_y - \nu(\sigma_z + \sigma_x)\} + \alpha \Delta T \\
\epsilon_z &= \frac{1}{E}\{\sigma_z - \nu(\sigma_x + \sigma_y)\} + \alpha \Delta T \\
\gamma_{xy} &= \frac{1}{G}\tau_{xy}, \quad \gamma_{yz} = \frac{1}{G}\tau_{yz}, \quad \gamma_{zx} = \frac{1}{G}\tau_{zx}
\end{aligned} \tag{7·5}$$

식 (7·5)를 텐서로 표시하면 다음 식과 같이 된다.

$$\epsilon_{ij} = \frac{1+\nu}{E}\left(\sigma_{ij} - \frac{\nu}{1+\nu}\delta_{ij}\sigma_{kk}\right) + \delta_{ij}\alpha \Delta T \tag{7·5′}$$

식 (7·5)를 응력 σ_{ij} 에 대해서 정리한 후 텐서로 표시하면

$$\sigma_{ij} = 2\mu\epsilon_{ij} + \delta_{ij}(\lambda\epsilon_v - \beta \Delta T) \tag{7·6}$$

또는, 식 (7·6)을 풀어쓰면 다음 식과 같이 표시할 수 있다.

$$\sigma_x = 2\mu\epsilon_x + \lambda\epsilon_v - \beta\Delta T$$
$$\sigma_y = 2\mu\epsilon_y + \lambda\epsilon_v - \beta\Delta T \qquad (7\cdot 6')$$
$$\sigma_z = 2\mu\epsilon_z + \lambda\epsilon_v - \beta\Delta T$$

여기서 λ, μ는 Lame′의 정수이고, ϵ_v는 체적변형률이다.

$$\epsilon_v = \epsilon_{ii} = \epsilon_x + \epsilon_y + \epsilon_z \qquad (7\cdot 7)$$

또한, β는 열탄성계수(thermal elastic constant)로서 다음 식과 같이 나타낸다.

$$\beta = \frac{\alpha E}{1-2\nu} = \alpha(3\lambda + 2\mu) \qquad (7\cdot 8)$$

식 (7・5)를 평형방정식 (2・5)에 대입하고 변형률과 변위의 관계식 (2・53′)을 이용하면, 온도변화를 고려할 때 Navier의 방정식 (3・33)으로부터 다음 식이 얻어진다.

$$\mu\nabla^2 u_i + (\lambda+\mu)\epsilon_{v,i} - \beta(\Delta T)_{,i} + B_i = 0 \qquad (7\cdot 9)$$

식 (7・9)를 풀어서 표시하면 다음 식과 같이 된다.

$$\mu\nabla^2 u_x + (\lambda+\mu)\frac{\partial\epsilon_v}{\partial x} - \beta\frac{\partial(\Delta T)}{\partial x} + B_x = 0$$
$$\mu\nabla^2 u_y + (\lambda+\mu)\frac{\partial\epsilon_v}{\partial y} - \beta\frac{\partial(\Delta T)}{\partial y} + B_y = 0 \qquad (7\cdot 9')$$
$$\mu\nabla^2 u_z + (\lambda+\mu)\frac{\partial\epsilon_v}{\partial z} - \beta\frac{\partial(\Delta T)}{\partial z} + B_z = 0$$

3차원 열응력 상태의 식 (7・5)를 [그림 2-11]과 같은 원기둥 좌표계로 나타내면 다음 식과 같이 표시된다.

$$\epsilon_r = \frac{1}{E}\{\sigma_r - \nu(\sigma_\theta + \sigma_z)\} + \alpha\Delta T$$
$$\epsilon_\theta = \frac{1}{E}\{\sigma_\theta - \nu(\sigma_z + \sigma_r)\} + \alpha\Delta T$$
$$\epsilon_z = \frac{1}{E}\{\sigma_z - \nu(\sigma_r + \sigma_\theta)\} + \alpha\Delta T \qquad (7\cdot 10)$$
$$\gamma_{r\theta} = \frac{1}{G}\tau_{r\theta}, \quad \gamma_{\theta z} = \frac{1}{G}\tau_{\theta z}, \quad \gamma_{zr} = \frac{1}{G}\tau_{zr}$$

7.1.3 열전도 방정식

열전도(熱傳導) 방정식을 해석하기 위해서는 탄성체에 대한 온도변화의 파악이 필요하고, 온도변화 $\Delta T = T - T_0$ 의 대신에 탄성체의 나중온도 T 에 대해 고려하는 것이 편리하다. 열전도는 열의 흐름에 수직한 단위면적을 통과하는 단위시간에 대한 열유속(熱流速; heat flux)을 q 로 나타내면, 온도구배 dT/dn 에 비례하므로 다음 식과 같이 표시한다.

$$q = -\kappa \frac{dT}{dn} \tag{7・11}$$

여기서 n 은 면에 대한 외향 단위법선벡터이고, κ 는 열전도계수(熱傳導係數; coefficient of thermal conductivity)이며, 식 (7・11)은 Fourier 법칙(Fourier's law)이라 한다.

탄성체 안에 저장되는 열량의 평형을 고려하면, 탄성체 안의 나중온도 T 를 지배하는 열전도의 기초방정식은 다음과 같이 된다.

$$\rho C \frac{\partial T}{\partial H} = \kappa \nabla^2 T + q_c \tag{7・12}$$

또는

$$\frac{1}{\kappa_d} \frac{\partial T}{\partial t} = \nabla^2 T + \frac{q_c}{\kappa} \tag{7・13}$$

여기서 ρ 는 밀도(密度; density), C는 비열(比熱; specific heat), t 는 시간이고, q_c 는 물체의 단위체적 및 단위시간에 대한 발열량, $\kappa_d (= \kappa / \rho C)$ 는 열확산율(熱擴散率; thermal diffusivity)이다.

식 (7・12) 및 식 (7・13)을 열전도방정식(equation of heat conduction)이라고 한다.

또한, 탄성체와 주위 매체의 열평형조건에 의한 온도의 경계조건은 다음 식과 같다.

$$-\kappa \frac{\partial T}{\partial n} + Q = \kappa_t (T - T_m) \tag{7・14}$$

단, Q 는 경계표면에서 단위면적 및 단위시간에 대한 발열량(heat generation), κ_t 는 열전달계수(熱傳達係數; heat transfer coefficient), T_m 은 주위의 매체온도(媒體溫度)이고, 이것을 Newton의 냉각법칙(Newton's law of cooling)이라 한다.

7.2 Duhamel의 상사정리

열탄성 문제와 등온탄성(等溫彈性) 문제의 관계를 살펴보면, 식 (7・6)의 응력-변형률 관계를 등온탄성에 대한 응력 $\overline{\sigma_{ij}}$ 와 온도변화에 의한 열응력 σ_{ij} 로 나누어 다음 식과 같이 나타낸다.

$$\sigma_{ij} = \overline{\sigma_{ij}} - \delta_{ij}\beta\Delta T \tag{7・15}$$

또는

$$\begin{aligned} \sigma_x &= \overline{\sigma_x} - \beta\Delta T, \quad \tau_{xy} = \overline{\tau_{xy}} \\ \sigma_y &= \overline{\sigma_y} - \beta\Delta T, \quad \tau_{yz} = \overline{\tau_{yz}} \\ \sigma_z &= \overline{\sigma_z} - \beta\Delta T, \quad \tau_{zx} = \overline{\tau_{zx}} \end{aligned} \tag{7・15′}$$

물체력 B_i 가 작용하지 않는 것으로 하고, 식 (7・15)를 응력평형방정식 (2・5)와 경계조건식 (3・39)에 대입하면 다음 식이 얻어진다.

$$\begin{aligned} \frac{\partial\overline{\sigma_x}}{\partial x} + \frac{\partial\overline{\tau_{xy}}}{\partial y} + \frac{\partial\overline{\tau_{zx}}}{\partial z} - \beta\frac{\partial(\Delta T)}{\partial x} = 0 \\ \frac{\partial\overline{\tau_{xy}}}{\partial x} + \frac{\partial\overline{\sigma_y}}{\partial y} + \frac{\partial\overline{\tau_{yz}}}{\partial z} - \beta\frac{\partial(\Delta T)}{\partial y} = 0 \\ \frac{\partial\overline{\tau_{zx}}}{\partial x} + \frac{\partial\overline{\tau_{yz}}}{\partial y} + \frac{\partial\overline{\sigma_z}}{\partial z} - \beta\frac{\partial(\Delta T)}{\partial z} = 0 \end{aligned} \tag{7・16}$$

식 (7・16)을 텐서로 나타내면 다음 식과 같이 된다.

$$\overline{\sigma_{ij,j}} - \beta(\Delta T)_{,i} = 0 \tag{7・16′}$$

또한, 표면력이 작용하지 않을 때 Cauchy의 관계식 (2・9)에 식 (7・15′)을 대입하면

$$\begin{aligned} \overline{\sigma_x}n_x + \overline{\tau_{xy}}n_y + \overline{\tau_{xz}}n_z = \beta(\Delta T)n_x \\ \overline{\tau_{xy}}n_x + \overline{\sigma_y}n_y + \overline{\tau_{yz}}n_z = \beta(\Delta T)n_y \\ \overline{\tau_{xz}}n_x + \overline{\tau_{yz}}n_y + \overline{\sigma_z}n_z = \beta(\Delta T)n_z \end{aligned} \tag{7・17}$$

또는, 식 (7・17)를 텐서로 나타내면 다음 식과 같이 된다.

$$\overline{\sigma_{ij}}n_j = \beta(\Delta T)n_i \tag{7・17′}$$

식 (7・16)과 식 (7・17)을 등온 탄성이론의 평형방정식 (2・5)와 Cauchy의 관계식 (2・9)를 비교하면 물체력 B_i 를 $-\beta(\Delta T)_{,i}$ 로 바꾸고, 표면력 T_{ni} 의 대신에 $\beta(\Delta T)n_i$ 로 교체하는 것을 알 수 있다.

따라서 열탄성 문제를 해석하는 대신에 이와 같이 가상적인 물체력과 표면력이 작용하는 등온 탄성문제를 해석한 후, 그 해 $\overline{\sigma_{ij}}$ 에 $-\beta\Delta T$를 작용시키는 열응력을 구하는 문제로 귀착된다. 이러한 관계를 Duhamel의 상사정리(相似定理; theorem of analogy)라 한다.

7.3 2차원 열응력에 대한 Airy의 응력함수

평면 열탄성 문제에서도 등온일 때와 동일한 적합방정식을 고려하면

$$\frac{\partial^2 \epsilon_x}{\partial x^2} + \frac{\partial^2 \epsilon_y}{\partial y^2} = \frac{\partial^2 \gamma_{xy}}{\partial x\, \partial y} \qquad (7\cdot 18)$$

또한, 평면응력 상태일 때의 응력-변형률 관계식은 식 (7・5)로부터 다음 식으로 표시된다.

$$\epsilon_x = \frac{1}{E^*}(\sigma_x - \nu^* \sigma_y) + \alpha^* \Delta T$$

$$\epsilon_y = \frac{1}{E^*}(\sigma_y - \nu^* \sigma_x) + \alpha^* \Delta T \qquad (7\cdot 19)$$

$$\gamma_{xy} = \frac{\tau_{xy}}{G}, \quad \gamma_{yz} = \frac{\tau_{yz}}{G}, \quad \gamma_{zx} = \frac{\tau_{zx}}{G}$$

식 (7・18)에 식 (7・19)를 대입하면 다음 식이 얻어진다.

$$\nabla_1^2(\sigma_x + \sigma_y) + \alpha^* E^* \nabla_1^2 \Delta T - 0 \qquad (7\cdot 20)$$

Airy의 응력함수를 사용하여 응력을 표시하면

$$\sigma_x = \frac{\partial^2 \Phi}{\partial y^2}, \quad \sigma_y = \frac{\partial^2 \Phi}{\partial x^2}, \quad \tau_{xy} = -\frac{\partial^2 \Phi}{\partial x \partial y} \qquad (7\cdot 21)$$

식 (7・20)에 식 (7・21)을 대입하면 다음 식과 같이 된다.

$$\nabla_1^4 \Phi = -\alpha^* E^* \nabla_1^2 \Delta T \qquad (7\cdot 22)$$

같은 방법으로 평면변형률 상태에 대한 응력-변형률 관계는

$$\epsilon_x = \frac{1-\nu^2}{E}\left(\sigma_x - \frac{\nu}{1-\nu}\sigma_y\right) + (1+\nu)\alpha\Delta T$$

$$\epsilon_y = \frac{1-\nu^2}{E}\left(\sigma_y - \frac{\nu}{1-\nu}\sigma_x\right) + (1+\nu)\alpha\Delta T \tag{7・23}$$

$$\gamma_{xy} = \frac{\tau_{xy}}{G} = \frac{2(1+\nu)}{E}\tau_{xy}$$

또한, 이것을 Airy의 응력함수로 표시하면 다음 식과 같이 된다.

$$\nabla_1^4 \Phi = -\frac{E}{1-\nu}\alpha\nabla_1^2\Delta T \tag{7・24}$$

따라서 2차원 열응력 문제는 식 (7・22), 또는 식 (7・24)을 만족하는 응력함수 Φ 를 구하는 문제로 귀착된다. 여기서 평면응력 및 평면변형률 상태에 대한 세로탄성계수와 열팽창계수의 관계는 식 (7・19)와 식 (7・22)을 비교하면 다음과 같다.

$$E^* = E, \quad \nu^* = \nu, \quad \alpha^* = \alpha : \text{평면응력 상태}$$

$$E^* = \frac{E}{1-\nu^2}, \quad \nu^* = \frac{\nu}{1-\nu}, \quad \alpha^* = \alpha(1+\nu) : \text{평면변형률 상태} \tag{7・25}$$

7.4 각종 열응력 문제

7.4.1 보의 경우

[그림 7-1]과 같이 보의 x 축 방향만으로 온도변화 ΔT 가 발생할 때 열응력을 고려하면, 식 (7・3)으로부터 1차원 Hooke의 법칙은 다음 식과 같이 된다.

$$\epsilon_x = \frac{\sigma_x}{E} + \alpha\Delta T \tag{7・26}$$

보에 인장과 굽힘이 동시에 생긴다면 변형률 성분 ϵ_x 는

$$\epsilon_x = \epsilon_0 + \frac{y}{\rho} \tag{7・27}$$

여기서 ϵ_0, ρ 는 각각 $y=0$ 인 중립면에 대한 변형률 및 곡률반지름이다.

이때 보에는 외력이 작용하지 않으므로 보의 임의의 단면에 작용하는 하중과 모멘트의 대수적 합은 0 이 되어 다음 식과 같이 된다.

$$\int_{-h}^{h} \sigma_x b\,dy = 0, \quad \int_{-h}^{h} \sigma_x b\,y\,dy = 0 \tag{7·28}$$

식 (7·26)과 식 (7·27)을 식 (7·28)에 대입한 후 ϵ_0와 ρ를 구하면

$$\epsilon_0 = \frac{1}{2h}\int_{-h}^{h} \alpha \Delta T(y)\,dy, \quad \frac{1}{\rho} = \frac{3}{2h^3}\int_{-h}^{h} \alpha \Delta T(y)\,y\,dy \tag{7·29}$$

또한, 식 (7·26)을 식 (7·29)에 대입한 후 열응력 σ_x, σ_y 를 구하면 다음 식과 같다.

$$\sigma_x = -\alpha E \Delta T(y) + \frac{1}{2h}\int_{-h}^{h} \alpha E \Delta T(y)\,dy + \frac{3}{2h^3}\int_{-h}^{h} \alpha E \Delta T(y)\,y\,dy \tag{7·30}$$

7.4.2 평판의 경우

[그림 7-3]과 같이 평판의 두께는 $2h$ 이고, 판의 두께 방향인 z 축만으로 온도변화 $\Delta T(z)$ 가 생길 때 열응력을 고려하여 보기로 한다. 온도변화에 의한 열팽창으로 평판의 중립면 $z=0$ 에 ϵ_0 의 변형률과 곡률반지름 ρ 에 의한 굽힘이 발생할 때 변형률 성분은 다음 식으로 주어진다.

$$\epsilon_x = \epsilon_y = \epsilon_0 + \frac{z}{\rho} \tag{7·31}$$

평판에 발생하는 응력은 $\sigma_x = \sigma_y$, $\sigma_{zz} = 0$ 이므로 Hooke의 법칙 (7·5)로부터

$$\sigma_x = \sigma_y = \frac{E}{1-\nu}\left(\epsilon_0 + \frac{z}{\rho} - \alpha \Delta T\right) \tag{7·32}$$

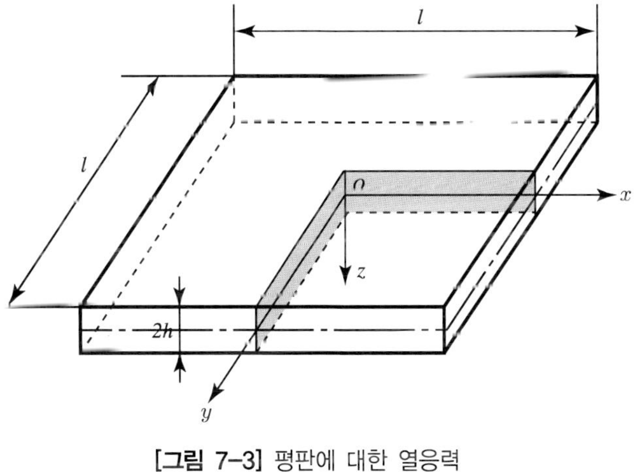

[그림 7-3] 평판에 대한 열응력

평판에는 외력이 작용하지 않으므로 평판의 임의의 단면에 작용하는 하중 및 모멘트의 대수적 합은 0 이 되기 때문에

$$\int_{-h}^{h} \sigma_x l dz = 0, \quad \int_{-h}^{h} \sigma_x lz\, dz = 0 \tag{7・33}$$

식 (7・32)를 식 (7・33)에 대입한 후 ϵ_0 와 ρ 를 구하면 다음 식과 같이 된다.

$$\epsilon_0 = \frac{1}{2h}\int_{-h}^{h} \alpha \Delta T(z)\, dz, \quad \frac{1}{\rho} = \frac{3}{2h^3}\int_{-h}^{h} \alpha \Delta T(z)\, zdz \tag{7・34}$$

식 (7・34)를 식 (7・32)에 대입한 후 열응력 σ_x, σ_y 를 구하면

$$\begin{aligned}\sigma_x = \sigma_y &= -\frac{E\alpha \Delta T(z)}{1-\nu} + \frac{1}{2h(1-\nu)}\int_{-h}^{h} E\alpha \Delta T(z)\, dz \\ &\quad + \frac{3z}{2h^3(1-\nu)}\int_{-h}^{h} E\alpha \Delta T(z)\, zdz \\ &= \frac{1}{1-\nu}\left\{ -E\alpha \Delta T(z) + \left(\frac{1}{2h} + \frac{3z}{2h^3}\right)\int_{-h}^{h} E\alpha \Delta T(z)\, dz \right\}\end{aligned} \tag{7・35}$$

평판 및 보에 발생하는 식 (7・35)와 식 (7・30)을 비교하면 평판에 발생하는 열응력 분포는 보의 경우와 유사하고, 그 값은 평판일 때 $1/(1-\nu)$ 배 만큼 큰 것을 알 수 있다.

또한, 열에 의한 변형률은 구성식 (7・35)로부터 다음 식과 같이 표시된다.

$$\begin{aligned}\epsilon_x = \epsilon_y &= \frac{1}{E}\left\{\left(\frac{\alpha E}{2h} + \frac{3z\alpha E}{2h^3}\right)\int_{-h}^{h} \Delta T(z)\, dz\right\} \\ \epsilon_z &= -\frac{2\nu}{(1-\nu)E}\left\{\left(\frac{\alpha E}{2h} + \frac{3z\alpha E}{2h^3}\right)\int_{-h}^{h} \Delta T(z)\, dz\right\} + \left(\frac{1+\nu}{1-\nu}\right)\alpha \Delta T \\ \gamma_{xy} &= \gamma_{yz} = \gamma_{zx} = 0\end{aligned} \tag{7・36}$$

7.4.3 원판 및 원통의 경우

[그림 7-4]와 같이 안쪽 반지름 r_1 바깥 반지름 r_2 인 중공원판(中空圓板)에 온도분포 $T = T(r)$ 가 중심으로부터 거리 r 만의 함수일 때 이에 대한 열응력을 고려하여 보기로 한다. 이러한 경우 축대칭 평면문제이므로 $\tau_{r\theta} = 0$ 이기 때문에 원기둥 좌표계에 대한 평형방정식은 식 (2・44)로부터 다음 식이 얻어진다.

$$\frac{\partial \sigma_r}{\partial r} + \frac{\sigma_r - \sigma_\theta}{r} = 0 \tag{7・37}$$

또한, Hooke의 법칙은 식 (7 · 5)를 참조하면 다음 식과 같이 된다.

$$\begin{aligned} \epsilon_r &= \frac{1}{E^*}(\sigma_r - \nu^* \sigma_\theta) + \alpha^* \Delta T \\ \epsilon_\theta &= \frac{1}{E^*}(\sigma_\theta - \nu^* \sigma_r) + \alpha^* \Delta T \end{aligned} \tag{7 · 38}$$

여기서 E^*, ν^*, α^*는 식 (7 · 25)와 같다.

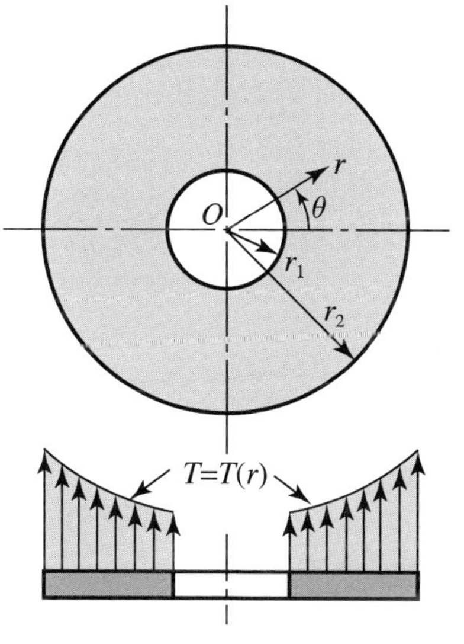

[그림 7-4] 원판에 대한 열응력

축대칭 문제일 때 변위성분의 반지름 방향에 대한 변위는 u_r이 되므로 변형률과 변위의 관계는 다음 식과 같이 된다.

$$\epsilon_r = \frac{\partial u_r}{\partial r}, \quad \epsilon_\theta = \frac{u_r}{r} \tag{7 · 39}$$

식 (7 · 38)과 식 (7 · 39)을 식 (7 · 37)에 대입한 후 정리하면

$$\frac{d}{dr}\left\{\frac{1}{r}\frac{d(ru_r)}{dr}\right\} = (1+\nu^*)\alpha^* \frac{d(\Delta T)}{dr} \tag{7 · 40}$$

식 (7 · 40)을 2회 적분하면 다음 식으로 주어진다.

$$u_r = \alpha^*(1+\nu^*)\frac{1}{r}\int_{r_1}^{r}(\Delta T)r\,dr + C_1 r + \frac{C_2}{r} \tag{a}$$

식 (7 · 37), 식 (7 · 38) 및 식 (a)를 이용하면 σ_r, σ_θ는 다음 식으로 표시된다.

$$\left.\begin{aligned}\sigma_r &= E^*\left\{-\frac{\alpha^*}{r^2}\int_{r_1}^{r}(\Delta T)r\,dr + \frac{C_1}{1-\nu^*} - \frac{C_2}{(1+\nu^*)r^2}\right\}\\ \sigma_\theta &= E^*\left\{\frac{\alpha^*}{r^2}\int_{r_1}^{r}(\Delta T)r\,dr - \alpha^*(\Delta T) + \frac{C_1}{1-\nu^*} - \frac{C_2}{(1+\nu^*)r^2}\right\}\end{aligned}\right\} \quad \text{(b)}$$

경계조건은 안쪽 반지름과 바깥 반지름에서 외력이 작용하지 않는 것으로 하면

$$r = r_1,\ r_2\ :\ \sigma_r = 0 \qquad (7 \cdot 41)$$

식 (b)에서 미정계수 C_1, C_2를 구하면 다음 식과 같이 주어진다.

$$\left.\begin{aligned}C_1 &= \alpha^*(1-\nu^*)\int_{r_1}^{r_2}\frac{(\Delta T)r\,dr}{(r_2^2-r_1^2)}\\ C_2 &= \alpha^*(1+\nu^*)r_1^2\int_{r_1}^{r_2}\frac{(\Delta T)r\,dr}{(r_2^2-r_1^2)}\end{aligned}\right\} \quad \text{(c)}$$

따라서 변위 및 열응력은 각각 다음 식으로 표시된다.

$$\begin{aligned}u_r &= \frac{\alpha^*(1+\nu^*)}{r}\left\{\int_{r_1}^{r}(\Delta T)r\,dr + \frac{r_1^2}{r_2^2-r_1^2}\left(1+\frac{1-\nu^*}{1+\nu^*}\frac{r^2}{r_1^2}\right)\right\}\int_{r_1}^{r_2}(\Delta T)r\,dr\\ \sigma_r &= \alpha^* E^*\left\{-\frac{1}{r^2}\int_{r_1}^{r}(\Delta T)r\,dr + \frac{r^2+r_1^2}{r^2(r_2^2-r_1^2)}\int_{r_1}^{r_2}(\Delta T)r\,dr - (\Delta T)\right\}\end{aligned} \qquad (7 \cdot 42)$$

$$\sigma_z = \begin{cases} 0 & :\ \text{평면변형률 상태(중공원통)} \\ \dfrac{\alpha E}{1-\nu}\left\{\dfrac{2\nu}{r_2^2-r_1^2}\displaystyle\int_{r_1}^{r_2}(\Delta T)r\,dr - (\Delta T)\right\} & \text{평면응력 상태(중공원판)}\end{cases}$$

반지름 r_1의 원기둥이나 원판의 경우는 식 (7・42)에서 $r_1 = 0$로 하고, $r_2 \to r_1$으로 대체하면 된다. 이상의 결과는 정상(定常) 및 비정상(非正常) 열응력 문제에 대해서도 성립한다.

7.4.4 중공구 및 중실구의 경우

안쪽 반지름은 r_1이고, 바깥 반지름이 r_2인 중공구(中空球)가 반지름 방향으로 온도가 분포된 구좌표계(球座標系)에 대한 변위-변형률 관계식 (2・63)과 식 (7・40)을 이용하여 변위를 나타내면 다음 식과 같이 된다.

$$\frac{d}{dr}\left\{\frac{1}{r^2}\frac{d(r^2 u_r)}{dr}\right\} = \alpha\left(\frac{1+\nu}{1-\nu}\right)\frac{d(\Delta T)}{dr} \qquad (7 \cdot 43)$$

식 (7・43)을 2회 적분하면

$$u_r = \alpha\left(\frac{1+\nu}{1-\nu}\right)\frac{1}{r^2}\int_{r_1}^{r}(\triangle T)r^2\,dr + C_1 r + \frac{C_2}{r^2} \tag{7・44}$$

평형방정식 (2・45)로부터 열응력은 다음 식과 같이 된다.

$$\frac{d\sigma_r}{dr} = \frac{2}{r}(\sigma_r - \sigma_\theta) = 0, \quad \sigma_\phi = \sigma_\theta \tag{7・45}$$

그러므로 열응력은 다음 식과 같이 표시된다.

$$\sigma_r = -\left(\frac{2\alpha E}{1-\nu}\right)\frac{1}{r^3}\int_{r_1}^{r}(\triangle T)r^2\,dr + \left(\frac{C_1 E}{1-2\nu}\right) - \left(\frac{2E}{1+\nu}\right)\frac{C_2}{r^3}$$

$$\sigma_\theta = \sigma_\phi = \left(\frac{\alpha E}{1-\nu}\right)\frac{1}{r^3}\int_{r_1}^{r}(\triangle T)r^2\,dr + \left(\frac{C_1 E}{1-2\nu}\right) + \left(\frac{2E}{1+\nu}\right)\frac{C_2}{r^3} - \left\{\frac{E\alpha(\triangle T)}{1-\nu}\right\} \tag{7・46}$$

또한, 중공구의 내・외 반지름에 별도의 외력이 작용하지 않는다면 경계조건은 $r = r_1$, r_2 에서 $\sigma_r = 0$ 이므로 중공구에 대한 변위와 응력분포는 각각 다음 식으로 표시된다.

$$u_r = \left(\frac{1+\nu}{1-\nu}\right)\left(\frac{\alpha}{r^2}\right)$$

$$\left\{\int_{r_1}^{r}(\triangle T)r^2\,dr + \frac{r_2^3}{r_2^3 - r_1^3}\int_{r_1}^{r_2}(\triangle T)r^2\,dr + \frac{2(1-2\nu)}{1+\nu}\frac{r^3}{(r_2^3 - r_1^3)}\int_{r_1}^{r_2}(\triangle T)r^2\,dr\right\} \tag{7・47}$$

$$\sigma_r = \frac{2\alpha E}{1-\nu}\left(\frac{1}{r^3}\right)\left\{\frac{r^3 - r_1^3}{(r_2^3 - r_1^3)}\int_{r_1}^{r_2}(\triangle T)r^2\,dr - \int_{r_1}^{r}(\triangle T)r^2\,dr\right\}$$

$$\sigma_\theta = \sigma_\phi = \frac{\alpha E}{1-\nu}\left(\frac{1}{r^3}\right)\left\{\frac{2r^3 + r_1^3}{(r_2^3 - r_1^3)}\int_{r_1}^{r_2}(\triangle T)r^2\,dr + \int_{r_1}^{r}(\triangle T)r^2\,dr - (\triangle T)r^3\right\} \tag{7・48}$$

만일, 반지름 r 인 중실구(中實球)라면 중공구(中空球)에 대한 식 (7・48)에서 $r_1 = 0$, $r_2 = r$ 로 대체하면 된다.

CHAPTER 07 연습문제

[문제 7-1] [그림 7-4]와 같은 중공원판(中空圓板)에서 안쪽 반지름 r_1 인 곳의 온도가 T_1, 바깥 반지름 r_2 인 곳의 온도가 T_2 일 때 이 원판에 발생하는 정상상태의 열응력을 구하시오.

[문제 7-2] [문제 7-1]의 경우 중공원판에 발생하는 열에 의한 변위를 구하시오.

[문제 7-3] 중공구(中空球)에서 안쪽 반지름 r_1 인 곳의 온도가 T_1, 바깥 반지름 r_2 인 곳의 온도가 T_2 일 때 이 구에 발생하는 정상상태의 열응력을 구하시오.

[문제 7-4] [문제 7-3]의 경우 중공구에 발생하는 열에 의한 변위를 구하시오.

[문제 7-5] 변위의 식 $u_i = \dfrac{\partial \phi}{\partial x_i}$ 를 만족하는 ϕ를 변위 포텐셜이라 하면, 열응력 문제에서 물체력 $B_i = 0$ 일 때 ϕ를 만족하여야할 식을 구하시오.

[문제 7-6] 두께 h 가 충분히 두꺼운 평판의 중앙면에 대칭인 온도분포일 때 열응력을 구하시오. 단, 평균온도는 T_m 으로 한다.

[문제 7-7] [그림 7-5]와 같은 원뿔형 봉에서 온도가 T 만큼 상승할 때 이 봉에 발생하는 열응력을 구하시오.

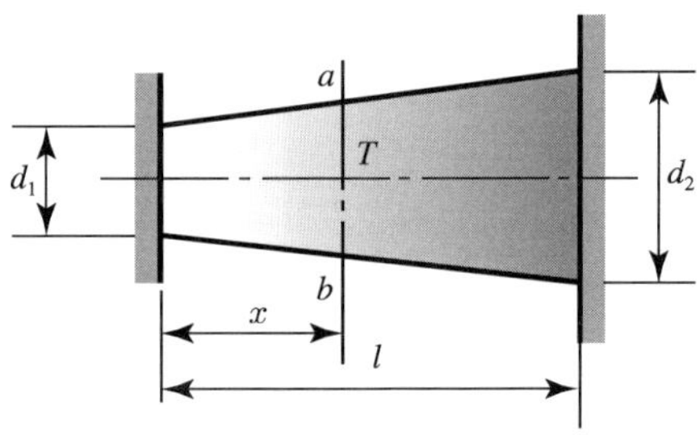

[그림 7-5]

Chapter

8 1축 응력상태의 소성변형

소성역학에서는 재료를 연속체로 취급하여 재료의 소성변형의 물리적 개념을 충분히 이해하는 것이 중요하다. 소성변형을 하는 대부분의 재료는 금속재료이고 이들은 원자배열이 규칙적이며, 질서가 있는 결정구조를 이루고 있다. 이장에서는 간단한 1축 응력상태에 대한 전위, 미끄럼 변형, 결정구조, 결함, 소성변형기구, 각종 응력 및 변형률 곡선, 기본적인 소성변형 거동을 파악하고자 한다.

8.1 소성변형기구

8.1.1 전위에 의한 미끄럼 변형

금속재료의 거의 대부분은 면심입방(面心立方; face centered cubic : FCC)구조, 체심입방(體心立方; body centered cubic BCC)구조, 조밀육방(稠密六方; hexagonal closed packed : HCP)구조의 3종류로 이루어져 있다. 각각의 결정구조에 속하는 대표적인 금속재료에는 [표 8-1]과 같은 것이 있다.

이와 같은 금속변형은 원자의 상대이동에 의해 발생하며, 그 상대이동은 원자사이의 거리 변화에 따라 탄성변형(彈性變形; elastic deformation)과 원자면 사이의 미끄럼(slip)에 의한 소성변형(塑性變形; plastic deformation)이 생긴다. 미끄럼 변형은 [그림 8-1]에 나타낸 것 같이 어떤 원자면에 대해서 원자의 상대위치가 어긋나는 전위(轉位; dislocation)에 의해 발생한다.

전위(dislocation)란 점결함인 공공(空孔; vacancy)이 연속적으로 선을 이루는 1차원 결함을 말하고, 재료의 기계적 성질과 밀접한 관계가 있다.

[표 8-1] 금속의 대표적인 결정구조와 미끄럼계

결정구조	미끄럼면	미끄럼 방향	미끄럼계의 수	단위정의 형태	관련 금속
면심입방 (FCC)	{111}	$< 1\bar{1}0 >$	$4 \times 3 = 12$	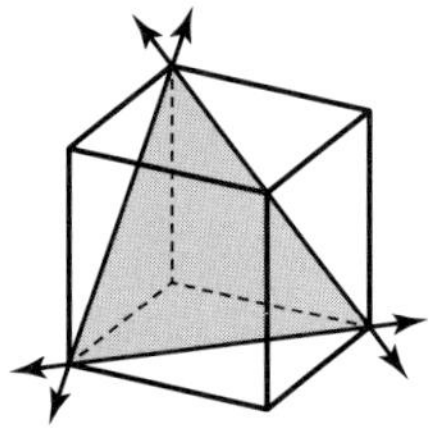	Al, Cu, Ni, Ag, Au, Pb, γ-Fe, 황동
체심입방 (BCC)	{110}	$< 1\bar{1}1 >$	$6 \times 2 = 12$	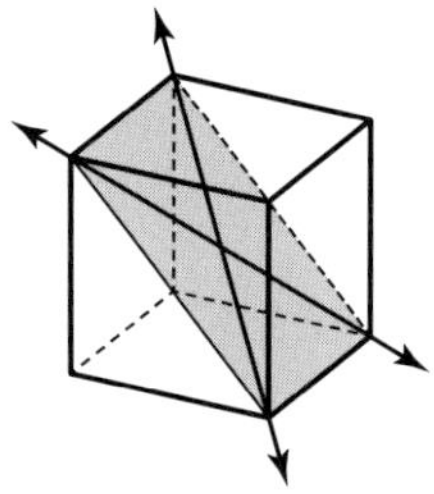	W, Mo, Mn, Cr, V, Ta, α-Fe
조밀육방 (HCP)	{0001}	$< 11\bar{2}0 >$	$1 \times 3 = 3$	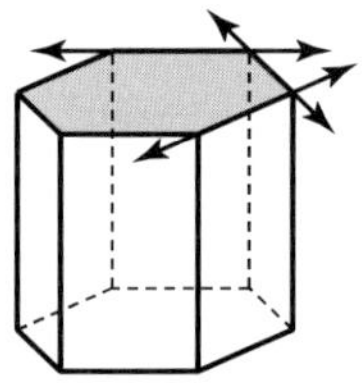	Zn, Mg, Sn, Ti, Co, Cd, Be

이러한 전위는 미끄럼의 미소역학적 기구(機構; mechanism)로 설명이 가능하고, 미끄럼은 전위의 움직임에 따른 소성변형 과정을 나타낸 것이다. 전위에는 쐐기전위(edge dislocation), 나사전위(screw dislocation)와 이들의 혼합전위(mixed dislocation)가 있다. 전위는 '⊥(inverted T)'로 표시한다.

또한 미끄럼은 결정(結晶)의 원자밀도가 가장 큰 면과 방향에서 발생하고, 이 면과 방향을 각각 미끄럼 면(slip plane) 및 미끄럼 방향(slip direction)이라 한다. 이 미끄럼 면과 미끄럼 방향의 조합을 미끄럼계(slip system)라 한다. 미끄럼 면은 가장 조밀한 원자 충전밀도(充塡密度)를 갖는 면에 나타나고, 미끄럼 방향은 미끄럼 면에서 원자들이 가장 조밀하게 늘어선 방향을 의미한다. 미끄럼의 이동 메커니즘은 마치 송충이, 누에, 자벌레, 뱀 등의 이동상태, 또는 동일지면(同一地面)에서 카펫을 흔들어 이동할 때와 같은 현상으로 생각할 수 있다.

각종 금속의 미끄럼계는 [표 8-1]과 같고, 표에서 조밀육방구조일 때 미끄럼계의 수가 적기 때문에 이들 재료는 전위의 이동이 억제되므로 소성변형이 발생하기 어려운 취성재료(脆性材料; brittle material)라는 것을 쉽게 알 수 있다.

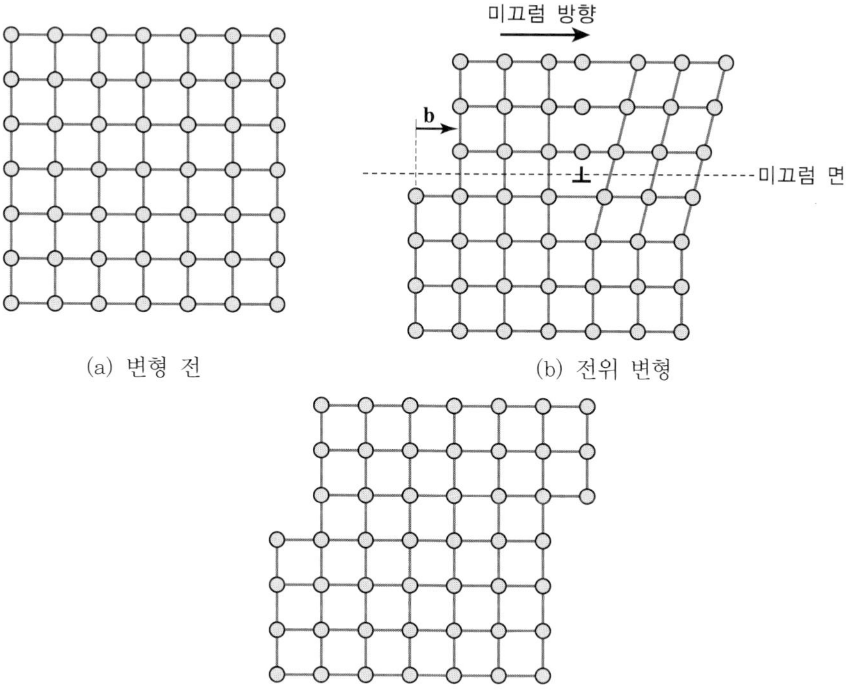

(a) 변형 전 (b) 전위 변형

(c) 변형 후

[그림 8-1] 전위에 의한 미끄럼 변형

또한, 전위의 주위에 대한 원자들의 이동거리 b를 버거스 벡터(Burgers vector)라 하고, 전위가 움직이는 방향과 전위 자체의 특성을 나타내는 요소이다. 따라서 소성변형은 전위의 움직임, 즉 미끄럼에 의한 영구변형을 의미한다.

8.1.2 임계전단응력

미끄럼 변형의 경우 결정면(結晶面)을 따라 전위를 이동시키기 위해 필요한 임계전단응력(critical shearing stress)의 크기는 결정면과 결정축 방향에 따라 다르다. 임계전단응력은 최대원자충전밀도를 갖는 면과 방향에서 가장 낮으므로 이 면과 방향에서 미끄럼이 가장 발생하기 쉽다.

Schmidt는 단결정(單結晶)의 재료가 어떤 면에서 어느 방향으로 미끄럼이 발생하기 위해서는 그 미끄럼 면에 대한 미끄럼 방향의 분해전단응력 성분이 임계전단응력에 도달할 필요가 있다는 것을 제시하였다.

[그림 8-2]와 같이 단면적 A_0인 단결정의 둥근 봉에 인장하중 P가 작용할 때 인장방향과 미끄럼 면에 대한 법선이 이루는 각을 ϕ, 미끄럼 방향과 이루는 각을 λ라 하면, 미끄럼 면에 대한 미끄럼 방향의 전단응력 성분은 다음 식과 같다.

$$\tau = \frac{P\cos\lambda}{A_0/\cos\phi} = \frac{P}{A_0}\cos\phi\cos\lambda = \sigma\cos\phi\cos\lambda \qquad (8 \cdot 1)$$

인장하중 P에 의해 전단응력 τ가 임계전단응력 τ_c에 도달하였을 때 미끄럼이 발생한다는 것을 Schmidt의 법칙이라 하고, 이 때 τ_c는 일정한 값으로 된다.

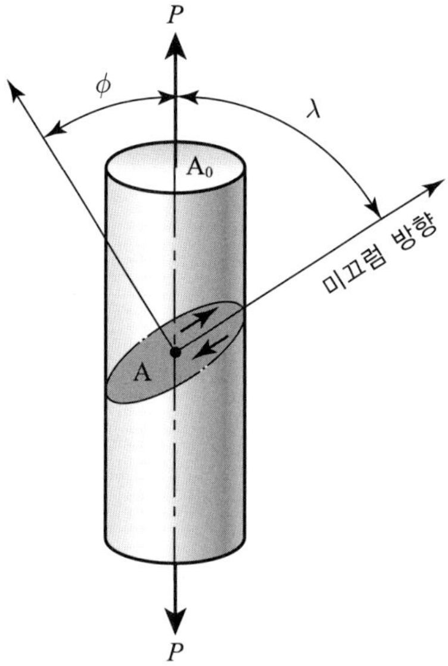

(a) 전단응력

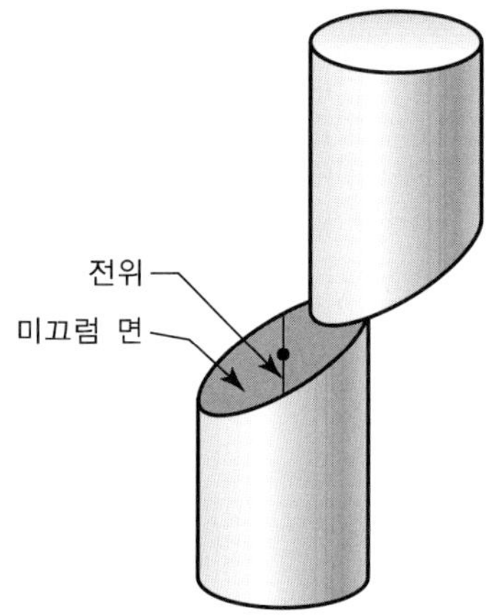

(b) 미끄럼 면

[그림 8-2] 전단응력 성분

8.2 재료의 소성변형

8.2.1 체적일정 법칙

재료의 변형은 체적변화가 생기는 부분과 체적변화를 일으키지 않는 부분으로 나눌 수 있지만, 소성변형은 미끄럼에 의한 전단변형으로 발생하기 때문에 원칙적으로는 체적변화를 포함하지 않는 것으로 간주한다. 이것을 체적일정법칙(體積一定法則; volume constancy)이라 한다. 일반적으로 미끄럼 면에는 수직응력과 전단응력이 작용한다. 이때 수직응력은 탄성변형에서 원자사이의 거리 변화에 따라 체적변화가 일어나지만, 소성변형에는 직접 관여하지 않는다. 그러나 전단응력은 미끄럼 변형에 의해 소성변형을 일으킨다.

8.2.2 편차응력

평균수직응력(mean normal stress), 또는 정수응력(靜水應力; hydrostatic stress)은 체적변형률을 발생시키는 응력성분이므로 체적변화가 없는 소성변형에는 기여하지 않는다. 따라서 수직응력에서 이 평균수직응력을 뺀 편차응력(偏差應力; deviatoric stress) 성분이 소성변형을 일으킨다. 편차응력에 대해서는 2.7항에서 이미 설명하였다

8.2.3 항복응력

연강(軟鋼; mild steel)에서와 같이 상·하항복점이 명확히 구분되는 재료는 일반적으로 하항복점을 항복응력(降伏應力; yield stress)으로 하지만, 경강(硬鋼)이나 면심입방(FCC) 구조의 금속과 같이 응력(σ)-변형률(ϵ) 선도가 완만한 곡선을 나타내는 것은 0.2% ϵ 옵셋(off-set)된 내구력(耐久力; proof stress)을 항복강도로 사용한다. 항복응력에 영향을 주는 인자에는 온도, 변형률 속도(strain rate) 및 결정입도(結晶粒度) 등이 있다.

일반적으로 고온이 되면 항복응력은 낮아지고, 저온으로 되면 항복응력이 상승하는 저온 취성을 나타낸다. 그러나 연강은 200~400℃에서 상승하는 경우도 있는데 이러한 현상을 청열취성(靑熱脆性)이라 한다. 또한, 시효경화(時效硬化) 합금과 같이 시효처리에 의해서 항복강도를 상승시키는 경우도 있고, 변형률 속도가 클수록 항복강도는 증가한다.

결정립이 미세할수록 항복응력 σ_Y는 상승하고, 철 및 탄소강에 대해서는 다음의 실험식이 적용된다.

$$\sigma_Y = \sigma_0 + \frac{k}{\sqrt{d}} \tag{8・2}$$

여기서 σ_0는 결정립 안에서 전위를 일으키기 위한 응력으로 되고, d는 결정립의 지름, k는 재료정수이다. 식 (8・2)를 Hall-Petch의 식이라 한다.

8.2.4 가공경화

금속재료는 압연, 인발 등의 가공에 의해 각 결정립의 원래 방향이 회전하여 특정의 격자 방향(格子方向)이 주변형률의 방향으로 바뀌므로 재료의 기계적 성질이나 탄성계수가 방향에 따라 다르다, 이와 같은 재료를 이방성재료(異方性材料, anisotropic material)라 하고, 이와 반대로 방향에 관계없이 일정한 기계적 성질을 나타내는 것을 등방성재료(等方性材料; isotropic material)라 한다. 소성학에서는 등방성을 가정하는 경우가 많지만, 실제의 가공현상을 해석할 때는 이방성을 고려하지 않으면 설명이 불가능한 경우도 많다.

일반적으로 금속재료는 상온에서 소성변형이 일어나면 변형률의 증가에 따라 변형저항

도 증가하고, 응력-변형률 곡선은 항복점을 지나면서 점차 상승한다. 이러한 현상을 가공경화(加工硬化; work hardening), 또는 변형경화(變形率硬化; strain hardening)라 한다. 이러한 원인은 결정의 미끄럼기구(slip mechanism)에 의해 파악이 가능하고, 미끄럼을 발생시키는 전위의 이동을 방해하는 것으로 설명되어진다.

전위의 이동을 방해하는 것으로는 결정입계(結晶粒界; grain boundary), 불순물, 용질원자(溶質原子), 석출입자(析出粒子), 전위선(轉位線)의 교차 등이 있다. 결정입계에는 전위가 퇴적(pile up)되어 전위의 운동을 방해한다. 철(Fe) 중의 C, N과 같은 용질원자는 전위에 의해서 재료가 늘어난 부분에 혼입되기 쉽고, 이들이 혼입된 부분은 전위의 이동이 곤란하고 고착(固着; anchor)된다. 전위선의 교차는 서로 다른 미끄럼계(slip system)에 속하는 전위선이 만나는 것으로서 전위선에는 다수의 조그(jog)가 형성되어 여분의 에너지가 소비되어 전위의 운동을 방해한다.

가공경화의 크기는 공칭응력-변형률 선도, 또는 진응력-대수변형률 선도에서 가장 잘 설명되어지고, 이 응력-변형률 곡선을 유동곡선(流動曲線 ; flow curve)이라 하며 이때의 응력을 유동응력(flow stress)이라 한다. 소성가공에서와 같이 큰 소성변형을 취급할 때는 초기항복응력을 무시하고, 진응력과 대수변형률의 관계를 다음 식과 같이 나타낼 때가 많다.

$$\sigma = H\epsilon^n \qquad (H,\ n\ :\ \text{정수이고},\quad 0 \le n \le 1) \tag{8・3}$$

여기서 H를 소성계수(塑性係數; plastic strength coefficient), n을 가공경화지수(work hardening exponent), 또는 변형경화지수(strain hardening exponent)라 한다. 식 (8・3)의 양변에 대수를 취하면 $\log\sigma = \log H + n\log\epsilon$ 으로 된다. 이것을 양대수(兩代數) 그래프에 나타내면 1개의 직선으로 되고, 이 직선의 기울기가 n이 된다.

가공경화에 영향을 미치는 인자로는 변형률 속도와 온도 등이 있다. 변형률 속도가 증가하면 항복응력도 상승하므로 유동곡선의 응력도 증가한다. 이러한 경향은 고속변형이나 충격하중이 작용할 때 매우 두드러지게 나타난다. 또한, 고온으로 되면 항복강도는 낮아지므로 유동곡선의 응력도 감소한다.

8.3 응력 및 변형률 관계

8.3.1 공칭응력 및 공칭변형률

원래의 단면적을 A_0, 변형 후의 단면적을 A라 하고, 원래의 길이를 l_0, 변형 후의 길이를 l, 작용하중을 P라 하면, 공칭응력(公稱應力; nominal stress) σ_0는 다음 식과 같다.

$$\sigma_0 = \frac{P}{A_0} \tag{8・4}$$

Cauchy에 의해 제시된 공칭변형률(公稱變形率; nominal strain), 또는 공학변형률(工學變形率; engineering strain) e는 다음 식과 같이 표시한다.

$$de = \frac{dl}{l_0}$$

$$e = \int_{l_0}^{l} \frac{dl}{l_0} = \frac{l - l_0}{l_0} = \frac{l}{l_0} - 1 \tag{8・5}$$

$$\therefore \quad l = l_0(1 + e) \tag{8・6}$$

공칭변형률은 대변형(大變形)을 고려하면 다음과 같은 불합리한 점이 있다.

(1) 이상적인 소성재료를 고려할 때 인장변형에서는 변형률을 $0 \sim +\infty$ 범위까지 선택이 가능하지만, 압축변형에서는 $0 \sim -1$범위까지만 선택할 수 있다.

(2) 압축변형과 인장변형을 동일하게 평가할 수 없다.

8.3.2 진응력-진변형률

진응력(眞應力; true stress) σ 및 진변형률(true strain) ϵ을 구하면 각각 다음 식과 같이 표시한다.

$$\sigma = \frac{P}{A} \tag{8・7}$$

$$d\epsilon = \frac{dl}{l} \tag{a}$$

$$\therefore \quad \epsilon = \int_{l_0}^{l} \frac{dl}{l} = \ln \frac{l}{l_0} = \ln(1 + e) \tag{8・8}$$

여기서 ϵ은 대수변형률(logarithmic strain), 또는 자연변형률(natural strain)이라고도 하며, Ludwick이 제시하였다.

같은 방법으로 응력에 대해서는 다음의 관계식이 얻어진다.

$$\sigma = \sigma_0(1 + e) \tag{8・9}$$

진변형률은 다음과 같은 특징이 있다.

(1) 진변형률의 합산은 가능하지만, 공칭변형률의 합산은 불가능하다.

원래 길이 l_0 에서 l_1 만큼 인장시키고, 다시 l_2 까지 인장시켰을 때 진변형률은 다음 식과 같이 합산이 가능하다.

$$\epsilon_{01} = \ln\left(\frac{l_1}{l_0}\right), \quad \epsilon_{12} = \ln\left(\frac{l_2}{l_1}\right), \quad \epsilon_{02} = \ln\left(\frac{l_2}{l_0}\right)$$

$$\epsilon_{02} = \epsilon_{01} + \epsilon_{12} \tag{8·10}$$

(2) 체적일정 법칙의 표시가 용이하다.

$$\epsilon_x + \epsilon_y + \epsilon_z = 0 \tag{8·11}$$

그러나 공칭변형률에 의한 체적일정 법칙은 다음 식과 같이 된다.

$$(1 + e_x)(1 + e_y)(1 + e_z) = 1 \tag{8·12}$$

(3) 압축변형률과 인장변형률이 같다.

$$\epsilon_{01} = \ln\left(\frac{l_1}{l_0}\right), \quad \epsilon_{10} = \ln\left(\frac{l_0}{l_1}\right) = -\ln\left(\frac{l_0}{l_1}\right) = -\epsilon_{01} \tag{b}$$

8.3.3 공칭응력 및 공칭변형률 선도

[그림 8-3]은 각각 연강(mild steel)과 구리(copper)에 대한 1축 인장시험에 의한 공칭응력 및 공칭변형률을 나타낸 것이다. [그림 8-3(a)]와 같이 연강의 경우 항복점이 명확히 나타나지만, [그림 8-3(b)]에서와 같이 구리에 대해서는 항복점이 명확하지 않은 것을 알 수 있다.

(1) 비례한도

OP 구간에서와 같이 응력과 변형률이 비례하는 것은 Hooke의 법칙(Hooke's law)이 성립하는 것을 나타낸다. 이때 직선의 기울기를 세로탄성계수 E, 또는 Young 계수(Young's modulus)라 한다.

(2) 탄성한도

하중을 작용시킨 후 서서히 제거하여 하중을 0으로 하면, 지금까지 발생한 변형률이 0 으로 되어 영구변형이 남지 않는 응력의 한도를 말한다.

(3) 항복응력과 내구력

재료가 소성변형을 시작할 때의 응력을 항복응력 σ_{YU} 점의 응력을 말하고, [그림

8-3(a)]에서 σ_{YU} 점을 지나면 응력의 증가가 없이도 변형률은 급격히 증가한다. 이 σ_{YU} 점을 지나면서 응력은 급격히 감소하므로 이 점을 상항복점(上降伏點; upper yield point), 감소된 σ_{YL} 점을 하항복점(下降伏點; lower yield point)이라 한다.

연강의 경우 항복현상이 나타날 때 재료 표면에는 Lüders 밴드(band)라 불리는 검은 줄무늬 모양이 나타나며, 이것은 항복이 시작되는 상항복점으로부터 하항복점에 이르기까지 발생한다. 제품을 성형할 때 Lüders 밴드가 발생하면 제품표면의 품질을 저하시키므로 성형하기 전에 항복점을 초과하는 변형률을 주어서 이를 방지한다. 또한, [그림 8-3(b)]의 구리와 같이 항복점이 명확하지 않은 연성금속에서는 변형률의 0.2% 옵셋(off-set)이 생길 때의 응력을 내구력(耐久力; proof stress)이라 하고, 이것을 항복응력으로 사용한다.

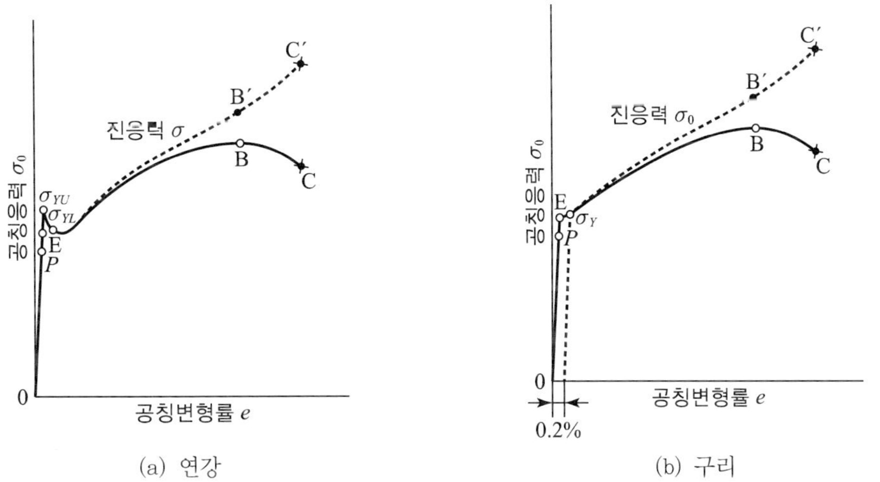

[그림 8-3] 공칭응력-공칭변형률 선도

(4) 인장강도

항복점을 지난 후 소성변형이 진행되면 응력이 증가하여 최대하중 B 점에 이르게 되고, 이때의 공칭응력을 인장강도(引張强度; tensile strength) σ_u 라 한다. 최대하중점 B 를 지나면 시험편의 일부에 네킹(necking)이 발생하고, 네킹이 증가할수록 하중은 감소하다가 C 점에서 재료는 네킹부분이 파단된다.

(5) 진응력 및 진변형률 선도

[그림 8-4]는 인장하중에 의한 진응력-진변형률 선도를 나타낸 것이다. 응력은 항복점 σ_Y 에 도달할 때까지는 응력과 변형률이 비례하는 탄성변형을 유지하고, 이때 진응력-진변형률 선도의 기울기는 세로탄성계수 E 를 나타낸다.

재료는 σ_Y 점을 지나면서 영구변형이 남는 소성변형을 일으키면서 진응력-진변형률 곡선의 기울기는 점점 완만하게 되며, A 점에서 응력을 제거하면 $A \sim O_1$ 구간은 $\sigma_Y \sim O$ 구간과 동일한 탄성거동을 나타낸다. 따라서 탄성변형 O_1A 구간에서의 기울기는 $O\sigma_Y$ 구간의 기울기와 거의 같고, 세로탄성계수 E 도 거의 일치한다.

[그림 8-4]에서 곡선 $\widehat{\sigma_Y AC}$를 소성곡선(flow curve)이라 부르고, A 점의 변형률 ϵ 은 탄성변형률 ϵ_e 와 소성변형률 ϵ_p 의 합으로 주어진다.

$$\epsilon = \epsilon_e + \epsilon_p \tag{8・13}$$

또한, [그림 8-4]의 A 점에서 하중을 제거한 후 다시 작용시키는 과정에 대한 진응력-진변형률 선도를 더욱 구체적으로 나타내면 [그림 8-5]와 같이 된다. 그림에서 응력은 구간 AB를 따라 직선적으로 감소하고, 구간 BO_1 을 따라 약간 휘어지면서 O_1 에 도달한다. 다시 하중을 작용시키면 $O_1 \rightarrow P_1 \rightarrow \sigma_{Y1}$ 를 따라 변형하면서 σ_{Y1} 에서 새롭게 항복이 되고, 원래의 곡선 $\widehat{\sigma_Y C}$를 따라 증가한다. 이와 같이 하중의 제거 및 재작용 과정에서 약간의 히스테리시스 루프(hysteresis loop)를 그리지만, 이것을 무시하면 [그림 8-4]에서와 같이 이상적인 탄소성거동을 하는 재료가 된다.

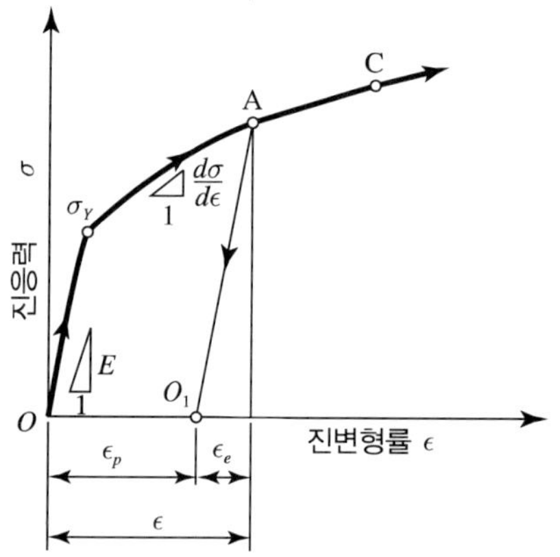

[그림 8-4] 진응력-진변형률 선도

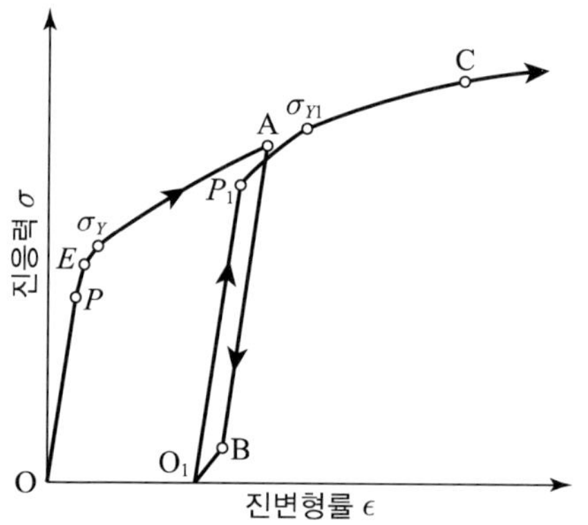

[그림 8-5] 하중의 작용 및 제거에 의한 진응력-진변형률 선도

8.4 바우싱거 효과

[그림 8-6]에 나타낸 것 같이 A 에서 O_1 까지 하중을 제거한 후 다시 압축하중을 가하면 압축일 때의 항복응력 σ_{Yc} 는 인장할 때의 처음 항복응력 σ_Y 보다 낮게 나타나는 현상을 바우싱거 효과(Bauschinger effect)라 한다. 이러한 현상은 인장과 압축을 교대로 받는 소성가공에서는 매우 중요하다.

바우싱거 효과가 나타나는 주요 원인은 다음과 같은 사항을 들 수 있다.

(1) 다결정체(多結晶体) 재료는 조직이 불균질(不均質)하므로 불균등한 항복이 발생하기 때문에 하중을 제거하더라도 미시적인 잔류응력이 존재한다.
(2) 결정방위(結晶方位)의 차에 의한 내부응력의 차이가 발생한다.
(3) 결정 안에서 미끄럼에 의한 격자의 심한 흩트러짐이 생긴다.

바우싱거 효과는 일반적으로 무시할 수 있지만 이방성(異方性)이 클 때는 무시하기 곤란하다. 이러한 바우싱거 효과는 가벼운 어닐링(annealing)으로 잔류응력을 제거할 수도 있지만, 이방성의 선택 방위를 바꾸려면 재결정 온도 이상에서 열처리를 한다.

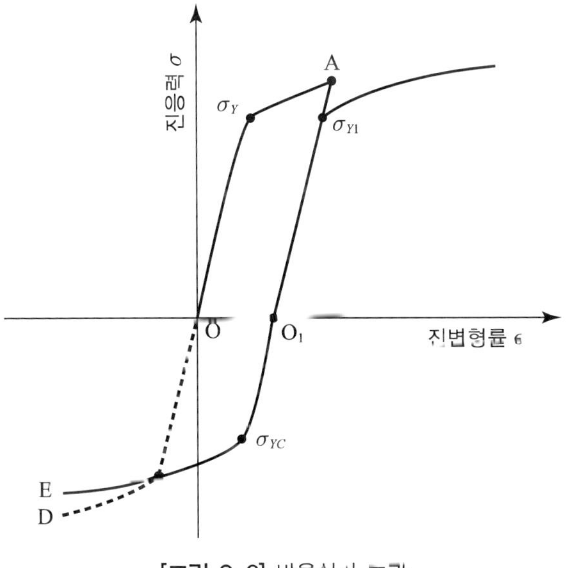

[그림 8-6] 바우싱거 효과

8.5 네킹 조건

1축 인장시험에서 시험편의 일부에 국부적인 단면감소가 일어나기 시작하여 하중이 증가할수록 단면의 감소도 점점 상승하는 현상을 네킹(necking)이라 하고, 네킹은 소성불안정 조건(condition of plastic instability)을 나타낸다. 시험편의 인장하중에 의한 네킹의 발생조건을 살펴보기로 한다.

진응력을 σ 라 하면, 하중 P가 최대로 되는 조건은 $P=\sigma A$ 로부터 다음 식과 같이 된다.

$$dP = A\,d\sigma + \sigma\,dA = 0 \tag{a}$$

탄성변형률을 무시하고 체적일정 법칙을 적용하면

$$d(Al) = A\,dl + l\,dA = 0 \tag{b}$$

식 (a)와 식 (b)로부터 다음 식이 얻어진다.

$$\frac{d\sigma}{\sigma} = \frac{dl}{l} = -\frac{dA}{A} = d\epsilon \tag{c}$$

$$\therefore \quad \frac{d\sigma}{d\epsilon} = \sigma \tag{8·14}$$

[그림 8-7]에서와 같이 진응력-진변형률 선도에서 네킹의 발생응력 σ_N은 그 접선의 투영길이가 1이 되는 점의 인장응력으로 된다. 그림에서 네킹 발생응력 σ_N은 진응력 σ 와 진변형률 ϵ 사이에는 다음의 관계식이 성립한다.

$$\tan\theta = \frac{d\sigma}{d\epsilon} = \frac{\sigma_N}{1}$$
$$\frac{1}{z} = \frac{1}{\sigma_N}\frac{d\sigma}{d\epsilon} \tag{8·15}$$

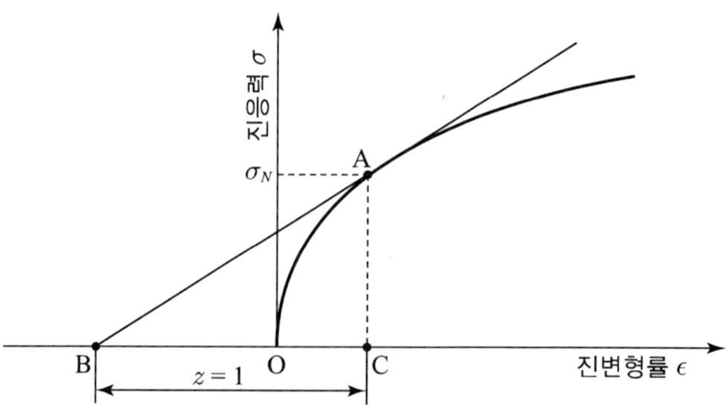

[그림 8-7] 네킹 발생의 진응력

8.6 응력 및 변형률 곡선

응력-변형률에 대한 소성곡선은 해석목적, 해석방법 및 대상재료에 따라 모델화가 가능하고, 수식으로도 표시할 수 있다. 각종 응력-변형률 곡선을 [그림 8-8]과 같이 단순화하면 다음과 같은 소성곡선으로 분류할 수 있다.

(1) 탄성변형 부분을 고려하는 탄소성체(彈塑性體)의 소성곡선
(2) 탄성변형 부분을 무시하는 강소성체(剛塑性體)의 소성곡선
(3) n승 경화형(硬化形) 소성체에 의한 소성곡선

(1)항과 (2)항에 의한 소성곡선에는 경화형과 비경화형이 있고, (3)항은 완전소성체(完全塑性體; perfectly plastic body)로서 n승 경화소성(n-power hardening plasticity) 곡선을 나타내며 다음 식과 같이 된다.

$$\sigma = H\epsilon^{n}\ (0 \leq n \leq 1) \tag{8·16}$$

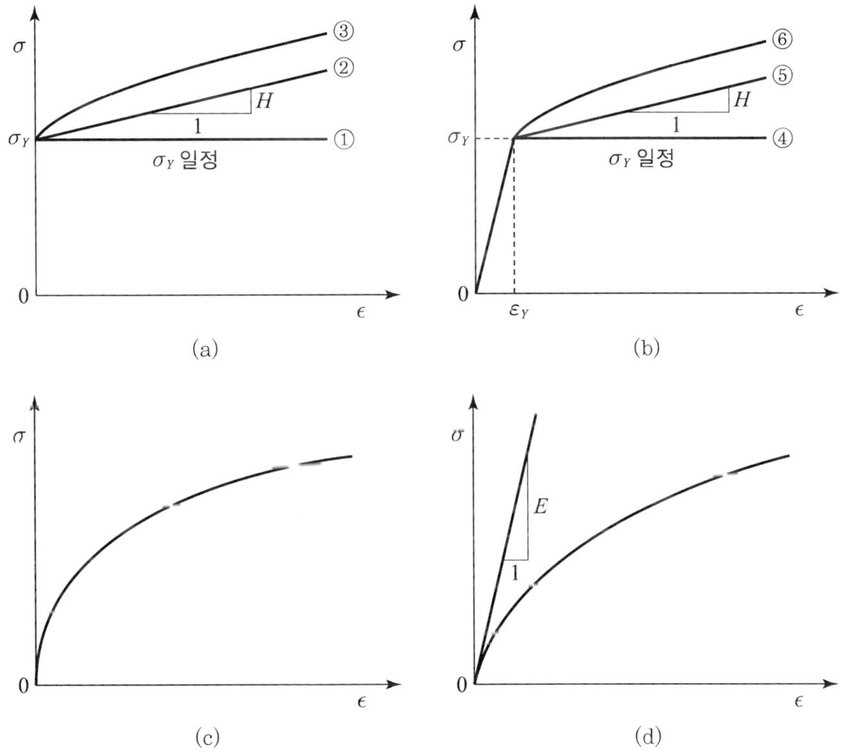

[그림 8-8] 응력-변형률 곡선의 모델

여기서 n은 변형경화지수(strain hardening exponent) 또는 가공경화지수(work hardening exponent)라 하고, H는 소성계수(塑性係數; plastic coefficient)를 나타낸다. 이때 H는 재료에 대한 변형저항의 정도를 나타내고, H와 n은 재료정수이다.

또한 $n=1$일 때는 탄성변형거동, $n=0$일 때 강완전소성체(剛完全塑性體; rigid-perfectly plastic body)의 변형거동을 나타낸다.

응력-변형률 곡선에 대한 실험식에는 다음과 같은 것이 있다.

$$\sigma = \sigma_Y + H\epsilon^n \,(0 \le n \le 1) \tag{8 · 17}$$

여기서 σ_Y는 초기항복응력(initial yield stress)을 나타내고, 식 (8 · 17)를 Ludwick의 식이라 한다.

탄성변형률은 무시하고, σ_Y까지 강성으로 가정하는 강소성체(剛塑性體)가 [그림 8-8(a)]와 같은 거동을 할 때 이 소성곡선은 식 (8 · 16)과 같다. [그림 8-8(a)]의 선도 ①과 같은 소성곡선으로 거동하는 재료는 강완전소성체이고, 소성변형이 선형적이면 선도 ②와 같은 선형경화 강소성체로 된다. 일반적으로 $0 \le n \le 1$ 범위에서 [그림 8-8(a)]의 선도 ③과 같은 n승 경화 강소성체(更化剛塑性體; rigid-exponential work plastic body)를 나타낸다.

[그림 8-8(a)]에서 탄성변형도 고려하면 [그림 8-8(b)]와 같은 탄소성체의 변형거동을 나타내고, 이 소성곡선은 식 (8 · 17)과 같이 된다. [그림 8-8(b)]의 선도 ④는 탄완전소성체(彈完全塑性體; elastic-perfectly plastic body)의 변형거동을 나타내고, 선도 ⑤는 가공경화를 직선으로 근사시킨 모델로서 선형경화 탄소성체로 된다. 그리고 [그림 8-8(b)]의 선도 ⑥은 n승 경화 탄소성체의 변형거동을 지수함수로 근사시킨 모델을 나타낸다.

또한, [그림 8-8(c)]는 n승 경화 소성체로서 변형률의 전범위에서 응력과 변형률의 관계는 식 (8 · 16)과 같다. [그림 8-8(d)]는 $\sigma=0$에서 세로탄성계수 E와 같은 기울기로 근사시킬 때 다음 식과 같이 된다.

$$\frac{\epsilon}{\epsilon_Y} = \frac{\sigma}{\sigma_Y} + \alpha\left(\frac{\sigma}{\sigma_Y}\right)^n \tag{8 · 18}$$

여기서 α는 재료정수, n은 재료의 변형경화지수이고, 식 (8 · 18)은 Ramberg-Osgood의 식이라 하며, 주로 구조해석에 자주 이용되고 있다.

식 (8 · 16)에 나타낸 n승 경화법칙(n-power law)은 [그림 8-9]와 같은 곡선으로 표시되고, 연성이 큰 금속재료의 변형률 거동에 잘 일치하므로 소성가공의 해석에 널리 이용되고 있다.

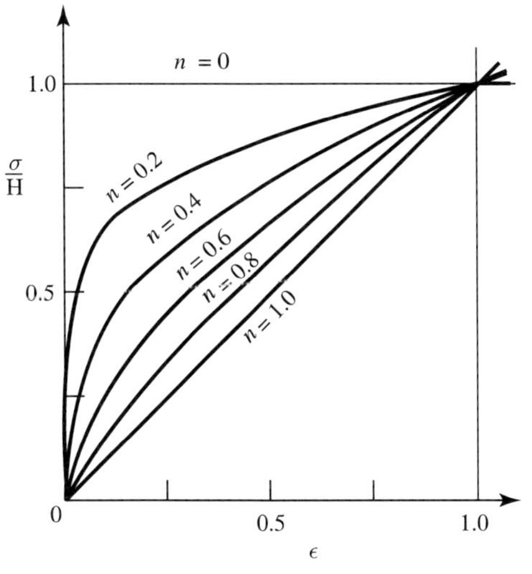

[그림 8-9] n 승 경화식에 의한 표시

[표 8-2]는 각종 금속재료에 대한 소성계수 및 변형경화지수 n 의 값을 나타낸 것이고, [그림 8-10]은 응력-변형률 관계에 대한 이상적인 모델을 나타낸 것이다.

재료의 변형저항은 온도나 변형률속도(strain rate)의 영향에 따라 변화하고, 변형률속도를 고려한 응력-변형률 곡선은 다음 식과 같이 주어진다.

$$\sigma = K\epsilon^{n}\left(\dot{\epsilon}\right)^{m} \tag{8·19}$$

여기서 $\dot{\epsilon}$ 은 일정온도에서의 변형률속도이고, m 은 변형률속도 민감지수(strain-rate sensitivity exponent)를 나타낸다. m 이 클수록 네킹 현상이 억제되고, 인장상태에서 큰 변형이 발생한다. 그 한 예로서 초소성재료(super plastic material)인 Zn-22%Al 합금은 200℃ 에서 초소성을 나타낸다.

[표 8-2] 소성계수 H 및 변형경화지수 n 의 값

재 료	소성계수 H[MPa]	변형경화지수 n
연 강	750	0.24
강	460	0.34
6-4 황동	745	0.39
연질 알루미늄	160	0.27
알루미늄 합금	320	0.13
18-8 스테인리스강	-	0.53

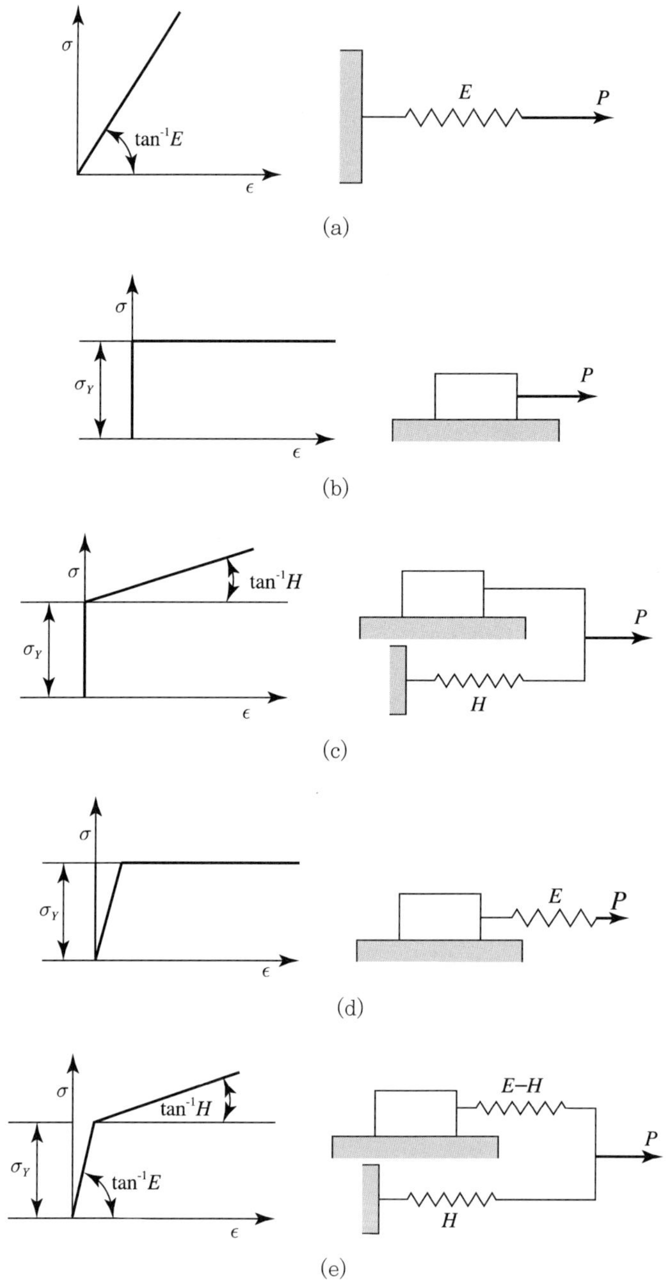

[그림 8–10] 응력–변형률 관계의 모델

CHAPTER 08 연습문제

[문제 8-1] 다음 물음에 답하시오.

(1) 변형 전의 길이 l_0, 변형 후의 길이 l를 공칭변형률 e와 진변형률 ϵ으로 나타내시오.

(2) 진변형률 ϵ, 공칭변형률 e 및 공칭응력 σ_0, 진응력 σ 사이의 관계식을 나타내시오.

[문제 8-2] 인장하중 P가 작용하여 원래의 길이 l_0인 봉이 변형 후 길이 l로 늘어났을 때 응력-변형률 선도에서 그려지는 일 W를 구하시오.

[문제 8-3] 1축 인장에서 변형률이 작을 때 공칭변형률 e와 진변형률 ϵ의 관계가 $\epsilon \doteq e$인 것을 나타내시오.

[문제 8-4] 어닐링 처리한 연강의 경화곡선이 $\sigma = 750\,\epsilon^{0.24}$로 주어지고, 이 재료로 만든 봉이 처음 20%, 그 다음 30%의 냉간가공을 하였을 때 다음 물음에 답하시오.

(1) 이 재료의 최종항복강도를 구하시오.

(2) 같은 재료의 봉을 알 수 없는 냉간가공을 하고, 다시 15%의 냉간가공이 된 후 측정한 항복강도가 550[MPa]이라면, 이 재료의 처음 냉간가공은 어느 정도 한 것인지 결정하시오.

Chapter

9 항복조건

1축 응력상태에 대한 탄소성거동은 응력-변형률 선도에서 쉽게 파악할 수 있으므로 탄성상태에서 소성상태로 변화하는 항복응력도 재료에 따라 일정한 값을 갖는다. 그러나 다축응력 상태에서는 응력이 복합적으로 조합되어 작용하므로 어떤 한계응력에서 재료가 항복을 일으키는지 알 수 없다. 이와 같이 어떤 응력의 조합에 의해 항복을 일으키는 한계조건을 항복조건이라 한다. 이 장에서는 주로 조합응력이 작용하는 등방재료의 항복조건에 대하여 고찰하고, 이방성 재료에 대해서도 간단히 언급하기로 한다.

9.1 등방재료의 항복조건

다축응력(多軸應力; multi-axial stress), 또는 조합응력(組合應力; combined stress) 상태에서 응력성분의 함수 $f(\sigma_{ij})$ 가 어떤 한계값 C 에 도달할 때 항복이 발생한다면, 항복조건(降伏條件; yield criterion, 또는 yield condition)은 다음 식과 같다.

$$f(\sigma_{ij}) = C \tag{9・1}$$

등방재료(等方材料; isotropic material)에 대한 소성변형은 전방향(全方向)에 대하여 같으므로 항복조건은 좌표축을 잡는 방법에 무관하다. 각 주응력 σ_1, σ_2, σ_3 방향으로 좌표축을 잡으면 식 (9・1)은 다음 식과 같이 표시된다.

$$f(\sigma_1, \sigma_2, \sigma_3) = C \tag{9・2}$$

또한, 응력의 주축을 바꾸더라도 함수 f 의 값은 불변(不變)이므로 함수 f 는 σ_1, σ_2, σ_3 에 대해서 대칭인 함수로 되고, 제1차, 제2차 및 제3차 응력의 불변량 I_1, I_2, I_3 에 의해 다음 식으로 나타낸다.

$$f(I_1,\ I_2,\ I_3) = C \tag{9·3}$$

등방재료에 정수응력(hydrostatic stress), 또는 등방응력(等方應力)이 단독으로 작용하거나 중첩하여 작용하더라도 일반적으로 재료는 소성변형이 발생하지 않는다는 실험결과가 알려져 있다. 이러한 사실 때문에 식 (9・3)은 편차응력의 불변량 $I_1'(=0)$, I_2', I_3'을 이용하여 다음 식으로 바꿔 놓을 수 있다.

$$f(I_2',\ I_3') = C \tag{9·4}$$

항복조건에 대한 가설(假說)에는 다음과 같은 것이 있다.

(1) 응력 한계설 : 최대주응력설(Galilei, Navier), 최대전단응력설(Coulumb, Tresca, Guest, Mohr)

(2) 변형률 한계설 : 최대변형률설(Mariotte, Navier), 최대전단변형률설(Sandel)

(3) 변형률 에너지설 : 전변형률(全變形率) 에너지설(Beltrami, Haigh), 전단변형률 에너지설(Huber, Mises, Hencky, Nadai)

이들 가설 중에서 식 (9・4)에 적합한 것으로는 최대전단응력설에 근거한 Tresca의 항복조건과 전단변형률 에너지설에 기초한 Mises의 항복조건이 있다.

9.2 Tresca의 항복조건

Tresca는 재료 안의 최대전단응력이 일정 한계값에 도달하면, 항복이 발생한다는 항복조건을 제시하였다. 최대전단응력에 의한 Tresca의 항복조건은 다음 식과 같다.

$$\max\left(\frac{1}{2}|\sigma_1 - \sigma_2|,\ \frac{1}{2}|\sigma_2 - \sigma_3|,\ \frac{1}{2}|\sigma_3 - \sigma_1|\right) = C_1 \tag{a}$$

주응력의 크기가 $\sigma_1 \geq \sigma_2 \geq \sigma_3$ 이면 식 (a)는 다음과 같이 된다.

$$\frac{1}{2}(\sigma_1 - \sigma_3) = C_1 \tag{b}$$

1축 응력상태에서 항복이 발생할 때 다음 식과 같고

$$\sigma_1 = \sigma_Y,\quad \sigma_2 = \sigma_3 = 0 \tag{c}$$

한계값 $C_1 = \dfrac{\sigma_Y}{2}$ 로 되고, 식 (b)는 다음과 같다.

$$\sigma_1 - \sigma_3 = \sigma_Y \tag{d}$$

두꺼운 원통관이 비틀림에 의해 순수전단을 받는 항복상태에서 전단항복응력을 k 라 하면

$$\sigma_1 = k, \quad \sigma_2 = 0, \quad \sigma_3 = -k \tag{e}$$

로 되므로 한계값 $C_1 = k$ 로 된다.

따라서 Tresca의 항복조건은 다음 식과 같이 주어진다.

$$\sigma_1 - \sigma_3 = \sigma_Y = 2k \tag{9·5}$$

Tresca의 항복조건은 편차응력의 불변량을 이용하여 식 (9 · 4)의 형태로 표시하면, 다음 식과 같이 나타낸다.

$$\begin{aligned}&\{(\sigma_1 - \sigma_2)^2 - 4k^2\}\{(\sigma_2 - \sigma_3)^2 - 4k^2\}\{(\sigma_3 - \sigma_1)^2 - 4k^2\}\\ &\quad = 4I_2'^2 - 27I_3'^2 - 36k^2I_2'^2 + 96k^4I_2' - 64k^6 = 0\end{aligned} \tag{9·6}$$

이와 같이 Tresca의 항복조건은 편차응력 공간의 불변량인 편차응력 성분만으로 나타낼 수 있고, 정수응력은 재료의 항복조건에는 무관한 것을 알 수 있다. 또한 Tresca의 항복조건은 등방재료의 항복조건에 필요한 성질을 만족하지만, 최대주응력(σ_1) 및 최소주응력(σ_3)만을 고려하고, 중간주응력(σ_2)의 영향은 고려하지 못하는 결점이 있다.

9.3 Mises의 항복조건

재료 안의 전단변형률 에너지, 또는 8면체 전단응력이 일정 한계값에 도달하였을 때 항복이 발생한다는 것을 von Mises(1913년)가 제시하였다. 전단변형률 에너지, 또는 8면체 전단응력에 대한 식 $U_s = \dfrac{3}{4G}\tau_{oct}^2 = \dfrac{1}{2G}I_2'$ 는 편차응력의 제2차 불변량 I_2' 으로 표시할 수 있으므로 Mises의 항복조건은 다음 식과 같다.

$$I_2' = C_2 \tag{f}$$

1축 응력일 때 식 (c)를 고려하면 한계값 $C_2 = \dfrac{\sigma_Y}{3}$ 가 되고, 이것을 식 (f)에 대입하면 다음 식과 같이 된다.

$$I_2' = \frac{1}{3}\sigma_Y^2 \tag{g}$$

또한 순수전단 항복상태의 식 (e)를 대입하면 $C_2 = k^2$ 이 되고, Mises의 항복조건은 다음 식과 같이 주어진다.

$$I_2' = \frac{1}{3}\sigma_Y^2 = k^2 \tag{9・7}$$

식 (9・7)를 편차응력의 제2차 불변량으로 나타내면, Mises의 항복조건은 다음 식과 같이 표시된다.

$$S_1^2 + S_2^2 + S_3^2 = S_x^2 + S_y^2 + S_z^2 + 2\left(\tau_{xy}^2 + \tau_{yz}^2 + \tau_{zx}^2\right) = \frac{2}{3}\sigma_Y^2 = 2k^2 \tag{9・8}$$

또한, Mises의 항복조건은 주응력으로 표시하면 다음 식과 같이 된다.

$$\begin{aligned}(\sigma_1 - \sigma_2)^2 &+ (\sigma_2 - \sigma_3)^2 + (\sigma_3 - \sigma_1)^2 \\ &= (\sigma_x - \sigma_y)^2 + (\sigma_y - \sigma_z)^2 + (\sigma_z - \sigma_x)^2 + 6\left(\tau_{xy}^2 + \tau_{yz}^2 + \tau_{zx}^2\right) \\ &= 2\sigma_Y^2 = 6k^2\end{aligned} \tag{9・9}$$

Mises의 항복조건은 능방재료에 대한 항복조건을 만족시키는 동시에 중간응력의 영향도 고려되어진다. 따라서 연성금속에 대해서는 Mises의 항복조건이 Tresca의 항복조건보다 더욱 잘 일치한다.

예제 9-1

1축 인장에 의한 항복응력 $\sigma_Y = 500$ [MPa]의 강판이 평면응력 상태에서 항복을 시작할 때 Mises의 항복조건을 이용하여 다음의 응력을 결정하시오.

(1) $\sigma_x = 200$ [MPa], $\sigma_y = -100$ [MPa]일 때 τ_{xy}

(2) $\sigma_x = 150$ [MPa], $\tau_{xy} = 50$ [MPa]일 때 σ_y

풀이

(a) 식 (9・9)로부터 다음 식이 얻어진다.

$300^2 + 100^2 + 200^2 + 6\tau_{xy}^2 = 2 \times 500^2$

$\therefore\ \tau_{xy} = \pm 245$ [MPa]

(b) 식 (9・9)로부터 다음 식이 얻어진다.

$(150 - \sigma_y)^2 + \sigma_y^2 + 150^2 + 6 \times 50^2 = 2 \times 500^2$

$\therefore\ 2\sigma_y^2 - 300\sigma_y - 440000 = 0$

$\sigma_y = 550$ [MPa], -400 [MPa]

9.4 항복조건의 기하학적 표시

재료 안의 응력상태는 3개의 주응력 σ_1, σ_2, σ_3로 나타낼 수 있으므로 [그림 9-1]과 같이 직교좌표계의 각 축에 σ_1, σ_2, σ_3를 대응시킨 좌표로 정의된다. 주응력 공간에 주응력 벡터를 나타내면 [그림 9-1]의 응력벡터 $\overrightarrow{OP}$와 같이 표시된다. 이 벡터 $\overrightarrow{OP}$를 σ_1, σ_2, σ_3 축과 등각(等角)으로 되는 방향성분 $\overrightarrow{ON} = \overrightarrow{TP}$와 $\boldsymbol{n}$ 방향에 수직인 평면의 성분 $\overrightarrow{OT}$로 분해한다. 외향 단위법선 벡터 $\boldsymbol{n}$의 방향코사인 $n_1 = n_2 = n_3 = \dfrac{1}{\sqrt{3}}$ 이므로 $\overrightarrow{ON} = \overrightarrow{TP}$의 절대값은 다음 식과 같이 나타낸다.

$$|\overrightarrow{ON}| = n_1\sigma_1 + n_2\sigma_2 + n_3\sigma_3 = \frac{\sigma_1 + \sigma_2 + \sigma_3}{\sqrt{3}} = \sqrt{3}\,\sigma_m \tag{9・10}$$

또한, $\overrightarrow{ON}$의 각 좌표성분은 다음과 같이 표시된다.

$$|\overrightarrow{ON}|n_1 = |\overrightarrow{ON}|n_2 = |\overrightarrow{ON}|n_3 = \frac{\sigma_1 + \sigma_2 + \sigma_3}{3} = \sigma_m \tag{9・11}$$

따라서 응력벡터 $\overrightarrow{ON}$은 평균수직응력 벡터 σ_m을 나타낸다.

또한, 벡터 $\overrightarrow{OT} = \overrightarrow{OP} - \overrightarrow{ON}$이므로 그 각 성분은 $\sigma_1 - \sigma_m$, $\sigma_2 - \sigma_m$, $\sigma_3 - \sigma_m$이 된다. 즉, 벡터 $\overrightarrow{OT}$는 편차주응력 벡터 S_1, S_2, S_3가 되고 그 절대값은 다음과 같이 표시된다.

$$|\overrightarrow{OT}| = \sqrt{S_1^2 + S_2^2 + S_3^2} = \sqrt{2I_2'} \tag{9・12}$$

특히, $\overrightarrow{OT}$에 수직한 면 중에서 원점을 지나는 면을 π－평면이라 한다. 점 S를 π－평면에 투영한 것을 점 T라 하면, $\overrightarrow{OT} = \overrightarrow{NP}$가 성립하므로 π－평면 위의 각 점은 편차응력

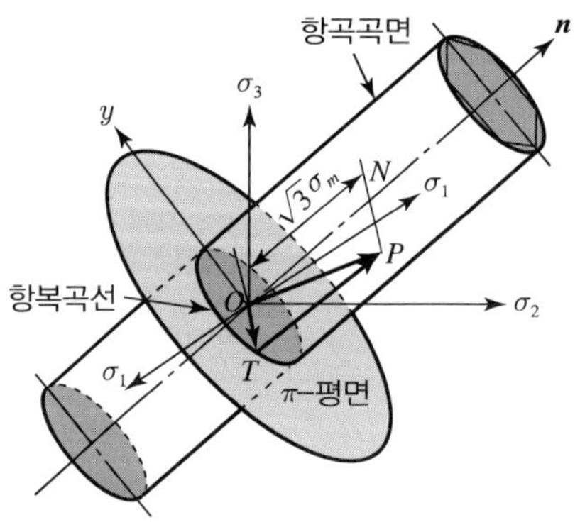

[그림 9-1] 항복조건의 기하학적 표시

을 나타낸다. 일반적으로 식 (9・2)로 표시되는 항복조건은 주응력 공간에서 1개의 곡면을 나타내는데, 이것을 항복곡면(降伏曲面; yield surface)라 한다. 이 항복곡면을 π – 평면에서 잘라낸 단면곡선을 항복곡선(yield locus)이라 부른다.

항복조건은 평균수직응력 σ_m 에 영향을 받지 않으므로 [그림 9–1]과 같이 항복곡면이 $\overrightarrow{ON}$ 에 수직인 면에서 변화하지 않고, π – 평면에서 평행한 평면에서 잘라낸 단면의 항복곡선은 항상 동일한 형상이 되어야 한다. 따라서 항복곡면은 π – 평면에 수직이고, $\boldsymbol{n}$ 방향에 평행한 원둘레 면이 되어야 한다. 그리고 π – 평면에 주응력 축을 투영하면 [그림 9–2]에서와 같이 σ_1, σ_2, σ_3 축은 각각 120°의 각을 이룬다.

Mises의 항복조건은 식 (9・8)에서와 같이 편차응력 벡터의 절대값 $|\overrightarrow{OT}|$ 가 다음 식으로 표시된다.

$$|\overrightarrow{OT}| = \sqrt{S_1^2 + S_2^2 + S_3^2} = \sqrt{2/3}\,\sigma_Y \qquad (9 \cdot 13)$$

[그림 9–2]와 같이 π – 평면에서 항복곡선은 식 (9・13)에 의해 반지름 $\sqrt{2/3}\,\sigma_Y$ 인 원으로 된다. 따라서 그림에서와 같이 Mises의 항복곡면은 $\overrightarrow{OT}$ 를 축으로 하는 반지름 $\sqrt{2/3}\,\sigma_Y$ 이 그리는 원둘레 면으로 형성된다.

Tresca의 항복곡선은 [그림 9–2]와 같이 Mises의 항복원에 내접하는 정육각형으로 되고, Tresca의 항복곡면은 Mises의 원둘레 면에 내접하는 정육각기둥의 면으로 형성된다. 그러므로 [그림 9–2]에서 Mises와 Tresca의 항복조건은 1축 응력상태에서 서로 일치하고, 순수전단 응력상태에서 가장 큰 차이가 생긴다. 이 두 항복조건의 차이는 약 15.5%로 된다.

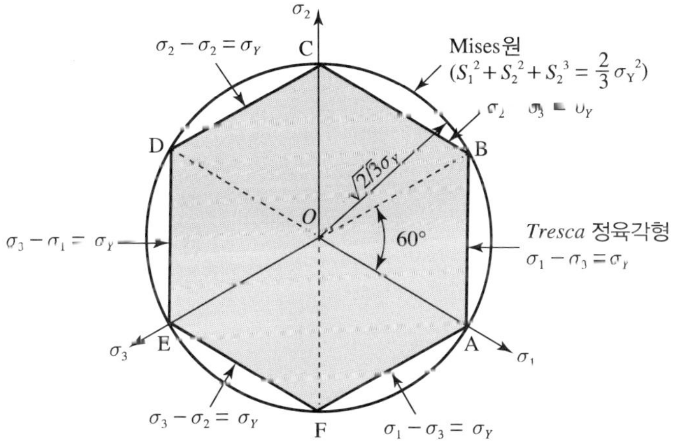

[그림 9–2] Tresca와 Mises의 항복곡면

9.5 평면응력 상태의 항복곡선

평면응력 상태의 항복조건은 3개의 주응력 σ_1, σ_2, σ_3 중에서 $\sigma_3 = 0$ 인 응력상태를 말하며, 이것은 [그림 9-1]에서 항복곡면을 $\sigma_3 = 0$ 인 평면에서 잘라낸 단면의 항복곡선으로 된다. 이 항복곡선을 고려하기 위해 Mises의 항복조건식 (9・9)에서 $\sigma_3 = 0$ 로 하면 다음 식과 같이 된다.

$$\sigma_1^2 - \sigma_1\sigma_2 + \sigma_2^2 = \sigma_Y^2 \tag{9・15}$$

[그림 9-3]과 같이 σ_1, σ_2 축을 반시계방향으로 45° 회전시킨 직교좌표계를 x, y 축으로 하면 $\sigma_1 = \dfrac{x-y}{\sqrt{2}}$, $\sigma_2 = \dfrac{x-y}{\sqrt{2}}$ 로 된다. 이것을 식 (9・15)에 대입한 후 정리하면 다음 식으로 표시된다.

$$\left(\frac{x}{\sqrt{2}\,\sigma_Y}\right)^2 + \left(\frac{y}{\sqrt{2/3}\,\sigma_Y}\right)^2 = 1 \tag{9・16}$$

따라서 [그림 9-3]에 나타낸 것 같이 평면응력 상태에 대한 Mises의 항복곡선은 긴 반지름(長半徑) $\sqrt{2}\,\sigma_Y$, 짧은 반지름(短半徑) $\sqrt{2/3}\,\sigma_Y$ 에 의한 타원이 된다.

또한, Tresca의 항복조건식 (9・5)에서 $\sigma_3 = 0$ 로 놓으면 다음과 같이 된다.

$$\sigma_1 = \sigma_Y \tag{9・17}$$

같은 방법으로 각 상한에 대한 Tresca의 항복곡선을 나타내면 [그림 9-3]과 같이 Mises의 항복타원에 내접하는 육각형이 된다.

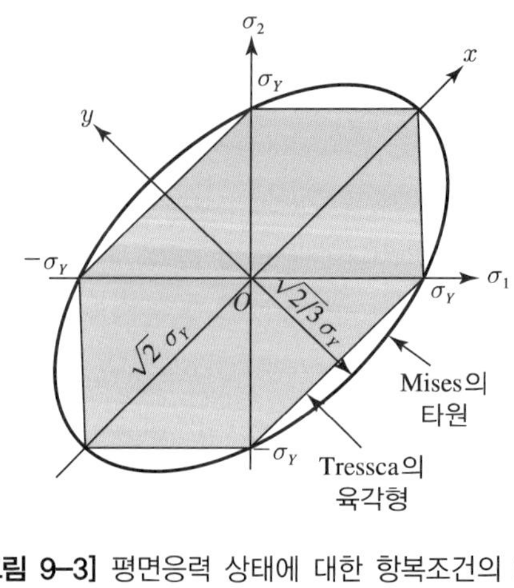

[그림 9-3] 평면응력 상태에 대한 항복조건의 비교

9.6 실험에 의한 항복조건의 검증

실제의 금속재료에 적합한 항복조건을 검증하기 위하여 다축응력을 작용시켜 실험하였다. 다축응력을 작용시키기 위해 얇은 원통의 인장, 비틀림 및 내압 등의 조합응력을 작용시켰다. [그림 9-4]는 Taylor와 Quinney가 얇은 원통을 사용하여 인장-비틀림 시험에 의한 항복조건에 대한 실험결과를 나타낸 것이다. 이들의 실험결과는 그림에서와 같이 Mises의 항복곡선에 잘 일치하는 것을 알 수 있다.

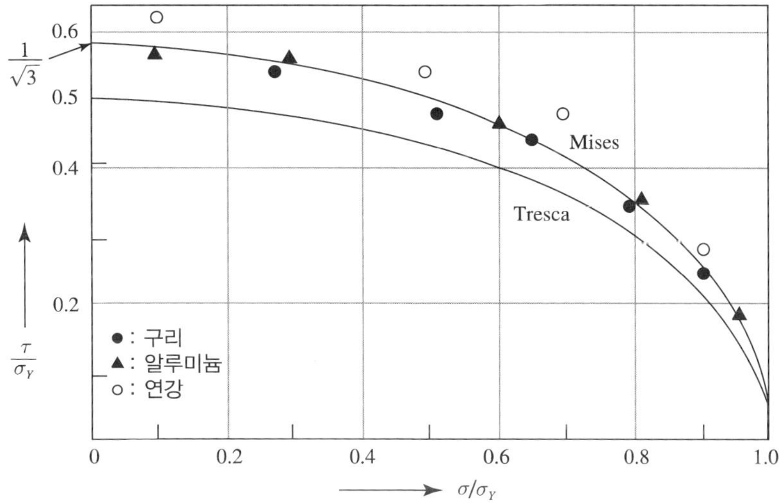

[그림 9-4] 항복조건의 실험검증

또한, Lode는 다음 식과 같이 항복조건에 관계되는 중간응력의 영향을 조사하였다.

$$\mu = \frac{2\sigma_2 - \sigma_1 - \sigma_3}{\sigma_1 - \sigma_3} \qquad (\sigma_1 \geq \sigma_2 \geq \sigma_3) \tag{9・18}$$

여기서 μ는 Lode의 응력변수를 나타낸다.

Mises의 항복조건식 (9・9)에 μ를 사용하여 변형하면 다음 식으로 주어진다.

$$(\sigma_1 - \sigma_2)^2 + (\sigma_2 - \sigma_3)^2 + (\sigma_3 - \sigma_1)^2 = \frac{1}{2}(\sigma_1 - \sigma_3)^2 (3 + \mu^2) = 2\sigma_Y^2 \tag{9・19}$$

즉, Mises의 항복조건은 다음 식과 같이 표시된다.

$$\frac{\sigma_1 - \sigma_3}{\sigma_Y} = \frac{2}{\sqrt{3 + \mu^2}} \tag{9・20}$$

또한, Tresca의 항복조건은 다음 식과 같이 된다.

$$\frac{\sigma_1 - \sigma_3}{\sigma_Y} = 1 \tag{9・21}$$

[그림 9-5]는 식 (9・20)과 식 (9・21)을 나타낸 것으로서 중간 주응력을 고려한 Mises의 항복조건이 실험결과에 잘 일치하는 것을 알 수 있다. 그러나 Tresca의 항복조건은 선형적인 간편한 식으로서 실험결과에 근접하므로 다음 식과 같이 수정 Tresca의 조건을 사용하여 실험결과에 더욱 근사시킬 수 있다.

$$\sigma_1 - \sigma_3 = m\sigma_Y \tag{9・22}$$

여기서 $m = 1 \sim 1.155$ 의 범위에서 적절한 값을 선택하면, Mises의 항복조건에 대한 차이는 8% 이내로 수렴하는 것을 알 수 있다.

실제의 금속재료에 대한 항복조건을 평면응력 상태에서 실측하면 Mises의 항복조건에 더욱 가깝다. 그러나 Tresca의 항복조건은 Mises의 항복조건에 비하여 항복한계의 조건이 낮고, 항복점 설계에 대해서 더욱 엄격한 조건을 주어야 하므로 정밀도는 다소 떨어지지만, 구조물의 설계에는 유용하게 사용되고 있다.

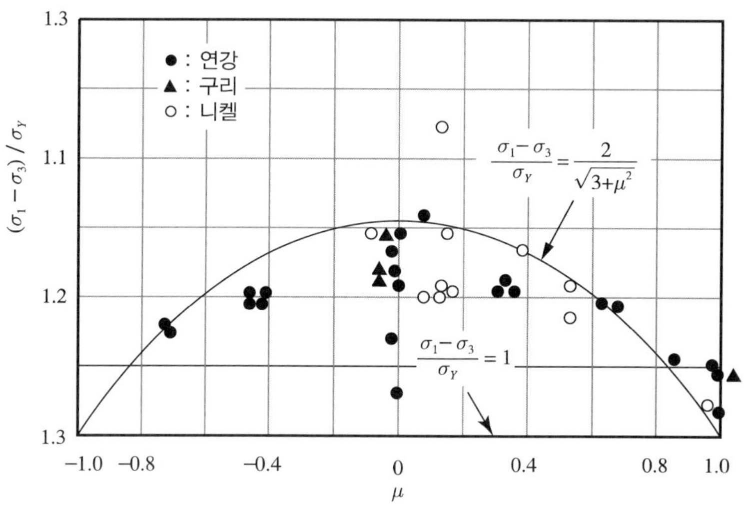

[그림 9-5] Lode의 실험결과

9.7 파손이론의 비교

연성재료는 변형률이 급격히 증가하여 항복상태가 되면 파손(破損; failure) 되었다고 하며, 취성재료는 변형이 작으므로 균열(crack)이 발생한 후 이것이 진전하여 파단을 일으킬 때 파괴(破壞; fracture) 되었다고 한다. 일반적으로 재료에 하중이 작용하여 재료가 항복을 일으키거나, 또는 파괴되는 경우를 총칭하여 파손이라고 한다.

재료가 파손되지 않고 안전하게 사용되려면 내부응력이 재료의 기준강도를 초과하지 않도록 하여야 한다. 연성재료는 항복강도를 초과하여 소성변형을 일으키면서 파손되기 때문에 항복강도에 세심한 관심을 가져야 한다. 항복을 일으키지 않는 주철과 같은 취성재료에서는 파손의 기준으로 인장강도를 사용한다. 또한, 취성재료를 선택하는 경우에는 압축강도가 인장강도보다 훨씬 크지만, 연성재료는 일반적으로 인장 및 압축에서 거의 동일한 강도를 갖는다.

인장, 압축, 굽힘 및 비틀림 등의 단순응력이 작용할 때 재료는 항복응력 또는 인장응력에 도달하면 파손된다는 것은 쉽게 알 수 있다. 그러나 실제의 기계 및 구조물은 대부분 조합응력이 복잡하게 작용하므로 이들의 파손을 결정하기 위해서는 재료에 작용하는 응력성분들이 파손을 일으키는 파손조건(破損條件; failure criterion)을 파악할 필요가 있다. 이와 같이 조합하중이 작용하는 재료에 대한 파손조건은 단순응력을 고려하여 결정할 수 있다.

파손이론을 비교하기 위해 $\sigma_1 = -\sigma_2$, $\sigma_3 = 0$ 의 순수전단인 경우를 고려하여 본다. 이 경우 최대전단응력 τ_{max} 는 주응력과 같은 크기로 된다.

(1) 최대주응력설 : $\sigma_Y = \sigma_{max}$ — 취성재료에 적용

(2) 최대전단응력설 : $\sigma_Y = 2\tau_{max}$

(3) 최대주변형률설 : $\sigma_Y = (1+\nu)\tau_{max}$

(4) 변형률 에너지설 : $\sigma_Y = \sqrt{2(1+\nu)}\tau_{max}$

(5) 전단변형률 에너지설 : $\sigma_Y = \sqrt{3}\,\tau_{max}$

((2)~(5) 연성재료에 적용)

최대주응력설은 취성재료의 파손에 잘 일치하고, 그 외의 이론은 연성재료의 파손이론에 적용된다. 그러나 일반적으로 Tresca에 의한 최대전단응력설과 Mises가 제안한 전단변형률 에너지설이 파손조건으로써 가장 많이 이용되고 있다. 최대전단응력설은 중간 주응력의 영향을 고려하지 않으므로 정밀도는 약간 떨어지지만 간편하기 때문에 가장 널리 이용되고, 특히 구조물의 설계에는 유용성이 있다.

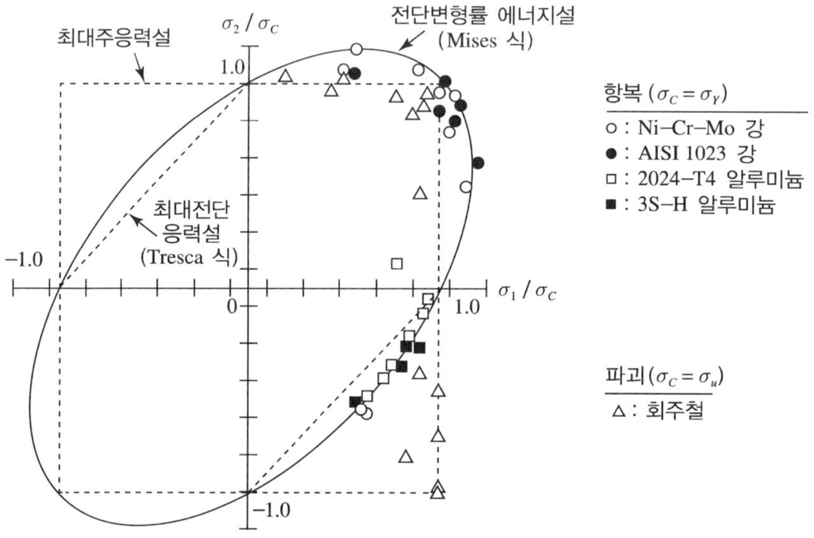

[그림 9–6] 파손이론 및 실험결과

한편, 전단변형률 에너지설은 중간 주응력의 영향도 고려할 수 있기 때문에 식은 좀 복잡하지만 정밀도를 필요로 할 때 잘 이용되고, 실제 금속재료의 파손조건에 잘 일치한다.

[그림 9–6]은 각종 파손이론과 몇 개의 주요재료에 대한 파손강도(σ_c)의 실험결과를 나타낸 것으로서, 각종 파손이론과 실험결과는 위에서 설명한 내용이 잘 검증되고 있다. 또한, [그림 9–6]에서 알 수 있듯이 Tresca에 의한 최대전단응력설은 Mises가 제안한 전단변형률 에너지설에 의한 타원에 내접하는 6각형으로 된다.

9.8 이방성 재료의 항복조건

앞에서 설명한 Tresca 및 Mises의 식은 Bauschinger 효과가 없는 등방성재료에 적용하는 항복조건이다. 따라서 최대응력 및 최대변형률 조건은 응력성분 사이에 서로 영향을 주지 않는 것으로 가정한 후 조건식을 유도하였지만, 이방성재료(anisotropic materials)에 대해서는 응력들 사이에 서로 영향을 미친다. 이러한 응력들 사이의 영향에 대한 항복조건을 설정하기 위해서는 이방성재료에 대한 응력의 2차항 이상을 고려하여야 한다.

Hill은 Mises의 등방성재료에 대한 항복조건을 확장하여 이방성재료의 항복조건을 다음과 같이 제안하였다.

$$2f(\sigma_{ij}) = A(\sigma_y - \sigma_z)^2 + B(\sigma_z - \sigma_x)^2 + C(\sigma_x - \sigma_y)^2 + 2D\tau_{yz}^2 + 2E\tau_{zx}^2 + 2F\tau_{xy}^2 = 1 \qquad (9 \cdot 23)$$

여기서 $A \sim F$는 1축 인장 및 전단하중에 의한 항복강도로부터 결정되는 이방성계수(anisotropic parameter)이고, f는 이방성재료에 대한 항복함수를 나타낸다. 식 (9・23)에서 좌변의 값이 1보다 클 때 소성변형이 발생한다.

정수응력은 항복에 무관한 것으로 하고, σ_{Y1}, σ_{Y2}, σ_{Y3}는 이방성재료의 x, y, z축의 각 주축방향에 대한 인장항복응력이라 한다. x, y면에서 평면등방성에 일치하는 z축 주위의 회전대칭이 되는 이방성의 조건은 식 (9・23)의 계수가 불변량이 되므로 다음의 관계식이 성립한다.

$$\begin{aligned} &F = A + 2C = B + 2C \\ &D = E \end{aligned} \tag{9・24}$$

완전 등방성재료에 대해서는

$$D = E = F = 3A = 3B = 3C \tag{9・25}$$

의 관계가 있으므로 항복응력 σ_{Y1}, σ_{Y2}, σ_{Y3}와 변수 A, B, C 사이에는 다음의 관계식이 성립한다.

$$\begin{aligned} &\frac{1}{\sigma_{Y1}^2} = B + C \\ &\frac{1}{\sigma_{Y2}^2} = C + A \\ &\frac{1}{\sigma_{Y3}^2} = A + B \end{aligned} \tag{9・26}$$

완전 등방성재료일 때 식 (9・25)를 식 (9・23)에 대입하면 항복조건은 다음 식과 같다.

$$(\sigma_y - \sigma_x)^2 + (\sigma_z - \sigma_x)^2 + (\sigma_x - \sigma_y)^2 + 6(\tau_{yz}^2 + \tau_{zx}^2 + \tau_{xy}^2) = \frac{1}{A} = 6k^2 \tag{9・27}$$

CHAPTER 09 연습문제

[문제 9-1] [그림 9-1]에서 응력벡터 $|\overrightarrow{PS}| = \dfrac{\sigma_1 + \sigma_2 + \sigma_3}{\sqrt{3}}$, $\overrightarrow{PS}$ 의 좌표방향 성분이 σ_m 으로 되는 것을 나타내시오.

[문제 9-2] [그림 9-7]과 같이 두께가 얇은 원통에 인장하중 P와 비틀림 모멘트 T가 동시에 작용할 때 다음 물음에 답하시오.

(1) 응력과 P, T의 관계를 나타내시오.

(2) Tresca 및 Mises의 항복조건식을 구하시오.

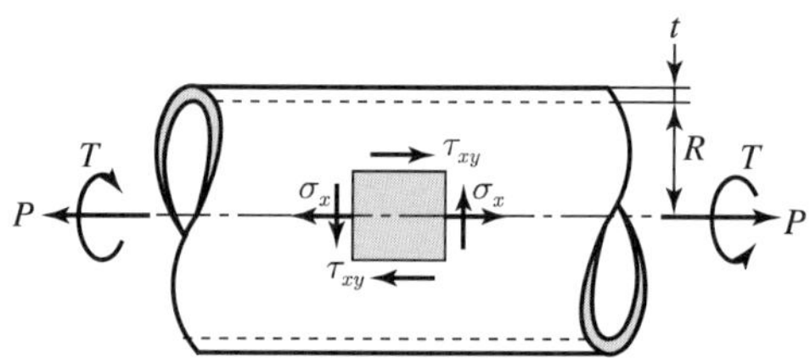

[그림 9-7]

[문제 9-3] [문제 9-2]에서 안지름 120 [mm], 두께 3 [mm]의 얇은 원통에 인장하중 P와 비틀림 모멘트 T가 작용하고 있다. 인장응력과 전단응력의 비 $\tau/\sigma = 1$ (일정)이 되도록 하중이 작용하고, 이 재료의 1축 항복응력 $\sigma_Y = 240$ [MPa]일 때 다음을 구하시오.

(1) Tresca의 항복조건에서 P와 T를 구하시오.

(2) Mises의 항복조건에서 P와 T를 구하시오.

[문제 9-4] 양 끝이 막힌 얇은 원통용기가 최대 400[N/mm^2]의 가스 압력이 작용하고 있다. 원통의 평균반지름은 300[mm]이고, 용기는 항복을 일으키지 않아야 한다. Tresca 및 Mises의 항복조건에 대한 다음 물음에 답하시오.

(1) 1축 인장항복응력 $\sigma_Y = 600$ [MPa]일 때 Tresca의 항복조건에 의한 원통의 최소두께를 구하시오.

(2) 순수전단 항복응력 $k = 250$ [N/mm^2]일 때 원통의 두께를 계산하시오.

(3) Mises의 항복조건에 의한 원통의 최소두께를 구하시오.

[문제 9-5] 축(軸) 대칭문제 및 구(球) 대칭문제에 대한 Tresca 항복조건과 Mises 항복조건이 각각 다음 식과 같이 주어지는 것을 증명하시오.

(1) 축 대칭문제

(a) Tresca 항복조건 : $|\sigma_\theta - \sigma_r| = \sigma_Y$

(b) Mises 항복조건 : $(\sigma_\theta - \sigma_r)^2 + (\sigma_r - \sigma_z)^2 + (\sigma_z - \sigma_\theta)^2 = 2\sigma_Y^2$

(2) 구 대칭문제에 대한 Tresca 항복조건 및 Mises 항복조건 :

$$|\sigma_\theta - \sigma_r| = \sigma_Y$$

[문제 9-6] 얇은 황동 중공축의 안지름 $d_i = 20$ [mm], 두께 $t = 1$ [mm]일 때 항복응력 $\sigma_Y = 200$ [MPa]이다. 인장하중 P_z, 내압 p와 토크 T가 다음과 같이 복합적으로 작용할 때 이 중공축이 항복을 시작하는 Mises의 항복조건을 적용하여 구하시오.

(1) 토크 $T = 0$ 이고, 내압 $p = 10$ [MPa]가 작용할 때 인장하중 P_z

(2) 인장하중 $P_z = 5$ [kN]이 작용할 때 토크 T

[문제 9-7] 안지름 $d_i = 30$ [mm], 바깥지름 $d_o = 125$ mm]인 탄완전소성체의 얇은 중공원판이 각속도 ω [rad/s]로 회전할 때 Tresca의 항복조건을 이용하여 다음 물음에 답하시오. 단, 원판의 세로탄성계수 $E = 200$ [GPa], 푸아송비 $\nu = 0.3$, 항복강도 $\sigma_Y = 1000$ [MPa], 밀도 $\rho = 8$ [g/cm^3]으로 한다.

(1) 항복을 시작하는 각속도 ω_Y [rad/s] 및 회전수 N_Y [rpm]

(2) 전영역 항복각속도 ω_T [rad/s] 및 회전수 N_T [rpm]

Chapter

10 탄소성체의 구성방정식

탄성체의 응력과 변형률 사이에는 Hooke의 법칙에 의해 비례관계가 성립하지만, 탄소성체에 대한 응력과 변형률 사이에는 비례관계가 반드시 성립하는 것은 아니다. 이 장에서는 다축응력 상태의 탄소성변형에 대한 응력과 변형률 사이의 관계를 규정하는 각종 구성방정식(構成方程式)을 살펴보기로 한다.

10.1 탄성체의 구성방정식

탄성변형에 대한 구성방정식은 제3장에서 이미 설명한 바와 같이 Hooke의 법칙에 의해 다음의 관계식이 성립한다.

$$\begin{aligned}
\epsilon_x^e &= \frac{1}{E}\{\sigma_x - \nu(\sigma_y + \sigma_z)\}, \quad \gamma_{xy}^e = \frac{1}{G}\tau_{xy} \\
\epsilon_y^e &= \frac{1}{E}\{\sigma_y - \nu(\sigma_z + \sigma_x)\}, \quad \gamma_{yz}^e = \frac{1}{G}\tau_{yz} \\
\epsilon_z^e &= \frac{1}{E}\{\sigma_z - \nu(\sigma_x + \sigma_y)\}, \quad \gamma_{zx}^e = \frac{1}{G}\tau_{zx}
\end{aligned} \tag{10・1}$$

식 (10・1)을 텐서로 표시하면 다음 식과 같이 된다.

$$\epsilon_{ij}^e = \frac{1}{2G}\sigma_{ij} - \frac{\nu}{E}\delta_{ij}\sigma_{kk} \tag{10・1′}$$

또한, 세로탄성계수 E와 전단탄성계수 G사이에는 다음의 관계식이 성립한다.

$$G = \frac{E}{2(1+\nu)} \tag{10・2}$$

식 (10・1)의 수직변형률 성분을 더하면 다음 식이 얻어진다.

$$\epsilon_x^e + \epsilon_y^e + \epsilon_z^e = \frac{1-2\nu}{E}(\sigma_x + \sigma_y + \sigma_z) \tag{10・3}$$

$$\epsilon_m^e = \frac{1-2\nu}{E}\sigma_m \tag{10・4}$$

식 (10・4)의 ϵ_m^e 는 탄성 평균수직변형률, σ_m 은 평균수직응력으로서 다음 식과 같다.

$$\epsilon_m^e = (\epsilon_x^e + \epsilon_y^e + \epsilon_z^e) = \frac{1}{3}\epsilon_v^e \tag{10・5}$$

$$\sigma_m = \frac{1}{3}(\sigma_x + \sigma_y + \sigma_z) \tag{10・6}$$

여기서 ϵ_v^e 는 체적변형률을 나타낸다.

식 (10・1)의 양변에서 식 (10・4)를 뺀 후 탄성 편차변형률 e_x^e 를 구하면 다음 식과 같이 된다.

$$\begin{aligned} e_x^e = \epsilon_x^e - \epsilon_m^e &= \frac{1}{E}\{\sigma_x - \nu(\sigma_y + \sigma_z) - (1-2\nu)\sigma_m\} \\ &= \frac{1}{E}\{\sigma_x - \sigma_m - \nu(\sigma_y - \sigma_m + \sigma_z - \sigma_m)\} \\ &= \frac{1}{E}\{S_x - \nu(S_y + S_z)\} = \frac{1+\nu}{E}S_x \end{aligned} \tag{10・7}$$

이 외의 각 탄성 편차변형률 성분에 대해서도 동일한 형태의 식이 얻어지므로 이들을 정리하면 다음 식으로 나타낸다.

$$\frac{e_x^e}{S_x} = \frac{e_y^e}{S_y} = \frac{e_z^e}{S_z} = \frac{\gamma_{xy}^e/2}{\tau_{xy}} = \frac{\gamma_{yz}^e/2}{\tau_{yz}} = \frac{\gamma_{zx}^e/2}{\tau_{zx}} = \frac{1+\nu}{E} = \frac{1}{2G} \tag{10・8}$$

식 (10・8)과 식 (10・4)를 이용하여 Hooke의 식 (10・1)에 대입하면 다음 식이 얻어진다.

$$\begin{aligned} \epsilon_x^e &= \frac{S_x}{2G} + \frac{1-2\nu}{E}\sigma_m, \quad \frac{\gamma_{xy}^e}{2} = \frac{\tau_{xy}^e}{2G} \\ \epsilon_y^e &= \frac{S_y}{2G} + \frac{1-2\nu}{E}\sigma_m, \quad \frac{\gamma_{yz}^e}{2} = \frac{\tau_{yz}^e}{2G} \\ \epsilon_z^e &= \frac{S_z}{2G} + \frac{1-2\nu}{E}\sigma_m, \quad \frac{\gamma_{zx}^e}{2} = \frac{\tau_{zx}^e}{2G} \end{aligned} \tag{10・9}$$

식 (10・9)를 텐서로 표시하면 다음 식과 같이 된다.

$$\epsilon_{ij}^{e} = \frac{S_{ij}}{2G} + \frac{1-2\nu}{E}\sigma_m \delta_{ij} \tag{10・9′}$$

또한 위식을 변형률증분, 또는 변형률속도로 표시하면 다음 식과 같이 표시된다.

$$\begin{aligned} d\epsilon_{ij}^{e} &= \frac{dS_{ij}}{2G} + \frac{1-2\nu}{E} d\sigma_m \delta_{ij} \\ d\dot{\epsilon}_{ij}^{e} &= \frac{d\dot{S}_{ij}}{2G} + \frac{1-2\nu}{E}\dot{\sigma}_m \delta_{ij} \end{aligned} \tag{10・10}$$

10.2 탄소성체의 구성방정식

[그림 10-1(a)]에서와 같이 점 A 에서 소성변형을 일으키지 않는 탄성범위 안에서 응력 σ_A 를 작용시켰을 때 변형률을 ϵ_A 라 한다. 다음에 초기항복응력 σ_{Y0} 를 초과하여 점 B 까지 인장을 시킨 후 점 C 의 응력 σ_A 까지 다시 하중을 제거하였을 때의 변형률을 ϵ_C 라 한다. 동일한 응력을 나타내는 $\sigma_A = \sigma_C$ 인 변형률의 값은 $\epsilon_A(=\epsilon^e)$ 와 $\epsilon_C(=\epsilon^e+\epsilon^p)$ 는 서로 다른 값을 나타낸다.

[그림 10-1(b)]는 Mises의 항복곡선으로서 항복조건식을 $f(I_2')=C$ 라 하면, 안쪽의 $f=C$ 인 곡선은 경화재(硬化材)의 경화상태에 대한 항복곡선을 나타낸다. 이 곡선의 한 점 p 에 대한 응력 σ_{ij} 로부터 외향 법선벡터 $\boldsymbol{n}$ 으로 표시되는 응력증분 $d\sigma_{ij}$ 가 주어지면 $dC>0$ 으로 되는 변형경화를 일으켜 항복곡선은 $f=C+dC$ 의 곡선으로 확대된다. 이 외향 법선벡터에 대한 $d\sigma_{ij}$ 는 부하(負荷; loading)를 나타내고, $d\sigma_{ij}$ 가 안쪽으로 향하는 벡터라면 하중제거(unloading)를 의미한다.

또한, $f=C$ 의 곡선을 따르는 응력변화 $df=0$ 는 중립부하(中立負荷; neutral loading)라 한다. 경화재에서는 중립부하에 의해서 소성변형이 발생하지 않지만, 비경화재에서는 C 가 일정할 때 $f=C$ 의 곡선으로부터 확대되는 것이 아니므로 중립부하에 의하거나, 또는 응력상태가 곡선의 한 점에 고정되어 있어도 소성변형이 발생한다.

소성변형에서는 응력과 변형률의 비례관계가 성립되지 않으므로 서로 대응이 되지 않는 것을 살펴보기로 하자. [그림 10-1(b)]에서 점 S 의 응력에 도달하는 경로는 무한하다. 예를 들면, $\overrightarrow{OT}$ 의 경로를 지나 점 T 의 소성상태에 도달한 후 $\overrightarrow{TS}$ 로 되는 탄성변형 경로를 지나 점 S 에 도달하는 경우와 직접 $\overrightarrow{OS}$ 의 응력경로를 지나 점 S 에 도달하는 경우를 비교

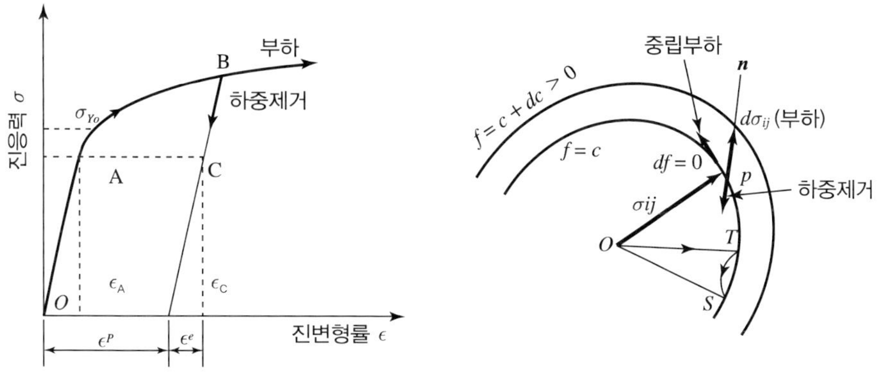

(a) 단축응력 상태 (b) 다축응력 상태

[그림 10-1] 응력작용 상태에 따른 항복곡선

하여 본다. $\overrightarrow{OTS}$의 경로를 지나는 경우 $\overrightarrow{TS}$의 경로에서는 탄성변형만이 발생하므로 점 S에서는 점 T의 소성변형률 ϵ_T가 남는다. 이때 $\overrightarrow{OS}$ 경로에서의 점 S에 대한 소성변형률은 ϵ_S로 되고, 변형률 경화상태와 응력상태는 같지만 소성변형률 $\epsilon_T \neq \epsilon_S$이므로 서로 다르게 된다.

즉, 탄소성체의 소성변형 거동은 그 시점에 있어서 응력과 그 재료에 대한 변형률 경로(strain path)에 의존한다. 이와 같은 소성변형 거동을 설명하기 위해서는 변형률 증분, 또는 변형률 속도와 응력에 대한 상호 대응관계를 규정한 식으로서 Prandtl-Reuss의 구성방정식 및 Levy-Mises의 구성방정식이 제안되고 있다. 이들의 구성방정식을 이용한 이론을 변형률 증분이론(incremental strain theory), 또는 유동이론(flow theory)이라 한다.

또한, 부하응력비가 일정한 비례부하의 경우에는 소성체에서도 응력과 소성변형률 사이에 서로 대응관계가 성립하는데, 이것을 Hencky의 구성방정식이라 부른다. 이 구성방정식을 이용한 이론을 진변형률이론(全變形率理論; total strain theory), 또는 변형이론(變形理論; deformation theory)이라 한다.

10.3 변형률 증분이론의 구성방정식

변형률 증분이론은 응력-소성변형률을 서로 대응시키는 이론을 말하고, 유동이론(流動理論; flow theory)이라고도 부른다. 변형률 증분이론은 소성변형에 대한 응력-변형률 관계가 일의적(一義的)으로 결정되지 않고, 부하경로의 영향을 받는 것을 나타내기 위해 임의의 순간에 대한 소성변형률 증분이 그 때의 편차응력에 비례하는 관계로부터 미소변형률 증분경로를 따라 적분하여 최후의 전체 변형률을 얻는 방법이다. 여기에 속하는 이론으로는 Prandtl-Reuss의 구성방정식과 Levy-Mises의 구성방정식이 있고, 이들의 특징을 설명하고자 한다.

10.3.1 Prandtl-Reuss의 방정식

탄성변형에서는 식 (10・8)과 같이 편차변형률과 편차응력 사이에는 비례관계가 성립한다. 이 식을 만족하는 편차응력이 점차 증가하고, [그림 10-2]와 같이 항복조건을 만족하는 값까지 도달하였을 때 소성변형률 증분 $d\epsilon_{ij}^{p}$가 발생한다. 이 때 전편차변형률 e_{ij}는 식 (10・8)에 의해 비례관계를 만족하는 것으로 가정한다. 그림에서 $\overrightarrow{TT_1}$은 응력증분 $(d\sigma_{ij})$ 벡터, $\overrightarrow{PP_1}$은 탄성 편차변형률 증분(de^{e}) 벡터, $\overrightarrow{OT}$는 편차응력(S) 벡터이고, $\overrightarrow{PP_2}$는 소성변형률 증분$(d\epsilon^{p})$ 벡터를 나타낸다.

항복직후의 전편차변형률 e_{ij}는 항복직전의 탄성 편차변형률 e_{ij}^{e}와 항복후의 편차변형률 증분 de_{ij}의 합이 되며, 다음 식과 같이 나타낸다.

$$e_{ij} = (e_{ij}^{e})_{Y} + de_{ij} = (e_{ij}^{e})_{Y} + de_{ij}^{e} + de_{ij}^{p} = e_{ij}^{e} + de_{ij}^{p} \qquad (10 \cdot 11)$$

식 (10・11)의 전편차변형률을 이용하여 항복직후까지 식 (10・8)을 적용하면 다음과 같은 식이 얻어진다.

$$\begin{aligned} \frac{e_x^e + d\epsilon_x^p}{S_x} &= \frac{e_y^e + d\epsilon_y^p}{S_y} = \frac{e_z^e + d\epsilon_z^p}{S_z} \\ &= \frac{\left(\gamma_{xy}^{e} + d\gamma_{xy}^{p}\right)/2}{\tau_{xy}} = \frac{\left(\gamma_{yz}^{e} + d\gamma_{yz}^{p}\right)/2}{\tau_{yz}} = \frac{\left(\gamma_{zx}^{e} + d\gamma_{zx}^{p}\right)/2}{\tau_{zx}} \end{aligned} \qquad (10 \cdot 12)$$

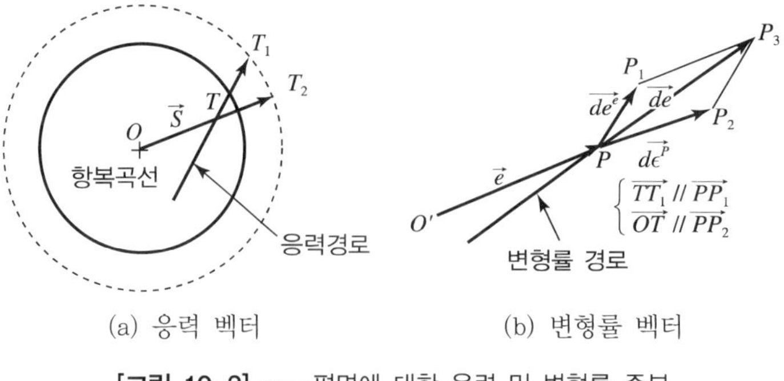

(a) 응력 벡터 (b) 변형률 벡터

[그림 10-2] π – 평면에 대한 응력 및 변형률 증분

식 (10・12)에 식 (10・8)의 탄성 편차변형률과 편차응력의 비 $\frac{1}{2G}$ 을 대입하면 다음 식과 같이 표시된다.

$$\frac{1}{2G}+\frac{d\epsilon_x^p}{S_x}=\frac{1}{2G}+\frac{d\epsilon_y^p}{S_y}=\frac{1}{2G}+\frac{d\epsilon_z^p}{S_z}$$
$$=\frac{1}{2G}+\frac{d\gamma_{xy}^p}{2\tau_{xy}}=\frac{1}{2G}+\frac{d\gamma_{yz}^p}{2\tau_{yz}}=\frac{1}{2G}+\frac{d\gamma_{zx}^p}{2\tau_{zx}} \qquad (10\cdot13)$$

따라서, 다음 식과 같은 비례관계가 성립한다.

$$\frac{d\epsilon_x^p}{S_x}=\frac{d\epsilon_y^p}{S_y}=\frac{d\epsilon_z^p}{S_z}=\frac{d\gamma_{xy}^p/2}{\tau_{xy}}=\frac{d\gamma_{yz}^p/2}{\tau_{yz}}=\frac{d\gamma_{zx}^p/2}{\tau_{zx}}=d\lambda \qquad (10\cdot14)$$

또는, 식 (10・14)를 텐서로 표시하면 다음 식과 같이 된다.

$$d\epsilon_{ij}^p=S_{ij}\,d\lambda \qquad (10\cdot14')$$

식 (10・14), 또는 식 (10・14′)은 Reuss가 제시한 구성방정식으로서 소성변형률 증분은 편차응력에 비례한다고 가정한 것이다. 여기서 $d\lambda$ 는 시간에 따라 변화하는 소성변형에 대한 비례정수이고, 부하가 작용할 때는 양(+) 이고, 탄성영역 또는 하중을 제거할 때는 0 이 된다. Reuss의 구성방정식 (10・14)는 [그림 10−2]에서와 같이 소성변형률 증분 벡터 $\overrightarrow{d\epsilon^p}$ 의 방향과 편차응력 벡터 $\vec{S}$ 의 방향이 평행하므로 편차변형률 증분의 주축과 편차응력의 주축이 일치하는 것을 알 수 있다. 또한, 이 관계식은 체적일정 법칙을 만족시키고 있다.

$$d\epsilon_x^p+d\epsilon_y^p+d\epsilon_z^p=(S_x+S_y+S_z)\,d\lambda=0 \qquad (10\cdot15)$$

전변형률 증분 $d\epsilon_{ij}$ 는 탄성변형률 증분 $d\epsilon_{ij}^e$ 와 소성변형률 증분 $d\epsilon_{ij}^p$ 의 합으로 된다.

$$d\epsilon_{ij}=d\epsilon_{ij}^e+d\epsilon_{ij}^p \qquad (10\cdot16)$$

여기서 탄성변형률 증분 $d\epsilon_{ij}^e$ 에 식 (10・9′)을 대입하고, 소성변형률 증분 $d\epsilon_{ij}^p$ 에 식 (10・14)를 대입한 후 편차응력으로 표시하면 다음 식이 얻어진다.

$$d\epsilon_x=\frac{dS_x}{2G}+\frac{1-2\nu}{E}d\sigma_m+S_x\,d\lambda$$
$$d\epsilon_y=\frac{dS_y}{2G}+\frac{1-2\nu}{E}d\sigma_m+S_y\,d\lambda$$
$$d\epsilon_z=\frac{dS_z}{2G}+\frac{1-2\nu}{E}d\sigma_m+S_z\,d\lambda$$

$$\frac{d\gamma_{xy}}{2} = \frac{\tau_{xy}}{2G} + \tau_{xy}\, d\lambda$$

$$\frac{d\gamma_{yz}}{2} = \frac{\tau_{yz}}{2G} + \tau_{yz}\, d\lambda \tag{10・17}$$

$$\frac{d\gamma_{zx}}{2} = \frac{\tau_{zx}}{2G} + \tau_{zx}\, d\lambda$$

식 (10・17)을 텐서로 표시하면 다음 식과 같이 된다.

$$d\epsilon_{ij} = \frac{dS_{ij}}{2G} + \frac{1-2\nu}{E} d\sigma_m \delta_{ij} + S_{ij} d\lambda \tag{10・17'}$$

또한, 식 (10・17)을 일반 응력성분으로 나타내면 다음 식과 같이 표시된다.

$$d\epsilon_x = \frac{1}{E}\{d\sigma_x - \nu(d\sigma_y + d\sigma_z)\} + \frac{2}{3}\left(\sigma_x - \frac{\sigma_y + \sigma_z}{2}\right) d\lambda$$

$$d\epsilon_y = \frac{1}{E}\{d\sigma_y - \nu(d\sigma_z + d\sigma_x)\} + \frac{2}{3}\left(\sigma_y - \frac{\sigma_z + \sigma_x}{2}\right) d\lambda$$

$$d\epsilon_z = \frac{1}{E}\{d\sigma_z - \nu(d\sigma_x + d\sigma_y)\} + \frac{2}{3}\left(\sigma_z - \frac{\sigma_x + \sigma_y}{2}\right) d\lambda$$

$$\frac{d\gamma_{xy}}{2} = \frac{\tau_{xy}}{2G} + \tau_{xy}\, d\lambda \tag{10・18}$$

$$\frac{d\gamma_{yz}}{2} = \frac{\tau_{yz}}{2G} + \tau_{yz}\, d\lambda$$

$$\frac{d\gamma_{zx}}{2} = \frac{\tau_{zx}}{2G} + \tau_{zx}\, d\lambda$$

식 (10・18)을 텐서로 표시하면 다음 식과 같다.

$$d\epsilon_{ij} = \frac{1}{E}\{(1+\nu)d\sigma_{ij} - 3\nu d\sigma_m \delta_{ij}\} + (\sigma_{ij} - \sigma_m \delta_{ij}) d\lambda$$

$$d\epsilon_{ij} = \frac{d\sigma_{ij}}{2G} - \frac{3\nu}{E} d\sigma_m \delta_{ij} + (\sigma_{ij} - \sigma_m \delta_{ij}) d\lambda \tag{10・18'}$$

식 (10・17) 또는 식 (10・18)을 Prandtl-Reuss의 구성방정식이라 하고, 이들 구성방정식은 변형률 증분이론(incremental strain theory)을 이용하여 나타낸 것이다.

10.3.2 Levy-Mises의 구성방정식

소성변형이 크고, 상대적으로 탄성변형률을 무시할 수 있는 강소성체(剛塑性體)는 세로 탄성계수 E 와 전단탄성계수 G 가 무한대로 되는 경우이므로 식 (10・17)로부터 다음 식이 얻어진다.

$$\frac{d\epsilon_x}{S_x} = \frac{d\epsilon_y}{S_y} = \frac{d\epsilon_z}{S_z} = \frac{d\gamma_{xy}/2}{\tau_{xy}} = \frac{d\gamma_{yz}/2}{\tau_{yz}} = \frac{d\gamma_{zx}/2}{\tau_{zx}} = d\lambda \tag{10・19}$$

식 (10・19)를 텐서로 표시하면 다음 식과 같이 된다.

$$d\epsilon_{ij} = S_{ij}\,d\lambda \tag{10・19′}$$

또한, 식 (10・18)로부터 다음 식이 얻어진다.

$$\begin{aligned} d\epsilon_x &= \frac{2}{3}\left(\sigma_x - \frac{\sigma_y + \sigma_z}{2}\right)d\lambda \\ d\epsilon_y &= \frac{2}{3}\left(\sigma_y - \frac{\sigma_z + \sigma_x}{2}\right)d\lambda \\ d\epsilon_z &= \frac{2}{3}\left(\sigma_z - \frac{\sigma_x + \sigma_y}{2}\right)d\lambda \end{aligned} \tag{10・20}$$

식 (10・20)을 텐서로 표시하면 다음 식과 같다.

$$d\epsilon_{ij} = (\sigma_{ij} - \sigma_m\,\delta_{ij})\,d\lambda \tag{10・20′}$$

식 (10・19), 식 (10・19′) 또는 식 (10・20)은 Levy-Mises의 구성방정식이라 한다. 소성가공에서와 같이 큰 소성변형을 취급할 때는 Prandtl-Reuss의 구성방정식이 근사식으로써 잘 이용되고, 이 식들은 변형률 증분이론에 근거한 구성방정식을 나타낸다.

10.3.3 유효응력

항복조건식 (9・5)와 식 (9・9)는 다음 식과 같이 표시할 수 있다.

$$f(\sigma_{ij}) = \sigma_Y \tag{10・21}$$

식 (10・21)은 응력성분 σ_{ij} 의 함수 f 의 값이 1축 항복응력 σ_Y 에 도달하였을 때 항복이 발생하는 것을 나타낸다. 이것은 다축응력 상태에 대한 항복응력의 정도를 함수 f 에 의해 1축 항복응력 σ_Y 로 환산하여 평가할 수 있다는 것을 의미한다. 따라서 이 함수의 값 $\bar{\sigma}$ 를 유효응력(有效應力; effective stress), 또는 상당응력(相當應力; equivalent stress)이라 한다.

Misees의 항복조건식 (9・8), 또는 식 (9・9)에 의하면 유효응력 $\overline{\sigma}$ 는 다음 식과 같이 나타낸다.

$$\begin{aligned}\overline{\sigma} &= \sqrt{\frac{3}{2}(S_1^2+S_2^2+S_3^2)} = \sqrt{\frac{3}{2}(S_x^2+S_y^2+S_z^2)+2(\tau_{xy}^2+\tau_{yz}^2+\tau_{zx}^2)} \\ &= \sqrt{\frac{1}{2}\left\{(\sigma_1-\sigma_2)^2+(\sigma_2-\sigma_3)^2+(\sigma_3-\sigma_1)^2\right\}} \\ &= \sqrt{\frac{1}{2}\left\{(\sigma_x-\sigma_y)^2+(\sigma_y-\sigma_z)^2+(\sigma_z-\sigma_x)^2+6\left(\tau_{xy}^2+\tau_{yz}^2+\tau_{zx}^2\right)\right\}}\end{aligned} \quad (10 \cdot 22)$$

식 (10・22)를 텐서로 표시하면 다음 식과 같이 간단히 표시할 수 있다.

$$\overline{\sigma} = \sqrt{\frac{3}{2}S_{ij}S_{ij}} \quad (10 \cdot 22')$$

10.3.4 유효 소성변형률 증분

[그림 10-2]에서와 같은 다축응력 상태에서 유효응력 $\overline{\sigma}$ 가 [그림 10-1(a)]의 1축 초기 항복응력 σ_{Y0} 를 초과하여 소성변형이 진행되는 경우를 고려한다. 이때 발생하는 소성변형률 증분 $d\epsilon_{ij}^p$ 를 1축 변형률과 비교하기 위해 유효 소성변형률 증분(effective plastic strain increment)을 검토한다. 응력 σ_{ij} 가 작용하여 소성변형률 증분 $d\epsilon_{ij}^p$ 가 발생할 때, 이 소성변형에 필요한 소성일 증분(plastic work increment) dW^p 는 다음 식과 같이 된다.

$$\begin{aligned}dW^p &= \overline{\sigma}\,\overline{d\epsilon} = \sigma_x d\epsilon_x^p + \sigma_y d\epsilon_y^p + \sigma_z d\epsilon_z^p + \tau_{xy}d\gamma_{xy}^p + \tau_{yz}d\gamma_{yz}^p + \tau_{zx}d\gamma_{zx}^p \\ &= S_x d\epsilon_x^p + S_y d\epsilon_y^p + S_z d\epsilon_z^p + \tau_{xy}d\gamma_{xy}^p + \tau_{yz}d\gamma_{yz}^p + \tau_{zx}d\gamma_{zx}^p\end{aligned} \quad (10 \cdot 23)$$

소성일 증분의 식 (10・23)을 텐서로 표시하면 다음 식과 같다.

$$dW^p = \sigma_{ij}d\epsilon_{ij}^p = S_{ij}d\epsilon_{ij} = S_{ij}S_{ij}d\lambda = \frac{2}{3}(\overline{\sigma})^2 d\lambda \quad (10 \cdot 23')$$

주응력 σ_i 및 주변형률 증분 $d\epsilon_i$ 를 이용하면 다음 식과 같이 된다.

$$dW^p = \sigma_i d\epsilon_i^p = S_i d\epsilon_i^p \quad (10 \cdot 24)$$

이들 식으로부터 소성일 증분은 편차응력 벡터 $\overrightarrow{S}$ 와 소성변형률 증분 벡터 $\overrightarrow{d\epsilon^p}$ 의 스칼라적으로 표시된다.

$$dW^p = \overrightarrow{S} \cdot \overrightarrow{d\epsilon^p} \quad (10 \cdot 25)$$

Reuss의 구성방정식 (10・14)에서와 같이 편차응력 벡터 $\vec{S}$ 와 소성변형률 증분 벡터 $\overrightarrow{d\epsilon^p}$ 는 평행이므로 식 (10・25)는 다음과 같이 된다.

$$dW^p = |\vec{S}||\overrightarrow{d\epsilon^p}| \tag{10・26}$$

편차응력 벡터의 절대치 $|\vec{S}|$ 를 식 (10・22)의 상당응력 $\bar{\sigma}$ 로 나타내면

$$|\vec{S}| = \sqrt{S_1^2 + S_1^2 + S_1^2} = \sqrt{\frac{2}{3}}\ \bar{\sigma} \tag{10・27}$$

식 (10・26)과 식 (10・27)을 고려하면 다음 식이 얻어진다.

$$\begin{aligned} dW^p &= |\vec{S}||\overrightarrow{d\epsilon^p}| = \bar{\sigma}\ \cdot \overrightarrow{d\epsilon^p} = \sqrt{\frac{3}{2}}\ |\vec{S}|\ \overrightarrow{d\epsilon^p} \\ &= \sqrt{\frac{2}{3}}\ \bar{\sigma} \cdot \sqrt{\frac{3}{2}}\ \overrightarrow{d\epsilon^p} \end{aligned} \tag{10 . 28}$$

따라서 유효 소성변형률 증분 $\overline{d\epsilon^p}$ 는 다음 식과 같이 주어진다.

$$\begin{aligned} \overline{d\epsilon^p} &= \sqrt{\frac{2}{3}}\ |\overrightarrow{d\epsilon^p}| = \sqrt{\frac{2}{3}\left\{\left(d\epsilon_1^p\right)^2 + \left(d\epsilon_2^p\right)^2 + \left(d\epsilon_3^p\right)^2\right\}} \\ &= \sqrt{\frac{2}{3}\left[\left(d\epsilon_x^p\right)^2 + \left(d\epsilon_y^p\right)^2 + \left(d\epsilon_z^p\right)^2 + \frac{1}{2}\left\{\left(d\gamma_{xy}^p\right)^2 + \left(d\gamma_{yz}^p\right)^2 + \left(d\gamma_{zx}^p\right)^2\right\}\right]} \\ &= \sqrt{\frac{2}{3}\left[\left(d\epsilon_x^p - d\epsilon_y^p\right)^2 + \left(d\epsilon_y^p - d\epsilon_z^p\right)^2 + \left(d\epsilon_z^p - d\epsilon_x^p\right)^2 + \frac{3}{2}\left\{\left(d\gamma_{xy}^p\right)^2 + \left(d\gamma_{yz}^p\right)^2 + \left(d\gamma_{zx}^p\right)^2\right\}\right]} \end{aligned} \tag{10 . 29}$$

유효 소성변형률 증분의 식 (10・29)를 텐서로 표시하면 다음 식과 같이 된다.

$$\overline{d\epsilon^p} = \sqrt{\frac{2}{3}\left(d\epsilon_{ij}^p d\epsilon_{ij}^p\right)} \tag{10・29'}$$

이 유효 소성변형률 증분 $\overline{d\epsilon^p}$ 는 변형률 경로를 따라 적분하면, 유효 소성변형률 ϵ^p 는 다음 식과 같이 표시된다.

$$\overline{\epsilon^p} = \int \overline{d\epsilon^p} \tag{10・30}$$

1축 응력상태에서 진응력과 진변형률의 관계가 다축응력 상태에 대한 유효응력 $\bar{\sigma}$ 와 유효 소성변형률 $\overline{\epsilon^p}$ 의 사이에도 성립하는 것으로 가정하면 다음 식이 얻어진다.

$$\bar{\sigma} = H\left(\int \overline{d\epsilon^p}\right) = H\left(\overline{\epsilon^p}\right) \tag{10・31}$$

10.3.5 비례계수 $d\lambda$의 결정

Reuss의 구성방정식 (10・14)에서 비례계수 $d\lambda$를 유효응력 $\overline{\sigma}$와 유효 소성변형률 증분 $\overline{d\epsilon^p}$로 나타내고, 이 식의 분모 및 분자를 제곱한 후 더하면 $d\lambda$는 다음 식과 같이 된다.

$$d\lambda = \frac{\sqrt{\left(d\epsilon_x^p\right)^2 + \left(d\epsilon_y^p\right)^2 + \left(d\epsilon_z^p\right)^2 + \frac{1}{2}\left\{\left(d\gamma_{xy}^p\right)^2 + \left(d\gamma_{yz}^p\right)^2 + \left(d\gamma_{zx}^p\right)^2\right\}}}{\sqrt{S_x^2 + S_y^2 + S_z^2 + \frac{1}{2}\left(\tau_{xy}^2 + \tau_{yz}^2 + \tau_{zx}^2\right)}}$$

$$= \frac{\sqrt{3/2}\ \overline{d\epsilon^p}}{\sqrt{2/3}\ \overline{\sigma}} = \frac{3}{2}\frac{\overline{d\epsilon^p}}{\overline{\sigma}} = \frac{3}{2}\frac{dW^p}{\overline{\sigma}^2} \qquad (10 \cdot 32)$$

식 (10・31)에서 함수 H의 미분계수를 구하면 다음 식이 얻어진다.

$$H' = \frac{d\overline{\sigma}}{d\left(\int \overline{d\epsilon^p}\right)} = \frac{d\overline{\sigma}}{\overline{d\epsilon^p}} \qquad (10 \cdot 33)$$

식 (10・33)을 식 (10・32)에 대입하면 비례계수 $d\lambda$는

$$d\lambda = \frac{3}{2}\frac{\overline{d\epsilon^p}}{d\overline{\sigma}} \cdot \frac{d\overline{\sigma}}{\overline{\sigma}} = \frac{3}{2}\frac{d\overline{\sigma}}{H'\,\overline{\sigma}} \qquad (10 \cdot 34)$$

이 비례계수 $d\lambda$를 이용하여 Prandtl-Reuss의 구성방정식 (10・17′)을 나타내면

$$d\epsilon_{ij} = \frac{dS_{ij}}{2G} + \frac{1-2\nu}{E}d\sigma_m\,\delta_{ij} + \frac{3}{2}\frac{S_{ij}\,d\overline{\sigma}}{\overline{\sigma}\,H'} \qquad (10 \cdot 35)$$

같은 방법으로 Levy-Mises의 구성방정식 (10・19′)을 나타내면 다음 식과 같이 된다.

$$d\epsilon_{ij} = \frac{3}{2}\frac{S_{ij}\,d\overline{\sigma}}{\overline{\sigma}\,H'} \qquad (10 \cdot 36)$$

비가공 경화재료인 완전소성재료(完全塑性材料; perfectly plastic material)에 대한 진응력-진변형률 관계는 $\sigma = \sigma_Y$ (일정)이므로

$$\overline{\sigma} = \sigma_Y \ : \ \text{일정} \qquad (10 \cdot 37)$$

식 (10・37)을 식 (10・32)에 대입하면 비례계수 $d\lambda$는 다음 식과 같이 된다.

$$d\lambda = \frac{3}{2}\frac{\overline{d\epsilon^p}}{\sigma_Y} = \frac{3}{2}\frac{dW^p}{\sigma_Y^2} \qquad (10 \cdot 38)$$

이와 같이 완전소성재료일 때는 식 (10・35) 또는 식 (10・36)과 다르고, 주어진 응력증분 $d\overline{\sigma}$ 만으로는 변형률 증분 $d\epsilon_{ij}$가 결정되지 않는다.

10.4 전변형률 이론의 구성방정식

전변형률(全變形率; total strain)은 응력과 소성변형률을 서로 대응시키는 것으로 하여 소성체의 거동을 수학적으로 다루는 이론을 말하고, 변형이론(變形理論; deformation theory)이라고도 불린다. 이 이론은 소성체의 부하과정에 대한 소성변형률과 편차응력 사이에는 일의적인 비례관계가 성립하는 것으로 하고, 응력경로의 영향은 고려하지 않는 방법이다. 전변형률 이론은 변형률 증분이론에 비하여 해석적 취급이 용이하므로 공학적 해석에 널리 이용되고 있지만, 적용한계를 잘 알고 이용하는 것이 중요하다. 여기서는 전변형률 이론 및 Hencky의 구성방정식에 대하여 검토하여 보기로 한다.

10.4.1 Hencky의 구성방정식

전변형률 이론은 소성체에 대해서도 편차응력 S_{ij}와 소성변형률 ϵ_{ij}^p의 사이에 다음 식과 같이 서로 대응하는 비례관계가 성립하는 것으로 가정한다.

$$\frac{\epsilon_x^p}{S_x} = \frac{\epsilon_y^p}{S_y} = \frac{\epsilon_z^p}{S_z} = \frac{\gamma_{xy}^p/2}{\tau_{xy}} = \frac{\gamma_{yz}^p/2}{\tau_{yz}} = \frac{\gamma_{zx}^p/2}{\tau_{zx}} = \phi \qquad (10 \cdot 39)$$

식 (10 · 39)를 텐서로 표시하면

$$\epsilon_{ij}^p = S_{ij}\phi \qquad (10 \cdot 39')$$

전변형률 ϵ_{ij}는 소성변형률 ϵ_{ij}^p와 탄성변형률 ϵ_{ij}^e의 합으로 된다.

$$\epsilon_{ij} = \epsilon_{ij}^e + \epsilon_{ij}^p \qquad (10 \cdot 40)$$

식 (10 · 9′)와 식(10 · 39′)으로부터 다음 식이 얻어진다.

$$\epsilon_{ij} = \frac{S_{ij}}{2G} + \frac{1-2\nu}{E}\sigma_m\delta_{ij} + \phi S_{ij} \qquad (10 \cdot 41)$$

식 (10 · 39) 또는 식 (10 · 41)을 Hencky의 구성방정식이라 하고, 이 식은 전변형률 ϵ_{ij}는 편차응력 S_{ij}와 관계되는 것을 알 수 있다.

10.4.2 유효 소성변형률과 비례계수 ϕ

탄소성체가 소성변형을 하면 일반적으로 응력과 소성변형률은 서로 대응관계가 성립한다고는 볼 수 없다. 그러나 특별한 경우로써 주응력 방향이 일정하고, 응력이 비례적으로 증가할 때 Prandtl-Reuss의 구성방정식은 Hencky의 구성방정식과 일치한다.

이때 기준이 되는 주응력 상태를 σ_1^s, σ_2^s, σ_3^s 라 하면 비례부하는 다음 식과 같이 된다.

$$\frac{\sigma_1}{\sigma_1^s} = \frac{\sigma_2}{\sigma_2^s} = \frac{\sigma_3}{\sigma_3^s} = C \tag{10・42}$$

$$\sigma_{ij} = C\sigma_{ij}^s \tag{10・42′}$$

여기서 C는 변형이 진행됨에 따라 단조함수로 증가하는 파라미터이다.

비례부하의 조건에서는 Prandtl-Reuss의 구성방정식 (10・17′)은 다음 식과 같다.

$$\begin{aligned} d\epsilon_{ij} &= S_{ij}d\lambda + \frac{dS_{ij}}{2G} + \frac{1-2\nu}{E}d\sigma_m\delta_{ij} \\ &= S_{ij}^s\left(Cd\lambda + \frac{dC}{2G}\right) + \frac{1-2\nu}{E}d\sigma_m\delta_{ij} \end{aligned} \tag{10・43}$$

식 (10・43)을 적분하면 다음 식과 같이 된다.

$$\begin{aligned} \epsilon_{ij} = \int d\epsilon_{ij} &= S_{ij}^s\left(\int Cd\lambda + \frac{\int dC}{2G}\right) + \frac{1-2\nu}{E}d\sigma_m\delta_{ij} \\ &= S_{ij}\left(\frac{\int Cd\lambda}{C} + \frac{1}{2G}\right) + \frac{1-2\nu}{E}\sigma_m\delta_{ij} \end{aligned} \tag{10・44}$$

여기서

$$\phi = \frac{\int Cd\lambda}{C} \tag{10・45}$$

로 놓으면, 식 (10・44)와 식 (10・45)로부터 다음 식이 얻어진다.

$$\epsilon_{ij} = S_{ij}\left(\phi + \frac{1}{2G}\right) + \frac{1-2\nu}{E}\sigma_m\delta_{ij} \tag{10・46}$$

식 (10・46)은 식 (10・41)의 Hencky의 식과 일치한다.

또한, 식 (10・45)의 $d\lambda$ 에 식 (10・32)를 대입한 후 정리하면 비례계수 ϕ 는 다음 식과 같이 표시된다.

$$\phi = \frac{\int C\frac{3}{2}\frac{\overline{d\epsilon^p}}{\overline{\sigma}}}{C} = \frac{3}{2}\frac{\overline{\epsilon^p}}{\overline{\sigma}} \tag{10・47}$$

여기서 $\overline{\epsilon^p}$ 는 유효 소성변형률이고, 이것은 식 (10・29)의 유효 소성변형률 증분 $\overline{d\epsilon^p}$ 를 적분하여 다음 식에서 구한다.

$$\begin{aligned}
\overline{\epsilon^p} = \int \overline{d\epsilon^p} &= \sqrt{\frac{2}{3}} \int \sqrt{\left(d\epsilon_1^p\right)^2 + \left(d\epsilon_2^p\right)^2 + \left(d\epsilon_3^p\right)^2} \\
&= \sqrt{\frac{2}{3}} \int \sqrt{\left(S_1\, d\lambda\right)^2 + \left(S_2\, d\lambda\right)^2 + \left(S_3\, d\lambda\right)^2} \\
&= \sqrt{\frac{2}{3}} \sqrt{\left(S_1^s\right)^2 + \left(S_2^s\right)^2 + \left(S_3^s\right)^2} \int C\, d\lambda \\
&= C\sqrt{\frac{2}{3}} \sqrt{\left(S_1^s\right)^2 + \left(S_2^s\right)^2 + \left(S_3^s\right)^2}\ \frac{\int C\, d\lambda}{C} \\
&= \phi\sqrt{\frac{2}{3}} \sqrt{\left(S_1\right)^2 + \left(S_2\right)^2 + \left(S_3\right)^2} \\
&= \sqrt{\frac{2}{3}} \sqrt{\left(\epsilon_1^p\right)^2 + \left(\epsilon_2^p\right)^2 + \left(\epsilon_3^p\right)^2}
\end{aligned} \tag{10・48}$$

식 (10・48)을 일반 소성변형률 성분으로 표시하면 다음 식과 같이 된다.

$$\overline{\epsilon^p} = \sqrt{\frac{2}{3}\left[\left(\epsilon_x^p\right)^2 + \left(\epsilon_y^p\right)^2 + \left(\epsilon_z^p\right)^2 + \frac{1}{2}\left\{\left(\gamma_{xy}^p\right)^2 + \left(\gamma_{yz}^p\right)^2 + \left(\gamma_{zx}^p\right)^2\right\}\right]} \tag{10・49}$$

10.5 변형률 증분이론과 전변형률 이론의 비교

변형률 증분이론과 전변형률 이론은 그 가정(假定)이 서로 다르기 때문에 둘의 해는 일반적으로 일치하지 않지만, 비례부하(比例負荷)일 때는 두 해가 일치한다. 여기서 비례부하(proportional loading)는 소성변형 중에 주응력 축이 회전하지 않고, 각 응력성분의 비율이 일정하게 유지된 상태에서 단조증가(單調增加) 하는 부하형식을 말한다. 비례부하, 또는 이것에 가까운 상태의 부하경로로 하중을 제거하지 않을 때는 전변형률 이론은 변형률 증분이론에서와 같이 소성변형률 증분에 대한 번거로운 경로적분을 필요로 하지 않는 실용적이며, 간편한 근사해법으로써 잘 이용되고 있다.

또한 항복곡면의 팽창을 일으키지 않고, $d\overline{\sigma} = 0$ 인 상태에서 항복곡면 위를 부하점이 이동하는 중립부하(neutral loading)가 있다. 중립부하에서 변형률 증분이론에 의한 소성변형률은 변화하지 않지만, 전변형률 이론에서는 응력성분 및 소성변형률이 동시에 변화하고 부하가 작용한 후 응력이 제거될 때 유효 소성변형률이 불연속으로 된다. 이대 탄소성 구성식은 탄성구성식과 같아야 한다.

이들에 대한 부하경로(負荷徑路)는 [그림 10-3]에 나타낸 것과 같다.

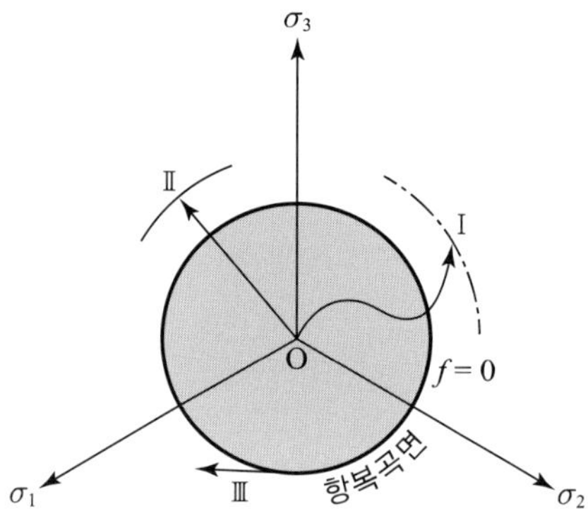

[그림 10-3] 부하경로

[그림 10-3]에서 부하경로 Ⅰ, Ⅱ, Ⅲ의 조건은 다음과 같다.

(1) 부하경로 Ⅰ: 일반부하 $\left(\dfrac{\partial f}{\partial \sigma_{ij}} d\sigma_{ij} > 0\,,\ \ f = 0\right)$

전변형률 이론≠변형률 증분이론

(2) 부하경로 Ⅱ: 비례부하 $\left(\dfrac{\partial f}{\partial \sigma_{ij}} d\sigma_{ij} > 0\,,\ \ f = 0\right)$

변형률 이론=변형률 증분이론

(3) 부하경로 Ⅲ: 중립부하 $\left(\dfrac{\partial f}{\partial \sigma_{ij}} d\sigma_{ij} = 0\,,\ \ f = 0\right)$

전변형률 이론≠변형률 증분이론

10.6 소성 포텐셜에 의한 구성방정식

소성 포텐셜에 의해 구성방정식이 유도되고, 에너지 개념에 기초하여 유도되는 최대소성일의 원리와 하계정리에 근거한 근사해법으로서 상계법과 하계법이 있다.

10.6.1 소성 포텐셜

앞에서 이미 설명한 것과 같이 탄성체에 외력이 작용하면 변형이 생기고, 외력에 의해 수행된 일은 탄성변형 에너지 U_e 로써 탄성체 안에 축적된다.

응력 σ_{ij} 는 탄성변형 에너지 U_e 를 변형률 ϵ_{ij} 로 편미분하면 얻어지고, 다음 식과 같이 나타낸다.

$$\sigma_{ij} = \frac{\partial U_e}{\partial \epsilon_{ij}} \tag{10・50}$$

또한, 이와 반대로 탄성변형 에너지 U_e 를 응력 σ_{ij} 로 편미분하면 변형률 ϵ_{ij} 는 나음 식과 같이 얻어진다.

$$\epsilon_{ij} = \frac{\partial U_e}{\partial \sigma_{ij}} \tag{10・51}$$

이와 같이 탄성변형 에너지 U_e 를 변형률 ϵ_{ij}, 또는 응력 σ_{ij} 로 편미분하면, 각각의 응력(σ_{ij}) 이나 변형률(ϵ_{ij}) 을 구할 수 있으므로 탄성변형 에너지(U_e) 는 탄성포텐셜(elastic potential)이라 한다.

재료가 소성변형을 할 때 소성변형 에너지의 대부분은 열 등으로 소멸되고, 재료 내부에는 축적되지 않는다. 소성변형률이 증분되는 중에 소멸하는 소성변형 에너지의 증분, 즉 소성일 증분 dW^p 는 식 (10・23′)에 의해 다음 식과 같이 된다.

$$dW^p = \sigma_{ij} d\epsilon_{ij}^p = S_{ij} d\epsilon_{ij}^p \tag{10・52}$$

재료의 항복조건이 Mises의 항복조건에 의존할 때 유효응력 $\overline{\sigma}$ 와 유효 소성변형률 증분 $\overline{d\epsilon^p}$ 를 이용하여 소성변형 에너지 증분 dW^p 를 나타내면, 식 (10・28)에 의해 다음식과 같이 된다.

$$dW^p = \overline{\sigma}\ \overline{d\epsilon^p} \tag{10・53}$$

식 (10・53)으로부터 소성변형 에너지 증분dW^p 를 응력 σ_{ij} 로 편미분하면

$$d\epsilon_{ij}^p = \frac{\partial (dW^p)}{\partial \sigma_{ij}} = \overline{d\epsilon^p}\ \frac{\partial \overline{\sigma}}{\partial \sigma_{ij}} \tag{10・54}$$

따라서 유효응력 $\overline{\sigma}$ 도 포텐셜로 되고, 이것을 소성포텐셜(plastic potential)이라 한다. Mises의 항복조건을 기초로 한 소성포텐셜 개념을 일반 항복조건에 확장하여 적용한다.

유효응력 $\overline{\sigma}$ 가 항복함수 f 에 해당하고, 응력증분이 동일한 중립부하(中立負荷)의 항복곡면에 있을 때 소성변형률 증분은 없는 것으로 하면, 식 (10・54)에 대응하는 다음 식을 고려할 수 있다.

$$d\epsilon_{ij}^p = \frac{\partial f}{\partial \sigma_{ij}} d\lambda \tag{10・55}$$

식 (10 • 55)를 조합유동법칙(組合流動法則)이라 하고, 이것은 같은 방향에 대한 벡터 성분의 조합이 가능한 것을 의미한다. 또한, 이 식은 $d\epsilon_{ij}^p$가 $\partial f/\partial\sigma_{ij}$에 비례하고, [그림 10-4(a)]와 같이 응력 σ_{ij}에 의해 발생하는 소성변형률 증분 $d\epsilon_{ij}^p$가 응력 σ_{ij}인 점에서 항복곡면에 세운 외향법선벡터 $\boldsymbol{n}$의 방향으로 평행한 것을 나타낸다. 따라서 식 (10 • 55)는 소성변형률 증분벡터 $d\epsilon_{ij}^p$의 항복곡면 $f(\sigma_{ij})$에 대한 수직조건(normality condition)이라 한다. 그림에서 σ_{ij}^0는 항복곡면 안에 있는 출발점의 응력을 나타낸다.

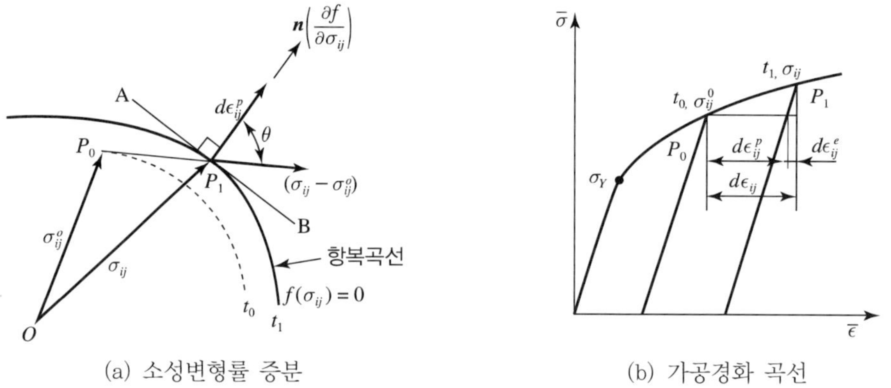

[그림 10-4] 소성변형률 증분 및 가공경화 곡선

10.6.2 가공경화와 최대소성일의 원리

재료의 항복은 응력벡터를 π − 평면에 투영한 편차응력 벡터가 어떤 한계값에 도달하였을 때 발생한다. 다시 하중을 작용시키면 일반적으로 재료는 가공경화 현상을 일으키면서 소성변형이 계속된다. 이 때 응력이 작용하는 점은 Mises의 항복조건에서는 π − 평면에 수직한 원통에 존재하고, Tresca의 조건에서는 육각기둥에 위치한다. 이와 같은 원통면 또는 육각기둥 면은 항복곡면의 특수한 형상 중의 하나이다. 여기서는 항복곡면에 의한 일반적인 성질과 소성유동에 관한 경화함수에 대해서 검토하고자 한다.

이 가공경화 현상을 설명하기 위해서는 다음과 같은 Drucker의 경화가설(postulate of strain-hardening)이 필요하다.

(1) 응력이 변화할 때 작용하는 외력에 의한 소성일(plastic work)은 양(+) 으로 된다.

$$d\sigma_{ij} d\epsilon_{ij}^p = dS_{ij} d\epsilon_{ij}^p = d\bar{\sigma}\, \overline{d\epsilon^p} \geq 0 \qquad (10 \cdot 56)$$

(2) 임의의 응력상태에서 응력이 변화하고, 다시 원래의 응력상태로 되돌아가는 응력 사이클에서 응력변화를 일으키는 외력에 의한 정미일(net work)은 양(+) 으로 된다.

$$\oint \sigma_{ij}\, d\epsilon_{ij} \geq 0 \qquad (10 \cdot 57)$$

[그림 10-4]와 같이 시간 $t = t_0$ 에서 항복곡면 $f(\sigma_{ij})$ 의 어떤 점 P_0 에 대한 응력 σ_{ij}^0 가 외력의 변화에 의해 가공경화를 일으키고, 시간 $t = t_1$ 에서 새로운 항복면의 점 P_1 에 도달하였을 때 (2)항은 다음 식으로 나타낸다.

$$\int_{t_0}^{t_1} (\sigma_{ij} - \sigma_{ij}^0)\, d\epsilon_{ij}^p = \int_{t_0}^{t_1} (\overline{\sigma} - \overline{\sigma^0})\, \overline{d\epsilon^p} \geq 0 \qquad \text{(a)}$$

식 (a)가 임의의 시간에 따라 성립하기 위한 조건은 다음 식과 같이 표시된다.

$$(\sigma_{ij} - \sigma_{ij}^0)\, d\epsilon_{ij}^p \geq 0 \qquad (10 \cdot 58)$$

또는

$$\sigma_{ij} d\epsilon_{ij}^p \geq \sigma_{ij}^0 d\epsilon_{ij}^p \qquad (10 \cdot 58')$$

이것은 소성변형률 증분이 생기는 항복곡면의 응력 σ_{ij} 와 소성변형률 증분 $d\epsilon_{ij}^p$ 가 하는 소성일이 최대로 되는 것을 최대소성일의 원리(principle of maximum plastic work)라 한다. 즉, 이 원리는 소성변형률 벡터가 항복곡면에 대해 수직성을 유지하는 것은 부하과정이 항상 최대소성일이 이루어지도록 변형을 진행하는 것을 의미한다.

[그림 10-4]에서 식 (10・58)은 응력벡터 $(\sigma_{ij} - \sigma_{ij}^0)$ 와 응력 σ_{ij} 에 대응하는 소성변형률 증분벡터 $d\epsilon_{ij}^p$ 가 이루는 각 θ 가 예각($\theta \leq \pi/2$) 인 것을 나타낸다. σ_{ij}^0 는 항복면의 임의의 점에 대한 응력이므로 σ_{ij} 의 점 P_1 근방에서 항복곡면은 바깥쪽으로 볼록하여야 한다. 또한, 점 P_1 에 대해서도 항복곡면의 임의의 점에서 식 (10・58)이 성립하므로 항복곡면은 볼록하여야 한다. 이러한 조건을 항복곡면의 볼록면성(convexity of yield surface)이라 한다.

10.6.3 후속항복조건

제 9장에서는 최초로 항복을 일으키는 초기항복조건 $f(\sigma_{ij}) = 0$ 에 대해서 설명하였지만, 여기서는 소성변형이 일어난 후 다시 항복이 발생하는 후속항복조건(後續降伏條件; subsequent yield criterion)에 대해 살펴보기로 한다. 초기항복조건은 편차응력 S_{ij} 의 함수로 주어지지만, 가공경화는 부하이력에 관계되므로 편차응력 S_{ij}, 소성변형률 ϵ_{ij}^p 와 부하이력 ξ 의 후속항복함수 $f(S_{ij},\ \epsilon_{ij}^p,\ \xi)$ 로써 표시할 수 있고, 이때의 항복조건은 다음 식과 같이 주어진다.

$$f(S_{ij},\ \epsilon_{ij}^{p},\ \xi) = 0 \tag{10・59}$$

또 다시 부하가 작용하면 새로운 항복조건은 다음 식으로 나타낸다.

$$f(S_{ij} + dS_{ij},\ \epsilon_{ij}^{p} + d\epsilon_{ij}^{p},\ \xi) = f(S_{ij},\ \epsilon_{ij}^{p},\ \xi) + df(S_{ij},\ \epsilon_{ij}^{p},\ \xi) = 0 \tag{10・60}$$

식 (10・59)와 (10・60)으로부터 다음 식이 얻어진다.

$$df(S_{ij},\ \epsilon_{ij}^{p},\ \xi) = 0 \tag{10・61}$$

부하이력 ξ는 물리적 의미가 명확하고, 간단하므로 부하이력에 의존하는 경화정도를 나타내는 경화인자(硬化因子; hardening parameter) χ로 나타내는 경우가 많다. 경화인자 χ와 소성일 W^p 사이에는 다음의 관계식이 성립한다.

$$\chi = W^p = \int dW^p \tag{10・62}$$

$$d\chi = dW^p = \sigma_{ij} d\epsilon_{ij}^{p} = S_{ij} d\epsilon_{ij}^{p} = \overline{\sigma}\ \overline{d\epsilon^p} \tag{10・62'}$$

또한, 경화인자 χ와 유효 소성변형률 $\overline{\epsilon^p}$ 는 다음 식과 같이 된다.

$$\chi = \overline{\epsilon^p} = \int \overline{d\epsilon^p} \tag{10・63}$$

$$d\chi = \overline{d\epsilon^p} = \sqrt{\frac{2}{3} d\epsilon_{ij}^{p} d\epsilon_{ij}^{p}} \tag{10・63'}$$

식 (10・61)을 바꿔 표시하면

$$df = \frac{\partial f}{\partial S_{ij}} dS_{ij} + \frac{\partial f}{\partial \epsilon_{ij}^{p}} d\epsilon_{ij}^{p} + \frac{\partial f}{\partial \chi} d\chi = 0 \tag{10・64}$$

경화인자 χ를 소성일 W^p로 나타내면 식 (10・64)는 다음 식과 같이 표시된다.

$$\frac{\partial f}{\partial S_{ij}} dS_{ij} = -\left(\frac{\partial f}{\partial \epsilon_{ij}^{p}} + \frac{\partial f}{\partial W^p} S_{ij}\right) d\epsilon_{ij}^{p} \tag{10・65}$$

식 (10・55)를 편차응력으로 나타내면

$$d\epsilon_{ij}^{p} = \frac{\partial f}{\partial S_{ij}} d\lambda \tag{10・66}$$

식 (10・66)을 식 (10・65)에 대입하여 $d\lambda$를 구한 후 다시 식 (10・66)에 대입하면 다음 식을 얻을 수 있다.

$$d\epsilon_{ij}^{p} = -\frac{\dfrac{\partial f}{\partial S_{ij}}\dfrac{\partial f}{\partial S_{mn}} dS_{mn}}{\left(\dfrac{\partial f}{\partial \epsilon_{ij}^{p}} + \dfrac{\partial f}{\partial W^{p}} S_{ij}\right)\dfrac{\partial f}{\partial S_{ij}}} \qquad (10 \cdot 67)$$

경화인자 χ 가 상당변형률 $\overline{\epsilon^{p}}$ 로 주어질 때 식 (10・65)는 다음 식과 같이 된다.

$$\frac{\partial f}{\partial S_{ij}} dS_{ij} = -\left(\frac{\partial f}{\partial \epsilon_{ij}^{p}} d\epsilon_{ij}^{p} + \frac{\partial f}{\partial \overline{\epsilon^{p}}}\sqrt{\frac{2}{3} d\epsilon_{ij}^{p} d\epsilon_{ij}^{p}}\right)$$

식 (10・65′)에 식 (10・66)을 대입하여 $d\lambda$ 를 구한 후 식 (10・66)에 대입하면

$$d\epsilon_{ij}^{p} = -\frac{\dfrac{\partial f}{\partial S_{ij}}\dfrac{\partial f}{\partial S_{mn}} dS_{mn}}{\dfrac{\partial f}{\partial \epsilon_{ij}^{p}}\dfrac{\partial f}{\partial S_{ij}} + \dfrac{\partial f}{\partial \overline{\epsilon^{p}}}\sqrt{\dfrac{2}{3}\dfrac{\partial f}{\partial S_{ij}}\dfrac{\partial f}{\partial S_{ij}}}} \qquad (10 \cdot 68)$$

식 (10・67)과 식 (10・68)을 고려하면 다음 식이 얻어진다.

$$d\epsilon_{ij}^{p} = dS_{mn} d\lambda = h \frac{\partial f}{\partial S_{ij}}\frac{\partial f}{\partial S_{mn}} dS_{mn} \qquad (10 \cdot 69)$$

그러나 경화인자 χ 가 소성일 W^{p} 로 주어질 때

$$\frac{1}{h} = -\left(\frac{\partial f}{\partial \epsilon_{ij}^{p}} + \frac{\partial f}{\partial W^{p}} S_{ij}\right)\frac{\partial f}{\partial S_{ij}} \qquad (10 \cdot 70)$$

또한, 경화인자 χ 가 유효 소성변형률 $\overline{\epsilon^{p}}$ 로 주어질 때 다음 식으로 표시한다.

$$\frac{1}{h} = -\left(\frac{\partial f}{\partial \epsilon_{ij}^{p}}\frac{\partial f}{\partial S_{ij}} + \frac{\partial f}{\partial \overline{\epsilon^{p}}}\sqrt{\frac{2}{3}\frac{\partial f}{\partial S_{ij}}\frac{\partial f}{\partial S_{ij}}}\right) \qquad (10 \cdot 70')$$

식 (10・69)는 항복곡면 f 가 기지(旣知)일 때 경화인자 χ 가 소성일 W^{p}, 또는 유효 소성변형률 $\overline{\epsilon^{p}}$ 로 주어질 때 소성변형률 증분 $d\epsilon_{ij}^{p}$ 와 편차응력 증분 dS_{ij} 의 관계를 나타내는 식이 된다. 일반적으로 항복곡면은 경화와 함께 그 크기나 형상이 변화하기도 하고, 평행이동이나 회전이 가능하나. 항복곡면이 변화하는 대표적인 다음의 2가지 경화에 대하여 설명한다.

(1) 등방경화 법칙

등방경화 법칙(等方硬化 法則; isotropic hardening rule)은 원점 O 를 고정한 상태에서 항복곡면이 등방적으로 팽창하는 것을 말한다. 이때 일반적인 응력-변형률 관계에서 인장일 때는 경화되고, 상승한 항복점은 압축일 때도 동일한 크기를 나타낸다. 따라서

항복곡면은 소성변형에 의해 그 크기만이 증가하고, 경화인자 χ 는 다음 식으로 표시한다.

$$f(S_{ij},\ \chi) = F(S_{ij}) - F'(\chi) = I_2' - F'(\chi) = 0 \tag{10・71}$$

항복조건식 (10・71)을 π − 평면에 나타내면 [그림 10−5(a)]와 같이 되고, 이것을 유효응력($\overline{\sigma}$)과 유효변형률($\overline{\epsilon}$)로 표시하면 [그림 10−5(b)]와 같다. 이때 그림에서 알 수 있듯이 바우싱거 효과(Bauschinger effect))를 표현할 수 없는 단점이 있다.

식 (10・71)은 Mises의 항복조건에서 다음 식으로 표시된다.

$$f = \frac{1}{2}S_{ij}S_{ij} - \frac{1}{3}(\overline{\sigma})^2 = 0 \tag{10・72}$$

등방경화 법칙은 다음 식과 같이 된다.

$$d\epsilon_{ij}^{p} = \frac{3}{2}\frac{d\overline{\epsilon^p}}{\overline{\sigma}}S_{ij} = \frac{3}{2}\frac{S_{ij}\,dS_{ij}}{H'\,\overline{\sigma}} \tag{10・73}$$

여기서 H' 은 경화지수이고, 이것은 [그림 10−5(b)]에서 유효응력($\overline{\sigma}$)과 유효 소성변형률 $\overline{\epsilon^p}$ 의 곡선기울기로서 다음 식으로부터 구한다.

$$H' = \frac{d\overline{\sigma}}{d\overline{\epsilon^p}} \tag{10・74}$$

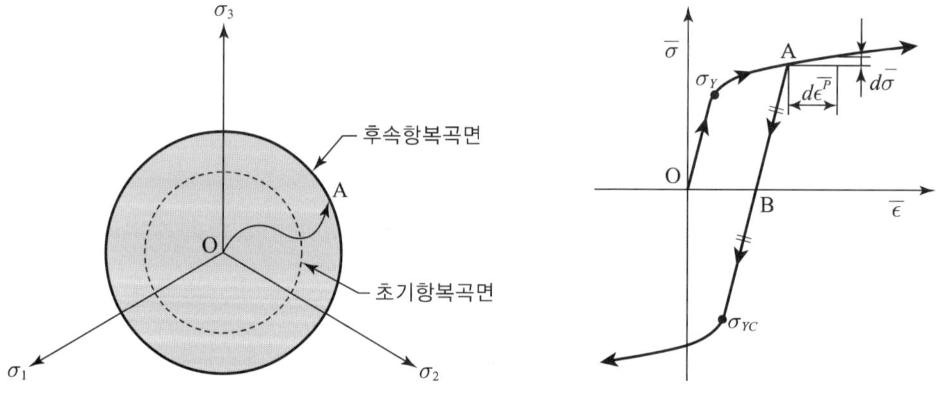

(a) π − 평면의 항복곡면　　(b) 응력−변형률 선도

[그림 10−5] 등방경화에 의한 항복곡면

(2) 이동경화 법칙

이동경화 법칙(移動硬化 法則; kinematic hardening rule)에서 후속항복곡면의 크기 및 형상은 초기항복곡면과 같지만, [그림 10-6(a)]와 같이 부하와 함께 항복곡면의 중심이 이동한다. 항복곡면은 소성변형에 의해 그 크기가 변하지 않고 이동만 하지만, 이 법칙을 이용하면 바우싱거 효과의 표현이 가능하다.

[그림 10-6(a)]와 같이 항복곡면에 대한 중심의 위치벡터를 α_{ij}로 하면, 이동경화 법칙에서 항복함수 f는 다음 식으로 주어진다.

$$f(S_{ij}-\alpha_{ij})=0 \tag{10・75}$$

Mises의 항복조건을 이용하면 다음 식과 같이 된다.

$$f=\frac{1}{2}(S_{ij}-\alpha_{ij})(S_{ij}-\alpha_{ij})-\frac{1}{3}\sigma_Y^2=0 \tag{10・76}$$

$$d\epsilon_{ij}^p=\frac{3}{2}\frac{d\overline{\epsilon^p}}{\sigma_Y}(S_{ij}-\alpha_{ij})=\frac{9}{4}\frac{(S_{mn}-\alpha_{mn})dS_{mn}}{H'\sigma_Y} \tag{10・77}$$

각 경화인자 χ가 유효 소성변형률 $\overline{\epsilon^p}$로 주어지는 경우를 고려하여 보기로 한다. 편차응력의 제 2불변량 I_2'과 편차응력 S_{ij}의 관계는 식 (2・36)에 의해 $I_2'=\frac{1}{2}S_{ij}S_{ij}$로 되고, 항복곡면과 편차응력의 편미분 $\partial f/\partial S_{ij}$에 의해 다음 식이 성립한다.

$$d\epsilon_{ij}^p=S_{ij}d\lambda \tag{10・78}$$

식 (10・78)로부터 $d\lambda$를 구한 후 식 (10・73)을 고려하여 정리하면 다음 식이 얻어진다.

$$d\epsilon_{ij}^p=\frac{3}{2}\frac{d\overline{\sigma}}{H\overline{\sigma}}S_{ij} \tag{10・79}$$

식 (10・79)는 소성변형률 증분 $d\epsilon_{ij}^p$와 편차응력 증분 dS_{ij}의 관계가 성립하는 식이 된다. 선변형률 증분 $d\epsilon_{ij}$는 탄성변형률 증분 $d\epsilon_{ij}^e$와 소성변형률 증분 $d\epsilon_{ij}^p$의 합이 되므로

$$d\epsilon_{ij}=d\epsilon_{ij}^e+d\epsilon_{ij}^p \tag{10・80}$$

여기서 탄성변형률 증분 $d\epsilon_{ij}^e$ 및 편차응력 증분 dS_{ij}의 관계식과 소성변형률 증분 $d\epsilon_{ij}^p$와 편차응력 증분 dS_{ij}의 관계식 (10・79)를 이용하면 탄성체의 구성방정식은 다음과 같이 되고, 이것은 식 (10・35)와 일치한다.

$$d\epsilon_{ij}=\frac{dS_{ij}}{2G}+\frac{1-\nu}{E}d\sigma_m\delta_{ij}+\frac{3}{2}\frac{d\overline{\sigma}}{H'\overline{\sigma}}S_{ij} \tag{10・81}$$

이동경화를 π − 평면에 표시하면 [그림 10−6(a)]와 같이 되고, 이것을 유효응력으로 표시하면 [그림 10−6(b)]와 같다.

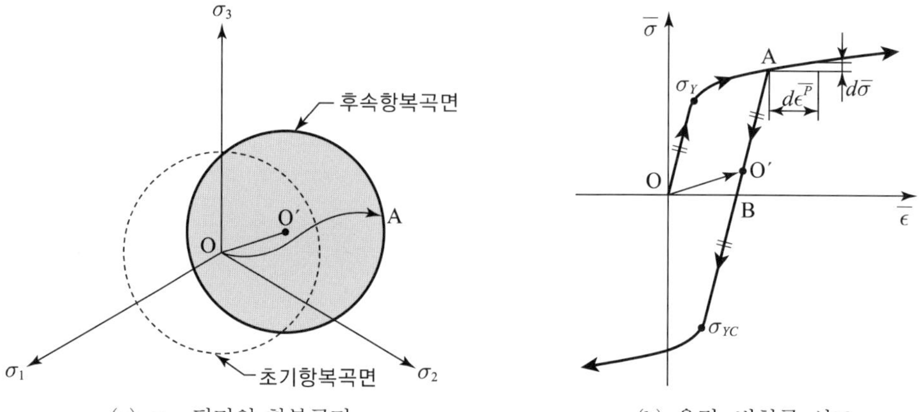

(a) π − 평면의 항복곡면 (b) 응력−변형률 선도

[그림 10−6] 이동경화에 의한 항복곡면의 이동

[그림 10−7]에서 중심위치 α_{ij} 의 결정에는 다음과 같은 대표적인 2가지 이론이 있다.

(a) **Prager의 이론** : α_{ij} 의 증분 $d\alpha_{ij}$ 가 소성변형률 증분에 비례하는 것으로 하면 다음 식과 같이 주어진다.

$$d\alpha_{ij} = C\,d\epsilon_{ij}^{p} \tag{10・82}$$

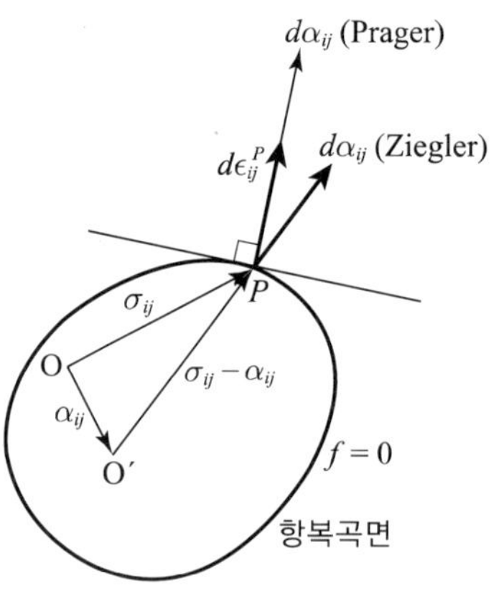

[그림 10−7] 이동경화에 의한 중심이동

(b) **Ziegler의 이론** : 후속항복곡면의 중심이동은 현재의 중심과 항복곡면의 응력점을 연결하는 방향으로 발생하는 것으로 하면, 이때의 중심이동은 다음 식으로 나타낸다.

$$d\alpha_{ij} = d\eta(S_{ij} - \alpha_{ij}) \qquad (10 \cdot 83)$$

여기서 $df = 0$ 에 의해 $d\eta$ 는 다음 식과 같이 된다.

$$d\eta = \frac{3}{2}\frac{(S_{mn} - \alpha_{mn})dS_{mn}}{\sigma_Y^2} \qquad (10 \cdot 84)$$

(3) 복합경화 법칙

[그림 10-8]과 같이 등방경화 및 이동경화 법칙을 조합한 것을 복합경화 법칙(複合硬化法則; combined hardening rule)이라 한다. 이것은 반복부하(反復負荷)가 작용하는 금속재료의 탄소성 응답에 대해서 등방경화 법칙은 반복부하에 의해 가공경화가 크게 되는 경향이 있고, 이동경화 법칙으로는 가공경화를 설명할 수 없다.

따라서 이들의 단점을 보완한 복합경화 법칙이 제안되고, 그 항복함수는 하중이력 파라미터 ξ 를 사용하여 다음 식과 같이 나타낸다.

$$f = \frac{1}{2}(S_{ij} - \alpha_{ij})(S_{ij} - \alpha_{ij}) - \phi\,\overline{\sigma(\xi)}^2 = 0 \qquad (10 \cdot 85)$$

여기서 ϕ 는 정수이다.

실제로는 항복곡면의 팽창 또는 이동량을 어떻게 적절히 주어줄 것인가의 문제로 되지만, 저사이클(low cycle) 피로에 대한 설계에서는 중요하게 고려되고 있다.

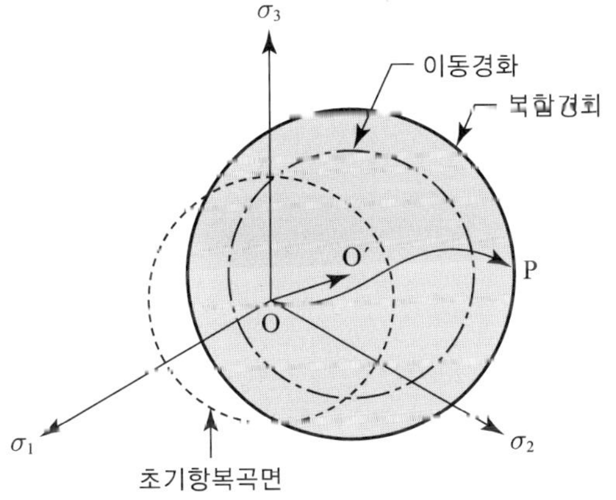

[그림 10-8] 복합경화에 의한 항복곡면

10.7 소성설계

일반적으로 구조물의 설계는 기본적인 탄성계산에 기초하여 설계하지만, 실제로는 용접 잔류응력이나 국부적인 결함이 존재하는 경우가 있으므로 반드시 탄성상태를 유지한다고는 할 수 없다. 또한, 설계응력을 훨씬 초과하는 부득이한 부하가 작용하였을 때 구조물은 소성붕괴(塑性崩壞; plastic collapse)를 하고, 그 최종강도는 탄성설계로부터 알 수 있는 것은 아니다.

소성설계(塑性設計; plastic design)는 이와 같은 구조물의 최종강도를 기준으로 하는 설계이지만, 실제 구조물을 대상으로 하여 붕괴하중을 해석적으로 구하는 것은 곤란한 경우가 많다. 따라서 그 붕괴하중을 간편하게 구하는 방법의 하나로서 재료를 강소성체(剛塑性體)로 가정하고, 극한정리(極限定理; extremum theorem)를 이용하여 붕괴하중을 추정하는 방법이 사용되고 있다. 이 해석방법은 일반적으로 극한해석(limit analysis)이라고 하며, 소성설계에 있어서 중요한 수단이 되고 있다.

극한해석은 강소성체를 가정하여 붕괴하중을 구하는 것을 목적으로 하고, 부재(部材)가 항복을 일으키면 그 응력상태에서 제한이 없는 변형이 발생하는 것으로 간주하며, 가공경화성은 고려하지 않고 가장 위험한 법칙을 가정하여 설계하는 방법이다.

극한정리에 의하면 구조물의 붕괴하중의 엄밀해는 구조물이 소재(素材)의 항복으로 불안정하며, 소성붕괴하고 있는 상태에 대한 하중의 하한값을 해석하는 하계정리(下界定理; lower bound theorem) 및 구조물이 정역학적으로 안정한 상태로 되는 정적 허용하중의 상한값을 해석하는 상계정리(上界定理; upper bound theorem)가 있다.

소성가공을 할 때 소성변형이 충분히 크므로 탄성변형을 무시할 수 있다면 소재를 강소성체로 취급하는 경우가 많다. 이와 같이 강소성변형을 가정하여 소재의 가공력을 근사적으로 구할 수 있는 하계법(下界法; lower bound method)과 상계법(上界法; upper bound method)에 대해서 설명한다. 하계법은 하중을 엄밀해보다 과소평가(過小評價)하는 하계값에 의한 방법이고, 상계법은 하중을 과대평가하는 상계값을 이용하는 방법을 말한다.

10.7.1 하계정리

엄밀해에 대한 외부하중을 T_i, 가상변위를 δu_i, 엄밀한 변위증분을 du_i로 하고, 물체력이 작용하지 않는 것으로 할 때 가상일의 원리는 식 (3·57)과 체적일정 법칙에 의해 다음 식의 관계가 성립한다.

$$\int_S T_i du_i dS = \int_V S_{ij} d\epsilon_{ij} dV \tag{10·86}$$

변형중의 어떤 정적 평형상태에서 허용응력장 T_i^0, S_{ij}^0가 변위증분 du_i, $d\epsilon_{ij}$을 생기게 하는 일의 증분은 가상일의 원리식 (3・57)로부터 다음 식이 얻어진다.

$$\int_S (T_i - T_i^0)\,du_i\,dS = \int_V (S_{ij} - S_{ij}^0)\,d\epsilon_{ij}\,dV = \int_V (S_{ij} - S_{ij}^0)\,d\epsilon_{ij}^p\,dV \qquad (10 \cdot 87)$$

최대소성일의 원리식 (10・58)을 식 (10・87)에 대입하면

$$\int_S T_i^0\,du_i\,dS \le \int_S T_i\,du_i\,dS \qquad (10 \cdot 88)$$

경계 S는 외력 T_i가 규정된 경계 S_σ와 변위가 규정된 경계 S_u로부터 성립하는 것으로 하면, 경계 S_σ에서 $T_i^0 = T_i$이므로 식 (10・88)은 다음과 같이 된다.

$$\int_{S_u} T_i^0\,du_i\,dS \le \int_{S_\sigma} T_i\,du_i\,dS \qquad (10 \cdot 89)$$

따라서 경계 S_u에서 주어지는 정적 허용응력장에 대응하는 외력에 의한 일의 증분은 엄밀해의 표면력 T_i가 하는 일의 증분보다 작은 것을 의미한다. 이것을 하계정리(下界定理; lower bound theorem), 또는 제 1 변분원리(first variational principle)라 한다.

10.7.2 상계정리

운동학적 허용변위증분 du_i^0를 사용하여 가상일의 원리를 표시하면 다음 식과 같다.

$$\int_S T_i\,du_i^0\,dS = \int_V S_{ij}\,d\epsilon_{ij}^0\,dV \qquad (10 \cdot 90)$$

허용변위증분 du_i^0에 적합한 응력 σ_{ij}^0를 고려하면, 최대소성일의 원리식 (10・58)은 다음 식과 같이 표시된다.

$$S_{ij}\,d\epsilon_{ij}^0 - S_{ij}^0\,d\epsilon_{ij}^0 \qquad (10 \cdot 91)$$

또한, 식 (10・90)과 식 (10・91)로부터

$$\int_S T_i\,du_i^0\,dS = \int_V S_{ij}^0\,d\epsilon_{ij}^0\,dV \qquad (10 \cdot 92)$$

경계 S는 외력 T_i가 규정된 경계 S_σ와 변위가 규정된 경계 S_u로부터 성립하는 것으로 하면, 경계 S_u에서는 $du_i^0 = du_i$이므로 다음 식이 얻어진다.

$$\int_S T_i\,du_i^0\,dS = \int_{S_u} T_i\,du_i\,dS + \int_{S_\sigma} T_i\,du_i^0\,dS \qquad (10 \cdot 93)$$

따라서 식 (10・90)은 다음 식과 같이 된다.

$$\int_{S_u} T_i du_i dS \le \int_V S_{ij}^0 d\epsilon_{ij}^0 dV - \int_{S_\sigma} T_i du_i^0 dS \tag{10・94}$$

식 (10・94)의 우변은 운동학적 허용 변위증분장으로부터 구해지는 근사해가 하는 일의 증분에 대한 엄밀해이지만, 경계 S_u 에서 하는 실제 일의 증분보다 크게 되므로 이것을 상계정리(upper bound theorem), 또는 제2변분법(second variational principle)라 한다.

이상의 설명에서와 같이 정적 허용응력장에 대응하는 표면력(traction)은 엄밀해보다 작다는 것이 하계정리이고, 운동학적 허용속도장에 의해 생기는 표면력이 엄밀해보다 큰 것을 상계정리라 한다. 이것은 일반적으로 극한정리(極限定理; extremum theorem)라 부르며, 붕괴하중(崩壞荷重; collapse load)은 정적허용값≤붕괴하중≤운동학적 허용값에 의해 구해진다. 정적허용값과 동적허용값이 서로 같을 때 이들은 엄밀해이면서 붕괴하중이 된다.

속도 불연속면 또는 마찰면이 존재할 때 상계정리(上界定理)의 식 (10・94)는 다음 식으로 표시된다.

$$\int_{S_u} T_i du_i dS \le \int_V S_{ij}^0 d\epsilon_{ij}^0 dV + \int_S k\Delta(dw^0) dS + \int_{S_f} \tau_f \Delta(du^0) dS - \int_{S_\sigma} T_i du_i^0 dS \tag{10・95}$$

여기서 τ_f : 마찰전단응력, S_f : 마찰면, k : 전단항복응력

$\Delta(du^0)$: S_f 면에 대한 상대 미끄럼 허용변위증분

$\Delta(dw^0)$: 속도 불연속면 S_w 에 대한 상대 미끄럼 허용변위증분

10.7.3 붕괴하중

극한정리(極限定理; extremum theorem)에 의한 붕괴하중(崩壞荷重; collapse load)은 정적허용값과 운동학적 허용값에 의해 구해지고, 다음과 같은 극한정리가 성립한다.

(a) 하계정리 : 붕괴하중 P_c 와 정적허용하중 P_s 의 상한값은 다음 식과 같이 된다.

$$P_c \ge P_s \tag{10・96}$$

(b) 상계정리 : 붕괴하중(P_c)과 운동학적 허용하중 P_k 의 하한값은 다음 식으로 표시된다.

$$P_k \ge P_c \tag{10・97}$$

이상의 상계정리와 하계정리를 만족하는 하중은 1개만이 존재하고, 이것이 붕괴하중에 대한 엄밀해가 된다.

CHAPTER 10 연습문제

[문제 10-1] 유효응력 $\overline{\sigma}$ 는 응력의 불변량 I_1, I_2를 이용하여 $\overline{\sigma} = \sqrt{I_1^2 + 3I_2}$ 로 나타내는 것을 증명하시오.

[문제 10-2] 탄소성 재료에 주응력 $\sigma_1 = 500$ [MPa], $\sigma_2 = 100$ [MPa], $\sigma_3 = -300$ [MPa]이 작용할 때 제1주응력 방향의 소성변형률 증분이 $d\epsilon_1^p = 0.02$ 로 되었을 때 다음 물음에 답하시오. 단, 세로탄성계수 $E = 206$ [MPa]이고, 푸아송비 $\nu = 0.3$ 으로 한다.

(1) 제2 및 제3 주응력 방향의 소성변형률 증분 $d\epsilon_2^p$, $d\epsilon_3^p$를 구하시오.

(2) 이때 각 방향의 탄성변형률 성분 $d\epsilon_1^e$, $d\epsilon_2^e$, $d\epsilon_3^e$를 계산하시오.

(3) Tresca 및 Mises 항복조건에 대한 상당응력 $\overline{\sigma}$를 구하시오.

(4) 상당소성변형률 증분 $\overline{d\epsilon^p}$ 를 계산하시오.

[문제 10-3] 주응력 방향이 고정되어 있고, 비례하중의 작용에 의해 응력이 비례적으로 증가할 때 Prandtl-Reuss의 방정식과 Hencky의 방정식은 서로 일치하는 것을 증명하시오.

[문제 10-4] [그림 10-9(a)]와 같이 얇은 원통에 축방향 인장하중 P와 토크 T가 작용할 때 [그림 10-9(b)]와 같은 3개의 응력경로를 따라 변형한다. 단, 응력-변형률 곡선은 [그림 10-9(c)]와 같은 탄소성 경화거동을 보여줄 때 변형률 증분이론에 의한 축방향 변형률 ϵ_x 를 구하시오

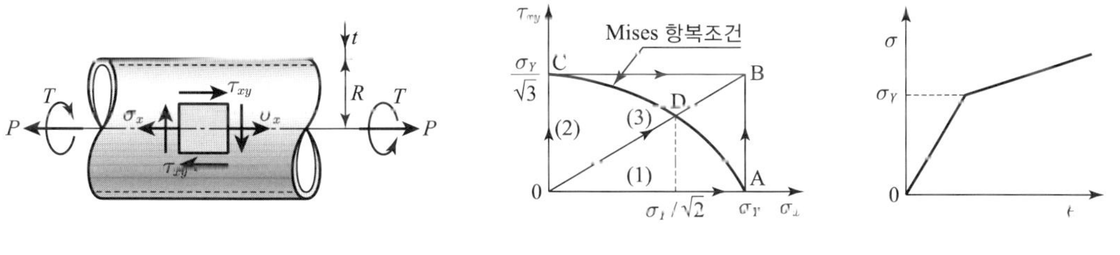

(a) 응력상태 (b) 응력경로 (c) 응력-변형률 선도

[그림 10-9]

[문제 10-5] [문제 10-4]에서 전변형률 이론에 의한 축방향 변형률 ϵ_x 를 구한 후 변형률증분 이론의 경우와 비교하시오.

[문제 10-6] 바깥 반지름 $R_0 = 50\,[\text{mm}]$, 두께 $t_0 = 2.5\,[\text{mm}]$의 얇은 원통에 응력비 $\tau_{r\theta} = 1$ 이 일정하게 유지되도록 축방향 하중 P와 토크 T가 작용하여 $\sigma_z = 200$ $[\text{N/mm}^2]$으로 변형이 지속될 때 다음을 구하시오. 단, 원통 재료의 응력-변형률 관계는 $\overline{\sigma} = 800\left(\overline{\epsilon^p}\right)^{0.5}\,[\text{N/mm}^2]$이다.

(1) 최종 변형단계에서 우효변형률

(2) 원통의 최종 바깥 반지름 및 두께

(3) 최종 축하중 및 최종 토크

[문제 10-7] 재료가 다음과 같은 항복상태를 유지할 때 각각에 대한 소성변형률 증분의 비를 구하시오.

(1) 1축 인장응력 상태 : $\sigma_1 = \sigma_Y$

(2) 2축 등방응력 상태 : $\sigma_1 = \sigma_Y$, $\sigma_2 = \sigma_Y$

(3) 2축 응력상태 : $\sigma_1 = \dfrac{\sigma_Y}{\sqrt{3}}$, $\sigma_3 = -\dfrac{\sigma_Y}{\sqrt{3}}$

(4) 전단응력 상태 : $\tau_{xy} = \dfrac{\sigma_Y}{\sqrt{3}}$

Chapter

11 탄소성 문제의 해석

재료가 탄성변형을 한 후 소성변형을 할 때 응력 및 변형률을 해석하는 방법을 이해하기 위해 비교적 해석이 쉬운 굽힘, 비틀림, 또는 내압이 작용하는 원통 등에 대한 탄소성 경계값 문제에 대한 기초이론은 중요하다. 이 장에서는 특히, 재료이 탄소성변형에 대한 경계값 문제의 해석방법을 이해한 후 소성역학의 공학적 응용력을 기르는데 도움을 주고자 한다.

11.1 보의 굽힘

일정한 단면의 봉에 굽힘모멘트 M이 작용할 때 보(beam)에 발생하는 굽힘응력을 탄소성이론에 기초하여 해석하여 보기로 한다. 소성역학에서 보에 관한 Kirchhoff의 가정(假定)은 다음과 같다.

(1) 보는 변형 후에도 단면은 평면을 유지하고, 휘어진 축선에 수직이다.
(2) 보의 단면 형상은 변형 후에도 변화가 없다.
(3) 보의 응력은 수직응력(σ_x)과 단면 안의 전단응력(τ_{xy})만이 작용한다.

이와 같은 가정에 따라 [그림 11-1(a)]에서와 같이 중립면의 곡률 반지름을 ρ라 하면, 중립면으로부터의 거리 y에 대한 면의 수직변형률 ϵ_x는 [그림 11-1(b)]와 같이 y축 방향으로 다음 식과 같이 직선적으로 변화한다.

$$\epsilon_x = \frac{y}{\rho} \tag{11・1}$$

또한, 탄성범위 안에서 단면에 대한 y축 방향의 응력 σ_x는 [그림 11-1(b)]와 같이 직선적으로 변화하므로 다음 식과 같이 된다.

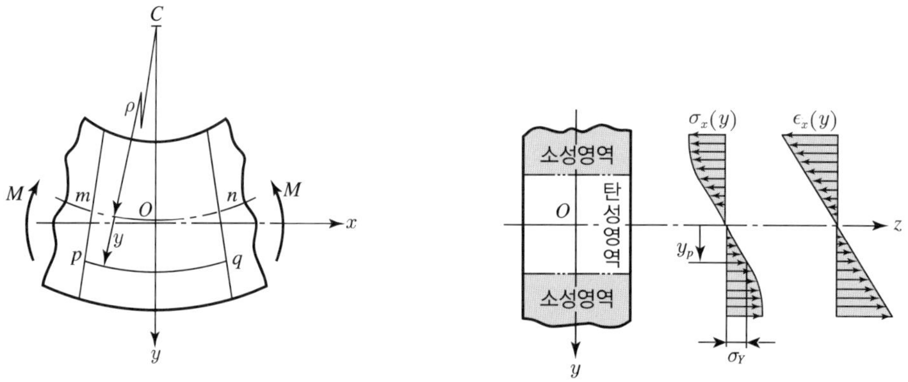

(a) 보의 굽힘　　　　　(b) 응력 및 변형률

[그림 11-1] 보의 굽힘에 의한 탄소성응력 및 변형률

$$\sigma_x = E\,\epsilon_x = \frac{E}{\rho} y \tag{11・2}$$

식 (11・2)를 Navier의 식이라 하고, 탄성범위 안에서 보속의 굽힘응력 σ_x 는 중립면에서는 0 이 되고, 중립면에서의 거리 y 가 표면 쪽으로 커질수록 응력도 증가하여 보의 양쪽 표면에서는 굽힘에 의한 최대인장응력, 또는 최대압축응력이 발생한다.

이와 같이 [그림 11-1(b)]와 같이 굽힘응력 σ_x 은 중립축으로부터 y 축 방향으로 탄성-소성 경계(elastic-plastic boundary) 영역(領域) y_p 까지는 직선적으로 변화하지만, 이 경계를 초과하는 소성범위 안에서는 일반적으로 곡선적인 변화를 한다.

보에 대한 탄소성 경계값 문제를 해석하기 위해 지금까지 배운 탄소성 문제에 관한 중요한 기초방정식을 정리하면 다음 식과 같다.

(1) 힘의 평형방정식 : 힘의 평형방정식은 다음 식과 같다.

$$\begin{gathered} \sigma_{ij,\,j} + B_i = 0\,(i,\ j = 1,\ 2,\ 3) \\ \frac{\partial \sigma_x}{\partial x} + \frac{\partial \tau_{yx}}{\partial y} = 0 \end{gathered} \tag{11・3}$$

(2) 변형률의 적합조건 : 변형률의 적합조건은 다음 식과 같다.

$$\begin{gathered} \epsilon_{ij} = \frac{1}{2}\left(u_{i,\,j} + u_{j,\,i}\right)\ (i,\ j = 1,\ 2,\ 3) \\ \epsilon_x = \frac{y}{\rho} \end{gathered} \tag{11・4}$$

(3) 항복조건

(a) Tresca 조건

$$\max(|\sigma_1 - \sigma_2|,\ |\sigma_2 - \sigma_3|,\ |\sigma_3 - \sigma_1|) = \sigma_Y = 2k$$
$$\sqrt{\sigma_x^2 + 3\tau_{xy}^2} = \sigma_Y \tag{11・5}$$

(b) Mises 조건

$$(\sigma_x - \sigma_y)^2 + (\sigma_y - \sigma_z)^2 + (\sigma_z - \sigma_x)^2 + 6(\tau_{xy}^2 + \tau_{yz}^2 + \tau_{zx}^2)$$
$$= 2\sigma_Y^2 = 6k^2 \tag{11・6}$$
$$\sqrt{\sigma_x^2 + 4\tau_{xy}^2} = \sigma_Y$$

(4) 구성방정식

(a) 탄성영역 (Hooke의 법칙)

$$\epsilon_{ij} = \frac{1}{2G}\sigma_{ij} - \frac{\nu}{E}\sigma_{kk}\delta_{ij}$$
$$\epsilon_x = \frac{\sigma_x}{E},\quad \epsilon_y = \epsilon_z = -\frac{\nu}{E}\sigma_x = -\nu\epsilon_x,\quad \gamma_{xy} = \frac{\tau_{xy}}{G} \tag{11・7}$$

(b) 소성영역 (Prandtl-Reuss의 식)

$$d\epsilon_{ij} = \frac{d\sigma_{ij}}{2G} - \frac{3\nu}{E}d\sigma_m\delta_{ij} + (\sigma_{ij} - \sigma_m\delta_{ij})d\lambda$$
$$d\epsilon_x = \frac{1}{E}d\sigma_x + \frac{2}{3}\sigma_x d\lambda,\quad d\epsilon_y = d\epsilon_z = -\frac{1}{E}d\sigma_x - \frac{1}{3}\sigma_x d\lambda \tag{11・8}$$
$$d\gamma_{xy} = \frac{1}{G}d\tau_{xy} + 2\tau_{xy}d\lambda$$

(5) 경계조건 및 초기조건

앞의 (1)~(4)항의 기초방정식을 만족하는 경계조건 및 초기조건을 선택하여 방정식을 풀이한다. 미지수는 응력성분 σ_{ij} 가 6개, 변형률 성분 ϵ_{ij} 가 6개, 변위성분 u_i 가 3개로써 전부 15개가 된다. 이들 미지수를 풀기 위한 방정식은 힘의 평형방정식 3개, 변형률의 적합조건식 6개, 구성방정식 6개로써 전부 15개이므로 원리적으로는 미지수를 전부 구할 수 있다. 그러나 실제로 해석 가능한 경우는 매우 적기 때문에 소성변형의 크기가 탄성변형의 크기와 동일한 정도일 때 해석이 가능한 간단한 탄소성 경계값 문제를 해석하여 본다.

11.2 직사각형 단면의 보

11.2.1 탄완전소성 재료

탄완전소성(彈完全塑性) 재료의 경우 소성영역에서는 변형률에 관계없이 응력은 일정한 항복응력 σ_Y 가 된다. [그림 11-2(a)]와 같이 중립축으로부터 탄성영역과 소성영역에 대한 경계까지의 거리를 y_p 라 하고, 이 y_p 를 구하여 보기로 한다. 이때 보는 탄완전소성 재료이므로 보에 발생하는 굽힘응력 σ_x 의 분포는 [그림 11-2(b)]와 같이 된다.

순수굽힘일 때 전단응력은 발생하지 않으므로 식 (11・2)로부터 굽힘응력 σ_x 는 y 만의 함수로 된다. 이때 Mises의 항복조건과 Tresca의 항복조건은 같으며, 다음 식으로 표시된다.

$$\sigma_x = \sigma_Y \tag{11・9}$$

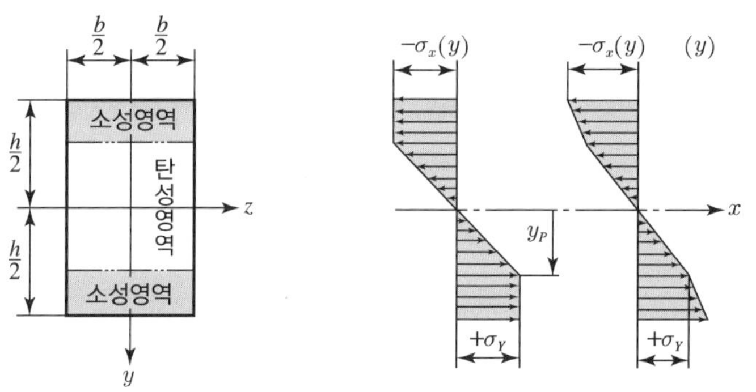

(a) 탄소성 영역 (b) 탄완전소성 응력 (c) 직선경화 응력

[그림 11-2] 직사각형 단면 보의 굽힘에 의한 탄소성 응력

(1) 전영역(全領域)이 탄성변형을 하는 경우

보의 굽힘응력 σ_x 는 식 (11・2)와 같이 되고, σ_x 가 최대로 되는 $y = \pm h/2$ 에서 항복이 일어나고, 소성변형을 시작한다. 이때 굽힘응력 σ_x 와 굽힘모멘트 M 의 관계는

$$M = \int_{-\frac{h}{2}}^{\frac{h}{2}} \sigma_x b y dy \tag{11・10}$$

식 (11・10)에 식 (11・2)를 대입하면 다음 식과 같이 된다.

$$M = \frac{bh^3}{12}\frac{E}{\rho} \tag{11・11}$$

따라서 보의 표면 $y = \pm h/2$ 에서 항복을 시작하는 굽힘모멘트 M_Y 는 식 (11・11)에 식 (11・2)를 대입하면 다음 식이 얻어진다.

$$M_Y = \frac{1}{6}bh^2\sigma_Y \tag{11・12}$$

(2) 탄성 및 소성영역이 공존하는 경우

소성영역이 $y = y_p$ 까지 진전하고 있을 때 힘의 평형을 고려하면, 보에는 축방향 힘이 작용하지 않으므로 다음 식과 같이 된다.

$$\int_{-\frac{h}{2}}^{\frac{h}{2}} \sigma_x bydy = 0 \tag{11・13}$$

식 (11・13)은 중립축을 결정하는 방정식이고, 직사각형 단면일 때 $y = \pm h/2$ 이므로 항복응력이 인장과 압축상태에서 서로 같다면 중립축은 중앙면에 일치한다.

따라서 굽힘응력은 다음 식과 같이 된다.

(a) 탄성영역

$$0 \leq |y| \leq y_p, \quad \sigma_x = E\epsilon_x = \frac{E}{\rho}y = \frac{y}{y_p}\sigma_Y \tag{11・14}$$

(b) 소성영역

$$y_p \leq |y| \leq \frac{h}{2}, \quad \sigma_x = \sigma_Y \tag{a}$$

식 (11・14)를 식 (11・10)에 대입하면 굽힘모멘트 M은

$$M = \frac{2\sigma_Y}{y_p}\int_0^{y_p} by^2dy + 2\sigma_Y\int_{y_p}^{\frac{h}{2}} bydy - \frac{bh^2}{4}\sigma_Y\left\{1 - \frac{4}{3}\left(\frac{y_p}{h}\right)^2\right\} \tag{11・15}$$

식 (11・15)로부터 소성영역이 진전하는 위치 y_p 는 다음 식으로 주어진다.

$$y_p = \frac{\sqrt{3}}{2}h\sqrt{1 - \frac{4M}{bh^2\sigma_Y}} \tag{11・16}$$

이때의 곡률은 다음 식과 같이 된다.

$$\frac{1}{\rho} = \frac{\sigma_Y}{y_p E} = \frac{\sigma_Y}{hE} \frac{2}{\sqrt{3 - 12M/bh^2\sigma_Y}} \tag{11·17}$$

식 (11·15)에서 $y_p = 0$ 로 놓으면, 보의 전단면(全斷面)이 항복될 때의 굽힘모멘트 M_u 는 다음 식으로 나타낸다.

$$M_u = \frac{1}{4} bh^2 \sigma_Y \tag{11·18}$$

이와 같은 보는 식 (11·18)에서 주어지는 M_u 이상의 굽힘모멘트를 지탱할 수 없고, 이 M_u 를 전소성굽힘모멘트, 또는 극한굽힘모멘트(limit bending moment)라 한다. 식 (11·12)와 식(11·18)에서 $M_u = 1.5M_Y$ 이므로 극한굽힘모멘트는 항복시작 굽힘모멘트 M_Y 의 1.5배로 된다.

11.2.2 가공경화 재료

재료가 소성변형으로 가공경화를 할 때 그 응력-변형률 관계식을 $\sigma = f(\epsilon)$ 으로 표시하면, 직사각형 단면 보의 균일굽힘에 의한 모멘트 M은 다음 식으로 나타낸다.

가공경화 하는 재료의 응력-변형률 곡선을 [그림 11-3]과 같이 선형적인 거동을 하는 것으로 가정하면, [그림 8-10(e)]와 같은 모델이 되므로 소성영역에서 응력-변형률 관계식은 다음 식과 같이 주어진다.

$$\sigma = \sigma_Y + H(\epsilon_p - \frac{\sigma_Y}{E}) = H\epsilon_p + \sigma_Y\left(1 - \frac{H}{E}\right) \tag{11·19}$$

여기서 H는 소성계수, E는 세로탄성계수이고, ϵ_p 는 소성변형률을 나타낸다.

$$M = 2\int_0^{y_p} \sigma_x\, bydy + 2\int_{y_p}^{\frac{h}{2}} f\left(\frac{y}{\rho}\right) bydy \tag{b}$$

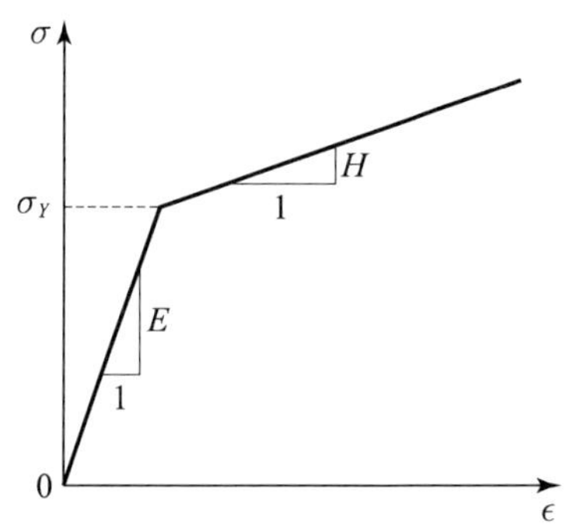

[그림 11-3] 선형 가공경화재의 응력-변형률

식 (11・19)의 응력분포는 [그림 11-2(c)]와 같고, 굽힘모멘트 M은 식 (11・15)에 의해 다음 식과 같이 된다.

$$M = b\sigma_Y\left(\frac{h^2}{4} - \frac{y_p^2}{3}\right) + b\sigma_Y\frac{H}{E}\left(\frac{h^3}{12y_p} + \frac{y_p^2}{3} - \frac{h^2}{4}\right) \tag{11・20}$$

11.3 집중하중이 작용하는 단순지지보

[그림 11-4]와 같이 길이 l, 폭 b, 높이 h인 단순지지된 직사각형 단면 보의 중앙에 집중하중 P가 작용하는 경우를 고려하여 보기로 한다. 이때 보의 단면 형상에 비하여 길이 l이 매우 길고, 전단응력 τ_{xy}는 무시할 수 있는 것으로 가정한다. 그림에서 임의의 x점에 대한 굽힘모멘트 M_x를 구하면 다음 식과 같이 된다.

$$M_x = \frac{P}{2}\left(\frac{l}{2} - x\right) \tag{11・21}$$

최대굽힘모멘트는 $x = 0$인 보의 중앙에서 발생하므로 소성영역은 보의 중앙 상・하표면으로부터 주위로 확대되어 진전한다.

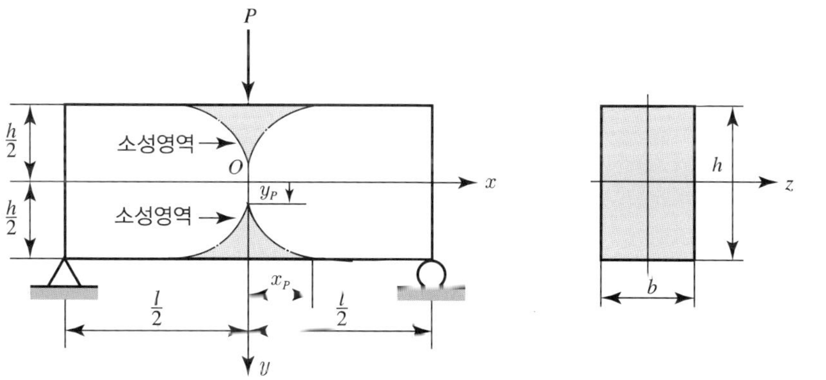

[그림 11-4] 집중하중이 작용하는 단순지지보의 탄소성영역

식 (11・15)와 식 (11・21)을 같게 놓으면, 탄소성 경계곡선은 다음 식과 같이 2차 곡선으로 주어진다.

$$x = \frac{l}{2} - \frac{bh^2\sigma_Y}{2P}\left\{1 - \frac{4}{3}\left(\frac{y_p}{h}\right)^2\right\} \tag{11・22}$$

중앙단면에서 항복을 시작하는 집중하중 P_Y는 위 식에서 $x = 0$, $y_p = \dfrac{h}{2}$로 놓으면

$$P_Y = \frac{2bh^2}{3l}\sigma_Y \tag{11・23}$$

또한, 중앙의 전단면(全斷面)이 항복될 때의 집중하중 P_u는 식 (11・22)에서 $x=0$, $y_p=0$으로 놓으면 다음 식이 얻어진다.

$$P_u = \frac{bh^2\sigma_Y}{l} \tag{11・24}$$

여기서 P_u는 극한하중(ultimate load)을 나타내고, 식 (11・23)과 식 (11・24)를 비교하면 $P_u = 1.5P_Y$로 된다.

식 (11・22)에 $y_p = \frac{h}{2}$와 식 (11・24)의 P_u를 대입하면, 중앙단면이 전면항복(全面降伏)할 때의 탄소성 경계곡선의 한계값은 다음 식과 같이 된다.

$$x_p = \frac{l}{6} \tag{11・25}$$

11.4 잔류응력

탄완전소성 보의 폭 b, 높이 h인 직사각형 단면에 순수굽힘이 작용하여 소성변형이 발생한 후 굽힘모멘트 $M=0$인 경우를 고려하여 보기로 한다. 이때 하중을 제거하기 시작하면 탄성적으로 응력 및 변형이 회복된다.

[그림 11-5]와 같이 굽힘모멘트 $M=0$일 때 잔류응력(殘溜應力; residual stress) σ_x^r은 식 (11・14)의 응력 σ_x로부터 식 (11・15)의 굽힘모멘트 M에 의해 발생하는 탄성응력 σ_x^e를 빼면

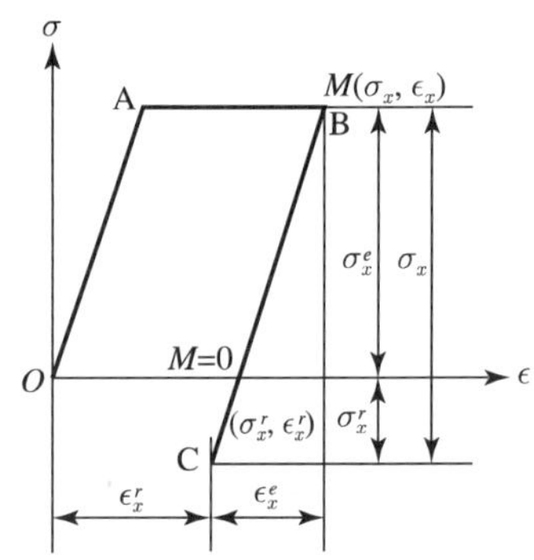

[그림 11-5] 보의 잔류응력

$$\sigma_x^r = \sigma_x - \sigma_x^e \tag{11・26}$$

또한, 굽힘모멘트 M에 의해 발생하는 탄성응력 σ_x^e는 다음 식과 같이 된다.

$$\sigma_x^e = \frac{My}{I} = \frac{M}{(I/y)} = \frac{M}{Z} \tag{11・27}$$

여기서 I는 단면 2차모멘트, Z는 단면계수이다.

식 (11・26)은 [그림 11−6(a)]와 같이 나타내고, 그 결과 잔류응력은 [그림 11−6(b)]와 같이 된다. 이 해석은 하중제거가 끝날 때까지 모든 위치에서 응력 및 변형이 탄성적으로 회복되는 것으로 가정하였다.

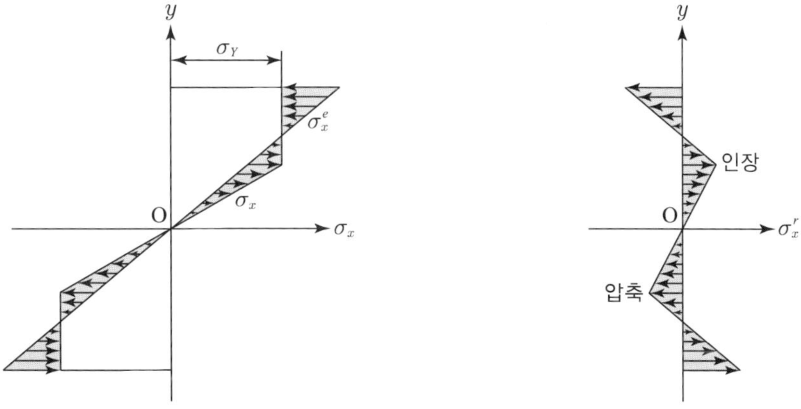

(a) (b)

[그림 11−6] 탄완전소성 보의 잔류응력

11.5 스프링 백

재료는 소성변형 후에도 하중을 제거하면 어느 정도의 탄성회복(彈性回復)을 하는 현상을 스프링 백(spring back)이라 한다. 여기서는 굽힘변형에 의한 스프링 백을 고려하여 보기로 한다. [그림 11−7]과 같이 굽힘모멘트 M이 작용하여 휘어진 보의 곡률을 $1/\rho_0$, 스프링 백에 의한 곡률의 변화를 $1/\rho_s$, 그리고 잔류응력에 의한 곡률을 $1/\rho_r$ 로 하면 다음이 관계식이 성립한다.

$$\frac{1}{\rho_s} = \frac{1}{\rho_0} - \frac{1}{\rho_r} = \frac{M}{EI} \tag{11・28}$$

여기서 스프링 백에 의한 곡률 $\dfrac{1}{\rho_s} = \dfrac{M}{EI}$ 이 된다.

굽힘모멘트 M에 의한 곡률 $\dfrac{1}{\rho_0}$ 은 식 (11・17)을 이용하면 다음 식과 같이 된다.

$$\frac{1}{\rho_0} = \frac{\sigma_Y}{E\,y_p} \tag{11・29}$$

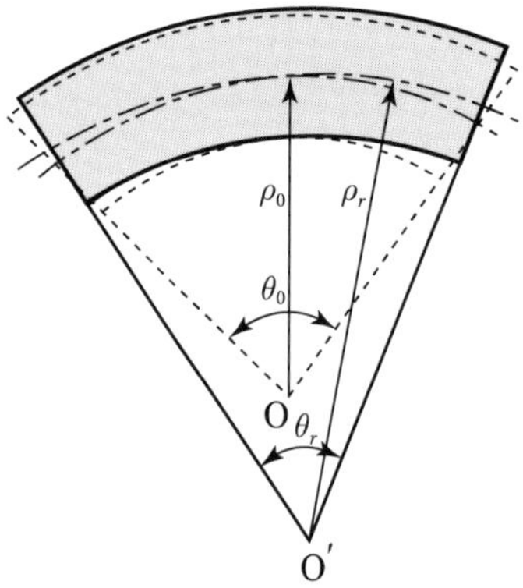

[그림 11-7] 굽힘변형에 의한 스프링 백

[그림 11-7]에서와 같이 스프링 백에 의한 굽힘각 θ_0가 θ_r로 변화할 때 스프링 백의 각도의 차 $\Delta\theta$ 사이에는 다음 식의 관계가 성립한다.

$$\Delta\theta = \theta_0 - \theta_r = \theta_0\left(1 - \frac{\rho_0}{\rho_r}\right) = \frac{\rho_0\theta_0}{\rho_s} \tag{11・30}$$

11.6 비틀림 문제

이미 앞의 제 5장에서 탄성문제의 비틀림에 대해서 기술하였다. 균일단면 봉의 양 끝에 비틀림 모멘트 T가 작용할 때 그 양 끝으로부터 거리가 충분히 떨어진 봉의 중앙부에 작용하는 응력은 어느 단면을 보더라도 동일하다. 이러한 현상을 비틀림에 대한 Saint-Venant의 원리라 하고, 비틀림을 고려한 탄성문제의 기초방정식은 다음과 같이 주어진다.

(1) **힘의 평형방정식 :** 힘의 평형방정식은 다음 식과 같이 된다.

$$\frac{\partial\tau_{zx}}{\partial x} + \frac{\partial\tau_{zy}}{\partial y} = 0 \tag{a}$$

(2) **변형률의 적합조건식 :** 변형률의 적합조건식은 다음과 같이 된다.

$$\gamma_{zx} = \theta\left(\frac{\partial f}{\partial x} - y\right), \quad \gamma_{zy} = \theta\left(\frac{\partial f}{\partial y} + x\right) \tag{b}$$

또는

$$\frac{\partial \gamma_{zx}}{\partial y} - \frac{\partial \gamma_{zy}}{\partial x} = 2\theta \tag{c}$$

(3) 항복조건식

Tresca 및 Mises의 항복조건은 다음 식과 같이 서로 같다.

$$\tau = \sqrt{\tau_{zx}^2 + \tau_{zy}^2} = k \tag{d}$$

여기서, 1축 인장항복응력 σ_Y 와 전단항복응력 k 의 관계는 Tresca의 항복조건일 때는 $k = \frac{\sigma_Y}{2}$ 이고, Mises의 항복조건일 때는 $k = \frac{\sigma_Y}{\sqrt{3}}$ 로 된다.

(4) 구성방정식

(a) 탄성영역 (Hooke의 법칙)

$$\gamma_{zx} = \frac{\tau_{zx}}{G}, \quad \gamma_{zy} = \frac{\tau_{zy}}{G} \tag{e}$$

(b) 소성영역 (Prandtl–Reuss의 구성방정식)

$$d\gamma_{zx} = \frac{1}{G} d\tau_{zx} + 2\tau_{zx} d\lambda, \quad d\gamma_{zy} = \frac{1}{G} d\tau_{zy} + 2\tau_{zy} d\lambda \tag{f}$$

11.6.1 둥근 봉의 비틀림

반지름 a 인 탄완전소성 재료의 둥근 봉에 비틀림 모멘트 T 가 작용할 때 전단응력 τ 와 전단변형률 γ 는 [그림 11-8]과 같이 분포한다.

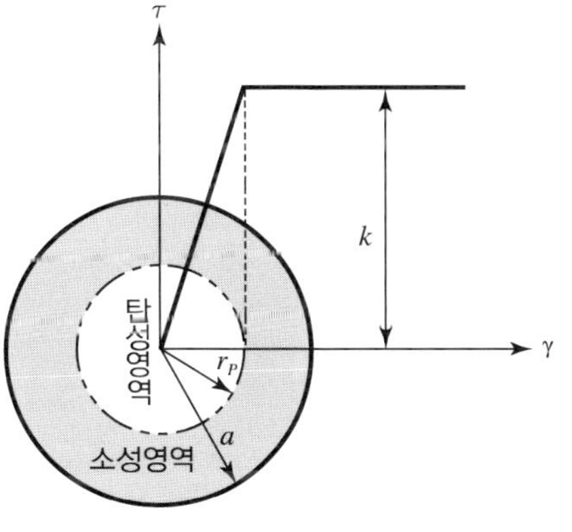

[그림 11-8] 둥근 봉의 비틀림에 의한 탄소성 영역

(1) 전체영역이 탄성변형을 할 때

비틀림 모멘트 T가 작고, 둥근 봉 전체가 탄성변형을 할 때 전단응력 τ는 다음 식과 같이 된다.

$$\tau = \gamma G = G r \theta \tag{11・31}$$

둥근 봉은 전단응력 τ가 가장 큰 $r = a$인 표면에서 항복이 발생하면서 소성변형을 시작한다. 이때 전단응력 τ와 비틀림 모멘트 T의 관계는

$$T = 2\pi \int_0^a \tau r^2 dr \tag{11・32}$$

식 (11・32)에 식 (11・31)을 대입한 후 적분하면 다음 식이 얻어진다.

$$T = \pi G \theta \frac{a^4}{2} \tag{g}$$

따라서 둥근 봉의 표면 $r = a$에서 처음 항복을 시작할 때의 비틀림 모멘트 T_Y는 다음 식과 같이 된다.

$$T_Y = \frac{1}{2} \pi a^3 k \tag{11・33}$$

(2) 탄성 및 소성영역이 공존할 때

소성영역이 $r = r_p$까지 진전하였을 때 전단력 τ는 다음 식과 같이 된다.

(a) 탄성영역

$$0 \le r \le r_p, \quad r = \gamma G = G r \theta = k\left(\frac{r}{r_p}\right) \tag{11・34a}$$

(b) 소성영역

$$r_p \le r \le a, \quad \tau = k \tag{11・34b}$$

비틀림 모멘트 T는 식 (11・34)를 식 (11・32)에 대입한 후 정리하면 다음 식이 얻어진다.

$$T = 2\pi\left(\frac{k}{r_p}\int_0^{r_p} r^3 dr + \int_{r_p}^a k r^2 dr\right) = \frac{2}{3}\pi a^3 k\left\{1 - \frac{1}{4}\left(\frac{r_p}{a}\right)^3\right\} \tag{11・35}$$

식 (11・35)으로부터 소성영역의 진전위치 r_p는 다음 식과 같이 된다.

$$r_p = 2a\left\{\frac{1}{2}\left(1 - \frac{3T}{2\pi a^3 k}\right)\right\}^{\frac{1}{3}} \tag{11・36}$$

식 (11・36)에서 $r_p = 0$ 으로 놓으면, 둥근 봉의 전체단면이 항복을 일으켰을 때 비틀림 모멘트 T_u 는 다음 식으로 주어진다.

$$T_u = \frac{2}{3}\pi a^3 k \qquad (11\cdot 37)$$

여기서, T_u 는 극한비틀림 모멘트(limit torsional moment)를 나타낸다.

식 (11・33)과 식 (11・37)에서 $T_u = \frac{4}{3}T_Y$ 가 되므로 극한비틀림 모멘트 T_u 는 초기항복 비틀림 모멘트 T_Y 의 $\frac{4}{3}$ 배로 된다.

11.6.2 균일 단면봉의 비틀림

봉의 비틀림 응력함수 Ψ 는 식 (5・8)과 같다.

$$\tau_{zx} = \frac{\partial \Psi}{\partial y}, \quad \tau_{zy} = -\frac{\partial \Psi}{\partial x}$$

소성영역을 고려하여 항복조건식 (d)을 다시 적용하면 전단응력의 합 τ 는

$$\tau = \sqrt{\tau_{zx}^2 + \tau_{zy}^2} = k \qquad \text{(h)}$$

[그림 11-9]와 같이 전단응력의 합 τ 의 방향과 일치하는 곡선 S 를 고려하면, S 선에서는 다음 식과 같이 된다.

$$\frac{\tau_{zy}}{\tau_{zx}} = \frac{dy}{dx} = \tan\phi \qquad (11\cdot 38)$$

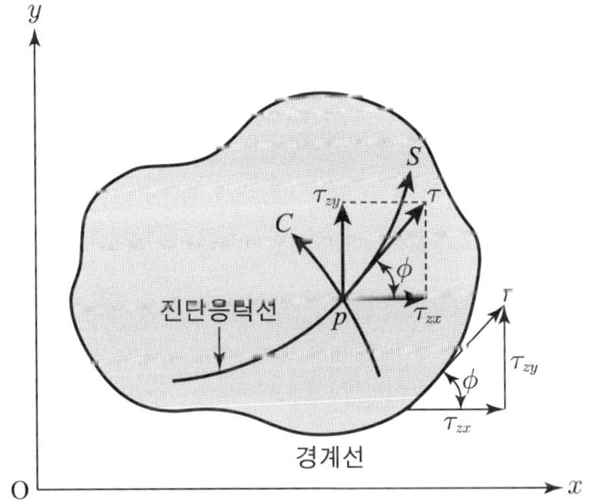

[그림 11-9] 전단응력선의 관계

S선에서 비틀림 응력함수 Ψ의 변화량은

$$d\Psi = \frac{\partial \Psi}{\partial x} dx + \frac{\partial \Psi}{\partial y} dy = -\tau_{zy} dx + \tau_{zx} dy = 0 \tag{i}$$

로 되므로 S선에서는 다음 식이 성립한다.

$$\Psi = C(\text{일정}) \tag{11・39}$$

전단응력의 합 τ의 방향과 일치하는 S선에서는 비틀림 응력함수 Ψ는 일정한 값을 나타내는데. 이 곡선을 전단응력선(line of shear stress)이라 한다.

또한, 비틀림 응력함수 Ψ가 만족하여야 할 방정식을 고려하여 보기로 한다.

탄성영역에서 Hooke의 법칙은 다음 식과 같이 된다.

$$\tau_{zx} = G\gamma_{zx}, \quad \tau_{zy} = G\gamma_{zy} \tag{j}$$

위식에서 응력을 비틀림 응력함수 Ψ로 표시한 후 변형률의 적합조건식 (c)에 대입하면, 비틀림 응력함수 Ψ가 만족하여야할 방정식은 식 (5・10)과 같다.

$$\frac{\partial^2 \Psi}{\partial x^2} + \frac{\partial^2 \Psi}{\partial y^2} = -2G\theta$$

전단응력을 비틀림 응력함수 Ψ로 표시하면 다음 식과 같다.

$$|grad\ \Psi| = \sqrt{\left(\frac{\partial \Psi}{\partial x}\right)^2 + \left(\frac{\partial \Psi}{\partial y}\right)^2} = k \tag{11・40}$$

여기서 전단항복응력 k는 비틀림 응력함수 Ψ에 대한 기울기를 나타낸다.

[그림 11-9]에서 봉의 측면에는 외력이 작용하지 않으므로 단면의 경계선에 대한 접선방향은 전단응력의 합 τ의 방향과 일치한다. 이것은 경계선이 전단응력선인 것을 나타내고, 경계선에서는 일반적으로 트랙션 프리(traction free) 조건으로서 $\Psi = 0$로 취급하는 경우가 많다.

비틀림 모멘트 T는 경계선에서 $\Psi = 0$을 고려한 후 Gauss의 발산정리를 적용하면 다음 식으로 나타낼 수 있다.

$$\begin{aligned} T &= \iint (x\tau_{zy} - y\tau_{zx}) dx\,dy = -\iint \left(x\frac{\partial \Psi}{\partial x} + y\frac{\partial \Psi}{\partial y}\right) dx\,dy \\ &= -\iint \left\{\frac{\partial (x\Psi)}{\partial x} + \frac{\partial (y\Psi)}{\partial y}\right\} dx\,dy = -\int_S \Psi(x\,dy - y\,dx) + 2\iint \Psi\,dx\,dy \\ &= 2\iint \Psi\,dx\,dy = 2V \end{aligned} \tag{11・41}$$

비틀림 모멘트 T는 비틀림 응력함수 Ψ가 나타내는 곡면의 아랫부분이 차지하는 체적 V의 2배로 되는 것을 의미한다. 또한, 전단응력의 합 τ의 방향과 일치하는 S선에서는 [그림 11-9]로부터 다음 식과 같이 된다.

$$\tau_{zx} = k(x,\ y)\cos\phi(x,\ y), \quad \tau_{zy} = k(x,\ y)\sin\phi(x,\ y) \tag{11・42}$$

식 (11・42)를 평형방정식 (a)에 대입한 후 변형하면 다음 식이 얻어진다.

$$\frac{\partial \phi}{\partial C} + \frac{1}{k}\frac{\partial k}{\partial S} = 0 \tag{11・43}$$

C선은 ϕ 곡면에 대한 최대기울기의 방향을 표시하고, S선은 전단응력선으로서 ϕ 곡면의 등고선을 나타낸다. 따라서 C선은 S선에 직교하는 곡선이고, 경계에서 S선은 경계곡선에 일치하므로 C선은 경계곡선에 직교한다. 완전소성 재료일 때 k는 일정하고, 식 (11・43)에서 ϕ는 C선을 따라 일정하므로 C선은 직선으로 되는 것을 알 수 있다.

또한, 완전소성 재료의 전체단면이 소성영역으로 되어 있는 경우를 고려하여 보기로 한다. 완전소성 재료이므로 C선은 경계곡선에 직교하는 직선이 되고, 비틀림 응력함수 Ψ가 일정할 때 S선은 C선에 직교하므로 S선은 경계곡선과 유사(類似)한 곡선으로 된다.

식 (11・40)로부터 항복조건은 비틀림 응력함수 Ψ의 기울기가 일정한 k로 되는 것을 나타내고, 기울기가 k인 비틀림 응력함수 Ψ는 [그림 11-10]과 같은 뿔 모양이 된다.

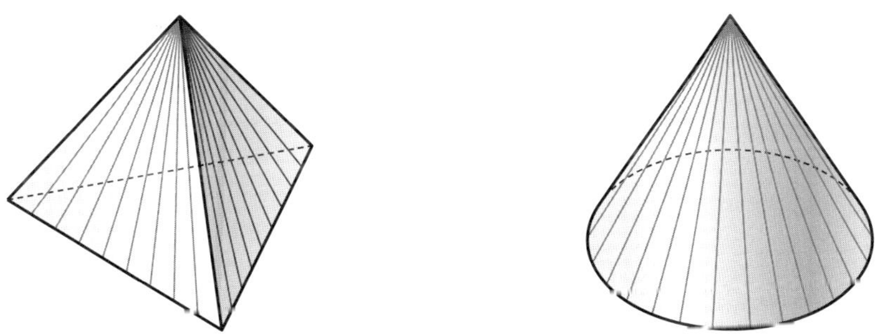

(a) 삼각형 단면　　　(b) 원형 단면

[그림 11-10] 모래언덕 유사성

따라서 식 (11・41)로부터 비틀림 모멘트 T는 이 뿔 모양 체적의 2배가 되는 것을 알 수 있다. 이 뿔 모양의 난면을 윤곽대로 잘라낸 판에 마른 모래를 최대로 쌓아올리면 응력함수의 곡면을 나타내고, 이것의 체적을 2배하면 비틀림 모멘트 T가 구해진다. 이 방법을 Nadai의 모래언덕 유사성(sand hill analogy)이라 한다. 또한, 식 (5・10)은 어떤 테두리에 비누막을 작은 압력으로 팽창시킬 때 비누막의 높이를 구하는 미분방정식과 같다. 따라서 임의의 단면과 동일한 형상의 테두리를 만들고, 여기에 비누막을 팽창시키는 압력을 조금씩 증가시켜 가면서 비누막의 곡면형상을 파악하면 비틀림 모멘트 T에 의한 응력함수 Ψ를 구할 수 있다. 이 Ψ가 구해지면 식 (5・8)로부터 전단응력 분포를 구할 수 있고, 식 (11・41)에서 T의 계산이 가능하다.

그러나 일반적인 단면형상에 대한 Ψ를 해석적으로 구하는 것은 매우 어려운 문제이고, 전단응력의 각 성분 τ_{zx}, τ_{zy}는 $\partial\Psi/\partial x$, $\partial\Psi/\partial y$로부터 구할 수 있다. 이러한 방법을 비누막 유사성 방법(soap-film analogy method), 또는 박막 유사법(薄膜類似法; membrane analogy method)이라 한다.

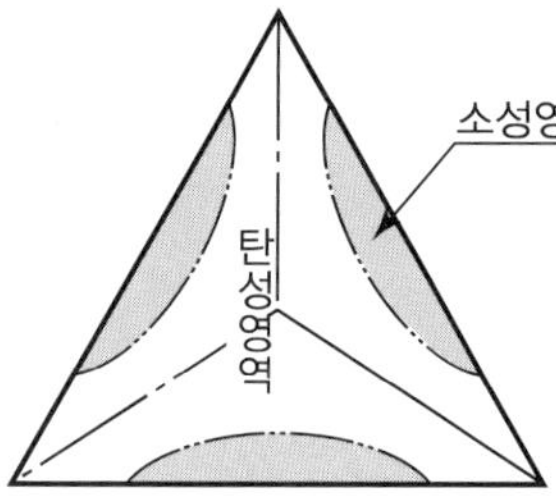

(a) 삼각형 단면의 탄소성 영역

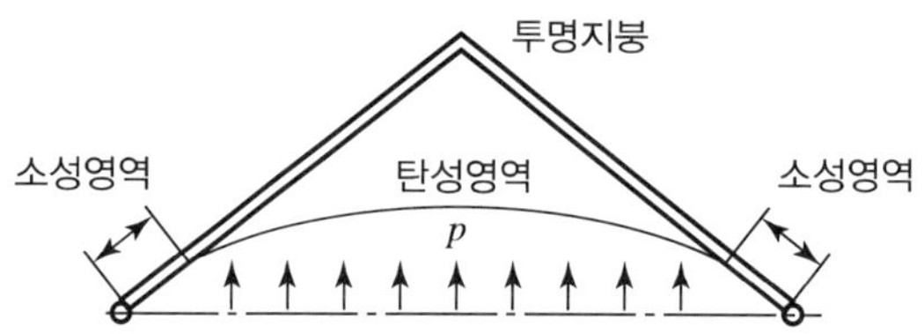

(b) 비누막 유사성

[그림 11-11] 비틀림에 의한 박막 유사성

따라서 탄소성 변형은 기울기 k의 지붕을 갖는 단면과 동일한 테두리로 비누막을 팽창시키면 압력이 증가할 때 비누막은 테두리에 접촉한다. 이때 지붕에 접촉한 부분은 [그림 11-11(b)]와 같은 소성영역이 형성되고, 접촉을 하지 않는 부분은 항복이 일어나지 않기 때문에 탄성영역이 된다.

11.7 내・외압이 작용하는 원통

현재, 고압용기의 사용은 점점 증가하고 있으므로 원통(圓筒; cylindrical shell)에 고압이 작용할 때 재료의 소성변형은 매우 중요하고, 압력용기의 강도, 열박음, 자동체결 등을 설계할 때 소성변형을 고려하여야 한다.

11.7.1 변형률의 적합조건식

[그림 11-12]와 같이 원통의 안쪽 반지름을 r_1, 바깥 반지름을 r_2라 하고, 내압을 p_1, 외압을 p_2라 한다. 임의의 점에 대한 반지름방향 및 축방향 좌표를 각각 r, z라 하면 각 변위는 다음 식으로 주어진다.

$$u_r = u(r), \quad u_\theta = 0, \quad u_z = 0 \tag{11・44}$$

식 (11・44)를 식 (2・62)에 대입하면 다음과 같은 변형률 및 변위의 관계식이 얻어진다.

$$\epsilon_r = \frac{du}{dr}, \quad \epsilon_\theta = \frac{u}{r}, \quad \epsilon_z = 0 \\ \epsilon_{r\theta} = \epsilon_{\theta z} = \epsilon_{zr} = 0 \qquad (11 \cdot 45)$$

여기서 ϵ_r, ϵ_θ는 독립적인 것이 아니고, 변형률의 적합조건식(compatibility equation)이 된다.

또한, 응력 및 변형률의 관계는 식 (3・12)를 참고하여 변형하면 다음 식과 같이 된다.

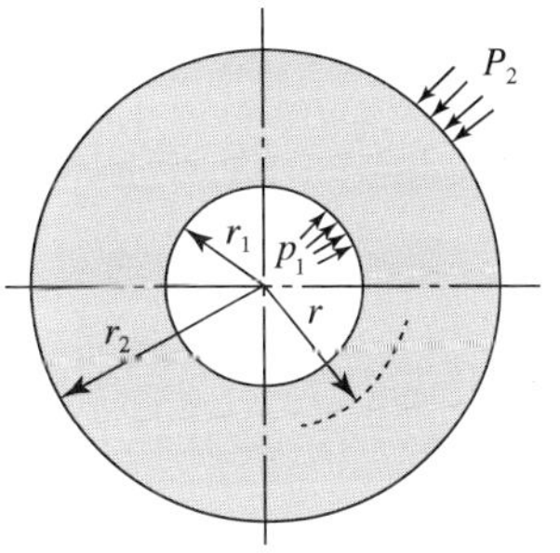

[그림 11-12] 두꺼운 원통의 탄소성 해석

$$\sigma_r = (\lambda + 2G)\epsilon_r + \lambda\epsilon_\theta \\ \sigma_\theta = (\lambda + 2G)\epsilon_\theta + \lambda\epsilon_r \\ \sigma_z = \lambda(\epsilon_r + \epsilon_\theta) \\ \sigma_{r\theta} = \sigma_{\theta z} = \sigma_{zr} = 0 \qquad (11 \cdot 46)$$

[그림 11-12]와 같은 원통에 대한 힘의 평형방정식은 식 (2・44)를 참고하면 다음 식과 같이 주어진다.

$$\frac{d\sigma_r}{dr} + \frac{\sigma_r - \sigma_\theta}{r} = 0 \qquad (11 \cdot 47)$$

식 (11・45)와 식 (11・46)을 고려하여 정리하고, 변위 $u = u(r)$로 표시하면 다음의 평형방정식을 얻을 수 있다.

$$\frac{d^2u}{dr^2} + \frac{1}{r}\frac{du}{dr} - \frac{1}{r^2}u = 0 \qquad (11 \cdot 48)$$

식 (11・48)의 일반해는 다음 식과 같이 된다.

$$u(r) = C_1 r + C_2 r^{-1} \qquad (11 \cdot 49)$$

상수 C_1, C_2를 결정하기 위해 [그림 11-12]에서 $\sigma_r(r_1)=p_1$, $\sigma_r(r_2)=p_2$를 식 (11・46)의 첫 번째 식에 대입한 후 식 (11・45)를 이용하면 다음 식이 얻어진다.

$$\begin{aligned} 2(\lambda+G)C_1-2GC_2b^{-2}&=p_2 \\ 2(\lambda+G)C_1-2GC_2a^{-2}&=p_1 \end{aligned} \tag{k}$$

식 (k)의 해는

$$\begin{aligned} 2GC_2&=\frac{r_1^2r_2^2(p_2-p_1)}{\left(r_2^2-r_1^2\right)} \\ 2(\lambda+G)C_1&=\frac{\left(p_2r_2^2-p_1r_1^2\right)}{\left(r_2^2-r_1^2\right)} \end{aligned} \tag{11・50}$$

식 (11・50)을 식 (11・49)에 대입하면 변위는 다음 식으로 주어진다.

$$u(r)=\frac{\left(p_2r_2^2-p_1r_1^2\right)r}{2(\lambda+G)\left(r_2^2-r_1^2\right)}+\frac{(p_2-p_1)r_1^2r_2^2}{2G\left(r_2^2-r_1^2\right)r} \tag{11・51}$$

11.7.2 두꺼운 원통의 탄소성 해석

[그림 11-12]와 같은 원통에 대한 힘의 평형방정식 (11・47)을 탄성변형률에 대한 각 응력 σ_r, σ_θ, σ_z을 해석하여 보기로 한다. 우선 내압을 받는 원통일 때 경계조건을 고려하면 다음 식과 같이 된다.

$$\sigma_r=A+\frac{B}{r^2}, \quad \sigma_\theta=A-\frac{B}{r^2} \tag{11・52}$$

여기서 A, B는 경계조건으로부터 결정되는 상수로서 [그림 11-12]에서 원통의 안쪽 벽은 $r=r_1$에서 $\sigma_r=p_1$, 바깥쪽 벽은 $r=r_2$에서 $\sigma_r=-p_2$의 경계조건을 이용하면 응력분포는 다음 식으로 주어진다.

$$\begin{aligned} \sigma_r&=\frac{p_1r_1^2-p_2r_2^2}{\left(r_2^2-r_1^2\right)}-\frac{r_1^2r_2^2(p_2-p_1)}{\left(r_2^2-r_1^2\right)r^2} \\ \sigma_\theta&=\frac{p_2r_2^2-p_1r_1^2}{\left(r_2^2-r_1^2\right)}+\frac{r_1^2r_2^2(p_2-p_1)}{\left(r_2^2-r_1^2\right)r^2} \\ \sigma_z&=2\lambda C_1=\left(\frac{\lambda}{\lambda+G}\right)\frac{p_2r_2^2-p_1r_1^2}{\left(r_2^2-r_1^2\right)} \end{aligned} \tag{11・53}$$

또한, 최대전단응력 $\tau_{\max}$ 는 다음 식과 같이 된다.

$$\tau_{\max} = \frac{1}{2}(\sigma_\theta - \sigma_r) = \frac{(p_1 - p_2) r_1^2 r_2^2}{r^2 \left(r_2^2 - r_1^2\right)} \tag{11・54}$$

원통의 안쪽 벽에서 전단응력 τ 의 절대값이 최대로 되므로 안쪽 벽으로부터 항복을 시작하는 것을 알 수 있다.

소성영역을 해석하기 위하여 다음과 같은 가정을 한다.

(1) 재료는 탄완전소성 거동을 한다.

(2) 탄성변형률 성분 및 소성변형률 성분은 체적변화를 하지 않는다.

(3) 축 방향으로는 신축(伸縮)이 없으므로 $\epsilon_z = 0$ 이 된다.

ϵ_z 는 전변형률 이론에 의한 Hencky의 방정식에 따라 다음 식과 같이 된다.

$$\epsilon_z = \frac{1}{E}\{\sigma_z - \nu(\sigma_r + \sigma_\theta)\} + \frac{2}{3}\phi\left(\sigma_z - \frac{\sigma_r + \sigma_\theta}{2}\right) \tag{11・55}$$

위에 설명한 소성영역의 가정에 의하면 $\nu = 0.5$, $\epsilon_z = 0$ 이므로

$$\sigma_z = \frac{\sigma_r + \sigma_\theta}{2} \tag{11・56}$$

탄완전소성 재료이므로 항복이 발생하면 유효응력 $\bar{\sigma}$ 의 크기는 일반적으로 항복응력 σ_Y 로 되고, Mises의 항복조건에 의해 다음 식으로 주어진다.

$$\sigma_Y = \frac{1}{\sqrt{2}}\sqrt{(\sigma_r - \sigma_\theta)^2 + (\sigma_\theta - \sigma_z)^2 + (\sigma_z - \sigma_r)^2} \tag{11・57}$$

식 (11・56)에 식 (11・57)을 대입하면

$$\sigma_Y = \frac{\sqrt{3}}{2}|\sigma_r - \sigma_\theta| \tag{11・58}$$

내압 p 만이 작용할 때 $\sigma_r < 0$, $\sigma_\theta > 0$ 이므로 항복전단응력을 k 라 하면

$$\sigma_\theta - \sigma_r = 2k = \frac{2}{\sqrt{3}}\sigma_Y \tag{11・59}$$

이것을 평형방정식 (11・47)에 대입한 후 미분방정식을 풀면 다음 식이 얻어진다.

$$\begin{aligned} \sigma_r &= C + 2k\ln r \\ \sigma_\theta &= C + 2k(1 + \ln r) \end{aligned} \tag{11・60}$$

임의의 p 값으로부터 $r=\rho$ 까지 소성변형을 하였을 때 이것은 다음의 경계조건을 만족시켜야 한다.

(1) $r=r_1$ 에서 $\sigma_r=-p$ 로 된다.

(2) $r=\rho$ 에서 탄성영역, 또는 소성영역에서 계산되는 σ_r 은 서로 같다.

(3) $r=r_2$ 에서 $\sigma_r=0$ 로 된다.

(4) 탄성영역인 $r=\rho$ 에서 응력상태는 항복조건을 만족한다.

경계조건 (2)~(4)에 의해 식 (11・52)와 식 (11・60)으로부터 적분상수 A, B, C를 결정하면 다음과 같다.

$$A=k\left(\frac{\rho}{r_2}\right)^2,\quad B=-k\rho^2,\quad C=k\left(\frac{\rho}{r_2}\right)^2-k(1+2\ln\rho) \qquad (11・61)$$

응력분포는 $\epsilon_z=0$, $\sigma_z=(\sigma_r+\sigma_\theta)/2$ 를 고려하면 탄성영역에서는 다음 식이 된다.

$$\sigma_r=-k\rho^2\left(\frac{1}{r_1^2}-\frac{1}{r_2^2}\right)$$

$$\sigma_\theta=k\rho^2\left(\frac{1}{r_1^2}+\frac{1}{r_2^2}\right) \qquad (11・62)$$

$$\sigma_z=k\frac{\rho^2}{r_2^2}$$

또한, 소성영역에서는 다음 식과 같이 주어진다.

$$\sigma_r=-k\left\{1+2\ln\frac{\rho}{r_1}+\left(\frac{\rho}{r_2}\right)^2\right\}$$

$$\sigma_\theta=k\left\{1-2\ln\frac{\rho}{r_1}+\left(\frac{\rho}{r_2}\right)^2\right\} \qquad (11・63)$$

$$\sigma_z=k\left\{-2\ln\frac{\rho}{r_1}+\left(\frac{\rho}{r_2}\right)^2\right\}$$

내압 p 와 탄소성 영역의 경계 ρ 의 관계는 경계조건 (1)에 의해 다음 식이 얻어진다.

$$p=k\left\{1+2\ln\left(\frac{\rho}{r_1}\right)-\left(\frac{\rho}{r_2}\right)^2\right\} \qquad (11・64)$$

CHAPTER 11 연습문제

[문제 11-1] 폭(b)×높이(h)인 직사각형 단면 보에 굽힘을 작용하여 상·하 표면으로부터 각각 $h/4$인 곳까지 항복된 후 하중을 제거하였을 때 이 보의 곡률 반지름 ρ에 대한 변화량을 구하시오. 단, 보의 재료는 탄완전소성 재료로 가정한다.

[문제 11-2] 단면의 폭 b, 높이 h, 그리고 길이 l인 단순보의 단위길이에 대한 균일분포하중 w가 작용한다. 단, 보는 탄완전소성 재료로 되어 있을 때 다음을 결정하시오.

(1) 처음으로 항복이 시작할 때의 하중(w_Y)

(2) 중앙단면이 완전 항복될 때의 하중(w_u)

(3) 탄성 및 소성영역의 경계

[문제 11-3] 항복전단응력이 k이고, 반지름이 r_0인 탄완전소성 재료의 둥근 봉에 비틀림하중을 가하여 표면으로부터 반지름 $\frac{r_0}{2}$까지 재료가 항복되었을 때 비틀림 모멘트를 구하시오.

[문제 11-4] 안쪽 반지름 r_i, 바깥쪽 반지름 r_o인 중공의 원형 봉에 비틀림 하중을 작용시킬 때 극한비틀림 모멘트 T_u와 처음으로 항복을 시작할 때의 비틀림 모멘트 T_Y를 결정하시오.

[문제 11-5] 탄완전소성 재료로 된 [그림 11-13]과 같이 직사각형 단면의 봉에 비틀림 하중이 작용하여 봉이 완전히 항복될 때의 비틀림 모멘트 T_u를 구하시오.
단, 직사각형 단면의 치수는 $h > b$이다.

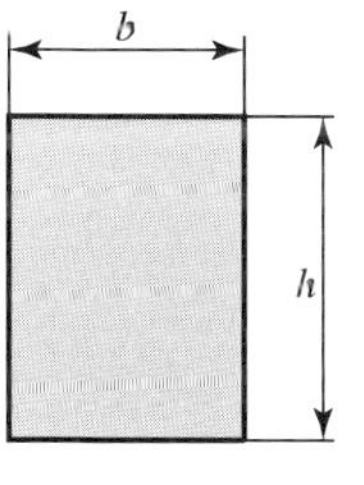

[그림 11-13]

Chapter

12 소성가공의 근사해법

소성가공(塑性加工; plastic working) 문제에 대한 역학적 해석은 가공물에 발생하는 변형, 응력, 변형률, 제품의 성형한계 및 기계적 성질을 비롯하여 공구에 작용하는 응력과 변형률 등을 정량적으로 예측할 수 있다. 이러한 예측 결과는 가공공정, 가공조건의 설정, 형상설계, 또는 가공기계의 선택 등에 효과적으로 이용할 수 있다.

소성가공은 매우 큰 소성 변형률이 발생할 때가 많으므로 지금까지 배운 기초방정식을 전부 만족하는 엄밀해를 구하기 위해서는 경계조건 및 초기조건에 따른 이론해석의 제약을 받기 때문에 수학적 엄밀해를 얻기는 곤란한 경우가 많다.

따라서 수학적 해석의 어려움을 간단히 하기 위해서는 몇 가지 가정(假定)을 세우고, 컴퓨터를 이용하여 근사적인 수치해를 구하여 실용적으로 사용한다.

소성변형의 근사해법으로는 다음과 같은 해석방법이 있다.

(1) 슬래브법(slab method), 또는 초등해석법(elementary analysis method)
(2) 미끄럼선장법(slip-line method)
(3) 상계법(上界法; upper bound method)
(4) 유한요소법(有限要素法; finite element method: FEM)

이 장에서는 슬래브법과 미끄럼선장법에 의한 해석방법을 설명하고, 제 13장에서는 유한요소법에 대하여 기술하기로 한다.

12.1 슬래브법

재료의 변형영역에 대한 미소 체적요소(slab)를 자유물체로 취급하여 이에 대한 평형방정식을 세우고, 소성문제를 해석하는 방법으로서 슬래브법(slab method), 또는 초등해석법(初等解析法; elementary analysis method)이라 한다. 이 때 한쪽 방향의 미소치수에 대한 응력변화를 고려하고, 다른 방향으로는 균일하게 응력이 분포하는 것으로 가정한다. 여기에 경계조건을 고려하여 평형방정식을 적분하면 엄밀해에 근사한 해를 얻을 수 있다.

슬래브법에서는 다음과 같은 가정을 전제로 한다.

(1) 외력의 작용방향과 이에 수직한 면을 주응력(主應力; principal stress) 방향으로 보고, 이들 평면에 대한 주응력은 일정하다.

(2) 표면마찰의 영향은 힘의 평형에서는 고려하지만, 금속내부의 변형이나 주응력 방향에는 영향이 없다.

(3) 평면은 변형 중에도 평면을 유지하여 균일변형(homogeneous deformation)이 된다.

12.1.1 직육면체의 압축 해석

[그림 12-1(a)]와 같이 폭 b, 높이 h, 두께 t 이고, 마찰계수를 μ 인 직육면체 소재를 z 축 방향으로 변형이 구속된 상태에서 평판공구를 사용하여 y 축 방향으로 압축하는 경우를 해석한다. 이때 $\dot{\epsilon}_z = 0$ 인 평면변형률 상태로 되고 응력은 z 축 방향으로만 변화하며, y 축 방향으로는 균일분포를 가정한다. 또한, 이들 방향의 응력성분 σ_x, σ_y, σ_z 는 주응력이 되는 것으로 가정한다.

[그림 12-1(a)]에서와 같이 미소요소인 슬래브에 나타낸 응력 σ_x 와 $\sigma_x + d\sigma_x$, 면압 p 및 마찰전단응력 $\tau_f = \mu p$ 가 작용한다. 이 요소의 x 축 방향에 대한 힘의 평형조건으로부터 다음 식이 얻어진다.

$$(\sigma_x + d\sigma_x)ht - \sigma_x ht - 2\tau_f t dx = 0 \qquad \text{(a)}$$

$$\frac{d\sigma_x}{dx} - \frac{2\tau_f}{h} = 0 \qquad (12 \cdot 1)$$

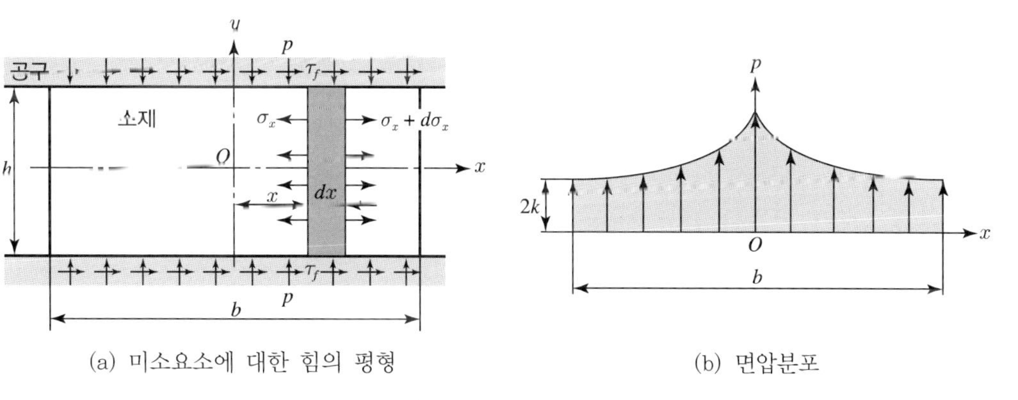

(a) 미소요소에 대한 힘의 평형　　(b) 면압분포

[그림 12-1] 직육면체 소재의 압축에 의한 힘의 평형 및 면압분포

평면변형률 상태($\overline{\epsilon_z} = 0$) 에서 Levy-Mises의 식을 이용하면 다음 식과 같이 된다.

$$S_z = \sigma_z - \sigma_m = \frac{2}{3}\left(\sigma_z - \frac{\sigma_x + \sigma_y}{2}\right) = 0 \tag{b}$$

$$\sigma_z = \frac{\sigma_x + \sigma_y}{2} \tag{12・2}$$

여기서 $\sigma_x = \sigma_1$, $\sigma_z = \sigma_2$, $\sigma_y = \sigma_3$ 이다.

또한, y 방향에 대한 힘의 평형조건은

$$\sigma_y = -p \tag{c}$$

식 (c)를 Tresca의 항복조건식 (9・5)와 Mises의 항복조건식 (9・9)에 대입하면, 두 조건으로부터 다음 식이 얻어진다.

$$\sigma_x + p = 2k \tag{12・3}$$

여기서 소재는 강완전소성체이고, 전단항복응력 k는 일정한 것으로 가정한다.

식 (12・1)에 식 (12・3)을 대입하면 면압 p에 관한 다음 식으로 표시된다.

$$\frac{dp}{dx} = -\frac{2\tau_f}{h} = -\frac{2\mu p}{h} \tag{12・4}$$

식 (12・4)는 변수분리형 미분방정식이므로 적분하면

$$p = C_1 \exp\left(-\frac{2\mu x}{h}\right) \tag{d}$$

폭의 측면에는 응력이 작용하지 않으므로 경계조건을 고려하면

$$x = \frac{b}{2} \text{ 에서 } \sigma_x = 0, \quad p = 2k \tag{e}$$

이 되고, 식 (e)를 이용하여 식 (d)의 적분상수 C_1을 구하면 다음과 같다.

$$C_1 = 2k \exp\left(\frac{\mu b}{h}\right) \tag{f}$$

그러므로 면압 p는 다음 식과 같이 주어진다.

$$p = 2k \exp\left(\frac{\mu b}{h}\right) \exp\left(-\frac{2\mu x}{h}\right) = 2k \exp\left\{\frac{\mu}{h}(b - 2x)\right\} \tag{12・5}$$

식 (12・5)에서 얻어지는 면압분포는 [그림 12-1(b)]와 같고, 이와 같은 압력분포가 나타나는 것을 마찰언덕(friction hill)이라 한다.

평균면압 p_m 을 구하기 위해 압축하중 P 는 식 (12・5)를 적분하여 구하면, 그 결과는 다음 식과 같이 된다.

$$P = 2\int_0^{2b} p\,dx = 2k\frac{h}{\mu}\left\{\exp\left(\frac{\mu b}{h}\right) - 1\right\} \qquad (12・6)$$

$$p_m = \frac{P}{b} = \frac{2}{b}\int_0^{\frac{b}{2}} p\,dx = 2k\frac{h}{\mu b}\left\{\exp\left(\frac{\mu b}{h}\right) - 1\right\} \fallingdotseq 2k\left(1 + \frac{\mu b}{2h}\right) \qquad (12・7)$$

여기서 $\mu b/h \ll 1$ 로 하여 지수함수를 급수전개하면

$$\exp\left(\frac{\mu b}{h}\right) = 1 + \frac{1}{1!}\left(\frac{\mu b}{h}\right) + \frac{1}{2!}\left(\frac{\mu b}{h}\right)^2 + \frac{1}{3!}\left(\frac{\mu b}{h}\right)^3 + \cdots \qquad \text{(g)}$$

이 되고, 제곱 이상을 생략하면 근사적으로 식 (12・7)이 최종적으로 얻어진다.

소재의 높이에 대한 폭의 비 b/h, 또는 마찰계수 μ 가 클 때는

$$\tau_f = \mu p = k \qquad \text{(h)}$$

로 되는 위치 x_k 가 나타나고, 이곳을 기준으로 내부의 중심영역에서는 고착마찰(固着摩擦; sticking friction)로 되며 다음 식과 같다.

$$\tau_f = k(\text{일정}) \qquad \text{(i)}$$

이때 식 (h)를 식 (12・5)에 대입하면 다음 식이 얻어진다.

$$x_k = \frac{b}{2} - \frac{h}{2\mu}\ln\left(\frac{1}{2\mu}\right) \qquad \text{(j)}$$

전체 접촉면에서 고착마찰로 되는 조건 $x_k = \dfrac{b}{2}$ 를 식 (j)에 대입하면, 마찰계수 $\mu = 0.5$ 가 된다.

내부영역($|x| \leq x_k$) 에서 $\tau_f = k$ 이므로 식 (12・4)는 다음 식과 같이 된다.

$$\frac{dp}{dx} = -\frac{2k}{h} \qquad (12・8)$$

위식을 적분하면

$$p = -\frac{2k}{h}x + C_2 \qquad \text{(k)}$$

식 (12・5)는 식 (h)에 경계조건 $x = x_k$ 를 대입한 값이 되고, 이것은 식 (k)에 이 경계조건을 대입한 값과 같다.

$$p = 2k\left[\frac{x_k - x}{h} + \exp\left\{\frac{\mu}{h}(b - 2x_k)\right\}\right] \qquad (12 \cdot 9)$$

압축하중 P는 식 (12 • 9)를 적분한 후 이것을 단면적으로 나누면, 평균면압 p_m 은 다음 식으로 표시된다.

$$p_m = \frac{kb}{2h}\left\{1 - \frac{\ln(1/2\mu)}{\mu b/h}\right\}\left\{1 + \frac{2 - \ln(1/2\mu)}{\mu b/h}\right\} + 2k\left(\frac{1/2\mu - 1}{\mu b/h}\right) \qquad (12 \cdot 10)$$

12.1.2 소성변형 에너지법에 의한 압축 해석

소재가 최초의 형상으로부터 변형하여 최후의 제품형상에 이르기까지 소성변형으로 소비된 에너지는 변형된 모델에 적용하여 계산할 수 있다. 또한, 탄성변형에서와 같이 소성변형으로 소비된 에너지도 외부에서 한 일과 같다고 하면 작용한 외력도 구할 수 있다. 표면의 마찰효과는 이 변형계에 중첩되어 있기 때문에 변형률 분포에는 영향을 미치지 않는 것으로 가정하고, 소재의 변형거동은 강완전 소성체로 간주한다.

[그림 12-1]에서 마찰이 없는 일정한 변형을 하는 것으로 가정하고, 소재가 높이 dh 만큼 압축될 때 변형률 증분은 다음 식과 같이 된다.

$$\begin{aligned} d\epsilon_x &= d\epsilon_1 = -\frac{dh}{h} \\ d\epsilon_y &= d\epsilon_3 = \frac{dh}{h} \\ d\epsilon_z &= d\epsilon_2 = 0 \end{aligned} \qquad (12 \cdot 11)$$

유효응력 $\overline{\sigma}$ 와 유효 소성변형률 증분 $\overline{d\epsilon^p}$ 는 식 (10 • 22) 및 식 (10 • 29)로부터 다음 식이 얻어진다.

$$\overline{\sigma} = \sqrt{\frac{1}{2}\left\{(\sigma_1 - \sigma_2)^2 + (\sigma_2 - \sigma_3)^2 + (\sigma_3 - \sigma_1)^2\right\}} = \frac{\sqrt{3}}{2}(\sigma_1 - \sigma_3) \qquad \text{(a)}$$

$$\overline{d\epsilon} = \sqrt{\frac{2}{3}\left(d\epsilon_1^2 + d\epsilon_2^2 + d\epsilon_3^2\right)} = \frac{2}{\sqrt{3}}|d\epsilon_1| = \frac{2}{\sqrt{3}}\left|\frac{dh}{h}\right| \qquad \text{(b)}$$

여기서 항복조건은 다음 식과 같다.

$$\sigma_1 - \sigma_3 = 2k \qquad (12 \cdot 12)$$

소재의 단위체적에 대한 소성변형일의 증분은 다음 식으로 주어진다.

$$dW^p = \overline{\sigma} \cdot \overline{d\epsilon} = \frac{\sqrt{3}}{2}(\sigma_1 - \sigma_3) \cdot \frac{2}{\sqrt{3}}\left|\frac{dh}{h}\right| = 2k\left|\frac{dh}{h}\right| \qquad (12 \cdot 13)$$

이때의 마찰 일을 구하여 보기로 한다. 일정변형을 가정하였으므로 dh 만큼 압축할 때 폭 b는 $b|dh/h|$ 만큼 증가하고, x의 위치에 대한 소재 표면의 임의의 점은 공구면에 대해서 다음 식과 같은 상대 미끄럼이 생긴다.

$$du_x = x\left|\frac{dh}{h}\right| \tag{c}$$

공구면에 작용하는 면압 p는 근사적으로 마찰이 없을 때의 값 $p=2k$와 같은 것으로 가정하고, 단위면적에 대한 마찰일 증분 dW_f를 구하면 다음 식과 같이 된다.

$$dW_f = \mu p\, du_x = 2k\mu x\left|\frac{dh}{h}\right| \tag{12・14}$$

따라서 소재의 단위두께에 대한 전체적과 전표면적을 통하여 한 일의 증분 dW_t는 다음 식과 같이 나타낸다.

$$dW_t = dW^p bh + 4\int_0^{\frac{b}{2}} dW_f\, dx = 2bk|dh|\left(1+\frac{\mu b}{2h}\right) \tag{12・15}$$

또한, 압축증분 dh에 대해 외력에 의해 주어지는 일의 증분량 dW_c는 평균면압을 p_m이라 하면 다음 식과 같이 된다.

$$dW_c = p_m b|dh| \tag{12・16}$$

여기서 $dW_t = dW_c$로 하면 평균면압 p_m은 다음 식과 같다.

$$p_m = 2k\left(1+\frac{\mu b}{2h}\right) \tag{12・17}$$

식 (12・17)은 식 (12・7)과 일치하는 것을 알 수 있다.

12.1.3 원기둥의 축대칭 압축 해석

[그림 12-2(a)]와 같이 원기둥 소재를 평행한 평면공구로 압축하는 경우를 해석하여 보기로 한다. 그림에서 높이 h인 부채꼴 소재의 미소요소인 슬래브를 잘라내어 [그림 12-2(b)]와 같이 나타낸 후 반지름 r방향에 대한 힘의 평형을 고려하면 다음 식과 같이 된다.

$$(\sigma_r + d\sigma_r)(r+dr)h\,d\theta - \sigma_r h r\,d\theta - 2\mu p r\,dr\,d\theta - 2\sigma_\theta h\,dr\sin\frac{d\theta}{2} = 0 \tag{a}$$

식 (a)를 정리하면 다음 식이 얻어진다.

$$\frac{d\sigma_r}{dr} + \frac{\sigma_r - \sigma_\theta}{r} = \frac{2\mu p}{h} \tag{12・18}$$

식 (12・18)에서 주응력을 p, σ_r, σ_θ 로 하면, 이 식에는 미지수가 3개 포함되어 있기 때문에 항복조건만으로는 방정식이 부족하다. 따라서 변형률에 관한 조건을 고려하여 임의의 반지름 r 에 대한 미소변위를 u_r 이라 하면 축대칭 변형의 변형률은 다음 식과 같이 된다.

$$\begin{aligned} d\epsilon_r &= \frac{du_r}{dr}, \quad d\epsilon_\theta = \frac{u_r}{r}, \quad d\epsilon_z = \frac{d\epsilon_r}{2} = \frac{d\epsilon_\theta}{2} \\ \epsilon_r &= \ln\frac{dr}{dR}, \quad \epsilon_\theta = \ln\frac{r}{R}, \quad \epsilon_z = \ln\frac{h}{h_0} \end{aligned} \tag{12・19}$$

여기서 R은 r의 초기반지름이고, h_0는 원기둥의 초기높이를 나타낸다.

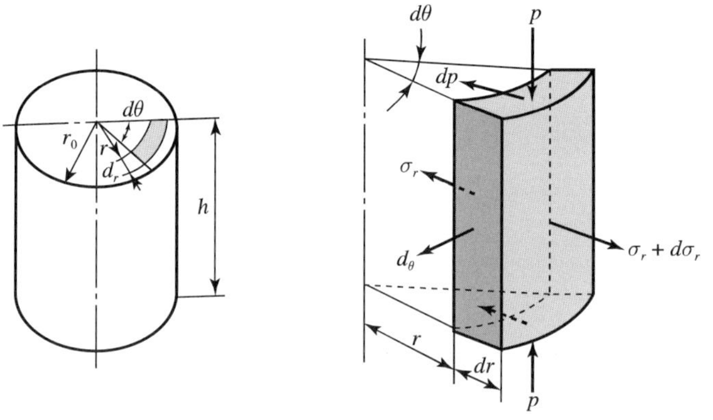

(a)축대칭 원기둥　　　(b) 미소요소에 대한 힘의 평형

[그림 12-2] 원기둥의 축대칭 압축

또한, 체적일정 법칙을 고려하면 체적변형률 ϵ_v는

$$\epsilon_v = \epsilon_r + \epsilon_\theta + \epsilon_z = 0 \tag{a}$$

이므로 다음 식과 같이 된다.

$$\frac{r}{R}\frac{dr}{dR}e^{\epsilon_z} = 1 \tag{b}$$

변형률 ϵ_z는 반지름의 크기에 무관하므로 식 (b)에 경계조건 $R=0$일 때 $r=0$를 고려하면 다음 식이 얻어진다.

$$r = R\exp\left(-\frac{\epsilon_z}{2}\right) \tag{c}$$

따라서 각각의 변형률은 다음 식과 같이 된다.

$$\epsilon_r = \epsilon_\theta = -\frac{\epsilon_z}{2} \tag{12・20}$$

또한, Hencky의 구성방정식 (10・39)로부터 다음 식이 구해진다.

$$S_r = S_\theta, \quad \sigma_r = \sigma_\theta \tag{12・21}$$

$\sigma_r = \sigma_\theta > \sigma_z$를 주응력으로 보고 항복조건식 (9・5), 또는 식 (9・9)에 대입하면 Tresca 및 Mises 조건으로부터 다음 식이 얻어진다.

$$\sigma_r - \sigma_z = \sigma_Y \tag{12・22}$$

평형방정식 (12・18)에 식 (12・22)를 대입한 후 면압 $p = -\sigma_z$로 하면, 다음 식과 같이 표시된다.

$$\frac{dp}{dr} = -\frac{2\mu p}{h} \tag{12・23}$$

위식을 적분하면

$$p = C\exp\left(-\frac{2\mu r}{h}\right) \tag{d}$$

바깥 둘레에 대한 경계조건 $r = r_0$ 일 때 $\sigma_r = 0$, $p = \sigma_Y$를 이용하여 상수 C를 구하면

$$C = \sigma_Y \exp\left(\frac{2\mu r_0}{h}\right) \tag{e}$$

식 (e)를 식 (d)에 대입하면 면압분포 p는 다음 식과 같이 된다.

$$p = \sigma_Y \exp\left\{\frac{2\mu(r_0 - r)}{h}\right\} \tag{12・24}$$

평균면압 p_m은 전체 접촉면에 대하여 적분하면 다음 식이 얻어진다.

$$p_m = \frac{1}{\pi r_0^2}\int_0^{r_0} 2\pi r p\, dr = \frac{2\{\exp(2\mu r_0/h) - (2\mu r_0/h) - 1\}}{(2\mu r_0/h)^2}\sigma_Y \tag{12・25}$$

앞의 12.1.1절의 식 (g)와 같이 식 (12・25)에서 지수함수를 급수전개하면

$$\exp\left(\frac{2\mu r_0}{h}\right) = 1 + \frac{1}{1!}\left(\frac{2\mu r_0}{h}\right) + \frac{1}{2!}\left(\frac{2\mu r_0}{h}\right)^2 + \frac{1}{3!}\left(\frac{2\mu r_0}{h}\right)^3 + \cdots \tag{f}$$

위의 식 (f)에서 제 4항까지만 선택하면 평균면압 p_m은 근사적으로 다음 식과 같다.

$$p_m \fallingdotseq \sigma_Y\left(1 + \frac{2}{3}\frac{\mu r_0}{h}\right) \tag{12・26}$$

12.1.4 평판 다이스에 의한 인발해석

[그림 12-3]과 같은 평판에 Coulomb의 마찰을 고려한 평면변형률 상태의 인발(引拔; drawing)에 대한 면압과 인발응력을 해석하여 보기로 한다. 그림과 같이 좌표를 잡고, 다이스(dies)의 반각(半角)을 α, 입구 쪽과 출구 쪽의 소재 두께를 각각 h_1, h_2 라 한다. 또한, 인발하려고 하는 판재는 1축 항복응력 σ_Y 에 의한 강완전 소성체로 간주한다.

임의의 위치 x 에 대한 두께 dx 에 의한 미소 사다리꼴 요소에 작용하는 축방향 힘의 평형을 고려하면 다음 식과 같이 된다.

$$-\sigma_x h + (\sigma_x + d\sigma_x)(h + dh) - 2p\sin\alpha \frac{dx}{\cos\alpha} - 2\mu p\cos\alpha \frac{dx}{\cos\alpha} = 0 \tag{a}$$

위의 식 (a)에서 고차항을 무시하고, $\sigma_x + p = 2k$, $\dfrac{dh/2}{dx} = \tan\alpha$, $m = \dfrac{\mu}{\tan\alpha}$ 를 고려하면 다음 식이 얻어진다.

$$h\frac{dp}{dh} - (2k + mp) \tag{12・27}$$

식 (12・27)을 적분하면

$$p = \frac{2k}{m}(Ch^m - 1) \tag{b}$$

일반적으로 인발가공에서 입구 쪽 $x = 0$ 에서 $h = h_1$ 일 때 $\sigma_x = 0$ 이므로 $p = 2k$ 로부터 적분상수 C를 구하면 다음 식과 같이 된다.

$$p = \frac{2k}{m}\left\{(1+m)\left(\frac{h}{h_1}\right)^m - 1\right\} \tag{12・28}$$

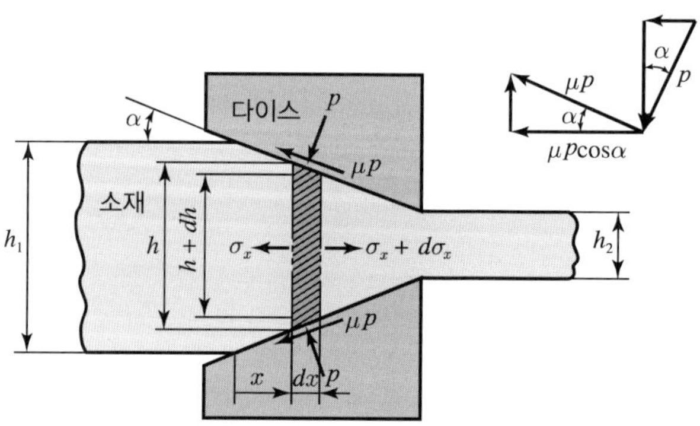

[그림 12-3] 평판 다이스에 의한 인발

인발응력 σ_d 는 식 (12・28)에서 $h = h_2$ 에 대한 면압 p 를 구한 후 $\sigma_x = 2k - p$ 를 이용하면 다음 식이 얻어진다.

$$\sigma_d = 2k\left(1 + \frac{1}{m}\right)\left\{1 - \left(\frac{h_2}{h_1}\right)^m\right\} \tag{12・29}$$

12.1.5 원추 다이스에 의한 봉의 인발해석

인발하려는 소재는 1축 항복응력 σ_Y 의 강완전 소성체로 간주하고, [그림 12-4]와 같이 원추 다이스에 의한 둥근 봉의 인발을 해석하기로 한다. 그림에서 원추 다이스의 꼭짓점을 중심 O 로 하고, 임의의 반지름 r 에 대한 미소두께 dr 의 원추형 미소소재를 고려한다.

이 요소에는 반지름 방향의 응력 σ_r 과 $\sigma_r + d\sigma_r$, 다이스의 면압 p 및 마찰전단응력 $\tau_f = \mu p$ 가 작용한다. 반지름 r 과 $r + dr$ 에 대한 원추의 축방향 투영면적을 각각 A 와 $A + dA$ 라 하면, 이 미소소재에 작용하는 축방향 힘의 평형방정식은 다음과 같이 된다.

$$(\sigma_r + d\sigma_r)(A + dA) - \sigma_r A + p\sin\alpha \frac{dA}{\sin\alpha} + \tau_f \cos\alpha \frac{dA}{\sin\alpha} = 0 \tag{a}$$

위의 식 (a)에서 고차항을 무시하면

$$A\,d\sigma_r + \{\sigma_r + p(1 + \mu\cot\alpha)\}dA = 0 \tag{12・30}$$

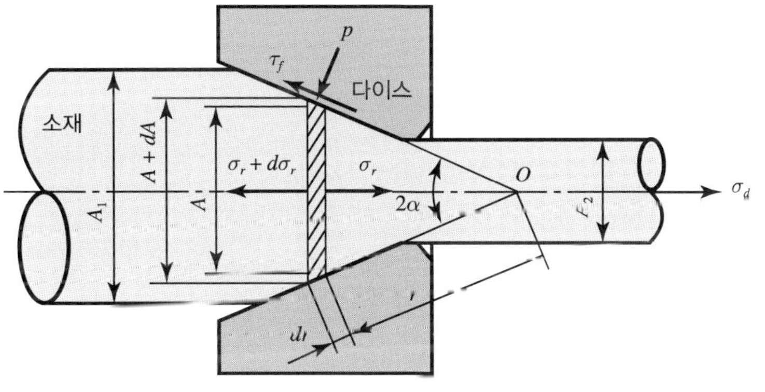

[그림 12-4] 원추 다이스에 의한 봉의 인발

이 문제는 원추 대칭인 응력상태이고, 주응력은 $\sigma_1 = \sigma_r$, $\sigma_2 = \sigma_r = \sigma = -p$ 라고 가정한다. 이 때 Tresca 및 Mises의 항복조건은 다음 식과 같다.

$$\sigma_r + p = \sigma_Y \tag{12・31}$$

식 (12・30)과 식 (12・31)에서 p를 소거한 후 적분하면 다음 식이 얻어진다.

$$\sigma_r = \frac{1}{\mu\cot\alpha}\left\{ CA^{\mu\cot\alpha} + (1 + \mu\cot\alpha)\sigma_Y \right\} \tag{12・32}$$

식 (12・32)에 다이스의 입구조건 $A = A_1$ 일 때 $\sigma_r = 0$ 를 대입하면, 응력 σ_r 의 분포는 다음 식과 같이 된다.

$$\sigma_r = \sigma_Y\left(1 + \frac{1}{\mu\cot\alpha}\right)\left\{1 - \left(\frac{A}{A_1}\right)^{\mu\cot\alpha}\right\} \tag{12・33}$$

면압 p 의 분포는 항복조건식 (12・31)에 의해 다음 식과 같이 나타낸다.

$$p = \sigma_Y\left(1 + \frac{1}{\mu\cot\alpha}\right)\left\{1 - \left(\frac{A}{A_1}\right)^{\mu\cot\alpha}\right\} \tag{12・34}$$

따라서 다이스의 인발응력 σ_d 는 $A = A_2$ 를 식 (12・33)에 대입하면

$$\sigma_d = \sigma_Y\left(1 + \frac{1}{\mu\cot\alpha}\right)\left\{1 - \left(\frac{A_2}{A_1}\right)^{\mu\cot\alpha}\right\} \tag{12・35}$$

예제 12-1

알루미늄 합금 봉이 가공경화에 의한 응력은 $\sigma = H\epsilon_p^n = 320\,\epsilon_p^{0.13}$ [MPa]로 압출된다. 이때 인발에 의해 봉의 지름이 20 [mm]에서 16 [mm]로 감소할 때 작용시켜야 할 압출응력을 결정하시오.

풀이

봉을 인발할 때 소성변형에 의한 단위체적에 대한 소성일은 다음 식으로 나타낸다.

$$W = \int_0^{\epsilon_p} \overline{\sigma}\, d\epsilon_p \tag{a}$$

여기서 $\epsilon_p = \ln\left(\dfrac{d_2}{d_1}\right)$ 가 된다.

또한, 가공경화법칙은 다음 식으로 표시된다.

$$\overline{\sigma} = H\epsilon_p^n \tag{b}$$

식 (b)를 식 (a)에 대입하면 인발에 의한 소성일은 다음 식과 같이 된다.

$$W = \frac{H\epsilon_p^{n+1}}{n+1} \tag{c}$$

따라서

$$\epsilon_p = \ln\left(\frac{20}{16}\right) = 0.223$$

그러므로 인발에 의한 소성일은 식 (c)로부터 구하면 다음과 같다.

$$W = \frac{320\times(0.223)^{1.13}}{1.13} = 52.0\,[\text{MPa}] = 52.0\times10^6\,[\text{J/m}^3]$$

12.1.6 압연가공

압연가공(壓延加工; rolling)은 소재를 롤러(roller) 사이로 통과하여 단면적을 감소시키는 소성가공을 말한다. 소재 및 제품은 판재(板材) 또는 봉재(棒材)이지만, 여기에서는 박판압연의 경우만을 다루고자 한다. 박판압연의 경우 소성역학을 고려하기 위해서는 우선 다음과 같은 가정을 한다.

(1) 소재는 강완전소성(剛完全塑性) 재료이고, 롤러의 재질은 강성체(剛性體)이다.

(2) 소재의 소성변형은 Mises의 항복조건을 적용한다.

(3) 소재와 롤러사이의 마찰력은 Coulumb의 법칙을 따르고, 마찰계수는 일정하다.

[그림 12-5(a)]와 같이 압연을 할 때 소재의 흐름방향에 대한 압축응력 σ_x 는 주응력이 되고, 판 두께 z 방향으로 일정하며 압연방향의 위치 x 만의 함수인 것으로 한다. 따라서 압축응력 σ_z 도 주응력이 된다. 판의 폭 방향에 대한 변형률 $\epsilon_y = 0$ 이므로 소성조건식은 다음과 같이 된다.

$$\sigma_z - \sigma_x = \frac{2}{\sqrt{3}}\sigma_Y \tag{12・35}$$

롤러의 압력 p, 판 두께 h, 롤러의 각도(角度)를 θ 라 하고 [그림 12-5(a)]에서와 같이 소재의 미소부분에 대한 x 방향 힘의 평형을 고려하면 다음 식과 같이 된다.

$$-(\sigma_x + d\sigma_x)(h + dh) + \sigma_x h + 2p\frac{dx}{\cos\theta}\sin\theta \pm 2\mu p\frac{dx}{\cos\theta} = 0 \tag{12・36}$$

여기서 부호 ±는 중립점에서 입구 쪽은 − 이고, 출구 쪽은 + 로 한다.

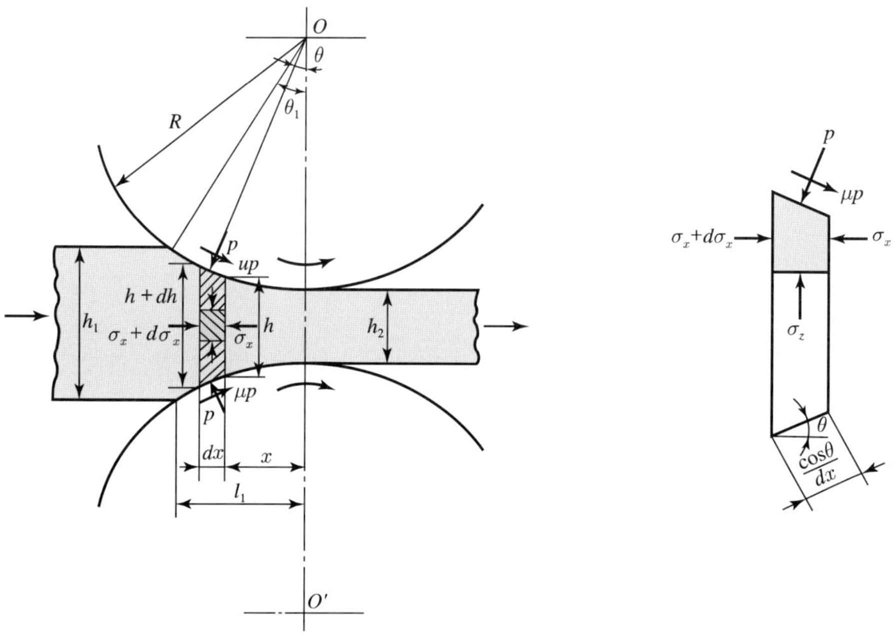

(a) 압연력 (b) 미소부분에 대한 힘의 평형

[그림 12-5] 압연 역학

식 (12・36)을 정리하면 다음 식으로 된다.

$$\frac{d(\sigma_x h)}{dx} - 2p(\tan\theta \pm \mu) = 0 \qquad (12 \cdot 37)$$

식 (12・37)은 압연에 관한 Karman의 식이라 한다. 또한, σ_z와 p의 관계는 [그림 12-5(b)]에서 미소부분에 대한 z방향의 평형조건을 고려하면 다음 식이 얻어진다.

$$p\frac{dx}{\cos\theta}\cos\theta \pm \mu p\frac{dx}{\cos\theta}\sin\theta - \sigma_z dx = 0$$

$$\therefore \ p(1 \pm \mu\tan\theta) = \sigma_z \qquad (12 \cdot 38)$$

롤러의 반지름을 R이라 하면 다음 식과 같이 된다.

$$\begin{aligned} x &= R\sin\theta \\ h &= h_2 + 2R(1-\cos\theta) \end{aligned} \qquad (12 \cdot 39)$$

식 (12・35), (12・37), (12・38), (12・39)를 연립방정식으로 하여 σ_z, p, x를 소거하면 다음 식이 얻어진다.

$$\frac{d\sigma_x}{d\theta} + L(\theta)\sigma_x = N(\theta) \qquad (12 \cdot 40)$$

여기서

$$L(\theta)=\frac{\pm 2\mu R\cos(1+\tan^2\theta)}{\{h_2+2R(1-\cos\theta)\}(1\pm\mu\tan\theta)}$$
$$N(\theta)=\frac{4R\cos\theta(\tan\theta\mp\mu)(\sigma_Y/\sqrt{3})}{\{h_2+2R(1-\cos\theta)\}(1\pm\mu\tan\theta)} \qquad (12\cdot 41)$$

선형미분방정식 (12 · 40)을 풀면 응력 σ_x 의 분포를 구할 수 있고, 이 값과 식 (12 · 35), (12 · 38)을 이용하면 롤러 압력 p 의 분포를 알 수 있다. 경계조건으로써 롤러 입구와 출구에서 판에 작용하는 후방장력(後方張力) 및 전방장력(前方張力)을 각각 σ_r, σ_f 라 하면 롤러 압력 p 는 중립점으로부터 입구 쪽과 출구 쪽에서 다음 식과 같이 된다.

$$p=\frac{1}{1+\mu\tan\theta}\left\{\frac{2}{\sqrt{3}}\sigma_Y+e^{-\int_{\theta_1}^{\theta}L(\theta)d\theta}\left(\int_{\theta_1}^{\theta}N(\theta)e^{\int_{\theta_1}^{\theta}M(\theta)d\theta}d\theta-\sigma_r\right)\right\}:\text{ 입구 쪽}$$
$$p=\frac{1}{1-\mu\tan\theta}\left\{\frac{2}{\sqrt{3}}\sigma_Y+e^{-\int_{\theta_1}^{\theta}M(\theta)d\theta}\left(\int_{\theta_1}^{\theta}N(\theta)e^{\int_{\theta_1}^{\theta}M(\theta)d\theta}d\theta-\sigma_f\right)\right\}:\text{ 출구 쪽} \qquad (12\cdot 42)$$

여기서 $L(\theta)$, $N(\theta)$ 는 식 (12 · 41)을 이용하고, 그 중에서 복부호는 입구 쪽에서는 위의 부호, 출구 쪽은 아래의 부호를 선택한다.

세로축에 p, 가로축에 θ 를 잡고 롤러 압력 p 의 분포를 개략적으로 [그림 12-6]에 나타낸 것이다. 중립점에서는 압력이 최고로 되고, 그 위치와 압력은 전방 및 후방장력에 따라 변화하는 것을 알 수 있다.

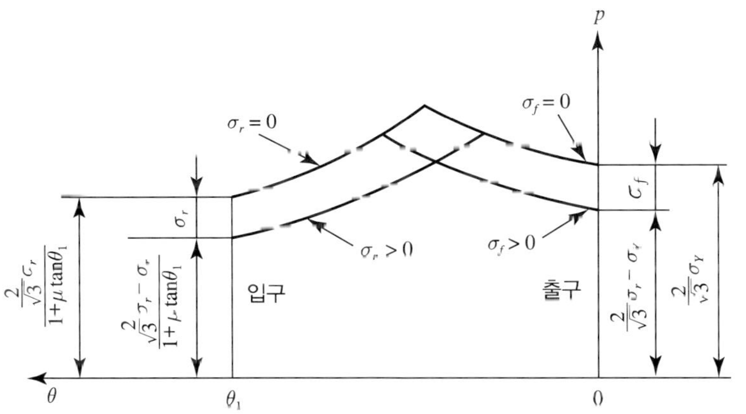

[그림 12–6] 압연 압력의 분포

12.2 미끄럼선장의 해석방법

슬래브법이나 상계법은 소성체의 미소소재에 대한 그 요소의 평면유지, 또는 균일변형을 가정하여 가공력(加工力)을 비교적 간편하면서도 용이하게 산출할 수 있다. 그러나 재료를 실제 가공할 때는 이러한 균일변형의 가정이 성립하지 않는 경우가 많다.

이와 같은 불균일 소성변형을 해석하는 한 방법으로서 가공응력 외에도 변형영역에서의 응력분포의 산출에 유효한 미끄럼선장법(slip line field method)에 대해서 설명하고자 한다. 미끄럼선장의 해석은 축대칭 문제을 비롯하여 주로 평면변형률 상태에 적용하고 있으며, 가공하려는 소재는 강완전(剛完全) 소성체의 등방성재료로 가정한다.

12.2.1 평면변형률 조건의 응력 및 변형률

평면변형률 조건(plane strain condition)은 다음과 같은 변형상태를 말한다.

(1) 변형 또는 변형률 속도는 x, y 평면에 평행하게 발생한다.

(2) z 방향의 변형은 일정하다.

강소성체에 대한 Levy-Mises의 구성방정식 (10・20)에 평면변형률 조건을 고려하면 다음 식과 같이 된다.

$$d\gamma_{yz} = d\gamma_{zx} = d\epsilon_z = 0, \quad \tau_{yz} = \tau_{zx} = 0, \quad \sigma_z = \frac{\sigma_x + \sigma_y}{2} \tag{12・43}$$

평균수직응력 σ_m은 식 (12・43)에 의해 다음 식과 같이 된다.

$$\sigma_m = \frac{\sigma_x + \sigma_y + \sigma_z}{3} = \frac{\sigma_x + \sigma_y}{2} = \sigma_z = -p_m \tag{12・44}$$

여기서 p_m은 평균수직압력이고, $\sigma_x > \sigma_y > 0$으로 가정한다.

Tresca의 항복조건식 (9・5)와 Mises의 항복조건식 (9・9)에 식 (12・44)을 대입하면, 두 조건이 서로 같은 다음의 관계식이 성립한다.

$$(\sigma_x - \sigma_y)^2 + \tau_{xy}^2 = 4k^2 \tag{12・45}$$

Tresca 및 Mises의 항복조건식은 각각 다음과 같이 된다.

$$k = \begin{cases} \dfrac{\sigma_Y}{2} & : \textit{Tresca}\text{의 항복조건} \\ \dfrac{\sigma_Y}{\sqrt{3}} & : \textit{Mises}\text{의 항복조건} \end{cases} \tag{12・46}$$

식 (12・45)는 다음 식과 같이 원의 방정식으로 표시할 수 있다.

$$\left(\sigma_x - \frac{\sigma_x + \sigma_y}{2}\right) + \tau_{xy}^2 = k^2 \qquad (12 \cdot 47)$$

[그림 12-7(a)]와 같이 작용하는 응력을 식 (12・43)~식 (12・47)의 응력들을 이용하여 Mohr의 응력원을 그려보기로 한다. Mohr의 응력원은 [그림 12-7(b)]에서와 같이 항복조건식 (12・47)로부터 중심의 좌표는 σ_m, 0 으로 하고, x 단면에 대한 전단응력 τ_{xy} 의 작용방향은 [그림 12-7(a)]와 같이 한 후 반지름 k 인 원을 그린다. 최대전단응력을 나타내는 α 와 β 점에서 수직응력은 평균수직응력 σ_m 과 같게 되지만, 식 (12・44)에서와 같이 평균수직압력 $-p_m = \sigma_m$ 이 되고, 이때 p_m 은 압축을 양(+) 으로 나타낸 것이다.

따라서 강소성영역(剛塑性領域), 또는 탄성영역에서는 식 (12・45)로부터 다음의 관계식이 성립하여야 한다.

$$(\sigma_x - \sigma_y)^2 + \tau_{xy}^2 < 4k^2 \qquad (12 \cdot 48)$$

변형률 증분의 시간에 대한 변화율을 변형률속도 텐서(strain rate tensor)라 하고, 다음 식과 같이 표시한다.

$$\dot{\epsilon}_{ij} = \frac{1}{2}\left(\dot{u}_{i,j} + \dot{u}_{j,i}\right) \qquad (a)$$

평면변형률 상태에서 변형은 x, y 면 안의 평형에서 z 축 방향으로는 무관하다면, 변형률 속도(strain rate)에 대한 적합조건식은 다음과 같이 된다.

$$\begin{aligned} &\dot{\epsilon}_x = \frac{\partial \dot{u}_x}{\partial x}, \quad \dot{\epsilon}_y = \frac{\partial \dot{u}_y}{\partial y}, \quad \dot{\epsilon}_z = \frac{\partial \dot{u}_z}{\partial z} = 0 \\ &\dot{\gamma}_{xy} = \frac{\partial \dot{u}_x}{\partial y} + \frac{\partial \dot{u}_y}{\partial x}, \quad \dot{\gamma}_{yz} = \frac{\partial \dot{u}_y}{\partial z} + \frac{\partial \dot{u}_z}{\partial y} = 0, \quad \dot{\gamma}_{zx} = \frac{\partial \dot{u}_z}{\partial x} + \frac{\partial \dot{u}_x}{\partial z} = 0 \end{aligned} \qquad (12 \cdot 49)$$

체적이 일정할 때

$$\dot{\epsilon}_x + \dot{\epsilon}_y + \dot{\epsilon}_z = 0 \qquad (a)$$

평면변형률 조건일 때 $\dot{\epsilon}_x = -\dot{\epsilon}_y$, $\dot{\epsilon}_z = 0$ 이므로 식 (12・49)로부터 다음 식과 같다.

$$\dot{\epsilon}_x = -\dot{\epsilon}_y \qquad (12 \cdot 50)$$

또한, [그림 12-7(c)]는 평면변형률 조건에 대한 변형률 속도원을 나타낸 것으로서 Levy-Mises의 구성방정식 (10・20)으로부터 다음 식이 얻어진다.

$$\frac{\dot{\epsilon}_x - \dot{\epsilon}_y}{\sigma_x - \sigma_y} = \frac{\dot{\gamma}_{xy}}{2\tau_{xy}} \qquad (12 \cdot 51)$$

따라서 최대전단변형률 속도의 방향은 최대전단응력의 방향과 일치하므로 이들을 이용하여 미끄럼선 α와 β를 구할 수 있다.

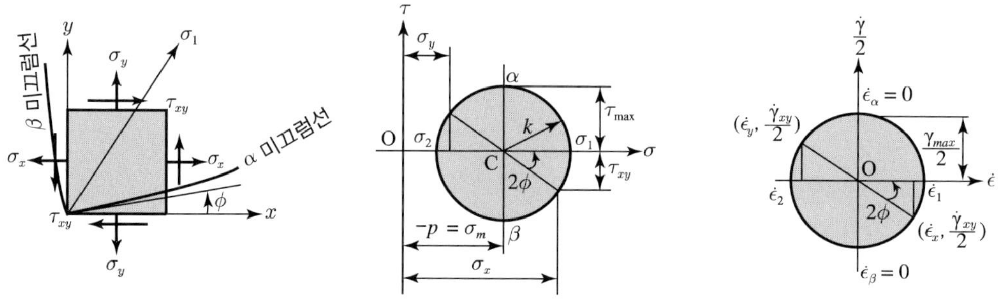

(a) 미끄럼선 (b) 응력원 (c) 변형률 속도원

[그림 12-7] 미끄럼선과 모어의 응력원 및 변형률 속도원

12.2.2 미끄럼선의 의미

단결정(單結晶) 및 다결정체(多結晶體)의 금속 봉을 인장하여 소성변형이 되면 특정방향으로 미끄러진 것처럼 나타나는데, 이것을 결정의 미끄럼(slip)이라 한다. 이것은 일반적으로 선의 형태로 보이며, 이들 선을 미끄럼선(slip line)이라 부른다. 미끄럼선장 이론을 이용하여 가공력(加工力)이나, 변형영역 내부의 임의의 점에 대한 응력 또는 변형률 속도를 구할 수 있다. 미끄럼선은 금속재료의 가공 중에 나타나므로 소성변형 영역의 추정(推定)이 가능하다. 이 이론은 다소의 제약이 있지만 인발(引拔; drawing), 압출(壓出; extrusion), 압입(壓入), 절삭 및 굽힘을 비롯하여 여러 종류의 가공에 있어 유익한 정보를 얻을 수 있다.

[그림 12-8]은 [그림 12-7(b)]의 응력면에 대응하는 물리면(物理面; physical plane)을 나타낸 것이다. 물리면의 x, y 좌표 면에서 최대전단응력 또는 최대전단변형률 방향의 궤적을 그리면 서로 직교하는 곡선군(曲線群)이 얻어지는데, 이것을 미끄럼선이라고 한다. 이와 같은 미끄럼선장법(slip line field method)을 이용하면 가공력 외에 변형영역 안의 임의의 점에 대한 응력이나 변형률 속도의 산출도 가능하다.

미끄럼선장 이론에 대한 미끄럼선의 접선은 그 최대전단응력 방향과 일치하는 직선군으로 정의된다. [그림 12-8]에서와 같이 최대주응력 방향에서 시계방향으로 $\pi/4$ 만큼 회전한 방향에 있는 최대전단 미끄럼선을 α 선, 반시계방향으로 $\pi/4$ 만큼 회전한 방향에 있는 것을 β 선으로 정의한다.

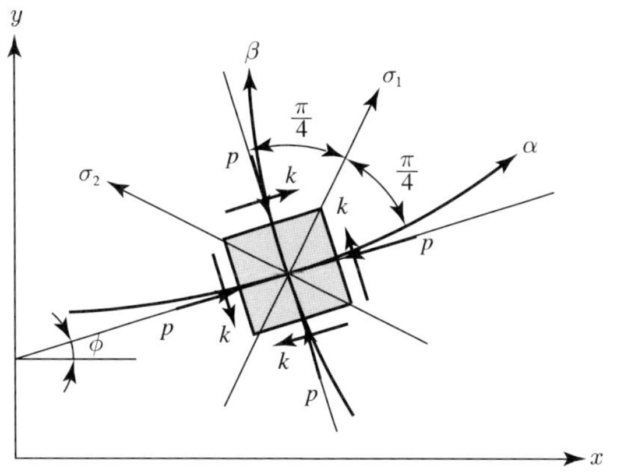

[그림 12-8] 미끄럼선의 표시

이와 같이 미끄럼선은 α 및 β 선으로 분리되고 각종 응력상태는 Mohr의 응력원(stress circle)을 그려서 구할 수 있다. 미끄럼선 α 의 접선이 x 축과 이루는 각을 ϕ 라 하고, 반시계방향으로 측정한 것을 양(+)으루 규정한다. 이것은 [그림 12-7(b)]에 나타낸 Mohr의 응력원에서 반시계방향으로 2ϕ 회전하는 것에 대응한다.

12.2.3 Hencky의 응력방정식

항복조건은 [그림 12-7(a)]와 같은 Mohr의 응력원을 이용하여 다음 식으로 표시한다.

$$\begin{aligned} \sigma_x &= -p - k\sin 2\phi \\ \sigma_y &= -p + k\sin 2\phi \\ \tau_{xy} &= k\cos 2\phi \end{aligned} \qquad (12 \cdot 52)$$

평면변형률 조건에 대한 평형방정식 (2 · 5)에 식 (12 · 43)을 대입하면 다음 식과 같이 된다

$$\begin{aligned} \frac{\partial \sigma_x}{\partial x} + \frac{\partial \tau_{xy}}{\partial y} = 0 \\ \frac{\partial \tau_{xy}}{\partial x} + \frac{\partial \sigma_y}{\partial y} = 0 \end{aligned} \qquad (12 \cdot 53)$$

3개의 미지응력(未知應力)에 대해서 식 (12 · 53)과 항복조건식 (12 · 45)를 합하면 3개의 방정식이 주어지므로 응력에 관한 경계조건을 고려하면 응력을 구할 수 있다.

식 (12 · 52)를 평형방정식 (12 · 43)에 대입하면 다음 식과 같이 p 와 ϕ 에 관한 2원 연립 1차 미분방정식이 얻어진다.

$$\frac{\partial p}{\partial x}+2k\left(\frac{\partial \phi}{\partial x}\cos 2\phi+\frac{\partial \phi}{\partial y}\sin 2\phi\right)=0$$
$$\frac{\partial p}{\partial y}+2k\left(\frac{\partial \phi}{\partial x}\sin 2\phi-\frac{\partial \phi}{\partial y}\cos 2\phi\right)=0 \qquad (12 \cdot 54)$$

위식에 다음의 미분관계식

$$\frac{dp}{dx}=\frac{\partial p}{\partial x}+\frac{\partial p}{\partial y}\frac{dy}{dx}$$
$$\frac{d\phi}{dx}=\frac{\partial \phi}{\partial x}+\frac{\partial \phi}{\partial y}\frac{dy}{dx} \qquad (12 \cdot 55)$$

을 대입하고, $\frac{\partial p}{\partial x}$ 와 $\frac{\partial \phi}{\partial x}$ 를 소거하면 다음 식과 같이 된다.

$$\frac{dy}{dx}\frac{\partial p}{\partial x}+2k\left(\cos 2\phi\frac{dy}{dx}-\sin 2\phi\right)\frac{\partial \phi}{\partial y}=\frac{dp}{dx}+2k\cos 2\phi\frac{d\phi}{dx}$$
$$-\frac{\partial p}{\partial y}+2k\left(\sin 2\phi\frac{dy}{dx}+\sin 2\phi\right)\frac{\partial \phi}{\partial y}=2k\sin 2\phi\frac{d\phi}{dx} \qquad (12 \cdot 56)$$

이 $\frac{\partial p}{\partial y}$ 와 $\frac{\partial \phi}{\partial x}$ 에 관한 2원 연립 1차방정식의 계수행렬식 Δ 를 다음과 같이 나타낸다.

$$\Delta=\begin{vmatrix}\frac{dy}{dx} & 2k\cos 2\phi\frac{dy}{dx}-2k\sin 2\phi \\ -1 & 2k\cos 2\phi\frac{dy}{dx}+2k\cos 2\phi\end{vmatrix} \qquad (12 \cdot 57)$$

여기서 $\Delta=0$ 에서 얻어진 다음의 미분방정식은 특성방정식이라 한다.

$$\left(\frac{dy}{dx}\right)^2+2\cot 2\phi\left(\frac{dy}{dx}\right)-1=0 \qquad (12 \cdot 58)$$

특성방정식 (12 • 58)은 다음 식과 같이 서로 다른 두 실근을 갖는다.

$$\frac{dy}{dx}=\tan\phi \ : \alpha \text{ 선을 따라서}$$
$$\frac{dy}{dx}=-\cot\phi \ : \beta \text{ 선을 따라서} \qquad (12 \cdot 59)$$

따라서 원래의 편미분방정식 (12 • 54)는 쌍곡선 미분방정식으로서 특성곡선(特性曲線; characteristics)을 형성한다. 그러므로 식 (12 • 59)에 의한 2개의 곡선은 특성곡선을 나타내고, 그 접선의 기울기는 각각 $\tan\phi$ 와 $-\cot\phi$ 로 이루어지므로 각각 α 미끄럼선과 β 미끄럼선이 되는 것을 알 수 있다. 이것은 최대전단응력선이 α 선과 β 선에 일치하는 것을 의미한다.

또한, 식 (12・56)의 연립 미분방정식에서 $\Delta = 0$에 대응하는 미분관계가 성립한다.

$$dp + 2k\left(\sin 2\phi \frac{dy}{dx} + \cos 2\phi\right) d\phi = 0 \qquad (12 \cdot 60)$$

원래의 연립 편미분방정식은 식 (12・59)의 특성곡선과 그것에 의한 식 (12・60)의 미분관계로 바꿔 놓을 수 있다. 그러므로 식 (12・54)의 연립 편미분방정식을 풀이하는 대신에 특성곡선을 따라 식 (12・60)을 적분하면 된다.

미끄럼선 α 선에서는 $\dfrac{dy}{dx} = \tan\phi$가 성립하므로 이것을 식 (12・60)에 대입하면 다음 식과 같이 된다.

$$dp + 2k\,d\phi = 0 \qquad (12 \cdot 61)$$

같은 방법으로 미끄럼선 β 선에서는 $\dfrac{dy}{dx} = -\cot\phi$가 성립하므로 식 (12・60)에 대입하면

$$dp - 2k\,d\phi = 0 \qquad (12 \cdot 62)$$

식 (12・61)과 식 (12・62)을 적분하면 다음 식이 얻어진다.

$$\begin{aligned} p + 2k\phi &= C_1 \;:\; \alpha\text{선을 따라서} \\ p - 2k\phi &= C_2 \;:\; \beta\text{선을 따라서} \end{aligned} \qquad (12 \cdot 63)$$

식 (12・63)을 Hencky의 응력방정식이라 하고, 이 식으로부터 임의의 점에 대한 p와 ϕ를 알면, 식 (12・52)에 의해 그 점에 대한 응력상태를 전부 결정할 수 있다.

12.2.4 변형률 속도 방정식

x, y 방향의 속도성분을 u_x, u_y 라 하면 변형률 속도(strain rate)는 식 (12・49)에 의해 다음식과 같이 된다.

$$\dot{\epsilon}_x = \frac{\partial \dot{u}_x}{\partial x}, \quad \dot{\epsilon}_y = \frac{\partial \dot{u}_y}{\partial y}, \quad \dot{\gamma}_{xy} = \frac{\partial \dot{u}_x}{\partial y} + \frac{\partial \dot{u}_y}{\partial x} \qquad (12 \cdot 64)$$

평면변형률의 조건 $\dot{\epsilon}_z = 0$와 체적일정 법칙으로부터

$$\epsilon_x + \epsilon_y = 0 \qquad (12 \cdot 65)$$

또한, [그림 12-7(c)]로부터

$$\frac{\dot{\epsilon}_x - \dot{\epsilon}_y}{\dot{\gamma}_{xy}} = \tan 2\phi \qquad (12 \cdot 66)$$

식 (12・65)와 식 (12・66)에 식(12・64)를 대입하면, $\dot{u}_x$ 와 $\dot{u}_y$ 에 관한 다음의 2원 연립 1차 편미분방정식이 얻어진다.

$$\begin{aligned} &\frac{\partial \dot{u}_x}{\partial x} + \frac{\partial \dot{u}_y}{\partial y} = 0 \\ &\cot 2\phi \frac{\partial \dot{u}_x}{\partial x} + \frac{\partial \dot{u}_y}{\partial x} + \frac{\partial \dot{u}_x}{\partial y} - \cot 2\phi \frac{\partial \dot{u}_y}{\partial y} = 0 \end{aligned} \tag{12・67}$$

응력의 편미분방정식에서와 같이 다음의 미분관계

$$\begin{aligned} \frac{d\dot{u}_x}{dx} &= \frac{\partial \dot{u}_x}{\partial x} + \frac{\partial \dot{u}_x}{\partial y}\frac{dy}{dx} \\ \frac{d\dot{u}_y}{dx} &= \frac{\partial \dot{u}_y}{\partial x} + \frac{\partial \dot{u}_y}{\partial y}\frac{dy}{dx} \end{aligned} \tag{12・68}$$

을 이용하여 식 (12・67)에서 $\frac{\partial \dot{u}_x}{\partial x}$ 와 $\frac{\partial \dot{u}_y}{\partial x}$ 를 소거한다.

이와 같은 방법으로 얻은 $\frac{\partial \dot{u}_x}{\partial x}$ 와 $\frac{\partial \dot{u}_y}{\partial x}$ 에 관한 2원 연립 1차방정식에서 계수행렬식 $\Delta = 0$ 으로 하면, 응력에 관한 특성방정식과 동일한 식 (12・58)의 특성방정식이 얻어진다. 이 특성방정식에서 얻은 2개의 특성곡선은 미끄럼선 α 및 β 와 일치하는 것을 알 수 있고, 특성곡선에 의한 미분 관계는 다음 식과 같이 된다.

$$d\dot{u}_x + d\dot{u}_y \frac{dy}{dx} = 0 \tag{12・69}$$

따라서 식 (12・69)에 식 (12・59)의 $\frac{dy}{dx}$ 의 값을 대입하면 다음 식이 얻어진다.

$$\begin{aligned} &d\dot{u}_x + d\dot{u}_y \tan\phi = 0 \ : \ \alpha\text{선을 따라서} \\ &d\dot{u}_x - d\dot{u}_y \cot\phi = 0 \ : \ \beta\text{선을 따라서} \end{aligned} \tag{12・70}$$

[그림 12-9(a)]에서와 같이 소성변형을 하는 소재에 대한 임의의 점 P 에서 α 선 및 β 선의 방향에 대한 속도성분을 각각 $\dot{u}_\alpha$ 및 $\dot{u}_\beta$ 라 한다. 또한, $\dot{u}_\alpha$ 와 x 축이 이루는 각을 ϕ 라 하면 x 방향과 y 방향의 속도성분 $\dot{u}_x$ 와 $\dot{u}_y$ 는 다음 식과 같이 된다.

$$\begin{aligned} \dot{u}_x &= \dot{u}_\alpha \cos\phi - \dot{u}_\beta \sin\phi \\ \dot{u}_y &= \dot{u}_\alpha \sin\phi + \dot{u}_\beta \cos\phi \end{aligned} \tag{12・71}$$

식 (12・71)을 식 (12・70)에 대입하면

$$
\begin{aligned}
d\dot{u}_\alpha - \dot{u}_\beta d\phi = 0 &: \alpha \text{선을 따라서} \\
d\dot{u}_\beta + \dot{u}_\alpha d\phi = 0 &: \beta \text{선을 따라서}
\end{aligned}
\qquad (12 \cdot 72)
$$

식 (12・72)를 Geiringer의 속도방정식이라 하고, 이 식은 [그림 12-7(c)]와 같이 미끄럼선 α 및 β 방향에 대한 수직변형률 속도는 다음 식과 같이 0이 된다.

$$
\dot{\epsilon}_\alpha + \dot{\epsilon}_\beta = 0 \qquad (12 \cdot 73)
$$

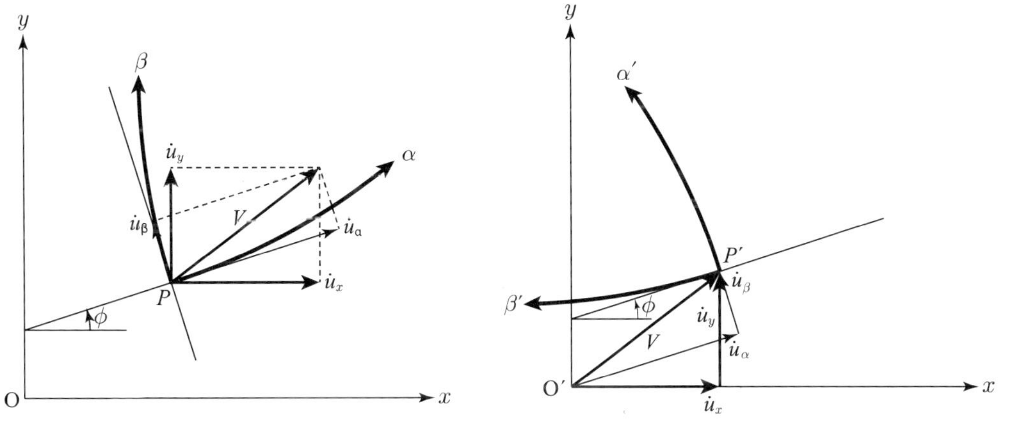

(a) 물리면의 미끄럼선 속도　　(b) 호도그래프

[그림 12-9] 미끄럼선 속도와 호도그래프

따라서 최대전단변형률 속도의 방향에서 수직변형률 속도는 같기 때문에 $\dot{\epsilon}_\alpha = \dot{\epsilon}_\beta$ 이 되고, 비압축 조건에서는 $\dot{\epsilon}_\alpha + \dot{\epsilon}_\beta = 0$ 이 되므로 식 (12・73)이 성립하는 것을 알 수 있다.

12.2.5 호도그래프

미끄럼선장 안에서 속도분포를 나타낸 선도를 호도그래프(hodograph)라 한다. 이것은 [그림 12-9(a)]와 같이 물리면 안에 있는 임의의 점 $P(x, y)$ 에 대한 속도 $V(\dot{u}_x, \dot{u}_y)$ 를 [그림 12-9(b)]에서와 같이 $\dot{u}_x$, $\dot{u}_y$ 를 좌표축으로 하는 평면에 나타낸 선도를 말한다

점 P 의 속도 V 는 호도그래프 면 안에서 V 를 벡터로 하는 점 P' 으로 나타낸다. 물리면 안의 미끄럼선 α 와 β 에 대한 각 점의 속도는 호도그래프 면 안의 곡선 α' 및 β' 위의 점으로 표시된다.

미끄럼선 α, β 의 접선방향은 식 (12・59)의 특성곡선에 대한 식에 의해 호도그래프 면 안의 곡선 α' 과 β' 의 접선방향은 식 (12・72)가 성립하므로 다음 식과 같이 된다.

$$\frac{d\dot{u}_y}{d\dot{u}_x} = -\cot\phi \ : \ \alpha' \text{ 선을 따라서}$$
$$\frac{d\dot{u}_y}{d\dot{u}_x} = \tan\phi \ : \ \beta' \text{ 선을 따라서} \qquad (12 \cdot 74)$$

그러므로 호도그래프에서 α'과 β'곡선은 각 물리면의 α 및 β곡선과 서로 직각으로 교차하는 직교곡선군(直交曲線群)을 이루는 것을 알 수 있다.

12.3 미끄럼선의 특성

12.3.1 Hencky의 제 1정리

[그림 12-10]에서와 같이 2개의 α선 AB, CD와 이것에 직교하는 2개의 β선 AC, BD가 이루는 미끄럼선의 곡선사변형 $ABDC$에 대하여 Hencky의 응력방정식 (12 · 63)으로부터 α선에 대해서 다음의 관계식이 성립한다.

$$p_B - p_A = -2k(\phi_B - \phi_A)$$
$$p_D - p_C = -2k(\phi_D - \phi_C) \qquad (12 \cdot 75)$$

같은 방법으로 β선에 대해서는

$$p_C - p_A = 2k(\phi_C - \phi_A)$$
$$p_D - p_B = 2k(\phi_D - \phi_B) \qquad (12 \cdot 76)$$

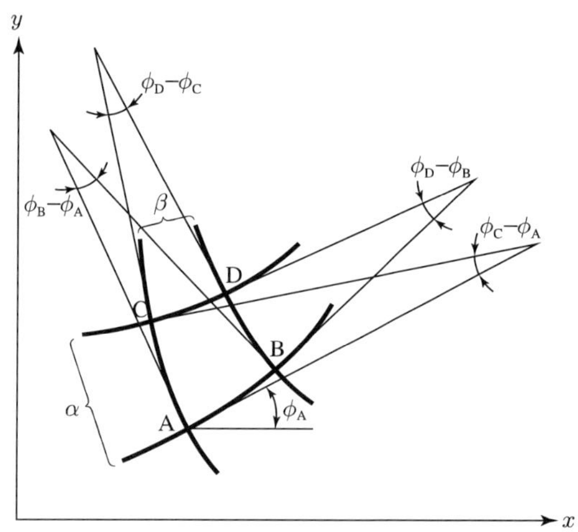

[그림 12-10] Hencky의 제 1정리

식 (12・76)에서 양변의 차로 나타내면 다음 식으로 주어진다.

$$(p_C - p_A) - (p_D - p_B) = 2k\{(\phi_C - \phi_A) - (\phi_D - \phi_B)\} \tag{12・77}$$

식 (12・77)에 식 (12・75)를 대입하면 다음 식과 같이 된다.

$$\phi_D - \phi_B = \phi_C - \phi_A \tag{12・78}$$

같은 방법으로

$$\phi_D - \phi_C = \phi_B - \phi_A \tag{12・79}$$

따라서 2개의 미끄럼선 α 와 β 가 만나는 점에서 그은 접선이 이루는 각은 항상 일정한 것을 나타내는데, 이것을 Hencky의 제 1정리라 한다.

12.3.2 Hencky의 제 2정리

[그림 12-11]에서 미끄럼선 α 와 β 의 곡률 반지름을 각각 R_α, R_β 라 하면 다음 식이 성립한다.

$$\begin{aligned} \frac{1}{R_\alpha} &= \frac{\partial\phi}{\partial S_\alpha} \\ \frac{1}{R_\beta} &= -\frac{\partial\phi}{\partial S_\beta} \end{aligned} \tag{12・80}$$

여기서 S_α, S_β 는 각각 α 선과 β 선에 의한 거리이고, $\frac{\partial}{\partial S_\alpha}$, $\frac{\partial}{\partial S_\alpha}$ 는 각각 α 선과 β 선에 의한 편미분을 나타낸다.

서로 인접하는 2개의 α 선과 β 선이 교차하는 점에서 접선이 이루는 각 $d\phi$ 는 Hencky의 제 1정리에 의해 항상 일정하므로 [그림 12-11]로부터 다음의 관계식이 성립한다.

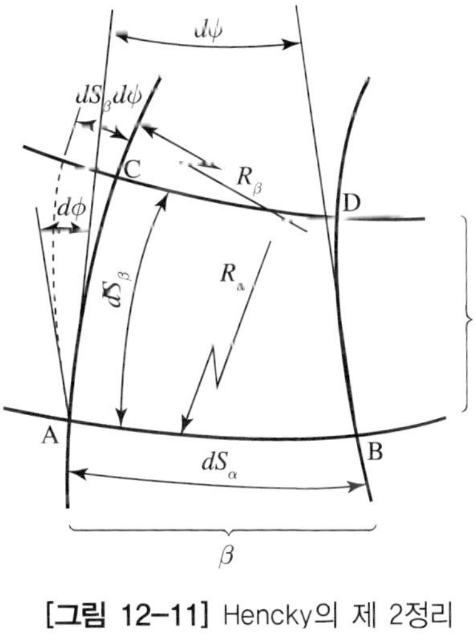

[그림 12-11] Hencky의 제 2정리

$$R_\alpha d\phi = dS_\alpha, \quad \frac{\partial}{\partial S_\alpha}(R_\beta d\phi) = \frac{\partial}{\partial S_\beta}(dS_\alpha) = -d\phi \tag{12·81}$$

$d\phi$ 는 일정하기 때문에

$$\frac{\partial R_\alpha}{\partial S_\beta} = -1, \quad \frac{\partial R_\beta}{\partial S_\alpha} = -1 \tag{12·82}$$

식 (12・82)를 Hencky의 제 2정리라 하고, 이것은 1개의 α 선(또는 β 선)과 만나는 β 선(또는 α 선)의 곡률 반지름은 α 선(또는 β 선)을 따라 이동한 거리만큼 변화하는 것을 의미한다. 따라서 식 (12・82)는 다음 식과 같이 된다.

$$\begin{aligned} dR_\beta + R_\alpha d\phi = 0 &: \alpha \text{선을 따라서} \\ dR_\alpha - R_\beta d\phi = 0 &: \beta \text{선을 따라서} \end{aligned} \tag{12·83}$$

12.3.3 응력의 불연속

응력의 불연속은 평면 안의 어떤 선을 경계로 하여 그 선에 대한 접선방향의 수직응력이 변화하는 것을 말한다. [그림 12-12(a)]에서 $\overline{NN}$ 은 응력의 불연속선을 나타내는 것으로 하고, 그 양쪽의 소재에 작용하는 응력 관계를 파악하여 보기로 한다.

힘의 평형조건으로부터 다음의 관계식이 성립한다.

$$\sigma_n = \sigma_n^*, \quad \tau = \tau^* \tag{12·84}$$

그러나 σ_t 와 σ_t^* 는 이와 같은 제약이 없고, 응력의 불연속선 $\overline{NN}$ 은 미끄럼선과 일치하지 않는다. [그림 12-12(b)]와 같이 미끄럼선은 응력의 불연속선 $\overline{NN}$ 에 대하여 각도 ϕ 로 서로 대칭이 된다.

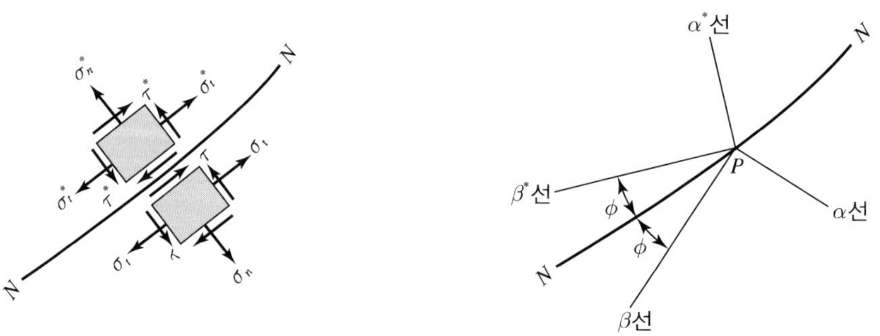

(a) 불연속선 양쪽의 응력　　(b) 불연속선 양쪽의 미끄럼선

[그림 12-12] 응력의 불연속

12.3.4 속도의 불연속

속도의 불연속은 어떤 선을 경계로 그 선에 대한 접선방향의 변형률 속도가 불연속적으로 변화하는 것을 말한다. [그림 12-13(a)]와 같이 소성유동 속도 V인 소재가 속도의 불연속선 $\overline{TT}$ 를 지나는 순간에 속도 V^* 로 불연속적으로 변한다. 속도 V 및 V^* 는 불연속선에 대한 접신방향 속도 $\dot{u}_t$ 및 $\dot{u}_t^*$와 법선방향 속도 $\dot{u}_n$과 $\dot{u}_n^*$로 분해하여 고려한다.

속도의 불연속선을 따라 소재의 퇴적이나 공동(空洞) 현상이 일어나지 않는다면, 법선방향의 속도는 서로 같아야 하므로 다음 식과 같이 된다.

$$\dot{u}_n = \dot{u}_n^* \tag{12・85}$$

속도의 불연속은 접선방향으로 발생하고, [그림 12-13(b)]의 호도그래프를 참조하면 불연속선에 따라 $\dot{u}_t^* - \dot{u}_t$ 에 대한 전단속도의 불연속이 생긴다. 또한, 전단변형률은 불연속선에 도달하는 순간에 발생하기 때문에 이 불연속선에 따라 전단응력은 최대로 되고, 속도의 불연속선은 미끄럼선과 일치한다.

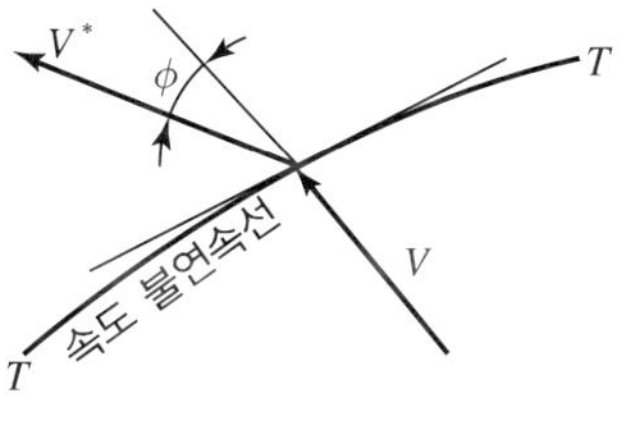

(a) 속도 불연속선

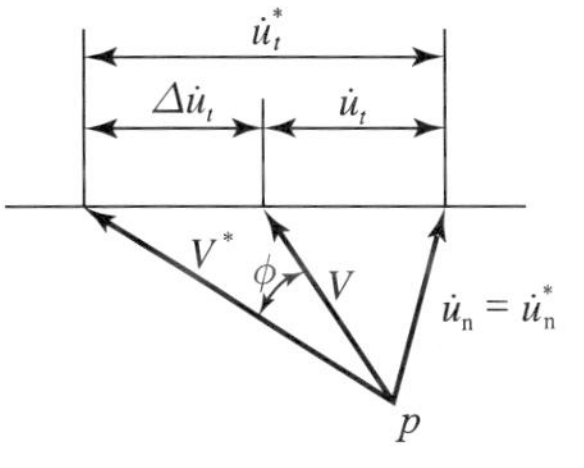

(b) 호도그래프

[그림 12-13] 속도의 불연속

[그림 12-13(a)]에서 속도의 불연속선 $\overline{TT}$ 를 α 미끄럼선이라 하면, Geiringer의 속도 방정식 (12・72)에 의해 이 선의 양쪽에서 다음 식이 성립한다.

$$\begin{aligned} d\dot{u}_t &= \dot{u}_n d\phi \\ d\dot{u}_t^* &= \dot{u}_n^* d\phi \end{aligned} \tag{12・86}$$

식 (12・85)와 식 (12・86)으로부터 다음 식이 얻어진다.

$$d\dot{u}_t^* - d\dot{u}_t = 0 \tag{12・87}$$

속도의 불연속선을 따라 적분을 하면 다음 식과 같이 된다.

$$\Delta\dot{u}_t^* = \dot{u}_t^* - \dot{u}_t = C(\text{일정}) \tag{12・88}$$

식 (12・88)에서 알 수 있듯이 미끄럼선을 따라 속도의 불연속선은 일정하게 된다.

12.4 기본적인 미끄럼선장

12.4.1 직선 미끄럼선장

[그림 12-14(a)]와 같은 미끄럼선장에서 서로 직교하는 평행한 직선들이 이루는 미끄럼선의 경사각 ϕ는 일정하다. 따라서 Hencky의 응력방정식 (12・63)에서 알 수 있듯이 어떤 미끄럼선을 따르더라도 평균압축응력 p_m은 일정하다. 이와 같이 미끄럼선장의 전영역(全領域)에서 응력이 일정한 것을 일정응력장(一定應力場)이라 한다.

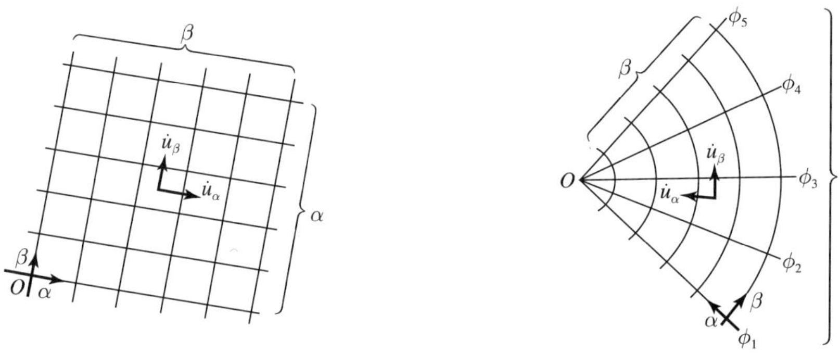

(a) 직선 미끄럼선장 (b) 부채꼴 미끄럼선장

[그림 12-14] 기본적인 미끄럼선장

또한, 미끄럼선에 대한 속도 $\dot{u}_\alpha$, $\dot{u}_\beta$는 Geiringer의 속도방정식 (12・72)로부터 다음 식이 얻어진다.

$$
\begin{aligned}
d\dot{u}_\alpha = 0, \quad \dot{u}_\alpha = C_1(\text{일정}) &: \alpha\text{선을 따라서} \\
d\dot{u}_\beta = 0, \quad \dot{u}_\beta = C_1(\text{일정}) &: \beta\text{선을 따라서}
\end{aligned}
\qquad (12 \cdot 89)
$$

식 (12・89)에서 상수는 일반적으로 각 미끄럼선에 따라 다르기 때문에 $\dot{u}_\alpha$, $\dot{u}_\beta$는 이 미끄럼선장의 전영역에서 일정한 것은 아니다.

12.4.2 부채꼴 미끄럼선장

[그림 12-14(b)]와 같이 미끄럼선 β가 한 점에 집중하는 직선으로 이루어질 때 미끄럼선 α는 이것에 직교하는 동심원호(同心圓弧)로 된다. 이와 같은 부채꼴 미끄럼선장에서 직선 미끄럼선을 따라 발생하는 각각의 응력은 일정하고, 동심원호의 미끄럼선을 따라 각도 $\Delta\phi$만큼 변화하면 Hencky의 식으로부터 평균압축응력 p_m은 $2k\Delta\phi$만큼 변화한다.

이때 부채꼴의 중심 O는 특이점(singular point)이 되고, 이 특이점에서는 p_m과 ϕ는 1개의 해로 결정되지 않는다.

12.5 미끄럼선장의 해석 예

12.5.1 평면 펀치의 압입

평면 펀치의 압입(壓入)은 경도시험, 코이닝(coining), 또는 받침대 위에 기둥을 세울 때 적용되는 해석방법이다. [그림 12-15(a)]와 같이 폭 b인 평면 펀치(plane punch)를 강소성체의 소재에 압입할 때 Prandtl이 해석한 미끄럼선장과 Hill이 해석한 방법을 비교 검토하여 본다.

(1) Prandtl의 해석

Prandtl은 [그림 12-15(a)]에서와 같이 공구면 바로 아래의 3각형 ABE는 공구면과 상대미끄럼이 없는 데드 메탈(dead metal)을 형성하고 있는 것으로 간주한다. 또한, 응력이 작용하지 않는 자유표면 AC와 BG 및 대칭축 OE는 미끄럼선이 45°로 교차하고, 직선 미끄럼선장으로 이루어지는 3개의 삼각형 속도장과 2개의 부채꼴 미끄럼선장으로 구성되어 있다. 이때 y축에 대해 좌우대칭이므로 왼쪽의 1/2만 고려한다. 자유표면 AC에서는 응력 자유(traction free)이므로 다음 식과 같이 된다.

$$\sigma_y = \tau_{xy} = 0 \tag{a}$$

σ_x는 압축응력으로 간주하면 Mohr의 응력원은 [그림 12-15(b)]와 같이 나타낸다. 이 Mohr의 응력원, 또는 식 (12・52)에 $\phi_{AC} = \pi/4$를 대입하면 AC면의 응력은 다음 식으로 주어진다.

$$p_{AC} = k, \quad \sigma_x = -2k \tag{b}$$

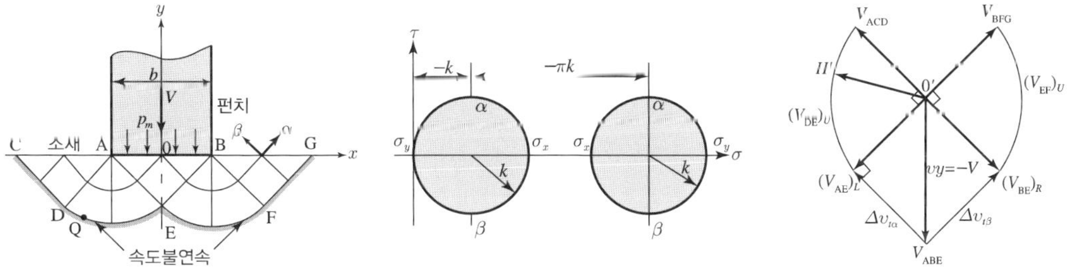

(a) 미끄럼 선　　(b) Mohr의 응력원　　(b) 호도그래프

[그림 12-15] 거친 평면펀치의 압입해석(Prandtl)

$\triangle ACD$는 직선 미끄럼선장이기 때문에 균일응력 상태가 되므로

$$p_{ACD} = k$$

이때 $\triangle ACD$ 영역에서는 주응력 $\sigma_1 = \sigma_y$ 이므로 AD선을 따르는 미끄럼선이 α 선, $CDEB$선을 따르는 미끄럼선은 β선이 된다.

부채꼴 미끄럼선장 ADE에서 동심원호의 β선을 따라 ϕ가 변화하므로 Hencky의 응력 방정식 (12・63)에 의해 다음 식이 성립한다.

$$p_D - 2k\phi_D = p_E - 2k\phi_E \tag{d}$$

식 (d)에 $p_D = k$, $\phi_D = \pi/4$, $\phi = 3\pi/4$를 대입한 후 정리하면 p_E는 다음 식과 같다.

$$p_E = k(1 + \pi) \tag{e}$$

$\triangle ABE$는 직선 미끄럼선장이므로 다음 식과 같이 균일응력 상태로 된다.

$$p_{ABE} = k(1 + \pi) \tag{f}$$

[그림 12-15(b)]에서와 같이 Mohr의 응력원, 또는 식 (12・52)에 $\phi_E = 3\pi/4$와 식 (f)를 대입하면 펀치면에 수직한 응력 σ_y는 다음 식과 같다.

$$\sigma_y = -k(2 + \pi) \tag{g}$$

따라서 펀치의 평균면압 p_m은 다음 식으로 주어진다.

$$p_m = 2k\left(1 + \frac{\pi}{2}\right) \tag{12・90}$$

두께 방향의 단위길이에 대한 펀치하중 P는 다음 식과 같이 된다.

$$P = 2kb\left(1 + \frac{\pi}{2}\right) \tag{12・91}$$

[그림 12-15(c)]는 펀치의 하강속도(下降速度)를 V로 하였을 때 호도그래프를 나타낸 것이다. $\triangle ABE$는 데드 메탈로서 펀치와 동일한 속도 $v_x = \dot{u}_x = 0$, $v_y = \dot{u}_y = -V$로 강체(剛體) 이동을 한다. [그림 12-15(a)]에서 $CDEFG$선의 아래쪽 영역은 강체영역이므로 변형영역과의 경계선 $CDEB$ 및 $AEFG$는 속도 불연속으로 된다. 따라서 [그림 12-15(c)]와 같이 AE선의 바로 왼쪽의 속도 및 BE 선의 오른쪽 속도는 점 E의 원호에 대한 접선방향의 속도벡터 $(V_{AE})_L$와 $(V_{BE})_R$로 나타낸다. 또한, 속도 불연속선 AE 및 BE에 대한 속도 불연속의 값은 [그림 12-15(c)]에 나타낸 것 같이 각각 $\Delta v_{t\alpha} = \Delta \dot{u}_{t\alpha}$ 및 $\Delta v_{t\beta} = \Delta \dot{u}_{t\beta}$로 된다. 이 불연속의 크기는 α 선의 $AEFG$ 및 β선의 $CDEB$를 따라

일정하므로 DE 선에 대한 임의의 점 DHE 선의 위쪽 속도는 $(V_{DE})_U$ 이고, EF 선의 위쪽 속도는 $(V_{EF})_U$ 로 나타낸다. $\triangle ACD$ 와 $\triangle BFG$ 는 일정한 속도영역이고, 그 크기는 $(1/\sqrt{2})V$ 로 되며 자유표면에 대해 45° 방향이 된다.

또한, [그림 12-15(a)]의 미끄럼선장과 [그림 12-15(c)]의 호도그래프는 서로 직교하는 것을 알 수 있다.

(2) Hill의 해석

[그림 12-16]과 같이 매끈한 평면 펀치로 소재를 압입할 때 Hill은 다음과 같이 미끄럼선장을 해석하였다. 그림에서 BH 선은 자유표면이므로 이에 대한 응력은

$$\sigma_y = \tau_{xy} = 0 \tag{h}$$

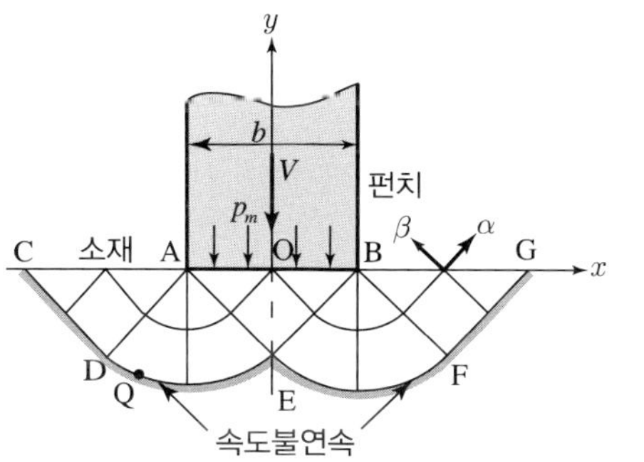

[그림 12-16] Hill의 해석

또한, 항복조건은 다음 식으로 표시된다.

$$\left(\frac{\sigma_x - \sigma_y}{4}\right)^2 + \tau_{xy}^2 = k^2 \qquad \sigma_x = \pm 2k \tag{i}$$

이때 펀치에는 압축하중이 작용하므로 $\sigma_x -\ 2k$ 이고, 펀치 밑은 매끈하므로 $\tau_{xy} = 0$ 가 된다. Prandtl과 Hill에 의한 평균압력 p_m 은 서로 같지만, 펀치 면이 거칠 때 Prandtl이 해석한 미끄럼선장이 더욱 유효한 것이 실험적으로 증명되었다. Hill의 해는 Prandtl의 해보다 미끄럼선은 먼저 발생하지만, 마찰이 없을 때 블록의 깊이가 $4.375b$ 일 때 반무한체(半無限體)로 된다고 하였다.

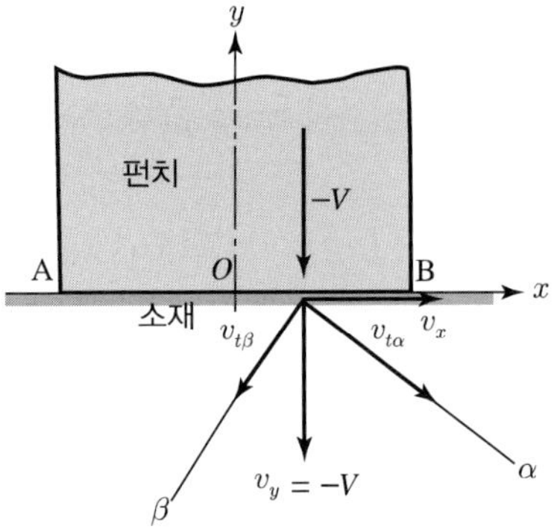

(a) 압입 속도

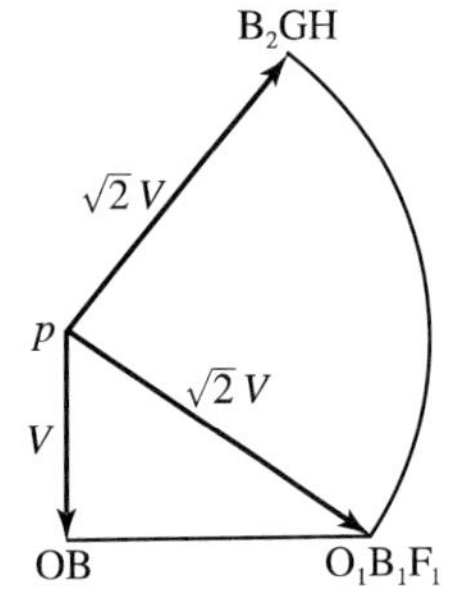

(b) 호도그래프

[그림 12-17] 펀치 압입의 속도선도

속도를 구하기 위해 [그림 12-17(a)]를 고려하면 OB 선상에서 y 축 방향으로 펀치속도 $-V$가 주어지고, 소재는 OB 면을 따라 자유롭게 미끄러질 때 v_x 는 규정할 수 없다. 영역 OFB 의 왼쪽은 변형되지 않고, 정지된 영역의 데드 메탈(dead metal)이므로 β 선에 의한 속도는 0 이 된다. 식 (12・72)에 $v_y = \dot{u}_y = -V$, $v_{t\beta} = \dot{u}_{t\beta} = 0$, $\phi = -\dfrac{\pi}{4}$ 를 대입하면 $v_{t\alpha} = \dot{u}_{t\alpha} = \sqrt{2}\,V$가 되고, OF 선에 의한 속도 불연속이 발생한다.

미끄럼선 α 을 따라 Geiringer의 식이 성립하고, $\triangle OFB$ 의 직선 미끄럼선장에서 $d\phi = 0$, $d\dot{u}_{t\alpha} = 0$ 이므로 $dv_{t\alpha} = d\dot{u}_{t\alpha} = \sqrt{2}\,V$가 된다. 또한, 부채꼴 BFG 에서도 FG 의 아래는 정지된 영역이므로 FG 선을 따라 $dv_{t\beta} = d\dot{u}_{t\beta} = 0$, $dv_{t\alpha} = d\dot{u}_{t\alpha} = 0$ 이 되어 $dv_{t\alpha} = d\dot{u}_{t\alpha} = \sqrt{2}\,V$ 로 된다. $\triangle BGH$ 에서도 이와 같은 방법으로 속도를 구할 수 있다.

12.5.2 직각 다이스에 의한 압출

[그림 12-18(a)]는 소재 두께 h_1 과 제품 두께 h_2 의 비, 즉 압출비 $R = h_1/h_2$ 일 때 마찰이 없는 직각 다이스로 압출하는 미끄럼선장의 예를 나타낸 것이다. 미끄럼선은 대칭축의 점 D 및 마찰이 없는 컨테이너 안쪽 면의 점 B 에서 45° 로 교차하는 부채꼴 미끄럼선장으로 이루어진다. 이때 상・하 대칭이므로 위쪽만을 고려하기로 한다.

출구 쪽의 미끄럼선 AD 에서 x 축 방향의 수직응력 $\sigma_x = 0$ 인 경계조건으로부터 Mohr 의 응력원을 그리면, 미끄럼선 AD 를 따라 다음 식과 같이 된다.

$$p_{AD} = k \tag{a}$$

최소주응력 $\sigma_1 = \sigma_x = 0$ 이므로 미끄럼선 DCB 가 α 선, 미끄럼선 AD 가 β 선으로 된다. 이때 α 선을 따라 다음 식이 성립한다.

$$p + 2k\phi = C\,(\text{일정})$$
$$p_D + 2k\phi_D = p_B + 2k\phi_B \qquad \text{(b)}$$

식 (b)에서 $p_D = k$, $\phi_D = \dfrac{\pi}{4}$, $\phi_B = -\dfrac{3}{4}\pi$ 를 대입하면 다음 식과 같이 된다.

$$p_B = k(1+\pi) \qquad \text{(c)}$$

$\triangle ABE$ 는 데드메탈(dead metal)이고, 다이스면 AE 에 작용하는 수직응력 σ_x 는 다음 식으로 표시된다.

$$\sigma_x = -k(2+\pi) \qquad \text{(d)}$$

다이스의 평균면압 p_D 는

$$p_D = 2k\left(1+\frac{\pi}{2}\right) \qquad (12 \cdot 92)$$

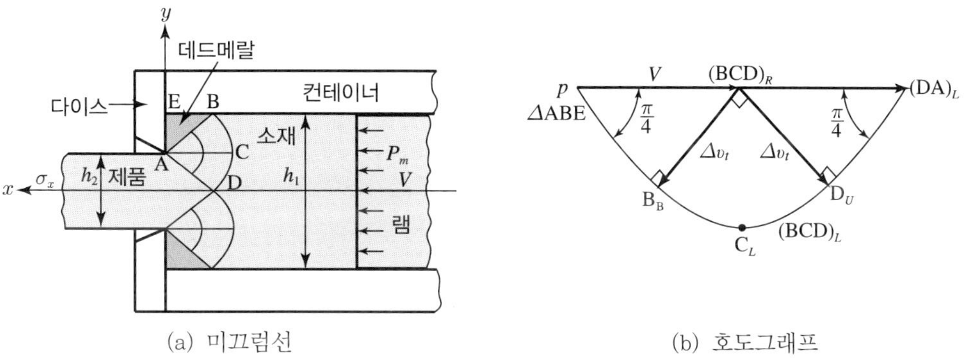

[그림 12-18] 직각다이스에 의한 압출해석

램(ram)의 평균면압을 p_m 이라 하면 x 축 방향에 대한 힘의 평형에 의해

$$p_m h_1 = p_D\left(\frac{h_1}{2}\right) \qquad \text{(e)}$$

따라서 이들 식으로부터 다음 식이 얻어진다.

$$p_m = k\left(1+\frac{\pi}{2}\right) \qquad (12 \cdot 93)$$

램의 속도를 V 라 하면 호도그래프는 [그림 12-18(b)]와 같고, 그림에서 데드메탈과의 경계선 AB 및 컨테이너 안의 강체변위(剛體變位) 영역과의 경계 BCD 가 속도 불연속선으로 된다. 여기서 첨자 R 은 오른쪽, L 은 왼쪽, 그리고 U 는 위쪽, B 는 아래쪽을 나타낸다. 점 B 의 바로 오른쪽으로부터 유입된 속도 V 의 소재는 속도 불연속선 BC 에서 그

접선방향으로 속도 불연속 $B_B D_U$ 가 발생하고, 점 B 의 바로 아래 소재는 BA 를 따라 속도 벡터 $\overrightarrow{pB_B}$ 로 변화한다. 속도 불연속선 BCD 의 바로 왼쪽 소재는 속도 불연속량 $\Delta v_t = |B_B D_U|$ 는 그 접선방향으로 작용하기 때문에 [그림 12-18(b)]에 대한 원호로 표시한 속도를 나타낸다. 점 D 의 바로 위의 소재는 속도 불연속선 DA 에서 $D_U(DA)_L$ 의 속도 불연속성이 발생하고, 점 D 의 왼쪽에서는 속도벡터 $\overrightarrow{p(DA)_L}$ 로 소재가 송출된다.

따라서 압출속도 V 의 소재에 대한 다이스의 출구속도는 $2V$ 로 되고, 이때 체적일정 법칙을 만족시키는 것을 알 수 있다.

12.6 미끄럼선장의 구성조건

미끄럼선장에 의한 소성가공에 대한 근사해법은 미끄럼선을 구성하는 경험법칙이나 경계조건에 의존하므로 경험과 직관(直觀)이 매우 중요하다. 미끄럼선장을 구성하는 조건으로는 속도분포를 나타내는 호도그래프를 결정하고, Hencky의 방정식과 Geiringer의 방정식을 이용하여 응력분포 및 소재의 유동상태를 파악한다. 이와 같은 미끄럼선장을 구성하기 위해 필요한 조건에는 다음과 같은 사항이 있다.

(1) 자유표면을 포함하는 미끄럼선장에서 미끄럼선은 자유표면과 45° 로 교차한다.

(2) 마찰이 없는 공구와 접촉면을 갖는 미끄럼선장은 그 면과 45°로 교차하며, 접촉면에 수직으로 면압이 작용하지만 이는 주응력축의 한 방향이 된다.

(3) 고착(固着) 마찰면을 포함하는 미끄럼선장은 그 면과 90°로 교차하는 α 선과 0°로 교차하는 β 선이 있다.

(4) 접촉면에서 Coulumb 마찰이 작용한다면 접촉면 위의 모든 점에서 마찰계수 μ 는 일정하다. 따라서 전단응력/수직응력의 비가 일정한 표면과 각도 ϕ 를 이루는 β 선과 $\phi+90°$ 를 이루는 α 선으로 구성된다.

(5) 기하학적 대칭축이 있을 때 모든 미끄럼선은 45°로 교차한다.

(6) 예리한 각이 있는 공구의 모서리에 해당하는 점에 대한 응력은 결정할 수 없고, 응력 특이점(stress singularity point)을 중심으로 부채꼴이 된다.

(7) 원호표면이 자유표면이거나 일정한 압력 p 가 작용할 때 극좌표 표시 $r = a\exp(\pm\theta)$ 로 되는 대수나선(logarithmic spiral) 미끄럼선장이 되고, a 는 반지름을 나타낸다.

(8) 공구를 소재 안쪽으로 압입할 때 공구에 의해 배제된 소재의 체적과 자유공간으로 소재가 솟아오르는 양은 서로 같고, 이것은 체적일정 법칙을 의미한다.

(9) 변형영역과 강체영역의 경계선은 속도 불연속선을 나타내고, 속도 불연속선은 물체 안에서 끝날 때가 많다.

(10) 직선 미끄럼선장일 때 1개의 미끄럼선 방향에 대한 변위증분은 미끄럼선을 따라 일정하다.

(11) 반지름선과 동심원으로 되는 부채꼴 미끄럼선장이 형성될 때 1개의 반지름선 방향의 변위증분은 일정하다.

(12) 1축 압축일 때 압축하는 축에 직각인 방향의 합력은 0이 된다.

CHAPTER 12 연습문제

[문제 12-1] 지름 16 [mm]인 연강의 둥근 봉을 다이스 각 $2\alpha = 20°$의 원뿔다이스를 사용하여 지름 12 [mm]까지 인발할 때 다이스에 작용하여야할 인발응력을 결정하시오. 단, 소재의 1축 항복응력 $\sigma_Y = 250$ [MPa]이고, 마찰계수 $\mu = 0.15$로 한다.

[문제 12-2] 둥근 연강 봉의 지름 $d_0 = 24$ [mm], 높이 $h_0 = 30$ [mm]인 소재를 $h_0/2$로 압축가공할 때 면압분포와 평균면압을 결정하시오. 단, 소재의 1축 항복응력 $\sigma_Y = 250$ [MPa]인 강완전소성 재료이고, 마찰계수 $\mu = 0.2$로 한다.

[문제 12-3] 폭 200 [mm], 두께 10 [mm]의 판재를 인발가공하려고 한다. 다이스의 각은 20°, 평균전단항복응력 $k = 300$ [MPa], 마찰계수 $\mu = 0.1$이고, 단면감소율은 15 %로 가정하여 슬래브법을 이용하여 인발하중을 구하시오. 또한, 슬래브법으로 구한 인발응력과 소성에너지를 이용하여 구한 값을 비교하시오.

Chapter

13 파괴역학

균열(crack)의 내재(內在)를 전제로 재료의 강도를 다루는 파괴역학에 대한 기초개념과 파괴역학 인자로 사용되고 있는 응력세기계수, 에너지 방출률, J 적분, 균열선단 열림변위 등의 의미와 계산방법을 설명한다. 또한, 이들 인자를 이용한 재료의 파괴인성에 의한 재료의 파괴조건 및 파괴강도를 검토하고, 정적파괴, 피로파괴, 부식파괴 및 크리프 파괴 등에 관한 재료의 탄소성파괴 거동에 관한 내용을 고찰한다.

13.1 파괴역학 개론

13.1.1 파괴역학의 정의

파괴역학(破壞力學; fracture mechanics)은 재료에 균열(龜裂; crack)이 내재(內在)된 것을 전제로 연속체역학(連續體力學, continuum mechanics)에 기초한 재료강도학(材料強度學; strength of materials)의 한 분야이며, 재료파괴에 대한 응용역학이라 할 수 있다. 파괴역학은 미국의 Irwin(1957년)에 의해 체계화된 것으로서 '균열 또는 결함(缺陷; flaw)이 존재하거나 발생이 예측되는 재료를 강도적으로 안전하게 사용하기 위한 공학적 방법'을 말한다.

응력집중의 발생 원인에는 여러 가지가 있지만 균열의 경우가 가장 크며, 균열이 존재할 때 응력집중이 탄성범위 안에서 이론적으로는 무한대이기 때문에 응력집중계수의 계산이 곤란하다. 따라서 균열에 대한 파괴역학의 지식을 습득하여 균열이 존재하더라도 파괴되지 않고, 강도적으로 안전한 설계를 할 수 있는 것이 중요한 과제라 할 수 있다.

[그림 13-1]은 재료역학과 파괴역학에 관한 개념을 비교하여 나타낸 것이다.

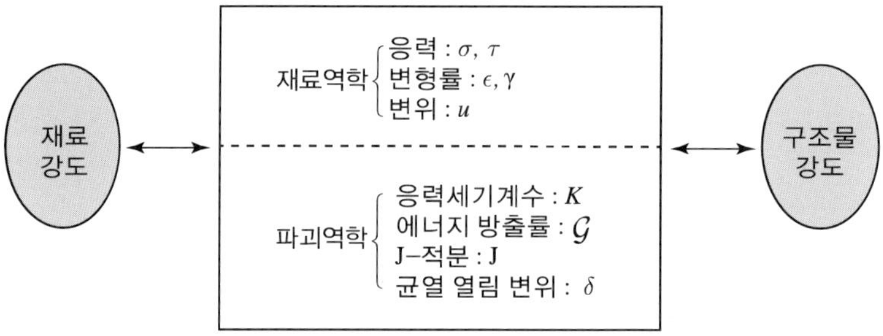

[그림 13-1] 재료역학과 파괴역학의 비교

Irwin은 균열에 대한 특이성(特異性; singularity)의 강도를 표시하는 공학적 양(量)으로 균열선단(龜裂先端; crack−tip)이 소규모 항복을 일으키는 선형탄성 파괴역학(linear elastic fracture mechanics; *LEFM*)의 관점에서 응력세기계수(stress intensity factor) K 라는 인자(因子; parameter)를 도입하여 파괴역학을 정의하였다. 또한, 응력세기계수 K와 균열이 새로이 생성되기 위해 단위면적에 대한 에너지 소비율로 나타내는 에너지 방출률(energy releease rate) $\mathcal{G}$의 관계를 설명하였다.

그러나 균열선단의 소규모 항복에 대해서는 응력세기계수 K가 유효하지만, 대규모 항복이 발생하는 비선형 거동을 일으키는 탄소성 변형에서는 Rice가 제안한 J 적분(J−integral)의 적용이 유효하고, 또는 균열의 열림변위(crack opening displacement: *COD*), 균열선단의 열림변위(crack−tip opening displacement: *CTOD*) δ를 사용하기도 한다.

이와 같이 균열에 의해 파괴를 지배하는 파괴역학 인자(fracture parameter)로써 사용되는 K, $\mathcal{G}$, J, δ는 균열이 존재할 때 파괴조건을 검토하는데 중요하고, 선형탄성 범위에서는 K, $\mathcal{G}$, J는 서로 일정한 관계가 성립한다.

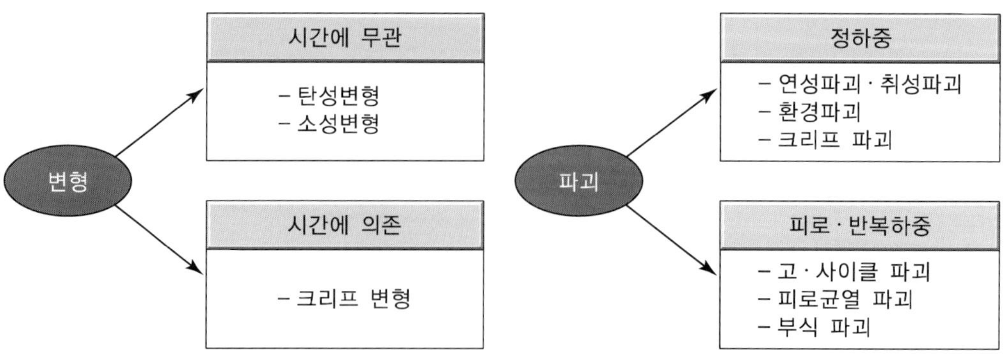

[그림 13-2] 변형 및 파괴의 기본형태

재료의 변형 및 파괴의 기본형태는 [그림 13-2]와 같이 분류할 수 있다. 재료의 변형은 시간에 의존하지 않는 탄성 및 소성변형이 있고, 시간의 경과에 의존하는 크리프 변형이 있다. 또한 재료의 파괴는 정하중에 의한 파괴와 피로하중, 또는 반복하중에 의한 파괴로 분류된다. 정하중 파괴에는 연성파괴, 취성파괴, 환경파괴 및 크리프 파괴가 있고, 피로 및 반복하중에 의한 파괴에는 저사이클 및 고사이클 파괴, 피로균열의 진전에 의한 파괴, 또는 부식파괴 등으로 나눈다. 재료의 안전한 사용을 위해서는 재료의 변형과 파괴를 동시에 고려할 필요가 있다.

정적하중이 작용하는 재료의 균열에 의한 파괴는 재료의 특성을 나타내는 파괴인성값(fracture toughness value)이 그 재료에 작용하는 파괴역학 인자의 값을 초과하면 파괴되는 각각의 파괴기준(fracture criterion)을 설정할 수 있다. 따라서 재료를 강도적으로 안전하게 사용하기 위해서는 작용하중에 의한 파괴역학 인자의 값을 사용재료의 파괴인성값 이하로 제한하여 사용하여야 한다.

각종 파괴인자에 의한 파괴기준은 다음 식과 같이 되고, 이 조건에서 재료는 파괴되므로 재료를 안전하게 사용하기 위해서는 작용하중에 의한 파괴역학 인자의 값을 그 재료의 파괴인성값 이하로 설정하여야 한다.

$$K \geq K_c \qquad (13 \cdot 1)$$

$$\mathcal{G} \geq \mathcal{G}_c \qquad (13 \cdot 2)$$

$$J \geq J_c \qquad (13 \cdot 3)$$

$$\delta \geq \delta_c \qquad (13 \cdot 4)$$

13.1.2 파괴의 형태

연성재료는 변형률이 급격히 증가하여 항복상태가 되면 파손(破損; failure) 되었다고 하며, 취성재료는 변형이 작으므로 균열(crack)이 발생하고 이것이 신선하여 파단을 일으키면 파괴(破壞; fracture) 되었다고 한다. 따라서 일반적으로 재료에 하중이 작용하여 재료가 항복을 일으키거나, 또는 파괴되는 경우를 총칭하여 파손이라 한다.

파괴는 1개의 고체가 2개 이상의 부분으로 분리되는 현상을 말하고, 파괴의 형태에 따라 연성파괴(延性破壞; ductile fracture)와 취성파괴(脆性破壞; brittle fracture)로 분류하는 경우가 많다. 연성재료는 항복강도를 초과하면 소성변형이 일어나면서 파손되므로 항복강도에 주의를 하여야한다. 항복을 일으키지 않는 주철과 같은 취성재료에서는 파손의 기준으로 인장강도를 사용한다. 또한 취성재료를 선택할 때는 압축강도가 인장강도보다 훨씬 크지만, 연성재료는 일반적으로 인장 및 압축에서 거의 동일한 강도를 갖는다.

하중이 작용하는 조건에 따라 파괴현상을 분류하면 정적파괴(靜的破壞; static fracture), 피로파괴(疲勞破壞; fatigue fracture), 충격파괴(衝擊破壞; impact fracture), 크리프 파괴(creep fracture) 및 부식파괴(腐蝕破壞; corrosion fracture) 등으로 분류할 수 있다.

또한 금속 등의 결정체의 파괴는 균열이 결정립계(結晶粒界; grain boundary)를 따라 진전하는 입계파괴(粒界破壞; intergranular fracture)와 균열이 결정립의 내부를 관통(貫通)하여 진전하는 입내파괴(粒內破壞; transgranular fracture)로 나눈다.

(1) 연성파괴(ductile fracture)

연성파괴는 재료의 소성변형이 상당히 발생한 후 파괴되는 형태로서 취성파괴에 비하여 위험성이 적은 파괴형태이다. 연성파괴는 외력을 계속 증가하지 않으면 균열의 진전은 없고, 균열이 진전하기 위해서는 소성변형을 일으키기 위한 큰 에너지를 필요로 한다. 연강이나 알루미늄 등과 같이 비교적 연한 재료는 인장시험 중에 시험편의 일부에 단면의 감소현상이 집중하는 네킹(necking)이 발생한다.

네킹부의 중앙부근에는 미소한 공동(空洞), 기포(氣泡)를 생성한 후 성장 및 합체되어 1개의 균열로 형성되어 간다. 이때 파단면은 다수의 작은 오목부가 잔물결처럼 파인 모양, 공의 반쪽 또는 C자 형상과 유사한 딤플(dimple)이 나타난다. 이러한 현상이 발생하는 것은 전단하중의 영향인 것으로 판단된다.

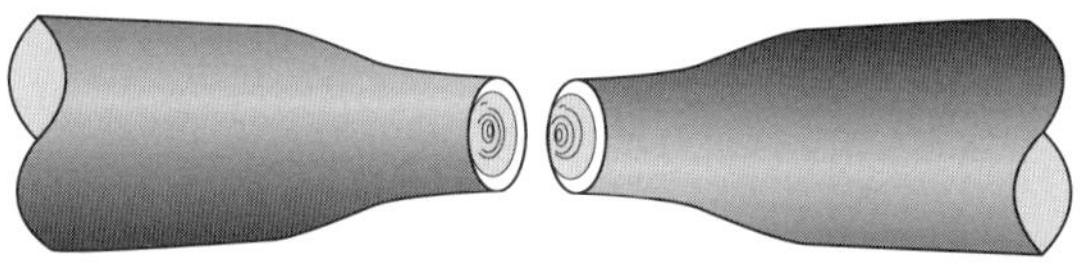

[그림 13-3] 연성재료의 컵-콘 형상의 파단면

또한 파단면은 [그림 13-3]과 같이 한 쪽은 컵 모양과 같이 움푹 파이고, 반대쪽은 볼록한 원뿔 모양의 컵-콘(cup and cone) 형상으로 파괴된다. 이때 파단면의 좌우는 중앙부가 축 방향에 수직한 파단면으로 되고, 그 주위는 축 방향과 거의 45°로 경사진 원뿔모양의 파단면이 된다. 이때 중앙부는 오목·볼록이 큰 섬유모양 파괴(fibrous fracture)로 되고, 그 주위는 중앙부에 비해 약간 매끄러운 전단파괴(shear fracture)로 된다.

(2) 취성파괴(brittle fracture)

취성파괴는 소성변형이 거의 없는 예기치 못한 급속한 파괴가 발생하므로 매우 위험하기 때문에 절대적으로 피해야 한다. 취성파괴의 특징은 체심입방(body centered cubic: BCC) 구조, 또는 조밀육방(hexagonal closed packed: HCP) 구조로 된 금속에서 벽개면이라 부르는 특정의 결정면을 따라 벽개파괴(劈開破壞; cleavage fracture)가 발생하는 것이다. 취성재료의 균열진전은 원자사이의 결합력이 연속적으로 끊어지면서 진행하기 때문에 벽개면은 결정립(結晶粒; grain)마다 다르고, 그 파단면을 관찰하면 결정립의 파단면에 대한 경사에 차이가 나타난다. 따라서 벽개파괴가 발생한 파단면은 입상파괴(粒狀破壞; granular fracture)의 양상을 띠는 것이 특징이다. 특히 철과 저탄소강의 BCC 구조와 W, Mo, Cr 등의 BCC 구조 및 Zn, Be, Mg 등의 HCP 구조에서 벽개파괴가 일어난다.

13.1.3 타원균열의 응력집중계수

[그림 13－4]와 같이 타원균열에 대한 최대응력(σ_{max}) 및 응력집중계수(α_k)는 다음 식으로 표시된다.

$$\sigma_{max} = \sigma_0\left(1+2\sqrt{\frac{a}{\rho_c}}\right) \fallingdotseq 2\sigma_0\sqrt{\frac{a}{\rho_c}} \qquad (\because\ \rho_c \ll a) \tag{13・5}$$

$$\alpha_k = \frac{\sigma_{max}}{\sigma_0} = \sigma_0\left(1+2\sqrt{\frac{a}{\rho_c}}\right) \fallingdotseq 2\sqrt{\frac{a}{\rho_c}} \tag{13・6}$$

여기서 σ_0은 공칭응력, ρ_c는 타원균열 선단의 곡률반지름, a는 균열길이다.

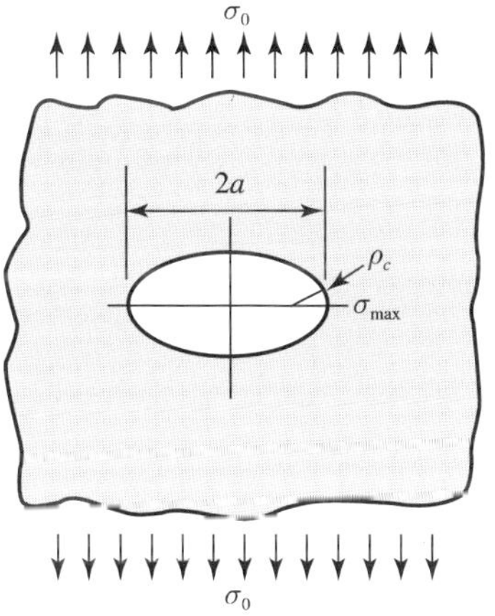

[그림 13–4] 타원균열의 응력집중

균열이 예리할수록 $\rho_c \to 0$에 근접하므로 α_k는 점점 증가하는 것을 알 수 있고, $\rho_c \approx 0$일 때 완전한 균열이 되므로 응력집중계수를 적용할 수 없다.

13.1.4 균열재의 탄성변형 에너지

(1) 무균열재의 탄성변형 에너지

[그림 13−5]와 같이 탄성재료에 균열이 없을 때 내부에 축적된 탄성변형 에너지 U는 다음 식과 같이 나타낸다.

$$U = \frac{1}{2}P\delta = \frac{P^2 l}{2AE} \times \frac{A}{A} = \frac{P^2}{2A^2E}Al = \frac{\sigma^2}{2E}Al = \frac{\sigma^2}{2E}V \qquad (13 \cdot 7)$$

여기서 P : 작용하중, δ: 변형량, l : 길이, A: 단면적
E : 세로탄성계수, σ : 인장응력, V : 체적

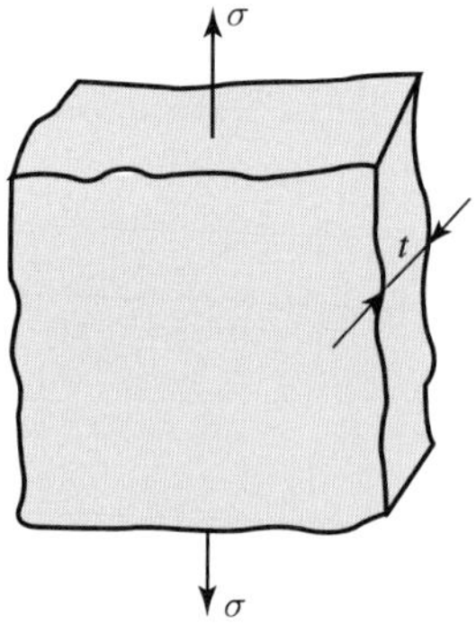

(a) 응력을 받는 탄성체

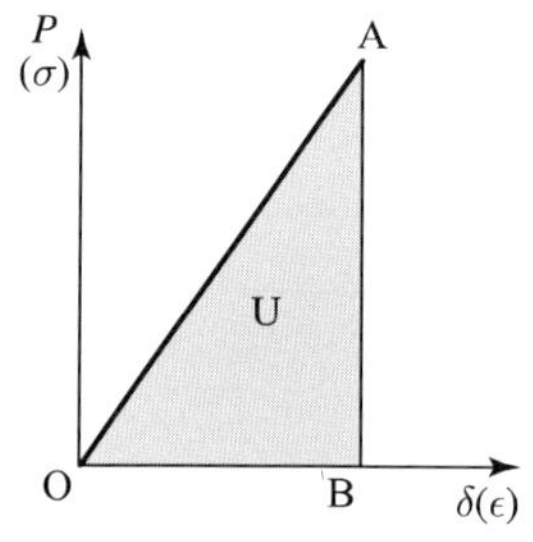

(b) 내부에 축적된 탄성변성 에너지

[그림 13−5] 균열이 없는 판재의 탄성변형 에너지

(2) 균열재의 탄성변형 에너지

새로운 균열이 발생하기 위해서는 내부응력이 완화되어 탄성변형 에너지가 방출된다. 예리한 균열 대신에 [그림 13−6]과 같은 지름 $2a$의 원형 균열을 고려하면, 이 원형 균열이 발생할 때 방출되는 변형에너지는 다음 식과 같이 된다.

$$U_r = \frac{\sigma^2}{2E}\pi a^2 t = \frac{\pi\sigma^2 a^2 t}{2E} \qquad (13 \cdot 8)$$

여기서 U_r은 방출되는 변형에너지, σ는 작용응력, a는 균열길이, t는 판 두께, E는 세로탄성계수이고, $\pi a^2 t$는 원형 균열면의 체적을 나타낸다.

Inglis는 균열 주위의 응력장(應力場; stress field)을 엄밀히 적분하여 해석한 결과 식 (13・8)의 2배를 얻었다.

$$U_r = \frac{\pi\sigma^2 a^2 t}{E} \qquad (13 \cdot 9)$$

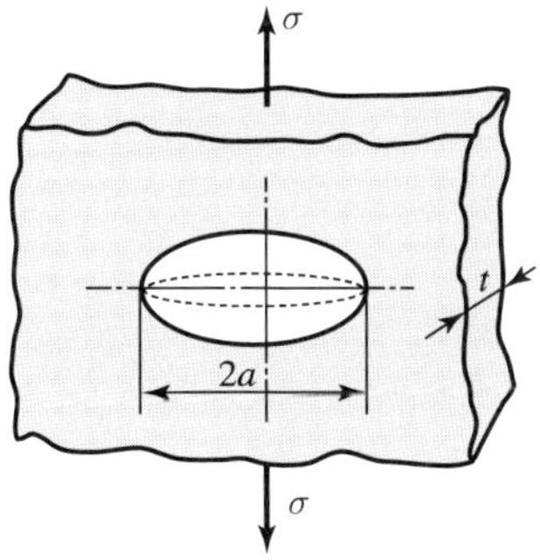

[그림 13-6] 균열 발생에 의한 방출에너지

13.1.5 Griffith의 취성파괴 이론

균열이 생성되고 진전하려면 재료내부에 저장되었던 탄성변형 에너지는 새로운 균열을 생성시키기 위해 방출된다. Griffith는 타원균열에 대한 에너지 밸런스(energy balance) 이론에 근거하여 취성재료에 대한 균열의 진전조건을 제시하였다.

균열을 [그림 13-7]과 같은 타원구멍(elliptical hole)을 고려하면, 타원구멍의 체적은 다음 식으로 주어진다.

$$V = \pi(2a)(a)(t) = 2\pi a^2 t \tag{13・10}$$

결국, 타원균열을 발생시키기 위해 방출되는 탄성변형 에너지는 다음 식과 같이 된다.

$$U_r = \frac{\sigma^2}{2E} V = \frac{\pi\sigma^2 a^2 t}{E} \tag{13・11}$$

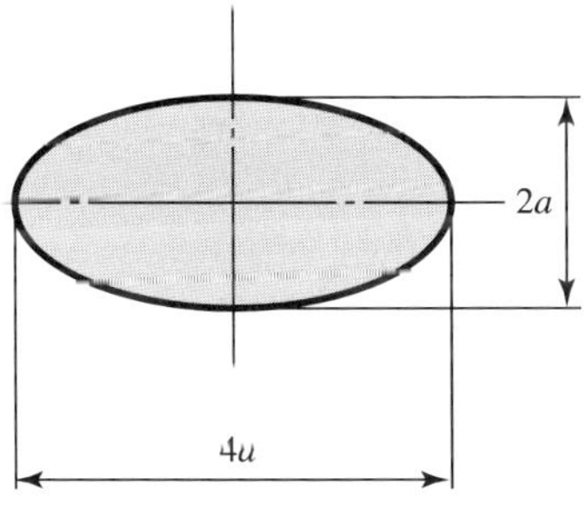

[그림 13-7] 타원균열

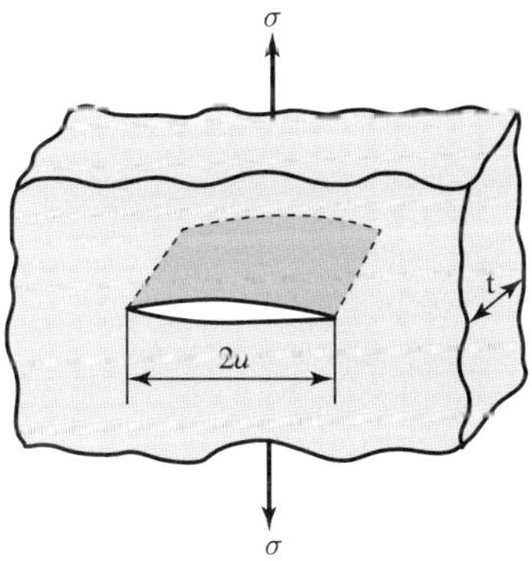

[그림 13-8] 균열면의 생성

균열이 생성되면 균열은 단위면적에 대한 표면에너지 $2\gamma_s$를 갖는다. 즉, 단위깊이의 균열을 생성시키기 위해서는 상하 균열면에 대하여 $2\gamma_s$ 가 필요하다. 따라서 [그림 13-8]과 같이 길이 $2a$, 깊이 t 인 균열이 새로이 생성되기 위해 소비되는 전표면 에너지는 다음 식으로 표시된다.

$$U_s = 2\gamma_s(2at) = 4at\gamma_s \tag{13・12}$$

여기서, U_s는 새로운 균열면의 생성에 소비되는 에너지이고, γ_s는 단위면적에 대한 표면에너지를 의미한다.

따라서 균열의 진전조건은 $\dfrac{\partial(U_r - U_s)}{\partial a} \geq 0$이 되고, 다음과 같은 조건이 성립한다.

$$\frac{\partial U_s}{\partial a} \geq \frac{\partial U_r}{\partial a} \text{ : 균열은 진전하지 않고 안정상태} \tag{13・13}$$

$$\frac{\partial U_r}{\partial a} \geq \frac{\partial U_s}{\partial a} \text{ : 균열은 진전하고 불안정상태} \tag{13・14}$$

또는, 식 (13・11)과 (13・12)로부터 $\dfrac{\partial}{\partial a}\left(\dfrac{\pi\sigma^2 a^2 t}{E}\right) \geq \dfrac{\partial}{\partial a}(4a\gamma_s t)$ 의 조건에서

$$\frac{\pi\sigma^2 a}{E} \geq 2\gamma_s \tag{13・15}$$

그러므로 식 (13・15)에서

$$\sigma \geq \sigma_f = \sqrt{\frac{2E\gamma_s}{\pi a}} \text{ : 균열의 진전조건 (평면응력 상태)} \tag{13・16}$$

여기서, σ_f는 불안정파괴를 일으키는 응력을 나타낸다.

$$\sigma \geq \sigma_f = \sqrt{\frac{2E\gamma_s}{(1-\nu^2)\pi a}} \text{ : 균열의 진전조건 (평면변형률 상태)} \tag{13・17}$$

파괴를 일으키는 임계응력을 σ_c 라 하면

$$\sigma_c = \sqrt{\frac{2E\gamma_s}{\pi a}} \text{ : 평면응력 상태} \tag{13・18}$$

임계균열길이 a_c 는

$$a_c = \frac{2E\gamma_s}{\pi\sigma^2} \tag{13・19}$$

$$\sigma\sqrt{\pi a_c} = \sqrt{2E\gamma_s} \tag{13・20}$$

에너지 방출률(energy release rate) $\mathcal{G}$는 균열길이 $2a$의 균열이 한쪽에서 da만큼 진전할 때 정의한 것이므로 이 경우 양쪽에서 균열이 진전하기 때문에 $2\mathcal{G}$로 하면

$$2\mathcal{G} = \frac{\partial U}{\partial a} = \frac{2\pi\sigma^2 a}{E} \geq 4\gamma_s$$

$$\therefore \mathcal{G} \geq 2\gamma_s \tag{13・21}$$

따라서 파괴응력 σ_f는 다음 식과 같이 된다.

$$\sigma_f = \sqrt{\frac{E\gamma_s}{\pi a}} \tag{13・22}$$

[그림 13-9]는 균열진전길이에 대한 에너지 및 에너지 방출률의 관계를 나타낸 것이다.

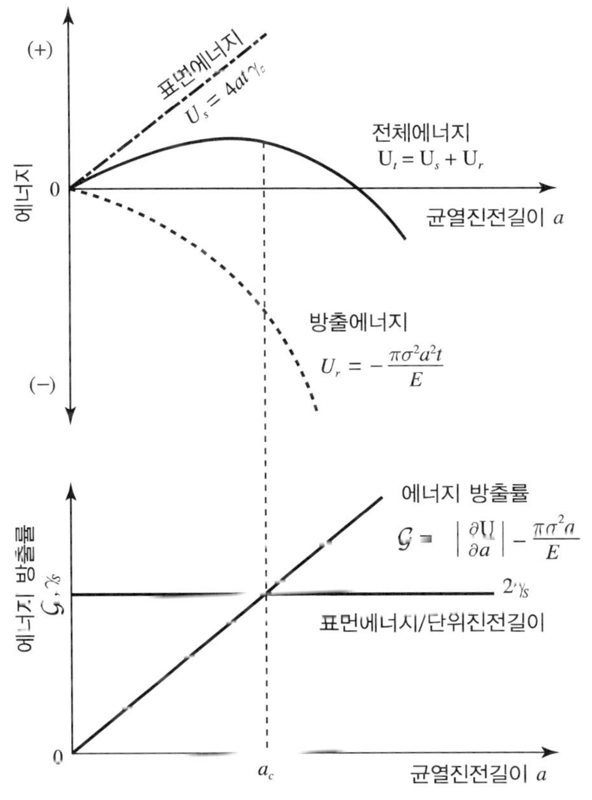

[그림 13-9] 균열진전길이에 대한 에너지 및 에너지 방출률

13.2 파괴역학 인자

13.2.1 응력세기계수

G. R. Irwin에 의해 도입된 응력세기계수(stress intensity factor) K는 균열선단에 대한 탄성응력의 특이성(特異性; singularity) 강도를 나타내는 공학적 양이다. 응력세기계수 K가 물리적 의미를 갖는 것은 선형탄성 파괴역학에서 균열선단에 발생하는 소성역의 크기가 균열길이에 비해 매우 작고, 그 외의 영역은 탄성적인 변형을 하는 소규모 항복의 경우이다.

균열선단 근방의 국소적인 특성을 지배하는 파괴역학 인자(fracture parameter)로는 응력세기계수 K, 에너지 방출률(strain energy release rate) $\mathcal{G}$, J 적분(J-integral), 또는 $CTOD$(crack-tip opening displacement) δ 등이 있다.

[그림 13-10]과 같이 직교좌표계와 극좌표계에서 변형을 하는 탄성체에 대한 균열선단 근방의 응력장(stress field)은 2차원 탄성역학에 기초하여 다음 식과 같이 표시된다.

$$\sigma_{ij} = \frac{A_1}{\sqrt{r}} f_{ij}^{(1)}(\theta) + A_2 f_{ij}^{(2)}(\theta) + A_3 \sqrt{r}\, f_{ij}^{(3)}(\theta) + \cdots \qquad (13 \cdot 23)$$

여기서 $i,\ j = x,\ y$이고, 계수 $A_1,\ A_2, \cdots$는 하중조건, 시험편의 형상 및 균열길이의 함수로서 r과 θ에는 무관하고, $f_{ij}^{(1)}(\theta)$, $f_{ij}^{(2)}(\theta)$, $\cdots$는 θ만의 함수이다.

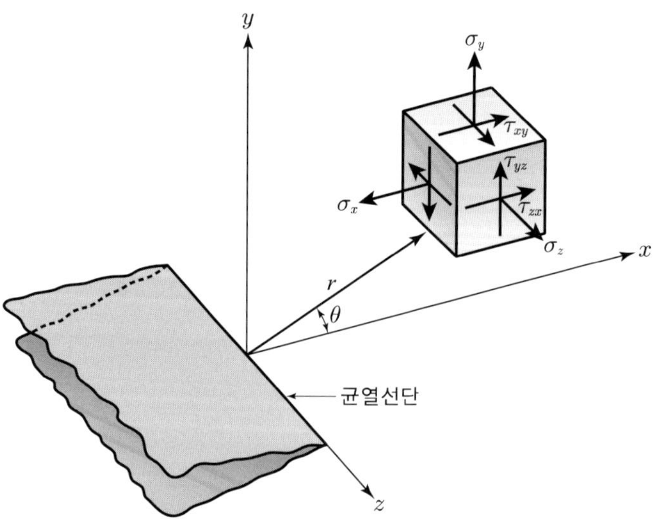

[그림 13-10] 균열선단 근방의 응력장

응력세기계수 K는 [그림 13－11]과 같은 3종류의 균열형태(crack mode)로 분류한다. 모드 Ⅰ(열림형; opening mode)인 경우 K_{I}, 모드 Ⅱ(면내전단형; sliding mode, 또는 in－plane mode)인 경우 K_{II}, 모드 Ⅲ(면외전단형; tearing mode, 또는 out－plane mode)인 경우에는 K_{III}로 표시한다. 각종 구조물 등의 파괴는 일반적으로 이 3가지의 독립적인 파괴형태, 또는 이들의 복합형태(mixed mode)로 구성된다.

[그림 13－11(a)]와 같은 모드 Ⅰ 균열형태에 대한 직교좌표계와 극좌표계에서 변형하는 탄성체의 균열선단 근방의 응력장은 [그림 13－10]과 같다.

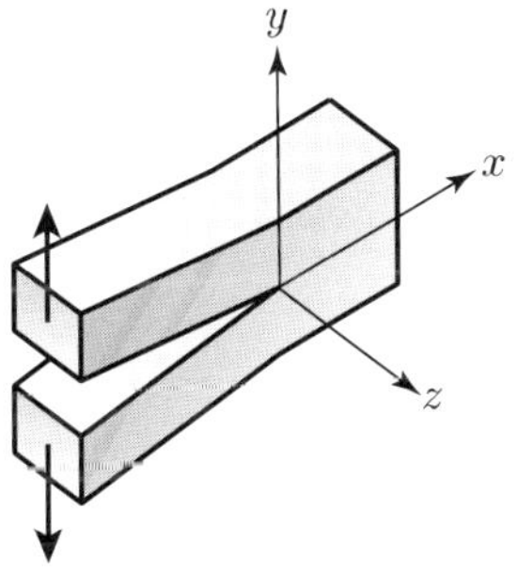

(a) 모드Ⅰ

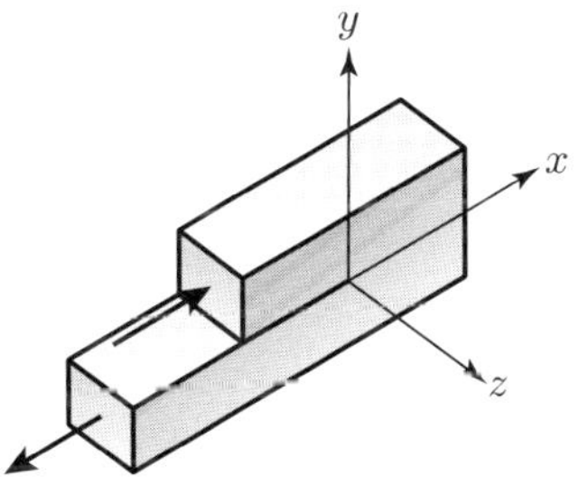

(b) 모드Ⅱ

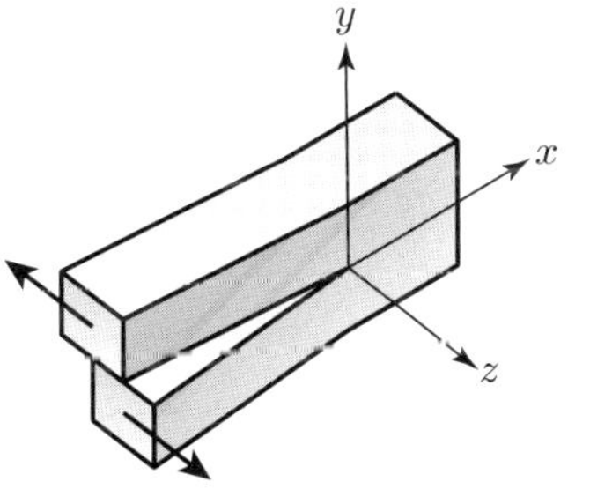

(c) 모드Ⅲ

[그림 13－11] 기본적인 균열 모드

식 (13・23)으로부터 균열근방의 $r \to 0$ 의 극한에서는 제 2항 이상은 무시하고, 응력 및 변위분포의 제 1항을 [그림 13-11]과 같이 3가지의 독립된 균열 모드로 나타내면, 2차원 탄성역학에 근거하여 균열선단의 응력분포는 응력세기계수와 다음의 관계식이 성립한다.

$$\sigma_{ij}(\theta,\ r) = \frac{K_k}{\sqrt{2\pi r}} f_{ij,k}(\theta) \tag{13・24}$$

여기서 첨자 i, j는 응력텐서의 장이고, k는 균열의 모드를 나타낸다.

또한, 균열선단의 변위는 다음 식과 같이 표시된다.

$$\sigma_{ij}(\theta,\ r) = \frac{K_k}{\sqrt{2\pi r}} f_{ij,k}(\theta) \tag{13・25}$$

식 (13・24)와 식 (13・25)를 구체적으로 나타내면 다음 식과 같이 된다.

(1) 모드 Ⅰ 균열의 경우

이미 4.8.1절에서 균열이 존재하는 1축 인장응력이 작용하는 무한평판일 때 모드 Ⅰ 균열에 대한 응력장(stress field)의 유도식 (4・101)은 다음 식과 같다.

$$\begin{Bmatrix} \sigma_x \\ \sigma_y \\ \tau_{xy} \end{Bmatrix} = \frac{K_{\mathrm{I}}}{\sqrt{2\pi r}} \cos\frac{\theta}{2} \begin{Bmatrix} 1 - \sin\frac{\theta}{2}\sin\frac{3\theta}{2} \\ 1 + \sin\frac{\theta}{2}\sin\frac{3\theta}{2} \\ \sin\frac{\theta}{2}\cos\frac{3\theta}{2} \end{Bmatrix} \qquad (13 \cdot 26)$$

또한, 균열선단 근방에 대한 변위장(displacement field)은 식 (4・103)과 같이 되고, 다음 식으로 나타낸다.

$$\begin{aligned} u_x &= \frac{K_{\mathrm{I}}}{2G}\sqrt{\frac{r}{2\pi}}\cos\frac{\theta}{2}\left(\kappa - 1 + 2\sin^2\frac{\theta}{2}\right) \\ u_y &= \frac{K_{\mathrm{I}}}{2G}\sqrt{\frac{r}{2\pi}}\sin\frac{\theta}{2}\left(\kappa + 1 - 2\cos^2\frac{\theta}{2}\right) \end{aligned} \qquad (13 \cdot 27)$$

여기서, ν는 푸아송비, G는 전단탄성계수이고, κ는 평면변형률 및 평면응력 상태에 대해서 각각 다음 식과 같이 된다.

$$\kappa = \begin{cases} 3 - 4\nu & : \text{평면변형률 상태} \\ 3 - \nu/(1+\nu) & : \text{평면응력 상태} \end{cases} \qquad (13 \cdot 28)$$

판 두께가 균열의 크기에 비해 매우 얇다면 $\sigma_z = 0$ 이 되어 평면응력(plane stress) 상태이고, 이와 반대로 판의 두께가 매우 두꺼우면 $\epsilon_z = 0$ 이 되므로 평면변형률(plane strain) 상태가 된다.

식 (13・26)에서 응력세기계수 K는 균열선단 근방의 응력분포를 나타내는 유효한 인자로 된다. 응력세기계수는 하중조건, 시험편의 형상 및 균열길이의 함수로 표시하고, θ와 균열선단으로부터의 거리 r에는 무관하다.

또한, 모드 Ⅱ와 모드 Ⅲ 균열선단 근방에 대한 응력장 및 변위장은 다음과 같이 된다.

(2) 모드 Ⅱ 균열의 경우

4.8.2절의 [그림 4-19]에서 길이 $2a$인 균열을 갖는 무한평판에 균일 전단응력 τ_0가 작용할 때 모드 Ⅱ 균열에 대한 응력장의 유도식 (4・104)는 다음 식으로 나타낸다.

$$\begin{Bmatrix} \sigma_x \\ \sigma_y \\ \tau_{xy} \end{Bmatrix} = \frac{K_{\mathrm{II}}}{\sqrt{2\pi r}} \begin{Bmatrix} -\sin\frac{\theta}{2}\left(2 + \cos\frac{\theta}{2}\cos\frac{3\theta}{2}\right) \\ \sin\frac{\theta}{2}\cos\frac{\theta}{2}\cos\frac{3\theta}{2} \\ \cos\frac{\theta}{2}\left(1 - \sin\frac{\theta}{2}\sin\frac{3\theta}{2}\right) \end{Bmatrix} \qquad (13 \cdot 29)$$

또한, 모드 Ⅱ 균열에 대한 균열선단 근방에서의 변위장은 모드 I 균열의 경우 식 (4・103)을 참조하면 식 (4・106)으로 유도되어 다음 식과 같다.

$$u_x = \frac{K_{\mathrm{II}}}{2G}\sqrt{\frac{r}{2\pi}}\ \sin\frac{\theta}{2}\left(\kappa + 1 + 2\cos^2\frac{\theta}{2}\right)$$
$$u_y = \frac{K_{\mathrm{II}}}{2G}\sqrt{\frac{r}{2\pi}}\ \left\{-\cos\frac{\theta}{2}\left(\kappa - 1 - 2\sin^2\frac{\theta}{2}\right)\right\} \qquad (13 \cdot 30)$$

(3) 모드 Ⅲ 균열의 경우

모드 Ⅲ 균열은 비틀림 하중이 작용하는 경우이므로 응력장 및 변위장은 식 (4・107) 및 식 (4・108)에 의해 다음 식과 같다.

$$\tau_{xz} = \frac{K_{\mathrm{III}}}{\sqrt{2\pi r}}\left(-\sin\frac{\theta}{2}\right), \quad \tau_{yz} = \frac{K_{\mathrm{III}}}{\sqrt{2\pi r}}\cos\frac{\theta}{2} \qquad (13 \cdot 31)$$

$$u_z = \frac{K_{\mathrm{III}}}{\mu}\sqrt{\frac{r}{2\pi}}\ \sin\frac{\theta}{2} \qquad (13 \cdot 32)$$

또한, 균열선단 근방에 대한 응력장에 대한 3가지 모드의 합은 다음 식과 같이 표시된다.

$$\sigma_{ij}(r,\ \theta) = \frac{1}{\sqrt{2\pi r}}\left\{K_{\mathrm{I}}\ f_{ij}^{\mathrm{I}}(\theta) + K_{\mathrm{II}}\ f_{ij}^{\mathrm{II}}(\theta) + K_{\mathrm{III}}\ f_{ij}^{\mathrm{III}}(\theta)\right\} + O(r^o) \qquad (13 \cdot 33)$$

여기서 $f_{ij}^{\mathrm{I}}(\theta)$, $f_{ij}^{\mathrm{II}}(\theta)$, $f_{ij}^{\mathrm{III}}(\theta)$는 식 (13・33)에 나타내는 θ에 대하여 알고 있는 함수이고, 또한 변위장은 3가지 모드의 합으로 표시한다.

식 (13・33)에서 3개의 계수 K_{I}, K_{II}, K_{III}는 균열선단 근방에 분포하는 응력의 세기를 나타내는 것으로서 각각 모드 Ⅰ, 모드 Ⅱ 및 모드 Ⅲ의 응력세기계수라 부른다.

13.2.2 에너지 방출률과 응력세기계수의 관계

에너지 방출률(energy release rate) $\mathcal{G}$의 개념은 Griffith의 에너지 밸런스 이론에 근거하여 균열진진에 따라 방출되는 에너지가 새로운 균열면을 생성하기 위해 소요되는 포텐셜 에너지의 감소율을 의미한다. 따라서 에너지 방출률 $\mathcal{G}$는 단위면적의 균열을 진전시키기 위해 필요한 에너지를 말한다.

[그림 13-12(a)]와 같은 모드 I 균열의 경우 균열이 Δa만큼 진전할 때 포텐셜 에너지의 감소율을 ΔU라 한다. 이것은 [그림 13-12(b)]와 같이 균열이 Δa만큼 진전한 부분에 균열이 진전하기 전에 작용한 응력 σ_y를 가하여 [그림 13-12(a)]와 같은 상태로 복원시키기 위해 필요한 일로서 다음 식과 같이 나타낼 수 있다.

$$\Delta U = \int_0^{\Delta a}\frac{1}{2}\sigma_y(2u_y)B\,dr \qquad (a)$$

여기서 B는 판 두께를 나타낸다.

균열 연장선의 균열선단 근방에 대한 응력 σ_y 는 식 (13・26)에서 $\theta = 0$ 로 놓으면, 다음 식이 얻어진다.

$$(\sigma_y)_{\theta=0} = \frac{K_{\mathrm{I}}(a)}{\sqrt{2\pi r}} \tag{b}$$

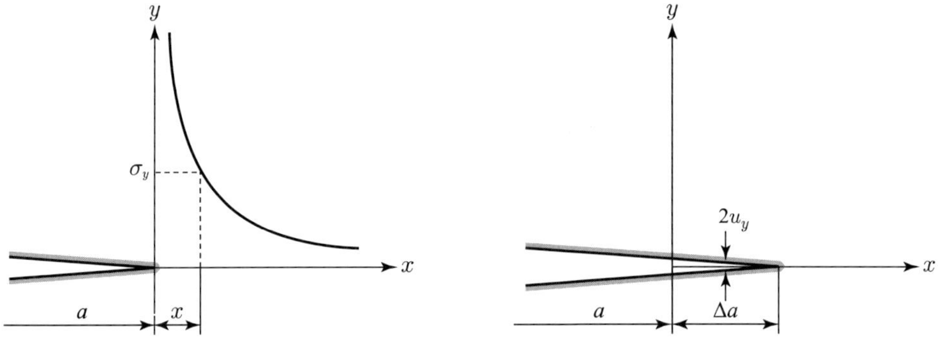

[그림 13-12] 균열진전에 따른 에너지 방출률

또한, [그림 13-12(b)]에서 균열선단에 대한 변위 u_y 는 식 (13・27)에서 $\theta = 0$ 로 놓으면 다음 식과 같이 된다.

$$2u_y = \frac{(\kappa+1)}{G}\sqrt{\frac{\Delta a - x}{2\pi}}\ K_{\mathrm{I}}(a+\Delta a) \tag{c}$$

$$\begin{aligned}\Delta U &= \frac{(\kappa+1)}{4\pi G} B\int_0^{\Delta a} K_{\mathrm{I}}(a) B\int_0^{\Delta a}\sqrt{\frac{\Delta a - x}{r}}\,dr \\ &\fallingdotseq \frac{(\kappa+1)}{4\pi G} K_{\mathrm{I}}^2(a) B\int_0^{\Delta a}\sqrt{\frac{\Delta a - x}{r}}\,dr \quad (\because\ \Delta a \ll a) \\ &= \frac{(\kappa+1)}{4\pi G} K_{\mathrm{I}}^2 B\left(\frac{\pi}{2}\right)\Delta a\end{aligned} \tag{d}$$

균열진전으로 분리되는 균열면의 단위면적에 대해 소비되는 에너지를 에너지 방출률이라 하고, K_{I} 과 $\mathcal{G}_{\mathrm{I}}$의 관계를 나타내기 위해 식 (d)에서 $B\Delta a = \Delta A$ 로 놓고, $\Delta a \to 0$ 로 하면 다음의 관계식이 성립한다.

$$\mathcal{G}_{\mathrm{I}} = \frac{dU}{dA} = \frac{\kappa+1}{8G}K_{\mathrm{I}}^2 = \begin{cases} K_{\mathrm{I}}^2/E & : \text{ 평면응력 상태} \\ (1-\nu^2)K_{\mathrm{I}}^2/E & : \text{ 평면변형률 상태}\end{cases} \tag{13・34}$$

탄성변형의 경우 균열선단 근방에 대한 변위장 또는 응력장을 이용하여 계산하는 응력세기계수 K_{I} 과 균열선단으로부터 멀리 떨어진 하중점의 변위를 이용하는 에너지 방출률 $\mathcal{G}_{\mathrm{I}}$이 식 (13・34)와 같은 대응 관계가 성립하는 것은 흥미롭다.

같은 방법으로 3 종류의 파괴모드가 혼재되어 있는 혼합모드의 경우 y 방향으로 작용하는 응력성분은 σ_y, τ_{xy}, τ_{yz} 이고, 각각의 변위성분을 u_x, u_y, u_z 라 하면 x 방향으로 균열이 진전할 때 혼합모드 균열에 대한 에너지 방출률 $\mathcal{G}$는 다음 식과 같이 된다.

$$\mathcal{G} = \lim_{\Delta a \to 0} \frac{1}{\Delta a} \int_0^{\Delta a} (\sigma_x u_y + \tau_{xy} u_x + \tau_{yz} u_z) dx \tag{13・35}$$

식 (13・26)~식 (13・32)로부터 구한 응력 및 변위를 식 (13・35)에 대입하면 다음 식이 얻어진다.

$$\mathcal{G} = \frac{\kappa + 1}{8G} (K_{\mathrm{I}}^2 + K_{\mathrm{II}}^2) + \frac{1}{2G} K_{\mathrm{III}}^2 \tag{13・36}$$

따라서 식 (13・36)를 혼합모드 균열의 응력세기계수에 대응시켜 3개의 성분으루 나누어 $\mathcal{G}$로 표시하면 다음 식과 같이 된다.

$$\mathcal{G} = \mathcal{G}_{\mathrm{I}} + \mathcal{G}_{\mathrm{II}} + \mathcal{G}_{\mathrm{III}} \tag{13・37}$$

여기서

$$\mathcal{G}_{\mathrm{I}} = \frac{\kappa + 1}{8G} K_{\mathrm{I}}^2, \quad \mathcal{G}_{\mathrm{II}} = \frac{\kappa + 1}{8G} K_{\mathrm{II}}^2, \quad \mathcal{G}_{\mathrm{III}} = \frac{1}{2G} K_{\mathrm{III}}^2$$

로 표시되기 때문에 K와 $\mathcal{G}$는 대응관계도 되고, K와 같이 $\mathcal{G}$도 균열선단의 파괴역학적 인자로 사용된다.

13.2.3 에너지 방출률과 컴플라이언스 관계

에너지 방출률 $\mathcal{G}$는 컴플라이언스(compliance) C와 관계가 있으므로 컴플라이언스로부터 $\mathcal{G}$를 구할 수 있다. 컴플라이언스는 스프링 상수의 역수로서 하중과 변위에 의해 다음 식과 같이 된다.

$$C = \frac{u}{P} \tag{13・38}$$

여기서 P는 작용하중, u는 하중점의 변위이고, C는 컴플라이언스를 나타낸다.

[그림 13-13(a)]와 같이 균열길이가 a 이고, 두께가 B 인 시험편에 하중을 가하면 하중-하중선 변위 선도가 그려지고, 균열이 da 만큼 진전한 후 하중은 감소한다. 이때 [그림 13-13(b)]에서 음영으로 나타낸 부분이 균열진전에 유효하게 소비된 단위면적에 대한 포텐셜 에너지의 증분 dU로 정의되고, 하중-변위 선도에서 증분된 면적은 dA를 나타낸다.

따라서 균열의 증분면적 dA 로 되기 위해 균열진전에 의해 소비되는 에너지 방출률 $\mathcal{G}_\mathrm{I}$ 은 다음 식으로 주어진다.

$$\mathcal{G}_\mathrm{I} = \frac{1}{dA}(dW - dU) = \frac{1}{Bda}(dW - dU) \tag{13·39}$$

여기서 증분된 균열의 면적 $dA = B\,da$ 로 된다.

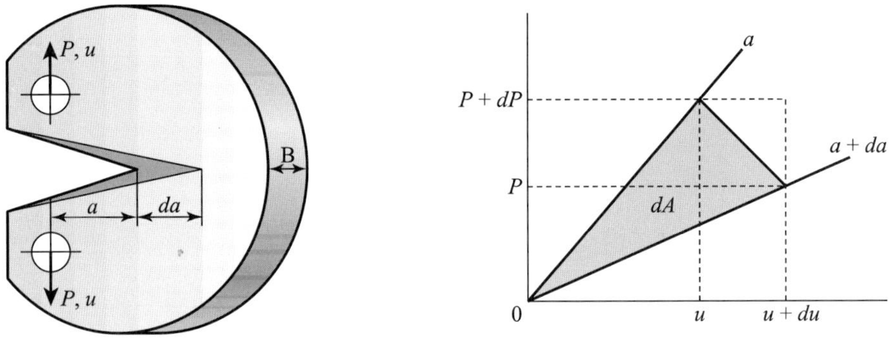

(a) 하중계 (b) 하중-변위 선도

[그림 13-13] 균열진전에 의한 하중-변위 관계

에너지 방출률 $\mathcal{G}_\mathrm{I}$과 컴플라이언스 C의 관계는 다음 식과 같이 된다.

$$\mathcal{G}_\mathrm{I} = \frac{P^2}{2B}\frac{dC}{da} \tag{13·40}$$

여기서 P는 작용하중, a는 균열의 길이, B는 시험편의 두께이다.

또한, 혼합모드 균열에 대한 에너지 방출률, 컴플라이언스 및 응력세기계수 사이에는 다음 식의 관계가 성립한다.

$$\mathcal{G} = \frac{P^2}{2B}\frac{dC}{da} = \frac{\kappa+1}{8G}(K_\mathrm{I}^2 + K_\mathrm{II}^2) + \frac{1}{2G}K_\mathrm{III}^2 \tag{13·41}$$

균열선단으로부터 멀리 떨어진 작용점의 변위를 이용한 컴플라이언스를 이용하여 구한 에너지 방출률의 식 (13·41)은 균열선단의 변위를 이용하여 얻은 에너지 방출률의 식 (13·36)과 일치하는 것을 알 수 있다.

13.2.4 J 적분

탄소성변형 재료에 대한 파괴역학 인자로는 Rice가 제안한 J 적분(J-integral)이 널리 이용되고 있다. [그림 13-14]에서와 같이 $\boldsymbol{T}$는 적분경로 Γ에 대한 표면력 벡터 $(\boldsymbol{T} = \sigma_{ij}\boldsymbol{n}_{ij})$ 이고, $\boldsymbol{u}$는 변위벡터를 나타낸다.

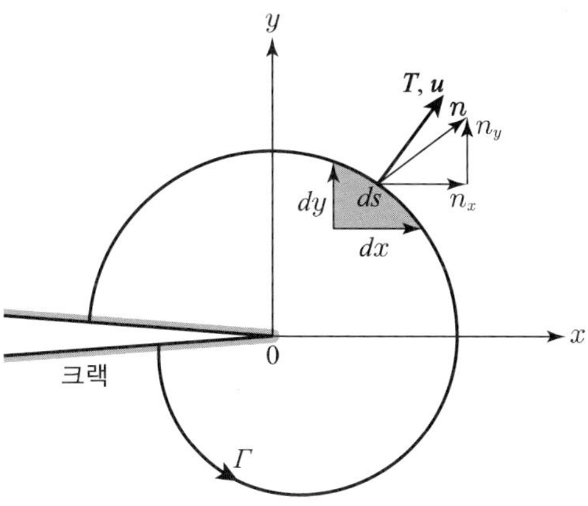

[그림 13-14] 균열선단 좌표계와 J 적분 경로

Γ 는 균열의 아랫면으로부터 윗면에 이르는 임의의 적분경로이고, $\boldsymbol{n}$ 은 외향 법선단위 벡터이며, ds 는 Γ 의 미소길이를 나타낸다. 또한 균열면은 x 축에 평행이고 균열면에서 표면력 $\boldsymbol{T}=0$ 일 때, 이 적분은 균열면의 Γ 도 포함하는 폐곡선 Γ 의 선택방법에 무관하게 일정한 값을 나타내는 경로 독립적분(path-independent integral)으로 된다. 단위 균열진전에 대한 에너지의 변화를 특성지우는 J 적분은 탄소성 파괴거동의 해석에 매우 유용한 인자로써 이용되고 있다.

[그림 13-15(a)]와 같이 균열길이는 a 이고, 두께 B 인 시험편에 하중을 가하면 하중-하중선 변위 선도가 그려지고, 균열이 da 만큼 진전한 후 하중은 감소한다. 이때 [그림 13-15(b)]에서 음영으로 나타낸 부분이 균열진전에 유효하게 소비된 단위면적에 대한 포텐셜 에너지의 증분 dU 로 정의되고, 하중-변위 선도에서 증분된 면적은 dA 로 된다.

따라서 균열이 진전하기 위한 단위면적에 대한 포텐셜 에너지의 소비율을 나타내는 탄성, 비선형, 또는 소성변형 이론에 이해 특성 지워지는 균열재료의 2차원 문제에 대한 경로적분 J 는 다음 식으로 나타낸다.

$$J=-\frac{dU}{dA}=-\frac{1}{B}\frac{dU}{da}=\int_{\Gamma}\left(M dy-\boldsymbol{T}\frac{\partial u}{\partial x}ds\right) \qquad (13 \cdot 42)$$

여기서 M 은 변형에너지 밀도(strain energy density)로서 다음 식과 같이 된다.

$$M=\int_0^{\epsilon_{ij}}\sigma_{ij}d\epsilon_{ij} \qquad (13 \cdot 43)$$

또한, U 는 포텐셜 에너지로서 다음 식과 같이 된다.

$$U=U_e+U_p \qquad (13 \cdot 44)$$

U_e 는 포텐셜 에너지의 탄성성분이고, U_p 는 소성성분을 의미한다. 서로 다른 균열길이의 증분 da 에 대해 각 실험으로부터 얻어지는 J는 다음 식에서 구한다.

$$J = \frac{A}{Bb} f\left(\frac{a}{W}\right) \tag{13・45}$$

여기서 W는 시험편의 폭, B는 시험편의 두께, b는 리거멘트(ligament)로서 $b = W - a$로 된다. 또한, A는 하중-변위 선도에서 균열이 발생할 때까지 시험편에 축적된 에너지를 나타내며, 선도에서 그려진 면적으로 된다.

$$A = \int_0^{u_i} P_i du_i = A_e + A_p \tag{13・46}$$

식 (13・46)에서 P_i, u_i는 하중-변위 선도로부터 균열이 각각 발생하기 시작하는 하중과 변위를 나타내고, A_e는 탄성변형 면적, A_p는 소성변형 면적이다.

식 (13・45)으로부터 CT(compact tension) 시험편에 대해서 $f(a/W) \approx 2.2$ 이므로 평면변형률 상태에서 J는 다음 식과 같이 된다.

$$J = J_e + J_P = \frac{K_I^2(1-\nu^2)}{E} + \frac{2.2\,A_p}{B(W-a)} \tag{13・47}$$

따라서 탄성변형을 할 때 K_I, $\mathcal{G}_I$, J_I 사이에는 다음의 관계식이 성립한다.

$$\mathcal{G}_I = J_I = \begin{cases} K_I^2/E & : \text{ 평면응력 상태} \\ (1-\nu^2)K_I^2/E & : \text{ 평면변형률 상태} \end{cases} \tag{13・48}$$

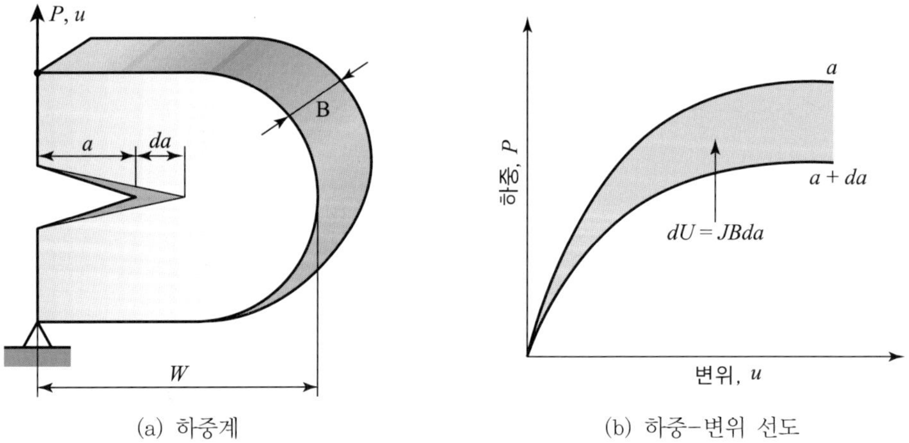

[그림 13-15] J 적분

13.2.5 CTOD

균열선단에 발생하는 소성영역이 충분히 작은 소규모 항복조건을 만족할 때 응력세기계수의 개념을 중심으로 하는 선형파괴역학(linear elastic fracture mechanics: *LEFM*)이 유효하다. 그러나 소규모 항복조건이 만족되지 않는 광범위한 소성영역인 경우에는 선형파괴역학의 유효성을 잃게 되어 응력세기계수의 적용이 곤란하다. 탄소성, 또는 비선형 파괴역학 인자로써 J 적분과 *CTOD*(crack-tip opening displacement; 균열선단 열림변위) δ가 제안되고 있다.

실제 재료는 균열선단에서 소성변형에 의한 미끄럼 면의 분리로 균열선단 형상의 둔화(鈍化; blunting)를 일으킨다. *CTOD*는 이 소성둔화에 의한 균열선단이 열리는 양(量)으로 정의되고, 균열선단의 소성둔화기구는 매우 복잡하지만 단순화하여 고려하기로 한다.

균열선단의 변위 u_y, 소성영역의 반지름 r_p, 모드 I 균열의 응력세기계수 K_I 사이에는 다음 식과 같은 관계가 성립한다.

$$u_y = \frac{\kappa + 1}{2G} K_\mathrm{I} \sqrt{\frac{r_p}{2\pi}} \tag{13·49}$$

여기서 $\kappa = \begin{cases} 3 - 4\nu & : \text{평면변형률 상태} \\ 3 - \nu/(1+\nu) & : \text{평면응력 상태} \end{cases}$

(a) 원래 균열선단에서의 변위 (b) 균열선단에서 90° 교차점 변위

[그림 13-16] CTOD의 측정

평면응력 상태에서 소성역의 크기는 다음 식과 같이 된다.

$$r_p = \frac{1}{2\pi}\left(\frac{K_\mathrm{I}}{\sigma_Y}\right)^2 \tag{13·50}$$

식 (13·49)와 식 (13·50)로부터 균열선단 열림변위 δ는 다음 식들과 같이 표시된다.

$$\delta = 2u_y = \frac{4}{\pi}\left(\frac{K_\mathrm{I}^2}{\sigma_Y E}\right) = 4\mathcal{G}_\mathrm{I}/\pi\sigma_Y \tag{13·51}$$

$$\begin{aligned} \delta &= \frac{8a\sigma_Y}{\pi E}\ln\sec\left(\frac{\pi}{2}\frac{\sigma}{\sigma_Y}\right) \\ &= \frac{8a\sigma_Y}{\pi E}\left\{\frac{1}{2}\left(\frac{\pi}{2}\frac{\sigma}{\sigma_Y}\right)^2 + \frac{1}{12}\left(\frac{\pi}{2}\frac{\sigma}{\sigma_Y}\right)^4 + \cdots\right\} \end{aligned} \tag{13·52}$$

$$= \frac{K_{\mathrm{I}}^2}{\sigma_Y E}\left\{1+\frac{1}{6}\left(\frac{\pi}{2}\frac{\sigma}{\sigma_Y}\right)^2+\cdots\right\} \tag{13・53}$$

$$\delta = \frac{K_{\mathrm{I}}^2}{\sigma_Y E} = G_{\mathrm{I}}/\sigma_Y \tag{13・54}$$

$$\delta = \frac{K_{\mathrm{I}}^2}{m\sigma_Y E} = \mathcal{G}_{\mathrm{I}}/m\sigma_Y \tag{13・55}$$

여기서 $m(\text{정수}) = \begin{cases} 1 & : \text{평면응력 상태} \\ 2 & : \text{평면변형률 상태} \end{cases}$

$$J \approx m\sigma_Y \delta \tag{13・56}$$

식 (13・56)에서 $1 \leq m \leq 2$

$$J = m\sigma_{fs}\delta \tag{13・57}$$

여기서 σ_{fs}는 유동응력(flow stress)이라 하고, $\sigma_{fs} \simeq (\sigma_Y + \sigma_u)/2$이며, σ_u는 인장강도이다.

13.3 파괴인성

균열이 없는 재료의 파괴에 대한 저항을 나타내는 기계적 성질로써 항복강도, 또는 인장강도가 사용된다. 균열이 존재할 때 무균열재의 항복강도에 대응하는 파괴에 대한 저항을 나타내는 재료정수로써 파괴인성값이 필요하다. 여기서는 파괴인성에 관하여 검토하여 보기로 한다.

13.3.1 시험편의 크기

식 (13・26)에서 균열선단 근방에 대한 응력 σ_y는 $\theta=0$일 때 모드 I 균열에 대하여 다음 식으로 표시된다.

$$(\sigma_y)_{\theta=0} = \frac{K_{\mathrm{I}}(a)}{\sqrt{2\pi r}} \tag{13・58}$$

식 (13・58)은 무한판(無限板)에서만 유효하고, 유한판(有限板)에 대해서는 판 폭의 영향을 받기 때문에 모드 I 균열일 때 다음 식과 같이 된다.

$$K_{\mathrm{I}} = \sigma\sqrt{\pi a}\cdot F_{\mathrm{I}}(a/W) \tag{13・59}$$

여기서 W는 시험편의 폭이고, $F_{\mathrm{I}}(a/W)$는 수정계수(correction factor) 또는 무차원화 응력세기계수(non-dimensional stress intensity factor) 라 한다.

각종 균열모드에 대한 이론적 방법, 수치해석 및 실험으로 구한 무차원화 응력세기계수가 있고, 현재도 미해석된 균열에 대한 파괴역학 인자의 해석이 연구되고 있다.

13.3.2 각종 시험편의 수정계수

모드 I 균열의 각종 시험편에 대한 판 폭의 영향에 의한 수정계수 $F_{\mathrm{I}}(a/W)$는 파괴역학 전문서적을 참고하면 되지만, 여기서는 대표적인 수정계수를 나타낸다. 모드 I 균열에 대한 응력세기계수 K_{I}은 식 (13・59)로부터 구한 각종 수정계수 $F_{\mathrm{I}}(a/W)$는 다음과 같다.

(1) 중앙균열(central crack)의 인장 시험편 : [그림 13-17(a)]

[그림 13-17(a)]와 같은 중앙균열 인장 시험편에 대한 F_{I}은 다음 식과 같다.

$$F_{\mathrm{I}}\left(\frac{a}{W}\right) = 1 + 0.128\left(\frac{a}{W}\right) - 0.288\left(\frac{a}{W}\right)^2 + 1.525\left(\frac{a}{W}\right)^3 \qquad (13 \cdot 60)$$

또는

$$F_{\mathrm{I}}\left(\frac{a}{W}\right) = \sqrt{\sec\left(\frac{\pi a}{W}\right)} \qquad (13 \cdot 61)$$

(2) 편측균열(single edge crack)의 인장 시험편 : [그림 13-17(b)]

[그림 13-17(b)]와 같은 편측균열의 인장 시험편에 대한 F_{I}은 다음 식으로 표시한다.

$$\begin{aligned} F_{\mathrm{I}}\left(\frac{a}{W}\right) &= 1.12 - 0.231\left(\frac{a}{W}\right) + 10.55\left(\frac{a}{W}\right)^2 \\ &\quad - 21.72\left(\frac{a}{W}\right)^3 + 30.39\left(\frac{a}{W}\right)^4 \end{aligned} \qquad (13 \cdot 62)$$

(3) 양측균열(double edge crack)의 인장 시험편 : [그림 13-17(c)]

[그림 13-17(c)]와 같은 양측균열의 인장 시험편에 대한 F_{I}은 다음 식과 같이 된다.

$$F_I\left(\frac{a}{W}\right) = \frac{1.122 - 0.561\left(\frac{a}{W}\right) - 0.205\left(\frac{a}{W}\right)^2 - 0.471\left(\frac{a}{W}\right)^3 - 0.191\left(\frac{a}{W}\right)^4}{\sqrt{1 - \frac{a}{W}}}$$

(13・63)

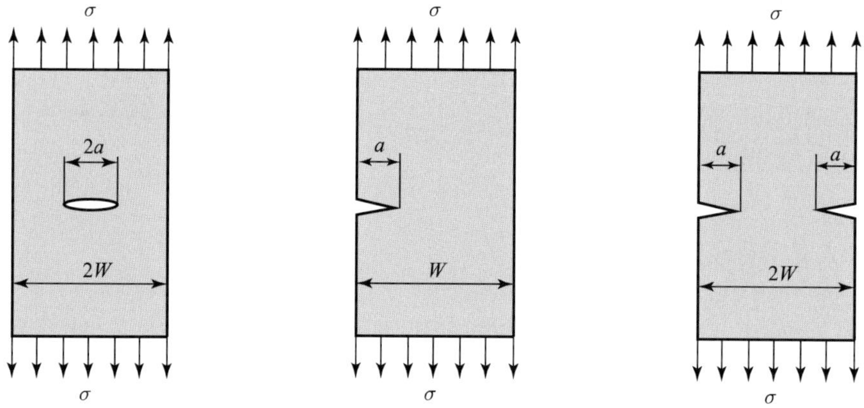

(a) 중앙 균열 (b) 편측 균열 (c) 양측 균열

[그림 13−17] 판재의 균열에 대한 인장 시험편

(4) 3점 굽힘 시험편 : [그림 13−18]

[그림 13−18]과 같은 3 점 굽힘 시험편에 대한 $\sigma = 6M/W^2B$, $M = Pl/4$ 이므로 식 (13・59)에서 다음 식이 얻어진다.

$$K_{\mathrm{I}} = \frac{3Pl}{2W^2B}\sqrt{\pi a}\, F_{\mathrm{I}}\left(\frac{a}{W}\right) \tag{13・64}$$

여기서 B는 판 두께이다.

$$F_{\mathrm{I}}\left(\frac{a}{W}\right) = 1.090 - 1.735\left(\frac{a}{W}\right) + 8.20\left(\frac{a}{W}\right)^2 - 14.18\left(\frac{a}{W}\right)^3 + 14.57\left(\frac{a}{W}\right)^4 \tag{13・65}$$

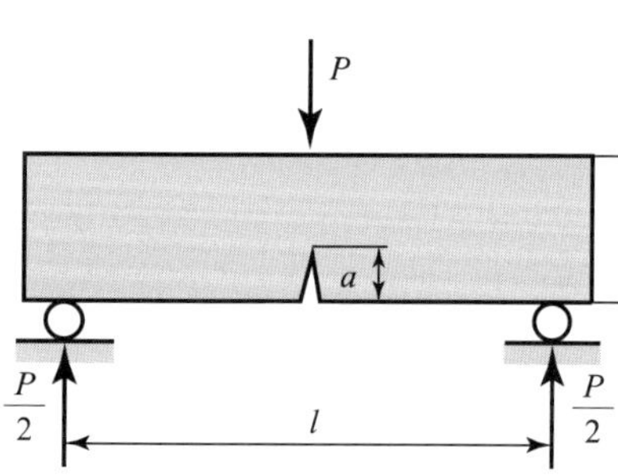

[그림 13−18] 3점 굽힘 시험편

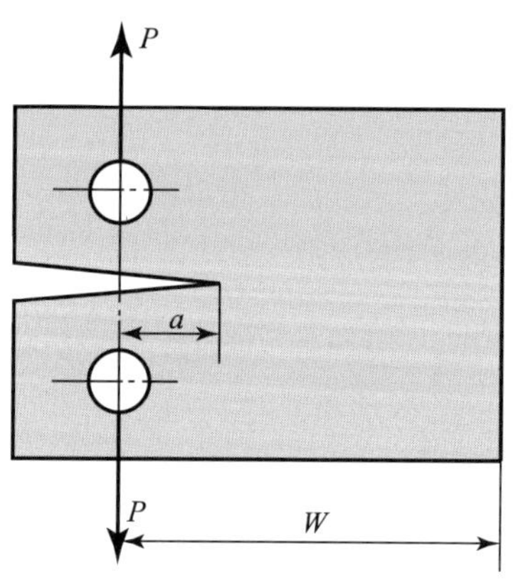

[그림 13−19] 소형 인장 시험편

또는

$$F_{\text{I}}\left(\frac{a}{W}\right) = \frac{1.99-\left(\frac{a}{W}\right)\left(1-\frac{a}{W}\right)\left\{2.15-3.93\left(\frac{a}{W}\right)+2.72\left(\frac{a}{W}\right)\right\}}{\sqrt{\pi}\left\{1+2\left(\frac{a}{W}\right)\right\}\left\{1-\left(\frac{a}{W}\right)\right\}^{3/2}} \tag{13・66}$$

(5) 소형 인장(compact tension; CT) 시험편 : [그림 13-19]

[그림 13-19]와 같은 CT 시험편에 대한 K_{I} 및 F_{I}은 다음 식과 같이 표시한다.

$$K_{\text{I}} = \frac{P}{B\sqrt{W}}F_{\text{I}}\left(\frac{a}{W}\right) \tag{13・67}$$

$$F_{\text{I}}\left(\frac{a}{W}\right) = \sqrt{\frac{a}{W}}\left\{29.6-185.5\left(\frac{a}{W}\right)+655.7\left(\frac{a}{W}\right)^2-1017.0\left(\frac{a}{W}\right)^3+638.9\left(\frac{a}{W}\right)^4\right\} \tag{13・68}$$

또는

$$F_{\text{I}}\left(\frac{a}{W}\right) = \frac{2+\left(\frac{a}{W}\right)}{\left\{1-\left(\frac{a}{W}\right)\right\}^{3/2}}\left\{0.886+4.64\left(\frac{a}{W}\right)-13.32\left(\frac{a}{W}\right)^2+14.72\left(\frac{a}{W}\right)^3-5.6\left(\frac{a}{W}\right)^4\right\} \tag{13・69}$$

(6) 이중 외팔보 시험편(double cantilever beam; DCB) : [그림 13-20]

[그림 13-20]과 같은 DCB 시험편에 대한 K_{I}은 다음 식과 같다.

$$K_{\text{I}} = \frac{2\sqrt{3}\,Pa}{B\sqrt{H^3}} \quad (a \ll W) \tag{13・70}$$

또는

$$K_{\text{I}} = \frac{2\sqrt{3}\,P}{B\sqrt{H^3}}\left(\frac{a}{H}+0.7\right) \tag{13・71}$$

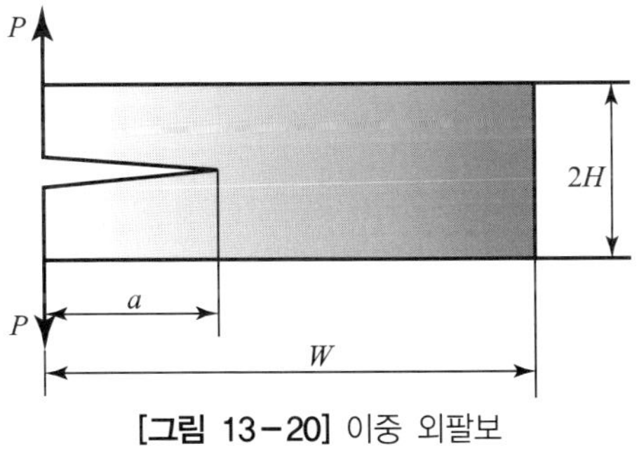

[그림 13-20] 이중 외팔보

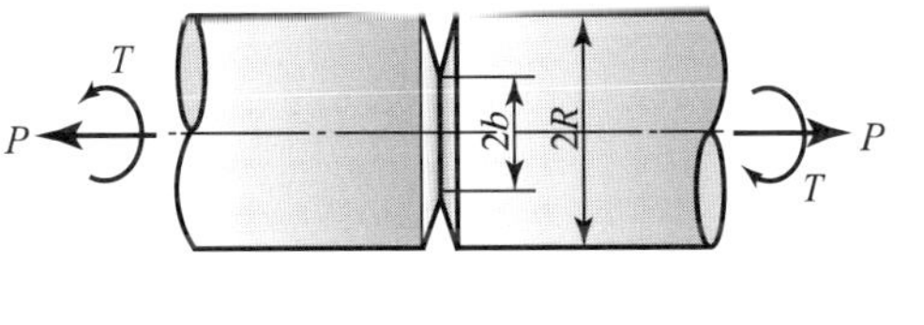

[그림 13-21] 원주균열의 둥근 봉

(7) **원주균열의 둥근 봉(circumferentially cracked round bar) 시험편** : [그림 13－21]

[그림 13－21]과 같은 원주균열의 둥근 봉 시험편에 인장 및 비틀림 하중이 각각 작용할 때 다음 식과 같이 표시한다.

(a) **인장하중만이 작용할 때**

$$K_{\mathrm{I}} = \sigma\sqrt{\pi b}\, F_I\left(\frac{b}{R}\right) \tag{13・72}$$

여기서 $\xi = b/R$, $\sigma = P/\pi b^2$ 로 놓는다.

$$F_{\mathrm{I}}(\xi) = \frac{1}{2}\left(1 + \frac{1}{2}\xi + \frac{3}{8}\xi^2 - 0.363\xi^3 + 0.731\xi^4\right)\sqrt{1-\xi} \tag{13・73}$$

(b) **비틀림 하중만이 작용할 때**

$$K_{\mathrm{III}} = \tau\sqrt{\pi b}\, F_{\mathrm{III}}\left(\frac{b}{R}\right) \tag{13・74}$$

여기서 $\tau = 2T/\pi b^3$ 로 놓는다.

$$F_{\mathrm{III}}(\xi) = \frac{3}{8}\left(1 + \frac{1}{2}\xi + \frac{3}{8}\xi^2 + \frac{5}{16}\xi^3 + \frac{35}{128}\xi^4 + 0.208\xi^5\right)\sqrt{1-\xi} \tag{13・75}$$

(8) **내부 타원균열(embedded crack) 시험편** : [그림 13－22(a)]

[그림 13－22(a)]와 같이 내부에 타원균열이 존재하는 시험편에 인장하중이 작용하면 응력세기계수 K_{I} 은 식 (14・51)과 같이 표시되고, F_{I} 은 다음 식과 같이 나타낸다.

$$F_{\mathrm{I}} = \left(\sin^2\theta + \frac{a^2}{c^2}\cos^2\theta\right)^{1/4} \Bigg/ \left(\frac{3\pi}{8} + \frac{\pi}{8}\frac{a^2}{c^2}\right)^2 \tag{13・76}$$

만일, 원형 균열이라면 $a = b$ 이므로 다음 식과 같다.

$$F_{\mathrm{I}} = \frac{2}{\pi} \tag{13・77}$$

(9) **반타원 표면균열(semi-elliptical surface crack) 시험편** : [그림 13－22(b)]

[그림 13－22(b)]와 같이 반타원 표면균열이 존재하는 시험편에 인장하중이 작용하면 응력세기계수 K_{I} 및 F_{I} 은 다음 식과 같이 표시된다.

$$K_{\mathrm{I}} = \sigma\sqrt{\pi a}\, F_{\mathrm{I}}\left(\sin^2\theta + \frac{a^2}{c^2}\cos^2\theta\right)^{1/4} \Bigg/ \left(\frac{3\pi}{8} + \frac{\pi}{8}\frac{a^2}{c^2}\right) \tag{13・78}$$

여기서

$$F_{\mathrm{I}} = 1.12 \tag{13・79}$$

(10) **1/4 타원 모서리 균열(quarter elliptical corner crack) 시험편** : [그림 13－22(c)]
[그림 13－22(c)]와 같이 1/4 타원 모서리 균열이 존재하는 시험편에 인장하중이 작용하면 응력세기계수 $K_{\rm I}$ 및 $F_{\rm I}$은 다음 식과 같이 된다.

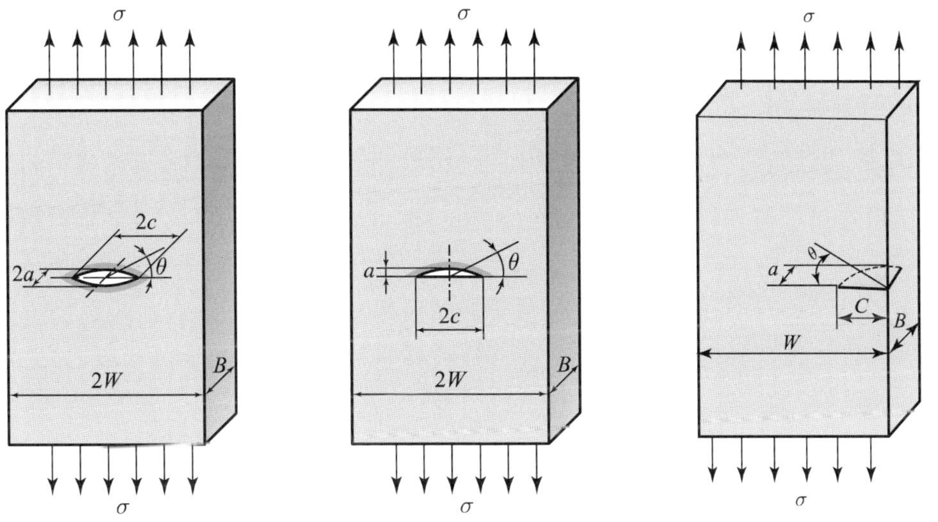

(a) 내부 타원균열 (b) 반타원 표면균열 (c) 1/4 타원 모서리 균열

[그림 13－22] 인장하중이 작용하는 타원균열

$$K_{\rm I} = \sigma\sqrt{\pi a}\, F_{\rm I}\left(\sin^2\theta + \frac{a^2}{c^2}\cos^2\theta\right)^{1/4} \bigg/ \left(\frac{3\pi}{8} + \frac{\pi}{8}\frac{a^2}{c^2}\right) \qquad (13 \cdot 80)$$

식 (13・80)으로부터 $F_{\rm I}$은 다음과 같이 된다.

$$F_{\rm I} = 1.2 \qquad (13 \cdot 81)$$

13.3.3 파괴인성값

앞에서 이미 균열이 존재하는 취성재료의 균열진전조건에 대하여 설명한 것과 같이 작용하중에 의한 응력세기계수 K의 값이 그 재료의 임계응력세기계수 K_c의 값을 초과하였을 때 재료는 파괴된다. 이러한 임계응력세기계수(critical stress intensity factor) $K_{\rm Ic}$를 파괴인성(破壞靭性; fracture toughness)이라 하고, 다음 식으로 나타낸다.

$$K_{Ic} = \sigma_c\sqrt{\pi a} \cdot F_{\rm I}(a/W) \qquad (13 \cdot 82)$$

여기서, σ_c는 임계응력이고, 파괴인성 $K_{\rm Ic}$는 재료정수로서 균열이 존재하지 않는 재료의 항복강도에 대응하는 값이라 할 수 있다.

각종 금속의 경우 ASTM(American Society for Testing and Materials) Standard E399에는 평면변형률 파괴인성(plane strain fracture toughness) K_{Ic}를 만족하는 시험편의 크기를 다음 식과 같이 규정하고 있다.

$$a,\ B,\ b \geq 2.5\left(\frac{K_{\mathrm{I}c}}{\sigma_Y}\right)^2 \quad \left(0.45 \leq \frac{a}{W} \leq 0.55\right) \qquad (13\cdot83)$$

여기서 b는 리거멘트(ligament)로서 $b=(W-a)$이다.

모드 I 균열에 대한 평면응력 상태일 때 임계파괴인성 K_c 및 평면변형률 상태의 파괴인성 $K_{\mathrm{I}c}$를 비교하면 $K_{\mathrm{I}c}$는 K_c보다 작으며, 일반적으로 파괴인성은 평면변형률 상태의 $K_{\mathrm{I}c}$를 의미한다. 또한, 시험편의 두께에 따른 파괴인성의 차이는 [그림 13-23]과 같다.

균열이 있는 재료의 정적파괴는 작용하중에 의한 파괴역학 인자의 값 K가 재료정수인 파괴인성값 $K_{\mathrm{I}c}$를 초과하면 파괴가 일어나는 파괴기준(fracture criterion)을 설정할 수 있다. 따라서 재료를 강도적으로 안전하게 사용하기 위해서는 작용하중에 의한 파괴역학 인자의 값 K를 사용재료의 파괴인성값 K_c 이하로 제한하여 사용하여야 한다. 재료의 파괴기준을 살펴보면 다음 식과 같이 되고, 이 조건에서 재료는 파괴된다.

$$K \geq K_c \qquad (13\cdot84)$$

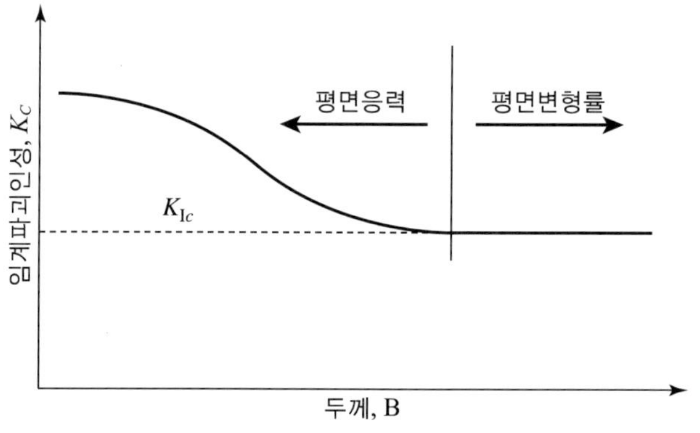

[그림 13-23] 모드 I 파괴인성에 대한 시험편 두께의 영향

등방·균질재료에 대해서

$$\mathcal{G}_{\mathrm{I}} = \frac{{\mathrm{K}_{\mathrm{I}}}^2}{E} \ : \text{평면응력 상태} \qquad (13\cdot85)$$

의 관계가 성립하므로 다음가 같은 파괴기준이 설정된다.

$$\mathcal{G} \geq \mathcal{G}_c \qquad (13\cdot86)$$

여기서 $\mathcal{G}$는 작용하중에 의한 에너지 방출률이고, $\mathcal{G}_c$는 사용재료에 대한 파괴인성의 값을 나타낸다.

파괴역학을 적용하는 설계를 위해서는 식 (13・82)로부터 수정계수 F를 알 수 있다면, 재료선정에 의한 K_{Ic}는 결함 검출법에 의한 결함길이 및 임계응력에 대한 3개의 변수 중에서 2개가 정해지므로 나머지 1개의 변수는 자동적으로 결정된다.

또한, 식 (13・82)에서 임계응력 σ_c와 임계균열길이 a_c는 각각 다음 조건을 만족하여야 안전하다.

$$\sigma_c \leq \frac{K_{\mathrm{I}c}}{F_{\mathrm{I}}\sqrt{\pi a}} \tag{13・87}$$

$$a_c \leq \frac{1}{\pi}\left(\frac{K_{\mathrm{I}c}}{\sigma F_{\mathrm{I}}}\right)^2 \tag{13・88}$$

[표 13-1]과 [표 13-2]는 각종 재료의 인장특성과 파괴인성을 나타낸 것이다.

[표 13-1] 금속재료의 기계적 성질과 파괴인성값

재 료	파괴인성값 $K_{\mathrm{I}c}$ [MPa$\sqrt{\mathrm{m}}$]	항복강도 σ_Y [MPa]	인장강도 σ_u [MPa]	신장률 ϕ [%]	단면감소율 ψ [%]
AISI 1144강	66	540	840	5	7
ASTM A470-8(Cr-Mo-V)	60	620	780	17	45
ASTM A517-F	187	760	830	20	66
AISI 4130	110	1090	1150	14	49
18-Ni 마레이징강(공기중 용해)	123	1310	1350	12	54
18-Ni 마레이징강(진공 용해)	176	1290	1345	15	66
300-M강 (650℃ 템피링)	152	1070	1190	18	56
300-M강 (300℃ 템퍼링)	65	1740	2010	12	48
2014-T651 알루미늄	24	415	485	13	-
2024-T351 알루미늄	34	325	470	20	-
2219-T37 알루미늄	41	315	395	11	-
6061-T651 알루미늄	34	275	310	12	-
7075-T651 알루미늄	29	505	570	11	-

[표 13-2] 고분자 및 세라믹스의 파괴인성값

재 료 고분자	파괴인성값 K_{Ic} [MPa $\sqrt{m}$]	재 료 세라믹스	파괴인성값 K_{Ic} [MPa $\sqrt{m}$]
ABS	3.0	소다석회 유리	0.76
아크릴	1.8	마그네시아(MgO)	2.9
에폭시	0.6	알루미나(Al_2O_3)	4.0
PC	2.2	알루미나(15 [%] 지르코니아[ZrO_2])	10
PVC	2.4	탄화규소(SiC)	3.7
PVC(고무합성)	3.35	질화규소(Si_3N_4)	5.6

13.3.4 파괴인성 K_{Ic} 시험법

파괴인성 시험은 적어도 3개의 시험편을 사용하여 각각 규정된 시험을 실시한다. 시험을 할 때는 [그림 13-24]와 같이 하중 P와 노치 선단부에 부착된 클립게이지(clip gauge)의 변위 u_g를 $X-Y$ 레코더(recorder)로 자동적으로 기록한다. 3점 굽힘시험, 소형인장(compact tension: CT) 시험편에 대한 하중속도는 응력세기계수의 증가율로 환산하여 $K = 33 \sim 165$ [MPa $\sqrt{m}$ /min]의 범위가 되도록 규정하고 있다.

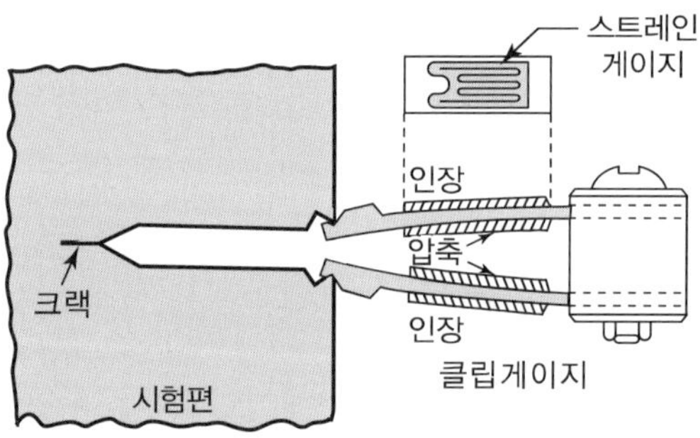

[그림 13-24] 클립게이지에 의한 균열선단 변위의 측정

하중 P와 클립게이지의 변위 u_g의 관계는 [그림 13-25]와 같이 Type Ⅰ~Type Ⅲ의 형태로 분류된다. 시험편 각각에 대하여 초기단계에서 선형영역의 기울기보다 5% 작은 기울기의 직선과 $P-u_g$ 선도의 교차점에 대한 하중 P_5를 구한다.

[그림 13-25]로부터 측정한 하중 P_Q를 사용하여 응력세기계수 K_Q를 계산한다. 이때 Type Ⅰ의 경우 $P_Q = P_5$로 되고, Type Ⅱ와 Type Ⅲ에서는 P_5에 도달할 때까지의 최대하중을 P_Q로 한다.

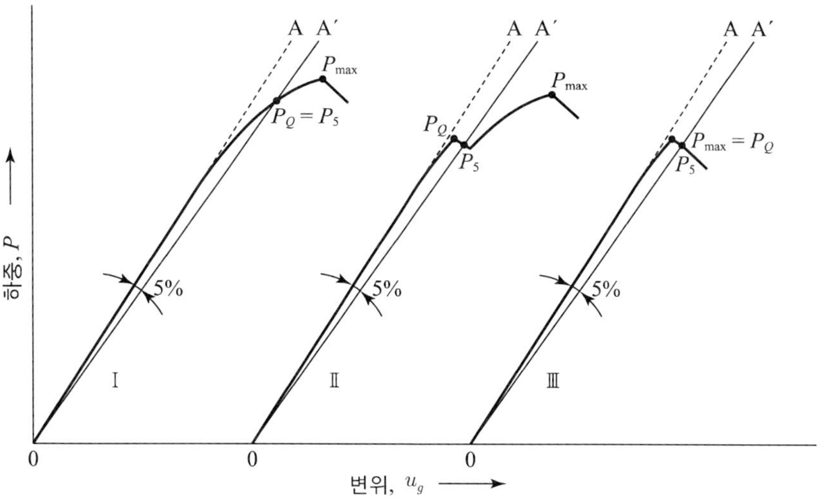

[그림 13-25] Type에 따른 P_Q의 측정

이와 같이 구한 K_Q와 시험편의 최고하중 P_{max}이 비기 다음 식을 만족할 때 P_Q를 사용하여 K_Q를 구할 수 있다.

$$\frac{P_{max}}{P_Q} < 1.10 \tag{13・89}$$

위의 P_Q를 이용하여 응력세기계수 K_Q를 계산할 때 3점 굽힘 시험편에서는 다음 식을 사용한다.

$$K_Q = \frac{P_Q S}{B W^{3/2}} F\left(\frac{a}{W}\right) \tag{13・90}$$

식 (13・90)에서

$$F(a/W) = \frac{3\sqrt{a/W}\{1.99 - (a/W)(1 - a/W)(2.15 - 3.93a/W + 2.7a^2/W^2)\}}{2(1 + 2a/W)(1 - a/W)^{3/2}} \tag{a}$$

여기서 P_Q: 하중, B: 판 누께, S: 스팬, W: 판 폭, a: 균열길이

또한, 소형인장(CT) 시험편에서는 다음 식을 사용한다.

$$K_Q = \frac{P_Q}{B\sqrt{W}} F\left(\frac{a}{W}\right) \tag{13・91}$$

식 (13・91)에서

$$F(a/W) = \frac{(2 + a/W)(0.886 - 4.64a/W - 13.32a^2/W^2 + 14.72a^3/W^3 - 5.6a^4/W^4)}{(1 - a/W)^{3/2}} \tag{b}$$

13.3.5 파괴인성 K_{Ic}의 결정

앞에서 설명한 방법에 의해 얻어진 K_Q가 다음 식을 만족할 때 K_Q는 K_{Ic}로 인정된다.

$$B,\ a \geq 2.5\left(\frac{K_Q}{\sigma_Y}\right)^2 \tag{13·92}$$

만일, 식 (13·92)를 만족하지 않을 때는 시험편의 치수를 1.5배로 크게 제작하여 재시험을 실시한다. 유효한 K_{Ic} 값이 얻어지지 않을 경우 재료사이의 파괴인성을 상대적으로 비교하기 위한 값으로써 강도비 R_B (3점 굽힘시험편의 경우)와 R_C (CT 시험편의 경우)는 다음 식으로부터 구한다.

$$R_B = \frac{6W(P_f)_{max}}{B(W-a)^2\sigma_Y} \tag{13·93}$$

$$R_C = \frac{6W(P_f)_{max}}{B(W-a)^2\sigma_Y} \tag{13·94}$$

여기서 R_B, R_C는 모두 균열부의 최소단면에 대한 보의 굽힘이론에 의한 최대굽힘응력 $(\sigma_b)_{max}$와 항복응력 σ_Y의 비를 나타낸다.

예제 13-1

[그림 13-26]과 같은 알루미늄 합금으로 만든 시험편의 편측 균열(edge crack)에서 멀리 떨어진 점에서 집중하중을 작용시킬 수 있는 최대하중을 결정하시오. 단, 시험편의 소재인 알루미늄 합금에 대한 기계적 성질로는 항복강도 $\sigma_Y = 900$ [MPa]이고, 파괴인성값 $K_{Ic} = 50$ [MPa$\sqrt{m}$]로 한다. 또한, 무차원 응력세기계수 $F_I = 1.12 - 0.231\left(\frac{a}{W}\right) + 10.55\left(\frac{a}{W}\right)^2$으로 하고, 시험편에 대한 치수의 단위는 [mm]이다.

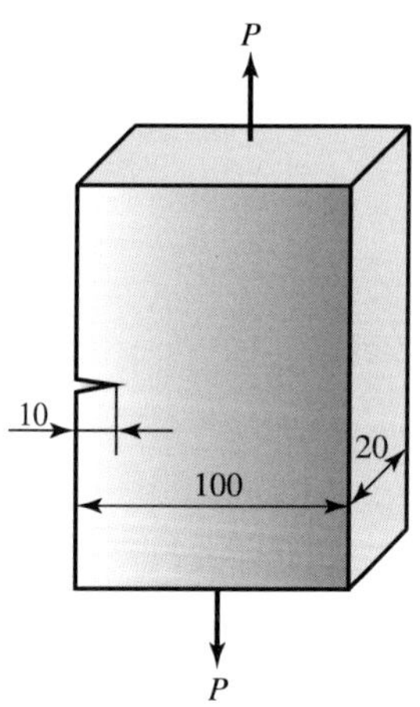

[그림 13-26]

풀이

알루미늄의 파괴인성은 식 (13・82)에 의해 다음 식과 같이 된다.

$$K_{Ic} = \sigma_c \sqrt{\pi a} \cdot F_I(a/W)$$

여기서 균열길이 $a = 10$ [mm], 시험편의 폭 $W = 100$ [mm],
시험펴의 두께 $t = 20$ [mm]이다.
또한, Saint Venant의 원리가 적용되어 균열에는 균일분포하중이 작용하므로 무차원 응력세기계수 F_I은 다음 식으로 표시된다.

$$F_I = 1.12 - 0.231\left(\frac{a}{W}\right) + 10.55\left(\frac{a}{W}\right)^2$$

$$= 1.12 - 0.231\left(\frac{1}{10}\right) + 10.55\left(\frac{1}{10}\right)^2 = 1.2$$

$$\therefore \ \sigma_c = \frac{K_{Ic}}{F_I\sqrt{\pi a}} = \frac{50}{1.2\sqrt{\pi \times 10^{-2}}} = 235\ [\text{N/mm}^2] = 235\ [\text{MPa}] < \sigma_Y$$

작용하중 P는

$$P = \sigma_c A = (235 \times 10^6) \times (100 \times 10^{-3} \times 20 \times 10^{-3}) = 470\ [\text{kN}]$$

따라서 현재의 균열이 존재하는 시험편에 $P = 470$ [kN]이 작용하여도 항복은 발생하지 않는 것을 알 수 있다.

13.3.6 파괴인성 J_{Ic}의 결정

(1) J 적분의 적용

평면변형률 상태에서 파괴인성은 항복응력의 감소에 따라 증가하므로 공업재료로 널리 사용되고 있는 연성의 고인성재료의 K_{Ic}를 평가하기 위해서는 큰 치수의 시험편이 필요하다. 또한 원자로, 압력용기나 배관 등을 비롯한 대형구조물의 파괴는 평면변형률 조건을 만족하더라도 소규모 항복조건을 만족하지 않는 상태에서 발생하는 경우가 많다.

따라서 구조물의 안전성 및 건전성을 평가하기 위해서는 탄소성 파괴인성(elastic-plastic fracture toughness)의 평가가 필요하므로 많은 재료 및 비용이 소요되는 K_{Ic} 시험을 하는 대신에 작은 치수의 시험편을 사용한 탄소성 파괴인성의 시험법을 확립할 필요성이 요구된다. 이때 탄소성 파괴인성은 대규모 항복상태에서 단일 인자(parameter)에 의한 평가가 가능하고, 소규모 항복상태에서 K_{Ic}와 서로 대응관계를 갖는 파라미터가 필요하다. 이와 같은 평가 파라미터로 사용되는 것으로는 J 적분(J-integral)과 균열선단 열림변위(crack-tip opening displacement: $CTOD$) δ가 있다는 것은 앞에서 이미 설명하였다.

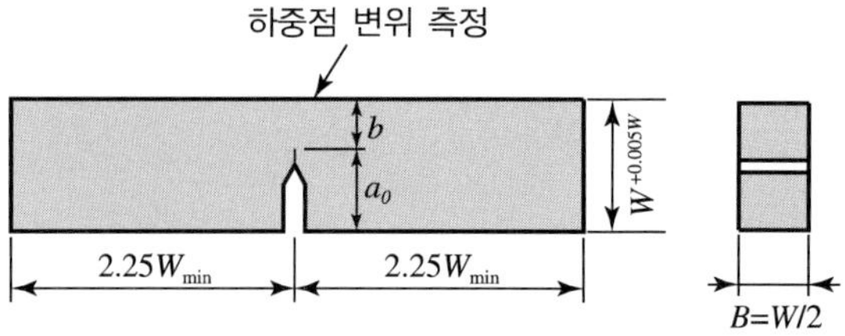

(a) 3점 굽힘 시험편

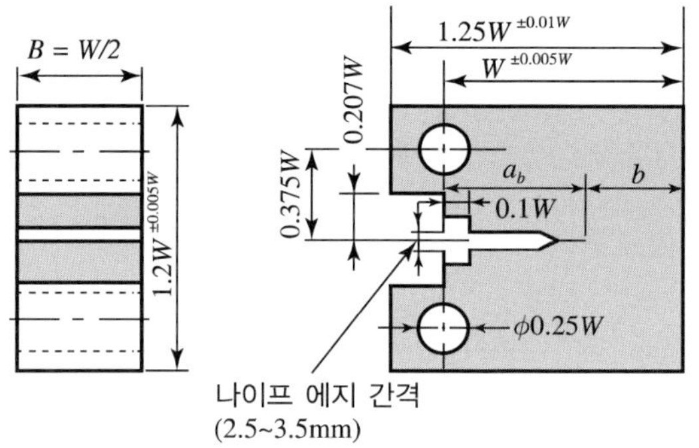

(b) CT 시험편

[그림 13-27] J_{Ic} 측정용 시험편의 형상 및 치수

[표 13-3] 3점 굽힘 시험편 및 CT 시험편의 상세치수

치수 \ 시험편	3점 굽힘 시험편	CT 시험편
시험편 두께(B)	$B \geq 25\left(\frac{J_{Ic}}{\sigma_{fs}}\right)^2$	
시험편 폭(W)	$2B$	
스팬(S)	$4W$	
초기노치형상	쉐브론 노치(chevron notch)를 제외 하고는 $E399$와 거의 동일함.	
예비균열길이(a_0)	$0.5 \leq \frac{a_0}{W} \leq 0.75$ 여기서 $\frac{a_0}{W}=0.6$ 이 추천되고 있음.	
피로 예비균열길이(a_f)	$a_f \geq 0.05a_0$ 또는 $a_f \geq 1.27\,[\text{mm}]$	
피로 예비균열 삽입하중$(P_f)_{max}$	$(P_f)_{max} \leq 0.4P_L$ 또는 $\Delta K/E \leq 0.005\,[\sqrt{\text{mm}}]$	
사이드 그루브 삽입	$B_N/B \geq 0.75$, $\theta \leq 90^\circ$ 균열선단 곡률반경: $\rho \fallingdotseq 0.4^{\pm0.2}\,[\text{mm}]$	
치수공차	0.005W	

(2) 시험편의 형상 및 치수

또한, [표 13－3]에는 [그림 13－27]과 같은 각 시험편에 대한 상세치수와 노치선단에 피로예비균열을 삽입하는 방법을 설명하고 있다. 피로예비균열을 삽입할 때 최대반복하중 $(P_f)_{max}$ 는 공칭균열선단의 항복하중 P_L 의 0.4 이하, 또는 응력비 $R \le 0.1$, 그리고 응력세기계수의 범위 ΔK는 $\Delta K/E \le 0.005\sqrt{m}$ 이 되는 작은 하중으로 설정한다.

이때 공칭균열선단의 항복하중 P_L은 다음 식으로 주어진다.

$$P_L = \frac{4}{3}\frac{Bb^2\sigma_{fs}}{S} \quad : \text{3점 굽힘시험편} \qquad (13 \cdot 95)$$

$$P_L = \frac{Bb^2\sigma_{fs}}{2W+a} \quad : \text{CT 시험편} \qquad (13 \cdot 96)$$

또한, 균열이 진전할 때 생길 수 있는 터널링(tunnelling) 현상을 방지하기 위해 시험편에는 사이드 그루브(side groove)를 삽입하는 경우도 있다.

(3) J_{Ic}시험법

단일 시험편을 사용하여 [그림 13-28]과 같이 소정의 변위에서 안정된 파괴과정에 영향을 미치지 않는 것으로 간주되는 10% 정도의 하중범위로 하중을 작용시킨 후 제거를 반복하는 제하(除荷) 컴플라이언스(compliance)법을 적용한다. 변위제어에 의한 변위속도는 $0.4P_L$에 이르는 시간 t_p가 $0.1 \le t_p \le 10$ [min]을 만족하도록 한다.

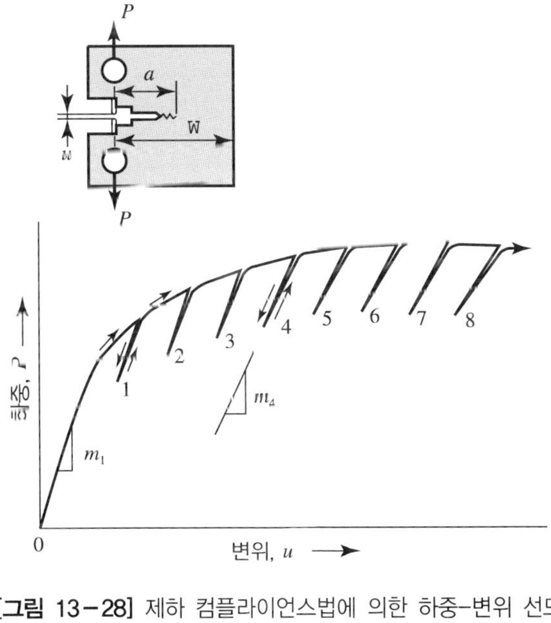

[그림 13－28] 제하 컴플라이언스법에 의한 하중-변위 선도

실험하는 과정에서 작용하중(P)−하중선(점) 변위(u)에 대한 $P-u$ 곡선을 연속적으로 자동기록을 한다. 이것을 이용하여 하중을 제거할 때 컴플라이언스의 변화에 의한 균열의 진전량 Δa를 계산한 후 각 점에 대한 J 적분의 관계로부터 R 곡선을 구한다.

(4) J 적분의 계산

시험편에 대한 J 적분은 다음 식을 이용하여 계산한다.

$$J = \frac{\eta A}{B b_0} \qquad (13 \cdot 97)$$

여기서

(a) $\eta = 2.0$: 3점 굽힘 시험편 (13・98)

(b) $\eta = 2 + 0.522 \dfrac{b_0}{W}$: CT 시험편 (13・99)

또한 A는 $P-u$ 곡선 아래의 면적을 나타내고, b_0는 처음 리거멘트이고, 사이드 그루브(side groove)를 삽입한 시험편의 경우 $B = B_N$ (B_N : 시험편의 정미두께)으로 한다.

(5) J_{Ic}의 결정

ASTM 규정에 의한 R 곡선으로부터 J_Q을 구한 후 J_{Ic}는 [그림 13-29]에서와 같은 방법으로 결정한다. 그림에서 R 곡선의 배제선(排除線; exclusion line)은 0.15[mm]와 1.5[mm] 사이의 균열진전량(crack extension) Δa에서 그려진다. 이 직선들은 $2\sigma_{fs} = \sigma_u + \sigma_Y$의 기울기로 되고, 유동응력(flow stress) σ_{fs}는 인장강도(σ_u)와 항복강도(σ_Y)의 평균값으로 정의된다.

이때 배제선의 기울기는 균열의 둔화(鈍化; blunting)에 따른 균열진전량 Δa가 되고, 위에 설명한 관계는 다음 식으로 표시된다.

$$\frac{J}{\Delta a} = 2\sigma_{fs} \qquad (13 \cdot 100)$$

$$\sigma_{fs} = \frac{\sigma_u + \sigma_Y}{2} \qquad (13 \cdot 101)$$

또한, 배제선 안의 모든 데이터에 대해 다음 식과 같이 커브 피팅(curve fitting)을 한다.

$$J = C_1 (\Delta a)^n \qquad (13 \cdot 102)$$

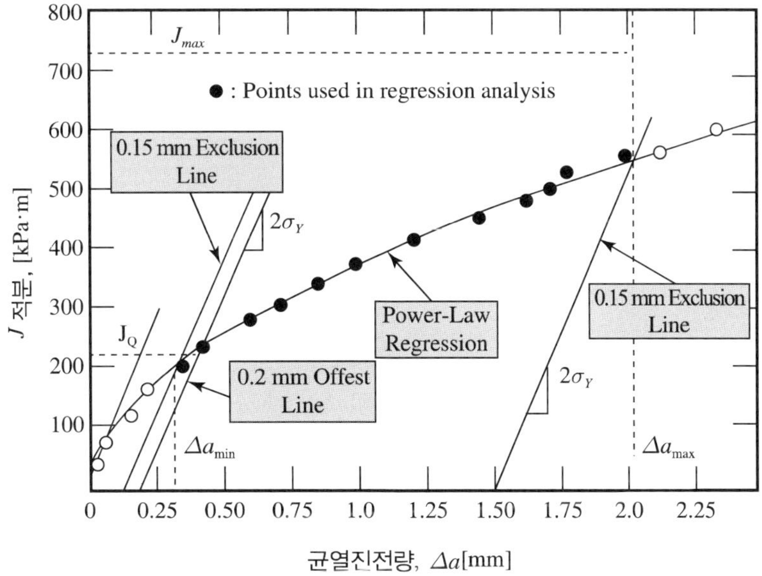

[그림 13-29] $J-R$ 곡선에서 J_Q 의 결정

J_Q 는 식 (13・102)와 0.2mm 오프셋 라인(offset line)이 만나는 점으로 정의된다. 만일 다른 유효조건이 충족되고, 다음 식과 같은 시험편에 대한 요구조건을 만족한다면 $J_Q = J_{Ic}$ 로 결정한다.

$$B,\ b_0 \geq \frac{25\,J_Q}{\sigma_{fs}} \tag{13・103}$$

13.4 피로파괴

13.4.1 응력 사이클

작용하중이 일정한 시간을 주기로 반복하중을 받으면 반복하중에 의한 최대응력의 크기가 정하중이 작용할 때의 항복강도보다 훨씬 낮은 응력에서도 반복횟수(number of cycles)가 많으면, 매우 작은 반복응력에서도 파괴되는 현상을 피로파괴(fatigue facture)라 한다.

피로의 응용은 균열이 존재하지 않는 부재의 피로와 균열이 존재하는 부재의 피로파괴로 분류되고, 균열이 존재하지 않는 부재의 피로는 또 다시 고주기피로(high－cycle fatigue)와 저주기피로(low－cycle fatigue)로 구분된다.

또한, 피로하중으로는 [그림 13－30]과 같이 시간에 따라 변화하는 변동하중(fluctuating load), 교번하중(alternating load), 또는 반복하중(repeated load) 등이 있다. 반복하중이 작용하면 재료는 어느 점에서 미세균열(micro－crack)이 발생하여 서서히 성장・진전하므로 재료의 남은 부분이 작용하중을 지탱할 수 없게 되면 갑자기 파괴된다. 이와 같은 피로파괴는 연성이 강한 재료에서도 취성재료의 파괴와 같이 거의 소성변형을 일으키지 않고 파괴되는 특징이 있다. 일반적으로 재료는 반복하중 상태에서 장시간 사용하는 경우가 많으므로 재료의 피로파괴에 대한 충분한 고려가 필요하다.

재료의 피로한도를 구하기 위해서는 피로시험기를 사용하여 재료에 [그림 13－30]과 같은 적절한 피로하중을 가하여 파손될 때까지의 사이클 수를 구한다. 작용하중의 형태는 그 재료의 사용목적에 따라 인장, 압축, 굽힘 및 비틀림 하중 등이 있고, 그림에서 변동하중은 응력의 진폭이나 주파수가 무질서하게 변화하는 응력 사이클을 말한다.

또한, 교번하중은 최대인장하중과 최소압축하중의 값이 서로 같은 응력 사이클을 말하고, 반복하중은 최대하중과 최소하중이 응력 0 인 축에 비대칭인 응력 사이클을 말한다.

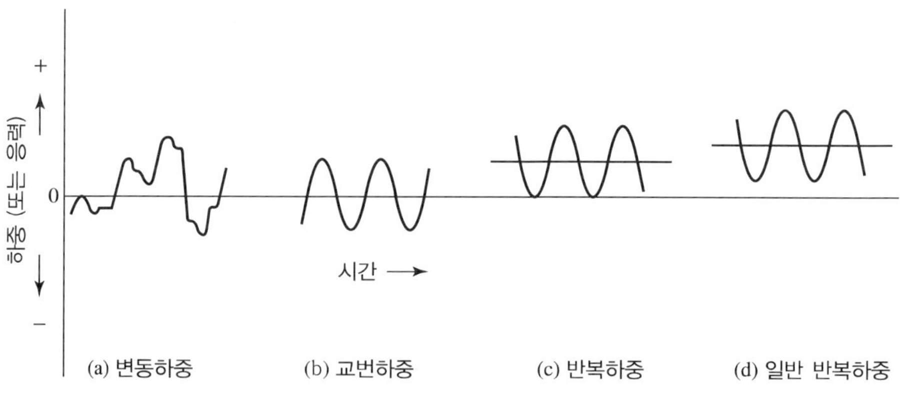

[그림 13－30] 피로하중의 종류

[그림 13−31]과 같은 반복응력 사이클에서 평균응력(mean stress) σ_m 은 최대응력(σ_{max})과 최소응력(σ_{min})의 평균값으로서 다음 식과 같다.

$$\sigma_m = \frac{\sigma_{max} + \sigma_{min}}{2} \tag{13·104}$$

응력범위(stress range) $\Delta\sigma$ 는 다음 식과 같이 σ_{max} 와 σ_{min} 의 차로 나타낸다.

$$\Delta\sigma = \sigma_{max} - \sigma_{min} \tag{13·105}$$

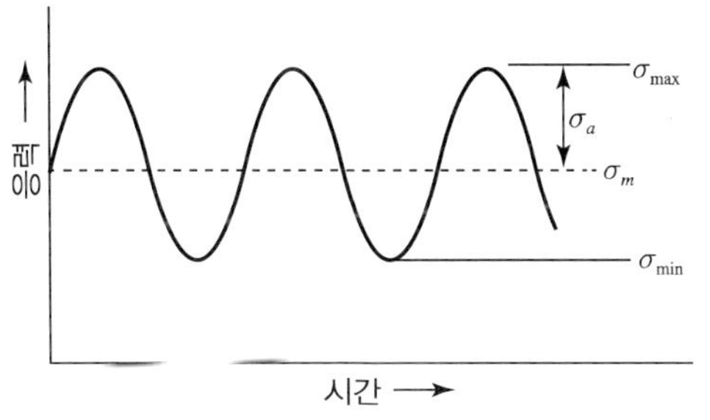

[그림 13−31] 반복응력 사이클

또한, 응력진폭(stress amplitude) σ_a 는 응력범위 $\Delta\sigma$ 의 $\frac{1}{2}$ 로서 다음 식으로 표시된다.

$$\sigma_a = \frac{\Delta\sigma}{2} = \frac{\sigma_{max} - \sigma_{min}}{2} \tag{13·106}$$

응력비(stress ratio) R 은 최대응력에 대한 최소응력의 비를 말하고, 다음 식과 같다.

$$R = \frac{\sigma_{min}}{\sigma_{max}} \tag{13·107}$$

13.4.2 S - N 곡선

[그림 13−32]와 같은 피로시험기의 액추에이터에서 펄스를 주어 피로하중의 작용에 의한 균열이 존재하지 않는 여러 개의 시험편에 대한 피로시험의 수행방법을 알아보기로 한다.

첫 번째 시험편은 일반적으로 인장강도(σ_u)의 2/3 정도인 σ_{max} 의 응력을 작용시켜 시험편이 파단될 때까지의 사이클 수(N)를 측정한다. 이 후의 피로시험은 점차 작용응력을 낮춰 가면서 실험을 계속한다. 이와 같이 얻어진 실험 데이터를 대수그래프(log graph)의 세로축에는 응력진폭(S)를 잡고, 가로축에는 시험편이 피로파괴될 때까지의 사이클 수(N)으로 나타낸 그래프를 그린다. 이렇게 하여 그려진 그래프는 [그림 13−27]과 같은 곡선이 되는데, 이것을 $S-N$ 곡선, 또는 뵐러(Wöhler) 곡선이라 한다.

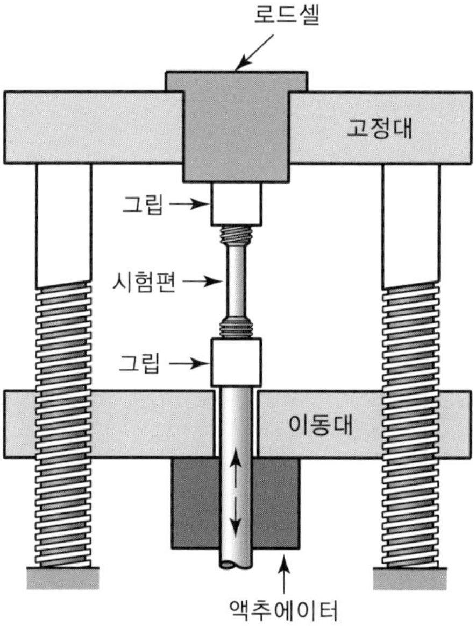

[그림 13-32] 피로시험기

[그림 13-33]에서와 같이 강(鋼; steel)은 응력진폭이 작아질수록 사이클 수 N이 증가하지만, 응력진폭이 일정값 이하로 되면 사이클 수가 무한히 증가하더라도 시험편이 파괴되지 않는 수평직선으로 되는 현상이 나타난다. 이와 같이 $S-N$ 곡선이 수평으로 되는 한계응력을 피로한도(疲勞限度; fatigue limit), 또는 내구한도(耐久限度; endurance limit)라 한다.

강재(鋼材)에서는 사이클 수가 $10^6 \sim 10^7$근방에서 $S-N$ 곡선이 수평으로 되고, 이때의 응력진폭보다 작은 값에서는 피로파괴가 영구히 일어나지 않는다.

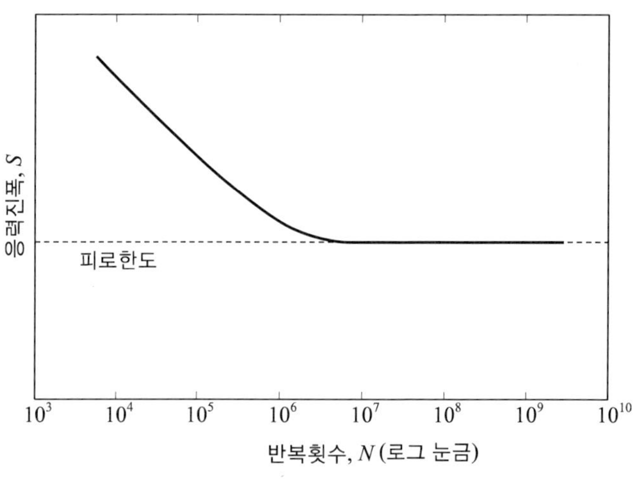

[그림 13-33] $S-N$ 곡선

한편, 피로시험은 크게 저주기피로(low cycle fatigue) 및 고주기피로(high cycle fatigue) 시험으로 구분된다. 저주기피로는 각 사이클마다 큰 응력이 작용하므로 탄성변형과 약간의 소성변형을 동시에 일으키기 때문에 피로수명(fatigue life)이 짧아지므로 10^4 사이클 이하에서 피로파괴가 발생한다. 또한 고주기피로는 완전한 탄성변형만을 일으키는 낮은 응력에서는 피로수명이 길어지므로 10^4 사이클 이상에서 파괴되는 것을 말한다.

또한 알루미늄, 구리 및 마그네슘 등의 비철금속 합금에서는 $S-N$ 곡선이 수평으로 되지 않는 경우가 있다. 이러한 재료는 일정한 사이클 수 N을 10^7 또는 10^8 을 지정하여 그 사이클 수에 해당하는 피로한도를 적용할 때도 있다.

재료의 피로한도는 실제의 사용조건에 따라 여러 가지 영향을 크게 받는다. 피로강도를 감소시키는 주요 인자에는 노치 및 결함, 평균응력, 표면거칠기, 부식 및 표면의 인장잔류응력 등이 있다. 또한, 피로강도를 향상시키는 방법으로는 열처리, 고주파 담금질, 침탄처리, 질화처리, 표면압연, 숏피닝(shot peening) 및 표면의 압축잔류응력 등이 있다.

예제 13-2

강재 시험편의 피로시험에 대한 $S-N$ 곡선이 다음 식으로 주어진다.

$$\log N = 12\left(1 - S/\sigma_u\right)$$

여기서 N: 반복횟수, S: 응력진폭, σ_u: 인장강도$\left(S = \sigma_u\right)$

또한, $S = 0.5\sigma_u$ 에서 10^4 사이클 수로 주어질 때 $S = 0.75\sigma_u$ 에서 견딜 수 있는 피로사이클 수를 결정하시오.

풀이

$S = 0.5\sigma_u$ 에서

$$\log N_1 = 12.5(1 - 0.5) = 6.25 \quad \therefore N_1 = 10^{6.25} = 1.778 \times 10^6 \text{ 사이클}$$

따라서 $S = 0.75\sigma_u$ 에서

$$\log N_2 = 12.5(1 - 0.75) = 3.125 \quad \therefore N_2 = 10^{3.125} = 1.33 \times 10^3 \text{ 사이클}$$

13.4.3 반복응력 및 변형률 거동

(1) 응력-변형률 이력곡선

단조응력-변형률(monotonic stress-strain) 곡선은 정적하중이 작용하는 부재(部材)의 응력을 제한할 수 있는 설계인자를 얻기 위해서 오래전부터 사용하여 왔다. 반복응력-변형률(cyclic stress-strain) 곡선도 반복하중이 작용하는 부재의 내구력을 평가하기 위해 유효하게 사용되고 있다. [그림 13-34]는 주기적인 비탄성 하중이 작용하는 재료의 응력-변형률 이력곡선(hysteresis loop)을 나타낸 것이다. 이 이력곡선의 가로축은 변형률 범위, 세로축은 응력범위를 나타내고, $\Delta\epsilon$ 은 전변형률 범위(total strain range)이고, $\Delta\sigma$ 는 전응력 범위(total stress range)를 의미한다.

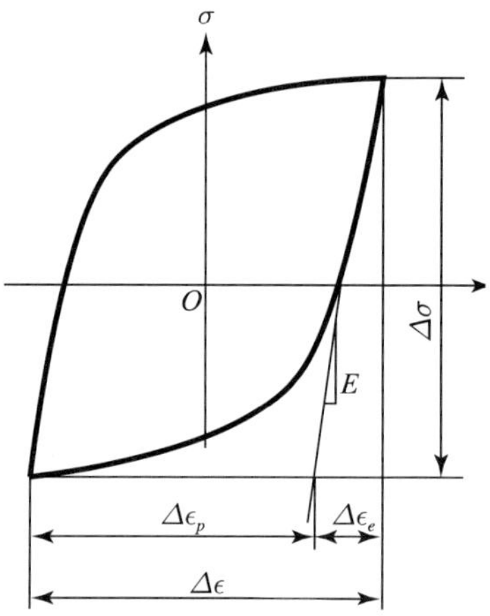

[그림 13-34] 응력-변형률 이력곡선

변형률 진폭(strain amplitude) ϵ_a, 응력진폭 σ_a 는 각각 다음 식과 같이 된다.

$$\epsilon_a = \frac{\Delta\epsilon}{2}, \qquad \sigma_a = \frac{\Delta\sigma}{2} \tag{13 · 108}$$

전변형률은 다음 식과 같이 탄성성분 및 소성성분의 합으로 표시한다.

$$\Delta\epsilon = \Delta\epsilon_e + \Delta\epsilon_p \tag{13 · 109}$$

또한, 변형률 진폭으로 표시하면

$$\frac{\Delta\epsilon}{2} = \frac{\Delta\epsilon_e}{2} + \frac{\Delta\epsilon_p}{2} \tag{13 · 110}$$

Hooke의 법칙을 이용하여 식 (13 · 110)의 탄성성분을 변형하면 다음 식과 같이 된다.

$$\frac{\Delta\epsilon}{2} = \frac{\Delta\sigma}{2E} + \frac{\Delta\epsilon_p}{2} \tag{13 · 111}$$

(2) 변형률에 의한 수명

[그림 13-35]로부터 Basquin(1910년)은 진응력 진폭을 사용하여 다음과 같은 식을 제안하였다.

$$\frac{\Delta\sigma}{2} = \sigma_f{}'(2N_f)^m \tag{13 · 112}$$

여기서 $\frac{\Delta\sigma}{2}$: 진응력 진폭, N_f: 파괴될 때까지의 반복횟수

m: 피로강도지수, $\sigma_f{}'$: 피로강도계수($2N_f = 1$ 에서 교차하는 응력)

식 (13・112)로부터 피로파괴수명을 변형률의 항으로 표시하면 다음 식과 같이 된다.

$$\frac{\Delta\epsilon_e}{2} = \left(\frac{\sigma_f{}'}{E}\right)(2N_f)^m \tag{13・113}$$

여기서 $\Delta\epsilon_e/2$ 는 탄성변형률 진폭을 나타낸다.

또한,

$$\frac{\Delta\epsilon_p}{2} = \epsilon_f{}'(2N_f)^n \tag{13・114}$$

식 (13・114)에서 $\epsilon_f{}'$: 피로연성계수($2N_f = 1$ 에서 교차하는 변형률)

n : 피로연성지수($n = -0.5 \sim -0.7$)

탄성 및 소성변형에 의한 전변형률을 고려하면 다음 식과 같다.

$$\frac{\Delta\epsilon_T}{2} = \frac{\Delta\epsilon_e}{2} + \frac{\Delta\epsilon_p}{2} = \left(\frac{\sigma_f{}'}{E}\right)(2N_f)^m + \epsilon_f{}'(2N_f)^n \tag{13・115}$$

여기서 $\Delta\epsilon_T$ 는 탄성 및 소성변형에 의한 전변형률이다.

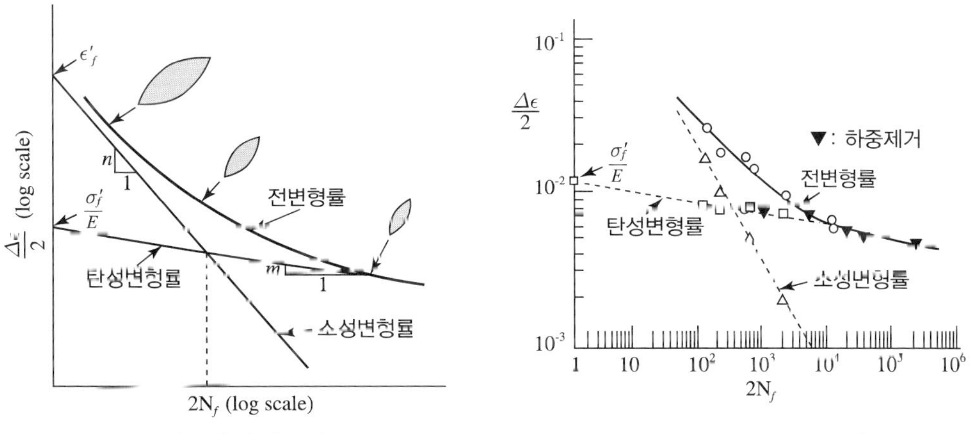

(a) 탄소성 수명곡선 (b) 18%-Ni maraging 강

[그림 13-35] 변형률에 의한 수명곡선

(3) 저사이클 피로

고사이클 피로(high cycle fatigue)는 약 10^4 사이클 이상에서 일어나는 피로파괴를 말하고, 그 이하에서 피로파괴가 발생하는 것을 저사이클 피로(low cycle fatigue)라고 하는 것은 이미 설명하였다.

탄성 및 소성변형에 의한 전변형률과 진응력 진폭사이에는 다음의 관계식이 성립한다.

$$\Delta\epsilon_T = A(\Delta\epsilon_p)^{\alpha} \tag{13・116}$$

$$\Delta\sigma = B(\Delta\epsilon_p)^{\beta} \tag{13・117}$$

여기서 A, α는 실험상수, B는 강도계수이고, β는 주기변형률 경화지수이다.

(4) Coffin-Manson의 식

변형률을 고려한 피로수명에 관한 Coffin-Manson의 식은 다음과 같다.

$$\begin{aligned} \Delta\epsilon_e(N_f)^{\alpha_1} &= C_1 \\ \Delta\epsilon_p(N_f)^{\alpha_2} &= C_2 \end{aligned} \tag{13・118}$$

여기서 α_1, α_2는 선도의 기울기에 관계되는 재료정수이고, C_1, C_2는 피로연성에 관계되는 재료정수를 나타낸다.

또한, 식 (13・118)을 전변형률로 표시하면 다음 식과 같이 된다.

$$\Delta\epsilon_T = C_1(N_f)^{-\alpha_1} + C_2(N_f)^{-\alpha_2} \tag{13・119}$$

13.4.4 각종 내구수명식

순수 정적하중 또는 순수 동적하중만이 작용할 때는 일반적인 파괴이론을 적용할 수 있지만, 정적 및 동적하중이 동시에 작용할 때는 다음과 같은 각종 내구수명식이 사용되고 있다. 피로한도 σ_e, 항복강도 σ_Y, 인장강도 σ_u, 평균응력 σ_m 및 진파괴응력(眞破壞應力; true fracture stress)을 σ_f, 그리고 응력진폭을 σ_a로 나타내면 다음과 같은 각종 내구수명식이 얻어진다.

(1) Soderberg의 식(1930년)

$$\frac{\sigma_a}{\sigma_e} + \frac{\sigma_m}{\sigma_Y} \le 1 \tag{13・120}$$

(2) Goodman의 식(1899년)

$$\frac{\sigma_a}{\sigma_e} + \frac{\sigma_m}{\sigma_u} \leq 1 \tag{13・121}$$

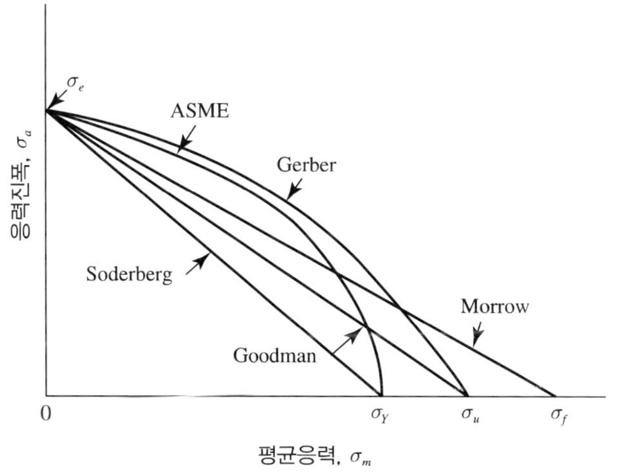

[그림 13-36] 각종 내구수명 선도

(3) Gerber의 식(1874년)

$$\frac{\sigma_a}{\sigma_e} + \left(\frac{\sigma_m}{\sigma_u}\right)^2 \leq 1 \tag{13・122}$$

(4) Morrow의 식(1960년)

$$\frac{\sigma_a}{\sigma_e} + \frac{\sigma_m}{\sigma_f} \leq 1 \tag{13・123}$$

(5) 미국기계학회(ASME)이 규정식

$$\left(\frac{\sigma_a}{\sigma_e}\right)^2 + \left(\frac{\sigma_m}{\sigma_Y}\right)^2 \leq 1 \tag{13・124}$$

이들의 관계식을 사용하여 세로축에는 응력진폭 σ_a, 가로축에는 평균응력 σ_m을 잡고, 각종 내구수명식을 그래프로 나타내면 [그림 13-36]과 같은 선도가 얻어진다. 재료가 파괴되지 않고 안전하게 사용되려면, 작용응력에 대한 내구수명이 각 선도의 아래쪽에 위치하도록 설계하는 것이 바람직하다.

각 내구수명식의 특징을 요약하면 다음과 같다.

(1) 식 (13 · 120)은 고전적이며, 별로 사용하지 않는다.

(2) 실제의 실험데이터는 Goodman의 식 (13 · 121)과 Gerber의 식 (13 · 122)에 의한 곡선사이에 놓인다.

(3) 미국기계학회(ASME)가 규정한 타원곡선의 왼쪽부분은 Gerber가 제안한 선도와 거의 일치한다.

(4) 경강(硬鋼) 또는 취성재료의 인장강도 σ_u 는 진파괴강도 σ_f 에 가깝고, Morrow가 제안한 선도와 Goodman의 선도는 동일하다. 연성재료($\sigma_f > \sigma_u$)에 대한 Morrow 선도는 평균응력 σ_m 의 감도를 감소시킨다.

(5) 대부분의 피로설계 상태($R< 1$)에 대한 이론의 차이는 별로 없다.

(6) 이론적으로 큰 차이를 보여주는 범위($R \approx 1$)의 실험 데이터는 거의 없고, 이 범위에서는 항복조건을 사용하여 설계한도를 결정할 수 있다.

13.4.5 피로균열 진전속도 및 수명예측

반복 피로하중이 작용하는 재료의 피로파괴는 균열의 발생 및 진전에 따라 진행된다. 앞에서 이미 설명한 $S-N$ 곡선은 균열이 존재하지 않는 재료에 대한 피로수명의 예측할 수 있지만, 균열이 발생하면 $S-N$ 곡선은 적용할 수 없다.

균열이 발생하고 진전한다면 균열진전속도의 적용이 필요하고, 이에 대한 데이터를 얻기 위해서는 [그림 13-37]과 같은 피로균열 진전길이 a와 피로사이클 수 N의 관계, 즉 $a-N$ 곡선을 얻기 위한 피로파괴 거동에 대한 실험이 필요하다.

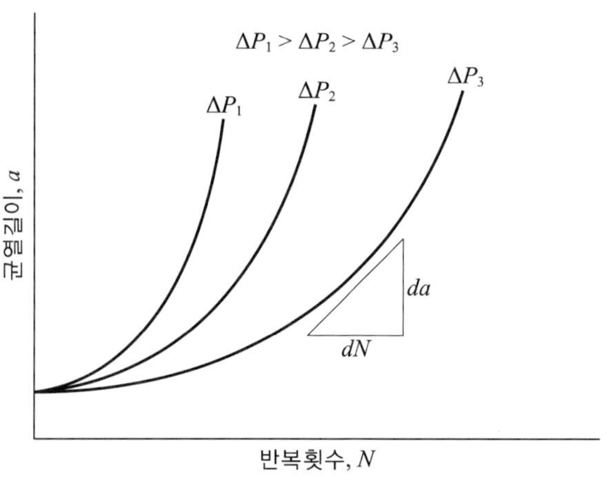

[그림 13-37] 균열진전에 대한 $a-N$ 곡선

피로파괴 거동 실험에서 얻은 $a-N$ 곡선을 기초로 하여 균열진전속도(crack propagation rate), 또는 균열성장속도(crack growth rate) da/dN과 응력세기계수 범위 ΔK를 구한 후 $da/dN-\Delta K$를 양대수(兩對數; log−log) 그래프에 나타내면 [그림 13−37]과 같이 된다. 여기에서 응력세기계수의 범위 ΔK는 다음 식으로 표시된다.

$$\Delta K = K_{max} - K_{min} = \Delta\sigma\sqrt{\pi a}\cdot F = (\sigma_{max} - \sigma_{min})\sqrt{\pi a}\cdot F \qquad (13\cdot 125)$$

또한, 응력비(stress ratio) R은 다음 식과 같이 된다.

$$R = \frac{P_{min}}{P_{max}} = \frac{\sigma_{min}}{\sigma_{max}} = \frac{K_{min}}{K_{max}} \qquad (13\cdot 126)$$

이와 같이 Paris가 피로에 파괴역학의 개념을 도입한 이래 균열진전에 대한 파괴역학적 연구는 최근 급속히 진전하였고, Paris는 균열진전속도에 대한 다음과 같은 실험식을 제안하였다.

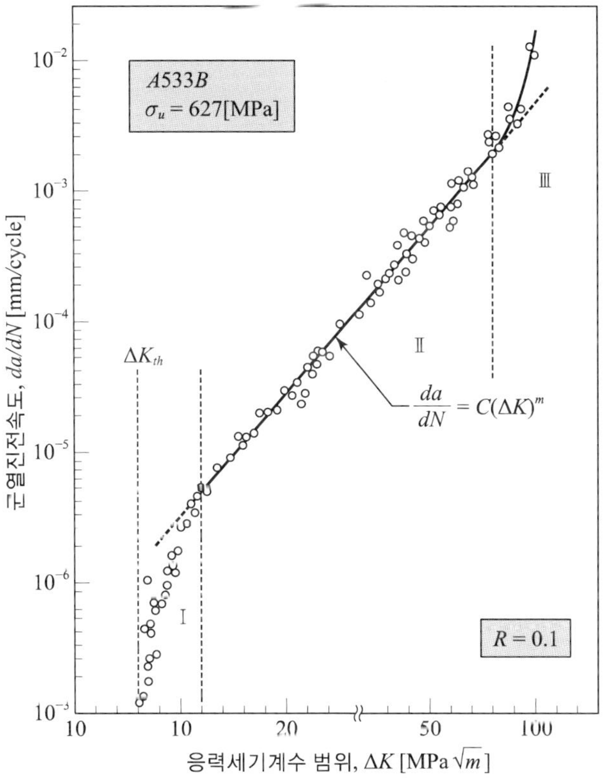

[그림 13−38] 피로균열 진전특성

$$\frac{da}{dN} = C(\Delta K)^m \tag{13・127}$$

여기서 m 및 C는 재료정수이고, a는 균열길이, N은 반복횟수, ΔK는 응력세기계수의 범위를 나타낸다.

[그림 13-38]에서와 같이 실제의 $da/dN - \Delta K$의 관계는 ΔK의 하한계(下限界; lower threshold)와 상한계(上限界; upper threshold)가 존재한다. ΔK의 하한계 ΔK_{th}는 $da/dN \to 0$에 대응하고, 이 구간에서는 균열이 존재하더라도 균열은 진전하지 않는다.

균열이 진전하기 위한 조건은 다음 식과 같이 된다.

$$\Delta K \geq \Delta K_{th} \tag{13・128}$$

또한, ΔK의 상한계 K_f는 $da/dN \to \infty$에 대응하고, 다음과 같은 불안정 파괴조건에 대한 식으로 나타낸다.

$$K_f = \frac{\Delta K}{1-R} \geq K_c \tag{13・129}$$

여기서 K_c는 파괴인성(fracture toughness)을 의미한다.

[그림 13-38]로부터 영역 Ⅰ에서는 균열이 존재하더라도 균열은 진전하지 않는 안전한 구간이다. 영역 Ⅱ에서는 Paris의 식에 의해 균열이 안정된 진전을 하므로 이 구간의 식을 기초로 하여 피로균열의 진전수명을 예측할 수 있다. 그러나 이 구간을 벗어난 영역 Ⅲ에서 재료는 급속도로 파괴된다.

따라서 재료의 총피로파괴수명 N_t는 균열의 발생수명 N_i와 균열의 진전수명 N_p의 합으로 표시한다.

$$N_t = N_i + N_p \tag{13・130}$$

식 (13・30)에서 균열의 진전수명 N_p는 식 (13・127)로부터 다음 식과 같이 된다.

$$N_p = \int_0^{N_p} dN = \int_{a_0}^{a_c} \frac{da}{C(\Delta K)^m} \tag{13・131}$$

여기서, a_0는 초기균열길이로서 비파괴검사에 의해 검출하고, a_c는 파괴인성시험으로부터 얻어진 임계균열길이를 나타낸다.

[그림 13-39]는 실험실에서 수행한 피로균열진전 실험에서 얻은 데이터를 실제의 구조물에 공학적으로 응용하는 방법을 나타낸 것이다.

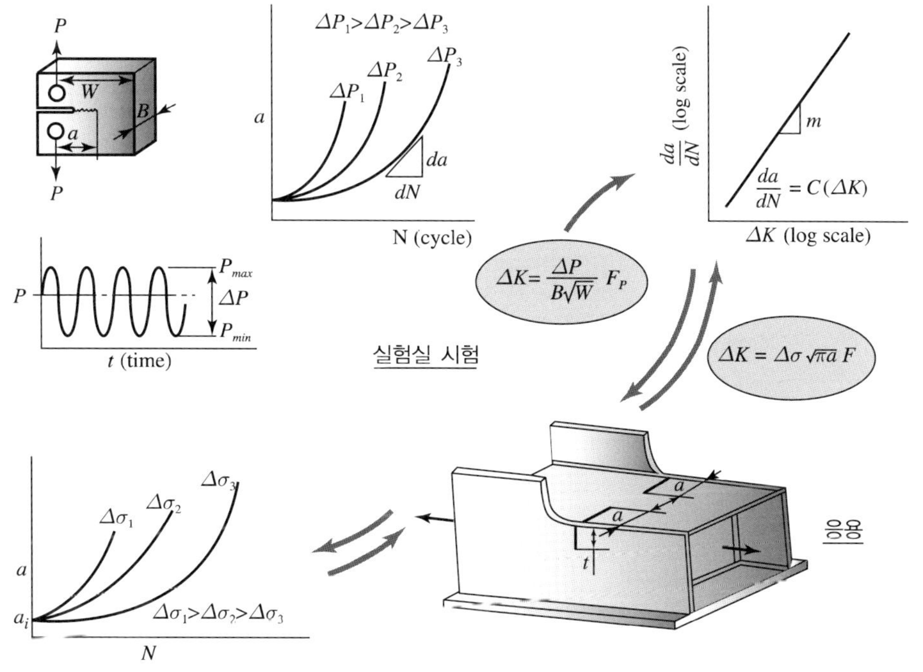

[그림 13-39] 피로균열 진전특성의 공학적 응용

13.4.6 응력비의 영향

응력비 R에 의한 영향에 대해서는 다음과 같은 식들이 있다.

(1) Forman의 식 : 응력비의 영향을 예측하는 식

$$\frac{da}{dN} = \frac{C(\Delta K)^m}{(1-R)K_c - \Delta K} \tag{13·132}$$

여기서 응력비(R)가 커지면 균열진전속도 da/dN도 증가한다.

(2) Walker의 식 : 응력비의 영향은 다음 식과 같다.

$$\frac{da}{dN} = C\{(1-R)^m K_{\max}\}^n \tag{13·133}$$

여기서 C, m, n은 재료정수이다.

13.4.7 균열닫힘 현상

균열선단의 소성변형에 의해 균열닫힘(crack closure) 현상이 발생하는 것을 Elber가 1970년대 초에 관찰하였다. [그림 13-40]에서와 같이 그림(a) → 그림(b) → 그림(c)의 과정을 통하여 균열닫힘 현상이 일어나고, 균열닫힘 시간의 경과에 따라 응력의 변화는 그림(d)와 같이 된다.

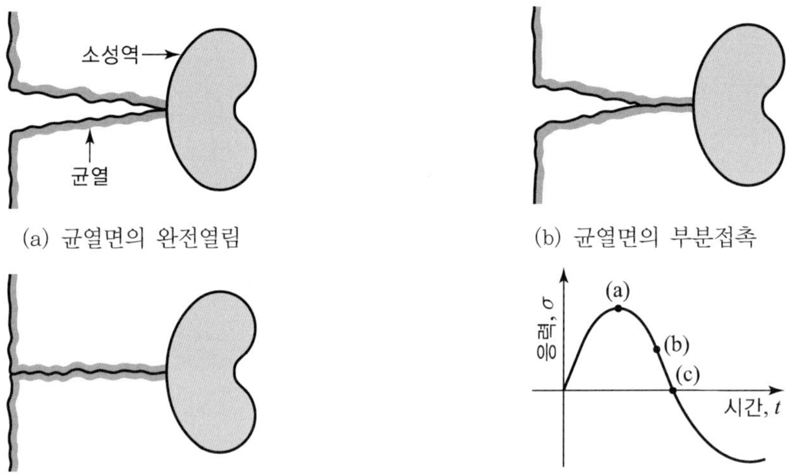

(a) 균열면의 완전열림 (b) 균열면의 부분접촉

(c) 균열면의 완전접촉 (d) 균열닫힘 시간에 따른 응력 변화

[그림 13-40] 균열닫힘 현상

피로균열 진전실험에서 균열이 접촉하여 닫힌 후, 또 다시 열리는 응력세기계수 K_{open}과 유효응력세기계수의 범위 $\triangle K_{eff}$ 사이에는 다음의 관계식이 성립한다.

$$\triangle K_{eff} = K_{\max} - K_{open} \qquad (13 \cdot 134)$$

$$\triangle K = K_{\max} - K_{\min} \qquad (13 \cdot 135)$$

여기서 $\triangle K_{open} > K_{\min}$이 된다.

그러므로

$$\triangle K > \triangle K_{eff} \qquad (13 \cdot 136)$$

또한

$$\frac{da}{dN} = f(\triangle K_{eff}) \qquad (13 \cdot 137)$$

여기서

$$\Delta K_{eff} = \psi \Delta K$$
$$\psi = \frac{\Delta K_{eff}}{\Delta K} = 0.5 + 0.4R \quad (R > 0) \tag{13・138}$$

예제 13-3

응력범위 $\Delta\sigma = 120$ [MPa]의 피로하중을 작용하여 피로균열 진전시험을 실시하여 다음과 같은 Paris의 관계식을 얻었을 때 균열의 처음길이 2 [mm]에서 피로 균열길이 10 [mm]까지 진전하려면 필요한 사이클 수를 결정하시오.

$$\frac{da}{dN} = 0.70 \times 10^{-8} (\Delta K)^{2.5}$$

여기서 응력세기계수 $\Delta K = 1.12 \Delta\sigma \sqrt{\pi a}$ [MPa$\sqrt{\text{m}}$]로 한다.

풀이

피로균열진전 속도는

$$\frac{da}{dN} = 0.70 \times 10^{-8} (\Delta K)^{2.5} = 0.70 \times 10^{-8} \left(1.12 \Delta\sigma \sqrt{\pi a}\right)^{2.5}$$

$$a^{-1.25} da = 0.70 \times 10^{-8} \times (1.12)^{2.5} \times (120)^{2.5} (\pi)^{1.25} dN$$

$$\therefore \int_{a_0}^{a_c} a^{-1.25} da = 6.13 \times 10^{-3} \int_0^{N_f} dN$$

$$N_f \times 6.13 \times 10^{-3} = -\left[\frac{a^{-0.25}}{0.25}\right]_{0.002}^{0.010}$$

그러므로 피로균열 진전수명 N_f는 다음 식으로부터 구할 수 있다.

$$N_f = \frac{(4.7281 - 3.1623)/0.25}{6.13 \times 10^{-3}} = 1022 \text{ 사이클}$$

13.5 소성영역

균열이 존재하는 부재(部材)에 외력이 작용하면 균열선단 근방에는 소성영역(塑性領域; plastic zone)이 발생하는 것이 일반적이다. 이 소성영역의 크기는 파괴역학 인자 K, J 또는 COD 등의 적용범위를 결정하는 중요한 역할을 한다. 소성영역의 크기가 작은 소규모 항복(small scale yielding)의 범위에서는 K의 적용이 가능하지만, 대규모 항복(large scale yielding)의 범위에서는 J 및 COD의 적용이 유효하다. 따라서 파괴역학 인자를 실제문제에 적용하기 위해서는 소성영역의 크기를 파악할 필요가 있다.

13.5.1 소성영역의 크기

[그림 13-41]에서와 같이 균열선단에 대한 탄성응력장(elastic stress field)은 다음 식과 같이 표시한다.

$$\sigma_y = \frac{K_I}{\sqrt{2\pi r}} \cos\frac{\theta}{2}\left(1+\sin\frac{\theta}{2}\sin\frac{3\theta}{2}\right) \tag{13・139}$$

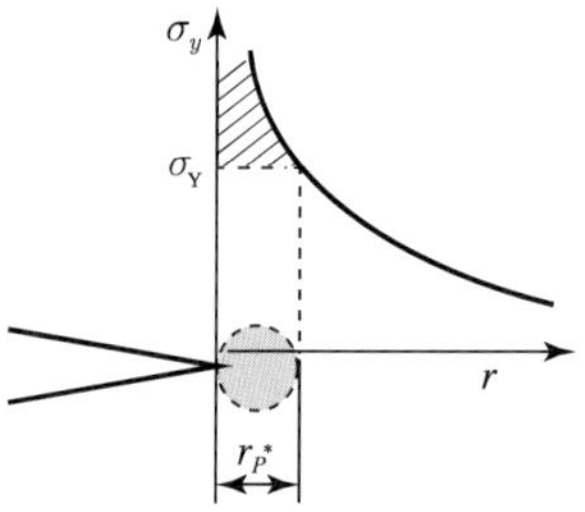

[그림 13-41] 균열선단의 탄성응력장

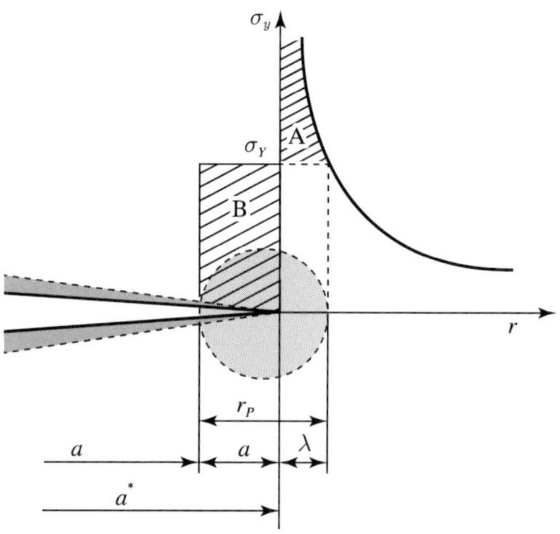

[그림 13-42] 소성영역의 보정

[그림 13-41]에서 균열선단으로부터 r_p^* 까지는 σ_y 의 값이 재료의 항복응력 σ_Y 보다 크지만, 소성영역 크기(plastic zone size) r_p^* 를 근사적으로 구하기 위해 σ_y 를 σ_Y 로 대체한다. 식 (13・139)에 $r = r_p^*$, $r = r_p^*$, $\sigma_y = \sigma_Y$ 를 대입하면

$$\sigma_Y = \frac{K_\mathrm{I}}{\sqrt{2\pi r_p^*}} \quad \text{또는} \quad r_p^* = \frac{1}{2\pi}\left(\frac{K_\mathrm{I}}{\sigma_Y}\right)^2 = \frac{\sigma^2 a}{2\sigma_Y^2} \text{(평면응력 상태)} \tag{13・140}$$

모드 Ⅱ 및 모드 Ⅲ 균열에 대한 소성영역의 크기는 다음 식과 같이 된다.

$$r_p^* = \frac{1}{2\pi}\left(\frac{K_\mathrm{II}}{\tau_Y}\right)^2, \quad r_p^* = \frac{1}{2\pi}\left(\frac{K_\mathrm{III}}{\tau_Y}\right)^2 \tag{13・141}$$

식 (13・140)으로부터 소성영역의 크기 r_p^* 는 [그림 13-41]에서 빗금친 부분의 응력을 무시한 것으로서 실제의 소성영역에 비해 r_p^* 가 작게 평가되고 있다. 따라서 Irwin은 균열선단의 소성변형에 따라 응력분포가 변화하는 것으로 보고, 그 분포는 실제 균열의 길이보다 긴 탄성균열을 고려하였다.

13.5.2 소성영역의 보정

[그림 13-42]는 실제의 균열길이를 a 로 하고, 소성역영의 크기 r_p 가 존재할 때 이 소성영역 주위의 탄성응력 분포는 근사적으로 a 의 대신에 $a^* = a + \delta a \ (\delta a \ll a)$ 로 대체한 탄성응력 분포와 같다. 여기에서 하중의 평형을 고려하면 [그림 13-42]에서 빗금친 부분의 면적 A 와 면적 B 가 같으므로 식 (13・140)과 같게 놓으면 다음 식이 얻어진다.

$$\sigma_Y = \frac{K_\text{I}}{\sqrt{2\pi\lambda}} = \sigma\sqrt{\frac{a+\delta a}{2\lambda}}\ , \quad \text{또는 } \lambda = \frac{\sigma^2(a+\delta a)}{2\sigma_Y^2} \approx \frac{\sigma^2 a}{2\sigma_Y^2} = r_p^* \quad (13 \cdot 142)$$

면적 A 와 면적 B 가 같으므로 다음 식과 같이 된다.

$$\sigma_Y \delta a = \int_0^\lambda \sigma\sqrt{\frac{a+\delta a}{2r}}\, dr - \lambda\sigma_Y \quad (13 \cdot 143)$$

$\delta a \le a$ 와 식 (13・142)를 식 (13・143)에 대입하면 다음 식과 같다.

$$\delta a = \lambda = r_p^*\ , \quad \text{또는 } r_p = \delta a + \lambda = 2r_p^* \quad (13 \cdot 144)$$

식 (13・144)로부터 소성영역의 크기는 식 (13・141)의 2배로 되는 것을 알 수 있다. 또한, 식 (13・143)에서 $\delta a = r_p^*$ 로 되기 때문에 유효균열길이 a^* 는

$$a^* = a + r_p^* \quad (13 \cdot 145)$$

식 (13・145)에 대응하는 응력세기계수 K_I 은 다음 식과 같다.

$$K_\text{I} = \sigma\sqrt{\pi a^*} = \sigma\sqrt{\pi\left(a + r_p^*\right)} = \sigma\sqrt{\pi a\left(1 + \frac{\sigma^2}{2\sigma_Y^2}\right)} \quad (13 \cdot 146)$$

여기서 r_p^* 를 Irwin의 소성영역 보정(塑性領域補正; plastic zone correction)이라 한다.

13.5.3 소성영역의 형상

평면변형률 상태에서 소성영역 보정은 식 (13・124)를 단순히 사용하는 것만으로는 되지 않으므로 우선 Mises의 항복조건에 의한 평면응력 및 평면변형률 상태의 소성영역의 형상(plastic zone shape)에 대한 차이를 검토하여 보기로 한다. 주응력 성분으로 표시된 Mises의 항복조건은 다음 식으로 주어진다.

$$(\sigma_1 - \sigma_2)^2 + (\sigma_2 - \sigma_3)^2 + (\sigma_3 - \sigma_1)^2 = 2\sigma_Y^2 \quad (13 \cdot 147)$$

$$\bar{\sigma} = \frac{1}{\sqrt{2}}\left\{(\sigma_1 - \sigma_2)^2 + (\sigma_2 - \sigma_3)^2 + (\sigma_3 - \sigma_1)^2\right\}^{\frac{1}{2}} = \sigma_Y \quad (13 \cdot 148)$$

여기서 σ_1, σ_2, σ_3 주응력이고, $\bar{\sigma}$ 는 유효응력(effective stress)이다. 균열선단의 탄성응력장에 대한 각 주응력 성분은 다음 식과 같이 된다.

$$
\begin{aligned}
\sigma_1 &= \frac{K_{\mathrm{I}}}{\sqrt{2\pi r}}\cos\frac{\theta}{2}\left(1+\sin\frac{\theta}{2}\right)\\
\sigma_2 &= \frac{K_{\mathrm{I}}}{\sqrt{2\pi r}}\cos\frac{\theta}{2}\left(1-\sin\frac{\theta}{2}\right)\\
\sigma_3 &= \begin{cases} 0 & :\ \text{평면응력 상태}\\ \nu(\sigma_1+\sigma_2)= 2G\dfrac{K_{\mathrm{I}}}{\sqrt{2\pi r}}\cos\dfrac{\theta}{2} & :\ \text{평면변형률 상태}\end{cases}
\end{aligned}
\tag{13 . 149}
$$

식 (13・140)과 유사한 유도방법을 이용하여 탄소성변형에 대한 경계형태는 식 (13・149)를 식 (13・147)에 대입하면 다음 식이 얻어진다.

$$
\begin{aligned}
&\frac{K_{\mathrm{I}}^2}{2\pi r}\left(1+\frac{3}{2}\sin^2\theta+\cos\theta\right)= 2\sigma_Y^2\ :\ \text{평면응력 상태}\\
&\frac{K_{\mathrm{I}}^2}{2\pi r}\left\{\frac{3}{2}\sin^2\theta+(1-2\nu)^2(1+\cos\theta)\right\}= 2\sigma_Y^2\ :\ \text{평면변형률 상태}
\end{aligned}
\tag{13・150}
$$

식 (13・150)에서 $r=r_p(\theta)$ 로 하면, $r_p(\theta)$ 는 균열선단으로부터 탄소성 경계까지의 거리로서 다음 식과 같이 표시한다.

$$
\begin{aligned}
r_p(\theta) &= \frac{K_{\mathrm{I}}^2}{4\pi\sigma_Y^2}\left(1+\frac{3}{2}\sin^2\theta+\cos\theta\right)\ :\ \text{평면응력 상태}\\
r_p(\theta) &= \frac{K_{\mathrm{I}}^2}{4\pi\sigma_Y^2}\left\{\frac{3}{2}\sin^2\theta+(1-2\nu)^2(1+\cos\theta)\right\}\ :\ \text{평면변형률 상태}
\end{aligned}
\tag{13・151}
$$

식 (13・151)의 제 1식에 $\theta=0$ 를 대입하면 식 (13・142)와 일치하고, 식 (13・151)은 식 (13・142)의 일반적인 표현으로 된다. 평면응력과 평면변형률 상태에서의 차이는 식 (13・151)을 r, θ 의 평면에 나타내면, Mises의 항복조건에 의한 소성영역의 형상은 [그림 13-43]과 같이 된다. 이것은 균열선단으로부터의 거리를 무차원화 한 단위길이에 대한 $(K/\pi\sigma_Y)^2$ 으로 나타낸 것이다. 그림에서 알 수 있듯이 평면응력 및 평면변형률 상태에서 소성영역의 형상과 크기에 큰 차이가 있는 것을 알 수 있고, 일반적으로 동일한 하중에서 평면변형률 상태가 평면응력 상태에 비하여 소성영역의 크기는 작다.

따라서 두꺼운 판에 관통(貫通)균열이 존재할 때 표면은 평면응력 상태로 되고, 내부는 평면변형률 상태가 지배적이므로 균열선단을 따라 판 두께 방향에 대한 소성영역의 변화는 [그림 13-44]에서와 같은 장구모양으로 된다.

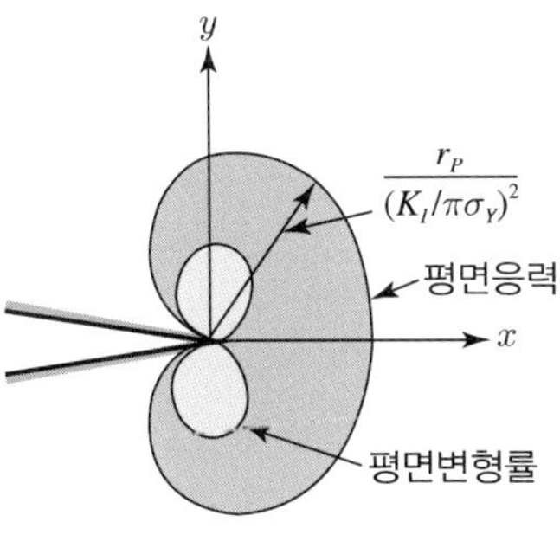

[그림 13-43] 모드 I의 소성역 형상

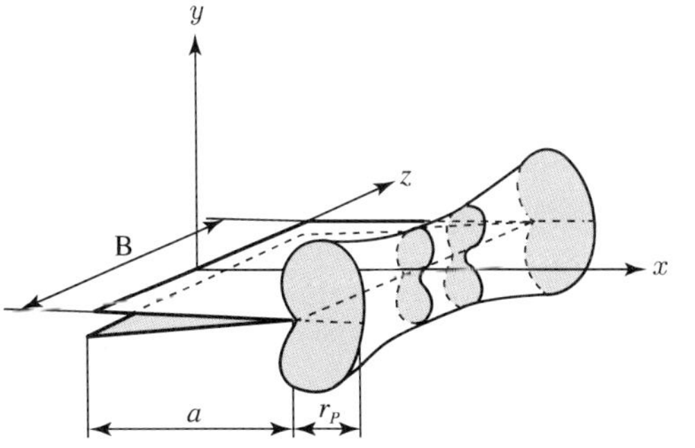

[그림 13-44] 판 두께 방향의 소성역 변화

평면변형률 상태의 식 (13・151)에 $\theta = 0$ 를 대입하면

$$r_p(\theta) = \frac{(1-2\nu)^2}{2\pi}\left(\frac{K_{\rm I}}{\sigma_Y}\right)^2 = (1-2\nu)^2 r_p^* \qquad (13 \cdot 152)$$

로 되고, 소성영역의 크기는 평면응력 상대에 비하여 계수 $(1-2\nu)^2$ 만큼 작아진다. 그러나 이 계수는 식 (13・151)을 유도할 때 얻어진 값이며, 실제로는 다음과 같은 관계식이 잘 이용되고 있다.

$$r_p = \frac{1}{\pi}\left(\frac{K_{\rm I}}{\sigma_Y^2}\right)^2 = r_p^* \ : \text{평면응력 상태} \qquad (13 \cdot 153)$$

$$r_p = \frac{1}{2\sqrt{2}\,\pi}\left(\frac{K_{\rm I}}{\sigma_Y^2}\right)^2 = \frac{1}{2\sqrt{2}} r_p^* \ : \text{평면변형률 상태} \qquad (13 \cdot 154)$$

13.5.4 하중의 종류에 의한 소성영역의 크기

(1) 단조 소성영역의 크기

정적하중과 같은 단조하중(monotonic load)에 의한 소성영역의 크기는 다음 식과 같다.

$$r_p = \begin{cases} \dfrac{1}{2\pi}\left(\dfrac{K_{\rm I}}{\sigma_Y}\right)^2 & : \text{평면응력 상태} \\ \dfrac{1}{6\pi}\left(\dfrac{K_{\rm I}}{\sigma_Y}\right)^2 & : \text{평면변형률 상태} \end{cases} \qquad (13 \cdot 155)$$

(2) 사이클 소성영역 크기

반복하중(cyclic load) 에 의한 소성영역의 크기는 정적하중이 작용할 때 단조 소성영역의 크기에 비해 1/4 로 감소한다. 이러한 현상이 나타나는 것은 인장이 감소하고, 압축은 증가하여 응력이 2 배로 되기 때문이다.

$$r_p = \begin{cases} \dfrac{1}{2\pi}\left(\dfrac{K_{\mathrm{I}}}{2\sigma_Y}\right)^2 = \dfrac{1}{8\pi}\left(\dfrac{K_{\mathrm{I}}}{\sigma_Y}\right)^2 & : \text{평면응력 상태} \\ \dfrac{1}{6\pi}\left(\dfrac{K}{2\sigma_Y}\right)^2 = \dfrac{1}{24\pi}\left(\dfrac{K}{\sigma_Y}\right)^2 & : \text{평면변형률 상태} \end{cases} \tag{13・156}$$

13.6 크리프 파열

재료는 고온에서 일정한 응력이 작용하더라도 장시간 사용으로 시간의 경과에 따라 변형률이 증가하는 현상을 크리프(creep)라 한다. [그림 13-45]는 균열이 없는 시험편을 사용한 일반적인 크리프 시험장치를 나타낸 것이다. 시험편의 고온 환경을 유지하기 위해 전기로(電氣爐; electric furnace)를 이용하고, 일정한 하중의 작용은 무게가 일정한 추를 사용하며, 시험편의 늘어난 길이는 다이얼 게이지(dial gauge)를 이용하여 측정할 수 있다.

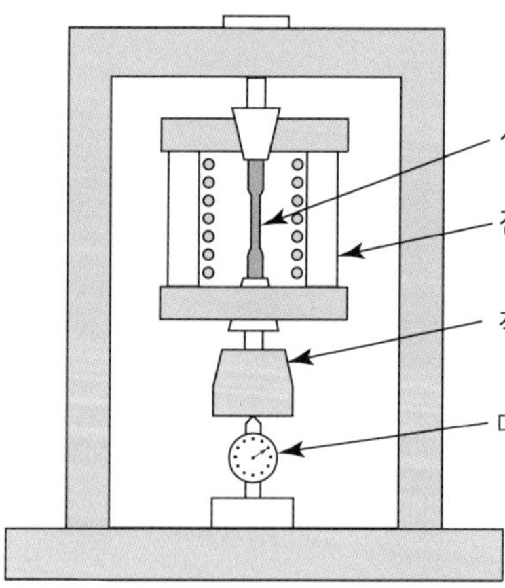

[그림 13-45] 크리프 시험장치

[그림 13-46]은 크리프 거동을 나타낸 곡선으로서 최초의 빠른 크리프 속도에서 부하와 동시에 순간 변형률이 생기고, 그 후 점차 감속되어 일정속도로 되는 구간을 1차 크리프(primary creep), 또는 전이크리프(transient creep)라 한다. 시간(t) 이 더욱 경과한 후

크리프 속도가 일정한 구간을 2차 크리프(secondary creep), 또는 정상크리프(steady-state creep)라고도 한다. 2차 크리프는 공업적인 응용에 있어 가장 중요한 구간이라 할 수 있고, 이 구간에서 크리프 변형률 속도(strain rate) $\dot{\varepsilon}$ 은 응력과 온도의 함수로서 실험식은 다음 식과 같이 표시한다.

$$\dot{\varepsilon} = \frac{\Delta \varepsilon}{\Delta t} = K\sigma^n \qquad (13 \cdot 157)$$

여기서 K, n 은 재료정수이다.

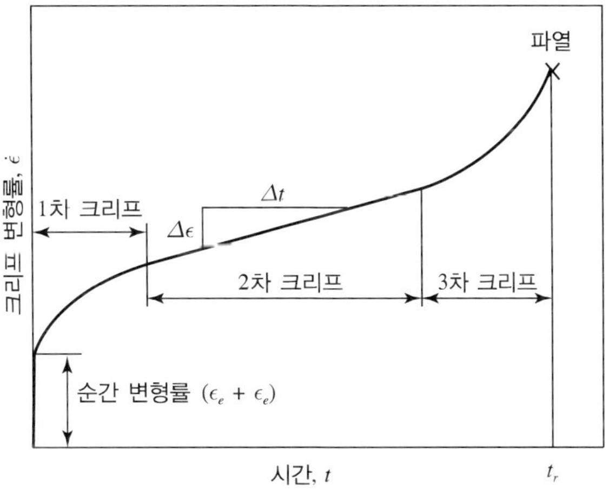

[그림 13-46] 크리프 곡선

최후에 다시 변형률 속도가 증가하여 재료가 파단 될 때까지의 크리프를 3차 크리프(tertiary creep)라 한다. 이 구간에서는 크리프 변형률 속도는 더욱 가속되어 결국 재료는 크리프 파열(creep rupture)을 한다. 이때 크리프에 의해 파열될 때까지의 시간을 파열시간(t_r) 이라 한다.

일반적으로 어떤 고온에서 어느 정도의 시간이 경과한 후 크리프가 정지하는 응력의 최대값을 그 온도에서의 크리프 한도(creep limit)라 한다. 크리프 한도는 고온재료를 선정하여 설계할 때 재료의 기준값으로 사용한다. 고온에서 큰 응력이 장시간 계속해서 작용하는 제트 엔진, 가스 터빈 및 로켓 등을 설계할 때는 크리프에 의한 파열의 우려가 있으므로 충분한 검토가 필요하다.

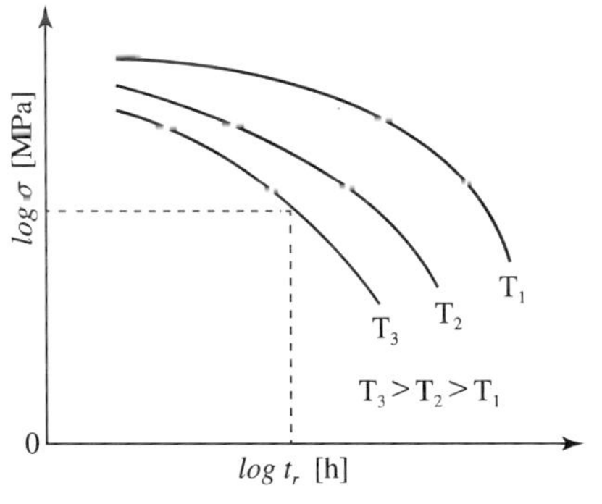

[그림 13-47] 크리프 파열선도

균열이 존재하지 않는 재료를 고온에서 장시간 사용하는 경우 크리프 파단강도의 예측은 단시간에 수행하는 크리프에 의한 파열시험 결과를 이용하는 Larson-Miller

가 제시한 식이 일반적으로 사용되고 있다. 크리프 수명은 일정온도에서 외부응력을 변화시키면 파열시간이 변하고, 이와 반대로 일정응력 상태에서 온도가 변하면 Larson-Miller의 파라미터(P_{LM})가 일정하다는 조건에서 다음 식이 많이 이용되고 있다.

$$P_{LM} = T\left(\log t_r + C\right) \tag{13・158}$$

여기서 T : 시험온도[K], t_r : 파열시간[h], C : 재료정수이다.

식 (13・158)에서 Larson-Miller의 파라미터 P_{LM}을 구하기 위해서는 크리프 시험을 통하여 [그림 13-47]과 같은 크리프 파열선도를 그린 후 [그림 13-48]에서와 같이 C를 이용하여 크리프 온도와 파열시간에 의한 P_{LM}를 구한다. 이렇게 구한 P_{LM}과 작용응력을 [그림 13-49]와 같이 양대수 그래프에 크리프 파열수명 곡선을 도시하여 크리프 수명을 예측할 수 있다.

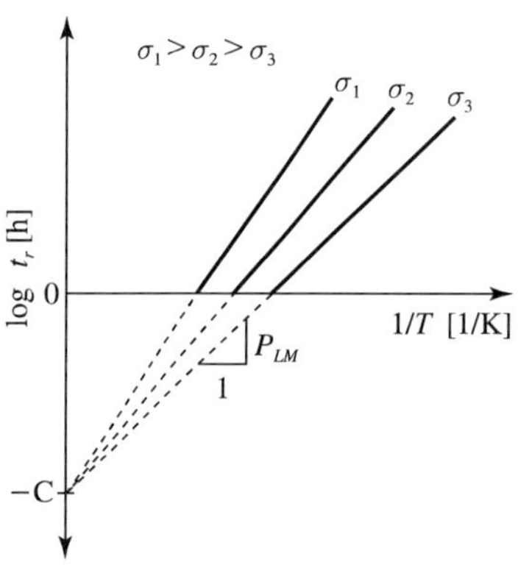

[그림 13-48] P_{LM}과 파열시간의 관계

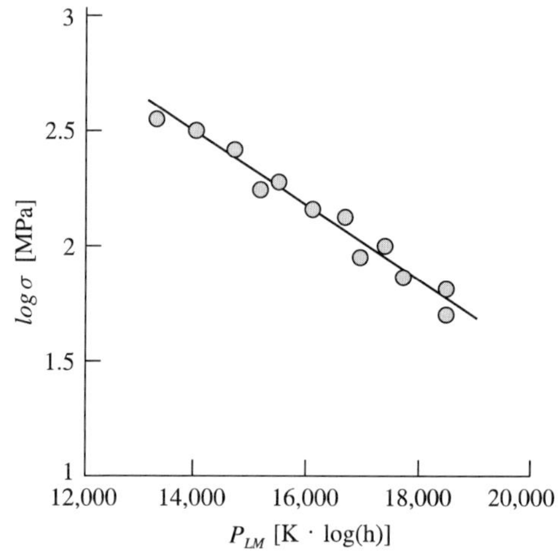

[그림 13-49] 크리프 파열수명 곡선

[그림 13-50]은 S-590 합금에 대한 크리프 시험을 통하여 작용응력에 의한 크리프 파열시간을 측정한 후, 양대수(兩對數; log-log) 그래프를 이용하여 가로축에는 P_{LM}, 세로축에는 응력을 나타낸 크리프 파열수명 곡선이다. 이 크리프 파열수명 곡선에서 구한 $C = 17\log(h)$이 되고, 이들을 이용하여 S-590 합금에 대한 크리프 파열수명을 예측할 수 있다.

전변형률을 일정하게 유지하면 시간의 경과에 따라 응력이 감소하는데, 이러한 현상을 응력이완(stress relaxation)이라 한다. 이때 탄성변형률은 감소하지만 크리프 변형률은 증가한다.

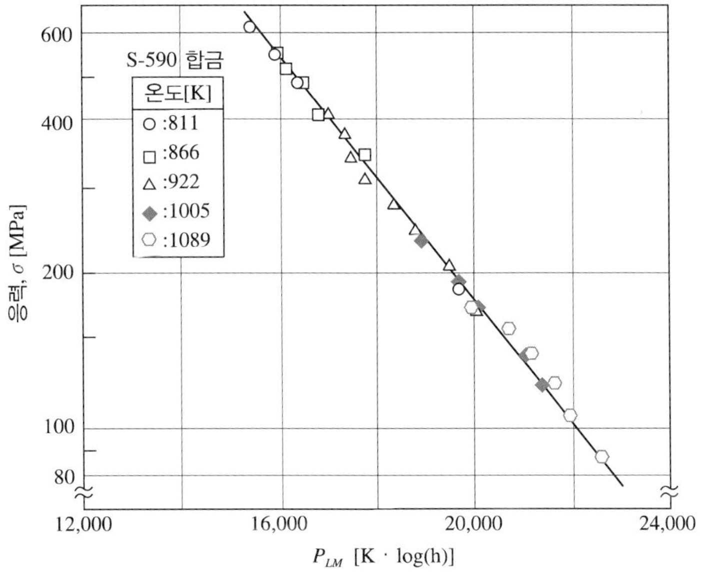

[그림 13-50] 크리프 파열수명 곡선

[그림 13-45]와 같은 크리프 시험기에서 시험편에 균열을 삽입하여 파과역학적인 크리프 시험을 실시한 후 시간에 대한 균열진전속도로 나타내면 다음 식과 같이 된다.

$$\frac{da}{dt} = B(C_t)^n \tag{13 · 159}$$

식 (13 · 159)에서 B, n은 재료정수이고, C_t는 균열길이 a와 시간 t의 함수이다.

또한, 크리프 파열수명(t_r)은 다음 식으로 주어진다.

$$t_r = \int_{a_i}^{a_c} \frac{da}{BC_t^n} \tag{13 · 160}$$

여기서 a_i, a_c는 각각 초기균열길이 및 임계균열길이를 나타낸다.

크리프에 의한 파손전 누출(leak before break)에 대한 파열수명은 다음 식으로 표시된다.

$$t_r = \int_{a_i}^{a_c} \frac{da}{BC_t^n} = \int_{c_i}^{c_c} \frac{dc}{BC_t^n} \tag{13 · 161}$$

여기서 c_i는 최대 허용초기균열길이의 1/2이고, c_c는 최대 허용임계균열길이의 1/2을 나타낸다.

이와 같은 방법 외에도 고온 환경에서는 J 적분, 또는 COD을 적용한 파괴역학적 파열수명의 예측이 가능하다.

예제 13-4

사용온도 700℃에서 S−590 합금의 가스터빈 블레이드(blade)에 350[MPa] 의 응력이 작용하고 있을 때 다음을 구하시오. 단, Larson−Miller식에서 상수 $C = 16$ 으로 한다.

(1) 가스터빈 블레이드의 파단수명

(2) 요구수명 $t_r = 12000$ [h]이라면 사용할 수 있는 최고온도

풀이

(1) 블레이드의 파단수명은 [그림 13−50]에서 응력 350 [MPa]일 때 $P_{LM} \fallingdotseq 18000$ 이므로 다음 식과 같이 구할 수 있다.

$$P_{LM} = T(\log t_r + C)$$

$$18000 = (700 + 273)(\log t_r + 16)$$

$$\log t_r = \frac{18000}{973} - 16 = 2.50$$

$$\therefore\ t_r = 316.2\ [\mathrm{h}]$$

(2) 요구수명 $t_r = 12000$ [h]일 때 사용가능한 최고온도는 다음 식과 같이 된다.

$$P_{LM} = 18000 = T(\log 12000 + 16)$$

$$\therefore\ T = 18000/(\log 12000 + 16) = 896.4\ [\mathrm{K}] = 623.4℃$$

13.7 응력부식 파괴

응력부식 파괴(stress corrosion cracking: SCC)는 환경파괴의 일종으로서 석유저장탱크, 화학약품 용기 또는 해양구조물 등에서 발생이 예측된다. 응력부식은 용기가 담고 있는 액체의 화학작용에 의해 생성된 조그만 홈으로 불리는 피트(pit)가 형성된 후 이것이 균열의 발생 및 성장에 의해 용기의 파괴를 초래한다.

응력부식 실험을 통하여 얻은 응력세기계수 K에 대한 균열진전속도 da/dt는 [그림 13-51]과 같고, 이것은 [그림 13−38]에 도시한 피로실험에 의한 균열진전 속도와 유사한 경향을 보이고 있다.

[그림 13-51]에서 $\mathrm{K_{Iscc}}$는 응력부식에 의한 하한계값을 나타내고, $\mathrm{K_{Ic}}$는 파괴인성값이다. 따라서 [그림 13-51]로부터 구간 Ⅱ에서 응력부식에 의한 파괴수명 $t(\mathrm{h})$는 다음 식과 같이 주어진다.

$$t = \int_{a_0}^{a_c} \frac{da}{g(K)} \tag{13・162}$$

여기서 a_0 : 초기균열길이

a_c : 임계균열길이(파괴인성값으로부터 계산)

K : 응력세기계수

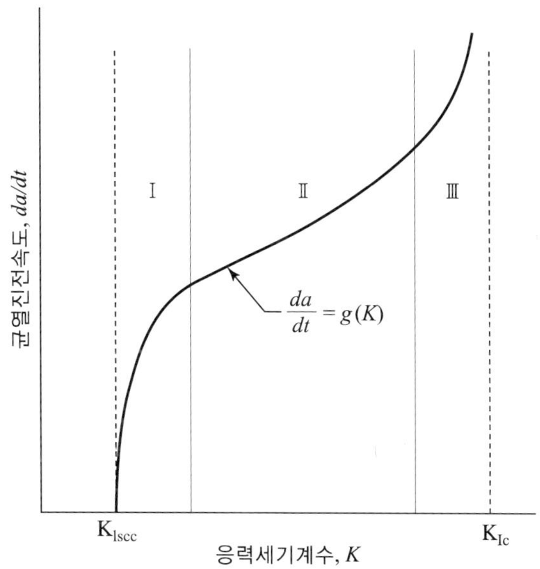

[그림 13-51] 응력부식에 의한 균열진전속도

지금까지 기술한 균열재에 대한 파괴의 안전성을 확보하기 위해서는 다음 식에서와 같이 균열의 발생 및 성장조건을 방지하는 것이 중요하다.

(1) 불안정 파괴의 방지 : $K_I < K_{Ic}$

(2) 피로균열 성장의 방지 : $\Delta K < \Delta K_{th}$

(3) 응력부식의 방지 : $K_I P < K_{Iscc}$

(4) 안정성장 균열의 피로수명의 예측 : $N = \int_{a_0}^{a_c} \frac{da}{f(\Delta K)}$

13.8 찢김계수에 의한 안전성 평가

J 적분과 찢김계수(tearing modulus) T 를 비교하여 안전성을 평가하는 방법으로서 찢김계수 T 는 Paris와 Tada 등이 제창하였다. [그림 13-52]와 같이 $J-R$ 곡선에서 균열의 발생, 균열선단의 둔화(鈍化; blunting) 균열의 안정된 성장을 파악할 수 있다.

찢김계수 T는 $J-R$ 곡선의 기울기를 나타내는 파라미터이며, 균열이 안정된 성장을 한다면 $J-R$ 곡선의 경사는 다음 식과 같이 일정하다.

$$T = \frac{E}{(\sigma_{fs})^2}\frac{dJ}{da} \tag{13・163}$$

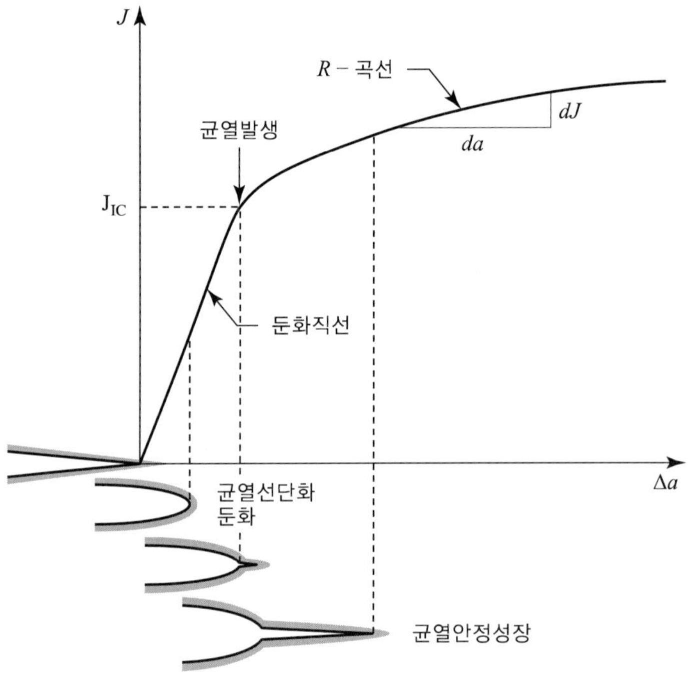

[그림 13−52] $J-R$ 곡선

식 (3・163)에서 σ_{fs}는 변형저항을 나타내는 유동응력(流動應力; flow stress)과 항복응력(σ_Y), 인장강도(σ_u) 등이 고려되고, 유동응력 $\sigma_{fs} = (\sigma_Y + \sigma_u)/2$이 된다. 또한, $E/(\sigma_{fs})^2$은 찢김계수 T의 무차원화 계수이다.

재료에 대한 고유값을 T_{mat}라 하면 재료에 작용하는 T와 관계하여 다음 식에서 안정성을 평가할 수 있다.

$$T < T_{mat} \ : \text{안정} \tag{13・164}$$

$$T > T_{mat} \ : \text{불안정} \tag{13・165}$$

위의 식 (13・164)와 식 (13・165)에 대한 타당성은 Hutchinson과 Paris가 이론적인 고찰을 하였다.

13.9 계면파괴역학

13.9.1 계면역학의 중요성

성질이 서로 다른 재료를 이종재료(異種材料; dissimilar materials)라 하고, 이들 재료를 접합, 또는 복합하여 고기능화, 경량화, 고강도화 등을 목적으로 하고 있다. 재료의 복합화와 접합기술의 발전에 따라 이종재료의 접합 및 복합화가 각종 산업분야에 활용되고 있다. 특히 첨단기술개발이나 첨단재료의 개발에는 이종재료의 접합 및 복합은 매우 중요하고, 최근에는 우주선, 원자력기기, 항공기, 자동차 등과 같이 큰 하중이 작용하는 중요한 구조부재에 응용되고 있다. 이러한 응용 예는 [그림 13－53]과 같은 금속/세라믹스의 접합, [그림 13－54]와 같은 접착이음, [그림 13－55]와 같은 LSI 패키지, 그리고 [그림 13－56]과 같은 섬유강화 복합재료 등에 이종재료의 접합기술이 활용되고 있다.

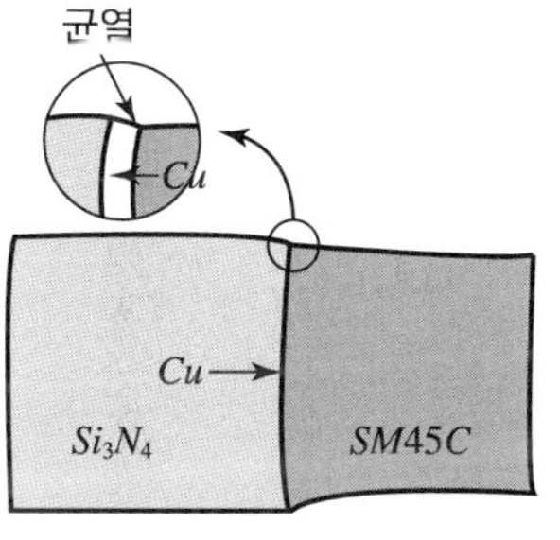

[그림 13－53] 금속/세라믹스의 접합

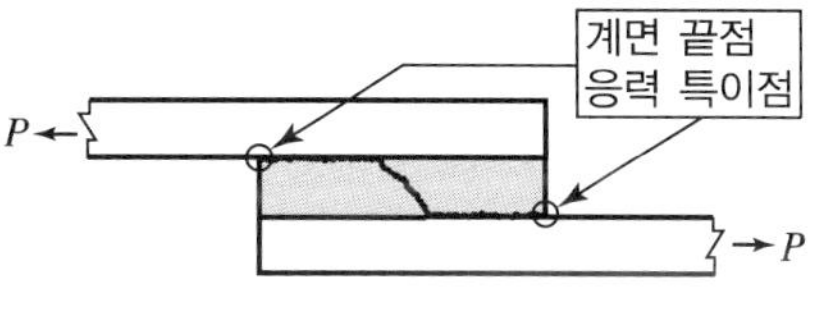

[그림 13－54] 접착이음의 파괴

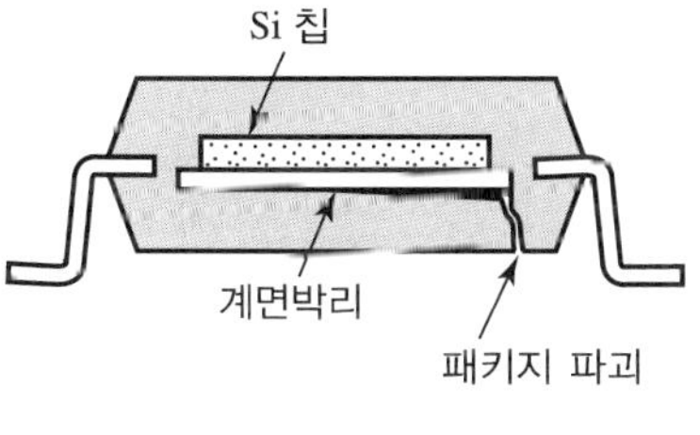

[그림 13－55] LSI 패키지의 파괴

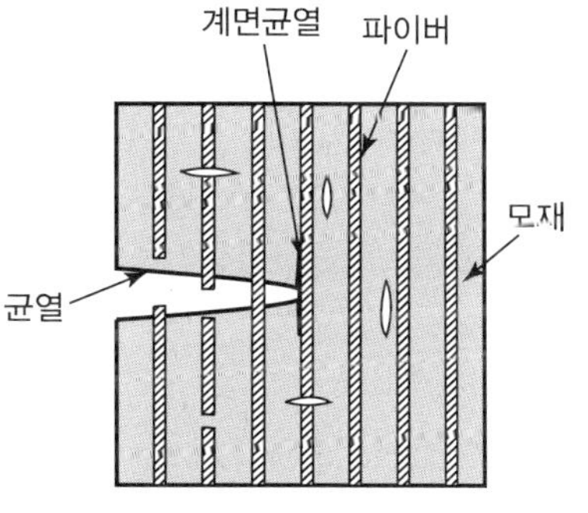

[그림 13－56] 섬유강화 복합재료의 파괴

이종재료의 접합 및 복합재료의 응용으로 이종재료 사이에는 항상 접합계면(接合界面; bonding interface)이 생기고, 이종 접합재료의 강도는 계면강도에 지배적인 영향을 받는다. 따라서 이종 접합재료의 계면역학의 해석, 강도해석, 강도평가, 안전성 및 신뢰성을 고려한 정밀도 높은 정량적인 계면강도 평가방법의 확립이 절실히 요구되고 있다.

이종 접합재료의 계면강도는 구성재료의 강도와 다르고 일반적으로 이들보다 약하며, 계면강도에 영향을 미치는 영향인자는 [그림 13-57]과 같다. 그림에서 재료에 해당하는 것에는 재료종류, 표면성상(表面性狀), 표면구조(表面構造)이 있고, 접합방법에는 접착제의 혼합비, 접착압력, 경화방법 등에 대한 접합공정(bonding process)이 있다. 역학적인 면에는 이음형식, 접합부의 형상, 치수 및 하중제어 방식 등이 있고, 사용환경 조건에는 온도 및 습도 등이 있다. 이와 같이 이종 접합재료에 영향을 주는 인자기 다양하고, 이들이 서로 복잡하게 영향을 미치므로 그 정의, 역학적 해석, 강도평가법 및 예측법이 현재까지 확립되어 있지 않은 실정이다. 또한 화학, 금속, 유기 및 무기재료의 관점에서 학문이 서로 복합적으로 연계되어 있으므로 이들 학분 분야의 공동 또는 협력연구가 요구된다.

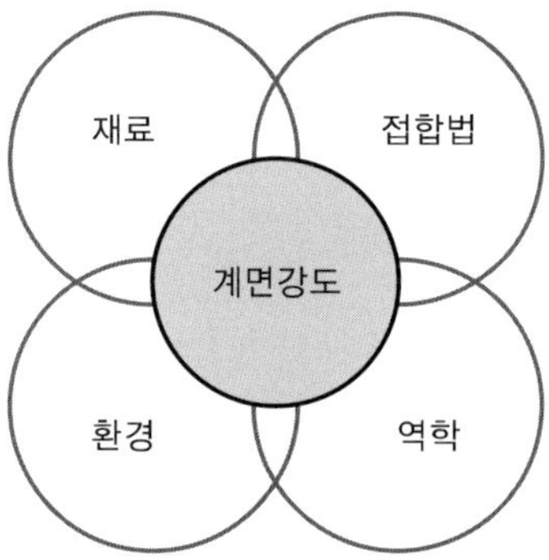

[그림 13-57] 이종 접합재의 계면강도에 영향을 주는 인자

13.9.2 계면의 역학적 특징

이종 접합재료의 계면(界面 ; interface)에 대한 강도를 평가하기 위해서는 계면응력의 해석이 필요하고, 계면응력을 해석하기 위한 계면의 역학적 특성을 이해하여야 한다.

(1) 계면응력의 불연속성

계면에서 계면방향에 대한 접선응력은 연속이 아닌 불연속적이고, 변형률은 접선방향을 제외하고는 연속적으로 된다. 이러한 특징은 응력해석을 할 때 유의하여야 하고, 이 현상은 계면의 강도를 감소시킨다.

(2) 계면 끝의 응력특이성

계면과 경계, 또는 계면과 계면이 교차하는 계면 끝(interface edge)에서 탄성응력은 일반적으로 무한대이므로 응력특이성(応力特異性 ; stress singularity)이 발생한다. 따라서 이 응력 특이점을 기준으로 파괴가 발생하여 강도가 감소하고, 계면역학(계면역학 ; interface mechanics)은 이 특이점에 대한 응력해석이 매우 중요하다.

(3) 접합 잔류응력의 발생

이종 접합재료는 재료 물성치의 차이 및 접합온도 차에 의한 잔류응력이 생기고, 이것은 계면 끝에 대한 응력집중의 발생 원인이 되어 계면의 강도를 저하시킨다.

(4) 계면균열의 진동응력 특이성

이종 접합재료는 계면을 따라서 파괴가 자주 발생하지만 계면균열 선단의 응력장은 균질재료의 균열과는 다르고, 진동응력 특이성이 나타난다. 계면균열의 해석 및 응력세기계수의 정의 및 해석에는 많은 어려움이 있고, 계면균열의 인자 및 평가방법이 미확립된 상태이다.

이와 같은 특징은 계면역학 이해의 어려움을 의미하고, 현재까지의 균질재료의 역학과 다른 취급방법이 요구된다. 이상 설명한 특징은 탄성역학적 문제이므로 소성변형을 고려하면 잔류응력 특이성은 완화되고, 진동응력 특이성은 소실될 것이다.

13.9.3 계면의 응력특이성

이종 접합재료의 계면강도를 평가하기 위해서는 계면의 응력해석 및 응력특이성의 해석이 필요하다. 응력해석 및 응력특이성의 해석에는 이론적 및 수치해석적인 방법이 있고, 이론적 방법인 수학적 해석방법은 경계조건에 많은 제약이 있다. 수치적인 해석방법에는 유한요소법(有限要素法; finite element method: FEM)과 경계요소법(境界要素法; boundary element method; BEM) 등이 있다. 그러나 여기서는 이종 접합재료의 계면강도를 평가하기 위한 계면의 응력 및 응력특이성에 대한 이론적인 해석방법을 개괄적으로 설명을 하고자 한다.

(1) 계면역학 모델 및 접합조건

[그림 13-58]과 같이 서로 성질이 다른 이종 접합재료의 계면에 대한 변위를 u, v 라 하고 표면력을 t 라고 하면, 이들이 완전 접합되기 위한 조건은 다음 식과 같다.

$$u^{(1)} = u^{(2)}, \quad v^{(1)} = v^{(2)} \tag{13·166}$$

$$t_x^{(1)} + t_x^{(2)} = 0, \quad t_y^{(1)} + t_y^{(2)} = 0 \quad (y=0 \text{ 일 때}) \tag{13·167}$$

여기서 첨자 (1) 및 (2)는 각각 재료 1과 재료 2를 나타낸다.

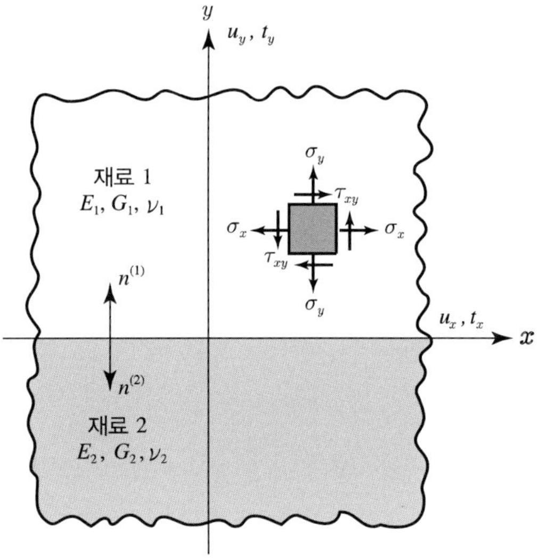

[그림 13-58] 접합 계면모델 및 좌표계

식 (13・167)의 표면력은 Cauchy의 공식에 의해 다음의 관계식이 성립한다.

$$t_x = \sigma_x n_x + \tau_{xy} n_y \qquad t_y = \tau_{xy} n_x + \sigma_y n_y \tag{13・168}$$

여기서 n_x, n_y는 계면에 대한 단위법선벡터이다.

또한,

$$t_x^{(1)} = -\tau_{xy}^{(2)}, \quad t_x^{(2)} = \tau_{xy}^{(2)}, \quad t_y^{(1)} = -\sigma_y^{(1)}, \quad t_y^{(2)} = \sigma_y^{(2)} \tag{13・169}$$

식 (13・167)을 응력으로 나타내면 다음 식과 같이 된다.

$$\sigma_y^{(1)} = \sigma_y^{(2)}, \quad \tau_{xy}^{(1)} = \tau_{xy}^{(2)}, \quad \sigma_x^{(1)} \neq \sigma_x^{(2)} \tag{13・170}$$

따라서 계면에 대한 접선방향 응력은 불연속적으로 되고, 이 두 응력성분은 완전히 독립적인 것은 아니며, 무한판일 때 계면에 대한 변위의 연속성 및 변형률의 적합성에 의해 다음의 관계식이 성립한다.

$$\sigma_x^{(2)} = \frac{E_2}{E_1}\sigma_x^{(1)} + \left(\nu_2 - \frac{E_2}{E_1}\nu_1\right)\sigma_y \quad \text{(평면응력)}$$

$$\sigma_x^{(2)} = \frac{E_2}{E_1}\left(\frac{1-\nu_1^2}{1-\nu_2^2}\right)\sigma_x^{(1)} + \left\{\frac{\nu_2}{1-\nu_2} - \frac{E_2\nu_1(1+\nu_1)}{E_1(1-\nu_2)}\right\}\sigma_y \quad \text{(평면변형률)} \tag{13・171}$$

여기서 E_1, E_2는 각 재료의 세로탄성계수, ν_1, ν_2는 푸아송비를 나타낸다.

식 (13・170)의 응력을 변형률로 표시하면 다음 식과 같이 된다.

$$\epsilon_x = \frac{\partial u}{\partial x}, \quad \epsilon_y = \frac{\partial v}{\partial y}, \quad \gamma_{xy} = \frac{\partial u}{\partial y} + \frac{\partial v}{\partial x} \qquad (13 \cdot 172)$$

또한, Hooke의 법칙에 의해 응력과 변형률 사이에는 다음의 관계식이 성립한다.

$$\begin{aligned} 2G\epsilon_x &= \frac{\kappa+1}{4}(\sigma_x + \sigma_y) - \sigma_y \\ 2G\epsilon_y &= \frac{\kappa+1}{4}(\sigma_x + \sigma_y) - \sigma_x \\ 2G\gamma_{xy} &= 2\tau_{xy} \end{aligned} \qquad (13 \cdot 173)$$

여기서 κ는 다음 식과 같이 된다.

$$\kappa = \begin{cases} 3-4\nu & (\text{평면병형률}) \\ (3-\nu)/(1+\nu) & (\text{평면응력}) \end{cases}$$

식 (13・166), 식 (13・172)로부터 계면에 대한 변형률 성분은 다음 식으로 주어진다.

$$\epsilon_x^{(1)} = \epsilon_x^{(2)}, \quad \epsilon_y^{(1)} \neq \epsilon_y^{(2)}, \quad \gamma_{xy}^{(1)} = \gamma_{xy}^{(2)} \qquad (13 \cdot 174)$$

식 (13・174)에서 ϵ_x 만이 연속이고, 그 외의 성분은 불연속으로 된다. 이 ϵ_x 의 연속성에 의해 식 (13・173)의 Hooke의 법칙을 이용하여 계면에서 σ_x 의 점핑(jumping)량을 규정한 식 (13・171)을 유도할 수 있다. 이상에서 설명한 사항이 계면의 완전 접합조건을 나타낸다.

(2) Dunders 파라미터

서로 성질이 다른 이종재료(異種材料; dissimilar materials)를 접합하면 계면(interface), 또는 계면 끝(interface edge)에는 응력집중이나 응력특이성(stress singularity)이 발생한다. 이때 재료의 변형은 접합계면을 특성지우는 재료정수를 나타내는 세로탄성계수 E_1, E_2 또는 전단탄성계수 G_1, G_2와 푸아송비 ν_1, ν_2에 관계된다. 특히, 계면 끝의 응력특이성은 계면의 역학적 및 접합적 특성을 결정지울 수 있고, 계면역학(interface mechanics)을 설명하는 데 중요한 인자(parameter)로 되는데, 이것을 Dunders 파라미터라고 한다.

2차원 등방탄성체(等方彈性体)의 이종재료를 접합하였을 때 Dunders 파라미터는 다음 식과 같이 표시된다.

$$\begin{aligned} \alpha &= \frac{G_1(\kappa_2+1) - G_2(\kappa_1+1)}{G_1(\kappa_2+1) + G_2(\kappa_1+1)} \\ \beta &= \frac{G_1(\kappa_2-1) - G_2(\kappa_1-1)}{G_1(\kappa_2+1) + G_2(\kappa_1+1)} \end{aligned} \qquad (13 \cdot 175)$$

여기서

$$G_i = \frac{E_i}{2(1+\nu_i)}, \quad \kappa_i = \begin{cases} 3-4\nu_i & (\text{평면변형률}) \\ \dfrac{3-\nu_i}{1+\nu_i} & (\text{평면응력}) \end{cases} \quad (i=1,\ 2) \qquad (13 \cdot 176)$$

또한 α, β가 존재하는 범위는 E_1, $E_2 > 0$이고, $0 \le \nu_1$, $\nu_2 \le 1/2$이므로 평면응력 및 평면변형률에 따라 Bogy에 의하면, 다음 식으로 규정되는 [그림 13-59]에 나타낸 선의 안쪽에 이종재료의 조합범위가 존재한다.

$$\alpha = \pm 1, \quad \beta = \begin{cases} (\alpha \pm 1)/4 & (\text{평면변형률}) \\ (3\alpha \pm 1)/8 & (\text{평면응력}) \end{cases} \qquad (13 \cdot 177)$$

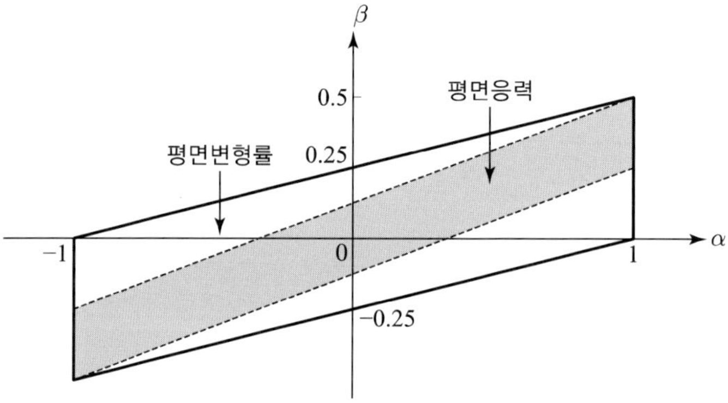

[그림 13-59] Dunders 파라미터에 의한 재료의 존재영역

[그림 13-59]에서 빗금부분은 계면과 자유경계(自由境界; free boundary)가 서로 직각으로 교차하는 계면 끝에서 응력특이성이 소실(消失)되고, 두 재료의 친화성(親和性)이 좋은 조합영역을 나타낸다. 그러나 이 영역으로부터 벗어나는 만큼 친화성이 나쁘기 때문에 응력특이성이 증가하는 좋지 않은 재료조합이 된다.

(3) 계면 끝의 응력특이성

[그림 13-60]과 같이 임의의 각도를 갖는 재료 1과 재료 2가 접합된 계면 끝(interface edge)의 응력특이성(stress singularity)에 대해서 설명하기로 한다. 각 재료는 2차원 등방탄성체라 하고, 물체력, 열응력 및 잔류응력은 작용하지 않는 것으로 한다. 이때 계면 끝에 대한 응력특이성의 해석은 2차원 탄성이론에 기초하여 응력함수를 이용하고, 계면에 대한 접합조건 및 경계의 응력 자유조건을 부가하여 구할 수 있다. [그림 13-60]의 계면 끝 근방에서 응력 σ_{ij}는 계면 끝을 원점으로 한 극좌표 표시를 이용하여 다음 식과 같은 응력장(應力場; stress field)으로 되는 것을 알 수 있다.

$$\sigma_{ij} \propto \frac{1}{r^{1-p}} = \frac{1}{r^{\lambda}} \tag{13·178}$$

여기서 p는 실수로서 $0 < p < 1$로 되는 특이응력장이며, $p \geq 1$로 되고 특이성이 소실되는 것도 있다. 또한, p가 복소근(複素根)으로 될 때 응력장 σ_{ij}는 다음 식으로 표시된다.

$$p = 1 - \lambda = \xi + i\eta (i = \sqrt{-1}) \tag{13·179}$$

$$\sigma_{ij} \propto \frac{1}{r^{1-\xi}} \{ C_1 \cos(\eta \ln r) + C_2 \sin(\eta \ln r) \} \tag{13·180}$$

식 (13·180)은 계면 끝을 향해 진동하면서 발산하는 진동응력 특이성을 의미한다. Bogy는 이 응력특이성지수 λ를 결정하는 p는 다음의 특성방정식의 근으로부터 구하였다.

$$A\beta^2 + 2B\alpha\beta + C\alpha^2 - 2D\beta - 2E\alpha + F = 0 \tag{13·181}$$

여기서 α, β는 Dunders 파라미터이다.

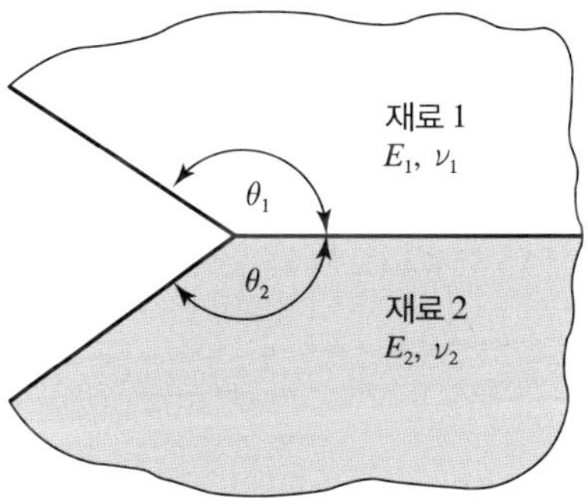

[그림 13-54] 이종재료 접합계면 끝의 모델

식 (13·181)은 간단히 다음 식과 같이 나타낸다.

$$K(p, x) = \sin^2(px) - p^2 \sin^2 x \tag{13·182}$$

식 (13·182)를 풀이하면 식 (13·181)에서 계수 $A \sim F$는 다음 식과 같이 된다.

$$\begin{aligned} A &= 4K(p, \theta_1)K(p, \theta_2) \\ B &= 2p^2 \sin\theta_1 K(p, \theta_2) + 2p^2 \sin\theta_2 K(p, \theta_1) \\ C &= 4p^2(p^2 - 1)\sin^2\theta_1 \sin^2\theta_2 + K(p, \theta_1 - \theta_2) \\ D &= 2p^2\{\sin^2\theta_1 \sin^2(p, \theta_2) - \sin^2\theta_2 \sin^2(p, \theta_1)\} \\ E &= -D + 4K(p, \theta_2) - K(p, \theta_1) \\ F &= K(p, \theta_1 + \theta_2) \end{aligned} \tag{13·183}$$

식 (13・182)는 p 에 의한 비선형 방정식으로 되어 있고, 주어진 재료로부터 α, β 를 계산한 후 형상을 나타내는 θ_1, θ_2 가 주어지면 문제를 해석할 수 있다. 따라서 p 는 재료의 조합 및 형상에 의해 결정되고, 부하조건에는 의존하지 않는다.

[그림 13−60]은 접합계면 끝의 각도 θ_1, $\theta_2 > \pi/2$ 인 V 노치이고, $\theta_1 = \theta_2 = \pi/2$ 이면 맞대기 접합이음(bonded butt joint)이 되고, $\theta_1 = \pi/2$, $\theta_2 = \pi$, 또는 $\theta_1 = \pi$, $\theta_2 = \pi/2$ 일 때는 단순겹치기 접합이음(bonded single−lap joint)으로 된다. 또한, $\theta_1 = \theta_2 = \pi$ 로 되면 계면균열(界面龜裂; interface crack)의 모델이 된다. 따라서 접합이음은 계면 끝의 각도 θ_1, θ_2 에 의해 계면 끝의 형상이 달라지고, 이 형상에 따라 응력특이성의 차이를 나타내는 것을 알 수 있다.

(3) 계면균열의 응력특이성

[그림 13−60]에서 $\theta_1 = \theta_2 = \pi$ 이면 계면균열이 되고, 이 응력특이성을 나타내는 특성 방정식은 식 (13・181) ~ 식 (13・183)으로부터 다음 식과 같이 주어진다.

$$\sin^2(p\pi)\beta^2 + \cos^2(p\pi) = 0 \tag{13・184}$$

식 (13・184)를 풀면

$$p = 0.5 \pm \frac{i}{\pi}\tanh^{-1}(\beta) = 0.5 \pm \frac{i}{\pi}\ln\left(\frac{1-\beta}{1+\beta}\right) \tag{13・185}$$

그러므로 계면균열선단(interfacial crack−tip)의 응력특이성지수 λ 는 다음 식과 같이 표시된다.

$$\lambda = 1 - p = 0.5 \pm i\epsilon \tag{13・186}$$

$$\epsilon = \frac{1}{2\pi}\ln\left(\frac{1-\beta}{1+\beta}\right) \tag{13・187}$$

13.9.4 계면균열의 응력세기계수

서로 성질 다른 2개의 등방성 재료를 접합한 이종 접합재료의 계면균열을 고려한다. 2차원 탄성이론에 기초하여 계면균열 근방의 응력 σ_{ij} 는 균열선단(crack−tip)에서의 거리 r 사이에는 다음의 관계식이 성립한다.

$$\sigma_{ij} \propto r^{\lambda} \tag{13・188}$$

균열면에 대한 응력의 자유조건을 고려하여 응력특이성지수 λ를 Wiliams(1959년)는 다음 식과 같이 표시하고 있다.

$$\begin{aligned} \lambda &= (n-0.5) \pm i\epsilon \\ \lambda &= n(n=0,\ 1,\ 2, \cdots\ ;\ \text{정수}) \end{aligned} \tag{13・189}$$

여기서 ϵ은 2개 재료의 조합에 의해 결정되는 재료정수(bimaterial constant) 또는 진동특이성지수(oscillation singularity index)라 하고, 다음 식과 같이 주어진다.

$$\epsilon = \frac{1}{2\pi} \ln \left\{ \left(\frac{\kappa_1}{G_1} + \frac{1}{G_2} \right) \Big/ \left(\frac{\kappa_2}{G_2} + \frac{1}{G_1} \right) \right\} \tag{13・190}$$

$$\kappa_i = \begin{cases} (3-\nu_i)/(1+\nu_i) & (\text{평면응력}) \\ 3-4\nu_i & (\text{평면변형률}) \end{cases} \quad (i=1,\ 2) \tag{13・191}$$

또한 재료정수 ϵ은 Dunders 파라미터 α, β로 나타내면 α와 무관하고, 다음 식과 같이 표시된다.

$$\epsilon = \frac{1}{2\pi} \ln \left(\frac{1-\beta}{1+\beta} \right) \tag{13・192}$$

여기서 ϵ은 재료의 조합에 따라 부호가 변한다.

식 (13・188)과 식 (13・189)로부터 균열선단 근방에 대한 응력장은 응력특이성지수 $\lambda = -(1/2) \pm i\epsilon$을 갖는 것을 알 수 있다. 이 응력특이성의 제 1항만을 고려하면 [그림 13-61]에서 $\theta = 0$인 접합계면에 대한 응력성분은 다음 식과 같이 된다.

$$\begin{aligned} [\sigma_y + i\tau_{xy}]_{\theta=0} &= \frac{K_1 + iK_2}{\sqrt{2\pi r}} \left(\frac{r}{l} \right)^{i\epsilon} \\ &= \frac{K_1 + iK_2}{\sqrt{2\pi r}} \left\{ \cos\epsilon \ln\left(\frac{r}{l} \right) + i \sin\epsilon \ln\left(\frac{r}{l} \right) \right\} \end{aligned} \tag{13・193}$$

여기서 $K_1 + iK_2$는 계면균열의 복소응력세기계수(complex stress intensity factor)라 하고, 균열선단 근방에서는 응력의 진동특이성(oscillatory singularity)이 $1/\sqrt{r}$의 형태로 발생하는 것을 알 수 있다.

식 (13・193)에서 K_1, K_2는 계면균열이 진동응력특이성의 강도를 나타내는 계수로서 균질재료에 대한 응력세기계수 K_I, K_{II}와 다르고, 기본변형 모드와 반드시는 대응하지 않는다. 또한, l은 진동항의 무차원화를 위한 균열의 기준길이를 의미한다.

결국, 계면균열에 대한 응력세기계수의 계산은 Yuuki(結城) 등에 의한 다음 식의 외삽법으로 구한다.

$$K_1 = \lim_{r \to 0} \sqrt{2\pi r}\,(\sigma_y \cos Q + \tau_{xy} \sin Q)$$
$$K_2 = \lim_{r \to 0} \sqrt{2\pi r}\,(\tau_{xy} \cos Q - \sigma_y \sin Q) \qquad (13 \cdot 194)$$

여기서

$$Q = \epsilon \ln\left(\frac{r}{l}\right) \qquad (13 \cdot 195)$$

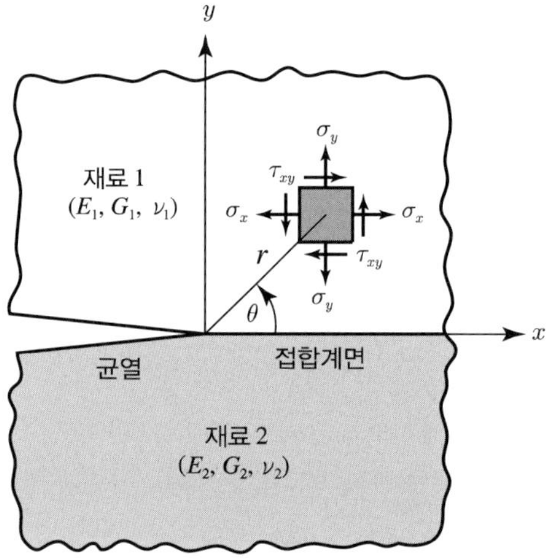

[그림 13-61] 계면균열선단의 좌표계와 응력표시

13.10 파괴역학에 의한 구조물의 안전성 평가

실제 구조물의 안정성 평가는 실험실에서 수행한 시험편의 파괴역학적 해석과 적용하려는 파괴현상이 같더라도 다음과 같은 사항을 면밀히 검토할 필요가 있다.

(1) 비파괴 시험의 정밀도와 신뢰성
(2) 결함의 형상, 치수 및 위치에 대한 데이터의 축적과 그 통계적 특징의 파악
(3) 응력의 변동과 그 통계적 계산
(4) 잔류응력, 구속력, 공작오차에 의한 2차 응력 등의 안전성평가에 대한 취급
(5) 보수방법과 그 선정기준
(6) 정기검사의 주기 및 방법의 선정
(7) 유지, 관리 및 감시・정보시스템

파괴역학의 적용에 의한 구조물의 안정성을 평가하기 위해서 필요한 정보로는 다음과 같은 사항이 있다.

(1) 결함의 형상, 치수 및 위치
(2) 응력의 크기, 분포 및 변화
(3) 재료의 파괴인성, 특성값 및 변화
(4) 파괴역학 인자

안전성에 대한 평가는 다음과 같은 사항의 고려 및 순서로 평가한 후 설계에 적용한다.

(1) 결함의 표준화
(2) 응력의 설정
(3) 파괴역학 인자의 계산
(4) 균열진전에 의한 결함 치수의 확대 예측
(5) 재료의 파괴인성과 시효경화 변화의 평가
(6) 안전성의 판정

이상을 고려하여 [그림 13-62]와 같은 방법으로 파괴역학을 적용한 안전성을 평가한다.

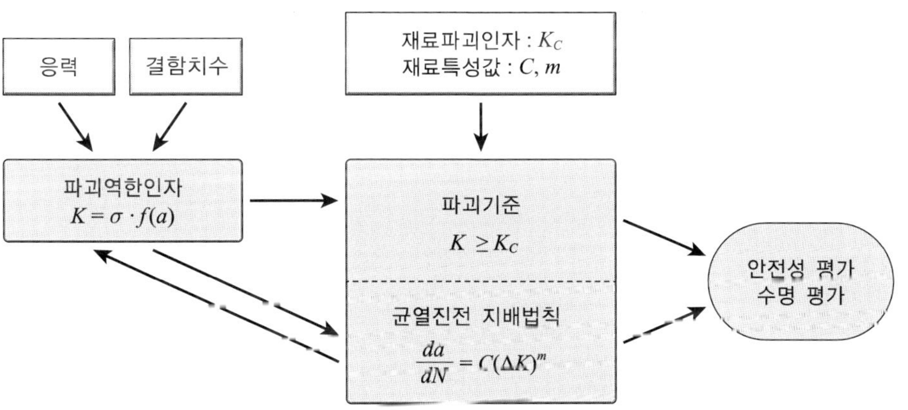

[그림 13-62] 파괴역학의 적용에 의한 안전성 평가방법

CHAPTER 13

연습문제

[문제 13-1] 모드 I 의 균열선단(crack-tip)에 대한 소성역의 형상이 평면응력 상태 및 평면변형률 상태에서 [그림 13-37]과 같이 되는 것을 증명하시오. 또한, 최대 전단응력은 어느 면에서 발생하는가? 단, 여기서 소성영역은 탄성상태의 유효응력 $\bar{\sigma}$ 가 항복강도를 초과한 영역으로 가정한다.

[문제 13-2] 시험편 재료의 항복응력 $\sigma_Y = 600$ [MPa], 파괴인성값 $K_{Ic} = 100$ [MPa$\sqrt{m}$] 일 때 시험편의 최대두께를 결정하시오.

[문제 13-3] 사용온도 600℃ 에서 내열합금의 가스터빈 블레이드(blade)에 100 [MPa]의 응력이 작용할 때 Larson-Miller 식에 의한 크리프 파단수명을 결정하시오.
단, 이 재료는 750℃ 의 동일한 응력상태에서 파단수명 $t_r = 30$ [h]이고, 재료상수 $C = 20$ 으로 한다.

[문제 13-4] 자동차 부품에 사용되는 알루미늄 합금의 파괴인성값 $K_{Ic} = 60$ [MPa$\sqrt{m}$]이고, 초음파 탐상에 의해 1 [mm] 길이의 균열이 검출되었다. 이 부품은 응력비 $R = 0$ 에서 응력범위 $\Delta\sigma = 120$ [MPa]의 피로하중이 작용할 때 피로파단 사이클 수 (N_f)를 결정하시오.
단, $K_I = 1.12\sigma\sqrt{\pi a}$ 이고, $da/dN = 1.5 \times 10^{-13}\Delta K_I$ 로 한다.

Chapter

14 수치해석법

지금까지 탄소성체에 발생하는 응력과 변위를 이론적으로 해석하는 방법을 설명하였다. 그러나 탄소성체의 형상과 하중상태가 복잡하면 이론해석이 곤란하므로 이러한 경우 미분방정식을 근사적으로 해석하는 수치해석법을 적용하는 것이 유효하다. 수치해석 방법으로는 미분방정식의 차분(差分)으로 변환하여 해석하는 유한차분법(有限差分法; finite difference method: FDM), 유한요소법(有限要素法) 및 경계요소법(境界要素法) 등이 있다. 이장에서는 그 대표적인 수치해석법으로 현재 탄성체, 소성체 또는 탄소성체의 응력 및 변위문제, 열응력 및 열전달문제, 진동문제, 유체유동 및 전자기 문제 등의 해석에 강력한 수단으로써 가장 많이 이용되고 있는 유한요소법에 의한 해석방법과 2차원 탄성해석에 효과적인 경계요소법에 대한 기본적인 해석방법을 설명하기로 한다.

14.1 유한요소법

14.1.1 유한요소법의 개요

유한요소법(有限要素法; finite element method: FEM)은 공학에서 다양한 문제의 수치해석(數値解析; numerical analysis) 및 시뮬레이션(simulation)을 수행하는 방법으로써 활용되고 있는 계산역학(計算力學)을 지탱하는 가장 유력한 방법이라 할 수 있다

유한요소 해석법의 이론적인 기초로 되고 있는 변분원리(變分原理; variational principle), 또는 고체를 이산화(離散化; discretization) 하여 요소의 집합체로 취급하는 기본적인 개념은 1940년대 이전부터 싹트기 시작하였다. 그러나 실용적인 해석법으로 등장한 것은 1950년대 후반에 와서 고속연산(高速演算)을 가능하게 하는 컴퓨터의 개발에 따라 급속도로 발전하였다.

변분법(變分法; variational method)은 미분방정식의 경계값 문제를 해석하는 방법이다. 이 원리는 범함수(汎函數; functional) I의 정류점(停留點; stationary point)을 구하기 위해 편미분, 또는 변분이 0이 되는 조건($\delta I=0$)의 극한값에 의해 문제의 해를 구하는 방법으로서 유한요소법의 기초가 되고 있다. 범함수 I에는 여러 종류가 있지만, 지배방정식의 유형과 원하는 해의 종류에 따라 적용방법이 다르다. 열전달, 유체유동 및 전자기 등과 같은 장문제(場問題; field problem)에서는 탄소성체 문제와 같이 포텐셜에너지 개념을 적용할 수 없으므로 주어진 문제의 지배방정식에 변분법을 적용하여 유한요소에 대한 정식화가 가능하다.

탄성문제와 장(場)문제의 차이점은 해석하려고 하는 미분방정식의 변수가 벡터, 또는 스칼라로 이루어진 것 뿐이다. 변형률 텐서는 변위벡터를 미분한 것이고, 유속(流速; flux)은 장문제의 스칼라 미분에 해당하며 이 둘의 기본적인 미분방정식의 형태는 서로 같다.

또한, 유한요소법은 연속체 중에 유한개(有限個)의 대표점을 설정하고, 이것에 물리정보를 표현하는 이산화를 기본으로 하고 있다. 실제의 연속체는 각 절점(節點; node)으로 형성되는 유한개의 요소(要素; element)로 분할하고, 미소 분할된 각 요소 안의 변위(變位; displacement) 또는 응력(應力; stress)을 전체요소에 대해 중첩시켜 연립 1차방정식으로 유도한 후 컴퓨터를 이용하여 이 방정식을 풀이하는 방법이다. 이와 같이 유한요소의 해석으로 각 절점에 대한 절점변위와 절점력(節點力)을 구할 수 있다.

유한요소법의 정식화(定式化; formulation)에는 일반적으로 직접법(direct method), 최소포텐셜 에너지법(minimum potential energy method), 가중잔차법(加重殘差法; method of weighted residuals: MWR)의 3가지 방법이 있다.

직접법은 탄소성체 문제에서 유한요소법의 정식화는 모두 다음 식과 같은 형태로 된다.

$$[K]\{\delta\}=\{F\} \tag{14・1}$$

여기서 $[K]$는 강성행렬(剛性行列; stiffness matrix), $\{\delta\}$는 변위벡터, $\{F\}$는 하중벡터이다. $[K]$는 $(n\times n)$ 크기의 정사각형 행렬(square matrix)이고, $\{\delta\}$와 $\{F\}$는 $(n\times 1)$ 크기의 벡터들로 이루어진다.

최소 포텐셜에너지법은 3.10절에서 설명한 최소 포텐셜에너지 원리를 하중이 작용하는 탄소성체에 적용하여 계(系; system)가 평형을 유지하기 위해서는 포텐셜에너지가 최소로 되어야 한다는 것이다.

또한, 가중잔차법은 우선 해석하려고 하는 주어진 미분방정식에 대한 근사해를 가정하고, 가정한 근사해는 주어진 미분방정식의 초기조건 및 경계조건을 만족하여야 한다. 이때 가정한 근사해는 정확한 값이 아니므로 주어진 미분방정식에 대입하면 오차(誤差; error),

즉 잔차(殘差; residual)가 생긴다. 따라서 가중잔차법은 유한요소에 대한 해석의 오차를 줄이기 위한 방법이라 할 수 있고, 유한요소 정식화에는 가중잔차법이 가장 많이 이용되고 있다. 가중잔차법에는 선점법(選點法; collocation method), 최소제곱법(least squares method), 갤러킨법(Galerkin method) 및 부영역법(副領域法; subdomain method) 등이 있다.

유한요소 해석의 정확도를 높이기 위해서는 직접법이나 변분법(變分法)은 요소수를 증감(增減)하거나, 가중잔차법에서는 근사해의 차수(次數)를 조절함으로써 해석의 정확도를 향상시킬 수 있다.

이와 같이 유한요소법은 현재 이용되고 있는 수치해석법으로는 가장 범용성이 풍부한 강력한 수단으로써 확고한 자리를 구축하고 있다. 현재 탄소성 유한요소해석에 유용한 상용 소프트웨어(commercial software)가 개발되어 시판하고 있으며, 여러 분야에 활용되고 있다

[그림 14-1] 유한요소법의 해석원리 및 순서

유한요소법의 해석원리 및 순서는 [그림 14-1]과 같고, 이러한 해석절차는 다음과 같이 요약할 수 있다.

(1) 해석하려는 문제의 영역을 절점(node)으로 연결된 요소(element)의 집합체로 모델(model)화 한다.

(2) 각 요소에 대한 강성행렬(剛性行列; stiffness matrix) $[K^e]$를 계산한다.

(3) 절점변위의 적합조건과 절점력의 평형조건을 만족하는 요소강성(要素剛性; element stiffness) 방정식을 이용하여 구조강성 방성식을 만든다.

(4) 경계조건을 알고 있는 절점변위와 절점력을 구조강성 방정식에 도입한다.

(5) 구조강성 방정식을 해석하고, 미지(未知)의 절점변위와 절점력을 구한다.

(6) 요소 안의 변형률과 응력을 계산한다

유한요소법에 의한 응력은 나음과 같은 절차와 요소에 관한 식을 이용하여 해석한다. 요소 ⓔ에 대한 변위벡터 $\{u^{ⓔ}\}$와 요소전체의 변위벡터 $\{u\}$는 다음 식과 같다.

$$\{u\} = [N]\{u^{ⓔ}\} \qquad (14 \cdot 2)$$

여기서 N은 형상함수(形狀函數; shape function) 또는 내삽함수(內挿函數; interpolation function)라 한다.

기울기 행렬(句配行列; gradient matrix) $[B]$는

$$[B]=\frac{\partial[N]}{\partial\{x\}} \tag{14・3}$$

요소 ⓔ에 대한 강성행렬 $[K^{ⓔ}]$는 다음 식으로 나타낸다.

$$[K^{ⓔ}]=\int_V [B]^T[D][B]\,dV \tag{14・4}$$

여기서 $[D]$는 구성행렬(構成行列; constitutive matrix)이고, V는 요소의 체적이다.

대부분의 구성행렬 $[D]$는 재료정수의 값으로 구성되는 상수행렬이고, 기울기 행렬 $[B]$는 형상함수의 차수(次數)에 따라 상수 또는 함수로 이루어진다. 식 (14・4)로부터 구성행렬 $[D]$와 기울기 행렬 $[B]$가 구해지면 요소 ⓔ 에 대한 강성행렬 $[K^{ⓔ}]$는 행렬의 곱과 적분에 의해 구할 수 있다.

요소 ⓔ 에 가하는 하중벡터 $\{F^{ⓔ}\}$는 다음 식과 같이 된다.

$$\{F^{ⓔ}\}=\int_V [N]^T\{F_b\}dV+\int_S [N]^T\{F_s\}dS \tag{14・5}$$

요소 전체의 강성행렬 $[K]$는 요소 ⓔ 의 강성행렬 $[K^{ⓔ}]$와 다음 식과 같다.

$$[K]=\sum_{ⓔ}[K^{ⓔ}] \tag{14・6}$$

요소 전체에 대한 하중벡터 $\{F\}$는

$$\{F\}=\sum_{ⓔ}\{F^{ⓔ}\} \tag{14・7}$$

요소 ⓔ 의 변형률 벡터 $\{\epsilon^{ⓔ}\}$와 변위벡터 $\{u^{ⓔ}\}$는 다음의 관계식이 성립한다.

$$\{\epsilon^{ⓔ}\}=[B]\{u^{ⓔ}\} \tag{14・8}$$

요소에 대한 변형률과 요소의 응력벡터 $\{\sigma^{ⓔ}\}$는 다음 식과 같이 된다.

$$\{\sigma^{ⓔ}\}=[D]\{\epsilon^{ⓔ}\} \tag{14・9}$$

탄소성체에 부하를 가하면 재료의 항복점 이하에서는 탄성변형을 하고, 항복점을 초과하면 서서히 소성변형 거동을 한다. 이와 같이 탄소성 변형거동을 하는 연속체에 대하여 유한요소법을 이용하여 별개로 탄성변형과 소성변형의 해석이 가능하고, 탄소성변형은 탄성 및 소성변형의 중첩에 의한 응력과 변형률을 해석하는 방법을 기술하고자 한다.

14.1.2 유한요소법에 의한 탄성해석

(1) 절점 변위와 형상함수

유한요소법에는 변형상태를 가정하는 변위법(變位法; displacement method)과 응력상태에 의한 응력법(應力法; stress method)이 있지만, 일반적으로 변위법이 더욱 많이 이용되고 있나. 유한요소법은 [그림 14-2(a)]와 같은 2차원 평면연속체의 영역을 [그림 14-2(b)]와 같이 M개의 미소 3각형 요소로 분할하고, 분할된 임의의 미소요소 ⓜ 이 L개의 절점으로 구성된 것으로 간주한다. 이와 같이 유한요소법은 해석하려는 문제영역을 요소로 분할하는데, 이것을 이산화(離散化; discretization)라고 한다.

이산화 작업에는 모든 절점의 좌표, 요소형상 및 요소사이의 연결 등이 있다. 여기에서는 주로 2차원 탄성 평면문제에 대한 해석방법을 이해하기 위해 가장 간단한 삼각형 요소를 예로 들어 강성행렬(剛性行列; stiffness matrix)을 계산하는 방법을 설명한다.

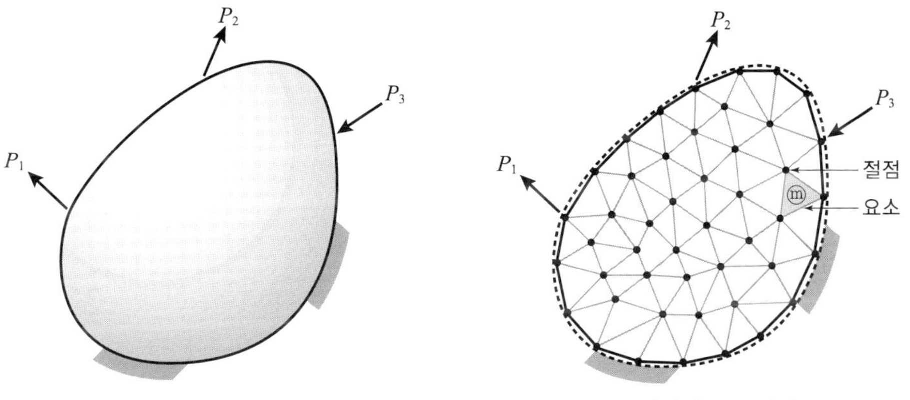

(a) 연속체 (b) 삼각형 요소분할

[그림 14-2] 연속체의 요소부할

[그림 14-2(a)]와 같은 연속체를 [그림 14-2(b)]와 같이 M개의 2차원 미소 삼각형 요소로 분할하고, 분할된 1개의 요소 ⓜ이 절점 i, j, k로 구성된 것으로 하면 요소의 변위 u_x, u_y는 다음 식과 같이 선형적으로 근사한다.

$$\begin{aligned} u_x &= \alpha_1 + \alpha_2 x + \alpha_3 y = N_i u_i + N_j u_j + N_k u_k = [N]\{u_x\} \\ u_y &= \alpha_4 + \alpha_5 x + \alpha_6 y = N_i v_i + N_j v_j + N_k v_k = [N]\{u_y\} \end{aligned} \qquad (14 \cdot 10)$$

여기서 N은 변위에 대한 형상함수 또는 내삽함수이다.

각 절점에 대한 형상함수와 상수 α 사이에는 다음의 관계식이 성립한다.

$$\begin{aligned}\alpha_1 &= (a_i u_i + a_j u_j + a_k u_k)/2\triangle \\ \alpha_2 &= (b_i u_i + b_j u_j + b_k u_k)/2\triangle \\ \alpha_3 &= (c_i u_i + c_j u_j + c_k u_k)/2\triangle\end{aligned} \tag{14・11}$$

여기서 $\triangle$는 삼각형의 면적이고, 다음 식과 같이 표시된다.

$$\begin{aligned}\triangle &= \frac{1}{2}\begin{vmatrix}1 & x_i & y_i \\ 1 & x_j & y_j \\ 1 & x_k & y_k\end{vmatrix} \\ &= \frac{1}{2}(x_i y_j + x_j y_k + x_k y_i - x_i y_k + x_j y_i - x_k y_i)\end{aligned} \tag{14・12}$$

또한, 식 (14・11)에서 계수 a_i, b_i, c_i 등은 다음 식으로 주어진다.

$$\begin{aligned}a_i &= x_j y_k - x_k y_i, \quad b_i = y_j - y_k, \quad c_i = x_k - x_j \\ a_j &= x_k y_i - x_i y_k, \quad b_j = y_k - y_i, \quad c_j = x_i - x_k \\ a_k &= x_i y_j - x_j y_i, \quad b_k = y_i - y_j, \quad c_k = x_j - x_i\end{aligned} \tag{14・13}$$

그리고, 형상함수 N은 다음 식과 같이 된다.

$$\begin{aligned}N_i &= (a_i + b_i x + c_i y)/2\triangle \\ N_j &= (a_j + b_j x + c_j y)/2\triangle \\ N_k &= (a_k + b_k x + c_k y)/2\triangle\end{aligned} \tag{14・14}$$

여기서 2차원 요소에 대한 형상함수는 다음 식으로 나타낸다.

$$N_n = (a_n + b_n x + c_n y)/2\triangle \quad (n = i,\ j,\ k) \tag{14・15}$$

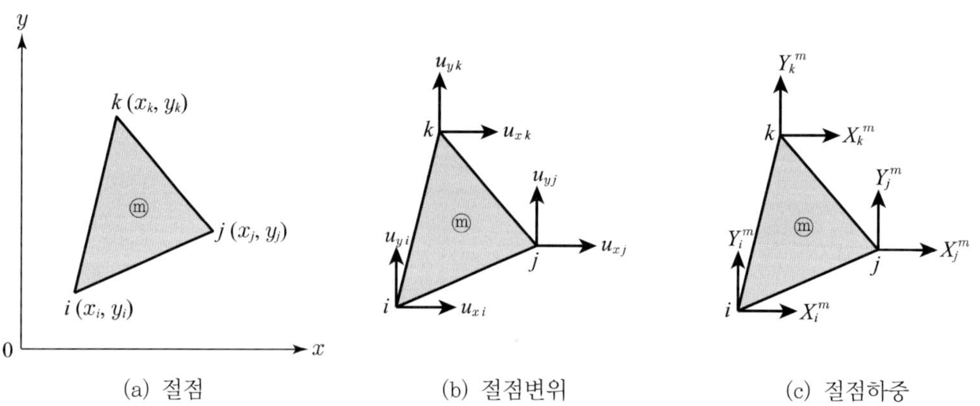

(a) 절점 (b) 절점변위 (c) 절점하중

[그림 14-3] 절점의 변위 및 하중

요소에 대한 형상함수는 1개의 절점에 대해서는 1 이 되고, 다른 2개의 절점에서는 0 이 된다. 형상함수 N은 1부터 요소의 절점수 L까지 변화하고, 요소형상 및 절점수에 따라 형상함수도 다르게 표시된다. 일반적으로 많이 이용되고 있는 등매개요소(等媒介要素; isoparametric element)의 경우 요소 안의 공간좌표 $\{x\}$는 변위를 표현하는 형상함수 $[\phi_L]$과 절점 L에 대한 공간좌표 $\{z_L\}=(x_L \quad y_L \quad z_L)^T$를 이용하면 다음 식과 같이 표시된다.

$$\begin{aligned}\{x\}&=[\phi]\{z\}\\ \{z\}&=\left(\{z_1\}^T \ \{z_2\}^T \cdots \ \{z_L\}^T\right)^T\end{aligned} \tag{14・16}$$

식 (14・16)에 의해 자연좌표 $\{\xi\}$와 공간좌표 $\{x\}$가 규정되므로 필요에 따라 두 좌표의 변환이 가능하다. 예를 들면 유한요소의 정식화에 필요한 두 좌표에 대한 미분 및 적분 관계는 다음 식과 같이 주어진다.

$$\begin{Bmatrix}\partial/\partial x\\ \partial/\partial y\\ \partial/\partial z\end{Bmatrix}=[J]^{-1}\begin{Bmatrix}\partial/\partial \xi\\ \partial/\partial \eta\\ \partial/\partial \zeta\end{Bmatrix} \tag{14・17}$$

여기서 $[J]$는 야코비 행렬(Jacobian matrix)이라 하고, 기울기의 행렬로서 다음 식과 같이 표시된다.

$$[J]=\begin{bmatrix}\partial x/\partial \xi & \partial y/\partial \xi & \partial z/\partial \xi\\ \partial x/\partial \eta & \partial y/\partial \eta & \partial z/\partial \eta\\ \partial x/\partial \zeta & \partial y/\partial \zeta & \partial z/\partial \zeta\end{bmatrix} \tag{14・18}$$

또한, 야코비 행렬 $[J]$는 다음 식의 관계가 성립한다.

$$\begin{aligned}&\iiint_V H(x,\ y,\ z)dx\,dy\,dz\\ &=\int_{-1}^{1}\int_{-1}^{1}\int_{-1} H(x(\{\xi\}),\ y(\{\xi\}),\ z(\{\xi\}))|J|d\xi\,d\eta\,d\zeta\end{aligned} \tag{14・19}$$

식 (14・16)은 야코비 행렬을 평가할 수 있으므로 위의 두 좌표계 사이의 미분 및 적분 관계가 확정된다. 또한, 식 (14・19)의 적분은 Gauss 적분법을 이용하여 근사적으로 평가한다. [그림 14-2(b)]에서 1개 요소 ⓜ 에 대하여 [그림 14-3(a)]와 같이 절점번호를 반시계방향으로 $i,\ j,\ k$로 정하고, 절점 $i,\ j,\ k$에 대한 절점변위를 [그림 14-3(b)]와 같이 $(u_{xi},\ u_{yi})$, $(u_{xj},\ u_{yj})$, $(u_{xk},\ u_{yk})$라고 하면, 식 (14・10)은 이들의 절점에서 다음 관계식이 성립한다.

$$
\begin{aligned}
&u_{xi} = \alpha_1 + \alpha_2 x_i + \alpha_3 y_i, \quad u_{yi} = \alpha_4 + \alpha_5 x_i + \alpha_6 y_i \\
&u_{xj} = \alpha_1 + \alpha_2 x_j + \alpha_3 y_j, \quad u_{yj} = \alpha_4 + \alpha_5 x_j + \alpha_6 y_j \\
&u_{xk} = \alpha_1 + \alpha_2 x_k + \alpha_3 y_k, \quad u_{yk} = \alpha_4 + \alpha_5 x_k + \alpha_6 y_k
\end{aligned}
\tag{14・20}
$$

[그림 14-3(b)]에서 요소 ⓜ 안의 변위성분 u_x, u_y는 요소 ⓜ의 변위 $\{u^{\textcircled{m}}\}$을 사용하여 나타내면 다음과 같다.

$$
\{u\} = \begin{Bmatrix} u_x \\ u_y \end{Bmatrix} = \begin{bmatrix} N_i & 0 & N_j & 0 & N_k & 0 \\ 0 & N_i & 0 & N_j & 0 & N_k \end{bmatrix} \begin{Bmatrix} u_{xi} \\ u_{yi} \\ u_{xj} \\ u_{yj} \\ u_{xk} \\ u_{yk} \end{Bmatrix} = [N]\{u^{\textcircled{m}}\}
\tag{14・21}
$$

또한, 식 (14・20)은 다음 식으로 주어진다.

$$
\begin{Bmatrix} u_{xi} \\ u_{yi} \\ u_{xj} \\ u_{yj} \\ u_{xk} \\ u_{yk} \end{Bmatrix} = \begin{bmatrix} 1 & x_i & y_i & 0 & 0 & 0 \\ 0 & 0 & 0 & 1 & x_i & y_i \\ 1 & x_j & y_j & 0 & 0 & 0 \\ 0 & 0 & 0 & 1 & x_j & y_j \\ 1 & x_k & y_k & 0 & 0 & 0 \\ 0 & 0 & 0 & 1 & x_k & y_k \end{bmatrix} \begin{Bmatrix} \alpha_1 \\ \alpha_2 \\ \alpha_3 \\ \alpha_4 \\ \alpha_5 \\ \alpha_6 \end{Bmatrix}
\tag{14・22}
$$

식 (14・22)를 행렬(行列; matrix)로 표시하면 다음 식과 같이 된다.

$$
\{u^{\textcircled{m}}\} = [A]\{\alpha\}
\tag{14・23}
$$

여기서

$$
\{u^{\textcircled{m}}\} = \begin{Bmatrix} u_{xi} \\ u_{yi} \\ u_{xj} \\ u_{yj} \\ u_{xk} \\ u_{y_k} \end{Bmatrix}, \quad [A] = \begin{bmatrix} 1 & x_i & y_i & 0 & 0 & 0 \\ 0 & 0 & 0 & 1 & x_i & y_i \\ 1 & x_j & y_j & 0 & 0 & 0 \\ 0 & 0 & 0 & 1 & x_i & y_i \\ 1 & x_k & y_k & 0 & 0 & 0 \\ 0 & 0 & 0 & 1 & x_i & y_i \end{bmatrix}, \quad \{\alpha\} = \begin{Bmatrix} \alpha_1 \\ \alpha_2 \\ \alpha_3 \\ \alpha_4 \\ \alpha_5 \\ \alpha_6 \end{Bmatrix}
\tag{14・24}
$$

식 (14・23)으로부터 $\{\alpha\}$를 구하면

$$
\{\alpha\} = [A]^{-1}\{u^{\textcircled{m}}\}
\tag{14・25}
$$

여기서 행렬 $[A]$의 역행렬(逆行列; inverse matrix) $[A]^{-1}$는 다음과 같다.

$$[A]^{-1} = \frac{1}{2\Delta}\begin{bmatrix} a_i & 0 & a_j & 0 & a_k & 0 \\ b_i & 0 & b_j & 0 & b_k & 0 \\ c_i & 0 & c_j & 0 & c_k & 0 \\ 0 & a_i & 0 & a_j & 0 & a_k \\ 0 & b_i & 0 & b_j & 0 & b_k \\ 0 & c_i & 0 & c_j & 0 & c_k \end{bmatrix} \tag{14・26}$$

여기서 Δ 는 삼각형 요소의 면적으로서 식 (14・12)와 같이 되고, 계수 a_i, b_i, c_i 등은 식 (14・13)과 같이 주어진다.

(2) 절점에 대한 변위, 변형률 및 응력

3차원 변위와 변형률의 관계를 행렬로 표시하면 다음 식과 같다.

$$\{\epsilon\} = \begin{Bmatrix} \epsilon_x \\ \epsilon_y \\ \epsilon_z \\ \gamma_{xy} \\ \gamma_{yz} \\ \gamma_{zx} \end{Bmatrix} = \begin{Bmatrix} \partial/\partial x & 0 & 0 \\ 0 & \partial/\partial y & 0 \\ 0 & 0 & \partial/\partial z \\ \partial/\partial y & \partial/\partial x & 0 \\ 0 & \partial/\partial z & \partial/\partial y \\ \partial/\partial z & 0 & \partial/\partial x \end{Bmatrix} \begin{Bmatrix} u_x \\ u_y \\ u_z \end{Bmatrix} \tag{14・27}$$

$$= [A]\{u\} = [A][N]\{u\} = [B]\{u^{ⓜ}\}$$

탄성체의 3차원 문제에 대한 응력과 변형률 사이의 관계를 고려하여 Hooke의 법칙을 행렬로 표시하면 다음 식과 같이 된다.

$$\{\sigma\} = \begin{Bmatrix} \sigma_x \\ \sigma_y \\ \sigma_z \\ \tau_{xy} \\ \tau_{yx} \\ \tau_{zx} \end{Bmatrix} = \frac{E}{(1+\ \ )(1-2\nu)} = \begin{bmatrix} (1-\nu) & \nu & \nu & 0 & 0 & 0 \\ \nu & (1-\nu) & \nu & 0 & 0 & 0 \\ \nu & \nu & (1-\nu) & 0 & 0 & 0 \\ 0 & 0 & 0 & (1-2\nu)/2 & 0 & 0 \\ 0 & 0 & 0 & 0 & (1-2\nu)/2 & 0 \\ 0 & 0 & 0 & 0 & 0 & (1-2\nu)/2 \end{bmatrix} \begin{Bmatrix} \epsilon_x \\ \epsilon_u \\ \epsilon_z \\ \gamma_{xy} \\ \gamma_{yz} \\ \gamma_{zx} \end{Bmatrix}$$

$$= [D^e]\{\epsilon\} = [D^e][B]\{u^{ⓜ}\} \tag{14 . 28}$$

여기서 $[D^e]$ 는 탄성 구싱행렬이다.

2차원 탄성 평변응력($\sigma_z = \tau_{zx} = \tau_{yz} = 0$) 상태에 대한 Hooke의 법칙 (4・3)을 행렬로 표시하면 식 (14・28)로부터 다음 식과 같이 표시된다.

$$\{\sigma\} = [D^e][B]\{u\} - [D^e]\{\epsilon\} \tag{14・29}$$

여기서

$$\{\sigma\} = \begin{Bmatrix} \sigma_x \\ \sigma_y \\ \tau_{xy} \end{Bmatrix}, \quad \{\epsilon\} = \begin{Bmatrix} \epsilon_x \\ \epsilon_y \\ \gamma_{xy} \end{Bmatrix}, \quad [D^e] = \frac{E}{1-\nu^2}\begin{bmatrix} 1 & \nu & 0 \\ \nu & 1 & 0 \\ 0 & 0 & (1-\nu)/2 \end{bmatrix} \tag{14・30}$$

따라서

$$\begin{Bmatrix} \sigma_x \\ \sigma_y \\ \tau_{xy} \end{Bmatrix} = \frac{E}{1-\nu^2} \begin{bmatrix} 1 & \nu & 0 \\ \nu & 1 & 0 \\ 0 & 0 & (1-\nu)/2 \end{bmatrix} \begin{Bmatrix} \epsilon_x \\ \epsilon_y \\ \gamma_{xy} \end{Bmatrix} \tag{14・30'}$$

그러나 2차원 평면변형률($\epsilon_z = \gamma_{zy} = \gamma_{zx} = 0$) 상태일 때 탄성 구성행렬은 다음 식과 같이 된다.

$$[D^e] = \frac{E}{(1+\nu)(1-2\nu)} \begin{bmatrix} 1-\nu & \nu & 0 \\ \nu & 1-\nu & 0 \\ 0 & 0 & (1-2\nu)/2 \end{bmatrix} \tag{14・31}$$

변위 및 변형률의 관계와 식 (14・10)을 고려한 후 변형률을 행렬로 나타내면

$$\{\epsilon\} = \begin{bmatrix} 0 & 1 & 0 & 0 & 0 & 0 \\ 0 & 0 & 0 & 0 & 0 & 1 \\ 0 & 0 & 1 & 0 & 1 & 0 \end{bmatrix} \begin{Bmatrix} \alpha_1 \\ \alpha_2 \\ \alpha_3 \\ \alpha_4 \\ \alpha_5 \\ \alpha_6 \end{Bmatrix} = [B]\{\alpha\} \tag{14・32}$$

식 (14・25)를 식 (14・32)에 대입하면 변형률은 다음 식과 같이 된다.

$$\{\epsilon\} = [B][A]^{-1}\{u^{ⓜ}\} = [C]\{u^{ⓜ}\} \tag{14・33}$$

단,

$$[C] = \frac{1}{2\triangle} \begin{bmatrix} b_i & 0 & a_j & 0 & a_k & 0 \\ 0 & c_i & c_j & 0 & 0 & c_k \\ c_i & b_i & c_j & b_j & c_k & b_k \end{bmatrix} \tag{14・34}$$

요소 ⓜ의 변형률은 변위벡터 $\{u^{ⓜ}\}$로 나타낸다. 또한, 식 (14・33)의 우변에는 x, y 항을 포함하지 않으므로 식 (14・10)에서 주어진 변위함수에 의해 요소의 변형률 및 응력은 일정하다.

(3) 요소에 대한 강성행렬

다음에 가상일의 원리를 이용하여 요소에 대한 절점하중과 절점변위의 관계를 알아보기로 한다. 평형상태에 있는 물체에 가상변위를 고려할 때 식 (3・58)로부터 1개의 요소 ⓜ 에 대한 내부가상일 δU은 다음 식과 같이 표시된다.

$$\delta U = \int_{ⓜ} \{\sigma\}^T \{\delta\epsilon\} dV \tag{a}$$

식 (a)에 식 (14・29)와 식 (14・33)을 대입하고, 절점변위는 체적적분에 독립적인 것을

고려하면 내부가상일은 다음 식으로 주어진다.

$$\delta U = \int_{ⓜ} \{u^{ⓜ}\}^T [C]^T [D^e][C]\{\delta u^{ⓜ}\} dV$$
$$= \{u^{ⓜ}\}^T \int_{ⓜ} [C]^T [D^e][C] dV \{\delta u^{ⓜ}\} \qquad (14 \cdot 35)$$

여기서 $[C]^T$는 행렬 $[C]$의 열(列; column)과 행(行; row)을 바꿔 놓은 전치행렬(轉置行列; transposition matrix)이다.

또한, 표면력은 절점에 집중하중이 작용하는 것으로 하면, 물체력이 작용하지 않을 때 절점하중에 의한 외부가상일 δW는 다음 식과 같이 된다.

$$\delta W = \{F^{ⓜ}\}^T \{\delta u^{ⓜ}\} \qquad (14 \cdot 36)$$

여기서, $\{F^{ⓜ}\}$은 [그림 14-3(c)]에서 요소 ⓜ의 절점 i, j, k에 작용하는 절점하중의 열행렬(列行列; column matrix)이고, 다음과 같이 표시한다.

$$\{F^{ⓜ}\} = \begin{Bmatrix} X_i^{ⓜ} \\ Y_i^{ⓜ} \\ X_j^{ⓜ} \\ Y_j^{ⓜ} \\ X_k^{ⓜ} \\ Y_k^{ⓜ} \end{Bmatrix} \qquad (14 \cdot 37)$$

가상일의 원리를 나타내는 식 (3・57′)으로부터 식 (14・35)와 식 (14・36)을 같게 놓으면

$$\{F^{ⓜ}\}^T \{\delta u^{ⓜ}\} = \{u^{ⓜ}\}^T \int_{ⓜ} [C]^T [D^e][C] dV \{\delta u^{ⓜ}\} \qquad (14 \cdot 38)$$

식 (14・38)은 임의의 가상변위에 대해서도 성립하므로 결국 다음 식으로 주어진다.

$$\{F^{ⓜ}\} = [K^{ⓜ}]\{u^{ⓜ}\} \qquad (14 \cdot 39)$$

여기서

$$[K^{ⓜ}] = \int_{ⓜ} [C]^T [D^e][C] dV \qquad (14 \cdot 40)$$

따라서 식 (14・39)는 1개의 요소 ⓜ에 대한 절점하중과 절점변위의 관계를 나타내므로 이것을 요소의 강성방정식(剛性方程式; stiffness equation)이라 하고, 행렬 $[K^{ⓜ}]$은 요소의 강성행렬(剛性行列; stiffness matrix)이라고 한다. 강성행렬 $[K^{ⓜ}]$은 판 두께 h, 면적 $\triangle$인 3각형 요소에 대해서는 다음 식과 같이 나타낸다.

$$[K^{ⓜ}] = [C]^T [D^e][C] h \triangle \qquad (14 \cdot 41)$$

(4) 계(系) 전체의 강성행렬 및 경계조건

요소 1개에 대한 절점변위와 절점하중은 식 (14・39)로부터 구하고, 이것을 요소 전체에 중첩시킨 후 경계조건을 도입하는 방법을 알아보기로 한다.

[그림 14-2(b)]와 같이 분할된 전체요소에 ①, ②, ③, …, ⓜ과 같이 번호를 붙이고, 전체요소의 각 절점에 1, 2, 3, … , L과 같이 연속되는 절점번호를 붙인다. 이 때 전체 절점에 대한 절점변위와 절점하중을 정리하면 다음과 같이 행렬로 나타낼 수 있다.

$$\{u\} = \begin{Bmatrix} u_{x1} \\ u_{y1} \\ u_{x2} \\ u_{y2} \\ \cdot \\ \cdot \\ u_{xL} \\ u_{yL} \end{Bmatrix}, \quad \{F\} = \begin{Bmatrix} X_1 \\ Y_1 \\ X_2 \\ Y_2 \\ \cdot \\ \cdot \\ X_L \\ Y_L \end{Bmatrix} \tag{14・42}$$

여기서 절점 i가 L개로 구성된 것으로 하면 절점의 하중행렬 $\{F\}$에 대한 성분 X_i, Y_i는 다음 식과 같이 된다.

$$X_i = \sum_{j=1}^{L} X_i^j, \quad Y_i = \sum_{j=1}^{L} Y_i^j \tag{14・43}$$

식 (14・39)로 주어지는 각 요소의 관계를 식 (14・42)에 대응하는 것을 대입하면, 다음 식이 얻어진다.

$$\{F\} = [K]\{u\} \tag{14・44}$$

그러므로 식 (14・44)는 식 (14・1)과 같고, 이 식은 요소전체에 대한 절점하중과 절점변위의 관계를 나타낸다. 식 (14・44)를 계(系) 전체의 강성방정식(stiffness equation of entire system)이라 하고, $[K]$를 계 전체의 강성행렬(stiffness matrix of entire system)이라고 부른다. 절점의 전체수가 L일 때 $[K]$는 $2L \times 2L$의 대칭행렬(symmetric matrix)로 되고, 결국 구하려고 하는 문제의 해는 식 (14・44)를 풀이하는 것으로 귀착된다.

또한, 영역 안의 절점에 대하여 힘의 평형이 이루어지므로 절점하중 성분은 0이 된다. 이때 표면력이 주어지는 경계 S_σ에서는 절점변위를 알 수 없고, 변위가 주어진 경계 S_u에서는 절점하중이 미지수(未知數)로 된다. 여기서 알고 있는 절점의 하중행렬 $\{F_a\}$, 미지(未知)의 절점하중에 대한 열행렬 $\{F_b\}$, 기지(旣知)의 절점변위에 대한 열행렬 $\{u_a\}$ 및 미지의 절점변위에 대한 열행렬 $\{u_b\}$를 이용하여 식 (14・44)를 바꿔 표시하면 다음 식과 같이 부분행렬로 나누어 나타낼 수 있다.

$$\begin{Bmatrix} F_a \\ F_b \end{Bmatrix} = \begin{bmatrix} K_{aa} & K_{ab} \\ K_{ba} & K_{bb} \end{bmatrix} \begin{Bmatrix} u_b \\ u_a \end{Bmatrix} \tag{14・45}$$

식 (14・45)를 부분행렬로 전개하면 다음 식과 같이 된다.

$$\{F_a\} = [K_{aa}]\{u_b\} + [K_{ab}]\{u_a\} \tag{14・46a}$$

$$\{F_b\} = [K_{ba}]\{u_b\} + [K_{bb}]\{u_a\} \tag{14・46b}$$

식 (14・46a)를 미지변위 $\{u_b\}$에 대해서 연립 1차방정식으로 풀이하면

$$\{u_b\} = [K_{aa}]^{-1}[\{F_a\} - [K_{ab}]\{u_\alpha\}] \tag{14・47}$$

식 (14・47)를 식 (14・46b)에 대입하면 다음 식이 얻어진다.

$$\{F_b\} = [K_{ba}][K_{aa}]^{-1}[\{F_a\} - [K_{ab}]\{u_a\}] + [K_{bb}]\{u_a\} \tag{14・48}$$

따라서 전체 절점에 대한 절점하중 및 절점변위가 모두 구해진다. 이와 같이 구한 절점변위 $\{u\}$를 이용하면 식 (14・33)으로부터 변형률이 구해지고, 식 (14・29)로부터 응력을 계산할 수 있다.

14.1.3 유한요소법에 의한 소성해석

소성체의 유한요소 해석은 앞에서 설명한 탄성체의 선형적인 변형거동에 따른 유한요소 해석을 기초로 하여 완전소성체의 비선형적인 변형거동을 고려하여 소성변형률 및 소성응력을 해석한다.

(1) 소성 구성행렬

지금까지 설명한 2차원 탄성변형 문제에 대한 유한요소 해석방법을 2차원 소성문제에 적용하여 보기로 한다. 탄성해석에서와 같은 방법으로 [그림 14-3(a)]에서 임의의 3각형 요소 ⓜ을 선택한 후 그 절점번호를 반시계방향으로 i, j, k로 하고, 요소 안의 변위증분을 다음 식과 같이 가정한다.

$$du_x = \alpha_1 + \alpha_2 x + \alpha_3 y, \quad du_y = \alpha_4 + \alpha_5 x + \alpha_6 y \tag{14・49}$$

절점 i, j, k에 대한 변위증분을 [그림 14-3(b)]와 같이 $(du_{xi},\ du_{yi})$, $(du_{xj},\ du_{yj})$, $(du_{xk},\ du_{yk})$라 하면, 식 (14・49)는 이들 절점에서도 다음의 관계식이 성립한다.

$$du_{xi} = \alpha_1 + \alpha_2 x_i + \alpha_3 y_i, \quad du_{yi} = \alpha_4 + \alpha_5 x_i + \alpha_6 y_i$$
$$du_{xj} = \alpha_1 + \alpha_2 x_j + \alpha_3 y_j, \quad du_{yj} = \alpha_4 + \alpha_5 x_j + \alpha_6 y_j \tag{14・50}$$
$$du_{xk} = \alpha_1 + \alpha_2 x_k + \alpha_3 y_k, \quad du_{yk} = \alpha_4 + \alpha_5 x_k + \alpha_6 y_k$$

위 식에서 $\alpha_1 \sim \alpha_6$ 를 구한 후 식 (14・49)에 대입하면 다음 식으로 표시된다.

$$\begin{aligned} du_x &= \frac{1}{2\triangle}\{(a_i + b_i x + c_i y)\,du_{xi} + (a_j + b_j x + c_j y)\,du_{xj} + (a_k + b_k x + c_k y)\,du_{xk}\} \\ du_y &= \frac{1}{2\triangle}\{(a_i + b_i x + c_i y)\,du_{yi} + (a_j + b_j x + c_j y)\,du_{yj} + (a_k + b_k x + c_k y)\,du_{yk}\} \end{aligned} \tag{14・51}$$

여기서 $\triangle$ 는 삼각형 요소의 면적으로서 식 (14・12)와 같고, 계수 a_i, b_i, c_i 등은 식 (14・13)과 같이 주어진다.

또한, 식 (14・51)을 행렬로 나타내면

$$\{du\} = \begin{Bmatrix} du_x \\ du_y \end{Bmatrix} = [N]\{du^{ⓜ}\} \tag{14・52}$$

여기서

$$[N] = \frac{1}{2\triangle}\begin{bmatrix} a_i + b_i x + c_i y & 0 & a_j + b_j x + c_j y & 0 & a_k + b_k x + c_k y & 0 \\ 0 & a_i + b_i x + c_i y & 0 & a_j + b_j x + c_j y & 0 & a_k + b_k x + c_k y \end{bmatrix} \tag{14・53}$$

식 (14・53)을 이용하여 변형률 증분과 변위증분 관계를 구하면 다음 식과 같다.

$$\begin{aligned} \{d\epsilon\} &= \begin{Bmatrix} d\epsilon_x \\ d\epsilon_y \\ d\gamma_{xy} \end{Bmatrix} = \begin{Bmatrix} \partial(du_x/\partial x) \\ \partial(du_y/\partial y) \\ \partial(du_x)/\partial y + \partial(du_y)/\partial x \end{Bmatrix} \\ &= \frac{1}{2\triangle}\begin{bmatrix} b_i & 0 & b_j & 0 & b_k & 0 \\ 0 & c_i & 0 & c_j & 0 & c_k \\ c_i & b_i & c_j & b_j & c_k & b_k \end{bmatrix}\begin{Bmatrix} du_{xi} \\ du_{yi} \\ du_{xj} \\ du_{yj} \\ du_{xk} \\ du_{yk} \end{Bmatrix} = [B]\{du^{ⓜ}\} \end{aligned} \tag{14・54}$$

완전소성체에 대한 변형률 증분 $d\epsilon_{ij}^p$ 와 편차응력 증분 dS_{ij} 의 구성방정식은 식 (10・69)에 의해 다음 식으로 주어진다.

$$d\epsilon_{ij}^p = dS_{mn}\,d\lambda = h\,\frac{\partial f}{\partial S_{ij}}\,\frac{\partial f}{\partial S_{mn}}\,dS_{mn} \tag{14・55}$$

재료는 소성변형 거동을 하므로 응력증분 $d\sigma_{ij}$ 를 변형률 증분 $d\epsilon_{ij}$ 로 나타내면 다음 식과 같이 된다.

$$\{d\sigma\} = [\,D^p\,]\{d\epsilon\} = \left([\,D^e\,] - \frac{[\,D^e\,]\left\{\dfrac{\partial f}{\partial \sigma}\right\}\left\{\dfrac{\partial f}{\partial \sigma}\right\}^T [\,D^e\,]}{\dfrac{1}{h} + \left\{\dfrac{\partial f}{\partial \sigma}\right\}^T [\,D^p\,]\left\{\dfrac{\partial f}{\partial \sigma}\right\}} \right)\{d\epsilon\} \qquad (14 \cdot 56)$$

식 (14・56)에서 $[\,D^e\,]$ 는 탄성 구성행렬(構成行列)이고, $[\,D^p\,]$ 는 소성 구성행렬로서 위첨자 e 및 p 는 각각 탄성 및 소성성분을 나타낸다.

또는 식 (14・56)은 다음 식과 같이 표시할 수 있다.

$$\{d\sigma\} = [\,D^p\,]\{d\epsilon\} = ([\,D^e\,] - [\,D^p\,])\{d\epsilon\} \qquad (14 \cdot 57)$$

여기서

$$\{d\sigma\} = \begin{Bmatrix} d\sigma_x \\ d\sigma_y \\ d\tau_{xy} \end{Bmatrix} = [\,D^p\,]\{d\epsilon\} = [\,D^p\,]\begin{Bmatrix} d\epsilon_x \\ d\epsilon_y \\ d\gamma_{xy} \end{Bmatrix} \qquad (14 \cdot 58)$$

평면응력 상태에서 탄성 구성행렬 $[\,D^e\,]$ 는 나음 식과 같이 나타낸다.

$$[\,D^p\,] = \frac{[\,D^e\,]\left\{\dfrac{\partial f}{\partial \sigma}\right\}\left\{\dfrac{\partial f}{\partial \sigma}\right\}^T [\,D^e\,]}{\dfrac{1}{h} + \left\{\dfrac{\partial f}{\partial \sigma}\right\}^T [\,D^e\,]\left\{\dfrac{\partial f}{\partial \sigma}\right\}} \qquad (14 \cdot 59)$$

$$= \frac{2G}{S}\begin{bmatrix} \left(\dfrac{\partial f}{\partial \sigma_x}\right) & & SYM \\ \dfrac{\partial f}{\partial \sigma_x}\dfrac{\partial f}{\partial \sigma_y} & \left(\dfrac{\partial f}{\partial \sigma_y}\right)^2 & \\ \dfrac{1}{2}\dfrac{\partial f}{\partial \sigma_x}\dfrac{\partial f}{\partial \tau_{xy}} & \dfrac{1}{2}\dfrac{\partial f}{\partial \sigma_x}\dfrac{\partial f}{\partial \tau_{xy}} & \dfrac{1}{4}\left(\dfrac{\partial f}{\partial \tau_{xy}}\right)^2 \end{bmatrix} \qquad (14 \cdot 59')$$

또한,

$$S = \frac{1}{2hG} + \left\{\left(\frac{\partial f}{\partial \sigma_x}\right)^2 + \left(\frac{\partial f}{\partial \sigma_y}\right)^2 + \left(\frac{\partial f}{\partial \tau_{xy}}\right)^2\right\} \qquad (14 \cdot 60)$$

경화인자(hardening parameter) χ 는 소성일 W^p 에 의해 $1/h$ 은 식 (10・70)에서

$$\frac{1}{h} = -\left(\left\{\frac{\partial f}{\partial \epsilon^p}\right\}^T + \frac{\partial f}{\partial W^p}\{\sigma\}^T\right)\left\{\frac{\partial f}{\partial \sigma}\right\} \qquad (14 \cdot 61)$$

경화인자 χ 가 유효소성변형률 $\overline{\epsilon^p}$ 로 주어질 때 $1/h$ 은 식 (10・70′)으로부터 다음 식이 얻어진다.

$$\frac{1}{h} = -\left[\left\{\frac{\partial f}{\partial \epsilon^p}\right\}^T\left\{\frac{\partial f}{\partial \sigma}\right\} + \frac{\partial f}{\partial \epsilon^p}\left(\frac{2}{3}\left\{\frac{\partial f}{\partial \sigma}\right\}^T\left\{\frac{\partial f}{\partial \sigma}\right\}\right)^2\right] \qquad (14 \cdot 62)$$

Mises의 항복조건이 $I_2'\left(\overline{\epsilon^p}\right) = \frac{1}{3}\,\overline{\sigma}^2\left(\overline{\epsilon^p}\right)$ 에 의존할 때 식 (10 · 72)를 이용하면, 3차원 편차응력 S는 다음 식과 같이 주어진다.

$$\begin{aligned} S &= \frac{2}{9G}H'(\overline{\sigma})^2 + \left\{S_x^2 + S_y^2 + S_z^2 + 2\left(\tau_{xy}^2 + \tau_{yz}^2 + \tau_{zx}^2\right)\right\} \\ &= \frac{2}{9G}H'(\overline{\sigma})^2 + \frac{2}{3}(\overline{\sigma})^2 = \frac{2}{9G}(\overline{\sigma})^2(3G + H') = \frac{2}{3}(\overline{\sigma})^2\left(1 + \frac{H'}{3G}\right) \end{aligned} \qquad (14 \cdot 63)$$

따라서

$$[D^p] = \frac{2G}{\frac{2}{3}(\overline{\sigma})^2\left(1 + \frac{H'}{3G}\right)}\begin{bmatrix} S_x^2 & & & & & SYM \\ S_xS_y & S_y^2 & & & & \\ S_xS_z & S_yS_z & S_z^2 & & & \\ S_x\tau_{xy} & S_y\tau_{xy} & S_z\tau_{xy} & \tau_{xy}^2 & & \\ S_x\tau_{yz} & S_y\tau_{yz} & S_z\tau_{yz} & \tau_{xy}\tau_{yz} & \tau_{yz}^2 & \\ S_x\tau_{zx} & S_y\tau_{zx} & S_z\tau_{zx} & \tau_{xy}\tau_{zx} & \tau_{yz}\tau_{zx} & \tau_{zx}^2 \end{bmatrix} \qquad (14 \cdot 64)$$

평면응력$\left(d\sigma_z = d\sigma_{xz} = d\sigma_{yz} = d\epsilon_{xz} = d\epsilon_{yz} = 0\right)$ 상태일 때 식 (14 · 64)로부터

$$[D^p] = \frac{1}{S_0}\begin{bmatrix} S_x^2 & S_xS_y & S_x\tau_{xy} \\ & S_y^2 & S_y\tau_{xy} \\ SYM & & \tau_{xy}^2 \end{bmatrix} \qquad (14 \cdot 65)$$

식 (14 · 65)에서

$$S_0 = \frac{2G}{\frac{4}{9}(\overline{\sigma})^2 H'} \qquad (14 \cdot 66)$$

또한, 소성변형률 증분 $d\epsilon_z$는 다음 식과 같이 된다.

$$d\epsilon_z = \frac{9\,d\sigma_z}{4H'(\overline{\sigma})^2}\{S\}^T[C]\{d\sigma\} \qquad (14 \cdot 67)$$

여기서

$$[C] = \begin{bmatrix} 1 & 0 & 0 \\ 0 & 1 & 0 \\ 0 & 0 & 2 \end{bmatrix} \qquad (a)$$

만일, 평면변형률$\left(d\sigma_{xz} = d\sigma_{yz} = d\epsilon_{zz} = d\epsilon_{xz} = d\epsilon_{yz} = 0\right)$ 상태라면 식 (14・64)로부터 다음과 같이 된다.

$$[D^p] = \frac{2G}{S}\begin{bmatrix} S_x^2 & S_xS_y & S_x\tau_{xy} \\ & S_y^2 & S_y\tau_{xy} \\ SYM & & \tau_{xy}^2 \end{bmatrix} \qquad (14・68)$$

식 (14・68)에서

$$S = \frac{2}{9G}(\bar{\sigma})^2 H' \qquad (14・69)$$

또한, 소성응력 증분 $d\sigma_z$는 다음 식으로 표시된다.

$$d\sigma_z = \frac{2G\,dS_z}{S}\{S\}^T\{d\epsilon\} \qquad (14・70)$$

(2) 소성 강성행렬

가상일의 원리를 이용하여 요소에 대한 절점하중과 절점변위의 관계를 구하여보기로 한다. 평형상태에 있는 탄성체에 가상변위 $\{\delta u\}$가 주어지면, 식 (3・59)의 가상일의 원리가 성립한다. 탄소성체일 때 가상일의 원리인 식 (3・59)를 행렬로 표시하면 다음 식과 같이 된다.

$$\int_V \{d\sigma\}^T\{\delta(d\epsilon)\}dV = \int_S \{dT\}^T\{\delta(du)\}dS = \int_V \{dF\}^T\{\delta(du)\}dV \qquad (14・71)$$

가상일의 원리인 식 (14・71)을 [그림 14-2(b)]에서 L개의 절점으로 이루어진 요소 ⓜ에 적용한다. 식 (14・27)의 증분형과 식 (14・59)를 이용하면, 절점변위가 체적적분에 무관하므로 다음 식이 언어진다.

$$\begin{aligned}\int_V \{d\sigma\}^T\{\delta(d\epsilon)\}dV &= \int_{ⓜ} \left([D^p][B]\{du^{ⓜ}\}\right)^T[B]\{\delta(du^{ⓜ})\}dV \\ &= \{du^{ⓜ}\}^T\int_{ⓜ}\left([B]^T[D^p][B]\right)dV\{\delta(du^{ⓜ})\}\end{aligned} \qquad (14・72)$$

여기서 $([A][B])^T = [B]^T[A]^T$이고, $[D^p]^T = [D^p]$로 된다.

또한 표면력은 각 절점에 집중하중이 작용하는 것으로 하면, 요소 ⓜ에 대한 표면력은 다음 식과 같이 표시된다.

$$\int_{S_\sigma} \{dT\}^T\{\delta(du)\}dS = \{dT^{ⓜ}\}^T[N]\{\delta(du^{ⓜ})\} \qquad (14・73)$$

식 (14・73)에서 dT_{xi}, dT_{yi}, dT_{zi}를 i번째의 절점에 대한 절점하중 증분은

$$\{dT^{ⓜ}\}=\begin{Bmatrix} dT_x \\ dT_y \\ dT_z \end{Bmatrix},\quad \{dT_x\}=\begin{Bmatrix} dT_{x1} \\ dT_{x2} \\ \cdot \\ \cdot \\ dT_{xL} \end{Bmatrix},\quad \{dT_y\}=\begin{Bmatrix} dT_{y1} \\ dT_{y2} \\ \cdot \\ \cdot \\ dT_{yL} \end{Bmatrix},\quad \{dT_z\}=\begin{Bmatrix} dT_{z1} \\ dT_{z2} \\ \cdot \\ \cdot \\ dT_{zL} \end{Bmatrix} \tag{b}$$

물체력은 요소의 중심(重心)에 집중적으로 작용하는 것으로 하면 다음 식과 같다.

$$\int_V \{dF\}^T\{\delta(du)\}dV=\{dF^{ⓜ}\}^T[N]\{\delta(du^{ⓜ})\} \tag{14・74}$$

여기서 $\{dF^{ⓜ}\}^T=\{dF_x^{ⓜ},\ dF_y^{ⓜ},\ dF_z^{ⓜ}\}$

식 (14・72)~식 (14・74)를 식 (14・64)에 대입하면 다음 식이 얻어진다.

$$\begin{aligned}(du^{ⓜ})^T\int_{ⓜ}[B]^T[D^p][B]dV\{\delta(du^{ⓜ})\} \\ =(dT^{ⓜ})^T[N]+(dF^{ⓜ})^T[N]\{\delta(du^{ⓜ})\}\end{aligned} \tag{14・75}$$

식 (14・75)가 임의의 $\{\delta(du^{ⓜ})\}$에 대해 성립하므로 다음 식으로 표시된다.

$$[K^{ⓜ}]\{du^{ⓜ}\}=\{dF_S^{ⓜ}\}+\{dF_V^{ⓜ}\} \tag{14・76}$$

또한, 요소의 강성방정식 (14・76)은 다음 식과 같이 된다.

$$\begin{aligned}&[K^{ⓜ}]=\int_{ⓜ}[B]^T[D^p][B]dV \\ &\{dF_S^{ⓜ}\}=[N]^T\{dT^{ⓜ}\} \\ &\{dF_V^{ⓜ}\}=[N]^T\{dF^{ⓜ}\}\end{aligned} \tag{14・77}$$

식 (14・76)은 1개의 요소 ⓜ에 대한 각 절점의 변위증분, 하중증분 및 물체력의 증분 관계를 나타내고, 이것을 요소의 강성방정식(剛性方程式; stiffness equation)이라 부르며, 행렬 $[K^{ⓜ}]$을 요소의 강성행렬(剛性行列; stiffness matrix)이라 한다.

이상에서와 같이 전체절점에 대한 절점변위 증분과 절점하중 증분이 구하여지고, 이것을 미분형의 식 (14・27)에 대입하면, 각 요소에 대한 변형률 증분 $\{d\epsilon\}$을 구할 수 있다. 또한, 변형률 증분 $\{d\epsilon\}$을 식 (14・57)에 대입하면 응력증분 $\{d\sigma\}$가 구해진다.

(3) 계 전체에 대한 강성행렬 및 경계조건

앞에서는 1개의 요소 ⓜ에 대한 절점변위 증분과 절점하중 증분 관계를 구하였지만, 여기서는 이것을 요소전체에 대해서 중첩하고 경계조건을 도입한다. [그림 14-2(b)]에서 전요소(全要素; total elements)에 대해 요소번호를 붙이고, 전절점(全節點; total nodes)에

대하여 1, 2, 3, ⋯ , L 과 같이 순서대로 절점번호를 붙인다. 이때 전절점에 대해서 절점변위 증분, 절점하중 증분 및 물체력 증분을 정리하면 다음 식과 같이 표시된다.

$$\{du\}=\sum\{du^{ⓜ}\}=\begin{Bmatrix} du_{x1}\\ du_{y1}\\ du_{z1}\\ du_{x2}\\ du_{y2}\\ du_{z2}\\ \cdot\\ \cdot\\ du_{xL}\\ du_{yL}\\ du_{zL}\end{Bmatrix},\quad \{dF_S\}=\sum\{dF_S^{ⓜ}\}=\begin{Bmatrix} dF_{Sx1}\\ dF_{Sy1}\\ dF_{Sz1}\\ dF_{Sx2}\\ dF_{Sy2}\\ dF_{Sz2}\\ \cdot\\ \cdot\\ dF_{SxL}\\ dF_{SyL}\\ dF_{SzL}\end{Bmatrix},$$

$$\{dF_V\}=\sum\{dF_V^{ⓜ}\}=\begin{Bmatrix} dF_{Vx1}\\ dF_{Vy1}\\ dF_{Vz1}\\ dF_{Vx2}\\ dF_{Vy2}\\ dF_{Vz2}\\ \cdot\\ \cdot\\ dF_{VxL}\\ dF_{VyL}\\ dF_{VzL}\end{Bmatrix} \tag{14・78}$$

여기서 절점 i 가 J 개의 요소로 구성된 것으로 하면 절점하중의 증분행렬에 대한 성분 및 물체력의 증분행렬에 대한 성분은 다음 식으로 나타낸다.

$$dF_{Sxi}=\sum_{j=1}^{J}dF_{Sxi}^{j},\quad dF_{Syi}=\sum_{j=1}^{J}dF_{Syi}^{j},\quad dF_{Szi}=\sum_{j=1}^{J}dF_{Szi}^{j}$$

$$dF_{Vxi}=\sum_{j=1}^{J}dF_{Vxi}^{j},\quad dF_{Vyi}=\sum_{j=1}^{J}dF_{Vyi}^{j},\quad dF_{Vzi}=\sum_{j=1}^{J}dF_{Vzi}^{j}$$

식 (14・78)에서 주어지는 각 요소에 대응하는 관계를 식 (14・76)에 대입하면

$$[K]\{du\}=\{dF_S\}+\{dF_V\} \tag{14・79}$$

식 (14・79)는 요소 전체에 대한 절점변위 증분, 절점하중 증분 및 체적력 증분 관계를 나타내고, 이 식을 계 전체의 강성방정식이라 한다. 또한, $[K]$ 를 계 전체의 강성행렬이라 부른다. 총절점수가 L 개일 때 강성행렬 $[K]$ 는 $3L\times 3L$ 의 대칭행렬로 된다.

따라서 영역 안의 절점에 대해 힘의 평형을 이루고 있으므로 절점하중의 증분성분은 0 이 된다. 또한, 표면력이 주어진 경계 S_σ 에서는 절점변위 증분이 미지수로 되고, 변위가 주어질 때 경계 S_u 에서는 절점하중 증분이 미지수로 된다. 여기서 알고 있는 절점하중의

증분행렬을 $\{dF_{Sa}\}$, 미지수의 절점하중 증분에 대한 열행렬을 $\{dF_{Sb}\}$, 알고 있는 절점 변위 증분의 열행렬을 $\{du_a\}$ 라 하고, 미지수의 절점변위 증분에 대한 열행렬을 $\{du_b\}$ 로 하여 식 (14・79)를 나타내면 다음 식과 같이 된다.

$$\begin{bmatrix} K_{aa} & : & K_{ab} \\ \cdots & \cdots & \cdots \\ K_{ba} & : & K_{bb} \end{bmatrix} \begin{Bmatrix} du_b \\ \cdots \\ du_a \end{Bmatrix} = \begin{Bmatrix} dF_{Sa} \\ \cdots \\ dS_{Sb} \end{Bmatrix} + \begin{Bmatrix} dF_{Va} \\ \cdots \\ dS_{Vb} \end{Bmatrix} \tag{14・80}$$

식 (14・80)을 전개하면 부분행렬은 다음 식으로 표시된다.

$$[K_{aa}]\{du_b\} + [K_{ab}]\{du_a\} = \{dF_{Sa}\} + \{dF_{Va}\} \tag{14・81a}$$

$$[K_{ba}]\{du_b\} + [K_{bb}]\{du_a\} = \{dF_{Sb}\} + \{dF_{Va}\} \tag{14・81b}$$

14.1.4 유한요소법에 의한 탄소성 문제의 해석

실제재료에 대한 변형률 및 응력을 구할 때 탄성 및 소성변형을 동시에 해석하는 프로그램을 작성하는 것이 유용하므로 탄성변형 및 소성변형을 동시에 고려하는 방법을 검토하고자 한다. 이상에서 설명한 것과 같이 탄소성체의 변위 및 응력의 유한요소 해석은 탄소성 변형거동을 고려한 유한요소법을 적용한 프로그램을 작성하면 탄성해석, 소성해석 및 탄소성해석이 가능하다.

탄소성체의 유한요소 해석은 앞에서 설명한 탄성체의 선형적인 변형거동에 따른 유한요소 해석과 완전소성체의 비선형적인 변형거동을 고려하여 탄소성체의 변형률 및 응력을 해석하는 방법을 학습한다.

탄소성체의 변형률 증분 $d\epsilon_{ij}$와 편차응력 증분 dS_{ij}의 구성방정식은 (10・9′)과 식 (10・69)를 식 (10・80)에 대입하고, 식 (14・55)를 참고하면 다음 식으로 주어진다.

$$d\epsilon_{ij} = \frac{dS_{ij}}{2G} + \frac{1-2\nu}{E} d\sigma_m \delta_{ij} + h \frac{\partial f}{\partial S_{ij}} \frac{\partial f}{\partial S_{mn}} dS_{mn} \tag{14・82}$$

또한, 재료는 탄소성 변형거동을 하는 것으로 간주하면 응력증분 $d\sigma_{ij}$와 변형률 증분 $d\epsilon_{ij}$은 식 (14・59)의 참고로부터 다음 식과 같이 표시된다.

$$\{d\sigma\} = [D^{ep}]\{d\epsilon\} = \left([D^e] - \frac{[D^e]\left\{\frac{\partial f}{\partial \sigma}\right\}\left\{\frac{\partial f}{\partial \sigma}\right\}^T [D^e]}{\frac{1}{h} + \left\{\frac{\partial f}{\partial \sigma}\right\}^T [D^{ep}]\left\{\frac{\partial f}{\partial \sigma}\right\}} \right) \{d\epsilon\} \tag{14・83}$$

여기서 $[D^e]$는 탄성 구성행렬이고, $[D^{ep}]$는 탄소성 구성행렬로서 위첨자 e 및 p는 각각 탄성 및 소성성분을 나타내고, ep는 탄소성 성분을 의미한다.

또한, 식 (14・83)은 다음 식과 같이 나타낸다.

$$\{d\sigma\} = [D^{ep}]\{d\epsilon\} = ([D^e] - [D^p])\{d\epsilon\} \tag{14・84}$$

식 (14・84)는 임의의 요소 ⓜ 에 대해 $\{\delta(du^{ⓜ})\}$ 이 성립하므로 식 (14・76)과 식 (14・77)에 의해 다음 식이 얻어진다.

$$[K^{ⓜ}]\{du^{ⓜ}\} = \{du^{ⓜ}\}\int_m [B]^T[D^{ep}][B]dV = \{dF_S^{ⓜ}\} + \{dF_S^{ⓜ}\} \tag{14・85}$$

여기서

$$\{dF_S^{ⓜ}\} = [N]^T\{dT^{ⓜ}\}$$
$$\{dF_V^{ⓜ}\} = [N]^T\{dF^{ⓜ}\}$$

식 (14・85)는 1개의 요소에 대한 각 절점의 변위증분, 하중증분 및 물체력의 증분 관계를 나타낸다. 이와 같이 전체절점에 대한 절점변위의 딘소성 증분과 질점하중 증분이 구하여지고, 이것을 식 (14・84)에 대입하면 응력증분 $\{d\sigma\}$ 가 구해지고, 변형률 증분 $\{d\epsilon\}$ 은 응력증분 $\{d\sigma\}$ 에 대한 역행렬로부터 구할 수 있다.

14.2 탄성 경계요소법

경계요소법(境界要素法; boundary element method: BEM)은 [그림 14-4]와 같이 미분방정식으로 표시된 경계값 문제를 경계에 대한 적분방정식으로 변환한다. 이것을 유한요소법(FEM)과 동일한 방법으로 경계만을 요소 분할한 후 이산화(離散化; discretization) 하여 연립 1차방정시을 풀이하는 수치해석 방법을 말힌다. 유한요소법은 해석하려는 내상영역 전체를 요소 분할하시만, 경계요소법은 대상 영역의 경계만을 요소 분할하므로 입력 데이터가 유한요소법에 비하여 매우 적은 장점이 있고, 2차원 탄성문제의 해석에 매우 유효하다.

경계요소법은 유한요소법에 비해 한 차원이 낮아지므로 표면 또는 경계만의 이상하가 양호하고, 일반적으로 탄성해석의 정밀도가 높은 것이 인정되고 있다. 따라서 균열과 같은 특이응력장의 탄성해석이나 응력집중현상의 해석에 우수한 특성이 있다

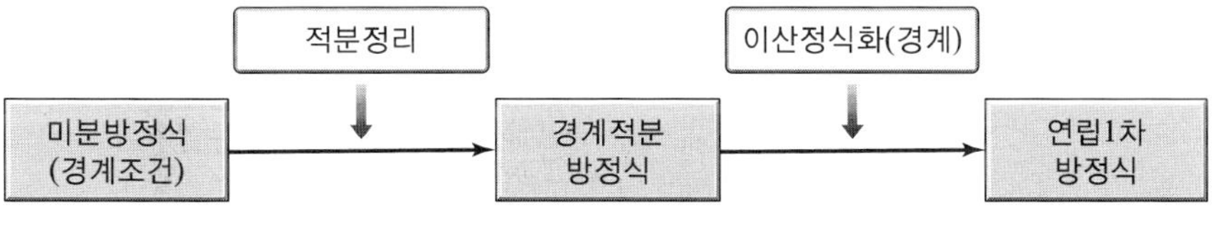

[그림 14-4] 경계요소법의 해석원리 및 해석절차

여기서는 2차원 탄성문제와 Laplace 방정식을 경계요소법으로 해석하는 방법의 개요를 설명하기로 한다.

14.2.1 포텐셜 문제의 경계요소법 해석

주어진 경계값 문제를 경계요소법으로 해석하기 위해서는 우선 경계값 문제를 적분방정식으로 변환이 필요하고, Green의 공식을 이용하여 경계적분방정식을 유도한다. 2차원 영역에서 연속적인 포텐셜 함수 $u(x, y)$를 고려하면, 이것은 [그림 14-5]와 같은 영역 Ω 안에서 다음과 같은 Laplace 방정식을 만족한다.

$$\frac{\partial^2 u(x, y)}{\partial x^2} + \frac{\partial^2 u(x, y)}{\partial y^2} = \nabla^2 u(x, y) = 0 \tag{14・86}$$

Laplace 방정식 (14・86)을 만족하는 함수 $u(x, y)$를 조화함수(調和函數; harmonic function)라 한다. 실제 공학적으로 이용되고 있는 유명한 식들은 다음과 같이 거의 모두 Laplace 방정식을 기본으로 하고 있다.

(1) 푸아송(Poission) 방정식

다음 식으로 주어지는 Laplace방정식을 푸아송 방정식이라 한다.

$$\frac{\partial^2 u(x, y)}{\partial x^2} + \frac{\partial^2 u(x, y)}{\partial y^2} = \nabla^2 u(x, y) = p(x, y) \tag{a}$$

(2) 열전도 방정식

다음 형태의 식으로 주어지는 Laplace 방정식을 열전도 방정식이라 한다.

$$\frac{\partial^2 u(x, y, t)}{\partial x^2} + \frac{\partial^2 u(x, y, t)}{\partial y^2} = \nabla^2 u(x, y, t) = \frac{\partial u(x, y, t)}{\partial t} \tag{b}$$

(3) 파동 방정식

파동 방정식은 다음 식과 같은 Laplace 방정식으로 표시한다.

$$\frac{\partial^2 u(x, y, t)}{\partial x^2} + \frac{\partial^2 u(x, y, t)}{\partial y^2} = \nabla^2 u(x, y, t) = \frac{\partial^2 u(x, y, t)}{\partial t^2} \tag{c}$$

평형(平衡; equilibrium)이 유지되고, 정상적 안정된 상태이므로 위의 식 (b) 및 식 (c)에서 $\partial u/\partial t = 0$ 인 정상상태에서는 이 식들은 당연히 Laplace 방정식 (14・86)을 만족시킨다.

(4) Green의 공식

[그림 14-5]로부터 영역 Ω 안에서 2계의 미분방정식이 연속적인 2개의 함수 $u(x, y)$와 $v(x, y)$를 고려하면, $u(x, y)$가 Laplace 방정식 (14・86)을 만족할 때 다음 식과 같은 영역적분이 성립한다.

$$\int_{\Omega} (\nabla^2 u) v \, d\Omega = 0 \tag{14・87}$$

여기서 $v(x, y)$는 무게함수(weight function)라 하고, 식 (14・86)과 식 (14・87)은 등식(等式)으로 된다.

식 (14・87)의 좌변에 Gauss의 공식을 적용하면 다음 식과 같이 된다.

$$\begin{aligned}\int_{\Omega} (\nabla^2 u) v \, d\Omega &= \int_{S} \frac{\partial u}{\partial n} v \, dS - \int_{\Omega} (\nabla u) \nabla v \, d\Omega \\ &= \int_{S} \left(v \frac{\partial u}{\partial n} - u \frac{\partial v}{\partial n} \right) dS + \int_{\Omega} u (\nabla^2 v) \, d\Omega\end{aligned} \tag{14・88}$$

식 (14・88)로부터 다음 식이 얻어진다.

$$\int_{\Omega} \{ v(\nabla^2 u) - u(\nabla^2 v) \} \, d\Omega = \int_{S} \left(v \frac{\partial u}{\partial n} - u \frac{\partial v}{\partial n} \right) dS \tag{14・89}$$

식 (14・89)는 Green의 공식이라 부르고, 포텐셜 문제를 해석하기 위한 기본원리가 되고 있다.

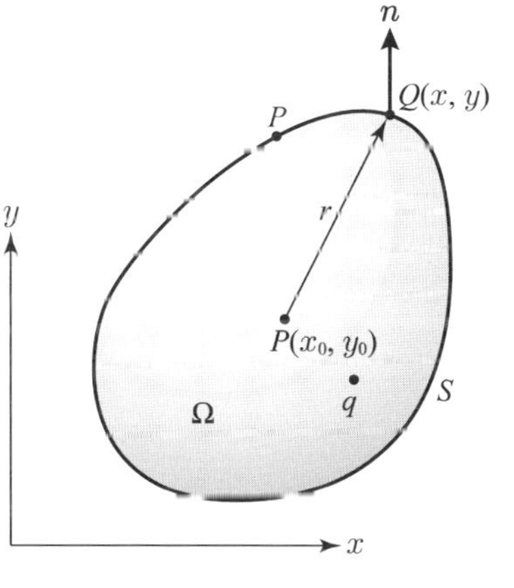

[그림 14-5] 2차원 포텐셜 문제의 경계 및 영역

(5) 기본해

경계요소법으로 포텐셜 문제를 해석하기 위해서는 식 (14・87)과 같은 무게함수 $v(x, y)$에 의한 지배방정식을 만족하는 기본해(基本解; fundamental solution)를 이용한다. 이 기본해가 지배방정식을 만족하면 경계조건을 만족할 필요는 없지만, 일반적으로 무한히 멀리 떨어진 영역 Ω 안의 한 점 $p(x_0, y_0)$에 단위집중 포텐셜이 작용할 때 Laplace 방정식의 해를 이용하면 2차원의 경우 다음 식으로 주어진다.

$$v(p, Q) = -\frac{1}{2\pi}\ln r = \frac{1}{2\pi}\ln\frac{1}{r} \tag{14・90}$$

식 (14・90)은 [그림 14-5]에서 점 $p(x_0, y_0)$에 단위집중 포텐셜이 작용할 때 점 p에서 거리 r만큼 떨어진 점 $Q(x, y)$에 대한 기본해가 된다. 이때 p와 Q 사이의 거리 r은 다음 식으로부터 구한다.

$$r = |pQ| = \sqrt{(x - x_0)^2 + (y - y_0)^2} \tag{14・91}$$

식 (14・90)에서 함수 $v(p, Q)$는 점 p와 점 Q가 일치하지 않는 점($r \neq 0$)은 $\nabla^2 v = 0$인 Laplace 방정식을 만족한다. 그러나 p와 점 Q가 일치하는 $r = 0$인 점은 특이점(特異點; singular point)이 되므로 Dirac의 델타함수(delta function) δ를 도입하면, 다음 식과 같은 지배방정식으로 표시된다.

$$\nabla^2 v(p, Q) + \delta(p, Q) = 0 \tag{14・92}$$

여기서 Dirac의 $\delta(p, Q)$ 함수는 특이점($r = 0$)에서 예리한 피크(peak)가 되고, 그 외의 점에서는 0으로 된다.

또한 p와 점 Q가 일치하지 않는 점($r \neq 0$)은 매끈한 폐곡선이므로 영역 Ω 안에서 연속함수 $u(x, y)$는 다음 식으로 나타낸다.

$$\int_\Omega u(x, y) + \delta(p, Q)\,d\Omega = u(p) \tag{14・93}$$

(6) 적분방정식의 유도

Green의 공식 (14・89)에서 $u(x, y)$는 구하려는 포텐셜 함수이고, 무게함수를 $v(x, y)$라고 한다. 식 (14・89)의 좌변에 대한 영역적분은 $\nabla^2 u = 0$를 고려하면, 식 (14・92)와 식 (14・93)에 의해 다음 식이 얻어진다.

$$\int_\Omega \{(\nabla^2 u)v - u(\nabla^2 v)\}\,d\Omega = \int_\Omega u\,\delta(p, Q)\,d\Omega = u(p) \tag{14・94}$$

따라서 식 (14・94)는 다음 식과 같이 된다.

$$u(p) = \int_S \left\{ \frac{\partial u(Q)}{\partial n} v(p,\ Q) - \frac{\partial v(p,\ Q)}{\partial n} u(Q) \right\} dS \tag{14·95}$$

식 (14·95)는 경계요소법의 기초식이 되고, 여기서

$$v(p,\ Q) \to u^*(p,\ Q), \quad \frac{\partial v(p,\ Q)}{\partial n} \to -q^*(p,\ Q), \quad \frac{\partial u(Q)}{\partial n} \to -q$$

로 놓으면, 식 (14·95)는 다음 식과 같은 포텐셜 지배방정식으로 주어진다.

$$u(p) = \int_S \{-q(Q)u^*(p,\ Q) + q^*(p,\ Q)u(Q)\} dS \tag{14·96}$$

여기서 영역 Ω 안의 점 p에 대한 포텐셜 u는 기지(旣知)의 함수 u^*, q^*와 경계 S의 포텐셜 $u(Q)$, 유속(流速; flux) $q(Q)$를 알면 경계적분 방정식으로부터 구할 수 있다.

(7) 경계적분 방정식으로 변환

식 (14·95)의 내점 p를 경계 S로 이동시켜 경계적분방정식을 유도할 수 있다. 이때 기본해의 특이성에 의해 Cauchy의 주치적분(主値積分)이 필요하고, 경계 S가 매끄러운 폐곡선으로 이루어진 경계적분 방정식을 유도한다.

경계적분 방정식을 유도하기 위해서는 기본해 U_{ij}는 $r=0\,(i=j)$에 대한 특이성을 고려하여야 하고, 이를 고려하기 위해 [그림 14-6]과 같이 경계 S 위에 있는 점 P의 주위로 반지름 ϵ인 작은 반원을 그린 후 그 경계를 S_ϵ이라 한다. 이렇게 하면 점 P는 경계의 안쪽에 있는 점으로 볼 수 있으므로 식 (14·96)은 다음 식과 같이 나타낸다.

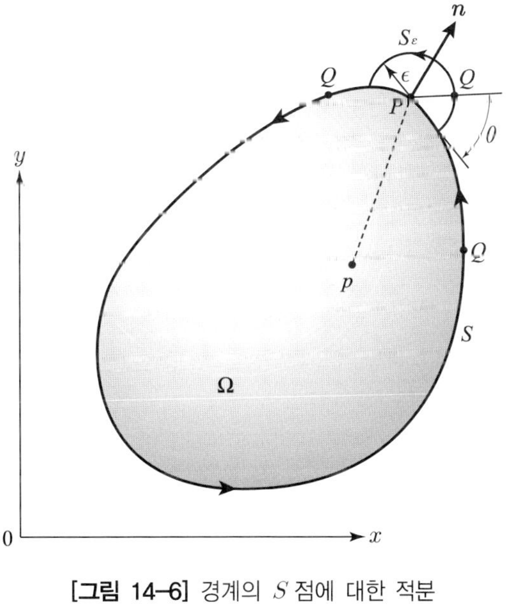

[그림 14-6] 경계의 S 점에 대한 적분

$$u(P)+\int_{S-S_\epsilon} u^*(P,\ Q)q(Q)dS+\int_{S_\epsilon} u^*(P,\ Q)q(Q)dS$$
$$-\int_{S-S_\epsilon} q^*(P,\ Q)u(Q)dS-\int_{S_\epsilon} q^*(P,\ Q)u(Q)dS=0 \qquad (14 \cdot 97)$$

여기서 u^*, q^*는 기지(旣知)의 함수이다.

식 (14・97)에서 제 5항의 적분은 반지름 $\epsilon \to 0$일 때 다음 식과 같이 된다.

$$\lim_{\epsilon \to 0}\int_{S_\epsilon} q^*(P,\ Q)u(Q)dS$$
$$=\lim_{\epsilon \to 0}\left[\int_{S_\epsilon} q^*(P, Q)\{u(Q)-u(P)\}dS+u(P)\int_{S_\epsilon} q^*(P, Q)dS\right]$$
$$=u(P)\lim_{\epsilon \to 0}\int_{S_\epsilon}\frac{1}{2\pi r}\frac{\partial r}{\partial n}dS=u(P)\lim_{\epsilon \to 0}\int_0^\pi \frac{1}{2\pi\epsilon}\cdot 1\cdot \epsilon d\theta=\frac{1}{2}u(P) \qquad (14 \cdot 98)$$

또한, 식 (14・97)의 제 3항을 적분하면 다음 식으로 주어진다.

$$\lim_{\epsilon \to 0}\int_{S_\epsilon} u^*(P,\ Q)q(Q)dS=0 \qquad (14 \cdot 99)$$

따라서 식 (14・97)은 매끈한 경계에서 $\epsilon \to 0$일 때 점 P가 경계에 있으면 다음과 같은 경계적분 방정식으로 주어진다.

$$\frac{1}{2}u(P)+\int_S u^*(P,\ Q)q(Q)dS+\int_S q^*(P,\ Q)u(Q)dS(Q)=0 \qquad (14 \cdot 100)$$

그러나 매끈하지 않은 각점(角點 ; corner point)은 특이점이 되므로 식 (14・97)은 $\frac{1}{2}u(P)$로 되지 않고, 일반적으로 다음 식과 같은 경계적분 방정식이 얻어진다.

$$C(P)u(P)+\int_S u^*(P, Q)q(Q)dS(Q)+\int_S q^*(P, Q)u(Q)dS(Q)=0 \quad (14 \cdot 101)$$

여기서 $C(P)$는 경계의 형상에 따라 결정되는 정수이다.

결국, 식 (14・101)은 경계 위의 점 P의 포텐셜 $u(P)$가 점 Q의 경계 S를 한 바퀴 경계적분을 하여 얻을 수 있는 것을 의미한다. 이때 점 P와 점 Q는 일치하여 적분은 발산(發散)하므로 특이적분이 필요하고, 일반적으로 Cauchy의 주치적분(主値積分)을 수행한다.

또한 물체가 일정한 포텐셜 상태 $u(P)=u(Q)=\bar{u}$(일정)을 유지하는 것으로 하면, $q=0$이므로 다음 식에서 $C(P)$를 결정한다.

$$C(P) - \int_S q^*(P,\ Q)\,dS = 0 \qquad (14 \cdot 102)$$

이상에서 설명한 것 같이 포텐셜 문제를 경계요소법으로 해석하기 위해서는 Green의 공식을 이용하여 경계적분 방정식으로 변환할 필요가 있음을 알 수 있다.

14.2.2 2차원 탄성문제의 해석

등질・등방재료의 3차원 탄성체에 대한 힘의 평형방정식은 다음 식으로 주어진다.

$$\sigma_{ij,\,j} + B_i = 0 \ \ (i,\, j = 1,\ 2,\ 3) \qquad \text{(d)}$$

여기서 B_i는 물체력을 나타낸다.

2차원 탄성체에 대하여 식 (d)를 구체적으로 표시하면

$$\begin{aligned} \frac{\partial \sigma_x}{\partial x} + \frac{\partial \tau_{xy}}{\partial y} + B_x = 0 \\ \frac{\partial \tau_{xy}}{\partial x} + \frac{\partial \sigma_y}{\partial y} + B_y = 0 \end{aligned} \qquad \text{(e)}$$

또한, 식 (14・30)과 식 (14・31)에 의해 Hooke의 법칙은 각각 다음 식과 같다.

$$\begin{Bmatrix} \sigma_x \\ \sigma_y \\ \tau_{xy} \end{Bmatrix} = \frac{E}{1-\nu^2} \begin{bmatrix} 1 & \nu & 0 \\ \nu & 1 & 0 \\ 0 & 0 & (1-\nu)/2 \end{bmatrix} \begin{Bmatrix} \epsilon_x \\ \epsilon_y \\ \gamma_{xy} \end{Bmatrix} \ : \text{평면응력 상태}$$

$$\epsilon_z = -\frac{\nu}{E}(\sigma_x + \sigma_y) \qquad \text{(f)}$$

$$\begin{Bmatrix} \sigma_x \\ \sigma_y \\ \tau_{xy} \end{Bmatrix} = \frac{E}{(1+\nu)(1-2\nu)} \begin{bmatrix} 1-\nu & \nu & 0 \\ \nu & 1-\nu & 0 \\ 0 & 0 & (1-2\nu)/2 \end{bmatrix} \begin{Bmatrix} \epsilon_x \\ \epsilon_y \\ \gamma_{xy} \end{Bmatrix} \ : \text{평면변형률}$$

$$\sigma_z = \nu(\sigma_x + \sigma_y) \qquad \text{(g)}$$

번위장(變位場)이 구해지면 다음 식에 의해 변형률을 구할 수 있다.

$$\epsilon_{ij} = \frac{1}{2}(u_{i,\,j} + u_{j,\,i}) \qquad \text{(h)}$$

응력과 변형률 사이에는 다음 식과 같은 Hooke의 법칙이 성립한다.

$$\sigma_{ij} = C_{ijkl}\,\epsilon_{kl} = \lambda\,\delta_{ij}\,\epsilon_{kk} + 2\,\mu\epsilon_{ij} \qquad \text{(i)}$$

식 (h), 식 (i)를 식 (d)에 대입하면 다음 식과 같은 Navier의 식을 얻을 수 있다.

$$\mu u_{i,\,ji} + (\lambda + \mu)\,u_{j,\,ji} + B_i = 0 \qquad \text{(j)}$$

지배방정식 (j)에 Betti의 상반정리(相反定理; reciprocal theorem) 또는 가중잔차법을 적용하면 경계요소법에 의한 탄성해석의 기초로 되는 경계적분 방정식으로 변환할 수 있다.

(1) Somigliana의 식

포텐셜 문제를 경계요소법으로 해석하기 위해서는 Green의 공식을 이용하여 경계적분 방정식으로 변환이 필요하다. 상반정리는 포텐셜 문제에 대한 Green의 공식에 해당하며, 경계요소법에 의한 탄성해석은 Betti의 상반정리를 이용하여 탄성해석의 경계적분 방정식이 되고 있는 Somigliana의 식을 유도할 수 있다. 지금부터 Betti의 상반정리를 적용하여 경계요소법의 기초로 되고 있는 Somigliana 식의 유도방법을 알아보기로 한다.

[표 14-1] 평형상태를 유지하는 2개의 계

계의 종류	변 위	표면력	물체력
제 1계	$u_i^{(1)}$	$t_i^{(1)}$	$B_i^{(1)}$
제 2계	$u_i^{(2)}$	$t_i^{(2)}$	$B_i^{(2)}$

앞의 3.13절에서 설명한 상반정리에 의해 [표 14-1]과 같이 평형상태를 유지하는 2개의 계에 대한 변위, 표면력 및 물체력의 조건이 [그림 14-6]과 같은 상태를 고려한다.

[그림 14-7]에서 평면변형률 상태의 탄성문제에 대한 상반정리는 식 (3・56′)을 이용하면 다음 식을 얻을 수 있다.

$$\int_S t_i^{(2)}(Q)u_i^{(1)}(Q)dS(Q) + \int_\Omega B_i^{(2)}(q)u_i^{(1)}(q)d\Omega$$
$$= \int_S t_i^{(1)}(Q)u_i^{(2)}(Q)dS + \int_\Omega B_i^{(1)}(q)u_i^{(2)}(q)d\Omega \qquad (14 \cdot 103)$$

[그림 14-6]에서 점 Q는 경계 S를 따라 이동하는 점이고, 점 q는 영역 Ω 안에서 이동하는 임의의 점이다. [표 14-1]에서 제 1계는 물체력이 작용하지 않는 $B_i^{(1)}=0$ 인 평면변형률 상태의 탄성문제이고, 제 2계에서는 임의의 점 p에 단위집중하중이 작용하는 무한탄성체라 하면, 제 2계의 해는 앞의 4.7절에서와 같이 구한다.

$$B_i^{(2)}(q) = \delta(p,\ q)e_i(p) \qquad (14 \cdot 104)$$

$$u_i^{(2)}(Q) = U_{ij}(p,\ Q)e_j(p) \qquad (14 \cdot 105)$$

$$t_i^{(2)}(Q) = T_{ij}(p,\ Q)e_j(p) \qquad (14 \cdot 106)$$

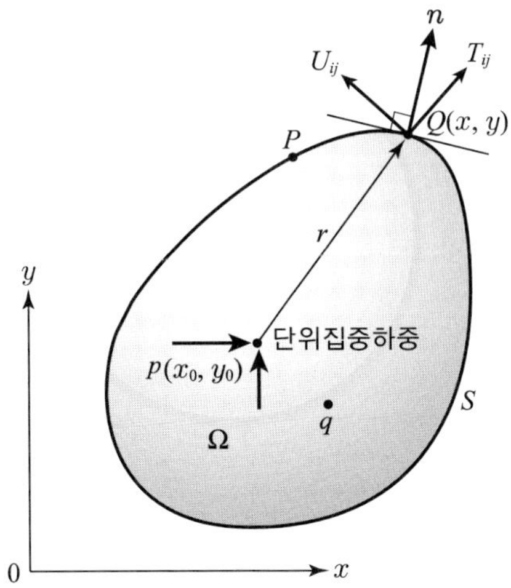

[그림 14-7] 경계 및 영역 Ω 안의 점

여기서 $\delta(p, q)$는 Dirac이 델타함수이고, $e_j(p)$는 점 p에서 j방향으로 작용하는 단위집중하중을 나타낸다. 또한 $U_{ij}(p, Q)$ 및 $T_{ij}(p, Q)$는 물체 안의 점 p에서 j방향으로 작용하는 단위집중하중에 대한 경계 S 위의 점 Q에서 i방향의 변위 및 표면력 성분이다.

식 (14・104)~식 (14・106)을 식 (14・103)에 대입하면, 좌변 제 2항은 다음 식과 같이 주어진다.

$$\int_{\Omega} B_i^{(2)}(q)u_i(q)d\Omega = \int_{\Omega} \delta(p, q)e_i(p)u_i(q)d\Omega = u_i(p)e_i(p) \qquad (14 \cdot 107)$$

식 (14・107)에서 $B_i^{(1)}(q) = 0$ 이므로 식 (14・103)은 다음 식과 같이 나타낸다.

$$u_i(p)e_i(p) = \int_S \{U_{ij}(p,Q)t_j(Q) - T_{ij}(p,Q)u_j(Q)\}e_j(p)dS : p \in \Omega \quad (14 \cdot 108)$$

식 (14・108)에서 단위집중하중 $e_j(p)$는 임의의 방향으로 선택할 수 있다.

단위집중하중이 작용하는 임의의 방향에 대해 식 (14・108)이 성립되기 위해서는 $e_j(p)$의 계수는 0이 되어야 하고, 식 (14・108)은 다음 식과 같이 된다.

$$u_i(p) = \int_S \{U_{ij}(p, Q)t_j(Q) - T_{ij}(p, Q)u_j(Q)\}dS : p \in \Omega \qquad (14 \cdot 109)$$

여기서 U_{ij}, T_{ij}는 변위 및 표면력의 기본해이고, u_j, t_j는 경계의 변위 및 표면력이다.

식 (14・109)는 Somigliana의 식이라 하고, 이 식은 영역 Ω 안의 임의의 점 p에 대한 경계 S의 변위와 표면력을 적분하는 것을 의미한다.

내점 p를 경계 위의 점 P로 이동하면 경계적분으로 변환하는 식 (14・97)과 식 (14・101)를 참고하면, 다음 식과 같은 Somigliana의 경계적분 방정식이 얻어진다.

$$C_{ij}(P)u_i(P) = \int_S \{U_{ij}(P,\ Q)t_j(Q) - T_{ij}(p,\ Q)u_j(Q)\}dS \qquad (14 \cdot 110)$$

여기서 C_{ij}는 경계형상에 의한 정수로서 강체변위 조건에 따라 자동적으로 결정된다. 그러므로 (14・100)을 참고하면 식 (14・110)은 다음 식과 같이 된다.

$$\frac{1}{2}u_i(P) = \int_S \{U_{ij}(P,\ Q)t_j(Q) - T_{ij}(P,\ Q)u_j(Q)\}dS \qquad (14 \cdot 111)$$

식 (14・111)은 경계에 있는 임의의 점 P에 대한 변위 및 표면력의 적분으로 표시되고, 이것을 경계적분 방정식(boundary integral equation)이라 한다. 이 식에 경계조건을 도입한 후 풀이하면 경계에 대한 전체변위 및 표면력이 구해지며, 이것을 식 (14・109)에 대입하면 영역 안의 임의의 점에 대한 변위를 구할 수 있다.

따라서 경계적분 방정식 (14・111)을 해석적으로 풀이하는 것은 곤란하기 때문에 경계요소법에서는 식 (14・111)을 유한요소법과 동일한 방법으로 이산화한 경계요소를 이용하여 해석하는 방법을 말한다.

(2) Kelvin의 기본해

2차원 등질・등방 탄성체에 대한 Kelvin의 기본해는 복소함수를 이용하여 이미 4.7절에서 유도한 결과를 경계요소법과 관련하여 평면변형률 상태에 적용하면 다음 식과 같이 된다.

$$U_{ij}(P,\ Q) = \frac{1}{8\pi G(1-\nu)}\left\{(3-4\nu^*)\log\left(\frac{1}{r}\right)\delta_{ij} + r_{,i}r_j\right\} \qquad (14 \cdot 112)$$

$$T_{ij}(P,\ Q) = -\frac{1}{4\pi r(1-\nu^*)}\left[\{(1-2\nu^*)\delta_{ij} + 2r_{,i}r_{,j}\}\frac{\partial r}{\partial n} - (1-2\nu^*)(r_{,i}n_j - r_{,j}n_i)\right] \qquad (14 \cdot 113)$$

여기서 평면응력 상태일 때는 푸이송비 $\nu^* = \nu/(1+\nu)$로 대체하면 된다.

기본해 U_{ij}, T_{ij}는 [그림 14-6]에서 무한판의 경우 한 점 P에 i 방향의 단위집중하중이 작용할 때 Q점에 대한 j 방향의 변위 및 표면력이 된다.

또한 식 (14・112)와 (14・113)에서 r, $r_{,i}$, $\partial r/\partial n$은 다음 식과 같이 된다.

$$\begin{aligned} r &= \overline{PQ} = \sqrt{r_i r_i}, \quad r_i = x_i(Q) - x_i(P) \\ r_{,i} &= \left.\frac{\partial r}{\partial x_i}\right|_Q = \frac{r_i}{r} \\ \frac{\partial r}{\partial n} &= \frac{\partial r}{\partial x_1}\frac{\partial x_1}{\partial n} + \frac{\partial r}{\partial x_2}\frac{\partial x_2}{\partial n} \end{aligned} \qquad (14 \cdot 114)$$

식 (14・114)에서 $\boldsymbol{n}$은 Q점에 대한 외향 단위법선벡터이다.

14.2.3 이산화 및 행렬 표시

경계요소법은 경계적분방정식 (14・111)을 이산화 하여 수치해석을 하는 것으로서 미지의 경계 $u_i(Q)$, $q(Q)$에 관한 대수방정식으로 변환하는 과정에서 이산화가 필요하다.

[그림 14-8]과 같이 2차원 경계 S를 N개의 일정한 요소 $S_n(n=1, 2, 3, \cdots, N)$으로 분할하고, 각 요소의 중간절점을 $P_m(m=1, 2, 3, \cdots, N)$, 또는 Q_n으로 표시한다. 이때 요소 안의 포텐셜 $u(x, y)$ 및 $q(x, y)$는 다음 식과 같이 내삽함수 $N(x, y)$을 이용하여 근사시킬 수 있다.

$$u(x, y)=\sum_{i=1}^{M} N_i(x, y)u_i$$
$$q(x, y)=\sum_{i=1}^{M} N_i(x, y)q_i \tag{14・115}$$

여기서 u_i 및 q_i는 i 번째의 절점에 대한 값이다.

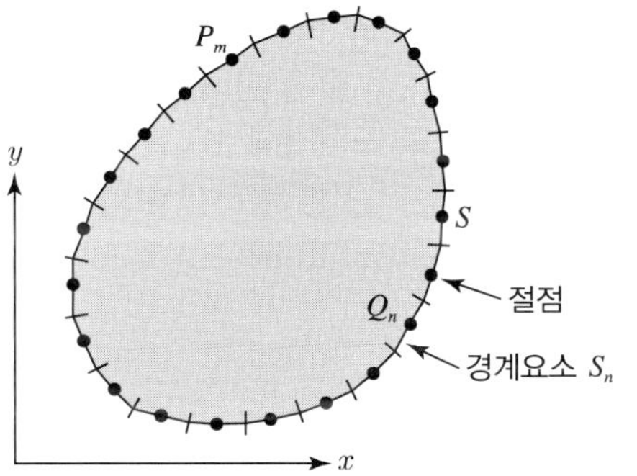

[그림 14-8] 경계요소 및 절점

경계의 전체절점에 대해서 식 (14・115)를 적용하면 식 (14・111)의 적분방정식을 식 (14・115)의 내삽함수로 표시한 후 대수방정식으로 변환하면 다음 식과 같이 이산화 할 수 있다.

$$\frac{1}{2}u_i(P_m)=\sum_{n=1}^{N} t_j(Q_n)\int_{S_n} U_{ij}(P_m, Q)\,dS-\sum_{n=1}^{N} u_j(Q_n)\int_{S_n} T_{ij}(P_m, Q)\,dS \tag{14・116}$$

여기서

$$T_j(Q_n)=T_j^m,\quad u_i(P_m)=u_i^m,\quad u_j(Q_n)=u_j^n$$

$$\int_{S_n} T_{ij}(P_m, Q)\,dS=H_{ij}^{mn},\quad \int_{S_n} U_{ij}(P_m, Q)\,dS=G_{ij}^{mn} \tag{14・117}$$

로 놓으면, 식 (14・116)은 다음 식으로 표시된다.

$$\frac{1}{2}u_i(P_m) = \sum_{n=1}^{N}\{G_{ij}^{mn}T_j^m - H_{ij}^{mn}u_j^m\} \quad (m=1,\ 2,\cdots,\ N) \qquad (14\cdot118)$$

또는

$$\frac{1}{2}u_i^m = \sum_{n=1}^{N}\left\{\frac{1}{2}\delta_{ij}\delta_{mn} + H_{ij}^{mn}\right\}u_j^n = \sum_{n=1}^{N}G_{ij}^{mn}T_j^m \quad (m=1,\ 2,\cdots,\ N) \qquad (14\cdot119)$$

식 (14・119)를 성분($i=1,\ 2$)로 나누어 행렬(matrix)로 표시하면 다음 식과 같다.

$$\begin{bmatrix} \frac{1}{2}[I]+[H_{11}^{mn}] & [H_{12}^{mn}] \\ [H_{21}^{mn}] & \frac{1}{2}[I]+[H_{22}^{mn}] \end{bmatrix}\begin{bmatrix}\{u_1^n\} \\ \{u_2^n\}\end{bmatrix} = \begin{bmatrix}\{G_{11}^{mn}\} & \{G_{12}^{mn}\} \\ \{G_{21}^{mn}\} & \{G_{22}^{mn}\}\end{bmatrix}\begin{bmatrix}\{T_1^n\} \\ \{T_2^n\}\end{bmatrix} \qquad (14\cdot119')$$

여기서 $[I]$는 $N\times N$의 단위행렬, $[H_{ij}^{mn}]$, $[G_{ij}^{mn}]$은 $N\times N$의 정방행렬(正方行列)이고, $\{u_i^n\}$, $\{T_i^n\}$은 열행렬이다.

따라서 전체절점에 대한 변위벡터 U와 표면력 벡터 T에 의한 다음의 대수방정식이 얻어진다.

$$[H]\{U\} = [G]\{T\} \qquad (14\cdot120)$$

식 (14・120)에 경계조건을 대입한 후 연립 1차방정식을 풀이하면 미지의 경계에 있는 u 및 T의 절점값이 구해진다. 각 요소마다 경계조건을 고려하면 절점 n에 대한 4개의 함수값 u_1^n, u_2^n, T_1^n, T_2^n 중 2개가 기지(旣知), 나머지 2개가 미지(未知)로 되어 전체경계에 대한 미지수의 합은 $2N$으로 된다. 따라서 식 (14・120)에서 미지수를 좌변으로, 기지수를 우변으로 이항한 후 $2N$원 연립 1차방정식을 풀면 전체 경계요소에 대한 변위와 표면력이 구해지므로 주어진 문제가 경계요소법에 의해 해석된다.

14.2.4 영역 안의 변위 및 응력

경계의 변위와 표면력에 대한 경계적분방정식 (14・116)을 주어진 경계조건을 고려하여 풀이 하면 경계의 변위와 표면력이 전부 결정된다. 따라서 영역내의 변위는 식 (14・109)에서 결정할 수 있다. 또한, 식 (14・109)를 평면변형률 상태에 대한 Hooke의 법칙에 대입하면 영역 안의 응력은 다음 식과 같이 된다.

$$\sigma_{ij}(p) = G\left(\frac{\partial u_i}{\partial \xi_j} + \frac{\partial u_j}{\partial \xi_i}\right) + \delta_{ij}\left(\frac{2\nu G}{1-2\nu}\right)\frac{\partial u_k}{\partial \xi_k} \qquad (14\cdot121)$$

여기서 응력성분은 영역안의 임의의 점 $p(x_i)$에 대한 것이다.

미정계수는 이들 좌표에 대하여 고려되어야 하고, 식 (14·116)을 식 (14·121)에 대입하면 응력성분이 구해진다.

따라서 영역 안의 변위 및 응력은 경계적분 방정식 (14·103)의 이산화와 동일한 방법으로 경계 S를 N개의 일정요소 S_n으로 이산화하면 경계에 대한 변위 및 표면력을 이용하여 구할 수 있다.

CHAPTER 14 연습문제

[문제 14-1] [그림 14-9]와 같이 2개의 3각형 요소와 4개의 절점으로 이루어진 2차원 영역을 예로 들어 유한요소법의 해석순서를 설명하시오.

단, 경계조건은 다음과 같다.

(1) 절점 1 : $u_1 = 0$

(2) 절점 2 : $u_2 = 0,\ v_2 = 0$ (a)

(3) 절점 4 : $X_4 = P,\ Y_4 = Q$

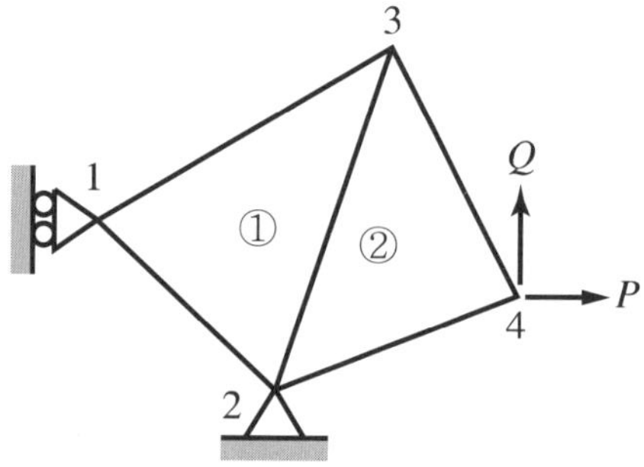

[그림 14-9]

[문제 14-2] 2개의 요소에 대한 경계조건의 설정과 연립 1차방정식의 작성방법을 설명하시오. 단, 경계조건은 u_1^2, u_2^2, T_1^2, T_2^2 로 주어지고, 기지량(旣知量)은 이들에 위첨자 '−'를 붙여 나타낸다.

부록
연습문제 해답

연습문제 해답

1장

[문제 1-1] (1) $\delta_{ii} = \delta_{11} + \delta_{22} + \delta_{33} = 1 + 1 + 1 = 3$

(2) $\delta_{ik} v_k = v_i$

$\delta_{1k} v_k = \delta_{11} v_1 + \delta_{12} v_2 + \delta_{13} v_3 = v_1$

$\delta_{2k} v_k = \delta_{21} v_1 + \delta_{22} v_2 + \delta_{23} v_3 = v_2$

$\delta_{3k} v_k = \delta_{31} v_1 + \delta_{32} v_2 + \delta_{33} v_3 = v_3$

(3) $\delta_{ik} T_{kj} = T_{ij}$

$\delta_{1k} T_{k1} = \delta_{11} T_{11} + \delta_{12} T_{21} + \delta_{13} T_{31} = T_{11}$

[문제 1-3] (1) $\boldsymbol{u} \times \boldsymbol{v} = (u_i \boldsymbol{e}_i) \times (v_j \boldsymbol{e}_j) = u_i v_j (\boldsymbol{e}_i \times \boldsymbol{e}_j) = -u_j v_i (\boldsymbol{e}_j \times \boldsymbol{e}_i)$

$= -(u_j \boldsymbol{e}_j) \times (u_i \boldsymbol{e}_i) = -\boldsymbol{v} \times \boldsymbol{u}$

(2) $(\boldsymbol{s} \times \boldsymbol{t}) \cdot (\boldsymbol{u} \times \boldsymbol{v}) = \boldsymbol{s}_i \boldsymbol{t}_j (\boldsymbol{e}_i \times \boldsymbol{e}_j) \cdot u_m v_n (\boldsymbol{e}_m \times \boldsymbol{e}_n)$

$= \boldsymbol{s}_i \boldsymbol{t}_j u_m v_n (\boldsymbol{e}_{ijk} \times \boldsymbol{e}_k) \cdot (\boldsymbol{e}_{mn} \times \boldsymbol{e}_p)$

$= \boldsymbol{s}_i \boldsymbol{t}_j u_m v_n (\boldsymbol{e}_{ijk} \times \boldsymbol{e}_{mnk}) = \boldsymbol{s}_i \boldsymbol{t}_j u_m v_n (\delta_{im}\delta_{jn} - \delta_{in}\delta_{jm})$

$= \boldsymbol{s}_i \boldsymbol{t}_j u_m v_n \{(\boldsymbol{e}_i \cdot \boldsymbol{e}_m)(\boldsymbol{e}_j \cdot \boldsymbol{e}_n) - (\boldsymbol{e}_i \cdot \boldsymbol{e}_n)(\boldsymbol{e}_j \cdot \boldsymbol{e}_m)\}$

$= (\boldsymbol{s} \cdot \boldsymbol{u})(\boldsymbol{t} \cdot \boldsymbol{v}) - (\boldsymbol{s} \cdot \boldsymbol{v})(\boldsymbol{t} \cdot \boldsymbol{u})$

(3) $rot(rot\ \boldsymbol{v}) = rot(e_{ijk} v_{k,j} \boldsymbol{e}_i) = e_{imn} e_{njk} v_{k,mj} \boldsymbol{e}_i = (\delta_{ij}\delta_{mk} - \delta_{ik}\delta_{jm}) v_{k,mj} \boldsymbol{e}_i$

$= v_{k,kj} \boldsymbol{e}_j - v_{k,jj} \boldsymbol{e}_k = grad\ div\ \boldsymbol{v} - \triangle \boldsymbol{v}$

[문제 1-5] $T_{kk} = T'_{mn} Q_{mk} Q_{nk} = T'_{mn} \delta_{mn} = T'_{mn}$

[문제 1-7] 벡터의 3중적(vector triple product) : $\boldsymbol{u} \times (\boldsymbol{v} \times \boldsymbol{w})$

$\boldsymbol{u} \times (\boldsymbol{v} \times \boldsymbol{w}) = (\boldsymbol{u} \cdot \boldsymbol{w}) \boldsymbol{v} - (\boldsymbol{u} \cdot \boldsymbol{v}) \boldsymbol{w}$

$\boldsymbol{u} \times (\boldsymbol{v} \times \boldsymbol{w}) + \boldsymbol{v} \times (\boldsymbol{w} \times \boldsymbol{u}) + \boldsymbol{w} \times (\boldsymbol{u} \times \boldsymbol{v}) = 0$

[문제 1-9] $\boldsymbol{e}_i \cdot \boldsymbol{T}(\boldsymbol{e}_j) = (1,\ 0,\ 0) \begin{pmatrix} T_{11} & T_{12} & T_{13} \\ T_{21} & T_{22} & T_{23} \\ T_{31} & T_{32} & T_{33} \end{pmatrix} \begin{pmatrix} 0 \\ 1 \\ 0 \end{pmatrix} = T_{12}$

같은 방법으로

$\boldsymbol{e}_i \cdot \boldsymbol{T}(\boldsymbol{e}_j) = T_{ij}$

[문제 1-13] (1) $tr[A^T B] = (1 \cdot 5) + (3 \cdot 7) + (2 \cdot 6) + (4 \cdot 8) = 70$

(2) $tr[B A^T] = (5 \cdot 1) + (6 \cdot 2) + (7 \cdot 3) + (8 \cdot 4) = 70$

[문제 1-15] $\int_V \frac{\partial f}{\partial x_i} dV = \int_S n_i f\, dS$

또는 $\int_V grad\ f\, dV = \int_S f\, S \boldsymbol{n} dS = \int_S f\, dS$

[문제 1-17] $\int_V rot\ \boldsymbol{v}\, dV = \int_S \boldsymbol{n} \cdot \boldsymbol{v}\, dS$

2장

[문제 2-1] (1) 응력벡터 : $\boldsymbol{T}_x = \dfrac{P}{A/\cos\theta} = \dfrac{P}{A}\cos\theta$

(2) 응력텐서 : $\sigma_{xx} = \dfrac{P}{A}\cos^2\theta$, $\sigma_{xy} = \tau_{xy} = \dfrac{P}{A}\cos\theta\sin\theta$

$\theta = 0$ 인 봉의 축방향에 수직한 단면 aa' 에서 $\sigma_{xx} = \dfrac{P}{A}$, $\sigma_{xy} = \tau_{xy} = 0$

[문제 2-5] $\dfrac{d\sigma_r}{dr} - \dfrac{\sigma_\theta - \sigma_r}{r} + B_r = 0$

[문제 2-7] $I_1 = 20[\mathrm{MPa}]$, $I_2 = 123[\mathrm{MPa}]$, $I_3 = 216[\mathrm{MPa}]$

$\sigma_1 = 9[\mathrm{MPa}]$, $\sigma_2 = 8[\mathrm{MPa}]$, $\sigma_3 = 3[\mathrm{MPa}]$

[문제 2-9] $\dfrac{\epsilon_1}{S_1} = \dfrac{\epsilon_2}{S_2} = \dfrac{\epsilon_3}{S_3} = \dfrac{3}{2}\dfrac{\epsilon}{\sigma}$

[문제 2-11] 응력의 식 : $\sigma_{ij} = 2G\left\{\dfrac{1}{2}\delta_{ik}\delta_{jl} + \delta_{il}\delta_{jk}) + \dfrac{\nu}{1-2\nu}\delta_{ij}\delta_{kl}\right\}\epsilon_{kl}$

(1) 평균응력

$$\sigma_m = \frac{1}{3}\sigma_{ii} = \frac{2G}{3}\left\{\delta_{kl} + \frac{3\nu}{1-2\nu}\delta_{kl}\right\}\epsilon_{kl} = \frac{2G(1+\nu)}{3(1-2\nu)}\epsilon_{kk} = \frac{2G(1+\nu)}{3(1-2\nu)}\epsilon_V$$

(2) 편차응력 : $S_{ij} = \sigma_{ij} - \delta_{ij}\sigma_m$, 편차변형률 : $e_{ij} = \epsilon_{ij} - \dfrac{1}{3}\delta_{ij}\epsilon_V$에 위의 관계를 대입하면 $S_{ij} = 2e_{ij}G$가 유도된다.

[문제 2-13] (1) $\sigma_{oct} = \sigma_m = \dfrac{\sigma_1 + \sigma_2 + \sigma_3}{3}$

(2) $I_2' = \dfrac{3}{2}(\tau_{oct})^2$, 또는 $\tau_{oct} = \dfrac{\sqrt{6}}{3}I_2'$

3장

[문제 3-1] $\epsilon_r = \dfrac{1}{E}\{\sigma_r - \nu(\sigma_\theta + \sigma_z)\}$, $\gamma_{r\theta} = \dfrac{1}{G}\tau_{r\theta}$

$\epsilon_\theta = \dfrac{1}{E}\{\sigma_\theta - \nu(\sigma_r + \sigma_z)\}$, $\gamma_{\theta z} = \dfrac{1}{G}\tau_{\theta z}$

$\epsilon_z = \dfrac{1}{E}\{\sigma_z - \nu(\sigma_r + \sigma_\theta)\}$, $\gamma_{zr} = \dfrac{1}{G}\tau_{zr}$

[문제 3-5] $\sigma_{kk} = 2\mu\epsilon_{kk} + 3\lambda\epsilon_{kk} = 3K\epsilon_{kk}$

$$S_{ij} = \sigma_{ij} - \frac{1}{3}\delta_{ij}\sigma_{kk} = 2\mu\epsilon_{ij} + \lambda\delta_{ij}\epsilon_{kk} - K\delta_{ij}\epsilon_{kk}$$

$$= 2\mu(\epsilon_{ij} - \frac{1}{3}\delta_{ij}\epsilon_{kk}) = 2Ge_{ij}$$

[문제 3-7] 길이방향의 응력 $\sigma_q = Q/A$ 이고, 축방향의 변위 δ_q 는

$$\delta_q = -\nu\frac{Qb}{AE}$$

그림 (a)의 길이방향에 대한 변위를 δ_p라 하면 $P\delta_q = Q\delta_p$로 되므로

$$\delta_p = \frac{P}{Q}\delta_q = -\nu\frac{Pb}{AE}$$

[문제 3-9] A 점의 변형량 : $\delta_A = \dfrac{\partial U}{\partial P} = \dfrac{a}{6AE}(2Pa^2 + 6Pab + 3Qb^2)$

B 점의 변형량 : $\delta_B = \dfrac{\partial U}{\partial Q} = \dfrac{b}{6AE}(2Qb^2 + 3Pab)$

[문제 3-11] 보의 비틀림 변형에너지 : $U = \displaystyle\int_0^l \frac{T^2}{2GI_P}dx = \frac{T^2 l}{2GI_P}$

Castigliano의 정리에 의해 비틀림각 : $\theta = \dfrac{\partial U}{\partial T} = \dfrac{\partial}{\partial T}\left(\dfrac{T^2 l}{2GI_P}\right) = \dfrac{Tl}{GI_P}$

[문제 3-13] $\delta_c = \dfrac{\partial U}{\partial P} = \dfrac{Pr^3(3\pi - 8)}{8EI}$

[문제 3-15] $R_B = \dfrac{wl}{2}, \quad M_B = -\dfrac{wl^2}{12}$

[문제 3-17] $M = Pr\sin\theta, \quad ds = rd\theta, \quad dx = \sin\theta\, ds = r\sin\theta\, d\theta$

$$\delta_H = \frac{\partial U}{\partial P} = 2\int_0^{\frac{\pi}{2}} \frac{M_x^2}{2EI}ds = 2\int_0^{\frac{\pi}{2}} \frac{M_x^2}{2EI}rd\theta = 2\int_0^{\frac{\pi}{2}} \frac{P^2r^2}{2EI}(1-\cos\theta)^2 rd\theta$$

$$= \frac{Pr^3}{EI}\left|\frac{\theta}{2} - \frac{\sin 2\theta}{4}\right|_0^{\pi} = \frac{\pi P r^3}{2EI}$$

4장

[문제 4-1] $u_r = \dfrac{1}{2G}\left\{(k-1)C_2 r - \dfrac{C_1}{r}\right\}, \quad u_\theta = \dfrac{1}{2G}(k+1)C_4 r$

[문제 4-3] [그림 4-16]에 대한 Airy의 응력함수 : $\Phi = A\ln r + Br^2 + D$

$\therefore\ \sigma_{rr} = Ar^{-2} + 2B, \quad \sigma_{\theta\theta} = -Ar^{-2} + 2B, \quad \sigma_{r\theta} = 0$

응력의 유한성과 경계조건을 고려하면 $A = 0$, $B = -p_0/2$ 가 된다.

$\therefore\ \sigma_{rr} = \sigma_{\theta\theta} = -p_0$

[문제 4-5]

$$\sigma_x = \frac{\sigma_0 r}{\sqrt{r_1 r_2}}\left\{\cos\left(\theta - \frac{\theta_1 + \theta_2}{2}\right) - \frac{a^2}{r_1 r_2}\sin\theta\sin\frac{3}{2}(\theta_1 + \theta_2)\right\} - \sigma_0$$

$$\sigma_y = \frac{\sigma_0 r}{\sqrt{r_1 r_2}}\left\{\cos\left(-\frac{\theta_1 + \theta_2}{2}\right) + \frac{a^2}{r_1 r_2}\sin\theta\sin\frac{3}{2}(\theta_1 + \theta_2)\right\}$$

$$\tau_{xy} = \frac{\sigma_0 r}{\sqrt{r_1 r_2}}\left\{\frac{a^2}{r_1 r_2}\sin\theta\cos\frac{3}{2}(\theta_1 + \theta_2)\right\}$$

5장

[문제 5-2] 비틀림 응력 : $\sigma_{z\theta} = G\alpha r, \quad \sigma_{zr} = 0$

비틀림 모멘트 : $T = 2G\alpha\displaystyle\int_0^a\int_0^{2\pi}\left\{\frac{(a^2 - r^2)}{2}\right\}rd\theta\, dr = \frac{1}{2}G\alpha\pi a^4$

[문제 5-3] 중공축에 대한 비틀림 모멘트 T :

$$T = 2G\alpha \iint \Psi r\, d\theta\, dr + C_1 A_1 = \pi G \alpha \frac{(r_o^4 - r_i^4)}{2}$$

6장

[문제 6-1]

$$\frac{1}{\rho} = \frac{d}{dn}\left(\frac{dw}{dn}\right) = \left(\frac{\partial}{\partial x}\cos\theta + \frac{\partial}{\partial y}\sin\theta\right)\left(\frac{\partial w}{\partial x}\cos\theta + \frac{\partial w}{\partial y}\sin\theta\right)$$

$$= \frac{\partial^2 w}{\partial x^2}\cos^2\theta + 2\frac{\partial^2 w}{\partial x \partial y}\sin\theta\cos\theta + \frac{\partial^2 w}{\partial y^2}\sin^2\theta$$

$$= k_x \cos^2\theta + k_{xy}\sin^2\theta + k_y \sin^2\theta$$

[문제 6-3]

$$U = \frac{D}{2}\left\{\left(\frac{\partial^2 w}{\partial x^2}\right)^2 + \left(\frac{\partial^2 w}{\partial y^2}\right)^2 + 2\nu\left(\frac{\partial^2 w}{\partial x^2}\right)\left(\frac{\partial^2 w}{\partial y^2}\right) + 2(1-\nu)\left(\frac{\partial^2 w}{\partial x \partial y}\right)^2\right\}$$

[문제 6-7]

$$w = \frac{Pr^2}{8\pi D}\left\{\ln\left(\frac{r}{a}\right) - 1\right\} - \frac{Ar^2}{4} - B\ln\left(\frac{r}{a}\right) + C$$

여기서

$$A = \frac{P}{4\pi D}\left\{\frac{1-\nu}{1+\nu} - \left(\frac{2b^2}{a^2 - b^2}\right)\ln\left(\frac{b}{a}\right)\right\}$$

$$B = -\frac{P}{4\pi D}\left(\frac{1+\nu}{1-\nu}\right)\left(\frac{a^2 b^2}{a^2 - b^2}\right)\ln\left(\frac{b}{a}\right)$$

$$C = \frac{Pa^2}{8\pi D}\left\{1 + \frac{1-\nu}{2(1+\nu)} - \left(\frac{b^2}{a^2 - b^2}\right)\ln\left(\frac{b}{a}\right)\right\}$$

7장

[문제 7-1]

$$\sigma_r = \alpha^* E^* \frac{(t_2 - t_1)}{2\ln(r_2/r_1)}\left\{\ln\left(\frac{r_2}{r}\right) - \frac{r_1^2}{r_2^2 - r_1^2}\left(\frac{r_2^2}{r^2} - 1\right)\ln\left(\frac{r_2}{r_1}\right)\right\}$$

$$\sigma_\theta = \alpha^* E^* \frac{(t_2 - t_1)}{2\ln(r_2/r_1)}\left\{-1 + \ln\left(\frac{r_2}{r}\right) - \frac{r_1^2}{r_2^2 - r_1^2}\left(\frac{r_2^2}{r^2} + 1\right)\ln\left(\frac{r_2}{r_1}\right)\right\}$$

$$\sigma_z = \begin{cases} 0 & \text{: 평면응력 상태 (중공원판)} \\ \dfrac{\alpha E}{1-\nu}\dfrac{(t_2 - t_1)}{2\ln(r_2/r_1)}\left\{-\nu - 2\ln\left(\dfrac{r}{r_1}\right) + \dfrac{2\nu r_2^2}{(r_2^2 - r_1^2)}\ln\left(\dfrac{r_2}{r_1}\right)\right\} & \\ & \text{: 평면변형률 상태(중공원통)} \end{cases}$$

[문제 7-3]

$$\sigma_r = \frac{\alpha E(t_2 - t_1) r_1 r_2}{(1-\nu)(r_2^3 - r_1^3)}\left\{(r_1 + r_2) - \left\{\frac{r_1^2 + r_1 r_2 + r_2^2}{r}\right\} + \left(\frac{r_1^2 + r_2^2}{r^3}\right)\right\}$$

$$\sigma_\theta = \sigma_\phi = \frac{\alpha E(t_2 - t_1) r_1 r_2}{(1-\nu)(r_2^3 - r_1^3)}\left\{(r_1 + r_2) - \left(\frac{r_1^2 + r_1 r_2 + r_2^2}{2r}\right) - \left(\frac{r_1^2 r_2^2}{2r^3}\right)\right\}$$

[문제 7-5]

$$\nabla^2 \phi = \frac{1+\nu}{1-\nu}\alpha T$$

[문제 7-7] $\sigma_x = -\dfrac{\alpha E T d_1 d_2}{\left\{ d_1 + (d_2 - d_1)\dfrac{x}{l} \right\}^2}$

8장

[문제 8-1] (1) $l = l_0(1+e)$, $l = l_0 \exp\epsilon$

(2) $\epsilon = \ln(1+e)$, $\sigma = \sigma_0(1+e)$

[문제 8-2] $W = \int_{l_0}^{l} P \cdot dl = \int_{l_0}^{l} \sigma A \left(\dfrac{dl}{l} \right) l = A_0 l_0 \int_0^{\epsilon} \sigma d\epsilon = V \int_0^{\epsilon} \sigma d\epsilon$

[문제 8-3] 식 (8・9)로부터 $l = l_0(1+e)$ 이 되고, 이것을 급수전개하면

$$\epsilon = \ln(1+e) = e - \frac{e^2}{2} + \frac{e^3}{3} - \frac{e^4}{4} + \frac{e^5}{5} - \cdots \quad (-1 < \epsilon < 1)$$

위 식에서 e 가 작을 경우 e^2 이하의 항을 무시하면 $\epsilon \fallingdotseq e$ 가 된다.
그러나 공칭변형률 e 가 클 때는 $\epsilon < e$ 로 된다.

9장

[문제 9-1] $|\overrightarrow{PS}| = \overrightarrow{OS}\,\boldsymbol{n} = \sigma_i n_i = \dfrac{1}{\sqrt{3}}(\sigma_1 + \sigma_1 + \sigma_1)$

$\overrightarrow{PS}$ 의 σ_i 좌표방향의 성분은

$\overrightarrow{PS} \cdot \boldsymbol{e}_i = \dfrac{1}{\sqrt{3}}(\sigma_1 + \sigma_2 + \sigma_3)\boldsymbol{n} \cdot \boldsymbol{e}_i = \dfrac{1}{\sqrt{3}}(\sigma_1 + \sigma_2 + \sigma_3) = \sigma_m$

[문제 9-3] (1) Tresca의 항복조건식 : $\sigma^2 + 4\tau^2 = \sigma_Y^2$

$P = 121.4\,[\text{kN}]$, $T = PR = 121.4\,[\text{kN}] \times 0.06\,[\text{m}] = 7.3\,[\text{N} \cdot \text{m}]$

(2) Mises의 항복조건식 : $\sigma^2 + 3\tau^2 = \sigma_Y^2$

$P = 138.6\,[\text{kN}]$, $T = PR = 138.6\,[\text{N}] \times 0.06\,[\text{m}] = 8.3\,[\text{N} \cdot \text{m}]$

[문제 9-5] (1) 축 대칭 문제 : σ_r, σ_θ, σ_z, $\tau_{r\theta} = \tau_{\theta z} = \tau_{zr} = 0$ 로 놓은 후 Tresca 항복조건은 식 (9・5)에 대입, Mises 항복조건은 식 (9・9)에 대입하면 된다.

(2) 구 대칭 문제 : σ_r, $\sigma_\theta = \sigma_\phi$, $\tau_{r\theta} = \tau_{\theta\phi} = \tau_{\phi r} = 0$ 로 놓은 후 Tresca 항복조건은 식 (9・5)에 대입, Mises 항복조건은 식 (9・9)에 대입하면 된다.

[문제 9-7] (1) $\sigma_\theta = 100\,[\text{MPa}]$, $\sigma_z = 230\,[\text{MPa}]$이 되므로 $P_z = 15.2\,[\text{kN}]$이 된다.

(2) $\sigma_z = 76\,[\text{MPa}]$, $\tau_{z\theta} = 107\,[\text{MPa}]$이 되므로 $T = 74\,[\text{N} \cdot \text{m}]$이 된다.

10장

[문제 10-1] $I_1 = \sigma_1 + \sigma_2 + \sigma_3$, $I_2 = -(\sigma_1\sigma_2 + \sigma_2\sigma_3 + \sigma_3\sigma_1)$ (a)

식 (a)에 의해 다음 식과 같이 된다.

$$\begin{aligned} I_1^2 + 3I_2 &= (\sigma_1 + \sigma_2 + \sigma_3)^2 - 3(\sigma_1\sigma_2 + \sigma_2\sigma_3 + \sigma_3\sigma_1) \\ &= \frac{1}{2}\left\{ (\sigma_1 - \sigma_2)^2 + (\sigma_2 - \sigma_3)^2 + (\sigma_3 - \sigma_1)^2 \right\} \text{(b)} \end{aligned}$$

식 (b)와 식 (10・22)로부터 $\overline{\sigma} = \sqrt{I_1^2 + 3I_2}$ 의 관계가 성립한다.

[문제 10-2] (1) $d\epsilon_2^p = 0$, $d\epsilon_3^p = -0.02$

(2) $d\epsilon_1^e = 2.72 \times 10^{-3}$, $d\epsilon_2^e = 1.94 \times 10^{-4}$, $d\epsilon_3^e = -2.30 \times 10^{-3}$

(3) Tresca 항복조건 ; $\overline{\sigma} = 800\,[\text{MPa}]$, Mises 항복조건 ; $\overline{\sigma} = 692\,[\text{MPa}]$

(4) $\overline{d\epsilon^p} = 0.023$

11장

[문제 11-1] 처음 굽힘에 의한 중립면의 곡률반지름 ρ_0 는

$$\rho_0 = \frac{E}{\sigma_Y} y = \frac{E}{\sigma_Y} \frac{h}{4}$$

굽힘모멘트 M은 식 (11・15)로부터 다음 식을 얻는다.

$$M = \frac{11}{48} b h^2 \sigma_Y$$

따라서 하중제거 후 곡률반지름 ρ는 식 (11・25)에 의해

$$\frac{1}{\rho} = \frac{1}{\rho_0} - \frac{M}{EI} = \frac{4\sigma_Y}{Eh} - \frac{11}{4}\frac{\sigma_Y}{Eh} = \frac{5}{4}\frac{\sigma_Y}{Eh}$$

$$\therefore \ \rho = \frac{4}{5}\frac{Eh}{\sigma_Y} = \frac{16}{5}\rho_0$$

그러므로 하중제거 후 중립면의 곡률반지름 ρ는 처음 굽힘에 의한 곡률반지름 ρ_0의 3.2 배가 된다.

[문제 11-3] 응력분포는 [그림 : 해답 11-3]과 같고,

탄성영역은 $r < \frac{r_0}{2}$, 전단응력 τ는

$$\tau = 2k\,\frac{r}{r_0}$$

이 되고, 비틀림 모멘트 T는 식 (11・32)로부터

$$T = \int_0^{r_0} 2\pi\tau r^2 dr$$

$$= \frac{4\pi k}{r_0}\int_0^{\frac{r_0}{2}} r^3 dr + 2\pi k \int_{\frac{r_0}{2}}^{r_0} r^2 dr = \frac{31}{48}\pi k r_0^3$$

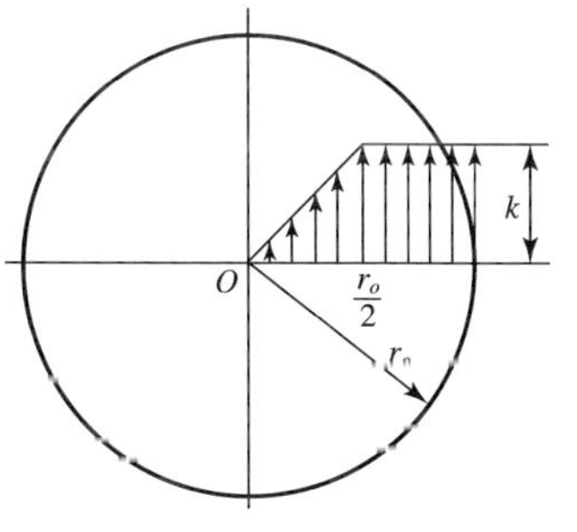

[그림 : 해납 11-3]

[문제 11-5] 모래 언덕의 높이 $H = \frac{bk}{2}$, 모래 언덕의 체직 : $V = \frac{b^2}{12}(3h - b)k$

비틀림 모멘트 T_u : $T_u = 2V = \frac{b^2}{6}(3h - b)k$

12장

[문제 12-1] 식 (12 · 35)로부터 다음 식이 얻어진다.

$$\sigma_d = \sigma_Y\left(1+\frac{1}{\mu\cot\alpha}\right)\left\{1-\left(\frac{A_2}{A_1}\right)^{\mu\cot\alpha}\right\}$$

$$= 250\left(1+\frac{1}{0.15\cot 10^\circ}\right)\left\{1-\left(\frac{12}{16}\right)^{2\times 0.15\cot 10^\circ}\right\}$$

$$= 250\left(1+\frac{1}{0.15\cot 10^\circ}\right)\left\{1-\left(\frac{12}{16}\right)^{2\times 0.15\cot 10^\circ}\right\} = 210.5\ [\text{MPa}]$$

[문제 12-2] 식 (12 · 24)에 의해 면압분포 p는

$$p = \sigma_Y \exp\left\{\frac{2\mu(r_0-r)}{h}\right\} = 250\exp\left\{\frac{2\times 0.2(12\sqrt{2}-r)}{15}\right\}[\text{N/mm}^2]$$

평균면압 p_m은 식 (12 · 24)에 의해 다음 식과 같다.

$$p_m \fallingdotseq \sigma_Y\left(1+\frac{2}{3}\frac{\mu r_0}{h}\right) = 250\left(1+\frac{2\times 0.2\times 12\sqrt{2}}{3\times 15}\right) = 287.7\ [\text{N/mm}^2] = 287.7\ [\text{MPa}]$$

[문제 12-3] 슬래브법에 의한 인발응력 σ_d의

$$\sigma_d = 2k\left(1+\frac{1}{m}\right)\left\{1-\left(\frac{h_2}{h_1}\right)^m\right\}$$

$$= 2\times 300\left(\frac{1.274}{0.274}\right)\left\{1-\left(\frac{200\times 0.85}{200}\right)^{0.274}\right\} = 122.8\ [\text{MPa}]$$

여기서 $m = \dfrac{\mu}{\tan\alpha} = \dfrac{0.1}{\tan 20^\circ} = 0.274$ σ_d을 인발하중 P_d로 나타내면

$$P_d = \sigma_d A_1 = 122.8\times(200\times 10) = 245600\ [\text{N}] = 245.6\ [\text{kN}]$$

소성가공 에너지는 손실이 없다면 소성가공일과 같으므로

$$W = \bar{\sigma}\times\epsilon_p = 600\times 0.188 = 112.9\ [\text{MPa}]$$

두 계산방법을 비교하면 약 9%의 차이가 있다.

13장

[문제 13-1]

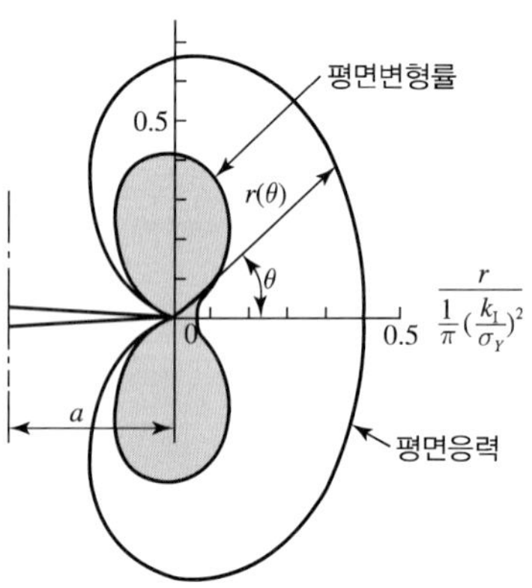

[문제 13-2] 시험편의 두께는 식 (13 · 71)에 의해

$$B \geq 2.5\left(\frac{K_{Ic}}{\sigma_Y}\right)^2 = 2.5\left(\frac{1}{6}\right)^2 = 0.07\,[\mathrm{m}] = 70\,[\mathrm{mm}]$$

[문제 13-3] Larson–Miller 식 : $P_{LM} = T(\log t_r + C)$

750℃ 에서 $T = 750 + 273 = 1023\,[\mathrm{K}]$,

$t_r = 30\,[\mathrm{h}]$이므로 $P_{LM} = 1023 \times (\log 30 + 20) = 2.2 \times 10^4$

600℃ 에서 $T = 600 + 273 = 873\,[\mathrm{K}]$이므로 $P_{LM} = 2.2 \times 10^4 = 873(\log t_r + 20)$

$$\log t_r = \frac{2.2 \times 10^4}{873} - 20 = 5.2$$

$$\therefore\ t_r = 10^{5.2} = 1.58 \times 10^5\,[\mathrm{h}]$$

따라서 이 재료는 사용온도 600℃ 에서 크리프 파단수명

$t_r = 1.58 \times 10^5\,[\mathrm{h}]$이 된다.

찾아보기

저자 소개

정남용(鄭南龍)

- 숭실대학교 학부 및 대학원 석사과정 기계공학과 졸업(공학석사)
- 도쿄대학교 대학원 공학계 박사과정 졸업[기계공학](공학박사)
- 숭실대학교 공과대학 기계공학부 교수
- (현) 숭실대학교 공과대학 기계공학부 명예교수

〈저서〉
알기쉬운 기구학
최신 기계설계
최신 재료과학 및 공학
핵심 기계설계

기초탄소성역학

발 행 일 • 2019년 2월 15일

저 자 • 정 남 용
발 행 자 • 최 봉 조
발 행 처 • 진샘미디어
주 소 • 서울시 은평구 연서로 5길 28 부호아파트 102동 상가5호
전 화 • 02)353-4421 / FAX 02)353-4431
홈 페 이 지 • www.jinsaem.co.kr

신 고 번 호 • 제311-2005-000025호
I S B N • 979-11-88791-21-7 93550

정가 34,000원